软件开发 人才培养系列丛书

Unity3D 开发标准教程

（第2版）

吴亚峰 于复兴 索依娜◎编著

人民邮电出版社
北京

图书在版编目（CIP）数据

Unity3D开发标准教程 / 吴亚峰，于复兴，索依娜编著. -- 2版. -- 北京 : 人民邮电出版社，2023.1（2024.6重印）
（软件开发人才培养系列丛书）
ISBN 978-7-115-56550-1

Ⅰ. ①U… Ⅱ. ①吴… ②于… ③索… Ⅲ. ①游戏程序－程序设计－教材 Ⅳ. ①TP317.6

中国版本图书馆CIP数据核字(2021)第088523号

内 容 提 要

本书本着“起点低、终点高”的原则，内容覆盖从学习必知必会的Unity基础知识到熟练使用Unity制作简单3D游戏的每一个阶段。全书共分为12章。前11章按照由易到难的顺序依次介绍Unity基础与开发环境配置、脚本程序的开发、图形用户界面、物理引擎、着色器基础、3D游戏开发常用技术、光影效果、模型与动画、地形与寻路技术、游戏资源更新及多人联网系统的开发。第12章给出一个完整的游戏案例，既可以用于课程最后的总结与提高，也可以作为课程设计项目。

本书既可以作为高等院校计算机相关专业计算机游戏、虚拟现实、增强现实相关课程的教材，也可以作为相关领域开发人员的参考用书。

◆ 编　　著　吴亚峰　于复兴　索依娜
　责任编辑　刘　博
　责任印制　王　郁　陈　犇
◆ 人民邮电出版社出版发行　　北京市丰台区成寿寺路11号
　邮编　100164　　电子邮件　315@ptpress.com.cn
　网址　https://www.ptpress.com.cn
　大厂回族自治县聚鑫印刷有限责任公司印刷
◆ 开本：787×1092　1/16
　印张：22.75　　2023年1月第2版
　字数：600千字　　2024年6月河北第5次印刷

定价：79.80元

读者服务热线：(010)81055256　印装质量热线：(010)81055316
反盗版热线：(010)81055315
广告经营许可证：京东市监广登字20170147号

前　言

为什么要写这样的一本书

党的二十大报告中提到："教育、科技、人才是全面建设社会主义现代化国家的基础性、战略性支撑。"在教育改革、科技变革等背景下，软件开发领域的教学发生着翻天覆地的变化。

近年来 Android、iOS、Web 等平台上的游戏发展十分迅猛，深受玩家的喜爱，成为带动游戏产业发展的新生力量。而相比于 2D 游戏，3D 游戏在视觉效果上更占优势，因而 3D 游戏更受广大玩家青睐，这也促使 3D 游戏开发人才需求快速增长。随着虚拟现实、增强现实应用的兴起，这些领域也需要大量的 3D 开发人才，一时间相关企业求贤若渴。但目前 3D 开发人才供应不足，缺口依然巨大。这也大大激发了广大学子学习 3D 开发及很多院校开设相关课程的热情。

当下进行 3D 游戏及应用的开发，最方便高效的工具就是 Unity。Unity 是由 Unity Technologies 公司开发的一款用于轻松创建 3D 视频游戏、实现建筑可视化、创建实时三维动画的跨平台综合性 3D 开发工具，也是一个全面整合的专业游戏引擎。

虽然 Unity 在开发市场中已经占有很大份额，相关的技术图书也不少，但其中大部分都不适合直接作为教材。为了便于学生学习及高校开设相关课程，我们编写了这本关于 Unity 3D 开发的教材。

经过半年多见缝插针式的"奋战"，本书第 2 版终于交稿了。回顾这半年多的时间，不禁为最终能完成这个耗时费力的"大制作"而感到欣慰，同时也为能将从事游戏开发和教学工作十多年积累的宝贵经验及编程感悟分享给各位大专、本科院校的同人和对知识如饥似渴的莘莘学子而感到高兴。

本书特点

1. 内容丰富，由浅入深

本书本着"起点低、终点高"的原则，内容涵盖从学习必知必会的 Unity 基础知识到熟练使用 Unity 制作简单 3D 游戏的每一个阶段，书中每一部分技术都配有相应的小案例来帮助读者加强理解。

书中的知识简明实用，并且课程量适中，适合 32～54 课时的教学。本书旨在让学生在结束该课程的学习后能够基本具备使用 Unity 进行开发的能力，顺利进入 3D 游戏及应用开发领域。

2. 结构清晰，讲解到位

本书对每个需要讲解的知识点都给出了丰富的插图与完整的案例，使初学者易于上手。书中所有案例均是根据所介绍知识点的特色设计的，结构清晰明朗，便于读者学习。同时书中还有很多关于 Unity 的实用技巧与开发心得，具有较高的参考价值。

3. 提供案例完整代码

读者可以方便地从人邮教育社区（www.ryjiaoyu.com）获取本书的配套资源包。资源包中有书中所有案例的完整源代码，可最大限度地帮助读者快速掌握各方面的开发技术。

4. 配套详细课件

教师可以方便地从人邮教育社区获取书中所有章节的幻灯片课件。这大大降低了教师备课的难度和成本，使教师可以把精力集中到教学环节，提高授课质量。

内容导读

本书分为 12 章，内容按照由易到难的顺序安排，包括 Unity 的基本使用、图形系统与组件的使用，以及物理引擎的使用等，具体内容如下表所示。

章　　名	主 要 内 容
第 1 章　Unity 基础与开发环境配置	本章简要介绍 Unity 的下载、安装方法及界面信息
第 2 章　Unity 脚本程序基础知识	本章主要介绍 Unity 提供的脚本 API
第 3 章　Unity 图形用户界面基础	本章介绍用 Unity 制作 UI 时用到的两种图形用户界面系统——GUI 系统和 UGUI 系统
第 4 章　物理引擎	本章介绍 Unity 中内置的物理引擎的使用
第 5 章　着色器编程基础	本章初步介绍着色器的相关知识及其使用
第 6 章　3D 游戏开发常用技术	本章介绍在游戏开发过程中常用的开发技术，包括摇杆、天空盒、音频效果、加速度传感器和水特效等
第 7 章　光影效果的使用	本章介绍 Unity 的光照系统，重点介绍光源的用法与效果，同时介绍如何实现全局光照和光照烘焙
第 8 章 模型与动画	本章介绍 Unity 3D 开发中对 3D 模型的使用，主要包括模型的导入与动画状态机的添加
第 9 章　地形与寻路技术	本章介绍如何使用地形引擎来创造属于自己的地形，并介绍如何为游戏中的物体添加自动寻路的功能
第 10 章　游戏资源更新	本章主要介绍 AssetBundle 资源包的使用
第 11 章　网络开发基础	本章主要介绍 Unity 中的多线程技术与网络开发
第 12 章　课程设计——探险飞机	本章给出一个完整的游戏案例——探险飞机

读者对象

本书内容丰富，从基本知识到高级特效，从简单的应用程序到完整的 3D 游戏案例，适合不同需求、不同水平的各类读者。

1. 初学 Unity 的独立开发人员

本书内容包括在各个主流平台进行 3D 应用开发的各方面知识，由浅入深，配有详细的案例，非常适合 3D 开发的初学者循序渐进地学习。本书可以大大提高读者的自学效率，使读者迅速成为 3D 开发的专业人员。

2. 各类大专、本科院校学习 3D 游戏及应用开发、虚拟现实、增强现实课程的学生

本书内容条理清晰，难度循序渐进，将 Unity 相关知识按照授课需要进行细分，非常适合作为大专、本科院校相关专业的教材。与教师的教学计划相配合，本书的作用能够充分发挥，全面激发学生对计算机技术的学习热情。

作者简介及编写分工

吴亚峰，毕业于北京邮电大学，后留学澳大利亚卧龙岗大学并取得硕士学位。1998 年开始从事 Java 应用的开发，有十多年的 Java 开发与培训经验。主要的研究方向为 Vulkan、OpenGL ES、

手机游戏，以及 VR/AR。同时为 3D 游戏、VR/AR 独立软件工程师，并兼任百纳科技软件培训中心首席培训师。近十年来为数十家著名企业培养了上千名高级软件开发人员，曾编写《Unity 5.X 3D 游戏开发技术详解与典型案例》《Unity 游戏案例开发大全》《VR 与 AR 开发高级教程——基于 Unity》《Unity 游戏开发技术详解与典型案例》《Android 应用案例开发大全》《Android 游戏开发大全》等多本畅销技术书籍。2008 年初开始关注 Android 平台下的 3D 应用开发，并开发出一系列优秀的 Android 应用程序与 3D 游戏。负责全书统稿及第 1～5 章、第 12 章的编写。

于复兴，北京科技大学硕士，现任职于华北理工大学。2002 年开始从事软件开发及教学工作，尤其擅长手机软件设计，曾编写《Unity 游戏案例开发大全》《Unity 3D 游戏开发技术详解与典型案例》等多本技术书籍。近几年曾主持省、市级科研项目各 1 项，发表论文 12 篇，拥有软件著作权 78 项、发明及实用新型专利多项。多次指导学生参加国家级、省级计算机设计大赛并获奖。负责本书部分案例的开发及第 6～9 章的编写。

索依娜，毕业于燕山大学，现任职于华北理工大学。2003 年开始从事计算机领域教学及软件开发工作，曾参与编写《Android 核心技术与实例详解》《Unity 4 3D 开发实战详解》等多本技术书籍，近几年曾主持市级科研项目 1 项，发表论文 8 篇，拥有软件著作权多项、发明及实用新型专利多项。多次指导学生参加国家级、省级计算机设计大赛并获奖。负责本书第 10～11 章的编写和全书配套资料、网络资源的制作。

本书的编写得到了华北理工大学以升大学生创新实验中心移动及互联网软件工作室的大力支持，同时王淳鹤、罗星辰、刘建雄、李程光、张腾飞、史博炜、范津宁、李昱浓、李泽政，以及作者的家人为本书的编写提供了很多帮助，在此对他们表示衷心的感谢！

由于作者的水平和学识有限，且书中涉及的知识较多，疏漏之处在所难免，敬请广大读者批评指正，多提宝贵意见。反馈邮箱：javase6_guide@qq.com。

编 者

2022 年 12 月

目　录

第1章 Unity基础与开发环境配置

本章将主要介绍Unity 3D游戏开发引擎（为了叙述方便，以下均简称为“Unity”）集成开发环境的下载、安装步骤和界面布局。通过本章的学习，读者可以对Unity有大致的了解。随后，通过导入和运行本书中的各个案例，读者可以方便、直观地对本书所介绍的知识进行学习，并在Unity集成开发环境中进行效果预览和其他操作。

1.1 初识Unity

Unity是由Unity Technologies公司开发的一款用于轻松创建3D视频游戏、实现建筑可视化、创建实时三维动画的跨平台综合性开发工具，也是一个专业游戏引擎。其对编辑器、跨平台发布、地形编辑、着色器、脚本、网络、物理、版本控制等进行了全面整合。

1.1.1 Unity简介

作为一款跨平台的开发工具，Unity从一开始就被设计成易于使用的产品，支持iOS、Android、Windows、Web、PS3、Xbox等多个平台的发布。同时作为一个完全集成的专业级应用，Unity还包含价值数百万美元的功能强大的游戏引擎。

Unity类似于Director、Blender Game Engine、Virtools、Torque Game Builder等以交互的图形化开发为首要开发方式的软件，其编辑器运行在Windows和Mac OS X平台下，可发布游戏至Windows、Mac、Wii、iOS、Android等平台。

1.1.2 Unity的诞生与发展

通过前面的简单介绍，读者应该已经对Unity有了初步的认识。Unity在移动游戏开发领域中扮演着不可或缺的角色。下面简要介绍Unity的发展历程。

- 2005年6月，Unity 1.0发布。Unity 1.0是一个轻量级、可扩展的依赖注入容器，有助于创建松散耦合系统。它支持构建注入（Constructor Injection）、属性/设值方法注入（Property/Setter Injection）和方法调用注入（Method Call Injection）。
- 2009年3月，Unity 2.5实现了对Windows的支持。Unity 2.5完全支持Windows Vista与Windows XP的全部功能和互操作性；Mac OS X中的Unity编辑器也已经重建，在外观和功能上都与Windows中的Unity编辑器相互统一。Unity 2.5的优点就是可以在任一平台开发任何游戏，实现了真正的跨平台。

- 2009 年 10 月，Unity 2.6 独立版开始免费。Unity 2.6 支持许多外部版本控制系统，如 Subversion、Perforce、Bazaar 等。除此之外，Unity 2.6 增加了自动同步 Visual Studio 项目源代码的功能，实现了所有脚本的解决方案和智能配置。
- 2010 年 9 月，Unity 3.0 发布，该版本支持多平台，增加了方便编辑的桌面左侧快速启动栏，支持 Ubuntu 12.04，增加了更改桌面主题和在 dash 中隐藏“可下载的软件”类别等功能。
- 2012 年 2 月，Unity 3.5 发布。纵观 Unity 的发展历程，Unity Technologies 公司一直在快速强化 Unity，Unity 3.5 提供了大量的新增功能和改进功能。所有使用 Unity 3.0 或更高版本的用户均可免费升级到 Unity 3.5。
- 2012 年 11 月，Unity 4.0 正式推出，新加入了对 DirectX 11 的支持和全新的 Mecanim 动画工具，支持移动平台的动态阴影，减少了移动平台 Mesh 内存的消耗，支持动态字体渲染，为用户提供 Linux 及 Adobe Flash Player 的部署预览功能。
- 2013 年 11 月，Unity 4.3 发布。同时 Unity 正式发布 2D 工具，这标志着 Unity 不再是单一的 3D 工具，而是真正能够同时支持二维和三维内容的开发和发布工具。2D 工具的发布让 Unity 用户兴奋不已，这也正是 Unity 用户长久以来所期待的。
- 2014 年 11 月，Unity 4.6 发布，加入了新的 UI（User Interface，用户界面）系统，Unity 用户可以使用基于 UI 框架和视觉工具的 Unity 强大的新组件来设计游戏或应用程序。
- 2015 年 3 月，Unity 5.0 在 GDC 2015 上正式发布，Unity 首席执行官约翰·里奇蒂诺（John Riccitiello）表示，Unity 5.0 是 Unity 的重要里程碑。Unity 5.0 实现了实时全局光照，加入了对 WebGL 的支持，实现了完全的多线程。
- 2017 年 3 月，Unity 2017.1 发布，Unity 2017 是 Unity 5.0 的“继任者”，它进行了大范围的优化，增加了更多的功能。同时 Unity 承诺将进一步面向非程序员，为设计师和艺术家设计一系列功能。
- 2018 年 5 月，Unity 2018.1 发布，该版本带来了一系列炫酷且惊人的新功能。Unity 制作人布雷特·毕比（Brett Bibby）表示：“2018.1 版本是我们有史以来最大规模的一次更新，该版本以两个概念为中心——下层渲染与默认性能。”
- 2019 年 4 月，Unity 2019.1 发布。Unity 2019.1 加入了超过 283 项新功能和改进内容，包括 Burst 编译器、轻量级渲染管线、Shader Graph 着色器视图等多项脱离了预览阶段、可用于正式制作的新功能，并且添加了不少面向动画、移动开发和美术的新功能，以及多项简化项目工作流程和编辑器工作的更新，为设计师提供了更好的创作平台。
- 2020 年 7 月，Unity 2020.1 发布。这一版本包括一系列新功能和新改进，让引擎的工作流更为直白易懂。Unity 的 AR Foundation 现在正式支持通用渲染管线，并且增强了对 ARKit、ARCore、Magic Leap 和 HoloLens 的功能支持，给用户带来了更好的创作体验。

目前，Unity 的全球注册量已超过 1000 万，并且现今市面上的 3D 手机游戏超过半数是通过 Unity 制作完成的。随着 VR、AR 应用的日益普及，Unity 也开始为这两方面的开发提供良好的支持，由此可见 Unity 的火热程度将进一步提高。

1.1.3 Unity 的特色

Unity 之所以能够广受欢迎，与其完善的技术和丰富的个性化功能密不可分。Unity 在使用上易于上手，降低了对游戏开发人员的要求。下面将对 Unity 的特色进行阐述。

- 综合编辑

Unity 简单的用户界面是层级式的综合开发环境，具备视觉化编辑条件、详细的属性编辑器和动态的游戏预览特性。由于其综合编辑特性强大，因此也被用来快速地制作游戏或开发游戏原型，大大地缩短了游戏开发的周期。

- 图形引擎

Unity 的图形引擎使用的是 Direct 3D（Windows）、OpenGL（Mac、Windows）和自有的 APIs（Wii），可以支持凹凸贴图（Bump Mapping）、反射贴图（Reflection Mapping）、视差贴图（Parallax Mapping）、屏幕空间环境光遮蔽（Screen Space Ambient Occlusion）、动态阴影使用的阴影贴图（Shadow Map），以及渲染到纹理（Render-to-texture）和全屏后处理（Post Processing）效果。

- 着色器

着色器是当下主流图形处理器（Graphic Processing Unit，GPU）中执行渲染、实现特效的重要硬件单元，而着色器本身有很强的可编程能力，在着色器上面运行的程序称为着色器程序。

着色器程序使用 ShaderLab 语言开发，本书为了叙述方便，后面将着色器程序一律简称为着色器（Shader）。着色器能够完成三维图形学的相关计算，同时支持自有工作流中的编程方式或 Cg/GLSL 语言编写的着色器程序。用着色器控制游戏画面就好比在 Photoshop 中编辑数码照片，专业人员可以营造出各种惊人的画面效果。

- 地形编辑器

Unity 内强大的地形编辑器支持创建地形和为树木与植被贴片，不但支持自动的地形 LOD（Levels of Detail，细节层次），而且支持水面特效，即便是低端硬件亦可流畅实现广阔茂盛的植被景观效果。地形编辑器使新手能够快速、方便地创建出游戏场景中需要使用的各种地形。地形效果如图 1-1 所示。

图 1-1　地形效果

- 物理引擎

物理引擎指的是用计算机程序模拟牛顿力学模型的软件系统，在物理引擎中可以使用质量、速度、摩擦力和空气阻力等相关物理学变量来预设各种不同情况下的效果。Unity 内置 NVIDIA 强大的 PhysX 物理引擎，可以方便、准确地开发出用户需要的物理特效。

PhysX 可以由 CPU 计算，但其程序本身在设计上还可以调用独立的浮点处理器（如 GPU 和 PPU）来计算，也正因为如此，它可以轻松完成像流体力学模拟那样大计算量的物理模拟计算。PhysX 物理引擎可以在包括 Windows、Linux、Xbox 360、Mac、Android 等在内的全平台上运行。

- 音效系统

Unity 的音效系统基于 OpenAL 程序库。OpenAL 主要的功能是对声音源、收听者和音效缓冲进行编码。声音源包含一个指向缓冲区的指标，如声音的速度、位置和方向，以及声音强度；收听者包含收听者的速度、位置和方向，以及全部声音的整体增益；音效缓冲包含 8 位或 16 位、单声道或立体声 PCM 格式的音效资料，以及引擎进行的所有必要的计算，如距离衰减、多普勒效应等。

- 集成 2D 游戏开发工具

当今的游戏市场中 2D 游戏仍然占据着很大的市场份额，尤其是在移动设备领域，如手机、平板电脑等。针对这种情况，Unity 在 4.3 版本以后正式加入了 Unity2D 游戏开发工具集，并在

Unity 5.3 之后加强了对 2D 开发的支持，增添了许多新的功能。

用户使用 Unity2D 游戏开发工具集可以非常方便地开发 2D 游戏，利用工具集中的 2D 游戏换帧动画图片的制作工具可以快速地制作 2D 游戏换帧动画。Unity 为 2D 游戏开发集成了 Box2D 物理引擎，并提供了一系列 2D 物理组件，通过这些组件用户可以轻松地在 2D 游戏中实现物理特性。

1.2 Unity 集成开发环境的搭建

前面已经对 Unity 进行了全面的介绍，下面将介绍 Unity 集成开发环境的搭建，包括 Windows 环境和 Mac OS X 环境下的 Unity 的安装及 Android SDK 的挂载。

本节将主要讲解 Windows 平台上 Unity 的下载和安装，包括如何从官网下载能够在 Windows 平台上运行的 Unity 集成开发环境、安装 Unity 集成开发环境的步骤和过程，以及 Android SDK 的挂载。具体步骤如下。

（1）进入 Unity 的官方网站，官网页面如图 1-2 所示。单击网页中的“产品”即可进入 Unity 集成开发环境的选择页面。Unity 集成开发环境分为个人版和专业版，开发人员需要根据自身的需求进行选择，选择页面如图 1-3 所示。

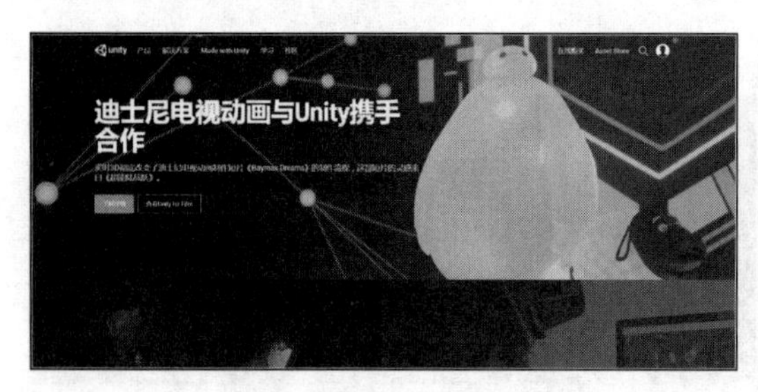

图 1-2 Unity 官网页面

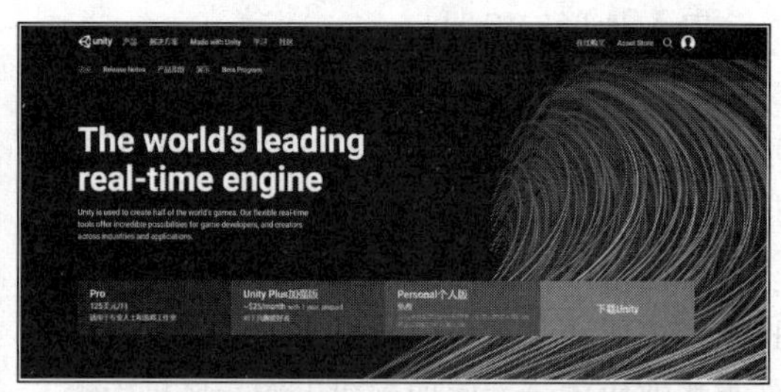

图 1-3 Unity 集成开发环境选择页面

（2）在 Unity 5.0 之后，个人版的 Unity 集成开发环境提供免费下载，它与专业版的 Unity 集成开发环境功能大致相同，非常适合独立游戏开发人员使用。本书将以个人版 Unity 集成开发环境的下载和安装为准。单击个人版图像，即可进入个人版 Unity 集成开发环境的下载页面，如图 1-4 所示，单击“试用个人版”按钮。

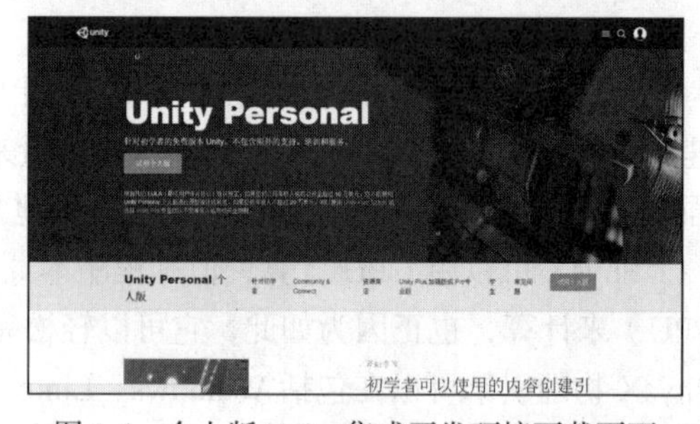

图 1-4 个人版 Unity 集成开发环境下载页面

（3）选择合适的使用平台。单击上方的“下载安装程序”按钮，就会跳转页面并弹出下载提示窗口，供用户选择 Unity 的使用平台。用户可以使用各种主流的下载平台进行下载，如迅雷、旋风等。此时下载下来的是 Unity 官方的软件下载器，如图 1-5 所示。接下来打开下载器，开始下载 Unity 集成开发环境。

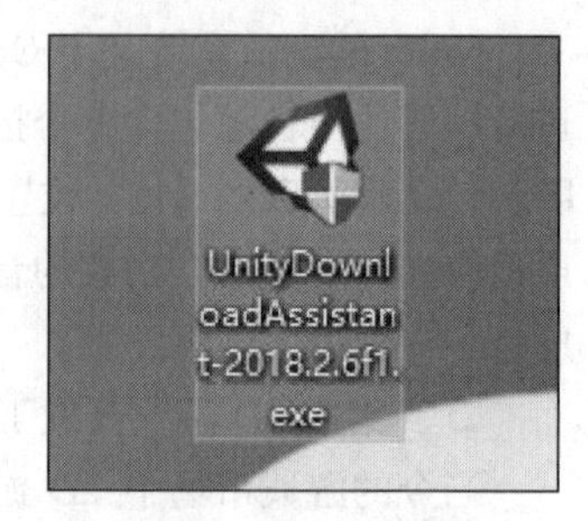

图 1-5 Unity 下载器

（4）打开下载器后会弹出安装界面，如图 1-6 所示，单击“Next”按钮进行下一步操作。下一个界面是 Unity 的相关条款和声明，如图 1-7 所示。阅读其中的条款，阅读完成后勾选下方的复选框以表明同意上面列出的条款和声明，单击“Next”按钮进行下一步操作。

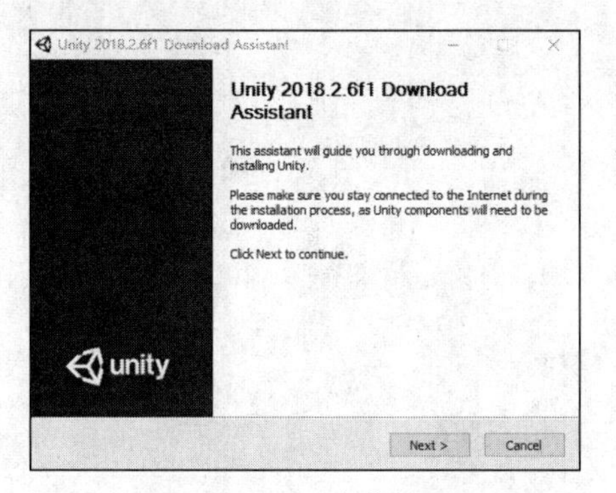

图 1-6　Unity 安装界面 1

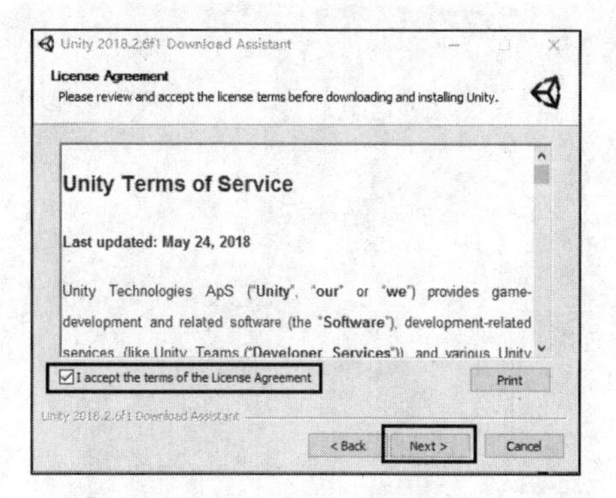

图 1-7　Unity 安装界面 2

（5）第三个界面用来选择需要下载的文件，如图 1-8 所示，可根据需要自行调整，完成后单击“Next”按钮进行下一步操作。

（6）下一个界面用来设置文件下载路径和文件安装路径，如图 1-9 所示。在窗口的上半部分可以设置下载的方式，一种是指定下载路径，另一种是在 Unity 集成开发环境下载安装完成后，删除下载的所有文件安装包。窗口下半部分用来设置 Unity 集成开发环境的安装路径。

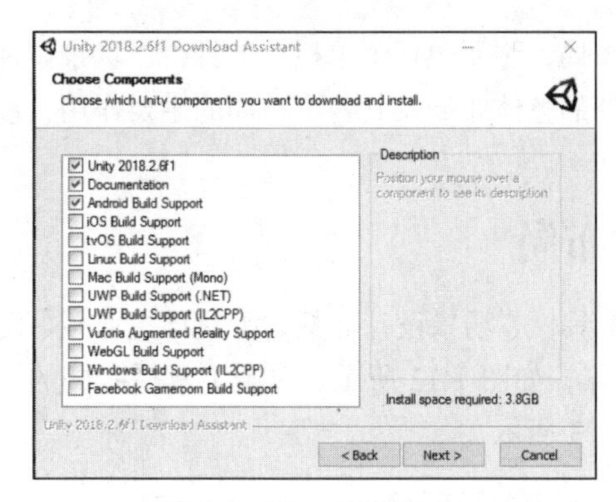

图 1-8　Unity 安装界面 3

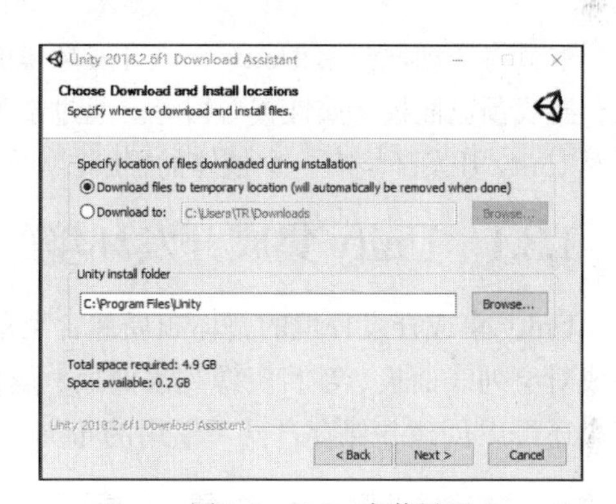

图 1-9　Unity 安装界面 4

（7）安装完成后桌面上会生成一个 Unity 集成开发环境的快捷方式，双击该快捷方式即可进入 Unity 集成开发环境的综合编辑界面。为了能够导出 Android 安装包，还需要为其挂载 Android SDK。在菜单栏中单击 Edit→Preferences，打开配置窗口，如图 1-10 所示。

（8）单击左侧列表中的 External Tools，右侧就会打开相应的设置面板，在下方的 SDK 处选择 SDK 文件所在的路径，如图 1-11 所示，还可以根据需要挂载 JDK 和 NDK。

（9）Mac OS X 平台上的 Unity 集成开发环境的安装和前面介绍的 Windows 平台上 Unity 集成开发环境的安装过程完全一样，因为只要下载对应平台的 Unity 下载器，下载器即可帮助用户自动完成 Unity 集成开发环境的安装，而且 Mac OS X 平台上的 Unity 集成开发环境不需要挂载 SDK。

由于篇幅有限，关于 Android SDK 的下载这里不进行详细介绍，如有需要请查看相关的 Android 开发类书籍或在网络上查找相关资料。

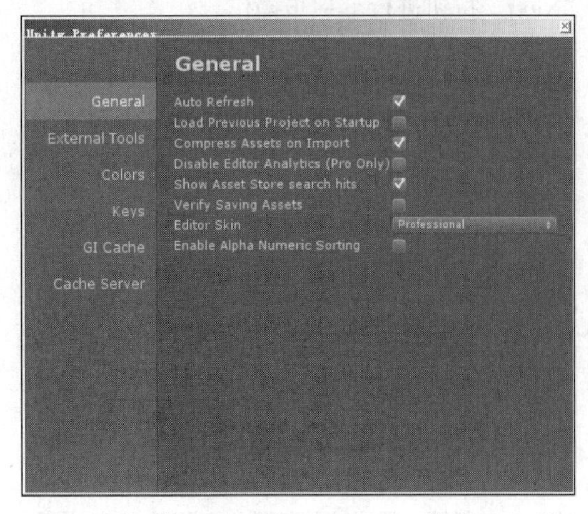

图 1-10　Unity Preferences 窗口

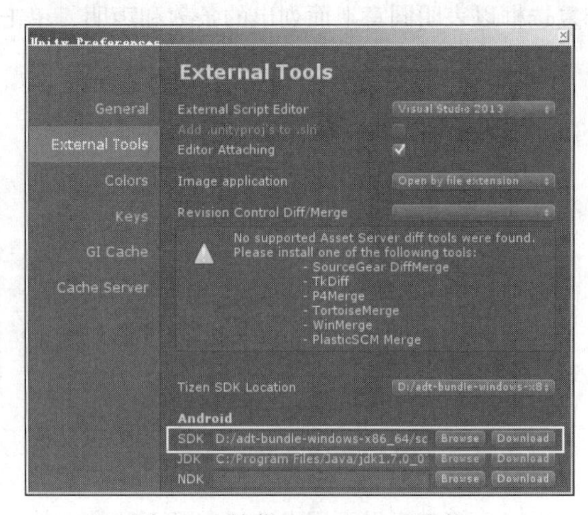

图 1-11　挂载 Android SDK 文件

1.3　Unity 集成开发环境的配置

本节将详细地介绍 Unity 集成开发环境的整体布局，主要包括菜单栏、工具栏、场景设计面板、游戏预览面板、属性查看器等。通过学习该引擎的整体布局及其各个布局的主要作用，读者可对 Unity 开发环境有一个整体的了解。

1.3.1　Unity 集成开发环境的整体布局

Unity 集成开发环境的整体布局包含菜单栏、工具栏、场景设计面板、游戏预览面板、游戏组成对象列表面板、项目资源列表面板、属性查看器，如图 1-12 所示。单击工具栏右侧的下拉列表还可以创建并保存自己习惯用的布局，如图 1-13 所示。

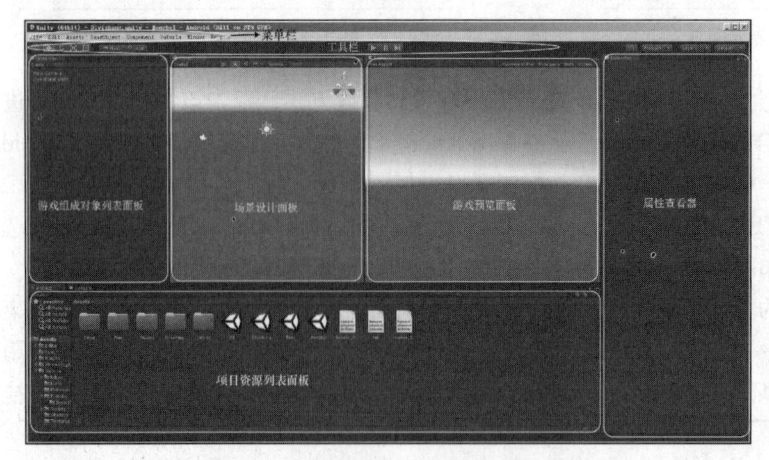

图 1-12　Unity 集成开发环境的整体布局

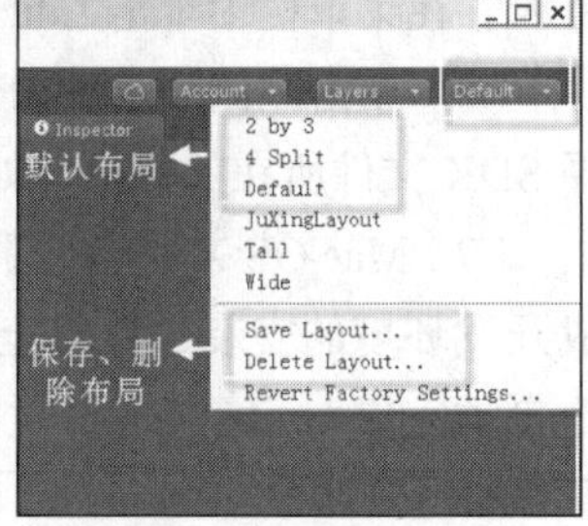

图 1-13　保存布局

所有左上角带图标的面板都可进行设置，右键单击面板顶部，会弹出下拉列表，可以最大化该面板、关闭该面板，或者在这个面板中添加一个新的面板，如图 1-14 所示。

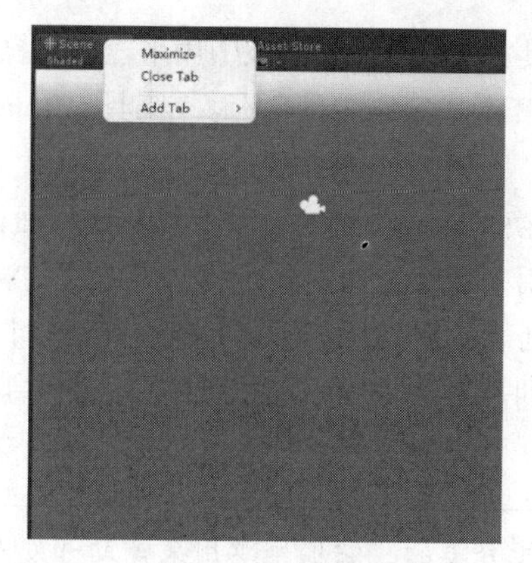

图 1-14　下拉列表

说明

创建布局完成后可以单击 Window→Layouts→Save Layout 保存自己的布局。如果布局被不小心弄乱了，可以单击 Window→Layouts 找到已保存的布局来恢复。

1.3.2　Unity 菜单栏

Unity 集成开发环境的菜单栏包括 File、Edit、Assets、GameObject、Component、Window 和 Help 菜单，如图 1-15 所示。每个菜单下都有子菜单，开发人员可以选择不同的菜单来实现所需要的功能。

File　Edit　Assets　GameObject　Component　Window　Help

图 1-15　菜单栏

- ❑ File（文件）菜单：打开和保存场景、项目，以及创建游戏。
- ❑ Edit（编辑）菜单：包含普通的复制和粘贴功能，以及修改 Unity 部分属性的设置。
- ❑ Assets（资源）菜单：包含与资源创建、导入、导出及同步相关的所有功能。
- ❑ GameObject（游戏对象）菜单：创建、显示游戏对象，以及为它们创建父子关系。
- ❑ Component（组件）菜单：为游戏对象添加新的组件或属性。
- ❑ Window（窗口）菜单：显示特定视图（如项目资源列表或游戏组成对象列表）。
- ❑ Help（帮助）菜单：包含手册、社区论坛及激活许可证的链接。

提示

现在只需要了解每个菜单包含的常见功能，后面的章节将会对各个功能进行更为详细的介绍。

1.3.3　Unity 工具栏

工具栏位于菜单栏的下方，主要包括变换工具、变换 Gizmo 切换、播放控件、分层下拉列表和布局下拉列表，这些工具用于控制场景设计面板和游戏预览面板中的显示方式，以及变换场景中游戏对象的位置和方向等，如图 1-16 所示。

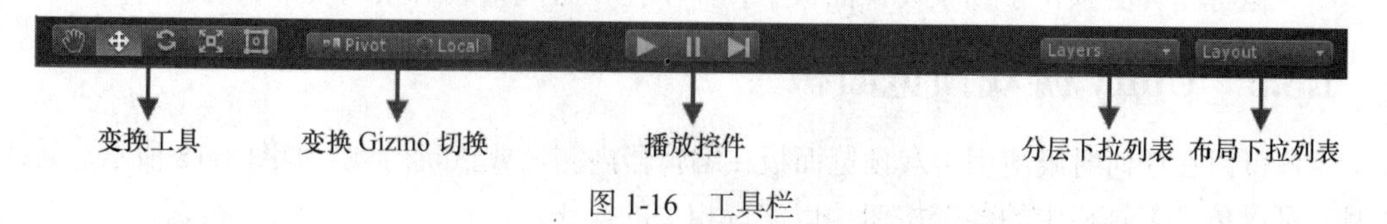

图 1-16　工具栏

- Transform（变换）工具：在场景设计面板中用来控制和操控对象，按照从左到右的次序，分别是 Hand（移动）工具、Translate（平移）工具、Rotate（旋转）工具和 Scale（缩放）工具。
- Transform Gizmo（变换 Gizmo）切换：改变场景设计面板中 Translate 工具的工作方式。
- Play（播放）控件：用来在编辑器内开始或暂停游戏的测试。
- Layers（分层）下拉列表：控制任何给定时刻在场景设计面板中显示哪些特定的对象。
- Layout（布局）下拉列表：改变面板和视图的布局，并且可以保存所创建的任意自定义布局。

工具也是按照功能分类的，它们主要用来辅助开发人员在场景设计面板和游戏预览面板中进行编辑和移动，后面的章节将进行更为完整的介绍。

1.3.4 Unity 场景设计面板

场景设计面板是 Unity 编辑器中最重要的面板之一，它提供游戏世界及其关卡的可视化表示，如图 1-17 所示。在这里可以对游戏组成对象列表中的所有物体进行移动、缩放和放置，创建供玩家进行探险和交互的物理空间。

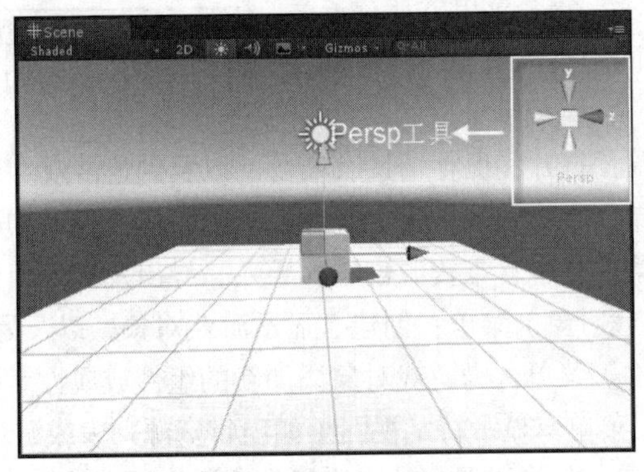

图 1-17　场景设计面板

场景设计面板还包含一个名为 Persp 的特殊工具，如图 1-17 右上角所示。这一特殊工具使开发人员可以迅速地切换观察场景的角度。单击 Persp 工具的每个箭头都会改变观察场景的角度，也可以通过快捷键对场景进行操作。

- Tumble（旋转，Alt+鼠标左键）：摄像机会绕任意轴旋转，从而旋转视图。
- Track（移动，Alt+鼠标中键）：在场景中把摄像机向左、向右、向上和向下移动。
- Zoom（缩放，Alt+鼠标右键或滚动鼠标中键）：缩小或放大场景。
- Center（居中，选中游戏对象并按 F 键）：摄像机会把选中的对象居中放大显示在视图中；鼠标指针必须位于场景设计面板中，而不是在游戏组成对象列表中的对象上。

1.3.5 Unity 游戏预览面板

用户可以在任何时候使用游戏预览面板在编辑器内测试或试玩游戏，如图 1-18 所示。测试游戏时，可以单击工具栏中的各个按钮，以实现相关的操作。

- Free Aspect：任意显示比例下拉列表，可以选择不同分辨率或不同比例的游戏预览面板。
- Maximize on Play：在单击播放按钮后将游戏预览面板最大化。
- Mute audio：单击该按钮可在进入播放模式时使游戏内音频静音。
- Stats：显示游戏运行过程中各方面的渲染数据。
- Gizmos：单击该按钮可以切换绘制和渲染工具。

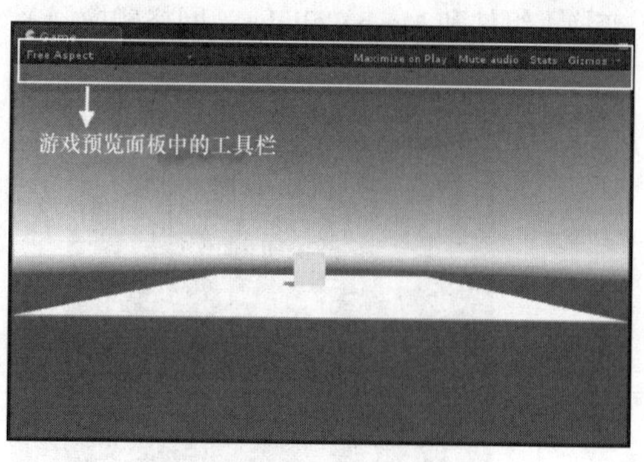

图 1-18　游戏预览面板

1.3.6　Unity 项目资源列表面板

项目资源列表面板中显示项目中的所有文件，包括脚本、贴图、模型、场景等文件，并且这些文件都被组织到一个 Assets（资源）文件夹中。Assets 文件夹包含创建和导入的所有资源文件，如图 1-19 所示。项目资源列表面板中显示了 Assets 文件夹下的所有资源文件。

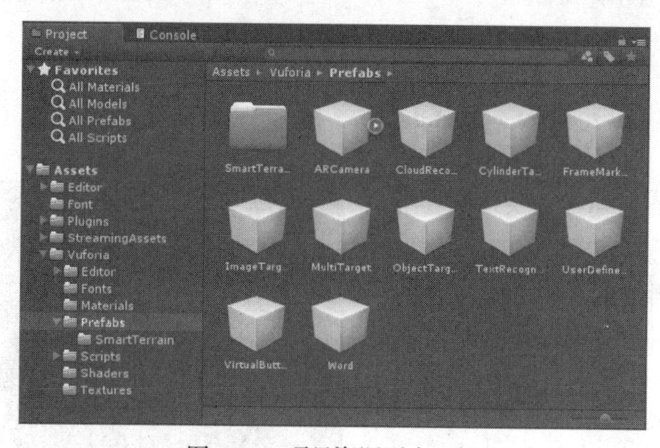

图 1-19　项目资源列表面板

说明

该面板中的资源在项目中的组织方式与计算机资源管理器中的组织方式完全一致，但是尽量避免在 Unity 编辑器外部移动资源文件，因为这样有可能会损坏或删除和该资源相关联的元数据或链接。在项目资源列表面板中单击鼠标右键，就会弹出一个快捷菜单，包含导入资源和对资源进行操作的选项，该操作在后面的章节中会频繁使用。

1.3.7　Unity 属性查看器

属性查看器内显示了游戏中每个游戏对象所包含的所有组件的详细属性。单击 Plane 对象，其所有组件的详细属性就会显示在属性查看器中，如图 1-20（a）所示。这些组件是按照添加的先后顺序排列的，在某个组件上面单击鼠标右键，可以在弹出的快捷菜单中根据选项对组件属性进行修改，如图 1-20（b）所示。

属性查看器中有很多属性信息。这些属性乍看上去让人无所适从，但是，它们遵循一些基本原则。在属性查看器顶端的是游戏对象的名称，然后是该对象各个属性的信息列表，如 Transform

（变换）组件和 Mesh Collider（网格碰撞器）组件。

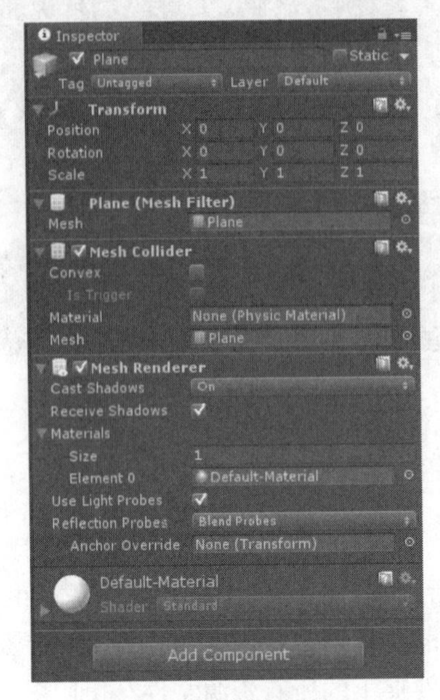

（a）显示详细属性

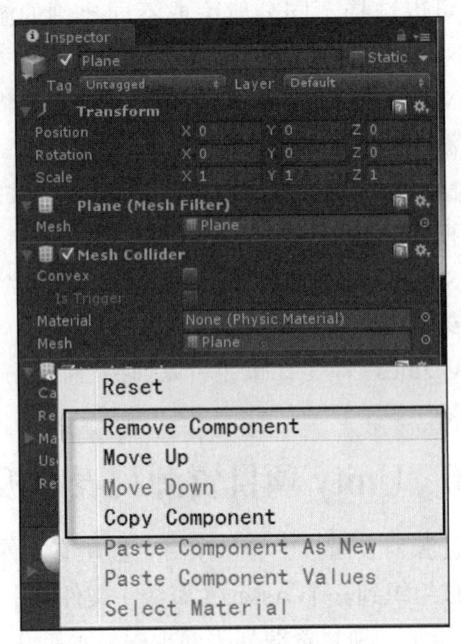

（b）改变组件的位置参数

图 1-20　属性查看器

1.3.8　Unity 状态栏与控制台

状态栏和控制台是 Unity 集成开发环境中两个很有用的调试工具，如图 1-21 所示。状态栏总是出现在编辑器的底部。可以通过在菜单栏中单击 Window→Console 或按快捷键 Ctrl+Shift+C 打开控制台，也可以通过单击状态栏来打开控制台。

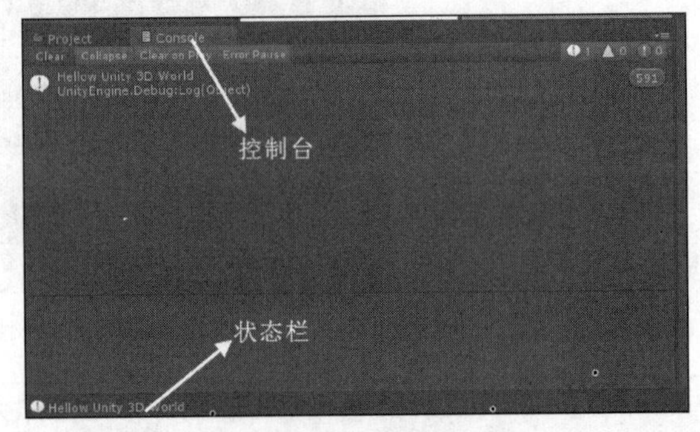

图 1-21　状态栏与控制台

当按下播放按钮开始测试项目或游戏时，状态栏和控制台中都会显示相关的提示信息。开发人员还可以在脚本中让项目向控制台和状态栏输出一些信息，有助于调试和修复错误。项目遇到的任何错误，以及和这个特定错误相关的细节，都会显示在控制台里。

1.3.9　Unity 菜单栏常用菜单命令

本小节将对菜单栏中的主要菜单及其菜单命令进行详细介绍。通过对菜单栏的学习，读者可以对 Unity 的各项功能有系统、全面的认识与了解，以便在今后的开发中熟练地运用各个菜单，满足开发的需求。

1. File

在 Unity 集成开发环境中，单击 File 会弹出一个下拉菜单，如图 1-22 所示。下面将介绍几个开发过程中常用的菜单命令。

❑　New Scene

New Scene 的功能为新建场景，即新建一个游戏场景。每一个新创建的游戏场景都包含了一个 Main Camera（主摄像机）和一个 Directional Light（定向光源）。

❑　Open Scene

Open Scene 的功能为打开场景，即打开以前所保存的场景。单击 Open Scene 后，会弹出一个 Load Scene 对话框，选择所要打开的场景文件（扩展名为“.unity”的文件）即可。

❑　Save Scene

Save Scene 的功能为保存场景，即保存当前所搭建的场景。如果是第一次保存当前场景，会弹出一个 Save Scene 对话框，在文件名处输入场景名称，然后保存即可；否则直接保存当前场景。

❑　Build Settings

Build Settings 的功能为发布设置，即在发布游戏前一些必要的设置。单击 Build Settings 后，会立刻弹出 Build Settings 对话框，如图 1-23 所示。在 Platform 下可选择当前项目发布后所要运行的平台；同时可以单击“Player Settings”按钮，在属性查看器中修改相关参数。

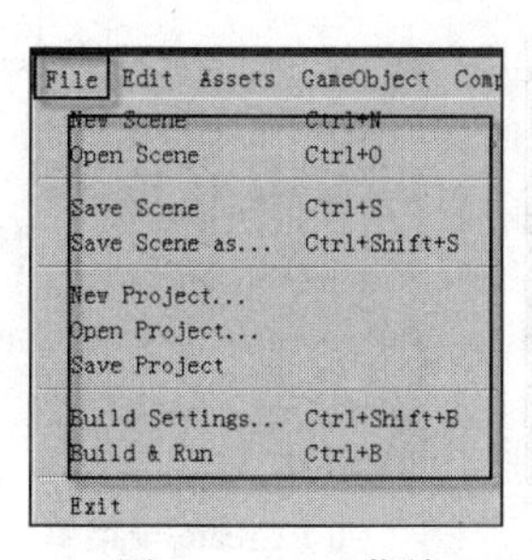

图 1-22　File 菜单

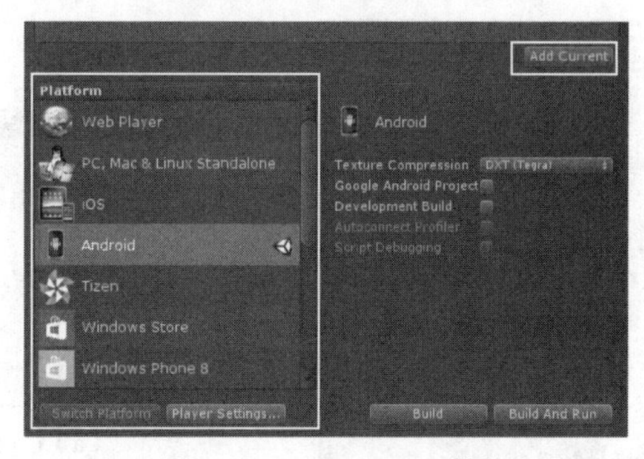

图 1-23　Build Settings 对话框

2. Edit

在 Unity 集成开发环境中，单击 Edit 会弹出一个下拉菜单，其中每个菜单命令及其对应的快捷键如图 1-24 所示。下面将介绍几个开发过程中常用的菜单命令。

❑　Frame Selected

Frame Selected 的功能为居中并最大化显示当前选中的物体，即若要在场景设计面板中近距离观察所选中的游戏对象，便可单击 Frame Selected，从而方便地切换视角。

❑　Preferences

Preferences 的功能为偏好设置，即对 Unity 集成开发环境的相应参数进行设置。单击 Preferences 后，会立刻弹出一个 Unity Preferences 对话框，在该对话框中可进行参数的相关设置。

❑　Project Settings

Project Settings 的功能为工程设置，即对工程进行相应的设置。单击 Project Settings 后，会弹出其子菜单，如图 1-25 所示，通过它们可对工程进行具体设置。

3. Assets

在 Unity 集成开发环境中，单击 Assets 会弹出一个下拉菜单，如图 1-26 所示。下面将介绍几个开发过程中常用的菜单命令。

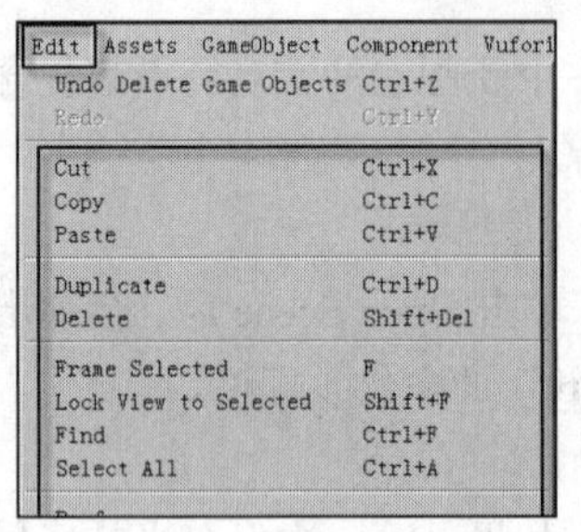

（a）Edit 菜单 1

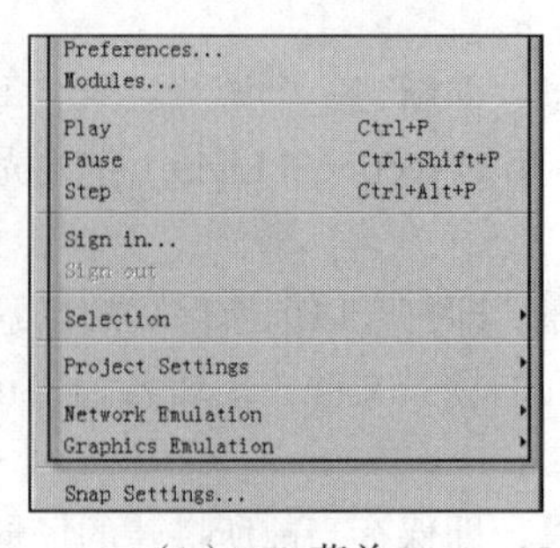

（b）Edit 菜单 2

图 1-24　Edit 菜单

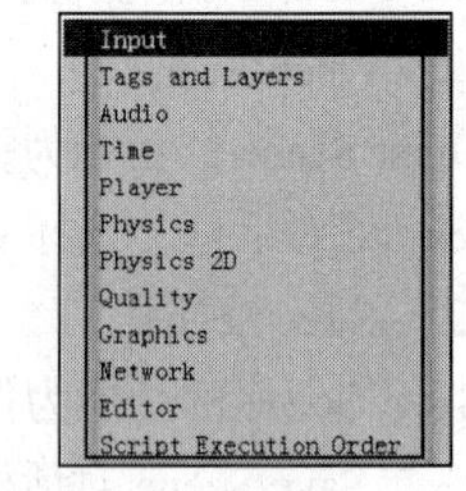

图 1-25　Project Settings 子菜单

❑　Create

Create 的功能为创建 Unity 内置的资源，该子菜单中为 Unity 内置的各个资源，如图 1-27 所示。通过此方法创建的任何资源都会出现在项目资源列表面板中。

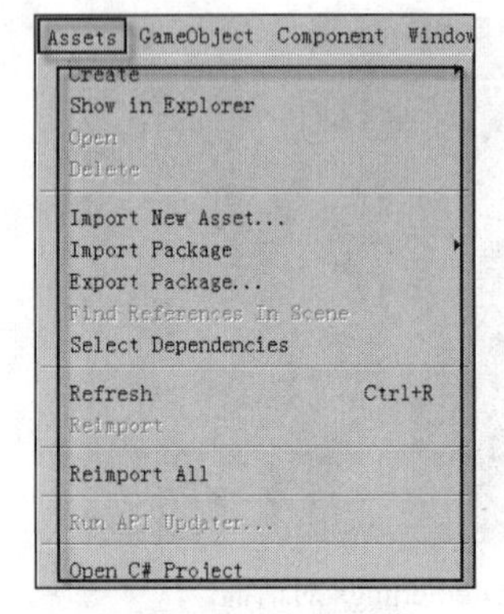

图 1-26　Assets 菜单

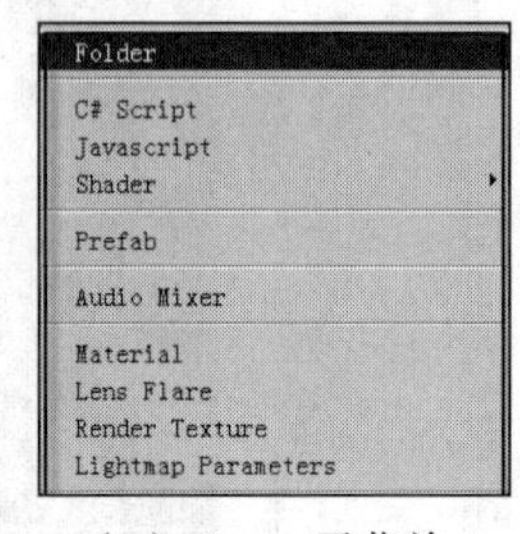

（a）Create 子菜单 1

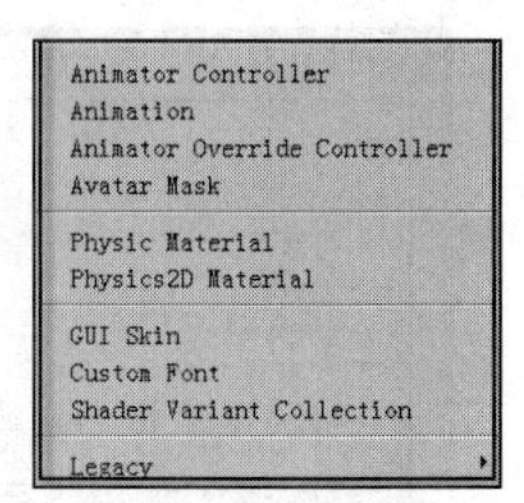

（b）Create 子菜单 2

图 1-27　Greate 子菜单

❑　Show in Explorer

Show in Explorer 的功能为在资源管理器中显示资源文件。

❑　Import Package

Import Package 的功能为导入工程需要的 Unity 资源包。单击 Assets→Import Package→Custom Package，会弹出 Import Package 对话框，在其中找到所需资源导入即可。

❑　Export Package

Export Package 的功能为将需要的资源导出为资源包。选中需要导出的资源文件，单击 Export Package 即可导出资源包。

4. GameObject 和 Component

在 Unity 集成开发环境中，单击 GameObject 会弹出一个下拉菜单，如图 1-28 所示；单击 Component 也会弹出一个下拉菜单，如图 1-29 所示。这里重点介绍 GameObject 菜单。

❑　Create Empty

Create Empty 的功能为创建空游戏对象，空游戏对象就是不带有任何组件的游戏对象。单击 Create Empty 或按快捷键 Ctrl+Shift+N 即可在场景中创建一个空游戏对象。

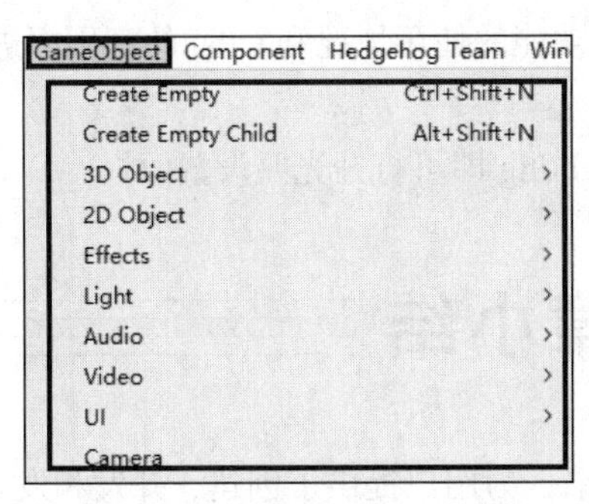

图 1-28 GameObject 菜单

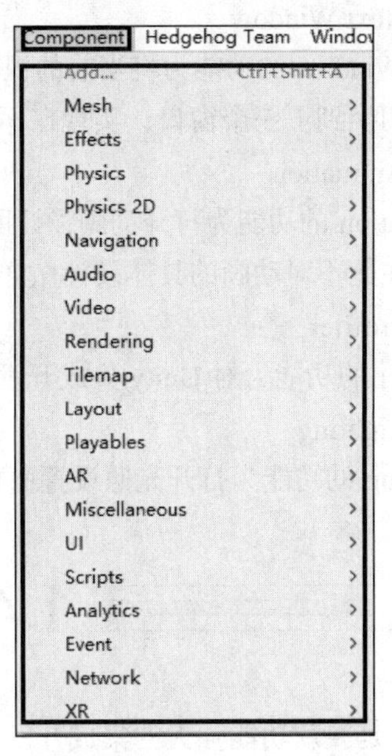

图 1-29 Component 菜单

❑ 3D Object

3D Object 子菜单的功能是创建 3D 游戏对象，包括 Cube、Sphere、Capsule、Cylinder、Plane、Quad、Ragdoll、Terrain、Tree、Wind Zone 和 3DText。

❑ Light

Light 子菜单的功能是创建光源对象，包括 Directional Light、Point Light、SpotLight、Area Light、Reflection Probe 和 Light Probe Group。

❑ Audio

Audio 子菜单的功能是创建与声音有关的游戏组件，包括 Audio Source 和 Audio Reverb Zone，Audio Source 的功能为创建声音源。

❑ UI

UI 子菜单的功能是创建和搭建与 UI 有关的游戏对象，包括 Panel、Button、Text、Image、Raw Image、Slider、Scrollbar、Toggle、Input Field、Canvas 和 Event System 等。

5. Window

在 Unity 集成开发环境中，单击 Window 会弹出一个下拉菜单，其中每个菜单命令及其对应的快捷键如图 1-30、图 1-31 所示。

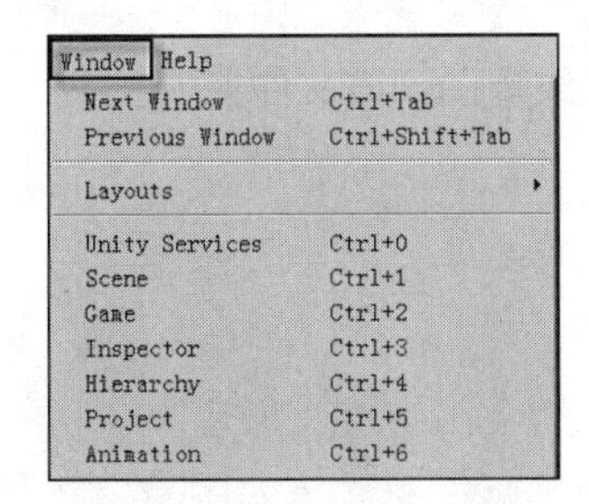

图 1-30 Window 菜单 1

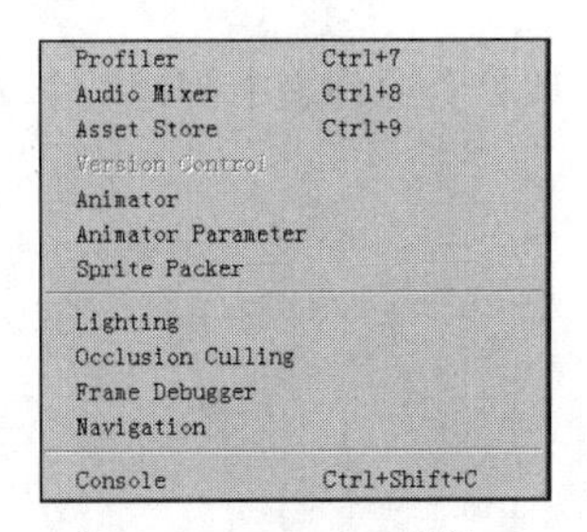

图 1-31 Window 菜单 2

❑ Next Window

Next Window 的功能为将当前的视图切换到下一个窗口。当单击 Next Window 时，当前的视图会自动切换到下一个窗口，实现在不同的视角下观察同一对象，有助于修改对象细节等。

❑ Animation

Animation 的功能为打开动画设计面板。单击 Animation 或按快捷键 Ctrl+6，即可打开动画设计面板。在此不对动画的具体设计做详细说明，后文将做详细的讲解。

❑ Profiler

Profiler 的功能为对 Unity 集成开发环境中各个功能的使用情况和 CPU 的利用率进行检查。

❑ Lighting

Lighting 的功能为打开光照设置面板。单击 Lighting 即可打开光照设置面板。

1.4 本章小结

Unity 是一款功能强大的集成开发编辑器和引擎，为用户提供了创建、开发和发布一款游戏所必需的工具，使用户无论是开发 3D 游戏还是 2D 游戏都能够得心应手。Unity 的每个视图都提供了不同的编辑和操作功能，以帮助用户完成开发工作。

1.5 习　题

1. 简述什么是 Unity。
2. 简述 Unity 在游戏开发市场占优势地位的原因及其优点。
3. Unity 支持几种平台的开发，分别是哪些平台？
4. 自己动手下载并安装 Unity。
5. 自己动手为 Unity 挂载 JDK、SDK。
6. 简述 Unity 集成开发环境的默认布局中有哪些面板，并说明各个面板的作用。
7. 在自己的 Unity 集成开发环境中创建并保存一种布局。
8. 在 Unity 集成开发环境中创建一个名为 TestDemo 的场景，在该场景中创建一个 Plane 对象，并在其上面摆放正方体、圆柱体、球体等基本 3D 模型。
9. 在 TestDemo 场景中实现单击播放按钮之后游戏预览面板最大化，停止播放后布局恢复原样。
10. 在项目资源列表中创建一个文件夹，并导入一张纹理图到该文件夹中。

第2章 Unity脚本程序基础知识

在前面的学习中，我们已经了解 Unity 中一些基本物体的创建方法，接下来我们将学习 Unity 中脚本程序的基础知识。Unity 支持多种语言作为脚本语言。目前 C#语言使用得最为广泛，并且开发得最为完善，所以本章以 C#语言为例，介绍与 Unity 脚本程序开发相关的基础知识。

2.1 Unity 脚本概述

与其他常用的平台有所不同，在 Unity 中，脚本程序要起作用，实现的主要途径是将脚本附到特定的游戏对象中。这样，脚本中不同方法在特定的情况下被调用，就能实现特定的功能。下面是最常用的几个回调方法。

- Start 方法。这个方法在游戏场景加载时调用，在该方法内可以写一些类似游戏场景初始化的代码。
- Update 方法。这个方法会在每一帧渲染之前调用，大部分游戏代码在这里执行，除了物理部分的代码。
- FixedUpdate 方法。此方法会以固定的时间间隔调用，基本物理行为代码在这里执行。

除了以上几种回调方法，Unity 还提供了一些具有特定作用的回调方法，并且在有需要的情况下，还可以重写一些处理特定事件的回调方法，这类方法一般以 On 开头，如 OnCollisionEnter 方法（此方法在系统检测到碰撞开始时调用）等。

其实上述方法与代码在开发中一般位于 MonoBehaviour 类的子类中，也就是说开发脚本代码时，主要是继承 MonoBehaviour 类并重写其中特定的方法。后面的章节会进行相应的介绍。

2.2 Unity 中 C#脚本的注意事项

Unity 中 C#脚本的运行环境使用了 Mono 技术，Mono 是一个由 Xamarin 公司主持的致力于发展.NET 开源的工程。用户可以在 Unity 脚本中使用.NET 所有的相关类。但 Unity 中 C#的使用和传统的 C#有一些不同，下面是初学者在学习 Unity 中 C#脚本程序开发时需要特别注意的事项。

- 继承自 MonoBehaviour 类

Unity 中所有挂载到游戏对象上的脚本中包含的类都继承自 MonoBehaviour 类（直接地或间

接地）。MonoBehaviour 类中定义了各种回调方法，如 Start、Update 和 FixedUpdate 等。通过单击 Assets→Create→C# Script 创建的脚本，其系统模板已经包含必要的定义。

```
public class BNUScript : MonoBehaviour {…}                //继承 MonoBehaviour 类
```

❑ 使用 Awake 或 Start 方法初始化

C#中用于初始化脚本的代码必须置于 Awake 或 Start 方法中。Awake 和 Start 方法的不同之处在于：Awake 方法在加载场景时运行，Start 方法在第一次调用 Update 或 FixedUpdate 方法之前被调用。Awake 方法在所有 Start 方法之前运行。

❑ 类名必须匹配文件名

C#脚本中类名需要手动编写，而且类名必须和文件名相同，否则当脚本挂载到游戏对象上时，控制台会报错。

❑ Unity 脚本中协同程序有不同的语法规则

Unity 脚本中协同程序（Coroutines）必须是 IEnumerator 返回类型，并且 yield 用 yield return 代替，具体可以使用如下 C#代码片段来实现。（代码位置：见资源包中源代码第 2 章目录下的 BNUCoroutines/ BNUCoroutines.cs。）

```
1    using UnityEngine;
2    using System.Collections;                              //引入系统包
3    public class BNUCoroutines : MonoBehaviour {           //声明类
4      IEnumerator SomeCoroutine(){                         //C#协同程序
5        yield return 0;                                    //等待 1 帧
6        yield return new WaitForSeconds(2);                //等待 2 秒
7    }}
```

❑ 只有满足特定条件的变量能显示在属性查看器中

只有序列化的成员变量能显示在属性查看器中。而 private 和 protected 类型的成员变量只能在专家模式中显示，并且，它们的属性不被序列化或显示在属性查看器中。如果属性想在属性查看器中显示，那么它必须是 public 类型的。

序列化是指将对象实例的状态存储到存储媒体的过程。序列化的成员变量一般就是指 public 类型的成员变量，相反，static、private 和 protected 等类型的变量就不符合此条件。

❑ 尽量避免使用构造函数

不要在构造函数中初始化任何变量，而应使用 Awake 或 Start 方法来实现。即便是在编辑模式中，Unity 仍会自动调用构造函数，因为 Unity 需要调用脚本的构造函数来取回脚本的默认值。何时调用构造函数无法预计，因为它或许会被预制件或未激活的游戏对象所调用。

在单一模式下使用构造函数可能会导致严重后果，引发类似随机的空引用等异常。因此，一般情况下应尽量避免使用构造函数。事实上，没必要在继承自 MonoBehaviour 类的构造函数中写任何代码。

2.3 Unity 脚本的基础语法

通过前面两节，读者应该对 Unity 脚本的基础知识和在 Unity 中使用 C#脚本的注意事项有了一些简单的了解。下面就以 C#脚本为例对 Unity 脚本的基本语法进行介绍说明，主要包括对游戏对象的常用操作、访问游戏对象和一些重要的类。

2.3.1 位移与旋转

1. 基础知识

游戏的开发中常常需要对游戏对象进行位移和旋转等基础操作。在 Unity 中，对游戏对象的操作都是通过修改游戏对象的 Transform（变换）属性与 Rigidbody（刚体）属性参数来实现的，而这些参数的修改是通过脚本编程来实现的。

2. 案例效果

下面将通过两个小案例来演示物体旋转与位移的操作流程，案例运行效果如图 2-1 和图 2-2 所示。第一个案例中游戏对象 Cube 会一直绕着 x 轴旋转，第二个案例中游戏对象 Cube 会沿着 z 轴位移。

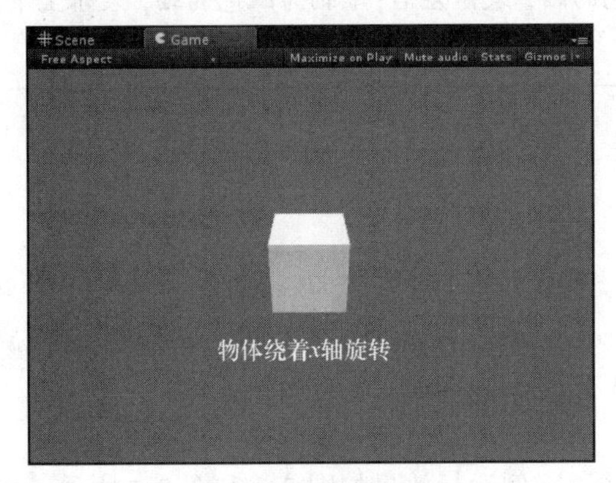

图 2-1　物体旋转演示

图 2-2　物体位移演示

3. 开发流程

我们要知道的是，物体的旋转是通过 Transform.Rotate 方法来实现的。本案例通过此方法实现了让游戏对象绕 x 轴顺时针每帧旋转 2° 的效果，具体开发流程如下。

（1）创建 Cube 对象。单击 GameObject→3D Object→Cube，创建一个 Cube 对象作为本案例的游戏对象，可以在左侧面板中单击 Cube 查看其相关属性。

（2）编写脚本。单击 Assets→Create→C# Script，创建一个 C#脚本，并将其命名为"BNUTransR.cs"，然后编写脚本，具体代码如下。（代码位置：见资源包中源代码第 2 章目录下的 BNUTrans/ BNUTransR.cs。）

```
1    using UnityEngine;
2    using System.Collections;                        //引入系统包
3      public class BNUTransR : MonoBehaviour {       //声明类
4      void Update(){                                 //重写 Update 方法
```

```
5        this.transform.Rotate(2,0,0);                    //绕 x 轴每帧旋转 2°
6    }}
```

物体的旋转实现起来相当简单，需要注意的是在 Update 方法里通过改变游戏对象 Transform 属性来实现物体的旋转和位移都是按帧来计算的。

（3）挂载脚本。脚本开发完成后，将这个脚本挂载到游戏对象上，在项目运行时即可实现所需功能，如图 2-1 所示。

物体的位移是通过 Transform.Translate 方法来实现的，例如，实现游戏对象沿 *z* 轴正方向每帧移动 1 个单位的效果，如图 2-2 所示。开发流程与上述例子相同，具体代码如下。（代码位置：见资源包中源代码第 2 章目录下的 BNUTrans\ BNUTransT.cs。）

```
1    using UnityEngine;
2    using System.Collections;                        //引入系统包
3    public class BNUTransT : MonoBehaviour{           //声明类
4      void Update(){                                 //重写 Update 方法
5        this.transform.Translate(0, 0, 1);           //游戏对象每帧沿 z 轴移动 1 个单位
6    }}
```

一般情况下，在 Unity 中，*x* 轴为红色的轴，表示左右；*y* 轴为绿色的轴，表示上下；*z* 轴为蓝色的轴，表示前后。

2.3.2　记录时间

1. 基础知识

在 Unity 中记录时间需要用到 Time 类。Time 类中比较重要的变量为 deltaTime（此变量为只读变量），它指的是从最近一次调用 Update 或 FixedUpdate 方法到现在的时间。如果想均匀地旋转一个物体，在不考虑帧速率的情况下，可以乘以 Time.deltaTime。

2. 案例效果

下面将通过两个小案例来演示 Time 类的用法，案例运行效果如图 2-3 和图 2-4 所示。第一个案例中游戏对象 Cube 会一直绕着 *x* 轴旋转，第二个案例中游戏对象 Cube 会沿着 *y* 轴向上位移。

图 2-3　物体旋转演示

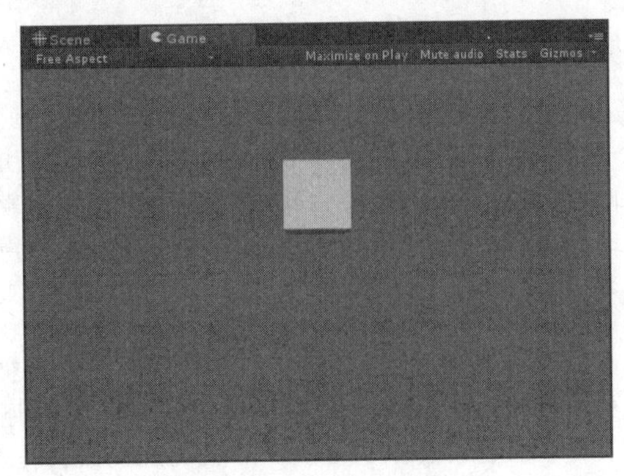

图 2-4　物体位移演示

3. 开发流程

本案例实现了让游戏对象绕 x 轴顺时针每帧旋转 10° 的效果，具体开发流程如下。

（1）创建 Cube 对象。单击 GameObject→3D Object→Cube，创建一个 Cube 对象作为本案例的游戏对象，可以在左侧面板中单击 Cube 查看其相关属性。

（2）编写脚本。单击 Assets→Create→C# Script，创建一个 C#脚本，并将其命名为"BNUTime.cs"，然后编写脚本，具体代码如下。（代码位置：见资源包中源代码第 2 章目录下的 BNUTime/ BNUTime.cs。）

```
1    using UnityEngine;
2    using System.Collections;                                    //引入系统包
3    public class BNUTime : MonoBehaviour{                        //声明类
4      void Update(){                                             //重写 Update 方法
5        this.transform.Rotate(10 * Time.deltaTime, 0, 0);      //绕 x 轴均匀旋转
6    }}
```

系统在绘制每一帧时，都会回调一次 Update 方法，因此，如果想在系统绘制每一帧时都做同样的工作，可以把对应的代码写在 Update 方法中。

（3）挂载脚本。脚本开发完成后，将这个脚本挂载到游戏对象上，在项目运行时即可实现所需功能，如图 2-3 所示。

如果涉及刚体，可以将相关代码写在 FixedUpdate 方法里面。在 FixedUpdate 方法里面如果想每秒增加或减少一个值，需要乘以 Time.fixedDeltaTime，例如，想让刚体沿 y 轴正方向每秒上升 5 个单位，具体开发流程如下。

（1）创建 Cube 对象。单击 GameObject→3D Object→Cube，创建一个 Cube 对象作为本案例的游戏对象，可以在左侧面板中单击 Cube 查看其相关属性，然后单击 Add Component 为其添加 Rigidbody 属性，并将 Use Gravity 取消勾选，如图 2-5 所示。

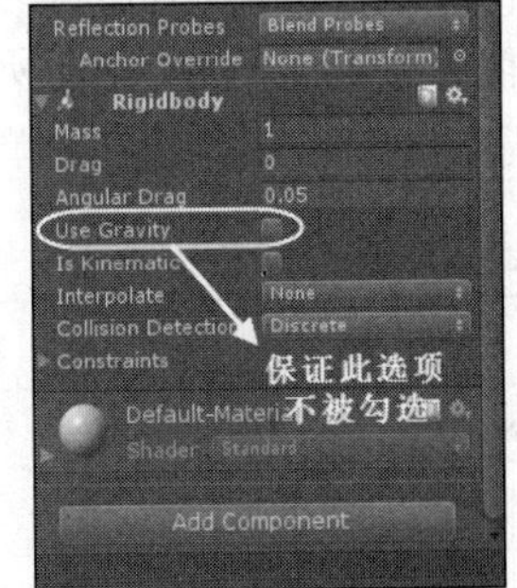

图 2-5　Rigidbody 属性参数设置

（2）编写脚本。单击 Assets→Create→C# Script，创建一个 C#脚本，并将其命名为"BNUFUpdate.cs"，然后编写脚本，具体代码如下。（代码位置：见资源包中源代码第 2 章目

录下的 BNUTime/ BNUFUpdate.cs。）

```
1    using UnityEngine;
2    using System.Collections;                                   //引入系统包
3    public class BNUFUpdtae: MonoBehaviour{                     //声明类
4      public GameObject gameObject;                             //声明游戏对象
5      void FixedUpdate(){                                       //重写 FixedUpdate 方法
6        Vector3 te = gameObject.GetComponent<Rigidbody>().transform.position;
                                                                 //获取刚体的位置坐标
7        te.y += 5 * Time.fixedDeltaTime;                        //刚体沿 y 轴每秒上升 5 个单位
8        gameObject.GetComponent<Rigidbody>().transform.position = te;  //设置刚体的
位置坐标
9    }}
```

本案例定义了一个向量来表示物体位移的方向。FixedUpdate 方法是按固定的物理时间被系统回调执行的，其中代码的执行和游戏的帧速率无关。

（3）挂载脚本。脚本开发完成后，将这个脚本挂载到摄像机上，然后在摄像机的属性中会出现脚本，将 Game Object 一项设置为创建好的 Cube 对象，如图 2-6 所示，在项目运行时即可实现所需功能。

图 2-6　摄像机属性参数设置

2.3.3　访问游戏对象组件

1. 基础知识

在 Unity 中组件属于游戏对象，例如，把一个 Renderer（渲染器）组件附加到游戏对象上，可以使游戏对象显示在游戏场景中。把 Camera（摄像机）组件附加到游戏对象上可以使该对象具有摄像机的所有属性。由于所有的脚本都是组件，因此一般脚本都可以附加到游戏对象上。

常用的组件可以通过简单的成员变量获得。下面介绍一些常见的成员变量，如表 2-1 所示。

表 2-1　常见的成员变量

组件名称	变量名称	组件名称	变量名称
Transform	transform	Rigidbody	rigidbody
Renderer	renderer	Camera	camera（只对摄像机对象有效）
Light	light（只对光源对象有效）	Animation	animation
Collider	collider		

这里的组件体现在属性查看器上，而变量是在脚本中体现的。一个游戏对象的所有组件及其所带的属性参数都能够在属性查看器中找到。如果想通过挂载在游戏对象上的脚本代码来获得该游戏对象上的对应组件及其属性，则可以使用变量名。

2. 案例效果

下面将通过一个小案例来演示通过访问游戏对象组件来控制物体，案例运行效果如图 2-7 所示。案例中对象 Cube 也会沿着 x 轴位移，所不同的是本案例通过访问游戏对象组件来实现平移效果，实际运行效果与前面案例的运行效果并无太大区别。

图 2-7　通过获取组件平移物体

3. 开发流程

在 Unity 中，附加到游戏对象上的组件可以通过 GetComponent 方法获得。本案例中，第 5 行和第 6 行代码功能是一样的，都是使游戏对象沿 x 轴正方向移动，而第 6 行代码通过获取 Transform 组件来使游戏对象移动，具体开发流程如下。

（1）创建 Cube 对象。单击 GameObject→3D Object→Cube，创建一个 Cube 对象作为本案例的游戏对象，可以在左侧面板中单击 Cube 查看其相关属性。

（2）编写脚本。单击 Assets→Create→C# Script，创建一个 C#脚本，并将其命名为“BNUComponent.cs”，然后编写脚本，具体代码如下。（代码位置：见资源包中源代码第 2 章目录下的 BNUComponent/BNUComponent.cs。）

```
1    using UnityEngine;
2    using System.Collections;                               //引入系统包
3    public class BNUComponent : MonoBehaviour {             //声明类
4      void Update(){                                        //重写 Update 方法
5        transform.Translate(1, 0, 0);                       //沿 x 轴移动 1 个单位
6        GetComponent<Transform>().Translate(1, 0, 0);       //沿 x 轴移动 1 个单位
7    }}
```

注意 transform 和 Transform 之间大小写的区别，前者是变量（小写），后者是类或脚本（大写）。大小写不同使开发人员能够将类和脚本同变量进行区分。

（3）挂载脚本。脚本开发完成后，将这个脚本挂载到游戏对象上，在项目运行时即可实现所需功能，如图 2-7 所示。

2.3.4 访问其他游戏对象

Unity 中脚本不仅可以控制其所附加到的游戏对象，还可以访问其他游戏对象和游戏组件，且方法很多。例如，可以通过属性查看器指定参数来获取游戏对象，也可以通过 Find 方法来获取游戏对象。下面分别进行详细介绍。

1. 通过属性查看器指定参数

在脚本代码中声明 public 类型的游戏对象引用，属性查看器中就会显示这个游戏对象的参数，将想要获取的游戏对象拖曳到属性查看器的相关参数位置即可。下面通过一个案例具体说明。创建两个 Cube 对象，分别命名为 Cube1 和 Cube2，然后通过 Cube1 上的脚本来访问 Cube2 上的脚本，具体开发流程如下。

（1）创建 Cube 对象。单击 GameObject→3D Object→Cube，创建两个 Cube 对象，并且将一个命名为“Cube1”，另一个命名为“Cube2”。

（2）编写脚本。单击 Assets→Create→C# Script，创建一个 C#脚本，并将其命名为“BNUOthobj.cs”，然后编写脚本，具体代码如下。（代码位置：见资源包中源代码第 2 章目录下的 BNUOtherobj/BNUOthobj.cs。）

```
1    using UnityEngine;
2    using System.Collections;                                  //引入系统包
3    public class BNUOthobj : MonoBehaviour{                    //声明类
4      public GameObject otherObject;                           //引用游戏对象
5      void Update(){                                           //重写 Update 方法
6        Test test = otherObject.GetComponent<Test>();          //获取“Test”脚本组件
7        test.doSomething();                                    //执行 doSomething 方法
8    }}
```

本段代码通过获取指定游戏对象的脚本属性、执行脚本中方法的方式来对其他游戏对象进行访问。

再创建一个 C#脚本，并将其命名为“Test.cs”，然后编写脚本，具体代码如下。（代码位置：见资源包中源代码第 2 章目录下的 BNUOtherobj/Test.cs。）

```
1    using UnityEngine;
2    using System.Collections;                                  //引入系统包
3    public class Test : MonoBehaviour {                        //声明类
4      public void doSomething(){                               //定义 doSomething 方法
5        this.transform.Rotate(1, 0, 0);                        //使游戏对象沿 x 轴旋转
6    }}
```

本段代码定义了 doSomething 方法，仅实现了使游戏对象沿 x 轴旋转的功能。

（3）挂载脚本。脚本开发完成后，将 BNUOthobj.cs 脚本挂载到游戏对象 Cube1 上，然后将 Test.cs 脚本挂载到游戏对象 Cube2 上，再将 Cube2 拖曳到 Cube1 脚本属性中的 Other Object 选项上，在项目运行时即可看到 Cube1 静止不动，Cube2 旋转，如图 2-8 所示。

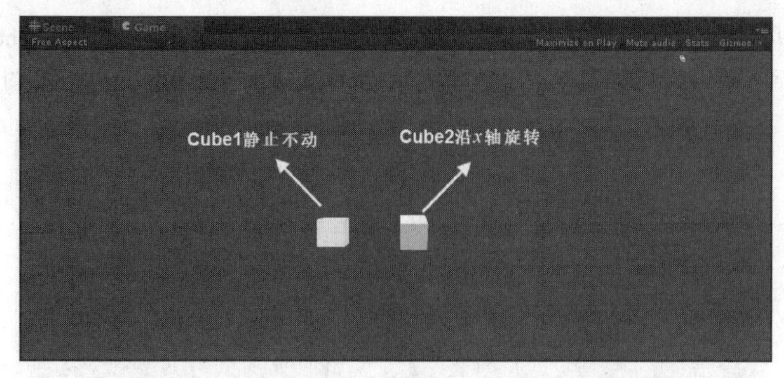

图 2-8　通过属性查看器指定参数来访问其他游戏对象

2. 确定对象的层次关系

在游戏组成对象列表中的游戏对象之间必然会存在父子关系，在代码中可以通过获取 Transform 组件来找到子对象或父对象，具体操作时可以使用如下 C#代码片段来获取游戏对象的子对象或父对象。（代码位置：见资源包中源代码第 2 章目录下的 BNUParChild/ BNUpractice.cs。）

```
1    using UnityEngine;
2    using System.Collections;                              //引入系统包
3    public class BNUpractice : MonoBehaviour{              //声明类
4      void Update(){                                       //重写 Update 方法
5        transform.Find("hand").Translate(0, 0, 1);  //找到子对象“hand”，使其沿 z 轴移动
6        transform.parent.Translate(0, 0, 1);               //找到父对象，使其沿 z 轴移动
7    }}
```

一旦成功获取子对象，就可以通过 GetComponent 方法获取子对象的其他组件。下面通过一个案例具体讲解。创建 3 个具有父子关系的游戏对象 Capsule、Sphere 和 Cube，然后通过 Sphere 上的脚本来访问其子对象 Cube 和父对象 Capsule，使它们旋转，具体开发流程如下。

（1）创建游戏对象。单击 GameObject→3D Object→Capsule，创建一个 Capsule 对象。单击 GameObject→3D Object→Sphere，创建一个 Sphere 对象。单击 GameObject→3D Object→Cube，创建一个 Cube 对象，然后将 Cube 拖曳到 Sphere 上作为其子对象，再将 Sphere 拖曳到 Capsule 上作为其子对象。

（2）编写脚本。单击 Assets→Create→C# Script，创建一个 C#脚本，并将其命名为“BNUParchild.cs”，然后编写脚本，具体代码如下。（代码位置：见资源包中源代码第 2 章目录下的 BNUParChild/ BNUParchild.cs。）

```
1    using UnityEngine;
2    using System.Collections;                                       //引入系统包
3    public class BNUParchild : MonoBehaviour{                       //声明类
4      void Update(){                                                //重写 Update 方法
5        this.transform.Find("Cube1").Rotate(1, 0, 0);    //找到子对象“Cube1”，使其绕 x 
轴旋转
6        this.transform.parent.Rotate(1, 0, 0);                      //找到父对象，使其绕 x 轴旋转
7    }}
```

说明

本段代码通过获取指定游戏对象的子对象、执行脚本中方法的方式来对其子对象进行访问。这种父子关系就是利用对象的层次关系来实现的。

（3）挂载脚本。脚本开发完成后，将 BNUParchild.cs 脚本挂载到游戏对象 Sphere 上，在项目运行时即可看到 Sphere 对象静止不动，子对象 Cube 和父对象 Capsule 旋转，如图 2-9 所示。

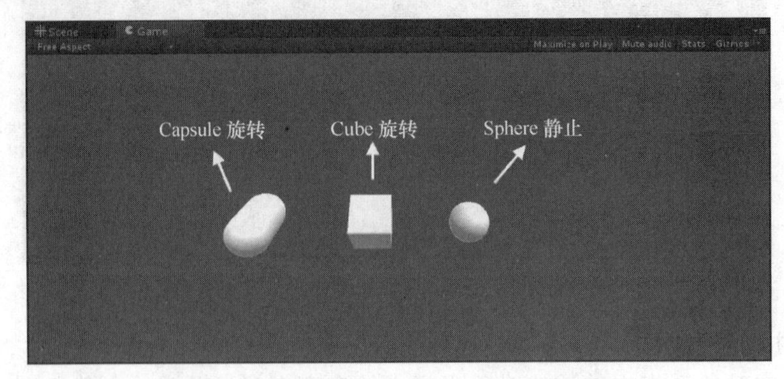

图 2-9　通过层次关系来访问其他游戏对象

3. 通过名称或标签获取游戏对象

Unity 脚本中可以使用 FindWithTag 方法和 Find 方法来获取游戏对象。FindWithTag 方法获取指定标签的游戏对象，Find 方法获取指定名称的游戏对象，并且通过 GetComponent 方法就能得到挂载在指定游戏对象上的任意脚本或组件。

下面通过一个案例具体讲解。创建游戏对象 Capsule、Sphere 和 Cube，然后通过 Sphere 上的脚本来访问 Cube 和 Capsule，使它们旋转，具体开发流程如下。

（1）创建游戏对象。单击 GameObject→3D Object→Capsule，创建一个 Capsule 对象。单击 GameObject→3D Object→Sphere，创建一个 Sphere 对象。单击 GameObject→3D Object→Cube，创建一个 Cube 对象。

（2）添加标签。单击 Capsule，然后在右侧属性查看器里单击 Tag 选项，添加名为“Cap”的标签，如图 2-10 所示。最后返回 Capsule 属性查看器，为其选择刚刚添加的“Cap”标签，如图 2-11 所示。

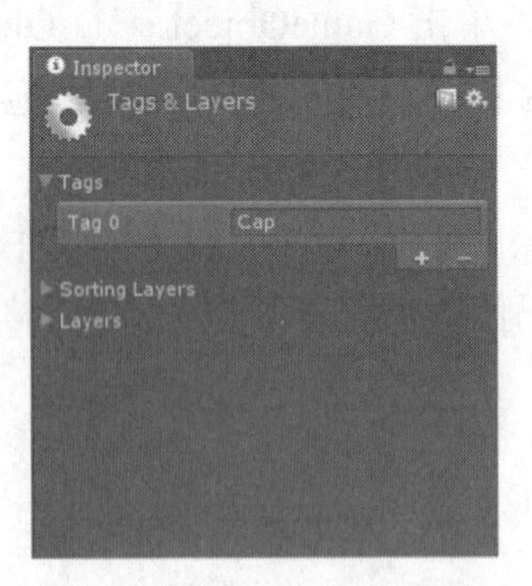

图 2-10　添加“Cap”标签

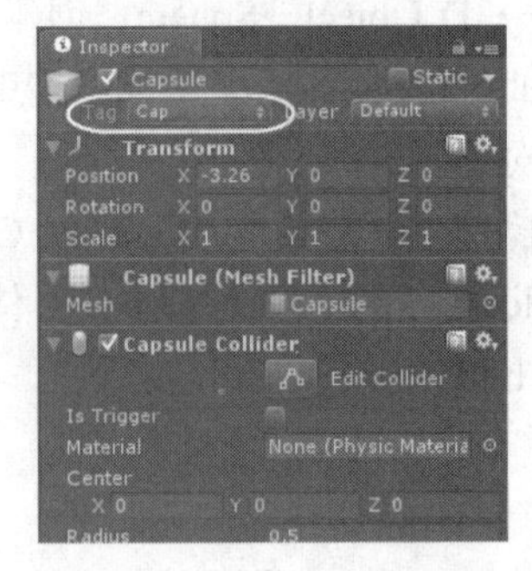

图 2-11　选择“Cap”标签

（3）编写脚本。单击 Assets→Create→C# Script，创建一个 C#脚本，并将其命名为“BNUFind.cs”，然后编写脚本，具体代码如下。（代码位置：见资源包中源代码第 2 章目录下的 BNUParChild/ BNUFind.cs。）

```
1    using UnityEngine;
2    using System.Collections;                                  //引入系统包
3    public class BNUFind : MonoBehaviour{                       //声明类
```

```
4      void Update(){                                        //重写 Start 方法
5        GameObject obj1 = GameObject.Find("Cube");          //获取名为"Cube"的对象
6        obj1.transform.Rotate(1, 0, 0);                     //使物体旋转
7        GameObject obj2 = GameObject.FindWithTag("Cap");    //获取标签为"Cap"的对象
8        obj2.transform.Rotate(1,0,0);                       //使物体旋转
9    }}
```

实际上这两种访问其他游戏对象的方法是相同的，但是 FindWihtTag 方法需要为游戏对象添加标签，这样可以通过选择同一个标签批量控制多个对象。开发人员可以随意选择方法。

（4）挂载脚本。脚本开发完成后，将 BNUFind.cs 脚本挂载到游戏对象 Sphere 上，在项目运行时即可看到 Sphere 静止不动，Cube 和 Capsule 旋转，如图 2-12 所示。

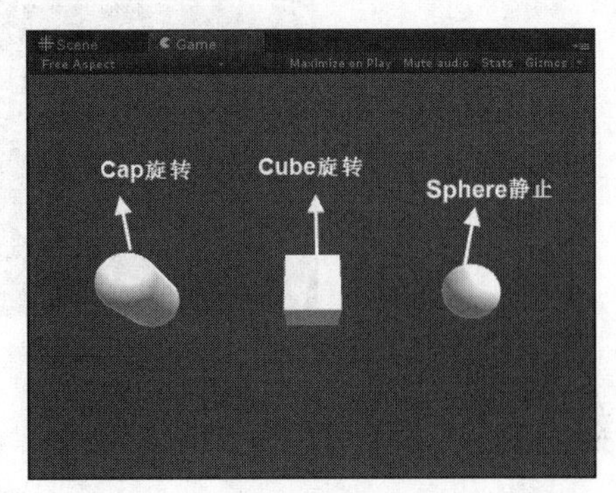

图 2-12　通过名称或标签来访问其他游戏对象

4. 通过组件名称获取游戏对象

Unity 脚本中还有一种访问其他游戏对象的方法：通过 FindObjectsOfType 方法和 FindObjectOfType 方法来找到挂载了特定类型组件的游戏对象。FindObjectsOfType 方法可以获取所有挂载了指定类型组件的游戏对象，而 FindObjectOfType 方法仅获取挂载了指定类型组件的第一个游戏对象。

下面通过一个案例进行说明。创建游戏对象 Cylinder、Sphere 和 Cube，然后在其中两个对象上挂载 Test.cs 脚本，接着通过刚刚介绍的方法来获取这两个对象的名称，具体开发流程如下。

（1）创建游戏对象。单击 GameObject→3D Object→Cylinder，创建一个 Cylinder 对象。单击 GameObject→3D Object→Sphere，创建一个 Sphere 对象。单击 GameObject→3D Object→Cube，创建一个 Cube 对象。

（2）编写脚本。单击 Assets→Create→C# Script，创建两个 C#脚本，并将它们分别命名为"Test.cs"和"BNUFindtype.cs"。对 Test.cs 脚本不用进行任何编写，我们只是用它来充当一个组件，然后编写 BNUFindtype.cs 脚本，具体代码如下。（代码位置：见资源包中源代码第 2 章目录下的 BNUFindtype/ BNUFindtype.cs。）

```
1    using UnityEngine;
2    using System.Collections;                          //引入系统包
3    public class BNUFindtype : MonoBehaviour{          //声明类
4      void Start(){                                    //重写 Start 方法
5        Test test = FindObjectOfType<Test>();          //获取找到的第一个 "Test"组件
6        Debug.Log(test.gameObject.name);       //输出挂载"Test"组件的第一个游戏对象的名称
7        Test[] tests = FindObjectsOfType<Test>();      //获取所有的"Test"组件
8        foreach (Test te in tests){                    //遍历所有对象
9          Debug.Log(te.gameObject.name);    //输出挂载"Test"组件的所有游戏对象的名称
10   }}}
```

FindObjectsOfType 方法多用于对 UI 的处理，但是请注意这个方法是非常慢的，不推荐在每帧使用，大多数情况下可以使用单例模式来代替。

（3）挂载脚本。脚本开发完成后，将 Test.cs 脚本挂载到刚刚创建的任意两个对象上，然后将 BNUFindtype.cs 脚本挂载到主摄像机上，在项目运行时即可看到控制台输出了刚刚挂载了 Test.cs 脚本的对象名称，如图 2-13 所示。

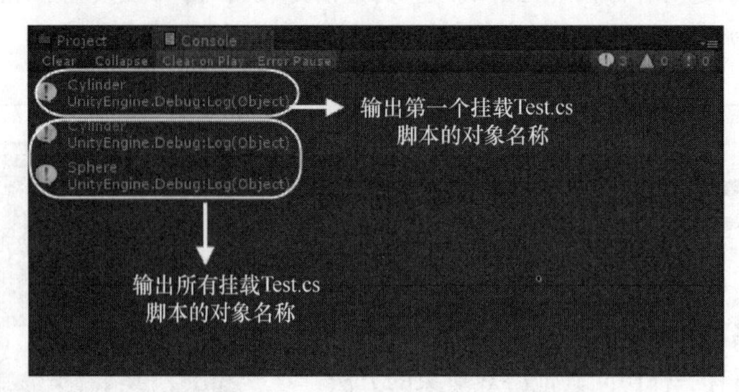

图 2-13　输出挂载脚本组件的对象名称

2.3.5　向量

1．基础知识

3D 游戏开发中经常需要用到向量和进行向量运算，Unity 提供了完整的用来表示二维向量的 Vector2 类和表示三维向量的 Vector3 类。因为二维向量和三维向量的使用方法相同，下面将以三维向量为例详细介绍 Unity 中向量的使用方法。

Vector3 类可以在实例化时实现赋值，也可以在实例化后给 x、y、z 分别赋值，具体代码如下。（代码位置：见资源包中源代码第 2 章目录下的 BNUVector3/ BNUVector3.cs。）

```
1    using UnityEngine;
2    using System.Collections;
3    public class BNUVector3 : MonoBehaviour {
4       public Vector3 position1 = new Vector3();
5       public Vector3 position2 = new Vector3(1,2,2);
6       void Start()
7       {
8          position1.x = 1;
9          position1.y = 2;
10         position1.z = 2;
11   }}
```

Vector3 类中也定义了一些常量，例如，Vector.up 等同于 Vector(0,1,0)，这样可以简化代码。这些常量对应的值如表 2-2 所示。

表 2-2　Vector3 类中常量对应的值

常　　量	值	常　　量	值
Vector3.zero	Vector(0,0,0)	Vector3.one	Vector(1,1,1)
Vector3.forward	Vector(0,0,1)	Vector3.up	Vector(0,1,0)
Vector3.rigth	Vector(1,0,0)		

Vector3 类中有很多对向量进行操作的方法，例如，想要获得两点之间的距离时，可以使用 Distance 方法来完成。这些方法的作用如表 2-3 所示。

表 2-3 Vector3 类中方法的作用

方 法	作 用	方 法	作 用
Lerp	在两个向量之间进行线性插值	Slerp	在两个向量之间进行球形插值
OrthoNormalize	使向量规范化并且相互垂直	MoveTowards	从当前的位置移向目标
RotateTowards	让当前的向量转向目标	Scale	两个向量组件对应相乘
Cross	两个向量的交叉乘积	Dot	两个向量的点乘积
Reflect	沿着法线反射向量	Distance	返回两点之间的距离
Project	投影一个向量到另一个向量	Angle	返回两个向量的夹角
Min	返回两个向量中长度较小的向量	Max	返回两个向量中长度较大的向量
operator +	两个向量相加	operator -	两个向量相减
operator *	两个向量相乘	operator /	两个向量相除
operator ==	判断两个向量是否相等	operator !=	判断两个向量是否不相等
ClampMagnitude	返回向量的长度，最大不超过 maxLength 所指示的长度	SmoothDamp	随着时间的推移，逐渐改变一个向量使其朝向预期的目标位置

2. 案例效果

下面将通过一个小案例来演示向量的简单用法，案例运行效果如图 2-14 所示。游戏对象 Cube 会一直朝着向量方向位移，可以通过修改面板上向量的值来改变物体的位移方向。

图 2-14 物体朝着向量方向位移

3. 开发流程

本案例实现了使物体朝着向量方向位移的效果，改变向量的值，物体位移方向会随着改变，具体开发流程如下。

（1）创建 Cube 对象。单击 GameObject→3D Object→Cube，创建一个 Cube 对象作为本案例的游戏对象，可以在左侧面板中单击 Cube 查看其相关属性。

（2）编写脚本。单击 Assets→Create→C# Script，创建一个 C#脚本，并将其命名为“BNUVec.cs”，然后编写脚本，具体代码如下。（代码位置：见资源包中源代码第 2 章目录下的 BNUVector3/ BNUVec.cs。）

```
1    using UnityEngine;
2    using System.Collections;                                //引入系统包
3    public class BNUVec : MonoBehaviour{                     //声明类
4      public Vector3 position = new Vector3();               //实例化 Vector3
5      void Start(){                                          //重写 Start 方法
6        position = Vector3.right;                            //为 position 赋值
7      }
8      void Update(){                                         //重写 Update 方法
9        this.transform.Translate(position);                  //朝向量方向平移物体
10   }}
```

本段代码通过使用 Vector3 类中给定的常量来进行物体的位移，较为简单。但其实 Vector3 类的一些方法使用起来较为复杂，如 Vector3.Lerp()等方法，若运用巧妙可以实现类似复制的功能。

（3）挂载脚本。脚本开发完成后，将这个脚本挂载到 Cube 对象上，在项目运行时物体会朝着向量方向位移，如图 2-14 所示。

2.3.6 私有变量和公有变量

1. 基础知识

在一般情况下，定义在方法体外的变量是成员变量，如果这个变量为全局类型的，就可以在属性查看器中显示，读者可以随时在属性查看器中修改它的值。通过 private 创建的变量是私有变量，在属性查看器中不会显示该变量，避免它被错误地修改。

2. 案例效果

下面将通过一个小案例来演示私有变量和公有变量的区别，案例运行效果如图 2-15 所示。

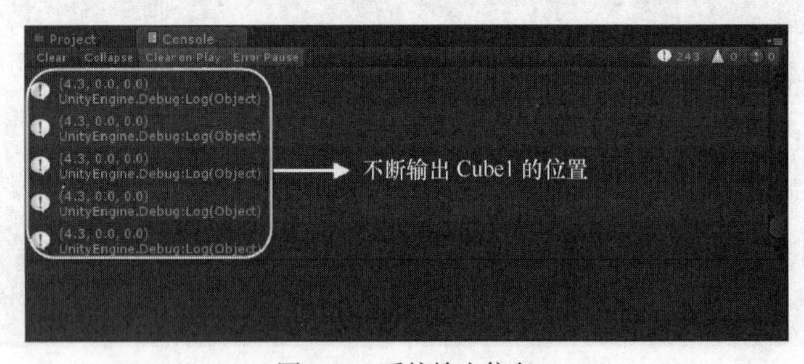

图 2-15　系统输出信息

3. 开发流程

组件类型的变量（类似 GameObject、Transform、Rigidbody 等），需要在属性查看器中拖曳游戏对象到变量处并确定它的值。

C#脚本中可以通过 static 关键字来修饰公有变量，这样就可以在不同脚本间调用这个变量。如果想从另外一个脚本中调用变量 Test，读者可以通过“脚本名.变量名”的方法来调用，这里不做详细演示。本案例具体开发流程如下。

（1）创建 Cube 对象。单击 GameObject→3D Object→Cube，创建两个 Cube 对象，并且将一个命名为“Cube1”，另一个命名为“Cube2”。

（2）编写脚本。单击 Assets→Create→C# Script，创建一个 C#脚本，并将其命名为

"BNUPubvar.cs"，然后编写脚本，具体代码如下。（代码位置：见资源包中源代码第 2 章目录下的 BNUVar/ BNUPubvar.cs。）

```
1     using UnityEngine;
2     using System.Collections;                              //引入系统包
3     public class BNUPubvar : MonoBehaviour{               //声明类
4       public Transform pubTrans;                          //声明一个公有 Transform 组件
5       private Transform priTrans;                         //声明一个私有 Transform 组件
6       void Start(){                                       //重写 Start 方法
7         priTrans = this.transform;                        //为 priTrans 赋值
8       }
9       void Update(){                                      //重写 Update 方法
10        if (Vector3.Distance(pubTrans.position, priTrans.position) < 10){
                                                          //如果 pubTrans 和 priTrans 的距离小于 10
11            Debug.Log(pubTrans.position);               //输出 pubTrans 的位置
12    }}}
```

说明　此案例为演示案例，在日常的开发中一般将组件类型的变量定义为公有类型，这样通过简单的拖曳就可以控制和操作对象。有些特殊的对象需定义为私有变量。

（3）挂载脚本。脚本开发完成后，将这个脚本挂载到 Cube1 上，在项目运行时系统会不断输出 Cube1 的位置，如图 2-15 所示。

2.3.7　实例化游戏对象

1. 基础知识

在 Unity 中，可以通过 GameObject 菜单在场景中创建游戏对象（这些游戏对象在场景加载的时候被创建出来），也可以在脚本中动态地创建游戏对象。在游戏运行的过程中根据需要在脚本中实例化游戏对象的方法更加灵活。

在 Unity 中，如果想创建很多个相同的物体（如射击出去的子弹、保龄球瓶等），可以通过实例化（Instantiate）快速实现。而且实例化得到的游戏对象包含了原对象所有的属性，这样就能保证快速地创建相同的对象。实例化在 Unity 中有很多用途，充分利用它非常必要。

2. 案例效果

下面将通过一个小案例来演示实例化游戏对象的流程，案例运行效果如图 2-16 所示。案例中游戏对象 Sphere 朝着向量的方向生成 4 个大小相同的 Sphere。

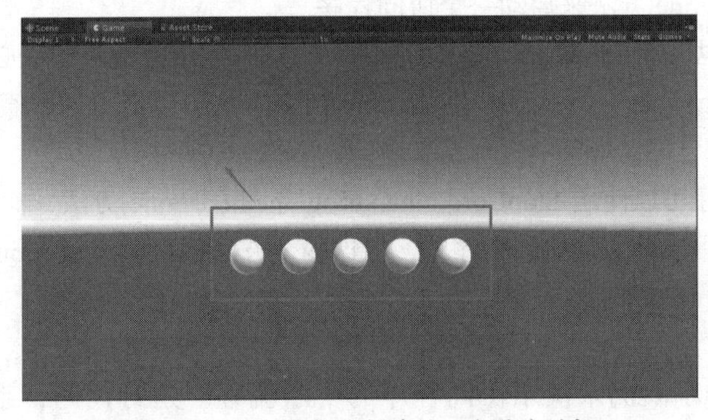

图 2-16　通过实例化创建的 5 个游戏对象

3. 开发流程

一般实例化多用于创建多个相同的物体，这样就省去了逐个手动创建的麻烦。本案例具体开发流程如下。

（1）创建 Sphere 对象。单击 GameObject→3D Object→Sphere，创建一个 Sphere 对象作为本案例的游戏对象，可以在左侧面板中单击 Sphere 查看其相关属性。

（2）编写脚本。单击 Assets→Create→C# Script，创建一个 C#脚本，并将其命名为“BNUIns.cs”，然后编写脚本，具体代码如下。（代码位置：见资源包中源代码第 2 章目录下的 BNUInstantiate/BNUIns.cs。）

```
1    using UnityEngine;
2    using System.Collections;                               //引入系统包
3    public class BNUIns : MonoBehaviour{                     //声明类
4      public Transform prefab;                               //定义公有的对象
5      public void Awake(){                                   //重写 Awake 方法
6        int i = 0;                                           //定义计数标志位
7        while (i < 5){                                       //重复 5 次
8          Instantiate(prefab, new Vector3(i * 2.0F, 0, 0), Quaternion.identity);
                                                              //实例化对象
9          i++;                                               //标志位自加
10   }}}
```

通过实例化创建出来的对象与原对象完全一致，这与通过按快捷键 Ctrl+D 复制对象一样。实例化一个游戏对象，会复制该对象的整个层次关系，包括游戏对象的组件、脚本及所有子对象等。

（3）挂载脚本。脚本开发完成后，将这个脚本挂载到摄像机上，然后将创建好的 Sphere 对象拖曳到摄像机脚本文件的 Prefab 选项上，在项目运行时会实例化 5 个 Sphere 对象，如图 2-16 所示。

2.3.8 协同程序和中断

1. 基础知识

协同程序即在主程序运行时同时开启另一段逻辑处理，来协同当前程序的执行。但它与多线程程序不同，所有的协同程序都是在主线程中运行的，当前程序还是一个单线程程序。在 Unity 中可以通过 StartCoroutine 方法来启动一个协同程序。

StartCoroutine 方法为 MonoBehaviour 类中的一个方法，也就是说该方法必须在 MonoBehaviour 类或继承自 MonoBehaviour 的类中调用。StartCoroutine 方法可以使用返回值作为 IEnumberator 类型方法的参数。

终止一个协同程序可以使用 StopCoroutine(string methodName)方法，而 StopAllCoroutines 方法则是用来终止所有可以终止的协同程序的，但这两个方法都只能终止 MonoBehaviour 类中的协同程序。

2. 案例效果

下面将通过一个小案例来演示协同程序的中断流程。运行代码，系统会开始循环输出

"DoSomething"的提示信息，然后在 2 秒后中断协同程序并停止输出，如图 2-17 所示。

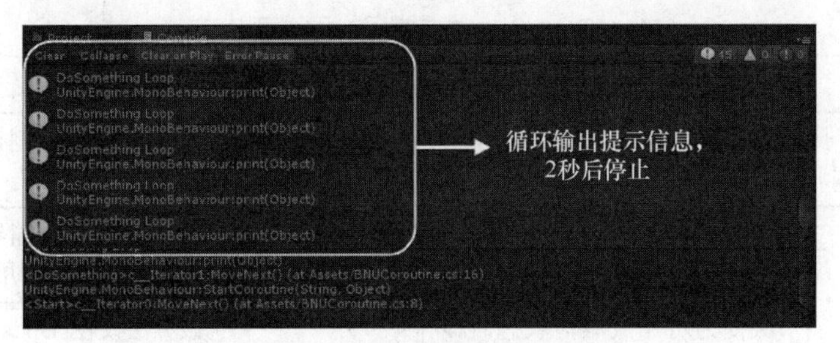

图 2-17　循环输出提示信息

3. 开发流程

在协同程序中可以使用 yield 关键字来中断协同程序，也可以使用 WaitForSeconds 类的实例化对象让协同程序休眠，本案例具体开发流程如下。

（1）编写脚本。单击 Assets→Create→C# Script，创建一个 C#脚本，并将其命名为"BNUCoroutine.cs"，然后编写脚本，具体代码如下。（代码位置：见资源包中源代码第 2 章目录下的 BNUCoroutine/ BNUCoroutine.cs。）

```
1    using UnityEngine;
2    using System.Collections;                              //引入系统包
3    public class BNUCoroutine : MonoBehaviour{             //声明类
4      IEnumerator Start(){                                 //重写 Start 方法
5        StartCoroutine("DoSomething", 2.0F);               //开启协同程序
6        yield return new WaitForSeconds(1);                //等待 1 秒
7        StopCoroutine("DoSomething");                      //中断协同程序
8      }
9      IEnumerator DoSomething(float someParameter){        //声明 DoSomething 方法
10       while (true){                                      //开始循环
11         print("DoSomething Loop");                       //输出提示信息
12         yield return null;
13   }}}
```

（2）挂载脚本。脚本开发完成后，将这个脚本挂载到摄像机上，在项目运行后会在控制台中输出"doSomething"，2 秒后停止输出，如图 2-17 所示。

2.3.9　一些重要的类

前面介绍了一些方法的基础用法，本小节将介绍 Unity 脚本中的一些重要的类，由于篇幅的限制，因此本小节只对这些类中比较常用的变量和方法进行简单的介绍说明，其他具体的信息读者可以查阅 Unity 官方脚本参考手册。

1. MonoBehaviour 类

MonoBehaviour 类是 C#脚本的基类，其继承自 Behaviour 类。在 C#脚本中，挂载到游戏对象上的脚本包含的类必须直接或间接地继承 MonoBehaviour 类，这在本章开篇已经讲过。MonoBehaviour 类中的一些方法可以重写，这些方法会在固定的时间被系统回调，我们通过重写

这些方法可实现各种各样的功能。下面将介绍常用的可以重写的方法，如表 2-4 所示。

表 2-4　　MonoBehaviour 类中常用的可重写的方法

方　法	说　明	方　法	说　明
Update	脚本启用后，该方法在每一帧被调用	Awake	当一个脚本实例被载入时该方法被调用
OnDestroy	当对象被销毁时该方法被调用	OnCollision Enter	当刚体撞击碰撞器或碰撞器撞击刚体时该方法被调用
OnEnable	当对象变为可用或激活状态时该方法被调用	Start	该方法仅在 Update 方法第一次被调用前调用
OnGUI	渲染和处理 GUI 事件时该方法被调用	FixedUpdate	脚本启用后，该方法会以固定的时间间隔被调用
OnDisable	当对象变为不可用或非激活状态时该方法被调用		

MonoBehaviour 类中有许多可以被子类继承的成员变量，这些成员变量可以在脚本中直接使用。下面将介绍常用的可继承的成员变量，如表 2-5 所示。

表 2-5　　MonoBehaviour 类中常用的可继承的成员变量

成 员 变 量	说　明	成 员 变 量	说　明
enabled	启用行为被更新，禁用行为不更新	camera	附加到游戏对象的 Camera 组件（如无附加则为空）
transform	附加到游戏对象的 Transform 组件（如无附加则为空）	rigidbody	附加到游戏对象的 Rigidbody 组件（如无附加则为空）
light	附加到游戏对象的 Light 组件（如无附加则为空）	animation	附加到游戏对象的 Animation 组件（如无附加则为空）
constantForce	附加到游戏对象的 ConstantForce 组件（如无附加则为空）	renderer	附加到游戏对象的 Renderer 组件（如无附加则为空）
audioSource	附加到游戏对象的 AudioSource 组件（如无附加则为空）	guiText	附加到游戏对象的 GUIText 组件（如无附加则为空）
collider	附加到游戏对象的 Collider 组件（如无附加则为空）	particleEmitter	附加到游戏对象的 ParticleEmitter 组件（如无附加则为空）
gameObject	组件附加的游戏对象。一个组件总是被附加到一个游戏对象	tag	游戏对象的标签

MonoBehaviour 类中有许多可以被子类继承的成员方法，这些成员方法可以直接在子类中使用。下面将介绍常用的可继承的成员方法，如表 2-6 所示。

表 2-6　　MonoBehaviour 类中常用的可继承的成员方法

成 员 方 法	说　明	成 员 方 法	说　明
GetComponent	返回游戏对象上指定名称的组件	GetComponents	返回游戏对象上指定名称的全部组件

续表

成员方法	说明	成员方法	说明
Instantiate	实例化游戏对象	Destroy	删除一个游戏对象、组件或资源
GetComponentInChildren	返回游戏对象及其子对象上指定类型的找到的第一个组件	SendMessage	在游戏对象每一个脚本上调用指定名称的方法
FindObjectOfType	返回指定类型第一个激活的已加载的对象	FindObjectsOfType	返回指定类型所有激活的已加载的对象列表
DestroyImmediate	立即销毁对象		

2. Transform 类

场景中的每一个物体都有一个 Transform 组件，它就是 Transform 类实例化的对象，用于存储并操控对象的位置、旋转和缩放。每一个 Transform 组件都可以有一个父对象，允许分层次应用位置、旋转和缩放变化。可以在游戏组成对象列表面板中查看层次关系。Transform 类包含很多成员变量，下面将介绍常用的成员变量，如表 2-7 所示。

表 2-7　Transform 类中常用的成员变量

成员变量	说明	成员变量	说明
position	游戏对象在世界空间坐标中的位置	localPosition	相对于父对象变换的位置
eulerAngles	对象旋转的欧拉角	localEulerAngles	相对于父对象旋转的欧拉角
rotation	游戏对象在世界空间坐标中变换的旋转角度	localScale	相对于父对象的缩放
childCount	变换的子对象数量	lossyScale	对象的全局缩放（只读）
right	在世界空间中变换的红色轴，也就是 x 轴	up	在世界空间中变换的绿色轴，也就是 y 轴
forward	在世界空间中变换的蓝色轴，也就是 z 轴	localRotation	相对于父对象变换的旋转角度
worldToLocalMatrix	从世界空间坐标转为自身坐标的矩阵变换（只读）	localToWorldMatrix	从自身坐标转为世界空间坐标的矩阵变换（只读）
parent	对象变换的父对象		

Transform 类也包含很多成员方法，下面将介绍常用的成员方法，如表 2-8 所示。

表 2-8　Transform 类中常用的成员方法

成员方法	说明	成员方法	说明
Translate	移动游戏对象的方向和距离	Rotate	应用一个欧拉角的旋转角度
RotateAround	按照指定角度沿世界空间坐标轴旋转物体	TransformDirection	变换方向，从自身坐标到世界空间坐标
LookAt	旋转物体，使其指向目标的当前位置	IsChildOf	这个变换对象是否为父对象的子对象

续表

成员方法	说明	成员方法	说明
InverseTransformDirection	变换方向，从世界空间坐标到自身坐标	InverseTransformPoint	变换位置，从世界空间坐标到自身坐标
TransformPoint	变换位置，从自身坐标到世界空间坐标	DetachChildren	解除所有子对象的父子关系

3. Rigidbody 类

Rigidbody 组件可以模拟对象在物理状态下的效果，它就是 Rigidbody 类实例化的对象。它可以让对象接受力和扭矩，从而让对象相对真实地移动。如果一个对象想被重力所约束，其必须含有 Rigidbody 组件。Rigidbody 类包含很多成员变量，下面将介绍常用的成员变量，如表 2-9 所示。

表 2-9　Rigidbody 类中常用的成员变量

成员变量	说明	成员变量	说明
velocity	刚体的速度向量	freezeRotation	控制是否改变对象的旋转
drag	物体的阻力	position	刚体的位置
mass	刚体的质量	useConeFriction	刚体的锥形摩擦力
useGravity	控制重力是否影响整个刚体	maxAngularVelocity	刚体的最大角速度
collisionDetectionMode	刚体的碰撞检测模式	inertiaTensor	相对于重心的质量的惯性张量
solverIterationCount	允许覆盖每个刚体的求解迭代次数	rotation	该刚体的旋转
interpolation	允许以固定的帧率平滑物理运行的效果	detectCollisions	是否启用碰撞检测（默认启用）
angularVelocity	刚体的角速度向量	worldCenterOfMass	刚体在世界空间坐标中的重心（只读）
angularDrag	刚体的角阻力	inertiaTensorRotation	惯性张量的旋转
centerOfMass	相对于变换原点的重心	sleepAngularVelocity	角速度，低于该值的物体将开始休眠
isKinematic	控制物理是否影响这个刚体	sleepVelocity	线性速度，低于该值的物体将开始休眠

Rigidbody 类也包含很多成员方法，下面将介绍常用的成员方法，如表 2-10 所示。

表 2-10　Rigidbody 类中常用的成员方法

成员方法	说明	成员方法	说明
SetDensity	基于附加的碰撞器的体积给刚体设置一个密度值	AddRelativeTorque	施加一个力矩到刚体，相对于自身坐标
AddForce	施加一个力到刚体	AddTorque	施加一个力矩到刚体
AddRelativeForce	施加一个力到刚体，相对于自身坐标	AddForceAtPosition	在指定位置施加一个力

续表

成员方法	说明	成员方法	说明
WakeUp	强制唤醒在休眠状态中的刚体	AddExplosionForce	施加一个力到刚体来模拟爆炸效果，爆炸力将随着到刚体的距离线性衰减
MovePosition	移动刚体到指定位置	MoveRotation	旋转刚体到指定角度
Sleep	强制一个刚体休眠至少一帧	IsSleeping	判断刚体是否在休眠
ClosestPointOnBounds	到附加的碰撞器包围盒上的最近点	GetPointVelocity	刚体在世界空间坐标中指定点的速度
GetRelativePointVelocity	相对于刚体在指定点的速度		

4. CharacterController 类

角色控制器是 CharacterController 类的实例化对象，用于实现第三人称或第一人称游戏角色控制。它可以根据碰撞检测判断角色是否能够移动，而不必添加刚体和碰撞器，同时角色控制器不会受力的影响。CharacterController 类包含很多成员变量，下面将介绍常用的成员变量，如表 2-11 所示。

表 2-11 CharacterController 类中常用的成员变量

成员变量	说明	成员变量	说明
isGrounded	角色控制器是否触碰地面	center	角色控制器的中心位置
radius	角色控制器的半径	stepOffset	角色控制器的台阶偏移量（台阶高度）
collisionFlags	在最近一次角色控制器移动方法调用时，角色控制器的哪个部分与周围环境相碰撞	slopeLimit	角色控制器的坡度度数限制
velocity	角色控制器当前的相对速度	detectCollisions	其他的刚体和角色控制器是否能够与本角色控制器相碰撞
height	角色控制器的高度		

CharacterController 类也包含很多成员方法，下面将介绍常用的成员方法，如表 2-12 所示。

表 2-12 CharacterController 类中常用的成员方法

成员方法	说明	成员方法	说明
SimpleMove	以一定的速度移动角色	Move	一个更加复杂的移动方法，每次都绝对移动

2.3.10 性能优化

为保证程序的顺利运行，Unity 本身针对各个平台在功能上进行了大量的优化。但在使用 Unity 开发软件的过程中，培养良好的开发习惯及积累编程技巧对开发人员来说也是至关重要的。良好的开发习惯不仅能帮助开发人员编写“健康”的程序，还能达到事半功倍的效果。下面将介绍一些针对 Unity 开发的优化措施。

1. 缓存组件查询

当通过 GetComponent 方法获取一个组件时，Unity 必须从游戏物体里查找目标组件，如果是在 Update 方法中进行查找，就会影响运行速度。此时可以设置一个私有变量去储存这个组件。下面通过一个小案例进行说明，案例具体开发流程如下。

（1）创建 Cube 对象。单击 GameObject→3D Object→Cube，创建一个 Cube 对象作为本案例的游戏对象，可以在左侧面板中单击 Cube 查看其相关属性。

（2）编写脚本。单击 Assets→Create→C# Script，创建一个 C#脚本，并将其命名为“BNUyh1.cs”，然后编写脚本，具体代码如下。（代码位置：见资源包中源代码第 2 章目录下的 BNUYouhua/ BNUyh1.cs。）

```
1    using UnityEngine;
2    using System.Collections;                                          //引入系统包
3    public class BNUyh1 : MonoBehaviour {                              //声明类
4      private Transform m_transform;                                   //声明静态变量
5      void Start () {                                                  //重写 Start 方法
6        m_transform = this.transform;                                  //为静态变量赋值
7      }
8      void Update () {                                                 //重写 Update 方法
9        m_transform.Translate(new Vector3(1,0,0));                     //沿 x 轴每帧移动 1m
10   }}
```

说明

开发人员在编程过程中通过私有变量存储组件，使得程序不会在每一帧都查找所需组件，这样就大大节省了时间和资源，从而达到了优化性能的效果。

（3）挂载脚本。脚本开发完成后，将这个脚本挂载到创建的游戏对象 Cube 上，案例运行效果如图 2-18 所示。

图 2-18　游戏对象沿 x 轴每帧位移一个单位

2. 使用内建数组

我们在开发的过程中会不可避免地使用到数组，虽然 ArrayList 和 Array 使用起来容易并且方便，但是相对于内建数组而言，速度还是慢得多。内建数组直接嵌入 struct 数据类型，存入第一缓冲区，不需要其他类型信息或其他资源，因此用作缓存遍历更加快捷。所以我们在开发的过程中应该尽量使用内建数组。

3. 尽量少调用方法

干最少的工作实现最大的效益也是性能优化中非常重要的一点。前文中也提到了，Unity 中 Update 方法每一帧都在运行，所以减少 Update 方法里面的工作量，可以简单有效地提高运行效率。这就需要开发人员掌握一定的编程开发技巧，例如，使用协同程序或加入标志位。

在实际开发中，一般把标志位检查放在方法外面，这样就无须每一帧都检查标志位，可减少设备性能的消耗。

2.3.11　脚本编译

想要成为一名优秀的 Unity 开发人员，熟悉 Unity 脚本的编译步骤是相当重要的。这样可以让我们更加高效地编写自己的代码，如果代码出了问题，也能有效地改正错误。由于脚本的编译顺序会涉及特殊文件夹，因此脚本的放置位置就非常重要了。

根据 Unity 官方的解释，脚本的具体编译过程分为以下 4 步。

（1）所有在 Standard Assets、Pro Standard Assets、Plugins 中的脚本被首先编译。在这些文件夹之内的脚本不能直接访问这些文件夹以外的脚本，不能直接引用类或它的变量，但是可以使用 GameObject.SendMessage 与它们通信。

（2）所有在 Standard Assets/Editor、Pro Standard Assets/Editor、Plugins/Editor 中的脚本随后被编译。如果想要使用 UnityEditor 命名空间，那么必须放置脚本到这些文件夹。

（3）所有在 Assets/Editor 外面，并且不在（1）、（2）中的脚本被编译。

（4）所有在 Assets/Editor 中的脚本最后被编译。

2.4　本章小结

本章我们简要学习了 Unity 中控制游戏对象运动的相关脚本知识；主要学习了 Unity 中 C#脚本开发的基本语法，包括一些基础的位移、记录时间及实例化对象的方法；除此之外还学习了一些基础的类，如 MonoBehaviour 类和 Transform 类等。

通过本章的学习，读者应该对 Unity 的脚本有了一定的了解，能初步编写一些脚本。脚本编程的技巧还有很多，希望大家继续深入地学习 Unity 脚本编程，为以后模拟复杂的、真实的物体控制打下坚实的基础。

2.5　习　　题

1. 简述 Start 和 Update 方法的作用。
2. Unity 中编写 C#脚本时有哪些注意事项？
3. 定义两个向量，求它们的夹角和距离。
4. 创建一个 Cube 对象，编写脚本使其能够位移和旋转。

5. 在 Unity 中创建一个“Father”对象，并创建一个“Son”对象作为其子对象，思考如何编写脚本访问“Son”对象上的组件。

6. 创建一个正方体，编写脚本使其按照一定的速度旋转，并且要求其在旋转数秒之后能够自动停止。

7. 简述成员变量和全局变量的区别。

8. 在场景中创建“地球”与“月球”对象，编写脚本实现“月球”围绕“地球”旋转的效果。

9. 熟悉并掌握书中涉及的几种重要的类。

10. 编写脚本，通过实例化的方法创建一个小球对象。

第3章 Unity 图形用户界面基础

在游戏开发的过程中，为了增强游戏与玩家的交互性，开发人员往往会制作大量的图形用户界面。Unity 中的图形用户界面系统分为 GUI、UGUI 两种，这两种类型的图形用户界面系统都有按钮、复选框、图片、文本区等功能丰富的控件供开发人员使用。

本章将详细介绍如何利用 GUI 与 UGUI 两种图形用户界面系统来开发游戏中常见的图形用户界面，包括各种参数功能的简介、控件的使用方法及 Unity 集成开发环境的初步操作流程。

3.1 GUI 系统

开发人员往往需要通过建立游戏的图形用户界面来增强游戏的可玩性和交互性。一个优秀的游戏作品往往会通过对按钮、复选框、图片、滚动条及文字的合理搭配来创造出精美的图形用户界面，让玩家眼前一亮。

Unity 的 GUI 系统的可视化操作界面较少，大多数情况下需要开发人员通过代码实现控件的摆放和功能的设置。开发人员需要通过给定坐标的方式对控件位置进行调整。Unity 规定屏幕左上角坐标为(0,0)并以像素为单位对控件进行定位。

3.1.1 Button 控件

Button 控件用于在屏幕上创建一个按钮。Button 控件上既可以显示文本也可以显示图片，当玩家单击按钮时，Button 控件会显示出按钮被按下的效果，并触发与该 Button 控件关联的游戏事件。Button 控件在游戏中通常用作游戏界面、游戏功能、游戏设置中的开关。

1. 基础知识

Button 控件用于绘制按钮。在开发人员使用 GUI 系统创建 Button 控件的时候，会有如下的静态方法供开发人员调用，每当玩家单击控件时就会返回一个布尔值 true 表示玩家已经单击该按钮。Button 控件静态方法中各个参数的功能介绍如表 3-1 所示。

```
1    static function Button (position : Rect, text : String) : bool
2    static function Button (position : Rect, image : Texture) : bool
3    static function Button (position : Rect, content : GUIContent) : bool
4    static function Button (position : Rect, text : String, style : GUIStyle) : bool
```

表 3-1　　Button 控件静态方法参数介绍

参 数 名	含　义	参 数 名	含　义
position	表示控件在屏幕上的位置和大小	text	控件上显示的文本
image	控件上显示的纹理图片	content	用于设置控件的文本、图片和提示
style	表示控件使用的样式		

2. 案例效果

本案例将通过上面介绍的 4 种静态方法创建出 4 种不同风格的 Button 控件，按钮 4 在鼠标指针悬停或被按下时图片和文字会发生变化，案例运行效果如图 3-1、图 3-2 和图 3-3 所示。使用时打开相应工程文件并双击场景文件，然后单击播放按钮即可。

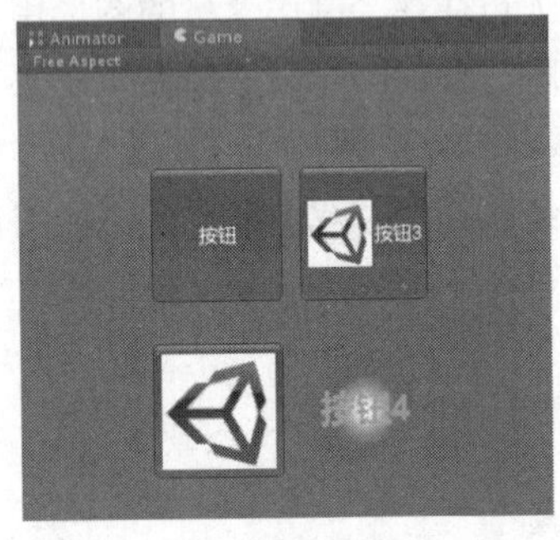

图 3-1　4 种按钮默认状态

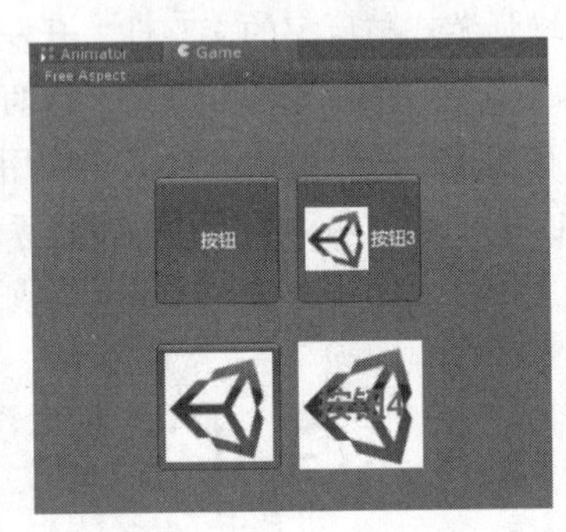

图 3-2　鼠标指针悬停在按钮 4 上

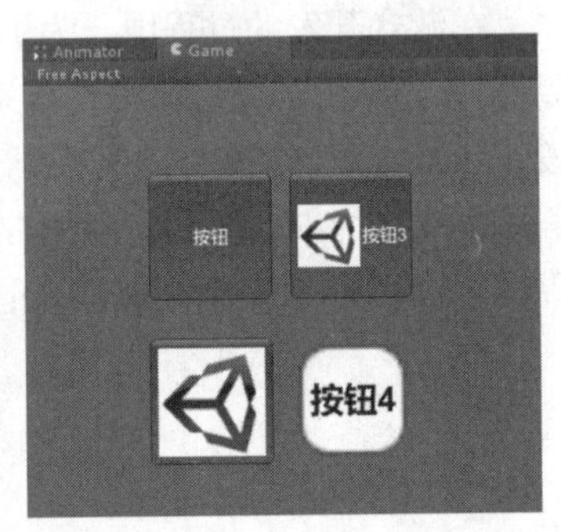

图 3-3　单击按钮 4

3. 开发流程

接下来将通过实现该案例来向读者展示在实际游戏开发过程中如何使用 GUI 系统的 Button 控件。由于篇幅限制，Button 控件的创建方法并没有完全列出，读者可以查看 Unity 官方技术文档深入学习。下面将对该案例的制作过程进行详细介绍，具体步骤如下。

（1）分别创建 Texture 和 C#两个文件夹，一个用于放置图片资源，一个用于放置脚本文件。然后在 C#文件夹下单击鼠标右键，选择 Create→C# Script 创建一个 C#脚本，并将其命名为“Demo.cs”。

（2）双击创建的 Demo 脚本，进入脚本编辑器并编辑代码，通过代码来控制 GUI 系统，在屏幕上创建 4 种不同风格的 Button 控件。编写完成后需要将脚本拖曳到主摄像机上，具体代码如下。（代码位置：见资源包中源代码第 3 章目录下的 Button_Demo/Assert/C#/Demo.cs。）

```
1     using UnityEngine;
2     using System.Collections;
3     public class Demo : MonoBehaviour {
4       public Texture test;                          //声明一个 2D 纹理图片
5       public GUIContent guiContent;                 //声明 GUIContent 变量
6       public GUIStyle guiStyle;                     //声明 GUIStyle 变量
7       void OnGUI(){                                 //重写 OnGUI 方法，用于绘制控件
8         if (!test){                                 //判断图片是否为空
9             Debug.LogWarning("请添加一张纹理图");   //如果为空就输出警告信息
10            return;
11        }
12        if (GUI.Button(new Rect(Screen.width / 9, Screen.height / 4,
```

```
13          Screen.height / 5, Screen.height / 10), "按钮")) {          //通过第一种方法实现
Button 控件
14            Debug.Log("static function Button (position : Rect, text : String) : bool");
15          }
16          if (GUI.Button(new Rect(Screen.width / 3, Screen.height / 4,
17          Screen.height / 5, Screen.height / 5), test)){              //通过第二种方法实现
Button 控件
18            Debug.Log("static function Button (position : Rect, image : Texture) : bool");
19          }
20          if (GUI.Button(new Rect(Screen.width / 2, Screen.height / 4,
21          Screen.height / 5, Screen.height / 10), guiContent)){     //通过第三种方法实现
Button 控件
22            Debug.Log("static function Button (position : Rect, content : GUIContent)
: bool");
23          }
24          if (GUI.Button(new Rect(Screen.width / 1.5f, Screen.height / 4,
25          Screen.height / 5, Screen.height / 5), "按钮 4", guiStyle)){  //通过第四种方
法实现 Button 控件
26            Debug.Log("static function Button (position : Rect, text : String, style
: GUIStyle) : bool");
27    }}}
```

- 第 4～6 行声明了 Texture、GUIContent 和 GUIStyle 3 种变量，在后面通过不同的方法来绘制控件。
- 第 8～11 行用于判断当前用户是否添加了一张 2D 纹理图片，如果没有则输出警告信息，提示用户添加。
- 第 12～15 行通过 position 和 text 创建一个带有文字的按钮控件，并输出相关方法说明。
- 第 16～19 行通过 position 和 image 创建一个带有纹理的按钮控件，并输出相关方法说明。
- 第 20～23 行通过 position 和 content 创建一个带有纹理和文字的按钮控件，并输出相关方法说明。
- 第 24～26 行通过 position、text 和 style 创建一个带有文字和自定义样式的按钮控件，并输出相关方法说明。

（3）将脚本挂载到摄像机上后，单击摄像机。在属性查看器处会看到 Demo 脚本的设置面板，本案例需要设置 2D 纹理图片、GUIContent（见图 3-4）和 GUIStyle（见图 3-5、图 3-6）。GUIContent 可用来设置控件的文本、图片和提示；GUIStyle 可用来修改当前控件的样式，其部分参数功能介绍如表 3-2 所示。

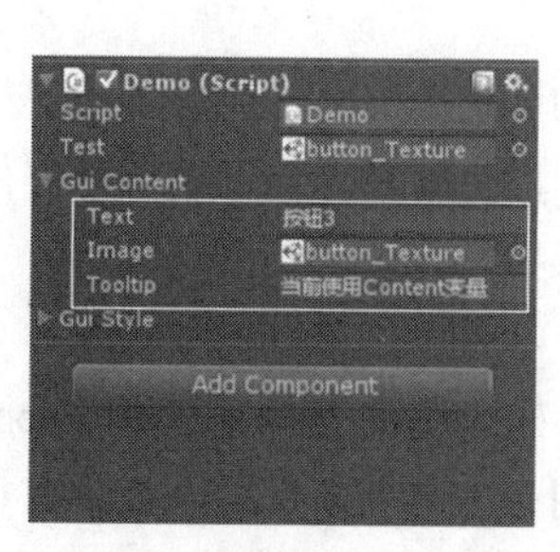

图 3-4　设置纹理图片和 GUIContent

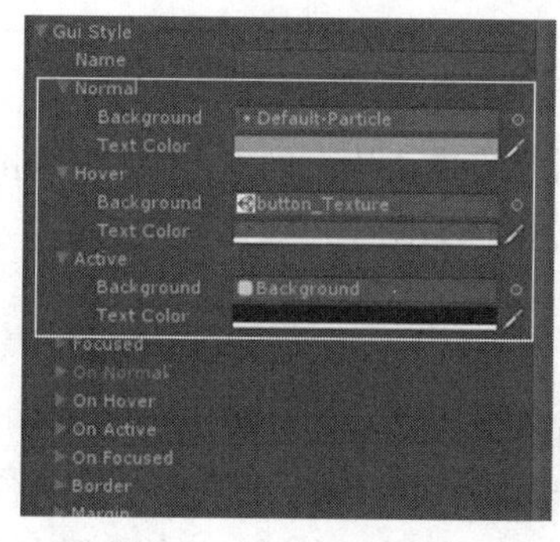

图 3-5　设置 GUIStyle 1

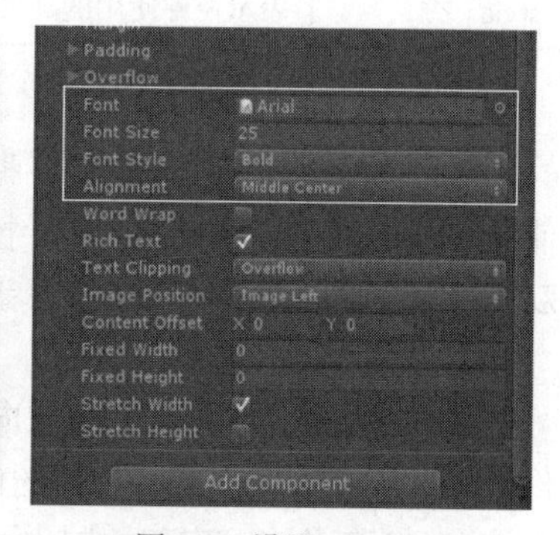

图 3-6　设置 GUIStyle 2

表 3-2　GUIStyle 参数介绍

参数名	含义	参数名	含义
Normal-Background	默认情况下的控件背景图片	Normal-Text Color	默认情况下的控件中文本的颜色
Hover-Background	鼠标指针悬停时控件的背景图片	Hover- Text Color	鼠标指针悬停时控件中文本的颜色
Active-Background	控件被按下时的背景图片	Active-Text Color	控件被按下时控件中文本的颜色
Font	控件中文本的字体	Font Size	控件中文本的字号
Font Style	控件中文本的样式，包括 Normal（正常）、Bold（加粗）、Italic（倾斜）和 Bold and Italic（加粗并倾斜）	Alignment	控件中文本的位置

3.1.2　Label 控件

Label 控件用于在屏幕上创建文本标签或纹理标签来显示文本内容或图片。Label 控件显示的文本和图片内容玩家无法编辑且无法接收焦点，一般用于显示提示性的信息，如当前面板的名称、游戏中游戏对象的名称、游戏对玩家的任务提示和功能介绍等。

1. 基础知识

Label 控件用于绘制文本和纹理标签。在开发人员使用 GUI 系统创建 Label 控件的时候，会有如下 4 个静态方法供开发人员调用，它们没有返回值，开发人员也无法使用 GUI 系统对 Label 控件进行监听。Lab 控件静态方法中各个参数的功能介绍如表 3-3 所示。

```
1    static function Label (position : Rect, text : string) : void
2    static function Label (position : Rect, image : Texture) : void
3    static function Label (position : Rect, content : GUIContent) : void
4    static function Label (position : Rect, content : GUIContent, style : GUIStyle)
: void
```

表 3-3　Label 控件静态方法参数介绍

参数名	含义	参数名	含义
position	表示控件在屏幕上的位置和大小	text	控件上显示的文本
image	控件上显示的纹理图片	content	用于设置控件的文本、图片和提示
style	表示控件使用的样式		

2. 案例效果

本案例将通过上面介绍的 4 种静态方法依次创建出 4 种不同的 Label 控件，让读者了解如何使用 GUI 系统创建不同的 Label 控件，案例运行效果如图 3-7 所示。使用时打开相应工程文件并双击场景文件，然后单击播放按钮即可。

3. 开发流程

接下来将通过实现该案例来向读者展示在实际游戏开发过程中如何使用 GUI 系统的 Label 控件。由于篇幅限制，Label 控件的创建方法并没有完全列出，读者可以查看 Unity 官方技术文档深入学习。下面将对该案例的制作过程进行详细介绍，具体步骤如下。

（1）分别创建 Texture 和 C#两个文件夹，一个用于放置图片资源，一个用于放置脚本文件。然后在 C#文件夹下单击鼠标右键，选择 Create→C# Script 创建一个 C#脚本，并将其命名为"Demo.cs"。

（2）双击创建的 Demo 脚本，进入脚本编辑器并编辑代码，通过代码来控制 GUI 系统，在屏幕上创建 4 种不同风格的 Label 控件。编写完成后需要将脚本拖曳到主摄像机上，具体代码如下。（代码位置：见资源包中源代码第 3 章目录下的 Label_Demo/Assert/C#/Demo.cs。）

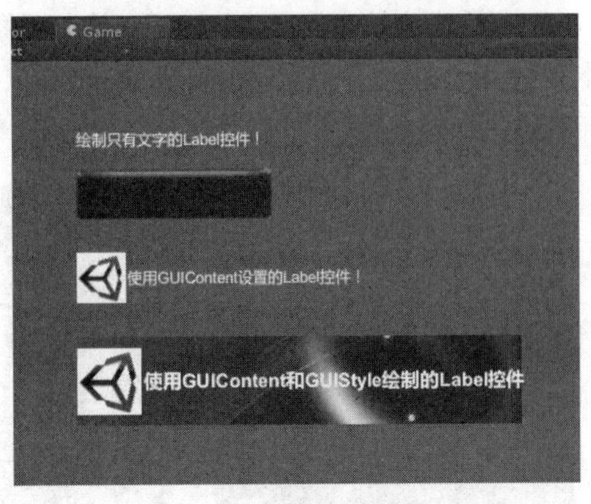

图 3-7　案例运行效果

```
1     using UnityEngine;
2     using System.Collections;
3     public class Demo : MonoBehaviour {
4       public Texture texture;                              //声明一个 2D 纹理图片
5       public GUIContent guiContent;                        //声明 GUIContent 变量
6       public GUIContent guiContent2;                       //声明 GUIContent 变量
7       public GUIStyle guiStyle;                            //声明 GUIStyle 变量
8       void OnGUI(){                                        //重写系统 OnGUI 方法用于绘制控件
9         if (!texture){                                     //判断图片是否被添加
10            Debug.LogWarning ("请添加一张图片");             //如果没有添加就输出警告信息
11            return;
12        }
13      GUI.Label(new Rect(Screen.width / 8.5f, Screen.height / 7,   //创建仅有文本的
Label 控件
14        Screen.height / 1.5f, Screen.height /8),"绘制只有文本的 Label 控件！");
15      GUI.Label(new Rect(Screen.width / 8.5f, Screen.height / 4.5f,   //创建具有纹理
图片的 Label 控件
16        Screen.height / 1.5f, Screen.height / 8), texture);
17      GUI.Label(new Rect(Screen.width / 8.5f, Screen.height / 2.5f,   //创建具有文本
和纹理图片的 Label 控件
18        Screen.height / 1.5f, Screen.height / 8), guiContent);
19      GUI.Label(new Rect(Screen.width / 8.5f, Screen.height / 1.7f,   //创建具有自定
义样式的 Label 控件
20        Screen.height / 1.5f, Screen.height / 8), guiContent2, guiStyle);
21    }}
```

- 第 4～7 行定义 2D 纹理图片、GUIContent 及 GUIStyle，用于实现不同风格的 Label 控件。GUIContent 可用来设置控件的文本、纹理图片及提示。而 GUIStyle 可以修改控件的样式，其修改内容和 Skin 相同，不同的是 GUIStyle 只作用于使用它的控件。
- 第 9～12 行判断 2D 纹理图片是否添加，如果没有添加就输出警告信息，提示用户添加。
- 第 13～14 行通过 position 和 text 来创建一个仅有文本的 Label 控件。
- 第 15～16 行通过 position 和 texture 来创建一个具有纹理的 Label 控件。
- 第 17～18 行通过 position 和 content 来创建一个具有文本和纹理的 Label 控件。
- 第 19～20 行通过 position、content 和 style 来创建一个具有自定义样式的 Label 控件。

（3）将脚本挂载到摄像机上后，单击摄像机，在属性查看器处会看到 Demo 脚本的设置面板。本案例需要设置 2D 纹理图片、GUIContent（见图 3-8）和 GUIStyle（见图 3-9、图 3-10）。读者只需要按照图中内容在设置面板中修改相关参数，GUIStyle 部分参数功能介绍如表 3-4 所示。

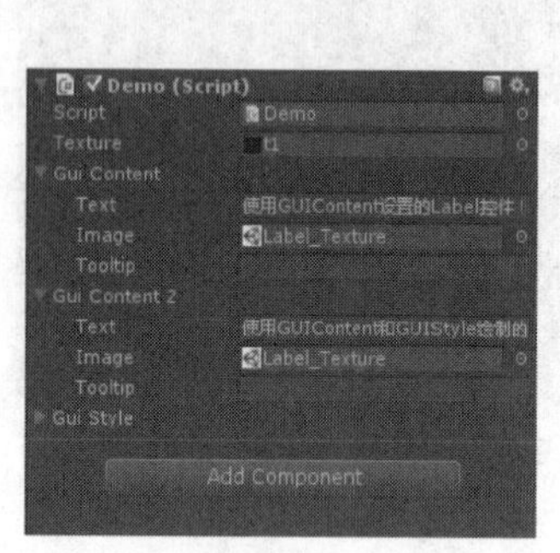

图 3-8　设置纹理图片和 GUIContent

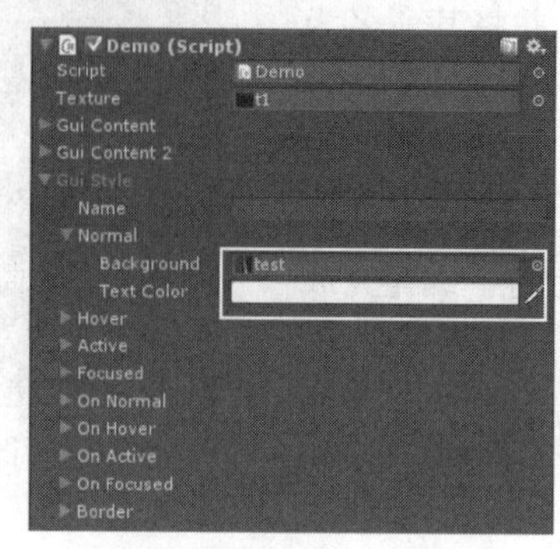

图 3-9　设置 GUIStyle 1

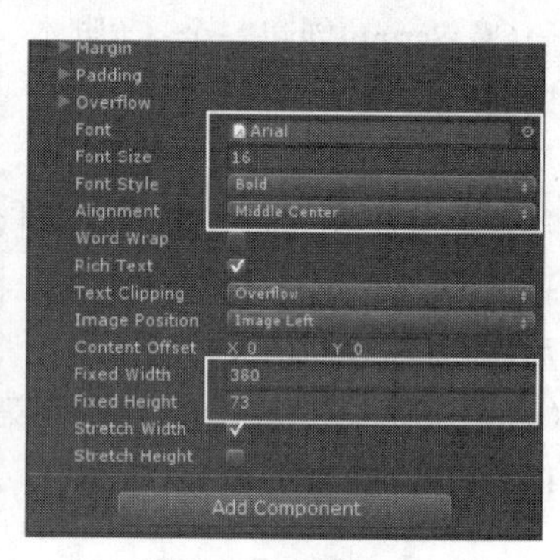

图 3-10　设置 GUIStyle 2

表 3-4　GUIStyle 参数介绍

参数名	含义	参数名	含义
Background	控件的背景图片	Text Color	控件中文本的颜色
Font	控件中文本的字体	Font Size	控件中文本的字号
Font Style	控件中文本的样式，包括 Normal（正常）、Bold（加粗）、Italic（倾斜）和 Bold and Italic（加粗并倾斜）	Alignment	控件中文本的位置
Fixed Width	固定宽度	Fixed Height	固定高度

3.1.3　DrawTexture 控件

DrawTexture 控件用于在屏幕上绘制一张 2D 纹理图片。该控件不仅可以对显示的图片内容和控件位置进行修改，还可以在控件大小与图片尺寸不匹配的情况下对图片的缩放方式进行选择，从而实现不同的效果。下面将对图片的 3 种缩放模式进行详细介绍。

1. 基础知识

DrawTexture 控件用于绘制纹理图片并能够指定图片的缩放模式。在开发人员使用 GUI 系统创建 DrawTexture 控件的时候，会有如下静态方法供开发人员调用，它们没有返回值。DrawTexture 控件静态方法中各个参数的功能介绍如表 3-5 所示。

```
static function DrawTexture (position,image, scaleMode, alphaBlend, imageAspect) :
void
```

表 3-5　DrawTexture 控件静态方法参数介绍

参数名	含义	参数名	含义
position	表示控件在屏幕上的位置和大小	image	表示需要被绘制出来的纹理图片
scaleMode	图片的缩放模式，当控件的长宽不匹配图片的长宽时如何缩放图像	alphaBlend	图片的混合模式，是否以通道混合模式显示图片，默认开启通道混合功能

续表

参数名	含义	参数名	含义
imageAspect	源图片的长宽比，如果为 0，则通过宽/长获得所需的长宽比		

表 3-5 中 scaleMode 参数有 3 种缩放模式供开发人员使用。StretchToFill 模式会对图片进行拉伸，使图片占满整个控件；ScaleAndCrop 模式是将图片等比例缩放，保持原有长宽比，使图片完全覆盖控件区域，而超出控件区域的图片内容会被裁切掉；ScaleToFit 模式会对图片进行等比例缩放，保持原有长宽比，使图片完全显示在控件区域内。

2. 案例效果

本案例通过绘制 5 种不同风格的 DrawTexture 控件来演示控件效果，其中前 3 个控件使用的是同一张 JPG 格式的图片，但是使用了 3 种不同的图片缩放模式。1 号控件为 ScaleAndCrop 模式，2 号控件为 ScaleToFit 模式，3 号控件为 StretchToFill 模式。后 2 个控件使用的是同一张 PNG 格式的图片及同一种图片缩放模式。PNG 格式的图片带有 alpha 通道，可以用来演示控件开启或关闭通道混合功能后图片的绘制效果。4 号控件为关闭通道混合功能后的绘制效果，5 号控件为开启通道混合功能后的绘制效果。案例运行效果如图 3-11 所示。

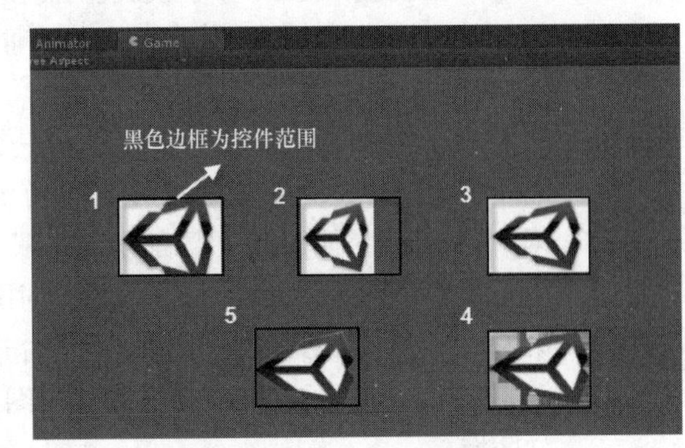

图 3-11 案例运行效果

3. 开发流程

接下来将通过实现该案例来向读者展示在实际游戏开发过程中如何使用 GUI 系统的 DrawTexture 控件。由于篇幅限制，DrawTexture 控件的创建方法并没有完全列出，读者可以查看 Unity 官方技术文档深入学习。下面将对该案例的制作过程进行详细介绍，具体步骤如下。

（1）分别创建 Texture 和 C#两个文件夹，一个用于放置图片资源，一个用于放置脚本文件。然后在 C#文件夹下单击鼠标右键，选择 Create→C# Script 创建一个 C#脚本，并将其命名为“Demo.cs”。

（2）双击创建的 Demo 脚本，进入脚本编辑器并编辑代码，通过代码来控制 GUI 系统，在屏幕上依次创建出 5 种不同风格的 DrawTexture 控件。编写完成后需要将脚本拖拽到主摄像机上，具体代码如下。（代码位置：见资源包中源代码第 3 章目录下的 DrawTexture_Demo/Assert/C#/Demo.cs。）

```
1    using UnityEngine;
2    using System.Collections;
3    public class Demo : MonoBehaviour {
4      public Texture texture;                          //声明 2D 纹理图片
5      public Texture texture2;
6      void OnGUI(){                                    //重写系统 OnGUI 方法，用于绘制 GUI 控件
7        if (!texture||!texture2){                      //判断图片是否完成添加
8            Debug.LogWarning("请添加一张图片！"); //如果没有添加就输出警告信息，提示用户添加
9            return;
10         }
```

```
11        GUI.DrawTexture(new Rect(Screen.width / 9, //使用 ScaleAndCrop 模式绘制的图片
12         Screen.height / 4,Screen.height / 5, Screen.height / 7),
13           texture,ScaleMode.ScaleAndCrop,true,0.0f);
14        GUI.DrawTexture(new Rect(Screen.width / 3.5f,//使用 ScaleToFit 模式绘制的图片
15         Screen.height / 4,Screen.height / 5, Screen.height / 7),
16           texture, ScaleMode.ScaleToFit, true, 0.0f);
17        GUI.DrawTexture(new Rect(Screen.width / 2,//使用 StretchToFill 模式绘制的图片
18           Screen.height / 4,Screen.height / 5, Screen.height / 7),
19            texture, ScaleMode.StretchToFill, true, 0.0f);
20        GUI.DrawTexture(new Rect(Screen.width / 2, //关闭通道混合功能
21          Screen.height / 2,Screen.height / 5, Screen.height / 7),
22            texture2, ScaleMode.StretchToFill, false, 0.0f);
23        GUI.DrawTexture(new Rect(Screen.width / 4, //开启通道混合功能
24          Screen.height / 2,Screen.height / 5, Screen.height / 7),
25          texture2, ScaleMode.StretchToFill, true, 0.0f);
26    }}
```

- 第 4～5 行声明了两张 2D 纹理图片，一张用于演示 3 种缩放模式的效果，另一张为带有 alpha 通道的 PNG 格式图片，用于演示通道混合功能开启或关闭后的绘制效果。
- 第 7～10 行判断用户是否添加了两张图片，如果没有就输出警告信息，提示用户添加。
- 第 11～13 行使用 ScaleAndCrop 模式对图片进行绘制，超出控件区域的部分将被裁切掉。
- 第 14～16 行使用 ScaleToFit 模式对图片进行绘制，该模式下图片长宽比不会被自动修改。
- 第 17～19 行使用 StretchToFill 模式对图片进行绘制，对图片进行拉伸，使其完全覆盖控件区域。
- 第 20～22 行关闭了通道混合功能，直观的效果为图片的背景不再透明。
- 第 23～25 行开启了通道混合功能，图片的透明部分将会被保留。

（3）将图片挂载到摄像机上后，单击摄像机，在属性查看器处会看到 Demo 脚本的设置面板，需要将 Texture 文件夹中的两张图片“demo”“demo2”分别拖曳到两个添加纹理的选项上，这样程序就会对 demo 图片进行 3 种不同模式的缩放，对 demo2 图片进行通道混合计算，如图 3-12 所示。

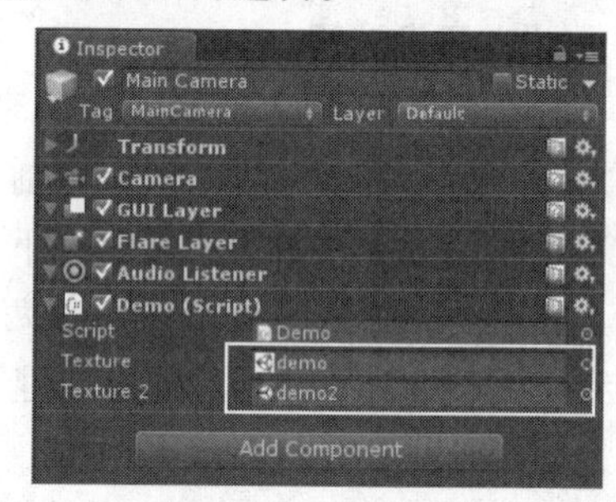

图 3-12　添加图片

3.1.4　Box 控件

Box 控件用于在屏幕上绘制一个图形化的盒子。Box 控件中既可以显示文本内容，也可以显示图片，还可以两者同时存在。对于 Box 控件 GUIContent 和 GUIStyle 同样适用，它们可以用来修改 Box 控件的文本颜色、文本大小、图片等。

1. 基础知识

Box 控件用于绘制图形化的盒子。在开发人员使用 GUI 系统创建 Box 控件时，会有如下的静态方法供开发人员调用，它们没有返回值，无法接收焦点。Box 控件静态方法中各个参数的功能介绍如表 3-6 所示。

```
1    static function Box (position : Rect, text : string) : void
2    static function Box (position : Rect, image : Texture) : void
3    static function Box (position : Rect, content : GUIContent) : void
4    static function Box (position : Rect, text : string, style : GUIStyle) : void
```

表 3-6　　　　Box 控件静态方法参数介绍

参 数 名	含　义	参 数 名	含　义
position	表示控件在屏幕上的位置和大小	text	控件上显示的文本
image	控件上显示的纹理图片	content	用于设置控件的文本、图片和提示
style	表示控件使用的样式		

2. 案例效果

本案例将通过上面介绍的静态方法依次创建出 4 种不同风格的 Box 控件，案例运行效果如图 3-13 所示。使用时打开相应工程文件并双击场景文件，然后单击播放按钮即可。

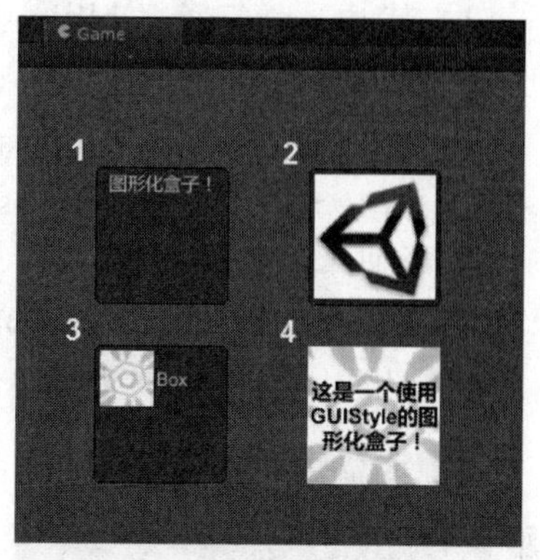

图 3-13　案例运行效果

3. 开发流程

接下来将通过实现该案例来向读者展示在实际游戏开发过程中如何使用 GUI 系统的 Box 控件。由于篇幅限制，Box 控件的创建方法并没有完全列出，读者可以查看 Unity 官方技术文档深入学习。下面将对该案例的制作过程进行详细介绍，具体步骤如下。

（1）分别创建 Texture 和 C#两个文件夹，一个用于放置图片资源，一个用于放置脚本文件。然后在 C#文件夹下单击鼠标右键，选择 Create→C# Script 创建一个 C#脚本，并将其命名为“Demo.cs”。

（2）双击创建的 Demo 脚本，进入脚本编辑器并编辑代码，通过代码来控制 GUI 系统，在屏幕上创建出 4 种不同风格的 Box 控件。编写完成后需要将脚本拖曳到主摄像机上，具体代码如下。（代码位置：见资源包中源代码第 3 章目录下的 Box_Demo/Assert/C#/Demo.cs。）

```
1    using UnityEngine;
2    using System.Collections;
3    public class Demo : MonoBehaviour {
4      public Texture texture;                        //声明纹理图片
5      public GUIContent guiContent;                  //声明 GUIContent
6      public GUIStyle guiStyle;                      //声明 GUIStyle
7      void OnGUI(){                                  //重写 OnGUI 方法，用于绘制控件
8        if(!texture){                                //判断是否添加图片
9          Debug.LogWarning("请添加一张图片");         //如果没有添加，输出警告信息
10         return;
11       }
12       GUI.Box(new Rect(Screen.width / 8.5f, Screen.height / 7,
13         Screen.height / 5, Screen.height / 5),"图形化盒子！");//使用第一种方法实现控件
14       GUI.Box(new Rect(Screen.width / 4, Screen.height / 7,
15         Screen.height / 5, Screen.height / 5), texture);   //使用第二种方法实现控件
16       GUI.Box(new Rect(Screen.width / 8.5f, Screen.height / 2.5f,
17         Screen.height / 5, Screen.height / 5), guiContent);//使用第三种方法实现控件
18       GUI.Box(new Rect(Screen.width / 4, Screen.height / 2.5f, //使用第四种方法实现
控件
```

```
19          Screen.height / 5, Screen.height / 5), "这是一个使用 GUIStyle 的图形化盒子！",
guiStyle);
20    }}
```

- 第 4～6 行声明了 Texture、GUIContent 和 GUIStyle 3 种变量，后面将通过不同的方法绘制控件。
- 第 8～11 行用于判断当前用户是否添加了一张 2D 纹理图片，如果没有则输出警告信息，提示用户添加。
- 第 12～13 行通过使用 position 和 text 来创建一个带有文本的 Box 控件。
- 第 14～15 行通过使用 position 和 texture 来创建一个带有图片的 Box 控件。
- 第 16～17 行通过使用 position 和 content 来创建一个带有文本和图片的 Box 控件。
- 第 18～19 行通过使用 position、text 和 style 来创建一个具有自定义样式的 Box 控件。

（3）将脚本挂载到摄像机上后，单击摄像机。在属性查看器处会看到 Demo 脚本的设置面板，本案例需要设置 2D 纹理图片、GUIContent（见图 3-14）和 GUIStyle（见图 3-15、图 3-16）。读者只需要按照图中内容在设置面板中修改相关参数，被修改的参数功能介绍如表 3-7 所示。

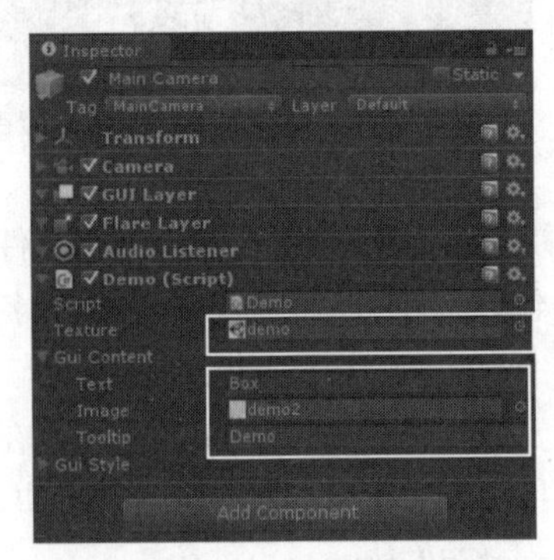

图 3-14　设置纹理图片和 GUIContent

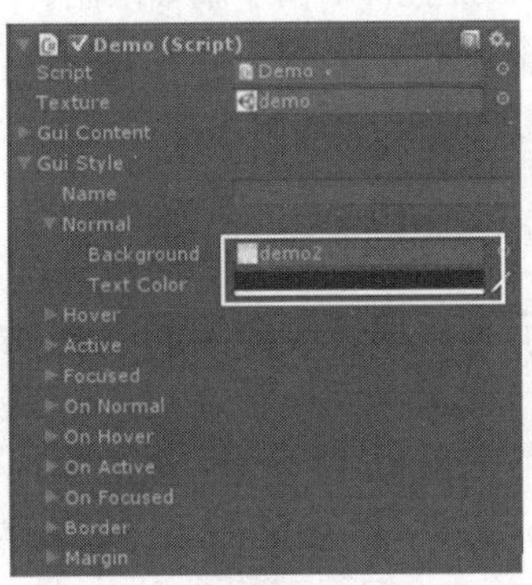

图 3-15　设置 GUIStyle 1

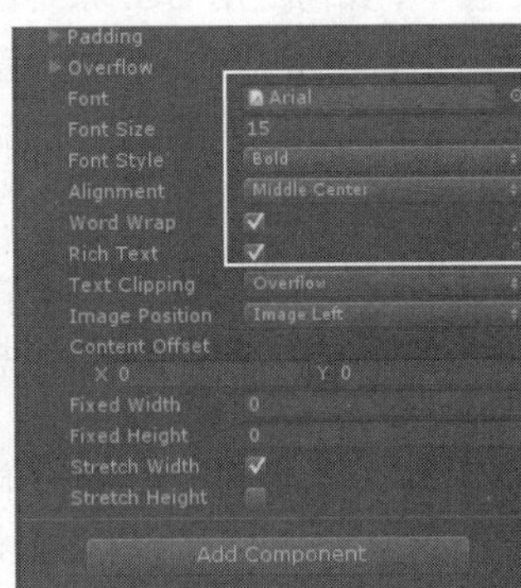

图 3-16　设置 GUIStyle 2

表 3-7　GUIStyle 参数介绍

参 数 名	含 义	参 数 名	含 义
Background	控件的背景图片	Text Color	控件中文本的颜色
Font	控件中文本的字体	Font Size	控件中文本的字号
Font Style	控件中文本的样式，包括 Normal（正常）、Bold（加粗）、Italic（倾斜）和 Bold and Italic（加粗并倾斜）	Alignment	控件中文本的位置
Word Wrap	勾选后控件中的文字会被限制在控件的矩形区域内，超出的部分会通过换行来控制文本长度	Rich Text	勾选后启用 HTML 样式标签的文本格式标记

3.1.5　TextField 控件

TextField 控件用于在屏幕上绘制一个单行文本编辑框，玩家可以在单行文本编辑框中输入文本信息，并且每当玩家修改文本编辑框中的文本内容时，TextField 控件就会将当前文本编辑框中的文本信息以字符串的形式返回。开发人员可以通过创建 String 变量来接收返回值并实现相关功能。

1. 基础知识

TextField 控件用于创建单行文本编辑框，并能够通过 GUIStyle 变量对文本编辑框的背景和文字进行美化。在开发人员使用 GUI 系统创建 TextField 控件的时候，会有如下 4 种静态方法供开发人员调用。每当玩家修改文本时这些方法就会返回被编辑的字符串。TextField 控件静态方法中各个参数的功能介绍如表 3-8 所示。

```
1    static function TextField (position : Rect, text : String) : String
2    static function TextField (position : Rect, text : String, maxLength : int) :
String
3    static function TextField (position : Rect, text : String, style : GUIStyle)
: String
4    static function TextField (position : Rect, text : String, maxLength : int,
style : GUIStyle) : String
```

表 3-8　TextField 控件静态方法参数介绍

参 数 名	含　义	参 数 名	含　义
position	表示控件在屏幕上的位置和大小	text	控件默认显示的文本
maxLength	输入的字符串的最大长度	style	表示控件的使用样式

2. 案例效果

本案例将通过上面介绍的 4 种静态方法依次创建出 4 种不同风格的 TextField 控件，实现字数限制、改变文字颜色等功能，案例运行效果如图 3-17 所示。使用时打开相应工程文件并双击场景文件，然后单击播放按钮即可。

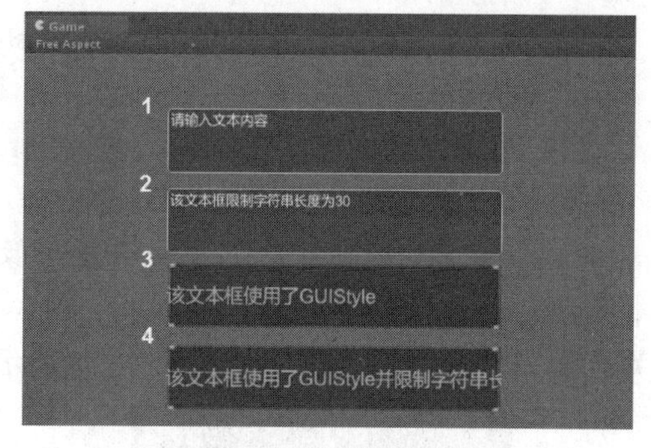

图 3-17　案例运行效果

3. 开发流程

接下来将通过实现该案例来向读者展示在实际游戏开发过程中如何使用 GUI 系统的 TextField 控件。由于篇幅限制，TextField 控件的创建方法并没有完全列出，读者可以查看 Unity 官方技术文档深入学习。下面将对该案例的制作过程进行详细介绍，具体步骤如下。

（1）分别创建 Texture 和 C#两个文件夹，一个用于放置图片资源，一个用于放置脚本文件。然后在 C#文件夹下单击鼠标右键，选择“Create”→“C# Script”创建一个 C#脚本，并将其命名为“Demo.cs”。

（2）双击创建的 Demo 脚本，进入脚本编辑器并编辑代码，通过代码来控制 GUI 系统，在屏幕上创建出 4 种不同风格的 TextField 控件。编写完成后需要将脚本拖曳到主摄像机上，具体代码如下。（代码位置：见资源包中源代码第 3 章目录下的 TextField_Demo/Assert/C#/Demo.cs。）

```
1    using UnityEngine;
2    using System.Collections;
3    public class Demo : MonoBehaviour {
4      public GUIStyle guiStyle;
5      private string stringDemo1="请输入文本内容";//声明字符串，使其在 TextField 控件内被
编辑
6      private string stringDemo2="该文本框限制字符串长度为 30";
```

```
7       private string stringDemo3="该文本框使用了 GUIStyle";
8       private string stringDemo4 = "该文本框使用了 GUIStyle 并限制字符串长度为 30";
9       void OnGUI(){
10        stringDemo1 = GUI.TextField(new Rect(       //使用第一种方法创建的TextField控件
11           Screen.width / 8.5f,Screen.height / 9.5f,
12             Screen.height / 1.5f, Screen.height / 8), stringDemo1);
13        stringDemo2 = GUI.TextField(new Rect(       //使用第二种方法创建的TextField控件
14           Screen.width / 8.5f,Screen.height / 3.9f,
15             Screen.height / 1.5f, Screen.height / 8), stringDemo2, 30);
16        stringDemo3 = GUI.TextField(new Rect(      //使用第三种方法创建的 TextField 控件
17           Screen.width / 8.5f,Screen.height / 2.5f,
18             Screen.height / 1.5f, Screen.height / 8), stringDemo3, guiStyle);
19        stringDemo4 = GUI.TextField(new Rect(      //使用第四种方法创建的 TextField 控件
20           Screen.width / 8.5f,Screen.height / 1.8f,
21             Screen.height / 1.5f, Screen.height / 8), stringDemo4, 30, guiStyle);
22    }}
```

- 第 4～8 行声明了 GUIStyle 和 4 个字符串，用于改变控件样式和存储字符串。
- 第 10～12 行使用 position 和 text 来创建一个有默认文本的文本编辑框。
- 第 13～15 行使用 position、text 和 maxLength 来创建一个有默认文本并限制了字数的文本编辑框。
- 第 16～18 行使用 position、text 和 style 来创建一个有默认文本并使用自定义样式的文本编辑框。
- 第 19～21 行使用 position、text、style 和 maxLength 来创建一个使用自定义样式的有默认文本且限制了字数的文本编辑框。

（3）将脚本挂载到摄像机上后，单击摄像机。在属性查看器处会看到 Demo 脚本的设置面板，本案例需要设置 GUIStyle（见图 3-18、图 3-19）。读者只需要按照图中内容在设置面板中修改相关参数，被修改的参数功能介绍如表 3-9 所示。

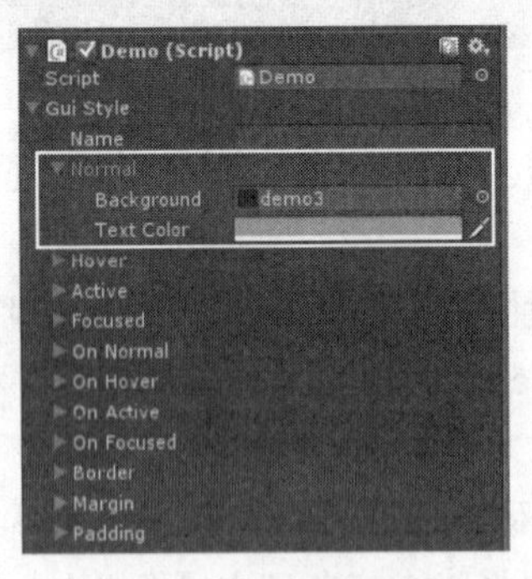

图 3-18 设置 GUIStyle 1

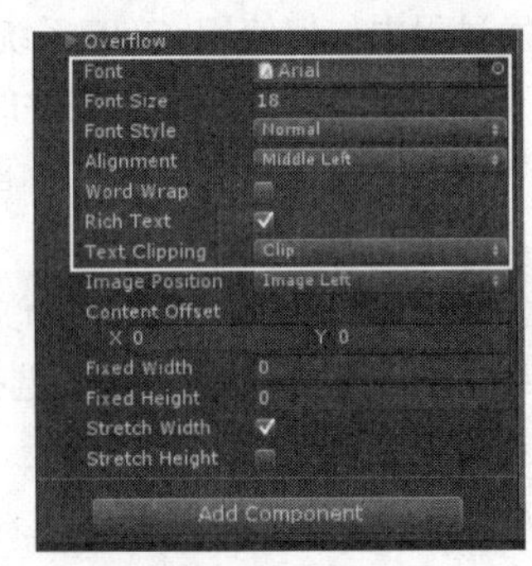

图 3-19 设置 GUIStyle 2

表 3-9 GUIStyle 参数介绍

参数名	含义	参数名	含义
Background	控件的背景图片	Text Color	控件中文本的颜色
Font	控件中文本的字体	Font Size	控件中文本的字号
Font Style	控件中文本的样式，包括 Normal（正常）、Bold（加粗）、Italic（倾斜）和 Bold and Italic（加粗并倾斜）	Alignment	控件中文本的位置

续表

参 数 名	含 义	参 数 名	含 义
Text Clipping	文字裁剪，只有当使用 GUIStyle 的文本编辑框选为 Clip 时才会将超出的文字隐藏起来，选 Overflow 会直接将全部文字显示在屏幕上，从而超出文本框的范围		

3.1.6 PasswordField 控件

PasswordField 控件用于在屏幕上创建一个用来编辑密码的密码编辑框。玩家可以在密码编辑框中输入密码字段，并且每当玩家修改密码编辑框中的密码字段时，PasswordField 控件就会将当前密码编辑框中的密码字段以字符串的形式返回。开发人员可以通过创建 String 变量来接收返回值并实现相关功能。

1. 基础知识

在开发游戏登录界面时，密码编辑框不可或缺。使用 PasswordField 控件可以轻松实现密码编辑框的创建。在开发人员使用 GUI 系统创建 PasswordField 控件时，会有如下的静态方法供开发人员调用。当玩家编辑密码时，这些方法会返回编辑的密码字段。PasswordField 控件静态方法中各个参数的功能介绍如表 3-10 所示。

```
1    static function PasswordField (position : Rect, password : String, maskChar : char) : String
2    static function PasswordField (position : Rect, password : String, maskChar : char, maxLength : int) : String
3    static function PasswordField (position : Rect, password : String, maskChar : char, style : GUIStyle) : String
```

表 3-10　　PasswordField 控件静态方法参数介绍

参 数 名	含 义	参 数 名	含 义
position	表示控件在屏幕上的位置和大小	password	编辑的密码
maskChar	设置密码的字符遮罩，即在屏幕上用何种字符掩盖密码	maxLength	密码字段的最大长度
style	该控件的样式		

2. 案例效果

该控件的部分参数和 TextField 控件相同，这里就不再详细介绍。本案例将使用第二种静态方法来创建密码编辑框，并演示该控件的效果，案例运行效果如图 3-20 所示。使用时打开相应工程文件并双击场景文件，然后单击播放按钮即可。

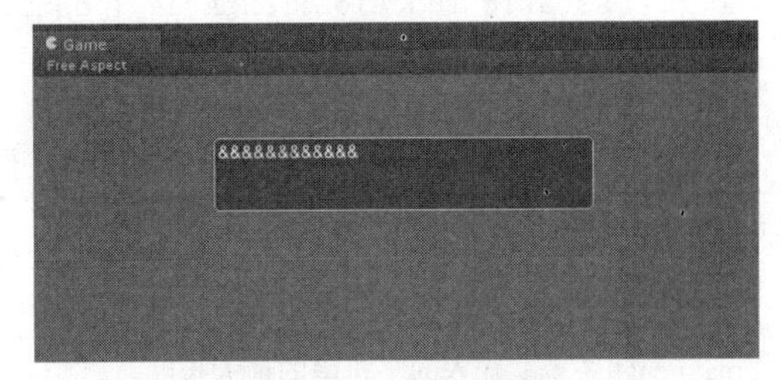

图 3-20　案例运行效果

3. 开发流程

接下来将通过实现该案例来向读者展示在实际游戏开发过程中如何使用 GUI 系统的 PasswordField 控件。由于篇幅限制，PasswordField 控件的创建方法并没有完全列出，读者可以查看 Unity 官方技术文档深入学习。下面将对该案例的制作过程进行详细介绍，具体步骤如下。

（1）创建 C#文件夹，用于放置脚本文件。然后在 C#文件夹下单击鼠标右键，选择 Create→C# Script 创建一个 C#脚本，并将其命名为“Demo.cs”。

（2）双击创建的 Demo 脚本，进入脚本编辑器并编辑代码，通过代码控制 GUI 系统，在屏幕上创建一个限制密码长度并使用“&”字符掩盖密码的 PasswordField 控件。编写完成后需要将脚本拖曳到主摄像机上，具体代码如下。（代码位置：见资源包中源代码第 3 章目录下的 PasswordField_Demo/Assert/C#/Demo.cs。）

```
1    using UnityEngine;
2    using System.Collections;
3    public class Demo : MonoBehaviour {
4      private string stringDemo="Hello World!";          //声明字符串，用于存储密码字段
5      void OnGUI(){                                       //重写 OnGUI 方法，用于绘制控件
6        stringDemo= GUI.PasswordField(new Rect(Screen.width / 8.5f, Screen.height
/ 9.5f,
7           Screen.height / 1.5f, Screen.height / 8), stringDemo,'&', 25);  //通过
第二种静态方法创建控件
8    }}
```

本案例创建了一个密码编辑框，同时使用字符“&”来隐藏密码字段并限制了密码长度。

3.1.7 TextArea 控件

TextArea 控件用于在屏幕上创建一个多行的文本编辑区。玩家可以在多行文本编辑区内编辑文本内容。TextArea 控件可以对超出控件区域的文本内容实现换行操作。TextArea 控件同样会将当前文本编辑区中的文本内容以字符串的形式返回。开发人员可以通过创建 String 变量来接收返回值并实现相关功能。

1. 基础知识

TextArea 控件不同于 TextField 控件，TextArea 控件允许用户输入多行文本内容。在开发人员使用 GUI 系统创建 TextArea 控件时，会有如下的部分静态方法供开发人员调用，当玩家编辑文本内容时，这些方法会返回被编辑的文本内容。TextArea 控件静态方法中各个参数的功能介绍如表 3-11 所示。

```
1    static function TextArea (position : Rect, text : String) : String
2    static function TextArea (position : Rect, text : String, maxLength : int,
style : GUIStyle) : String
```

表 3-11　　TextArea 控件静态方法参数介绍

参 数 名	含　义	参 数 名	含　义
position	表示控件在屏幕上的位置和大小	text	控件默认显示的文本
maxLength	输入的字符串的最大长度	style	表示控件的使用样式

2. 案例效果

本案例将使用第一种静态方法来创建一个多行文本编辑区并在文本编辑区内输入一段文本，

用于演示该控件效果，案例运行效果如图 3-21 所示。使用时打开相应工程文件并双击场景文件，然后单击播放按钮即可。

3. 开发流程

接下来将通过实现该案例来向读者展示在实际游戏开发过程中如何使用 GUI 系统的 TextArea 控件。由于篇幅限制，TextArea 控件的创建方法并没有完全列出，读者可以查看 Unity 官方技术文档深入学习。下面将对该案例的制作过程进行详细介绍，具体步骤如下。

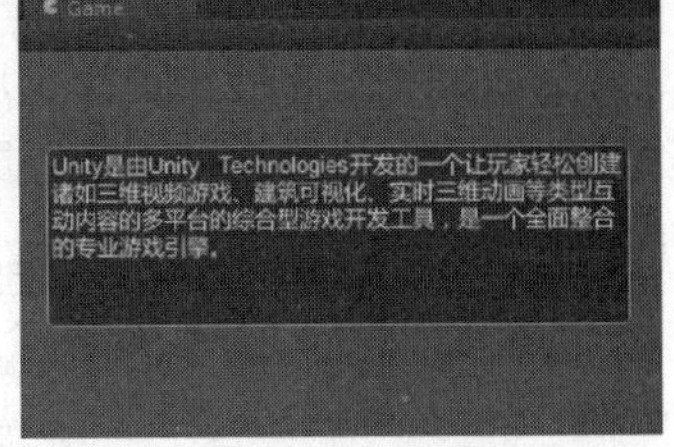

图 3-21　案例运行效果

（1）创建 C#文件夹，用于放置脚本文件。然后在 C#文件夹下单击鼠标右键，选择 Create→C# Script 创建一个 C#脚本，并将其命名为“Demo.cs”。

（2）双击创建的 Demo 脚本，进入脚本编辑器并编辑代码，通过代码控制 GUI 系统，在屏幕上创建出不限文本字数的 TextArea 控件。编写完成后需要将脚本拖曳到主摄像机上，具体代码如下。（代码位置：见资源包中源代码第 3 章目录下的 TextArea _Demo/Assert/C#/Demo.cs。）

```
1    using UnityEngine;
2    using System.Collections;
3    public class Demo : MonoBehaviour {
4      public string stringDemo;                          //声明字符串，用于存储编辑的字符串
5      void OnGUI(){
6        stringDemo = GUI.TextArea(new Rect(Screen.width / 8.5f, //使用第一种静态方法创建文本编辑区
7        Screen.height / 9.5f,Screen.height / 1.5f, Screen.height / 5), stringDemo);
8    }}
```

本案例使用第一种静态方法，通过 position 和 text 参数来创建一个没有字数限制的文本编辑区。

（3）将脚本挂载到摄像机上后，单击摄像机，在属性查看器中会看到 Demo 脚本的设置面板，由于在脚本中并没有为字符串赋值，因此这里需要在 String Demo 右侧的编辑框中输入需要显示的文本内容，如图 3-22 所示。

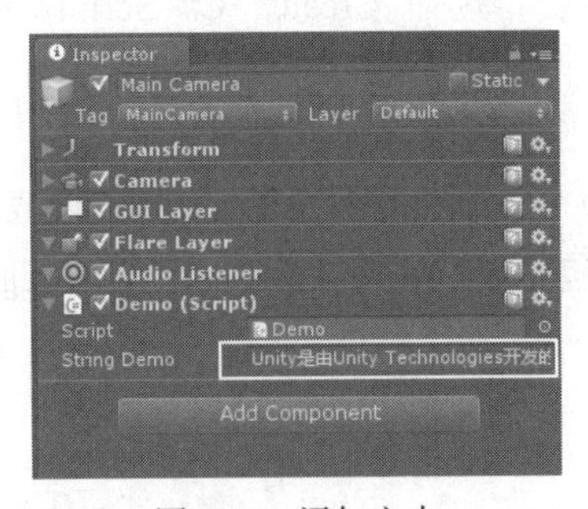

图 3-22　添加文本

3.1.8　Toggle 控件

Toggle 控件用于在屏幕上绘制一个开关，玩家通过控制开关来执行一些具体的操作。当玩家切换开关状态时，Toogle 控件的绘制方法就会根据不同的切换动作来返回相应的布尔值。选中控

件会返回布尔值 true，取消选中就会返回布尔值 false。

1. 基础知识

Toggle 控件用于绘制类似于单选按钮的开关。在开发人员使用 GUI 系统创建 Toggle 控件时，会有如下的静态方法供开发人员调用。每当玩家切换开关状态时方法会返回不同的布尔值供程序判断开关是开启还是关闭。Toggle 控件静态方法中各个参数的功能介绍如表 3-12 所示。

```
1    static function Toggle (position : Rect, value : bool, text : String) : bool
2    static function Toggle (position : Rect, value : bool, image : Texture) : bool
3    static function Toggle (position : Rect, value : bool, content : GUIContent,
style : GUIStyle) : bool
```

表 3-12　Toggle 控件静态方法参数介绍

参数名	含义	参数名	含义
position	表示控件在屏幕上的位置和大小	text	控件上显示的文本
image	控件上显示的纹理图片	content	用于设置控件的文本、图片和提示
style	表示控件使用的样式	value	设置开关是开启还是关闭

2. 案例效果

本案例将通过第一种和第二种静态方法分别创建两种风格的 Toggle 控件来演示控件效果，一种为文本开关，另一种为带有图片的开关，案例运行效果如图 3-23 所示。使用时打开相应工程文件并双击场景文件，然后单击播放按钮即可。

图 3-23　案例运行效果

3. 开发流程

接下来将通过实现该案例来向读者展示在实际游戏开发过程中如何使用 GUI 系统的 Toggle 控件。由于篇幅限制，Toggle 控件的创建方法并没有完全列出，读者可以查看 Unity 官方技术文档深入学习。下面将对该案例的制作过程进行详细介绍，具体步骤如下。

（1）分别创建 Texture 和 C#两个文件夹，一个用于放置图片资源，一个用于放置脚本文件。然后在 C#文件夹下单击鼠标右键，选择 Create→C# Script 创建一个 C#脚本，并将其命名为“Demo.cs”。

（2）双击创建的 Demo 脚本，进入脚本编辑器并编辑代码，通过代码控制 GUI 系统，在屏幕上创建出带有文本和图片的两种 TextArea 控件。编写完成后需要将脚本拖曳到主摄像机上，具体代码如下。（代码位置：见资源包中源代码第 3 章目录下的 Toggle_Demo/Assert/C#/Demo.cs。）

```
1    using UnityEngine;
2    using System.Collections;
3    public class Demo : MonoBehaviour {
4      public Texture texture;                    //声明纹理图片
5      private bool textBool;                     //文本开关状态判定标志位
6      private bool textureBool;                  //图片开关状态判定标志位
7      void OnGUI(){                              //重写 OnGUI 方法，用于绘制控件
8        if (!texture){                           //判断图片是否添加
9            Debug.LogWarning("请添加一张图片");   //如果没有添加就输出警告信息，提示用户添加
```

```
10          return;
11      }
12      textBool=GUI.Toggle(new Rect(Screen.width / 8.5f,      //使用第一种静态方法创建
13        Screen.height / 7, Screen.height / 5, Screen.height / 5), textBool, "开关
控件");
14      textureBool=GUI.Toggle(new Rect(Screen.width / 4,      //使用第二种静态方法创建
15        Screen.height / 7, Screen.height / 5, Screen.height / 5), textureBool, te
xture);
16  }}
```

- 第 4～6 行声明了控件将使用的图片和两个开关的状态判定标志位。
- 第 8～11 行判断图片是否添加，如果没有就输出警告信息，提示用户添加。
- 第 12～13 行通过使用 position 和 text 来创建一个带有文本的开关控件，控件状态为 textBool。如果状态判定标志位为 false 则表示关闭开关，为 true 则表示打开开关。
- 第 14～15 行通过使用 position 和 texture 来创建一个带有图片的开关控件，控件状态为 textureBool。如果状态判定标志位为 false 则表示关闭开关，为 true 则表示打开开关。

（3）将脚本挂载到摄像机上后，单击摄像机。在属性查看器处会看到 Demo 脚本的设置面板，将 Texture 文件夹下的纹理图片“demo”拖曳到 Demo 脚本设置面板中的 Texture 选项中，为 Toggle 控件添加背景图片，如图 3-24 所示。完成后单击播放按钮即可查看效果。

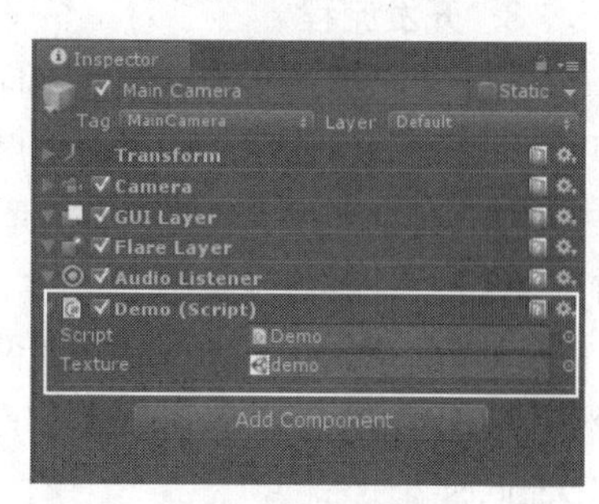

图 3-24　设置图片

3.1.9 SelectionGrid 控件

SelectionGrid 控件用于在屏幕上创建一个按钮网格。开发人员只需要指定该控件中按钮的数量和每一排放置的按钮数量，控件就会在其中自动生成相应个数的网格按钮并按照每一排的按钮数量来自动调整网格按钮的摆放方式。此外，开发人员还可以指定按钮上显示的是文本内容还是图片。

1. 基础知识

SelectionGrid 控件可以方便快捷地创建出一组排列有序的网格按钮。在开发人员使用 GUI 系统创建 SelectionGrid 控件时，会有如下的静态方法供开发人员调用。每当玩家单击其中的按钮时，相应的方法会返回该按钮的索引。SelectionGrid 控件静态方法中各个参数的功能介绍如表 3-13 所示。

```
1    static function SelectionGrid (position : Rect, selected : int, texts : String
[], xCount : int) : int
2    static function SelectionGrid (position : Rect, selected : int, images : Text
ure[], xCount : int) : int
3    static function SelectionGrid (position : Rect, selected : int, images : Text
ure[], xCount : int, style : GUIStyle) :   int
```

表 3-13　SelectionGrid 控件静态方法参数介绍

参数名	含义	参数名	含义
position	表示控件在屏幕上的位置和大小	xCount	根据水平方向上的元素数量，控件将缩放到适合宽度

续表

参数名	含义	参数名	含义
images	显示在网格按钮上的纹理图片	texts	显示在网格按钮上的字符串
style	表示控件使用的样式	selected	被选择的网格按钮的索引

2. 案例效果

本案例通过使用第一种和第二种静态方法来创建两种风格的 SelectionGrid 控件，控件 1 包括 4 个文本按钮，控件 2 包括 4 个图片按钮，案例运行效果如图 3-25 所示。使用时打开相应工程文件并双击场景文件，然后单击播放按钮即可。

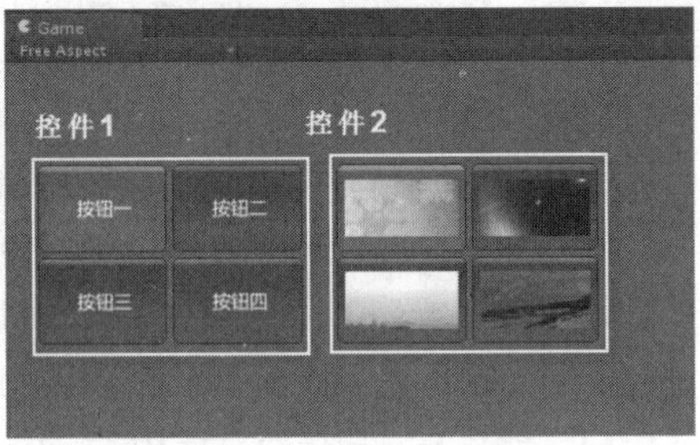

图 3-25　案例运行效果

3. 开发流程

接下来将通过实现该案例来向读者展示在实际游戏开发过程中如何使用 GUI 系统的 SelectionGrid 控件。由于篇幅限制，SelectionGrid 控件的创建方法并没有完全列出，读者可以查看 Unity 官方技术文档深入学习。下面将对该案例的制作过程进行详细介绍，具体步骤如下。

（1）分别创建 Texture 和 C#两个文件夹，一个用于放置图片资源，一个用于放置脚本文件。然后在 C#文件夹下单击鼠标右键，选择 Create→C# Script 创建一个 C#脚本，并将其命名为“Demo.cs”。

（2）双击脚本，进入脚本编辑器并编辑代码，通过代码控制 GUI 系统，在屏幕上创建带有文本网格按钮和图片网格按钮的两种风格的 SelectionGrid 控件。编写完成后需要将脚本拖曳到摄像机上，具体代码如下。（代码位置：见资源包中源代码第 3 章目录下的 SelectionGrid_Demo/Assert/C#/Demo.cs。）

```
1    using UnityEngine;
2    using System.Collections;
3    public class Demo : MonoBehaviour {
4      public Texture[] texture;                         //声明纹理图片
5      private string[] textStrings = new string[] { "按钮一", "按钮二", "按钮三", "
按钮四" }; //声明字符串数组
6      private int index;                                //第一个控件的索引号
7      private int deindex;                              //第二个控件的索引号
8      void OnGUI(){
9        index = GUI.SelectionGrid(new Rect(Screen.width / 40,Screen.height / 7,Sc
reen.width / 5,
10       Screen.height /4),index,textStrings,2);      //使用第一种静态方法，创建 2×2 的按钮
网格
11       deindex = GUI.SelectionGrid(new Rect(Screen.width / 4, Screen.height / 7,
 Screen.width / 5,
12         Screen.height / 4), deindex, texture, 2);//使用第二种静态方法，创建 2×2 的按钮
网格
13    }}
```

- 第 4～5 行声明了纹理图片和字符串数组，分别用于创建带有图片的按钮和带有文本的按钮。

- 第 6～7 行声明了两个整型变量，用于存储当前被选中的按钮的索引，当玩家单击按钮时相应的方法就会返回当前按钮的索引并赋值给 index 或 deindex。
- 第 9～10 行通过使用 position 和 text 创建包含 4 个文本按钮（2×2 方式）的 SelectionGrid 控件。
- 第 11～12 行通过使用 position 和 texture 创建包含 4 个图片按钮（2×2 方式）的 SelectionGrid 控件。

（3）脚本挂载到摄像机上后，单击摄像机。在属性查看器处会看到 Demo 脚本的设置面板。首先将 Demo 脚本设置面板处的 Size（纹理数组大小）设置为 4，然后将 Texture 文件夹下的纹理图片（本案例为 bg1、bg2、bg3、bg4）拖曳到 Texture 处，如图 3-26 所示。完成后单击播放按钮即可查看效果。

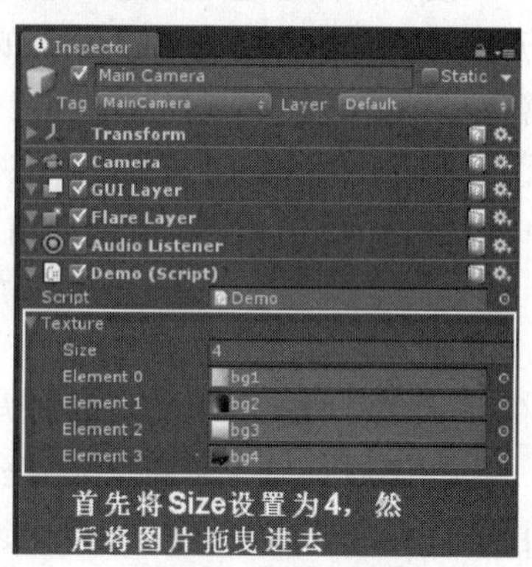

图 3-26　添加纹理

3.1.10　HorizontalScrollbar 控件与 VerticalScrollbar 控件

HorizontalScrollbar 控件用于在屏幕上创建一个水平滚动条，VerticalScrollbar 控件用于在屏幕上创建一个垂直滚动条。一般情况下当玩家需要查看的内容的区域大于显示内容的窗口时，就需要使用 HorizontalScrollbar 控件与 VerticalScrollbar 控件。

1. 基础知识

就水平（垂直）滚动条而言，用户可以为它们设定阈值，设定好后用户就可以拖曳滑块在最大阈值与最小阈值之间移动。在开发人员使用 GUI 系统创建 Scrollbar 控件的时候，会有如下的静态方法供开发人员调用（1、2 为水平控件，3、4 为垂直控件），这些方法的返回值为浮点型的数值。Scrollbar 控件静态方法中各个参数的功能介绍如表 3-14 所示。

```
1    static function HorizontalScrollbar (position : Rect, value : float, size : float, leftValue : float, rightValue : float) :    float
2    static function HorizontalScrollbar (position : Rect, value : float, size : float, leftValue : float, rightValue : float,   style : GUIStyle) : float
3    static function VerticalScrollbar (position : Rect, value : float, size : float, leftValue : float, rightValue : float) :    float
4    static function VerticalScrollbar (position : Rect, value : float, size : float, topValue : float, bottomValue : float,  style : GUIStyle) : float
```

表 3-14　Scrollbar 控件静态方法参数介绍

参数名	含义	参数名	含义
position	表示控件在屏幕上的位置和大小	value	设置滚动条的数值，确定滑块的位置
leftValue	滚动条左端的值	rightValue	滚动条右端的值
topValue	滚动条上端的值	bottomValue	滚动条下端的值
style	滚动条背景的样式	size	滑块的大小

2. 案例效果

本案例将通过 GUI 系统在屏幕上创建两个控件，一个为水平滚动条，另一个为垂直滚动条，案例运行效果如图 3-27 所示。使用时打开相应工程文件并双击场景文件，然后单击播放按钮即可。

3. 开发流程

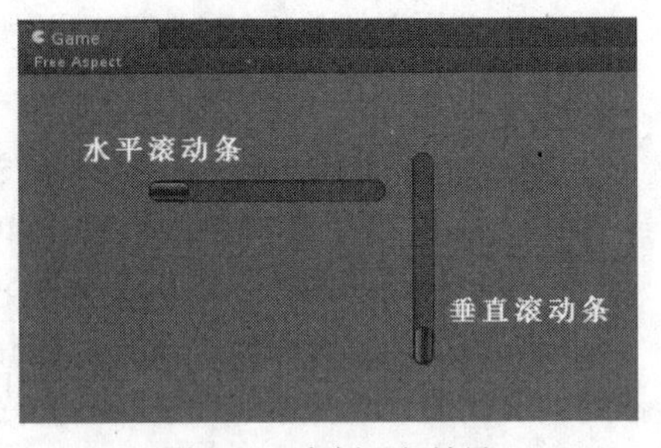

图 3-27 案例运行效果

接下来将通过实现该案例来向读者展示在实际游戏开发过程中如何使用 GUI 系统的 Scrollbar 控件。由于篇幅限制，Scrollbar 控件的创建方法并没有完全列出，读者可以查看 Unity 官方技术文档深入学习。下面将对该案例的制作过程进行详细介绍，具体步骤如下。

（1）创建 C#文件夹，用于放置脚本文件。然后在 C#文件夹下单击鼠标右键，选择“Create”→“C# Script”创建一个 C#脚本，并将其命名为“Demo.cs”。

（2）双击脚本，进入脚本编辑器并编辑代码，通过代码控制 GUI 系统，在屏幕上创建 HorizontalScrollbar 控件与 VerticalScrollbar 控件。编写完成后需要将脚本拖曳到摄像机上，具体代码如下。（代码位置：见资源包中源代码第 3 章目录下的 ScrollBar_Demo/Assert/C#/Demo.cs。）

```
1    using UnityEngine;
2    using System.Collections;
3    public class Demo : MonoBehaviour {
4      private float value;                                        //水平滚动条当前的数值
5      private float value2;                                       //垂直滚动条当前的数值
6      void OnGUI(){                                               //重写 OnGUI 方法，用于绘制控件
7        value = GUI.HorizontalScrollbar(new Rect(Screen.width / 13.5f,Screen.height
/ 7,Screen.width
8          / 7.5f, Screen.height /8), value, 0.1f, 0.0f, 1.0f);   //创建水平滚动条控件
9        value2 = GUI.VerticalScrollbar(new Rect(Screen.width / 4.5f, Screen.height
/ 9.5f, Screen.width
10         / 8,Screen.height / 3.5f), value2, 0.1f, 1.0f, 0.0f);  //创建垂直滚动条控件
11   }}
```

- 第 4～5 行声明了两个浮点型的变量，用于存储滚动条当前的数值。
- 第 7～8 行通过使用 position、value、size、leftValue 和 rightValue 参数创建水平滚动条。
- 第 9～10 行通过使用 position、value、size、topValue 和 bottomValue 参数创建垂直滚动条。

3.1.11 HorizontalSlider 控件与 VerticalSlider 控件

HorizontalSlider 控件用于在屏幕上创建一个水平滑动条，VerticalSlider 控件用于创建一个垂直滑动条。它们与前面介绍的 HorizontalScrollbar 控件和 VerticalScrollbar 控件作用一样，当玩家需要查看的内容的区域大于显示内容的窗口时，就可以使用 HorizontalSlider 控件与 VerticalSlider 控件。

1. 基础知识

水平（垂直）滑动条可以在用户设定的阈值间移动。在开发人员使用 GUI 系统创建 Slide 控件的时候，会有如下的静态方法供开发人员调用（1、2 为水平控件，3、4 为垂直控件），这些方法的返回值为浮点型的数值。Slider 控件静态方法中各个参数的功能介绍如表 3-15 所示。

```
1    static function HorizontalSlider (position : Rect, value : float, leftValue :
float, rightValue : float) : float
```

```
2    static function HorizontalSlider (position : Rect, value : float, leftValue :
 float, rightValue : float,    slider : GUIStyle, thumb : GUIStyle) : float
3    static function VerticalSlider (position : Rect, value : float, topValue :
float, bottomValue : float) :  float
4    static function VerticalSlider (position : Rect, value : float, topValue :
float, bottomValue : float,    slider : GUIStyle, thumb : GUIStyle) : float
```

表 3-15　Slider 控件静态方法参数介绍

参 数 名	含　义	参 数 名	含　义
position	表示控件在屏幕上的位置和大小	Value	表示滑动条的值
leftValue	滑动条左端的值	slider	可拖曳区域的 GUI 样式
topValue	滑动条上端的值	rightValue	滑动条右端的值
thumb	可拖曳滑块的 GUI 样式	bottomValue	滑动条下端的值

2. 案例效果

本案例将通过 GUI 系统在屏幕上创建两个控件，一个为水平滑动条控件，另一个为垂直滑动条控件，案例运行效果如图 3-28 所示。使用时打开相应工程文件并双击场景文件，然后单击播放按钮即可。

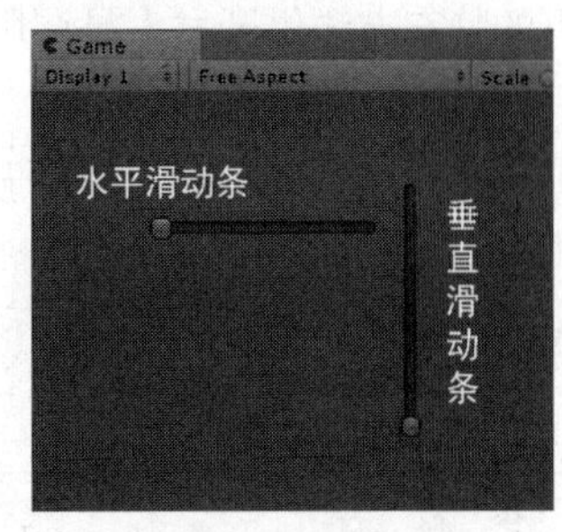

图 3-28　案例运行效果

3. 开发流程

接下来将通过实现该案例来向读者展示在实际游戏开发过程中如何使用 GUI 系统的 Slider 控件。由于篇幅限制，Slider 控件的创建方法并没有完全列出，读者可以查看 Unity 官方技术文档深入学习。下面将对该案例的制作过程进行详细介绍，具体步骤如下。

（1）创建一个 C#文件夹，用于放置脚本文件。然后在 C#文件夹下单击鼠标右键，选择“Create”→“C# Script”创建一个 C#脚本，并将其命名为“Demo.cs”。

（2）双击脚本，进入脚本编辑器并编辑代码，通过代码控制 GUI 系统，在屏幕上创建 HorizontalSlider 控件与 VerticalSlider 控件。编写完成后需要将脚本拖曳到摄像机上，具体代码如下。（代码位置：见资源包中源代码第 3 章目录下的 Slider_Demo/Assert/C#/Demo.cs。）

```
1    using UnityEngine;
2    using System.Collections;
3    public class Demo : MonoBehaviour
4    {
5        private float value;                      //水平滑动条当前的数值
6        private float value2;                     //垂直滑动条当前的数值
7        void OnGUI()
8        {                                         //重写 OnGUI 方法，用于绘制控件
9            value = GUI.HorizontalSlider(new Rect(Screen.width / 13.5f, Screen.
height / 7, Screen.width
10             / 7.5f, Screen.height / 8), value, 0.0f, 1.0f); //创建水平滑动条控件
11           value2 = GUI.VerticalSlider(new Rect(Screen.width / 4.5f, Screen.
height / 9.5f, Screen.width
12             / 8, Screen.height / 3.5f), value2, 1.0f, 0.0f); //创建垂直滑动条控件
13       }
14   }
```

- 第 5～6 行声明了两个浮点型的变量，用于存储滑动条当前的数值。
- 第 9～10 行通过使用 position、value、leftValue 和 rightValue 参数创建水平滑动条。
- 第 11～12 行通过使用 position、value、topValue 和 bottomValue 参数创建垂直滑动条。

3.1.12 BeginGroup 控件和 EndGroup 控件

BeginGroup 控件和 EndGroup 控件需要配合使用，以达到将屏幕上的控件放入容器的效果。在同一容器中创建的 GUI 控件为同一组，这些控件都以容器的左上角为原点(0,0)来确定自己的位置。当移动容器的位置时，容器内的控件会整体发生移动，但是控件的相对位置保持不变。

1. 基础知识

BeginGroup 控件用于开启一个容器，EndGroup 控件则用于关闭一个容器。容器的使用涉及用户界面对设备屏幕不同分辨率的自适应。在开发人员使用 GUI 系统创建 Group 控件时，会有如下的静态方法供开发人员调用。Group 控件静态方法中各个参数的功能介绍如表 3-16 所示。

```
1    static function BeginGroup (position : Rect) : void
2    static function BeginGroup (position : Rect, text : string) : void
3    static function BeginGroup (position : Rect, image : Texture) : void
4    static function BeginGroup (position : Rect, content : GUIContent, style : 
GUIStyle) : void
```

表 3-16　Group 控件静态方法参数介绍

参 数 名	含　义	参 数 名	含　义
position	表示控件在屏幕上的位置和大小	text	控件上显示的文本
image	控件上显示的纹理图片	content	用于设置控件的文本、图片和提示
style	表示控件使用的样式		

2. 案例效果

本案例将创建两组 Group 控件，每一组里面有 1 个与容器大小相同的 Box 控件和 2 个 Button 控件。在 Demo 脚本的设置面板处通过修改 value（value2）的值（修改 Group 控件的水平位置），可以看到同一组中的控件都会发生移动并保持相对位置不变。

案例运行效果如图 3-29、图 3-30 所示。使用时打开相应工程文件并双击场景文件，然后单击播放按钮即可。

图 3-29　案例运行效果 1

图 3-30　案例运行效果 2

3. 开发流程

接下来将通过实现该案例来向读者展示在实际游戏开发过程中如何使用 GUI 系统的 Group 控

件。由于篇幅限制，Group 控件的创建方法并没有完全列出，读者可以查看 Unity 官方技术文档深入学习。下面将对该案例的制作过程进行详细介绍，具体步骤如下。

（1）创建一个 C#文件夹，用于放置脚本文件。然后在 C#文件夹下单击鼠标右键，选择 Create→C# Script 创建一个 C#脚本，并将其命名为“Demo.cs”。

（2）双击脚本，进入脚本编辑器并编辑代码，通过代码控制 GUI 系统，在屏幕上创建两组 Group 控件、2 个 Box 控件和 4 个 Button 控件，每个容器中放置 1 个 Box 控件和 2 个 Button 控件。编写完成后需要将脚本拖曳到摄像机上，具体代码如下。（代码位置：见资源包中源代码第 3 章目录下的 Group _Demo/Assert/C#/Demo.cs。）

```
1    using UnityEngine;
2    using System.Collections;
3    public class Demo : MonoBehaviour {
4      public float value=25.0f;                    //用于修改 Group 控件的位置
5      public float value2 = 3.5f;
6      void OnGUI() {
7        GUI.BeginGroup(new Rect(Screen.width / value,
8         Screen.height / 9.5f, 300, 200));     //使用 BeginGroup 控件将容器区域限制为
300 像素×200 像素大小
9        GUI.Box(new Rect(0,0,300,200),
10        "第一组\n 被限制在 300 像素×200 像素的区域内"); //创建一个和容器大小相同的 Box 控件
11       GUI.Button(new Rect(50,50,200,50),"按钮一");   //创建 Button 控件
12       GUI.Button(new Rect(50, 120, 200, 50), "按钮二");
13       GUI.EndGroup();                                //EndGroup 控件,需和 BeginGroup
控件一起使用
14       GUI.BeginGroup(new Rect(Screen.width / value2,
15        Screen.height / 9.5f, 300, 200)); //创建一个 300 像素×200 像素大小的容器
16       GUI.Box(new Rect(0, 0, 300, 200),
17        "第二组\n 被限制在 300 像素×200 像素的区域内"); //创建一个和容器大小相同的 Box 控件
18       GUI.Button(new Rect(50, 50, 200, 50), "按钮三"); //创建 Button 控件
19       GUI.Button(new Rect(50, 120, 200, 50), "按钮四");
20       GUI.EndGroup();                          //EndGroup 控件，需和 BeginGroup 控件一
起使用
21   }}
```

- 第 4～5 行声明了两个浮点型的变量，用来控制两个容器的水平位置。
- 第 7～8 行通过使用 position 创建一个区域大小被限制为 300 像素×200 像素的容器。
- 第 9～10 行通过使用 position 和 text 创建一个和容器大小相同的 Box 控件。
- 第 11～12 行通过使用 position 和 text 创建两个带有文本的 Button 控件。
- 第 13 行为 EndGroup，和 BeginGroup 成对使用，在它们之间创建的控件都属于同一组。
- 第 14～20 行和上面一样，在不同的位置创建了另一个容器。

（3）将脚本挂载到摄像机上后，单击摄像机，在属性查看器处会看到 Demo 脚本的设置面板，读者可以在其中修改 value 和 value2 的值来调整容器的位置，观察控件移动的效果，如图 3-31 所示。完成后单击播放按钮即可查看效果。

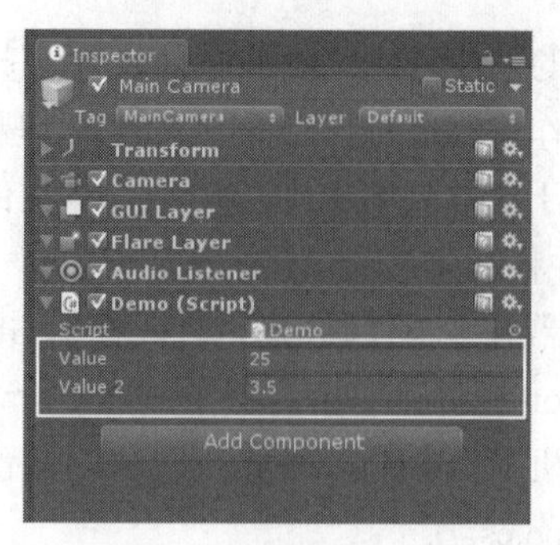

图 3-31　修改容器位置

3.1.13　BeginScrollView 控件和 EndScrollView 控件

ScrollView 控件用于在屏幕上创建滚动视图，使玩家可在一个小区域查看较大区域的内容。当内容区域大于查看区域时，该控件就会自动生成水平（垂直）滚动条，玩家通过拖曳滑块来查看所有内容。重要的是 BeginScrollView 控件和 EndScrollView 控件需要配合使用，成对存在。

1. 基础知识

BeginScrollView 控件的绘制方法会返回 Vector2 类型的值，用来记录滚动条被修改的位置。在开发人员使用 GUI 系统创建 ScrollView 控件时，会有如下的静态方法供开发人员调用（第 3 种为创建 EndScrollView 控件的静态方法）。ScrollView 控件静态方法中各个参数的功能介绍如表 3-17 所示。

```
1    static function BeginScrollView (position : Rect, scrollPosition : Vector2, viewRect : Rect) : Vector2
2    static function BeginScrollView (position : Rect, scrollPosition : Vector2, viewRect : Rect, alwaysShowHorizontal : bool, alwaysShowVertical : bool, horizontalScrollbar : GUIStyle, verticalScrollbar : GUIStyle) : Vector2
3    static function EndScrollView () : void
```

表 3-17　ScrollView 控件静态方法参数介绍

参 数 名	含　义	参 数 名	含　义
position	表示控件在屏幕上的位置和大小	scrollPosition	用来显示滚动位置
viewRect	滚动视图内使用的矩形	alwaysShowHorizontal	可选参数，总是显示水平滚动条，如果为 false 或不设置，则水平滚动条仅在内矩形比外矩形大的时候显示
horizontalScrollbar	用于水平滚动条的可选 GUIStyle	alwaysShowVertical	可选参数，总是显示垂直滚动条，如果为 false 或不设置，则垂直滚动条仅在内矩形比外矩形大的时候显示
verticalScrollbar	用于垂直滚动条的可选 GUIStyle		

2. 案例效果

本案例将创建一个滚动视图，通过 300 像素×200 像素大小的窗口来查看 400 像素×300 像素大小的内容。使用时打开相应工程文件并双击场景文件，然后单击播放按钮即可。案例运行效果如图 3-32、图 3-33 和图 3-34 所示。

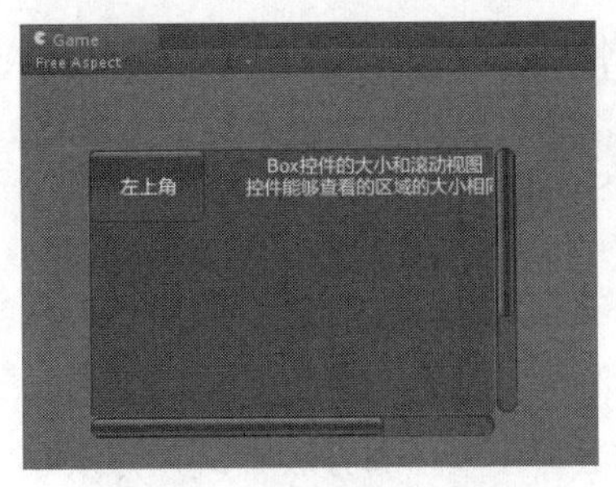

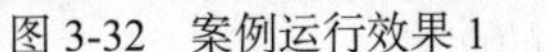
图 3-32　案例运行效果 1

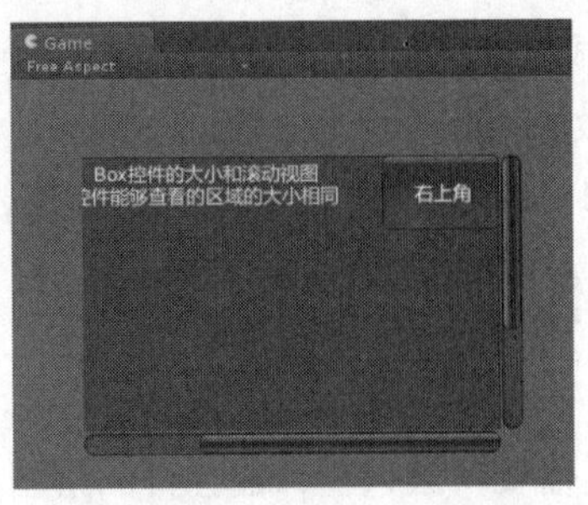

图 3-33　案例运行效果 2

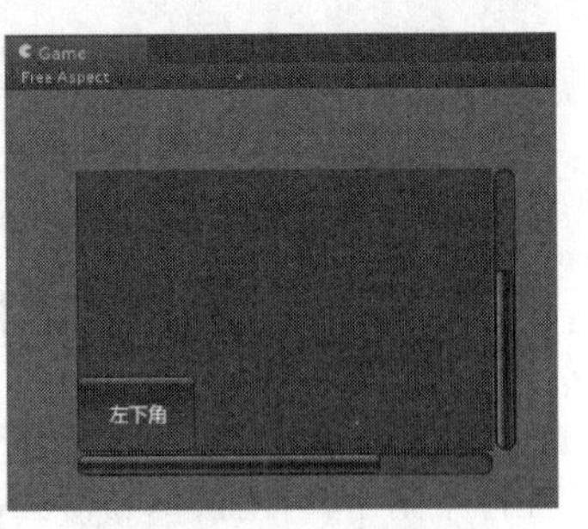

图 3-34　案例运行效果 3

3. 开发流程

接下来将通过实现该案例来向读者展示在实际游戏开发过程中如何使用 GUI 系统的 ScrollView 控件。由于篇幅限制，ScrollView 控件的创建方法并没有完全列出，读者可以查看 Unity 官方技术文档深入学习。下面将对该案例的制作过程进行详细介绍，具体步骤如下。

（1）创建一个 C#文件夹，用于放置脚本文件。然后在 C#文件夹下单击鼠标右键，选择 Create →C# Script 创建一个 C#脚本，并将其命名为"Demo.cs"。

（2）双击脚本，进入脚本编辑器并编辑代码，通过代码控制 GUI 系统，在屏幕上创建 ScrollView 控件组为查看区域，创建 Box 控件为内容区域，其中有 4 个 Button 控件，以演示控件效果。编写完成后需要将脚本拖曳到摄像机上，具体代码如下。（代码位置：见资源包中源代码第 3 章目录下的 ScrollView _Demo/Assert/C#/Demo.cs。）

```
1    using UnityEngine;
2    using System.Collections;
3    public class Demo : MonoBehaviour {
4      private Vector2 scrollPosition=Vector2.zero;  //声明一个 Vector2 变量，存储滚动的
位置
5      void OnGUI(){                                   //重写 OnGUI 方法，用于绘制控件
6        scrollPosition = GUI.BeginScrollView(new Rect(Screen.width / 25,
7          Screen.height / 9.5f, 300, 200), scrollPosition,
8           new Rect(0, 0, 400, 300), false, false); //创建一个大小为 300 像素×200 像素的
滚动视图，查看区域大小为 400 像素×300 像素
9        GUI.Box(new Rect(0,0,400,300),"Box 控件的大小和滚动视图\n 控件能够查看的区域的大小
相同");
10       GUI.Button(new Rect(0,0,80,50),"左上角");     //创建 4 个按钮并将它们分别放置在区域
的 4 个角
11       GUI.Button(new Rect(320, 0, 80, 50), "右上角");
12       GUI.Button(new Rect(0,250, 80, 50), "左下角");
13       GUI.Button(new Rect(320, 250, 80, 50), "右下角");
14       GUI.EndScrollView();                          //创建 EndScrollView 控件
15   }}
```

- 第 4 行声明了一个 Vector2 变量，初始值为(0,0)，用于存储滚动的位置。
- 第 6～8 行通过使用 position、scrollPosition、viewRect、alwaysShowHorizontal、alwaysShowVertical 参数来创建一个 300 像素×200 像素的滚动视图，可以查看大小为 400 像素×300 像素的区域内的内容；并且只有在内容区域大于滚动视图时才显示水平（垂直）滚动条。

- ❑ 第 9～13 行在查看区域内创建了 Box 控件并在 Box 控件的每个角处创建了一个 Button 控件，用来演示控件效果。
- ❑ 第 14 行创建 EndScrollView 控件，该控件需要与 BeginScrollView 控件成对使用。

3.1.14 Window 控件

Window 控件用于在屏幕上创建一个弹出窗口，该窗口浮动在普通 GUI 控件之上。Window 控件不同于其他控件，开发人员需要将放入窗口的控件的绘制方法写在单独的方法中，并为该方法设置一个整型的形参用来接收窗口序号，每个窗口都要有其唯一的序号。

1. 基础知识

在窗口中创建的其他控件都以窗口的左上角为原点(0,0)，并且 Window 控件可以接收焦点。其静态方法会返回 Rect 类型数据，内容为窗口的坐标和大小。在开发人员使用 GUI 系统创建 Window 控件时，会有如下的静态方法供开发人员调用。Window 控件静态方法中各个参数的功能介绍如表 3-18 所示。

```
    1    static function Window (id : int, clientRect : Rect, func : WindowFunction,
text : String) : Rect
    2    static function Window (id : int, clientRect : Rect, func : WindowFunction,
image : Texture) : Rect
    3    static function Window (id : int, clientRect : Rect, func : WindowFunction,
title : GUIContent, style : GUIStyle) : Rect
```

表 3-18　Window 控件静态方法参数介绍

参 数 名	含 义	参 数 名	含 义
id	设置每个窗口的序号	clientRect	设置控件在屏幕上的位置
func	在窗口中创建 GUI 的方法，该方法必须传给窗口的序号	text	控件上显示的文本
style	表示控件使用的样式	Title	表示窗口的文本
image	控件上显示的纹理图片		

2. 案例效果

本案例将通过第一种静态方法创建两个 Window 控件，每个 Window 控件都会包含 1 个 Button 控件，用来演示控件效果，案例运行效果如图 3-35、图 3-36 所示。使用时打开相应工程文件并双击场景文件，然后单击播放按钮即可。

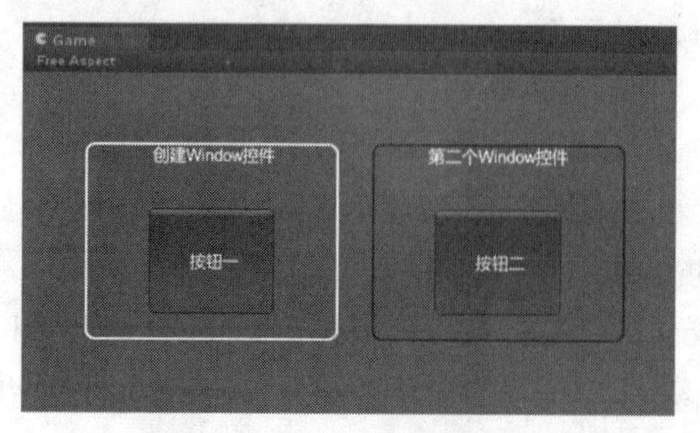

图 3-35　焦点在左窗口

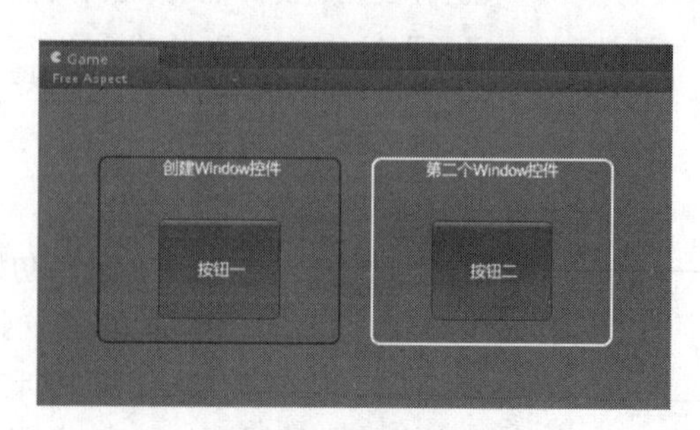

图 3-36　焦点在右窗口

3. 开发流程

接下来将通过实现该案例来向读者展示在实际游戏开发过程中如何使用 GUI 系统的 Window 控件。由于篇幅限制，Window 控件的创建方法并没有完全列出，读者可以查看 Unity 官方技术文档深入学习。下面将对该案例的制作过程进行详细介绍，具体步骤如下。

（1）创建一个 C#文件夹，用于放置脚本文件。然后在 C#文件夹下单击鼠标右键，选择 Create→C# Script 创建一个 C#脚本，并将其命名为"Demo.cs"。

（2）双击脚本，进入脚本编辑器并编辑代码，通过代码控制 GUI 系统，在屏幕上创建出两个带有按钮并且都能够接收焦点的 Window 控件。编写完成后需要将脚本拖曳到摄像机上，具体代码如下。（代码位置：见资源包中源代码第 3 章目录下的 Window_Demo/Assert/C#/Demo.cs。）

```
1    using UnityEngine;
2    using System.Collections;
3    public class Demo : MonoBehaviour {
4      private int windowID=0;                    //窗口序号，每一个窗口都要有唯一的序号
5      private int windowID2 = 1;
6      private Rect windowRect=new Rect(Screen.width / 25,
7        Screen.height / 9.5f, 200, 150);          // 设置窗口在屏幕上的位置和大小
8      private Rect windowRect2 = new Rect(Screen.width / 4.5f, Screen.height /
9.5f, 200, 150);
9      void OnGUI(){
10       windowRect = GUI.Window(windowID, windowRect,
11         createWindow, "创建 Window 控件");      //通过第一种静态方法创建一个窗口
12       windowRect2 = GUI.Window(windowID2, windowRect2, createWindow2, " 第 二 个
Window 控件");
13     }
14     void createWindow(int ID) {                //该方法需要有一个形参
15       GUI.Button(new Rect(50, 50, 100, 80), "按钮一");     //创建 Button 控件
16     }
17     void createWindow2(int ID){
18       GUI.Button(new Rect(50, 50, 100, 80), "按钮二");
19   }}
```

- 第 4～5 行声明了两个整型变量，用来设置 Window 控件的序号，每个窗口都必须有唯一的序号。
- 第 6～8 行声明了两个 Rect 变量，用来设置 Window 控件在屏幕上的位置和大小。
- 第 10～12 行使用 id、clientRect、func 和 text 参数创建两个窗口。
- 第 14～18 行使用两个方法分别创建属于特定窗口的 GUI 控件。

3.1.15　Skin 设置

Skin（皮肤）用于对 Unity 中 GUI 系统的整体风格进行修改。开发人员可以从网上下载精美的 Skin，也可自行制作。Skin 的设置面板中有大部分 GUI 控件的参数信息，开发人员可以从中设置任意一种或多种控件的使用风格。

1. 基础知识

Skin 文件的属性查看器中会列出其可以影响的所有控件，如图 3-37 所示。展开任何一个控件菜单会显示具体的可以修改的内容，如图 3-38 所示，包括字体大小、字体类型、背景等。下面将

介绍其中的部分功能，具体的功能信息如表 3-19 所示。

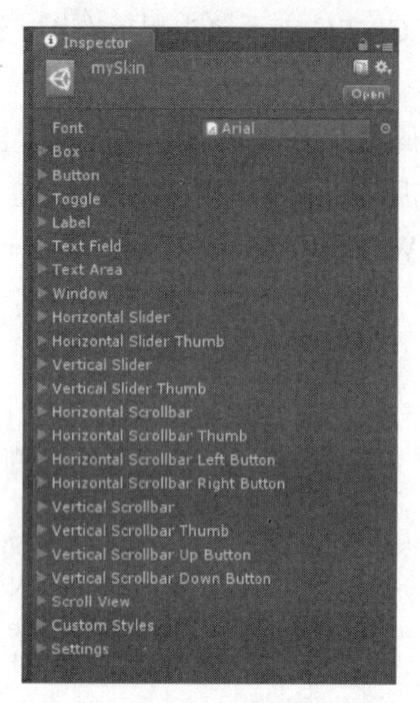

图 3-37　Skin 文件的属性查看器

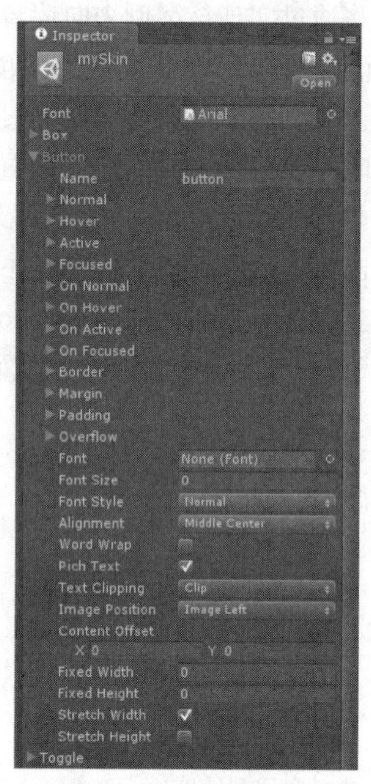

图 3-38　修改内容

表 3-19　　Skin 的具体功能信息

选　项　名	含　　义	选　项　名	含　　义
Normal	没有操作的情况下控件的背景图片（Background）和文本颜色（Text Color）	Hover	当鼠标指针悬停在当前控件上时控件的背景图片和文本颜色
Font Size	对该控件上文字字号的设置，控制字体大小	Font Style	对该控件上文字样式的设置，包括正常（Normal）、加粗（Bold）、倾斜（Italic）和加粗并倾斜（Blod and Italic）

2. 案例效果

本案例使用了 3 种不同的 Skin 文件，并通过玩家对不同按钮的单击来更换皮肤，进而改变界面中 Button 控件的文本颜色、文本样式及字体大小，案例运行效果如图 3-39、图 3-40 所示。使用时打开相应工程文件并双击场景文件，然后单击播放按钮即可。

图 3-39　案例运行效果 1

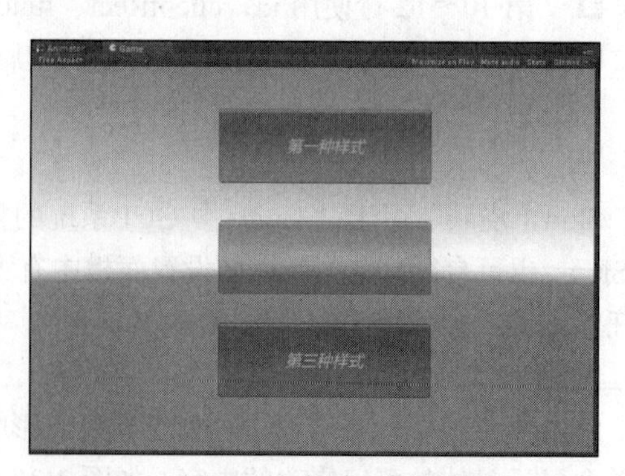

图 3-40　案例运行效果 2

3. 开发流程

接下来将通过实现该案例来向读者展示在实际游戏开发过程中如何使用 GUI 系统的 Skin 文件。由于篇幅限制，相关技术并没有深入讲解，读者可以查看 Unity 官方技术文档深入学习。下面将对该案例的制作过程进行详细介绍，具体步骤如下。

（1）分别创建 Skin 和 C#两个文件夹，一个用于放置皮肤文件，一个用于放置脚本文件。然后在 C#文件夹下单击鼠标右键，选择 Create→C# Script 创建一个 C#脚本，并将其命名为“Demo.cs”。

（2）双击脚本，进入脚本编辑器并编辑代码，通过代码控制 GUI 系统，在屏幕上创建出 3 个受 Skin 文件影响的文本按钮，以演示使用不同 Skin 文件后 Button 控件的效果。编写完成后需要将脚本拖曳到摄像机上，具体代码如下。（代码位置：见资源包中源代码第 3 章目录下的 Skin_Demo/Assert/C#/Demo.cs。）

```
1    using UnityEngine;
2    using System.Collections;
3    public class Demo : MonoBehaviour {
4    public GUISkin[] skins;                   //皮肤样式数组，用于存储多种皮肤
5    private int skinIndex;                    //皮肤索引数组，通过索引来改变 Skin 文件
6    void Awake(){                             //重写系统 Awake 方法，当脚本加载时被调用
7      Debug.LogWarning("请在面板中添加 3 个皮肤文件"); //输出警告信息，该案例需要添加 3 个 Skin 文件
8      return ;
9    }
10   void OnGUI(){                             //重写 OnGUI 方法，该方法用于绘制控件
11     GUI.skin=skins[skinIndex];              //根据索引为 GUI 设置不同的 Skin 文件
12     if (GUI.Button(new Rect(Screen.width / 3,
13       Screen.height /9, 300, 100), "第一种样式")){ //对按钮进行定位、命名
14       skinIndex = 0;                   //当单击此按钮时会将皮肤样式更换为第一个 Skin 文件
15     }
16     if (GUI.Button(new Rect(Screen.width / 3, Screen.height /2.5f, 300, 100),
"第二种样式")){
17       skinIndex = 1;                   //当单击此按钮时会将皮肤样式更换为第二个 Skin 文件
18     }
19     if (GUI.Button(new Rect(Screen.width / 3, Screen.height /1.5f, 300, 100),
"第三种样式")){
20       skinIndex = 2;                   //当单击此按钮时会将皮肤样式更换为第三个 Skin 文件
21   }}}
```

- 第 4～5 行定义了一个公共的 GUISkin 数组，用于存储 Skin 文件，在属性查看器中将 Demo 脚本下的 Skins 数组大小设置为 3，并将 Skin 文件夹下的 Skin 文件分别拖曳到脚本上。同时定义了一个整型变量充当索引，用于更换 Skin 文件。
- 第 6～9 行重写系统的 Awake 方法，当脚本被加载时该方法就会被调用，用于提示用户添加 3 个 Skin 文件，否则会报错。
- 第 10～21 行是对系统 OnGUI 方法的重写，该方法用于绘制 GUI 控件，任何关于 GUI 系统的代码都需要写在其中。
- 第 11 行通过 GUI.skin 变量来修改 GUI 系统的皮肤样式。
- 第 12～20 行通过 GUI.Button 来创建 Button 控件，Rect 部分负责对 Button 控件的位置（前两个参数）、大小（后两个参数）进行设定，以像素为单位；后面的字符串是对 Button 控件的命名。

（3）创建 3 种不同风格的 Skin 文件。在项目资源列表面板中单击鼠标右键，选择 Create→GUI Skin，创建 Skin 文件后可以重新命名文件。然后单击创建的 Skin 文件，在属性查看器中选择 Button，在展开的选项中设置相关参数，如图 3-41、图 3-42 和图 3-43 所示。

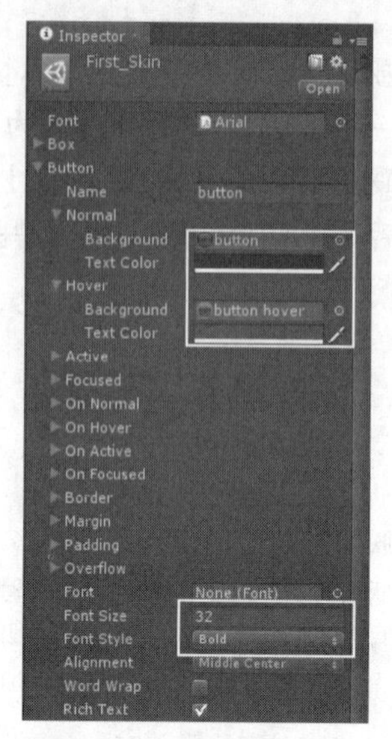

图 3-41　皮肤样式 1

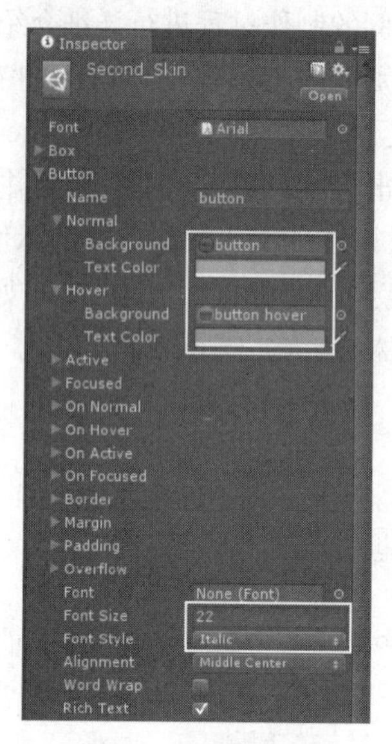

图 3-42　皮肤样式 2

（4）单击摄像机，在属性查看器中会看到 Demo 脚本的相关设置面板，将 Skins 数组的大小（Size）设置为 3，然后将 Skin 文件夹中的 3 个 Skin 文件依次拖曳到下面的选项上，如图 3-44 所示。这样就为 GUI 系统添加了 3 种皮肤，可影响 Demo 脚本下创建的所有 Button 控件。

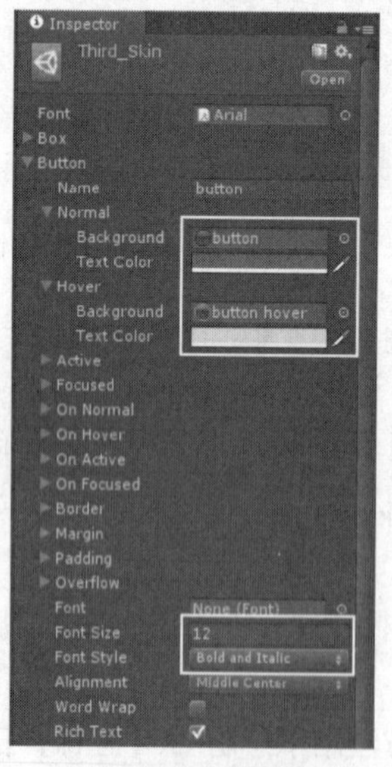

图 3-43　皮肤样式 3

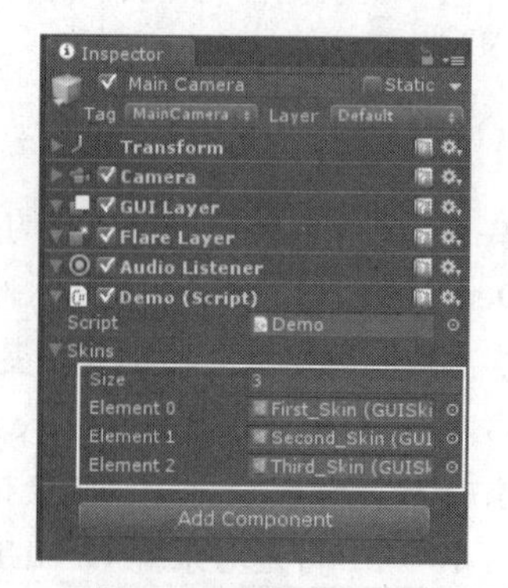

图 3-44　添加 Skin 文件

3.1.16　GUI 系统的变量

GUI 系统提供了很多变量，通过这些变量，用户可以对创建的 GUI 控件进行设置，包括 color、tooltip、contentColor 等。下面将对这些变量的功能和实现进行详细介绍。在 OnGUI 方法中设置变量后，该变量将影响其后创建的 GUI 控件。

1. 基础知识

GUI 系统提供的变量功能丰富，如设置文字颜色、组件背景、是否启用相关图形组件等，组合不同变量可以创建出精美的游戏界面。下面将对 GUI 中常用的变量进行详细介绍，具体的信息如表 3-20 所示。

表 3-20　GUI 系统的变量

变 量 名	含　义	变 量 名	含　义
color	将影响全局 GUI 控件的背景和文本颜色	tooltip	设置鼠标指针悬停在当前控件上时的提示信息
contentColor	将影响全局 GUI 控件的文本颜色	enabled	控制 GUI 控件是否被启用
depth	设置执行的 GUI 行为的深度排序		

2. 案例效果

本案例将创建一个界面：在 Box 控件内放置 2 个 Button 控件，通过 color 变量改变它们的颜色，通过 enabled 变量控制它们的启用和禁用；当鼠标指针悬停在按钮上时通过 tooltip 变量在界面下方用 Label 控件显示信息，按钮状态不同输出的信息也不同。

案例运行效果如图 3-45、图 3-46 和图 3-47 所示。使用时打开相应工程文件并双击场景文件，然后单击播放按钮即可。

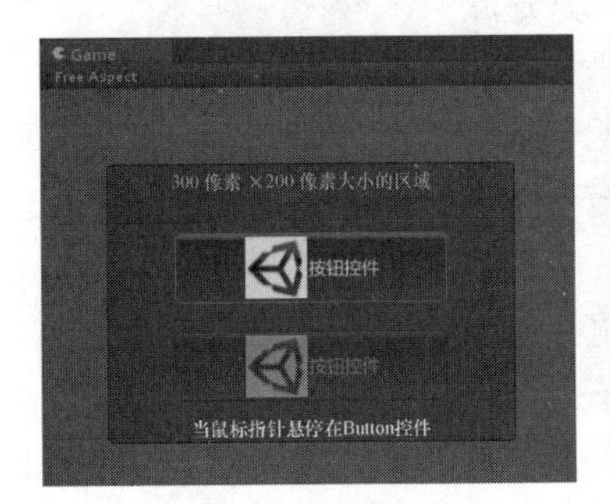

图 3-45　案例运行效果 1

图 3-46　案例运行效果 2

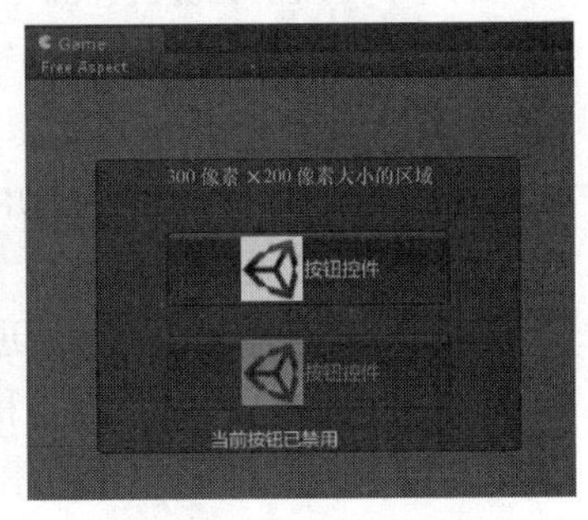

图 3-47　案例运行效果 3

3. 开发流程

接下来将通过实现该案例来向读者展示在实际游戏开发过程中如何使用 GUI 系统的变量。由于篇幅限制，GUI 变量的相关技术并没有深入讲解，读者可以查看 Unity 官方技术文档深入学习。下面将对该案例的制作过程进行详细的介绍，具体步骤如下。

（1）分别创建 Texture 和 C#两个文件夹，一个用于放置图片资源，一个用于放置脚本文件。然后在 C#文件夹下单击鼠标右键，选择 Create→C# Script 创建一个 C#脚本，并将其命名为“Demo.cs”。

（2）双击脚本，进入脚本编辑器并编辑代码，通过代码控制 GUI 系统，在屏幕上创建 Box 控件、Button 控件和 Label 控件，以演示不同变量对控件的影响。编写完成后需要将脚本拖曳到摄像机上，具体代码如下。（代码位置：见资源包中源代码第 3 章目录下的 GUI_Demo/Assert/C#/Demo.cs。）

```
1    using UnityEngine;
2    using System.Collections;
3    public class Demo : MonoBehaviour {
```

```
4      public GUIContent guiContent;                  //声明两个 GUIContent 变量
5      public GUIContent guiContent2;
6      private bool guiEnable;                        //设置控件启用、禁用状态判定标志位
7      void OnGUI() {                                 //重写系统 OnGUI 方法，用于绘制控件
8        GUI.color=Color.green;          //color 变量用于更改其下所有控件的文本、背景颜色
9        GUI.BeginGroup(new Rect(Screen.width / 25,
10        Screen.height / 9.5f, 300, 200));        //创建一个容器，将其他控件都放入其中
11       GUI.Box(new Rect(0,0,300,200),"300 像素×200 像素大小的区域");      //放入 Box 控件
12       if (GUI.Button(new Rect(50, 50, 200, 50), guiContent)) { //创建 Button 控件，更改标志位
13           guiEnable=!guiEnable;       //每次单击都将标志位置反
14       }
15       GUI.enabled = guiEnable;        //设置 enabled 变量
16       GUI.color = Color.yellow;       //color 变量用于更改其下所有控件的文本、背景颜色
17       if (!guiEnable){                //通过判断按钮的状态来动态改变 tooltip 变量
18           guiContent2.tooltip = "当前按钮已禁用";
19       }else {
20          guiContent2.tooltip = "当前按钮已启用";
21       }
22       GUI.Button(new Rect(50, 120, 200, 50),
23         guiContent2);           //创建一个 Button 控件，它将受 enabled 和 color 变量影响
24       GUI.enabled = true;   //将 enabled 置为 true，其下控件将不会被禁用
25       GUI.Label(new Rect(80, 180, 200, 40), GUI.tooltip);
26       GUI.EndGroup();         //EndGroup 控件，与 BeginGroup 组控件配合使用
27   }}
```

- 第 4～6 行声明了 GUIContent 和 GUIenabled 变量，用于设置控件的文字、图片，以及设置控件是否启用。
- 第 8 行 color 变量会更改其下所有控件的文本、背景颜色，直到遇到下一个 color 变量。
- 第 9～11 行创建容器和 Box 控件，用于设置界面背景。
- 第 12～14 行通过创建并监听 Button 控件来改变标志位，进而控制另一个按钮的启用和禁用。
- 第 15～16 行设置 enabled 变量，如果为 true 将启用下面的控件，为 false 则禁用下面的控件；设置 color 变量让下面的控件颜色改变，且不受第一个 color 变量影响。
- 第 17～21 行根据当前 enabled 变量的状态，修改 Button 控件所用的 GUIContent 中的 tooltip 变量。
- 第 22～23 行创建了一个会受到 enabled 变量影响的 Button 控件。
- 第 24～26 行将 enabled 变量设置为 true，其下的控件将不会被禁用，并创建一个 Label 控件来显示 tooltip 变量的文本。

（3）将脚本挂载到摄像机上后，单击摄像机。在属性查看器处会看到 Demo 脚本的设置面板，本案例需要设置 GUI Content，如图 3-48 所示，以指定控件的文本、图片和提示。

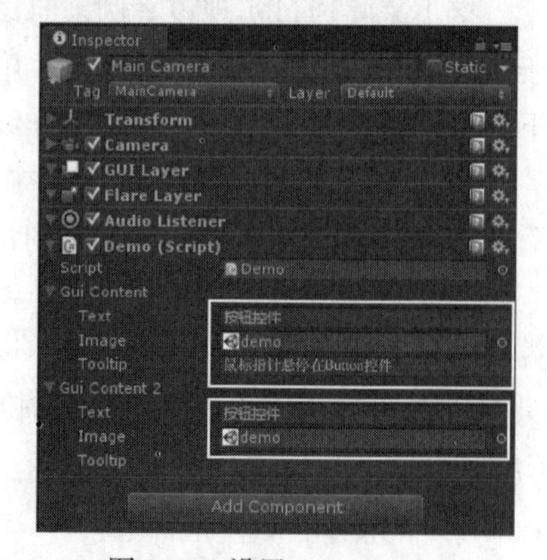

图 3-48　设置 GUIContent

3.2　UGUI 系统

上一节介绍了 GUI 系统的使用，本节将要介绍的是 Unity 新增的图形用户界面系统——UGUI 系统。旧版的 GUI 系统在使用时有很多不便，新版的 UGUI 系统比 GUI 系统更加人性化，而且是一个开源的系统。下面将进行详细的介绍。

3.2.1　UGUI 控件的创建及案例

本小节将对 Canvas（画布）、EventSystem（事件系统）等重要组件及 UGUI 控件的创建进行基本的讲解。每一个控件都将通过一个小案例来进行讲解，以加深读者对 UGUI 系统的理解，使读者在以后的开发过程中可以熟练地应用 UGUI 系统制作游戏界面。

1. UGUI 控件的创建和重要组件的介绍

在开始学习 UGUI 系统之前，首先应该了解如何创建一个 UGUI 控件。例如，创建一个 Button 控件，需要在 Unity 集成开发环境中单击 GameObject→UI→Button，如图 3-49 所示。在游戏组成对象列表面板中会出现包含 Button 控件的 3 个游戏对象，如图 3-50 所示。

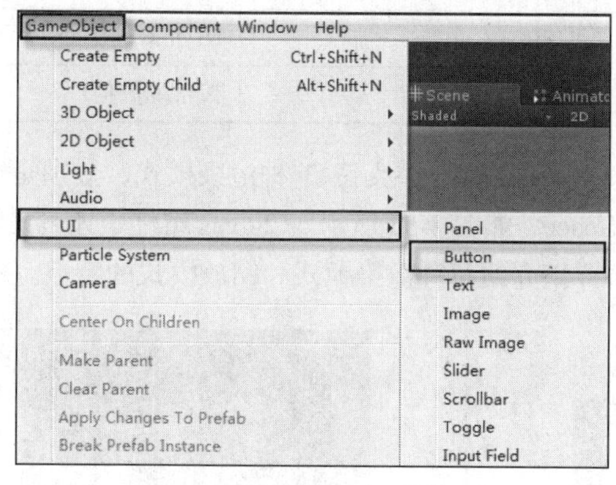

图 3-49　创建 Button 控件

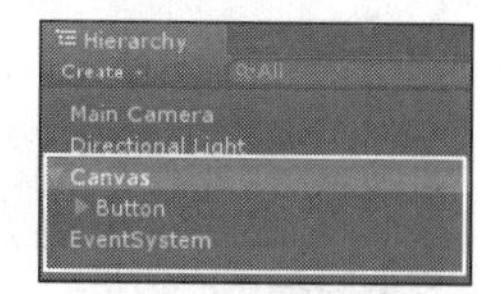

图 3-50　游戏对象

其中 Canvas 是画布，在场景中创建的所有控件都会自动变为 Canvas 游戏对象的子对象。若场景中没有 Canvas 游戏对象，在创建控件时该控件会自动创建一个 Canvas 游戏对象；同时该控件还会自动创建一个名为 EventSystem 的游戏对象，上面挂载了若干与事件监听相关的组件。下面对它们进行详细介绍。

（1）EventSystem 游戏对象上挂载了一系列组件，用于控制各类事件，如图 3-51 所示。其中 Standalone Input Module 用于响应标准输入，Touch Input Module 用于响应触摸输入。这两个 Input Module 中封装了对 Input 模块的调用，它们会根据玩家的操作触发对应的 Event Trigger。

（2）UGUI 控件的另一个重要组成部分即 Canvas 下每个控件都会包含的 Rect Transform 组件，如图 3-52 所示。该组件继承自 Transform 组件，用于控制 UI 元素的 Transform 信息。单击其左上角的准星图标，可在弹出的 Anchor Presets 面板中预设锚点。Rect Transform 组件的参数介绍如表 3-21 所示。

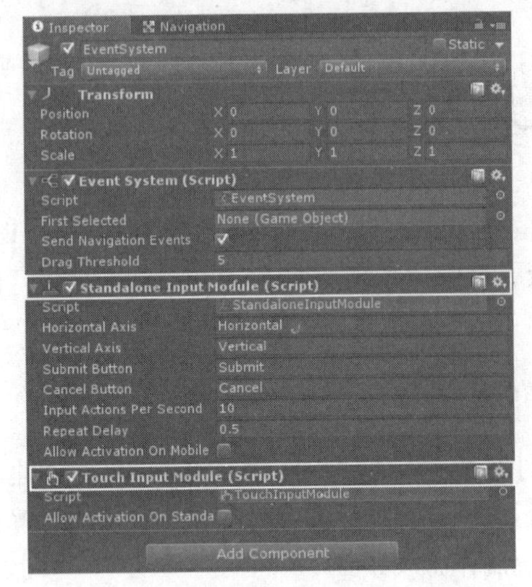

图 3-51　EventSystem 游戏对象挂载的组件

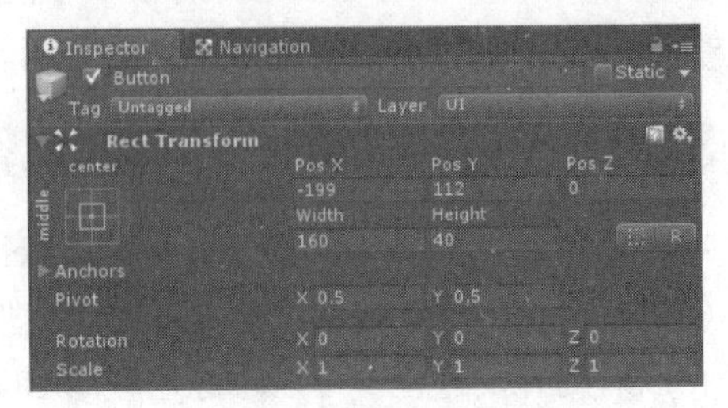

图 3-52　Rect Transform 组件

表 3-21　Rect Transform 组件的参数介绍

参 数 名	含　义	参 数 名	含　义
Pos X、Pos Y、Pos Z	UI 元素的位置	Width、Height	UI 元素的长度和高度
Anchors	相对于父对象的锚点	Pivot	UI 元素的中心
Rotation	按轴旋转值	Scale	按轴缩放值

（3）在 Canvas 组件中可以设置 UI 渲染模式。Unity 共支持 3 种渲染模式，分别是 Screen Space-Overlay、Screen Space-Camera、World Space，如图 3-53 所示。Canvas 组件中还可设置 3 种 UI 元素的缩放模式，如图 3-54 所示。下面将详细介绍每种渲染模式和缩放模式的特点。

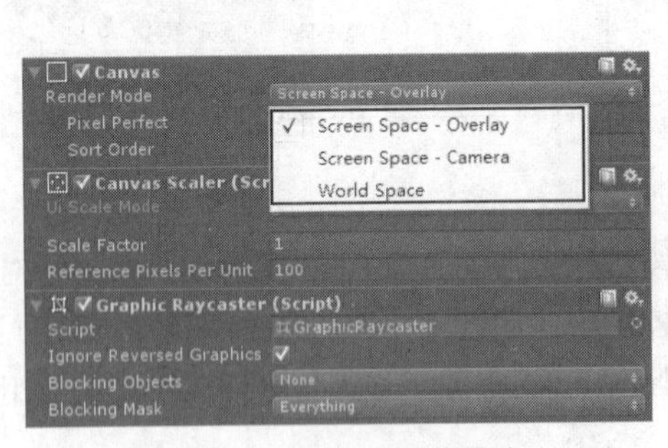

图 3-53　设置 UI 渲染模式

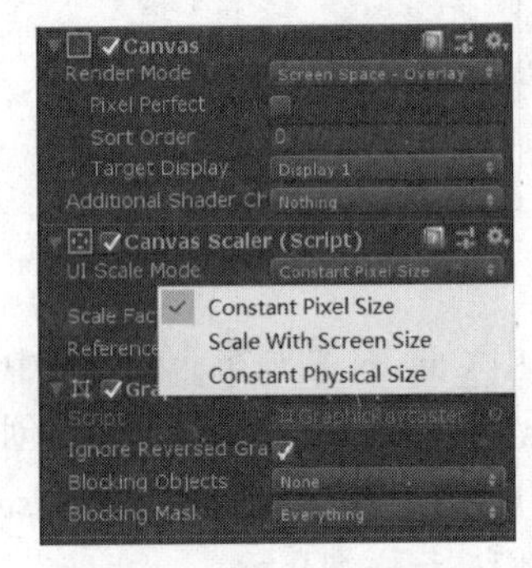

图 3-54　设置 UI 缩放模式

- Screen Space-Overlay 渲染模式指的是将 UI 元素渲染在场景的最上层，类似于将手机膜贴在手机屏幕上面。若屏幕尺寸或屏幕分辨率发生变化，Canvas 也会自动和当前屏幕尺寸和分辨率相适应，这很好地解决了屏幕自适应问题。
- Screen Space-Camera 渲染模式是指在 Canvas 的特定距离外摆放好一台摄像机，UI 元素通过该摄像机进行渲染。因此利用这种渲染模式时需要设定一个摄像机并将其绑定到 Canvas 组件下的 Render Camera 处。若改变摄像机则 UI 元素的渲染效果也会发生变化。

- World Space 渲染模式是将 Canvas 看作一个游戏对象，通过调整 Rect Transform 参数对画布进行缩放和旋转。这种渲染模式使得 UI 元素会和 3D 世界中的物体相互遮挡，成为 3D 世界的一部分。
- Constant Pixel Size 缩放模式指的是保持 UI 元素的大小不变，无论屏幕尺寸如何变化。
- Scale With Screen Size 缩放模式是指 UI 元素大小跟随屏幕分辨率的变化而变化。
- Constant Physical Size 缩放模式是指 UI 元素保持固定的物理尺寸，无论屏幕尺寸如何变化。

（4）每个 Canvas 组件下都有一个 Graphic Raycaster 组件，用于获取玩家当前选中的 UGUI 控件，多个 Canvas 组件之间的事件响应顺序由其渲染顺序决定，即在游戏组成对象列表面板中越靠上的 Canvas 越靠后响应。至此，Canvas 组件下的几个重要的组件就讲解完毕了。

2. 案例效果

上面介绍了重要组件 Canvas。开发人员除了要了解控件中相关组件的知识，还要熟知 UI 元素的绘制顺序。UI 元素在 Canvas 组件中的绘制顺序与其在游戏组成对象列表面板中的排列顺序是一致的，这样就会产生 UI 元素相互遮挡的效果。

此外，当将 UI 渲染模式变为 World Space 时，可以将 Canvas 看成一个游戏对象，其会与 3D 世界中的物体相互遮挡。这里将通过一个简单的案例对上述的两种“遮挡”进行演示，案例运行效果如图 3-55 所示。

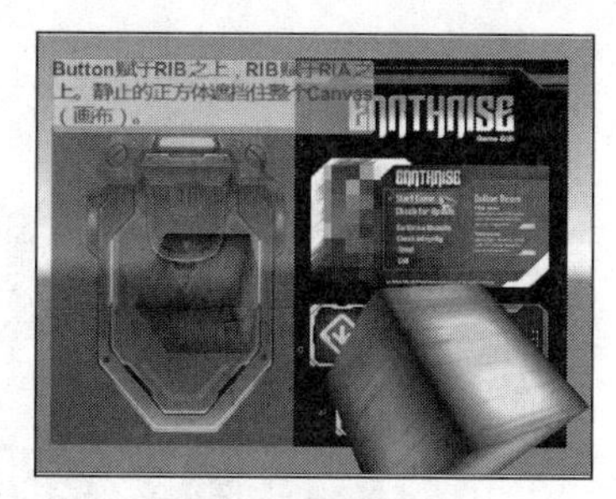

（a）正面效果图

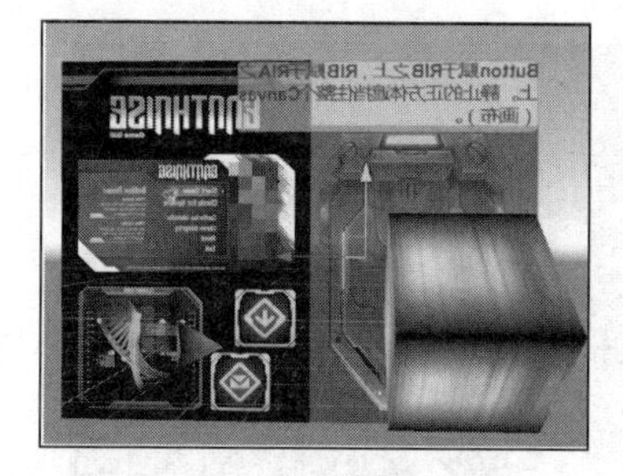

（b）反面效果图

图 3-55 案例运行效果

3. 开发流程

通过观察图 3-55（a）和图 3-55（b），以及效果图上的文本提示，读者可以看出 UI 元素之间的遮挡，以及 Canvas 游戏对象和 3D 世界中物体之间的遮挡已经形成。接下来将详细讲解该案例的开发流程。

（1）打开 Unity 集成开发环境，按快捷键 Ctrl+N 新建一个场景，按快捷键 Ctrl+S 保存场景，并将场景命名为“Cengcixianshi”。在 Assets 目录下新建一个文件夹，并将其命名为“Texture”，将开发过程中需要用到的图片资源放进该文件夹。本案例用到了 3 张图片，分别是 bg.jpg、jxone.jpg 和 jxtwo.jpg，将它们导入即可。

（2）根据前面的知识，在场景中创建两个 RawImage（有关 RawImage 控件的知识将在后面介绍）控件和一个 Button 控件，将两个 RawImage 控件命名为“RIA”和“RIB”，保证 RIA 在 RIB 上方，布局如图 3-56 所示。将 Canvas 游戏对象的渲染模式修改为 World Space，将摄像机调整到适当位置。

（3）改变两个 RawImage 控件的位置，将它们并列放置在摄像机的视野中间。选中 RIA 游戏对象，将导入 Unity 的图片拖曳至 RawImage 的 Texture 选项上，并单击 Color 选项，将该图片的透明度值调为 151，如图 3-57 和图 3-58 所示。重复该步骤为 RIB 添加纹理图片（不修改透明度）。

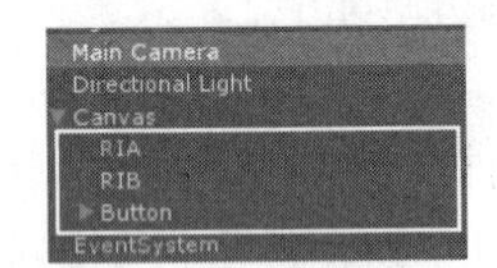

图 3-56　对象布局

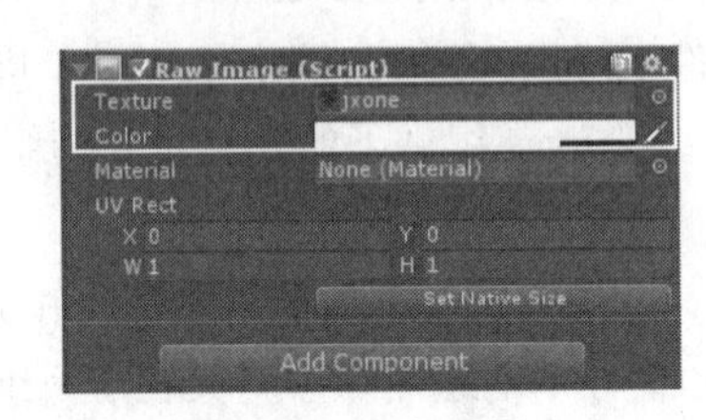

图 3-57　添加图片

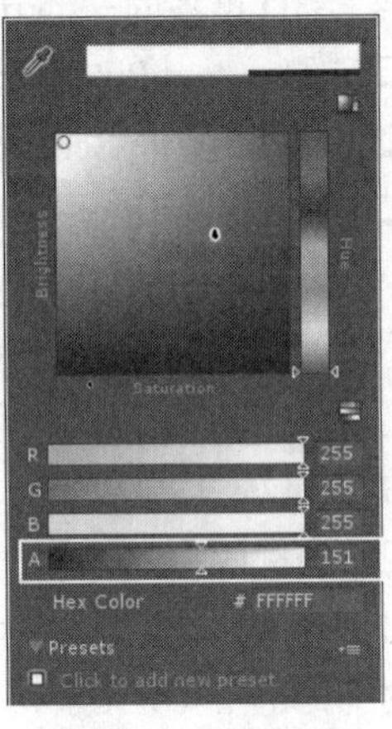

图 3-58　修改透明度

（4）在 Button 游戏对象的子对象 Text 的文本框中输入 “Button 赋于 RIB 之上，RIB 赋于 RIA 之上。静止的正方体遮挡住整个 Canvas（画布）。”，调整字体的大小，以及该 Button 游戏对象的大小和位置，如图 3-59 所示。分别在 RIA 后面和 RIB 前面创建相同的正方体，如图 3-60 所示。

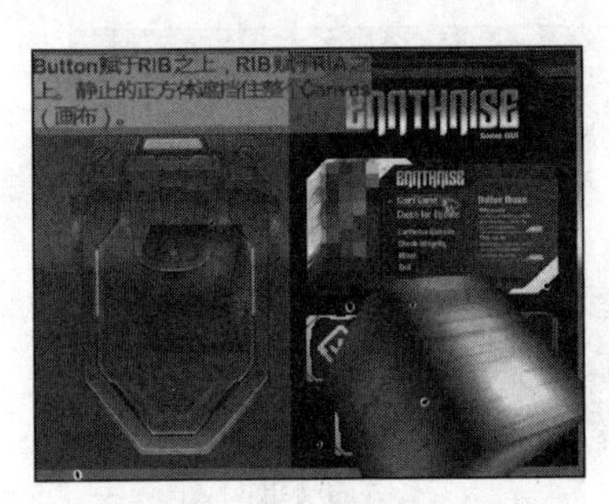

图 3-59　遮挡效果

图 3-60　添加正方体

（5）将两个正方体分别命名为 “leftcube” 和 “rightcube”，调整两个正方体的位置和旋转角度，并将准备好的图片拖曳至场景中的两个 Cube 游戏对象上，为它们添加纹理图片。至此，读者会发现 Canvas 游戏对象和正方体（此时正方体代表的是 3D 世界中的任意物体）相互遮挡，单击播放按钮即可查看效果。

3.2.2　Panel 控件和 Text 控件

本小节将讲解 UGUI 系统中的 Panel 控件和 Text 控件，Panel 控件是 UGUI 系统中最基本的控件，可以作为整个界面的背景。而 Text 控件可以显示文本信息。下面将详细介绍这两个控件的基础知识。

1. 基础知识

单击 GameObject→UI→Panel，创建一个 Panel 控件，该控件是覆盖在整个屏幕上的面板，可以作为整个 UI 的背景，在其 Image 组件下的 Source Image 参数用于放置需要显示的图片精灵（Sprite）。Color 参数可以随意地更改其颜色和透明度。

UGUI 系统中的 Text 控件用来在固定区域内显示特定文本信息。虽然大多数时候需要显示在界面中的文字开发人员都会用图片代替，但是在只需要简单文字介绍或文本内容变动频繁的情况下，使用 Text 控件会更加方便。该控件包含的重要参数如表 3-22 所示。

表 3-22　　Text 控件中的参数

参数名	含义	参数名	含义
Rich Text	是否为多格式文本	Horizontal Overflow	水平溢出方式（文本超出 Text 控件长度时的显示方式）
Material	字体材质	Alignment	对齐方式
Best Fit	最佳匹配方式（字体大小会根据内容多少和 Text 控件大小自动更改）	Vertical Overflow	竖直溢出方式

Unity 支持多种字体，一般 TTF 格式的字体文件都可以在 Unity 中使用。将准备好的字体文件导入 Assets/Font 文件夹（如果没有请自行创建），在 Text 控件的 Font 参数中就可以找到该字体。在 Font Style 参数列表中可以选择当前文本的字体样式，如粗体、斜体等。

2. 案例效果

通过前面的内容，读者学习了 Panel 控件和 Text 控件的基础知识，为了让读者对这两个控件有更加深刻的认识，下面将通过一个案例来更加系统地介绍相关知识，使读者在开发过程中可以更好地利用这些控件。案例运行效果如图 3-61 所示。

图 3-61　案例运行效果

3. 开发流程

根据图 3-61，读者可以发现该案例使用了 Unity 系统以外的字体，这就涉及字体导入的相关知识。下面将详细地讲解该案例的开发流程，具体步骤如下。

（1）打开 Unity 集成开发环境，在项目资源列表面板中单击鼠标右键，选择 Create→Folder，新建一个文件夹，将其命名为“Font”，将下载好的 FZSTK.TTF 字体导入 Font 文件夹。用同样的方法再次新建一个文件夹并命名为“Texture”，将开发过程中需要的图片资源导入该文件夹。

（2）单击 GameObject→UI→Panel，创建一个 Panel 控件。选中导入的图片，在其属性查看器中将 Texture Type 修改为 Sprite（2D and UI），单击“Apply”按钮。将修改后的图片拖曳到 Panel 中 Image 组件下的 Source Image 选项上，并在 Color 参数中将其透明度值修改为原来的一半。

（3）单击 GameObject→UI→Text，创建两个 Text 控件，并将其中一个命名为“TextTwo”。在 Text 游戏对象的 Text 组件的 Text 文本框中输入“我是系统自带的字体。”并在 Color 参数中将其颜色改为红色，保持默认字体即可。

（4）选中 TextTwo 游戏对象，单击 Font 参数右侧的设置按钮，如图 3-62 所示，在弹出的面板中选择需要的字体。以同样的方式在 Text 文本框中输入“大家好，我是方正舒体。”，选择图 3-63 所示的字体，最后适当地调整两个 Text 控件的位置和 Text 文本框中字体的大小。

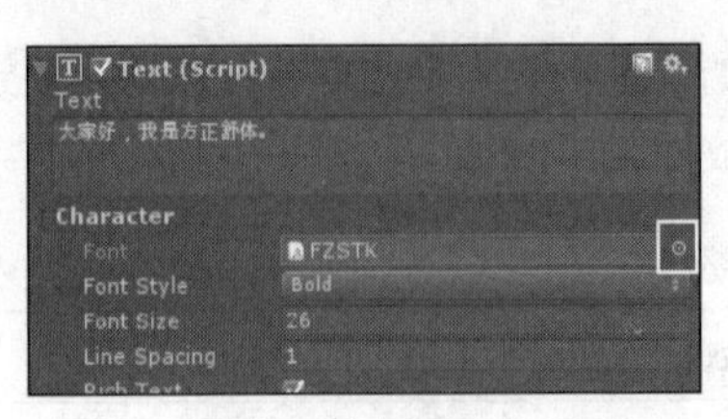

图 3-62 单击按钮

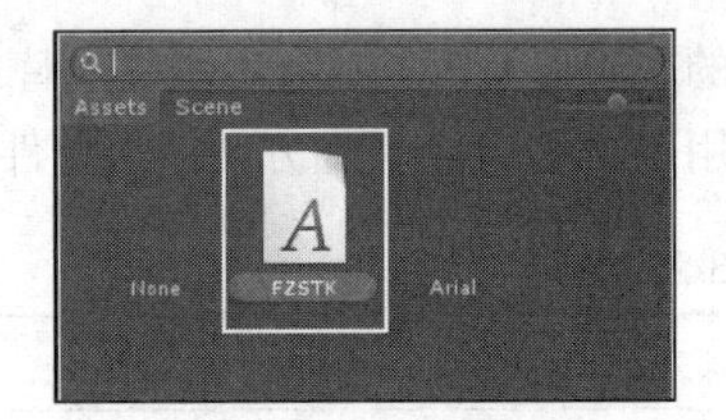

图 3-63 选择字体

3.2.3 Button 控件

本小节将讲解 UGUI 系统中的 Button 控件，Button 控件是在游戏界面中最常用的控件之一。每个游戏界面中都会用到交互式的 Button 控件，该控件拥有 Color Tint、Sprite Swap 及 Animation 3 种过渡模式，合理使用过渡模式是制作精彩特效的关键。

1. 基础知识

接下来介绍 Button 控件挂载的组件。每个 Button 控件都挂载有 Button 组件和 Image 组件，其中 Image 组件管理的是按钮的图片，Button 组件管理的是按钮监听及其单击后的变化。按钮在单击时有 3 种过渡模式，如图 3-64 所示。下面将对每种过渡模式进行讲解。

- ❑ Color Tint 模式。当使用该模式时，可以分别通过 Color 参数对按钮的 4 个状态下的颜色进行设定，按钮处于任一状态时都会显示由开发人员设置的此状态的颜色。这是一般按钮最常用的过渡模式。
- ❑ Sprite Swap 模式。这种模式类似于 Color Tint 模式，只不过切换的不是颜色而是图片精灵，该模式有 3 种状态，可以对应不同的图片精灵。将图片修改为 Sprite 的方法前面介绍过了，这里不再重复。
- ❑ Animation 模式。这个过渡模式是 UGUI 的特色，它可以使 UGUI 系统和 Unity 中的动画系统完美结合。使用 Animation 模式可以对按钮的位置、大小、旋转、图片等大量参数进行设置。动画的制作不属于本章内容，读者可以参考相关章节。

按钮在被单击之后会实现特定功能，这就需要为按钮添加单击监听。下面要介绍的是通过 Button 组件中的 On Click 方法为按钮添加单击监听。首先编写一个脚本，其中 On Click 方法是对单击事件的处理，将脚本挂载到 Canvas 对象上，如图 3-65 所示，具体步骤将在开发流程中讲解。

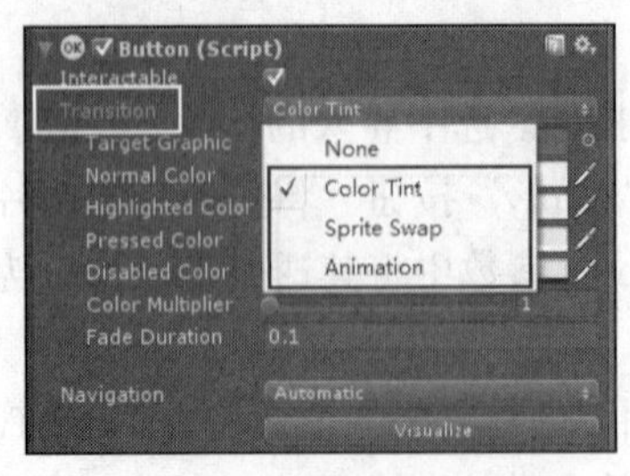

图 3-64 3 种过渡模式

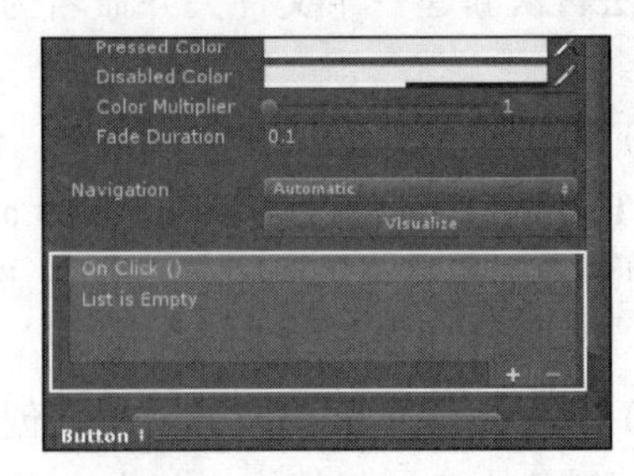

图 3-65 添加 On Click 方法

2. 案例效果

通过对基础知识的学习，相信读者对 Button 控件已经有了系统的认识。为了让读者对 Button 控件的单击监听更加清楚，下面将用一个案例对其进行讲解。在这个案例中首次单击按钮会弹出文本信息，再次单击则文本信息消失。案例的运行效果如图 3-66 所示。

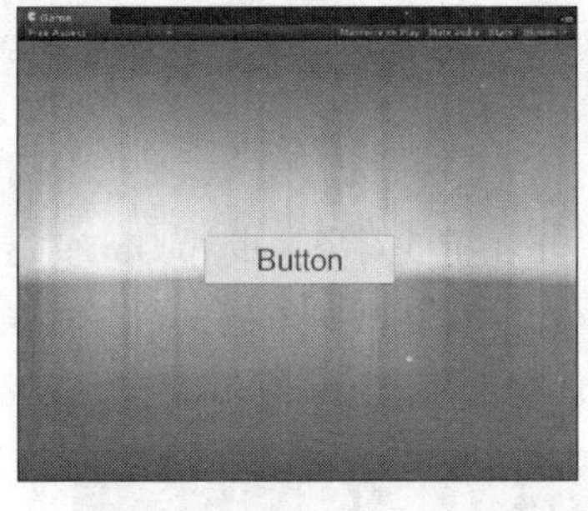

（a）单击前

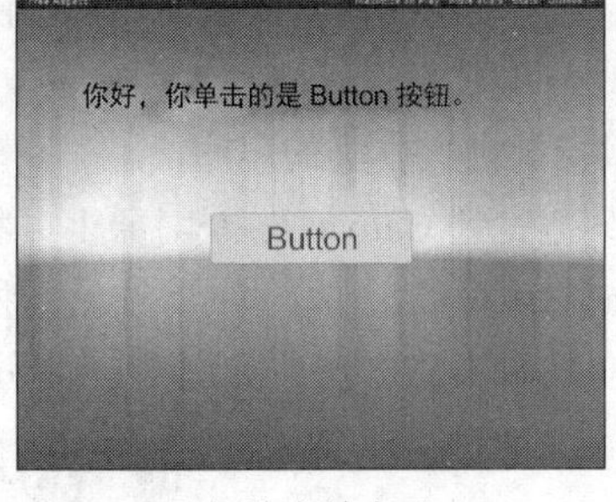

（b）首次单击后

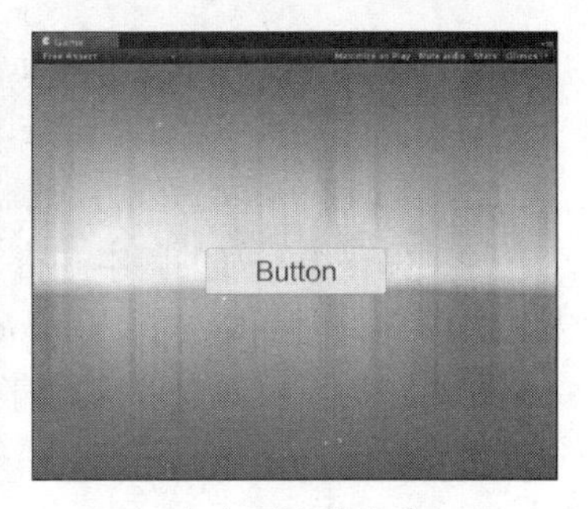

（c）再次单击后

图 3-66　案例运行效果

3. 开发流程

通过图 3-66，读者既可以看出 Button 控件应用十分广泛，也会明白在游戏开发中 Button 控件的重要性。单击按钮不仅可以弹出显示信息，还可以实现场景的切换等各种功能。下面将对该案例的开发流程进行详细的讲解，具体步骤如下。

（1）打开 Unity 集成开发环境，在项目资源列表面板中单击鼠标右键，选择 Create→Folder，新建一个文件夹，将其命名为“Texture”，将准备好的纹理图片资源导入该文件夹。单击 GameObject→UI→Panel，创建一个面板，并将由图片修改成的图片精灵（Sprite）拖曳到 Source Image 中，创建一个 UI 背景。

（2）单击 GameObject→UI→Button，创建一个 Button 控件，Button 控件的过渡模式保持默认即可。创建一个 Text 控件，并在 Text 文本框中输入“你好，你单击的是 Button 按钮。”。调整 Button 控件和 Text 控件的大小和位置。

（3）选中 Text 控件，在其属性查看器中将控件名称左侧的复选框取消勾选，也就是将 Text 的 active 置为 false（即置为不可见）。在项目资源列表面板中创建名为“C# Script”的文件夹，在文件夹中单击鼠标右键，选择 Create→C#Script，创建一个 C#脚本，并将其命名为“ButtonMethod.cs”，双击该脚本进入编辑器并编辑脚本。脚本的具体代码如下。（代码位置：见资源包中源代码第 3 章目录下的 ButtonDemo/Assert/C# Script/ ButtonMethod.cs。）

```
1    using UnityEngine;
2    using System.Collections;
3    public class ButtonMethod : MonoBehaviour{
4      public GameObject  obj;                   //声明 Text 游戏对象
5      private int counter=1;                    //声明计数器变量
6      void Update () {
7        if(counter%2==0){                       //当计数器变量值可以整除 2 时
8           obj.SetActive(true);                 //Text 游戏对象的 active 置为 true
9        }else{
10          obj.SetActive(false);                //否则 Text 游戏对象的 active 置为 false
11     }}
12     public void OnClick(){                    //声明 OnClick 方法
13       counter++;                              //计数器变量自加
14   }}
```

- 第 4～5 行声明了一个 Text 游戏对象，代表的是游戏组成对象列表中的 Text 控件。声明一个整型变量，用来记录按钮被单击的次数。

- ❑ 第 6～11 行重写 Update 方法，当计数器变量值可以整除 2，Text 控件的 active 变为 true（可见），否则为 false（不可见）。
- ❑ 第 12～14 行是对计数器变量自加方法的声明。

（4）保存编写好的脚本并将其拖曳到 Canvas 游戏对象上，将 Text 游戏对象拖曳到 Obj 变量上，如图 3-67 所示。选中 Button 游戏对象，单击“+”按钮并将 Canvas 游戏对象拖曳到左侧框中，在右侧的下拉列表中找到编写的脚本和方法，如图 3-68 所示。单击播放按钮即可查看效果。

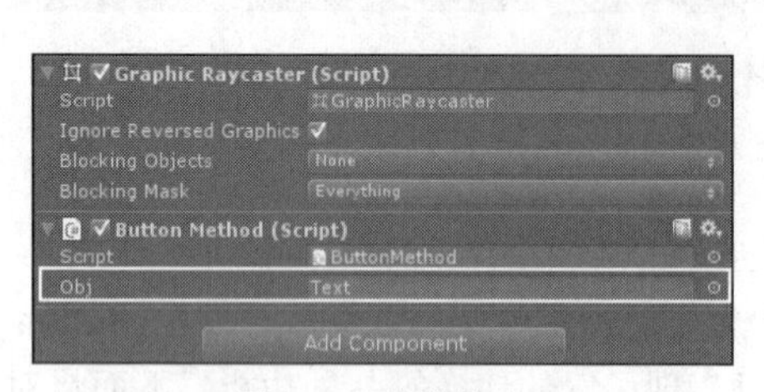

图 3-67　挂载脚本

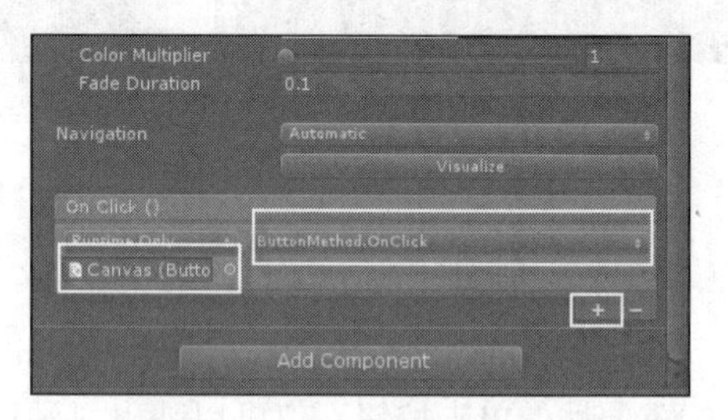

图 3-68　找到编写的脚本和方法

3.2.4　Image 控件和 RawImage 控件

本小节将讲解 UGUI 系统中的 Image 控件和 RawImage 控件，这两个控件是 UGUI 系统中的基本控件，可以用作界面图标或者用来装饰界面。Image 控件下的 Source Image 只能放置图片精灵，而 RawImage（原始图像）控件下的 Texture 则可以放置任何纹理图片。

1. 基础知识

Image 控件是常用的非交互式 UGUI 控件，可以用来装饰界面、充当图标。Image 控件只能显示图片精灵，因此在开发过程中需要将图片类型修改为 Sprite，修改方法：选中图片，在属性查看器中将 Texture Type 参数修改为 Sprite（2D and UI），单击“Apply”按钮即可，如图 3-69 所示。

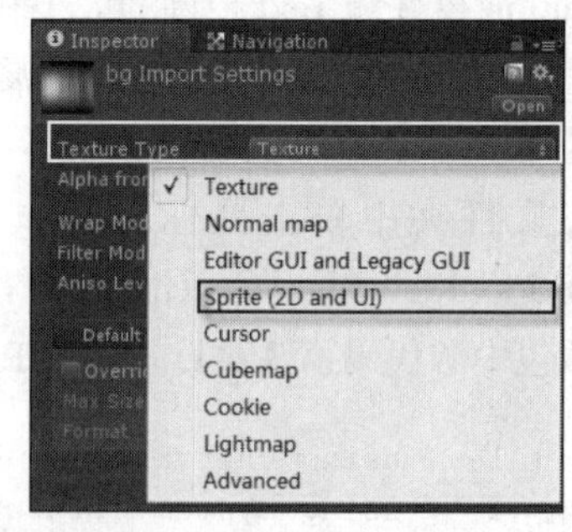

图 3-69　修改图片类型

RawImage 控件用来显示非交互式的图像，它不像 Image 控件那样只能显示 Sprite，它可以显示任何形式的纹理图片，还可以显示场景中某个摄像机的渲染图片，即在 UI 中呈现出摄像机所拍摄的画面（具体细节将在下面的案例中讲解）。

2. 案例效果

通过对基础知识的学习，相信读者对 Image 控件和 RawImage 控件已经有了系统的认识。为了让读者有更深刻的印象，尤其是深刻理解 RawImage 控件可以显示某个摄像机渲染的画面，如图 3-70 所示，下面将用一个案例来更加系统地介绍有关知识。案例运行效果如图 3-71 所示。

图 3-70　摄像机拍摄的画面

图 3-71　案例运行效果

3. 开发流程

通过观察图 3-71 所示的案例运行效果，读者可以看出在界面中显示的是由一个摄像机所渲染的场景。在游戏的开发过程中这一技术可以应用于监视器的开发。下面将对上述案例的开发流程进行详细的讲解，具体步骤如下。

（1）在 Assets 目录下创建一个名为 Texture 的文件夹，将开发过程中需要的图片资源导入该文件夹。在项目资源列表面板中单击鼠标右键，选择 Create→Render Texture，创建一个渲染纹理，将其命名为“Rendertexture”，如图 3-72 所示。单击 GameObject→Camera，创建一个摄像机，如图 3-73 所示。

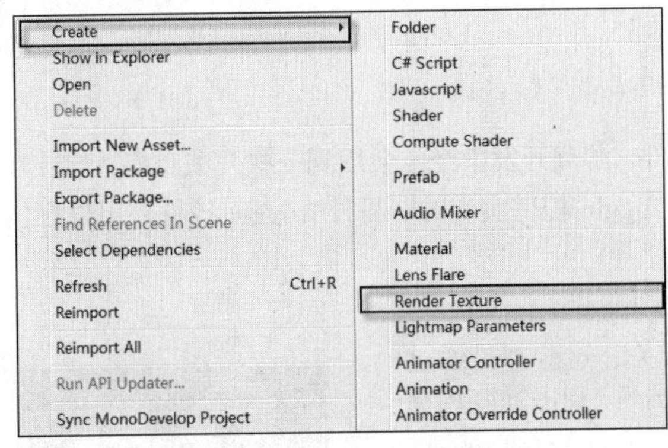

图 3-72　创建渲染纹理

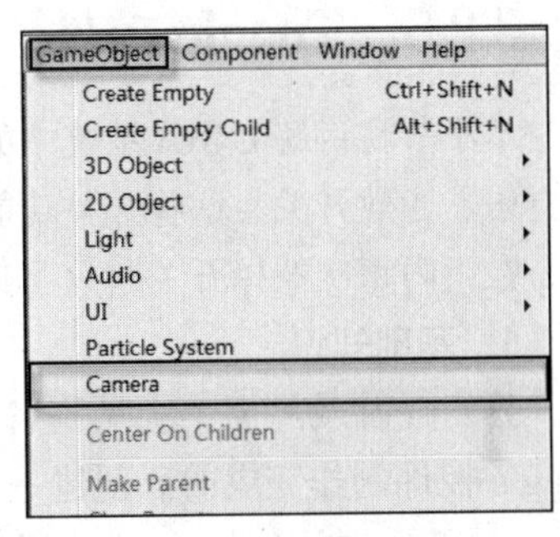

图 3-73　创建摄像机

（2）将 Rendertexture 拖曳到刚创建的摄像机中的 Target Texture 处，如图 3-74 所示。然后单击 GameObject→UI→Panel，将准备好的图片拖曳到 Panel 控件的 Image 组件中的 Source Image 处，如图 3-75 所示，创建一个背景，并修改其 Color 参数将该背景图的透明度值调为原来的一半。

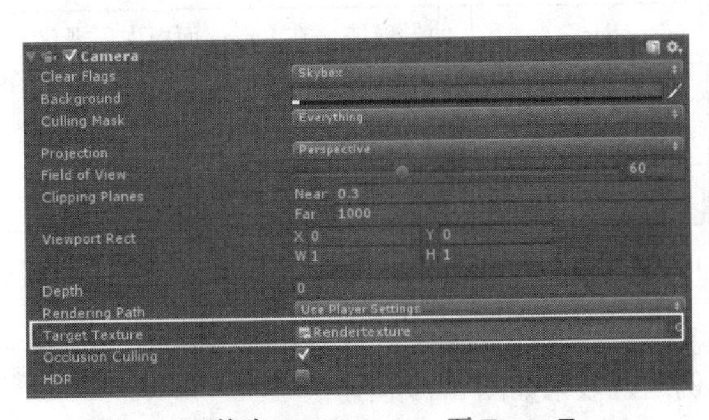

图 3-74　拖曳 Rendertexture 至 Target Texture

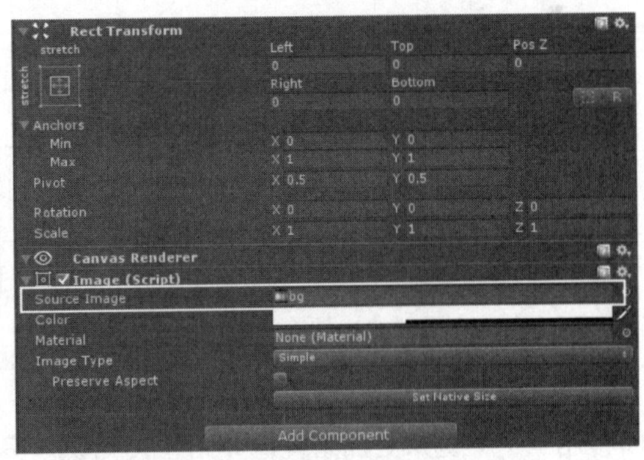

图 3-75　创建背景

（3）单击 GameObject→3D Object→Cube，创建一个正方体，调整该正方体的大小和位置，使其位于 Camera（刚创建的摄像机）的正前方，将背景图拖曳到该正方体上，如图 3-76 所示。为 Canvas 创建一个 RawImage 控件，将 Rendertexture 拖曳到 RawImage 组件下的 Texture 处，如图 3-77 所示。

图 3-76　创建正方体

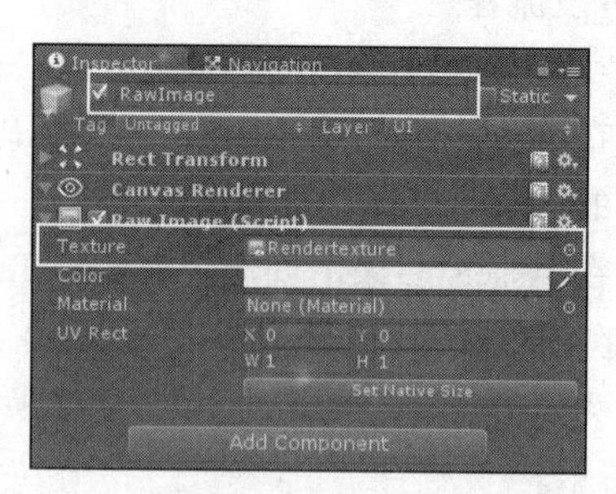

图 3-77　拖曳 Rendertexture 至 Texture

3.2.5　Toggle 控件

本小节将讲解 UGUI 系统中的 Toggle 控件。游戏开发中经常会用到一些开关功能，如最常见的音乐、音效开关，这些开关功能就是通过 Toggle 控件实现的。另外 Toggle 控件还可以打包成组，在组内每次选择开关时只可选择一个。

1. 基础知识

我们在游戏界面中会见到各种各样的开关，这些都是通过 Toggle 控件制作完成的。创建一个 Toggle 控件，其内部结构如图 3-78 所示。Background 是一个 Image 控件，作为开关的背景，而 Checkmark 是当开关打开时显示的 Image 控件，Label 则是用来显示开关信息的 Text 控件。Toggle 控件的参数介绍如表 3-23 所示。

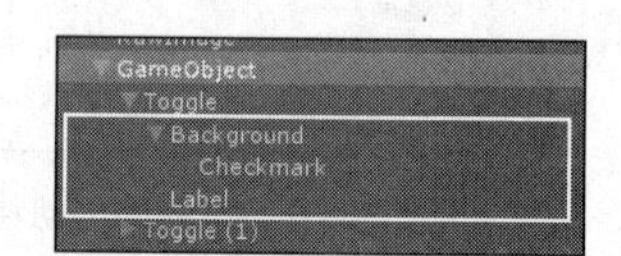

图 3-78　Toggle 控件的内部结构

表 3-23　Toggle 控件的参数介绍

参 数 名	含　义	参 数 名	含　义
Interactable	是否启用该控件	Transition	过渡模式
Navigation	导航，确认控件的顺序	Visualize	使导航顺序在 Scene 面板中可视化
Is On	开关的状态（“开”或“关”）	Toggle Transition	开关的消隐模式，有 None 和 Fade（褪色消隐）两种模式
Graphic	Checkmark 子对象的引用	Group	成组（将一组开关变成多选一开关）

2. 案例效果

在开发过程中可以将几个 Toggle 控件组成一组，使得在选择开关时每次只可以选择一个。下面将用一个案例来更加系统地介绍相关知识。案例运行效果如图 3-79 所示。

3. 开发流程

通过图 3-79 读者可观察出 Toggle 控件成组之后的特点：在每次选择开关时只可以选择其中一个。这种效果在游戏的开发过程中可以应用于游戏人物技能的选择。下面将详细地介绍本案例的开发流程，使读者在开发过程中可以熟练地使用 Toggle 控件。

（1）打开 Unity 集成开发环境，在项目资源列表面板中单击鼠标右键，选择 Create→Folder 新建一个文件夹，将其命名为“Texture”，将准备好的纹理图片资源导入该文件夹。单击 GameObject→UI→Panel，创建一个面板，并将图片精灵拖曳到 Source Image 中，创建一个 UI 背景。

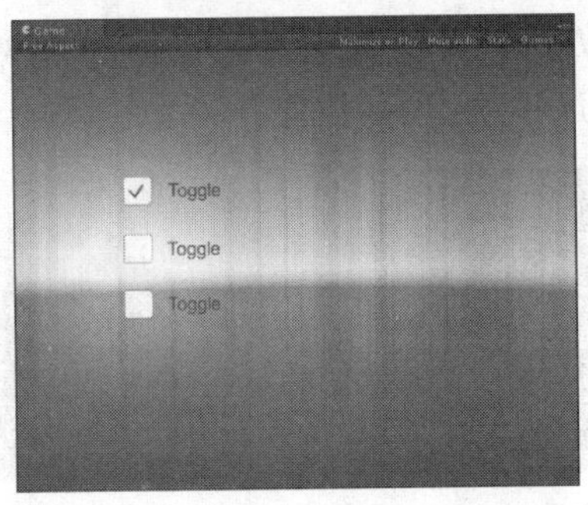

（a）案例运行效果 1

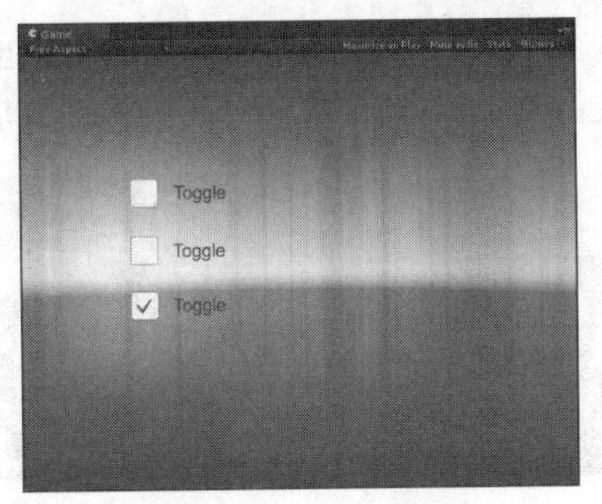

（b）案例运行效果 2

图 3-79　案例运行效果

（2）选择 GameObject→UI→Toggle，创建 3 个 Toggle 控件，调整这 3 个控件的位置和大小，并取消勾选它们的 Is On 选项，如图 3-80 所示。选中 Canvas 游戏对象，按快捷键 Ctrl+Shift+N 创建一个空游戏对象，并将 3 个 Toggle 控件设置为该游戏对象的子对象，如图 3-81 所示。

（3）将父子关系调整完成后，选中 GameObject 游戏对象，单击 Component→UI→Toggle Group 为该游戏对象添加 Toggle Group 组件。最后，将 GameObject 游戏对象分别拖曳到 3 个 Toggle 控件的 Group 选项上，如图 3-82 所示。单击播放按钮运行游戏，分别选择不同的开关来观察效果。

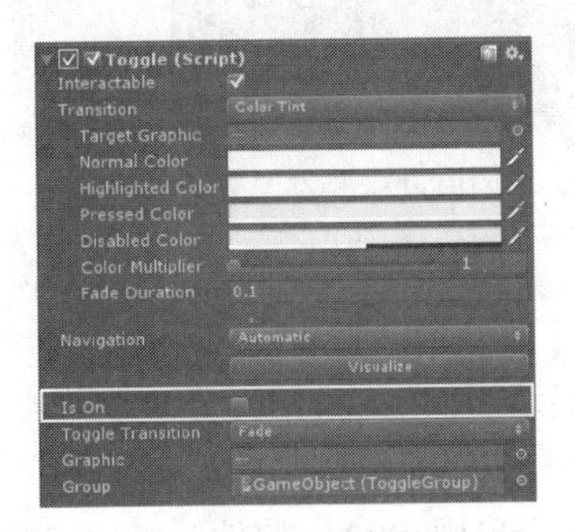

图 3-80　取消勾选

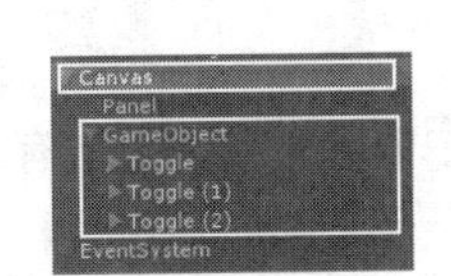

图 3-81　调整父子关系

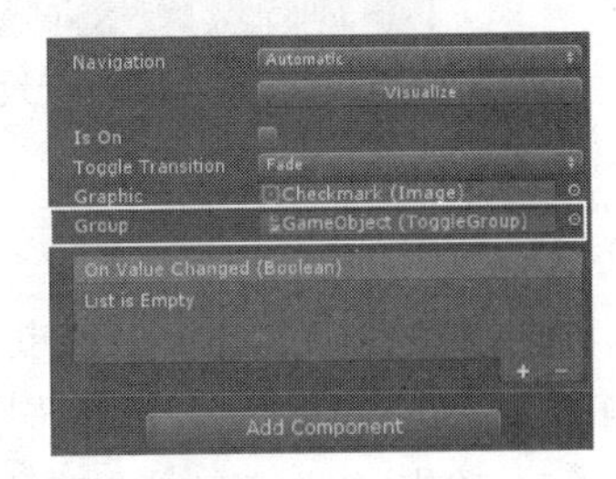

图 3-82　拖曳游戏对象到 Group 选项上

3.2.6　Slider 控件和 Scrollbar 控件

本小节将讲解 UGUI 系统中的 Slider 控件和 Scrollbar 控件。大多数游戏界面中都会存在一些控制部件，如最常见的音量调节滑动条、灵敏度调节滑动条等，这些都可以通过 Slider 控件或 Scrollbar 控件来实现。下面将用一个案例详细地介绍其相关知识。

1. 基础知识

我们在游戏界面中会见到各种各样的滑动条，它们用来控制音量或摇杆的灵敏度。创建一个 Slider 控件，其内部结构如图 3-83 所示。Background 是整个 Slider 控件的背景，Fill Area 下的子对象 Fill 为滑块起点与滑块当前位置之间的部分，Handle Slide Area 下的子对象 Handle 是可移动的滑块。

Slider 控件的参数列表中有一个需要注意的参数是 Whole Numbers，该参数表示滑块的值是否只可为整数，开发人员可根据开发需要进行设置。除此之外，Slider 控件也可以挂载脚本，用来响应事件监听，如图 3-84 所示，具体步骤将在开发流程中进行讲解。

Scrollbar 控件和 Slider 控件在结构和功能上是比较相似的，创建一个 Scrollbar 控件，其内部结构如图 3-85 所示。因为这两个控件功能相似，所以本小节将主要讲解 Slider 控件，3.2.10 小节将通过 ScrollView（滚动视图）的创建来更加详细地介绍 Scrollbar 控件。

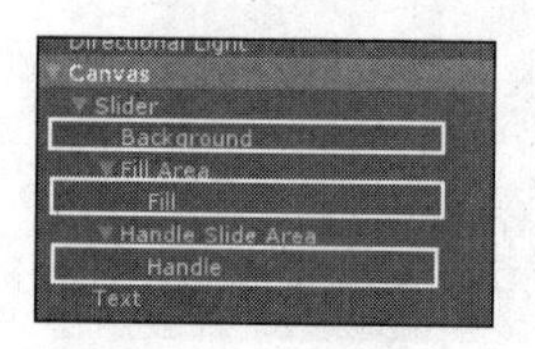

图 3-83　Slider 控件的内部结构

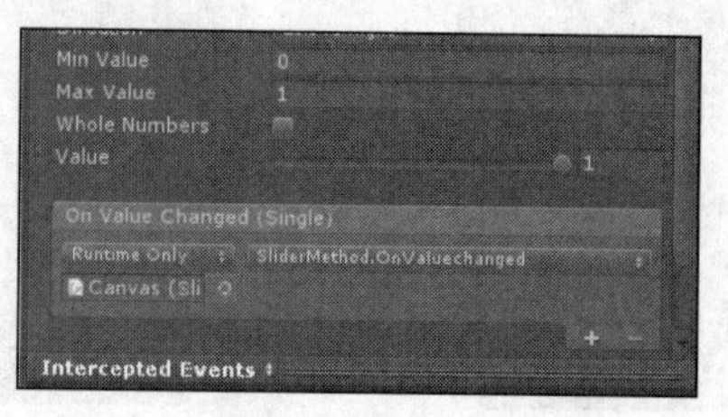

图 3-84　事件监听

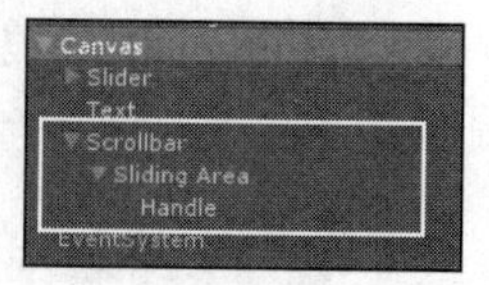

图 3-85　Scrollbar 控件的内部结构

2. 案例效果

开发人员可以调整 Background、Fill 等游戏对象的颜色值以便于区分，还可以在 On Value Changed 列表中挂载事件监听方法。为使读者掌握相关知识，下面将通过一个案例来演示该控件，案例运行效果如图 3-86 所示。

（a）案例运行效果 1

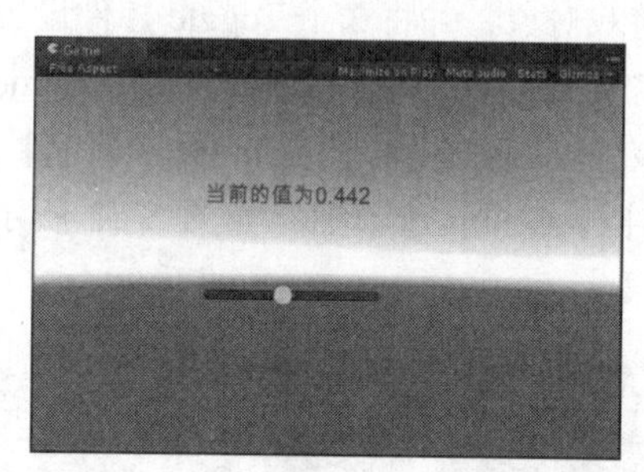

（b）案例运行效果 2

图 3-86　案例运行效果

3. 开发流程

通过图 3-86 可以看出，拖曳场景中的绿色滑块，会有文本显示当前滑块的值。下面将详细地讲解该案例的制作过程，具体步骤如下。

（1）单击 GameObject→UI→Slider，在游戏组成对象列表中会出现 Slider 控件。修改 Slider 控件中 Background、Fill、Handle 游戏对象的颜色值，以便于区分。创建一个 Text 控件，将 Text 文本框中的内容清空。调整 Slider 控件和 Text 控件的大小和位置。

（2）在项目资源列表面板中创建一个名为“C#”的文件夹，并在该文件夹中创建一个名为“SliderMethod.cs”的 C#脚本，双击该脚本进入编辑器并编辑脚本。当 Slider 控件的当前值发生变化时该脚本会被调用，具体代码如下。（代码位置：见资源包中源代码第 3 章目录下的 SliderDemo/Assert/C#/SliderMethod.cs。）

```
1    using UnityEngine;
2    using System.Collections;
3    using UnityEngine.UI;
4    public class SliderMethod : MonoBehaviour {
5      public Slider sd;                          //声明 Slider 变量，用来挂载 Slider 控件
6      public Text text;                          //声明 Text 变量，用来挂载 Text 控件
7      public  void  OnValuechanged(){
8        text.text = "当前的值为" + sd.value;     //改变 Text 控件下的 Text 文本框内的内容
9    }}
```

- 第 5～6 行声明了一个 Text 变量，用来挂载游戏组成对象列表中的 Text 控件；声明了一个 Slider 变量，用来挂载游戏组成对象列表中的 Slider 控件。
- 第 7～9 行是对 Slider 控件事件监听的处理方法，将 Text 控件的 Text 文本框中的内容变为 Slider 控件当前的值。

（3）将编写好的脚本挂载到 Canvas 游戏对象上，然后把 Slider 游戏对象和 Text 游戏对象分别拖曳到脚本对应的变量上，如图 3-87 所示。选中 Slider 游戏对象，单击“+”按钮并将 Canvas 游戏对象拖曳到左侧框中，在右侧的下拉列表中找到编写的脚本和方法，如图 3-88 所示。单击播放按钮即可查看运行效果。

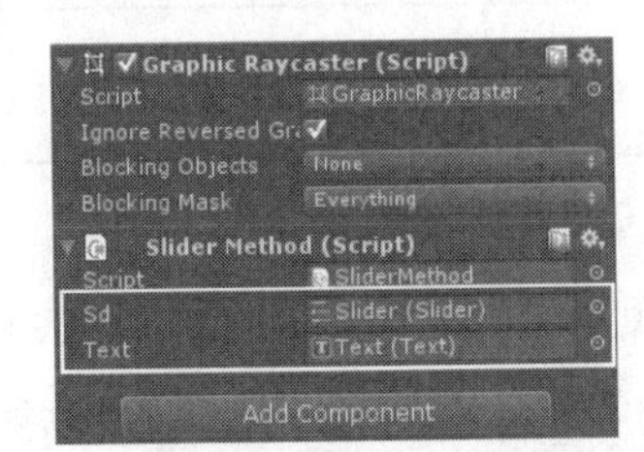

图 3-87　拖曳到变量上

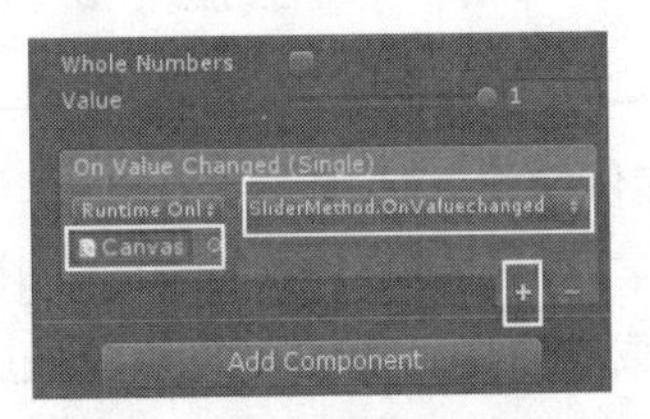

图 3-88　找到编写的脚本和方法

3.2.7　InputField 控件

本小节将讲解 UGUI 系统的 InputField 控件，部分游戏界面要求玩家输入自己的昵称以便在游戏中区别于其他人，这就需要用 InputField 控件来完成。UGUI 系统中的 InputField 控件使用起来十分方便，下面将讲解该控件的相关知识。

1．基础知识

InputField 控件是 UGUI 系统中的输入框控件。在移动设备上使用时，该控件接收焦点后就会弹出用于输入的键盘，常应用于玩家为游戏人物编写昵称或输入账号。输入框中没有玩家输入内容时，会显示默认的提示文本。该控件的内部结构如图 3-89 所示。

InputField 控件的子对象里，Placeholder 是用于显示默认提示信息的文本框，Text 则用来显示玩家输入的文本。该控件可以监听两种事件：On Value Change 和 End Edit，分别表示输入框中的内容发生改变和玩家输入结束两种情况，如图 3-90 所示。

InputField 控件的输入框中可以输入任意的字符，并且 Unity 集成开发环境已经为开发人员封装了多种文本形式，如密码、电子邮箱等，如图 3-91 所示。InputField 控件的参数介绍如表 3-24 所示。

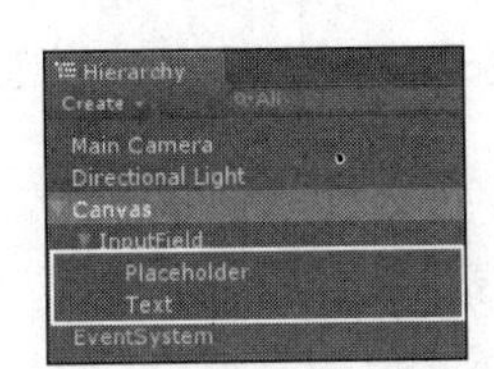

图 3-89　InputField 控件的内部结构

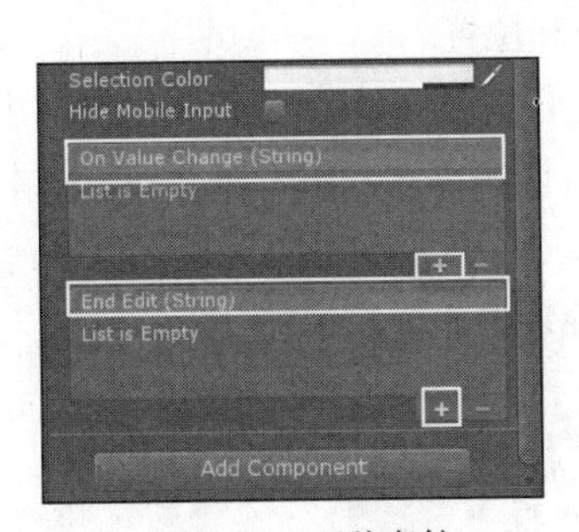

图 3-90　两种事件

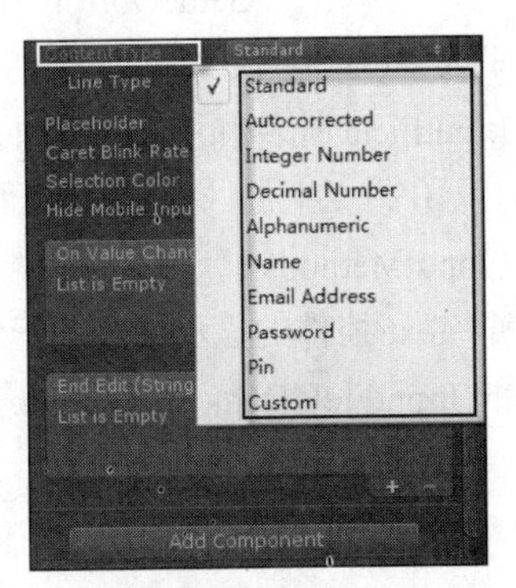

图 3-91　输入框的文本形式

表 3-24　　　　InputField 控件的参数介绍

参数名	含义	参数名	含义
Standard	可以输入任何类型的字符	Autocorrected	自动校正未知字符，利用合适的字符代替
Integer Number	只能输入整数	Decimal Number	只可输入带有一个小数点的小数
Alphanumeric	只能输入字母和数字	Name	自动大写首字母
Email Address	允许输入 E-mail 地址格式的字符	Password	用“*”号自动隐藏用户输入的内容，可输入符号
Pin	用“*”号自动隐藏用户输入内容，只可输入数字	Custom	可自定义输入类型

2. 案例效果

通过学习 InputField 控件的相关知识，读者已了解到可以在 On Value Change 列表和 End Edit 列表中挂载事件监听方法。下面将通过一个案例来更加系统地介绍相关知识，使读者在开发过程中能够更加熟练地使用此控件，案例运行效果如图 3-92 所示。

（a）案例运行效果 1

（b）案例运行效果 2

图 3-92　案例运行效果

3. 开发流程

通过图 3-92 读者可以看到 InputField 控件对两种事件的监听，在输入字符后，显示“输入框中的内容已发生变化”，在按回车键（输入完成）后又会有提示信息显示在屏幕上。下面将详细地讲解该案例的开发流程，具体步骤如下。

（1）单击 GameObject→UI→InputField，在游戏组成对象列表中会出现 InputField 控件。创建两个 Text 控件，控件名称使用系统自动给出的即可。将两个 Text 文本框中的内容清空，并调整 InputField 控件和 Text 控件的大小和位置。

（2）在项目资源列表面板中创建一个名为“C#”的文件夹，并在该文件夹中创建一个名为“InputMethod.cs”的 C#脚本，双击该脚本进入编辑器并编辑脚本。该脚本的功能是对场景中的两个 Text 控件的显示文本进行修改，具体代码如下。（代码位置：见资源包中源代码第 3 章目录下的 InputFieldDemo/Assert/C#/InputMethod.cs。）

```
1    using UnityEngine;
2    using System.Collections;
3    using UnityEngine.UI;
4    public class InputMethod : MonoBehaviour {
```

```
5      public Text te;                //声明 Text 变量，用来挂载 Text 控件
6      public Text tex;
7        public void OnValueChanged(){  //当输入框中的内容发生变化时改变 Text 控件的内容
8          te.text = "输入框中的内容已发生变化";
9        }
10       public void endedit(){     //当输入框中的内容编辑完成时改变 Text 控件的内容
11         tex.text = "输入框中的内容已输入完毕";
12   }}
```

- 第 5～6 行声明了两个 Text 游戏对象变量，用来获取游戏组成对象列表中的两个 Text 控件。
- 第 7～9 行是当输入框中的内容发生变化时的处理方法，显示 Text 控件的文本内容。
- 第 10～12 行是当输入框中的内容编辑完成时改变另一个 Text 控件的文本内容，并在屏幕上显示。

（3）将编写好的脚本挂载到 Canvas 游戏对象上，然后把两个 Text 控件分别拖曳到脚本对应的变量上，如图 3-93 所示。选中 InputField 游戏对象，单击"+"按钮并将 Canvas 游戏对象拖曳到左侧框中，在右侧的下拉列表中找到编写的脚本和方法，如图 3-94 所示，最后单击播放按钮即可。

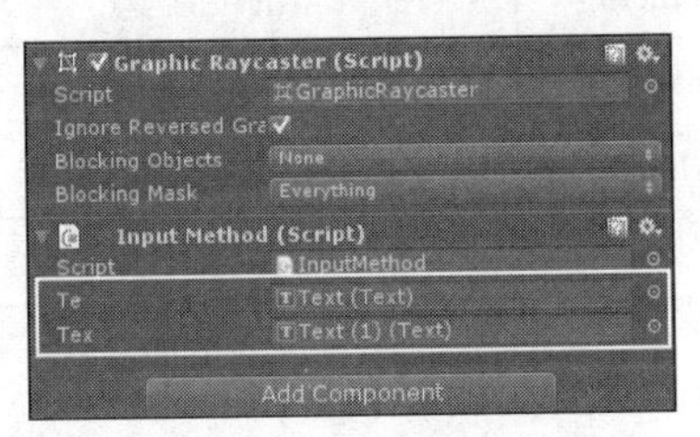

图 3-93　拖曳到变量上

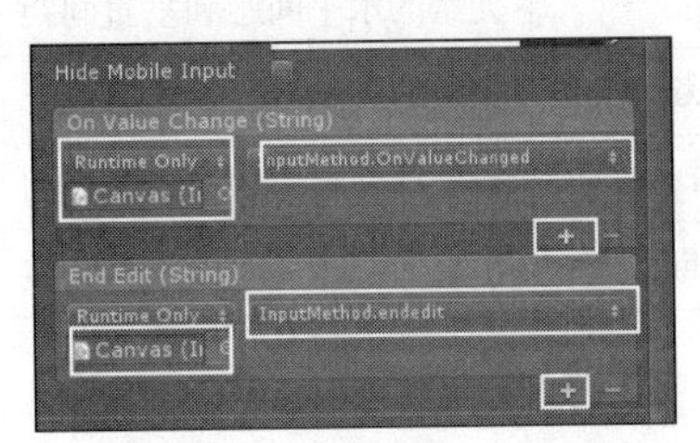

图 3-94　找到编写的脚本和方法

3.2.8　UGUI 布局管理

前面的小节介绍了 UGUI 系统中常用控件的相关知识，在介绍完控件知识后，接下来将讲解如何管理、排列多个控件。这部分知识的运用常见于游戏中奖励窗口的创建，虽然无法预知玩家获得奖励的数量，但是依旧能够让获得的奖励在窗口中摆放得十分合理，这就需要用到布局管理的知识了。

1. 基础知识

每个游戏界面都离不开控件的布局，Unity 自带的布局管理器有 3 种：Horizontal Layout Group、Vertical Layout Group、Grid Layout Group，分别是水平布局管理器、垂直布局管理器、网格布局管理器。接下来将逐个介绍它们的功能和用法。

（1）Horizontal Layout Group（水平布局管理器）会使所有的控件按照一定的要求水平排列，其参数如图 3-95 所示，参数介绍如表 3-25 所示。

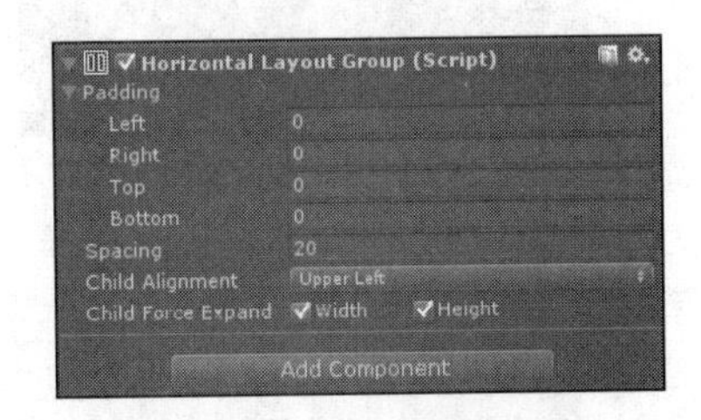

图 3-95　水平布局管理器参数

表 3-25　　　　Horizontal Layout Group 参数介绍

参数名	含义	参数名	含义
Padding	布局的边缘填充（即偏移）	Spacing	布局内的元素间距
Child Alignment	对齐方式	Child Force Expand	自适应宽和高

（2）Vertical Layout Group（垂直布局管理器）会将所有的控件按照一定的规律垂直排列，其部分参数和 Horizontal Layout Group 相同，读者可以参考表 3-25。

（3）Grid Layout Group（网格布局管理器）会使其管理的 UI 元素自动按网格排列，实现自动换行等功能，常应用于游戏中的道具背包。其参数如图 3-96 所示，参数介绍如表 3-26 所示。

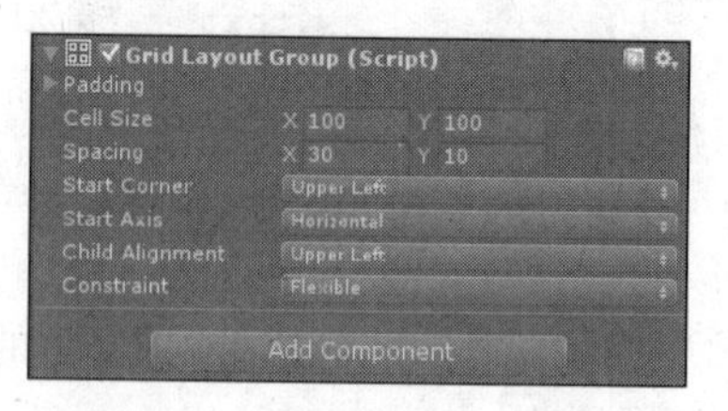

图 3-96　网格布局管理器参数

表 3-26　　　　Grid Layout Group 参数介绍

参数名	含义	参数名	含义
Padding	偏移	Cell Size	内部元素的大小
Spacing	元素的水平间距和垂直间距	Start Corner	第一个元素的位置
Start Axis	元素的主轴线	Horizontal	在填满一行后启用一个新行
Vertical	在填满一列后启用一个新列	Child Alignment	对齐方式
Constraint	指定网格布局的行或列		

2. 案例效果

通过学习 UGUI 布局管理的基础知识，开发人员可以将场景中的控件任意排列。下面将通过一个案例对每种布局管理器进行介绍，使读者可以更好地应用布局管理器管理控件，案例运行效果如图 3-97 所示。

（a）水平布局案例

（b）垂直布局案例

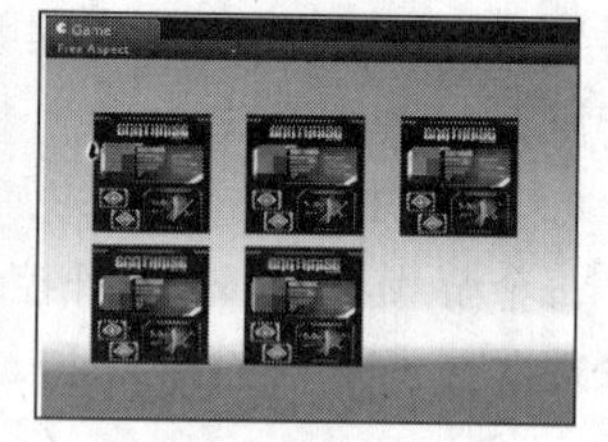

（c）网格布局案例

图 3-97　案例运行效果

3. 开发流程

通过图 3-97 读者可以看出 UGUI 布局管理的主要作用，图 3-97（a）是水平布局管理器实现的效果，图 3-97（b）是垂直布局管理器实现的效果，图 3-97（c）则是网格布局管理器实现的效果。下面将详细地介绍该案例的开发流程，具体步骤如下。

（1）打开 Unity，单击 GameObject→UI→Canvas，创建一个画布。按快捷键 Ctrl+Shift+N 或

单击 GameObject→Create Example 创建一个空游戏对象，将其命名为“GameObject1”。选中 GameObject1，单击鼠标右键，选择 UI→Image，创建 5 个 Image 控件，将它们依次命名为“Image1”到“Image5”。

（2）重复步骤（1），共建立 3 个游戏对象，将它们依次命名为“GameObject1”“GameObject2”“GameObject3”，也依次为每个游戏对象添加 5 个 Image，布局结构如图 3-98 所示。将名为“jxtwo02”的纹理图片拖曳到每个 Image 的 Source Image 中。

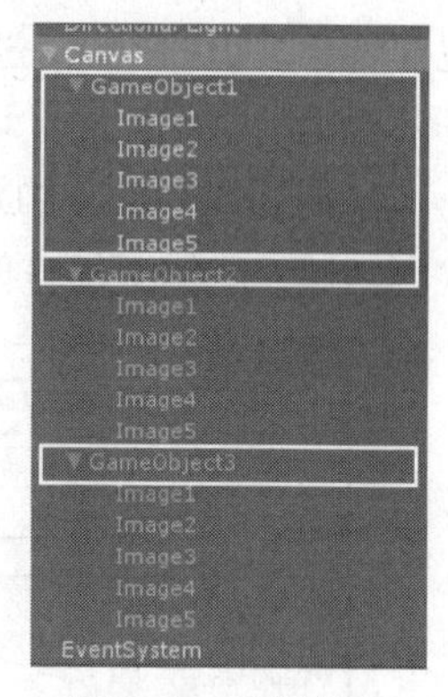

图 3-98　布局结构

（3）选中 GameObject1 游戏对象，单击 Component→Layout→Horizontal Layout Group，为其添加水平布局管理器。修改 Rect Transform 的宽度值和高度值，这里将 Width 修改为 490，Height 修改为 330。将 Spacing（控件间隔）修改为 20，该游戏对象的大小就是控件摆放空间的大小，如图 3-99 所示。

（4）选中 GameObject2 游戏对象，单击 Component→Layout→Vertical Layout Group，为其添加垂直布局管理器，修改 Rect Transform 的 Width 为 400，Height 为 400。将 Spacing 修改为 20，该游戏对象的大小就是控件摆放空间的大小。

（5）选中 GameObject3 游戏对象，单击 Component→Layout→Grid Layout Group，为其添加网格布局管理器。将 Rect Transform 的 Width 修改为 400，Height 修改为 100。将 Cell Size 的 X、Y 修改为 100、100，将 Spacing 的 X、Y 修改为 30、10，如图 3-100 所示。

（6）该案例中默认显示的是水平布局。选中 GameObject2 和 GameObject3 两个游戏对象，将其 active 置为 false，即不可见，如图 3-101 所示。如果想显示垂直布局，则将 GameObject3 的 active 置为 false，GameObject2 的 active 置为 true，以此类推。

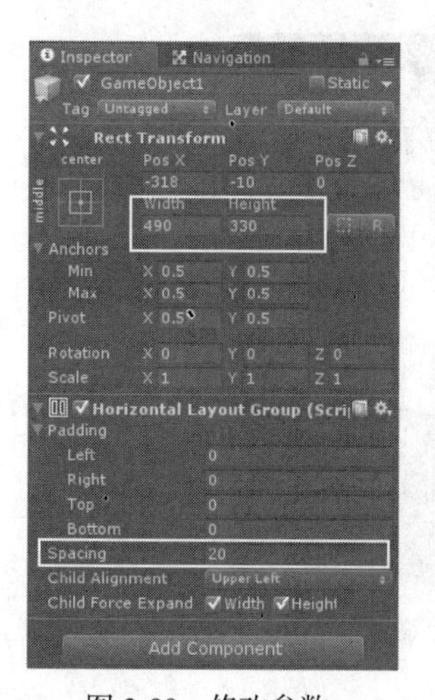

图 3-99　修改参数

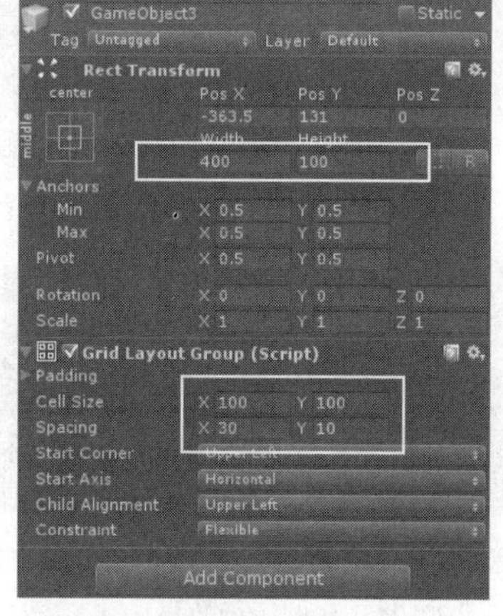

图 3-100　网格组件参数修改

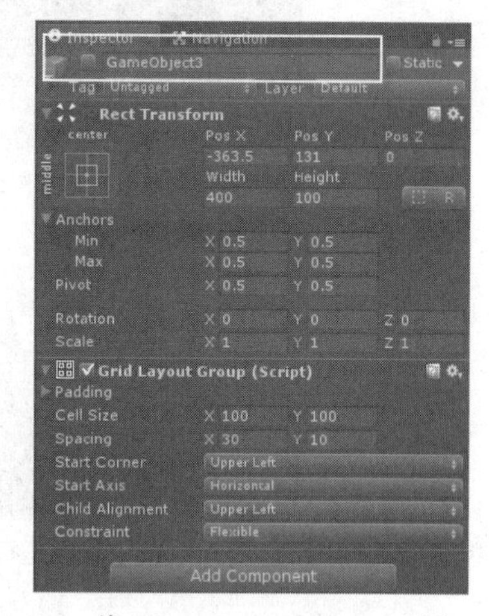

图 3-101　将 GameObject3 的 active 置为 false

3.2.9　UGUI 中不规则形状按钮的碰撞检测

部分游戏界面中开发人员为了界面的美观会将一些按钮做成不规则的形状，这时就需要为不规则形状的按钮添加碰撞检测。这一小节将介绍 UGUI 中不规则形状按钮碰撞检测开发的相关知识。

1. 基础知识

UGUI 系统自带的按钮是标准的矩形，虽然开发人员可任意改变其图片，但是其碰撞检测区域始终是矩形的。但在某些时候，游戏界面中可能会用到特殊形状的按钮，当然其碰撞检测区域也要符合按钮的形状，这就需要用到 Polygon Collider 2D（多边形碰撞器）组件。该组件用来制作不规则的碰撞检测区域，其添加步骤如图 3-102 所示。

Polygon Collider 2D 组件可以编辑多边形碰撞器，通过这个组件改变 Button 控件的默认碰撞检测区域，能够更加方便地为不规则按钮添加不规则碰撞检测。该组件的参数如图 3-103 所示。

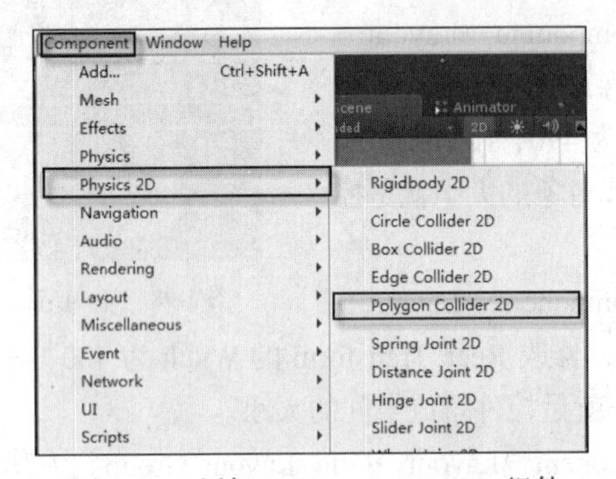

图 3-102　添加 Polygon Collider 2D 组件

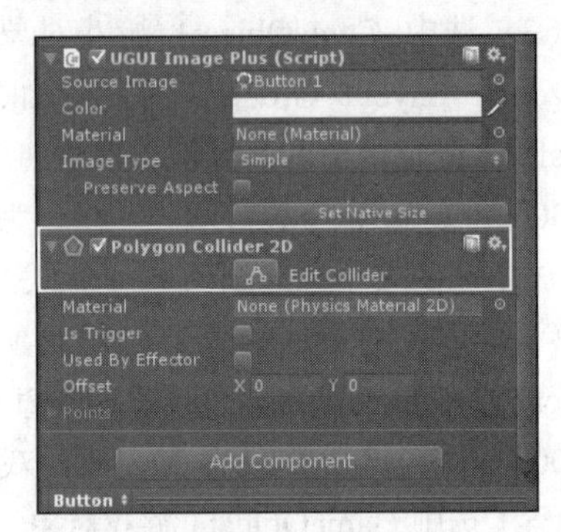

图 3-103　Polygon Collider 2D 组件参数

2. 案例效果

通过学习 UGUI 系统中不规则形状按钮碰撞检测的基础知识，读者可以在场景中添加任意不规则的按钮并为其添加合适的碰撞器。下面将通过一个案例来更加系统地介绍相关知识，使读者在开发过程中可以熟练地应用这些知识，案例运行效果如图 3-104 所示。

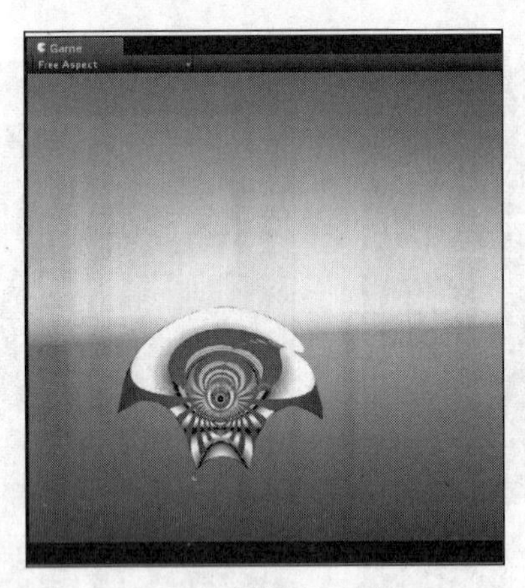

（a）案例运行效果 1

（b）案例运行效果 2

图 3-104　案例运行效果

3. 开发流程

通过图 3-104 读者可以看出 UGUI 系统中不规则形状按钮碰撞检测的主要功能：单击不规则形状按钮的任意部分，屏幕上都会显示提示信息。下面将详细地讲解该案例的开发流程，具体步骤如下。

（1）创建两个文件夹，分别命名为“Texture”和“C#”。将开发过程中需要的图片资源导入 Texture 文件夹，包括作为 Panel 背景的 bg01.png 和作为 Button 背景的 Button 1.png 图片。将图片类型改为图片精灵（Sprite），具体方法已经讲过，这里不再重复。

（2）单击 GameObject→UI→Panel，创建一个背景，再将 bg01（Sprite）拖曳到 Panel 控件的 Image 组件下的 Source Image 中，作为整个 UI 的背景。依次创建 Button 控件和 Text 控件。选中 Button 控件，删掉作为其子对象的 Text 控件。

（3）实现按钮的碰撞检测区域和不规则碰撞检测区域挂钩，这一步要重写 Image 类。新建一个 C#脚本，将其命名为“UGUIImagePlus.cs”，该脚本需要使用“UnityEngine.UI”命名空间，并继承 Image 类，脚本具体代码如下。（代码位置：见资源包中源代码第 3 章目录下的 IrregularCollisionDemo/Assert/C#/UGUIImagePlus.cs。）

```
1    using UnityEngine;
2    using System.Collections;
3    using UnityEngine.UI;
4    public class UGUIImagePlus : Image {
5      PolygonCollider2D collider;                          //声明多边形碰撞器组件
6      void Awake(){
7        collider = GetComponent<PolygonCollider2D>();      //获取多边形碰撞器组件
8      }
9      public override bool IsRaycastLocationValid(Vector2 screenPoint, Camera eventCamera){
10       bool inside = collider.OverlapPoint(screenPoint); //判断碰撞是否在圈出的多边形区域内
11       return inside;                                    //返回是否在多边形内
12   }}
```

- 第 5～8 行声明多边形碰撞器组件，并在 Awake 方法中获得挂载该脚本的游戏对象的多边形碰撞器组件。
- 第 9～12 行通过重写 Image 类中的 IsRaycastLocationValid 方法判断碰撞是否在圈出的多边形区域内，该方法会返回一个布尔值。

（4）将 Button 游戏对象组件中的 Image 去掉，单击右侧的设置按钮，选择 Remove Component 即可。随后将编写好的脚本挂载到 Button 游戏对象上，然后将 Button 1（Sprite）拖曳到该脚本的 Source Image 中。

（5）选中 Button 游戏对象，为该游戏对象添加 Polygon Collider 2D 组件，单击该组件的 Edit Collider 按钮，如图 3-105 所示。编辑不规则碰撞检测区域，如图 3-106 所示。

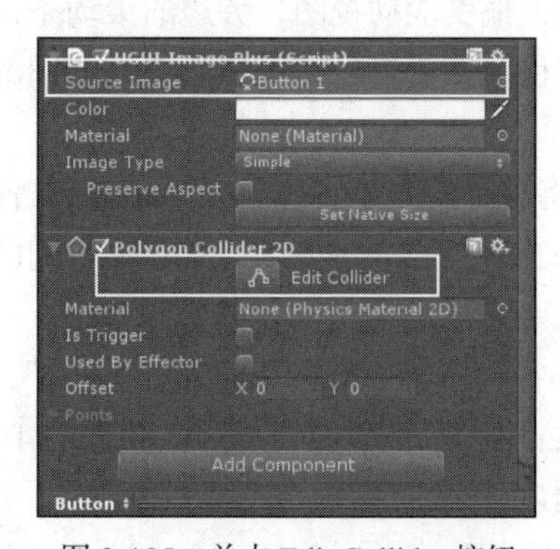

图 3-105　单击 Edit Collider 按钮

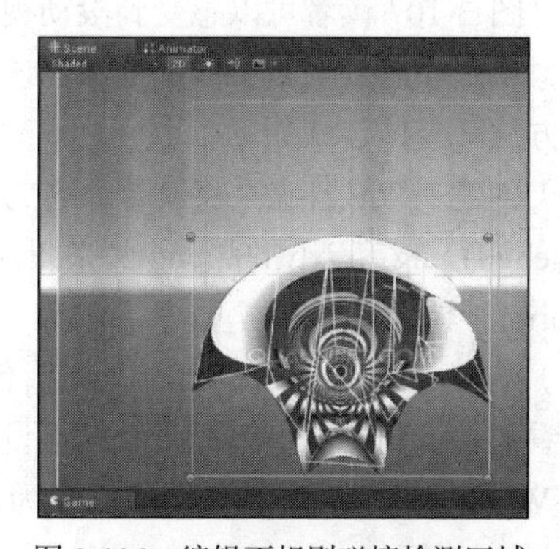

图 3-106　编辑不规则碰撞检测区域

（6）为 Button 控件挂载单击监听。具体添加方法在 3.2.3 小节中已详细介绍，在这里挂载的监听方法依旧是 C#文件夹下 ButtonMethod.cs 脚本中的 OnClick 方法。这时不规则形状按钮的创建就完成了，单击播放按钮后，单击不规则按钮就会有提示信息弹出。

3.2.10 ScrollView 的制作

所谓 ScrollView 就是滚动视图，它在游戏中非常常见，例如，玩家在选择对战人物时，人物信息无法一次显示完毕，这时就需要一个可以让玩家上下拖曳或左右滑动的滚动视图以显示更多内容。UGUI 系统可以通过各个组件与控件的配合实现这一功能。本小节将介绍如何制作一个 ScrollView。

1. 基础知识

这一小节讲解的 ScrollView 的制作实质是控件创建、UGUI 布局管理的综合应用，在开发过程中还会对一些新的组件进行详细的介绍。

2. 案例效果

通过学习前面的知识，读者了解了 UGUI 系统中控件的功能和具体的使用方法。下面将通过一个大案例来更加系统地介绍相关知识，使读者在开发过程中能够更加熟练地使用 UGUI 系统。案例运行效果如图 3-107 所示。

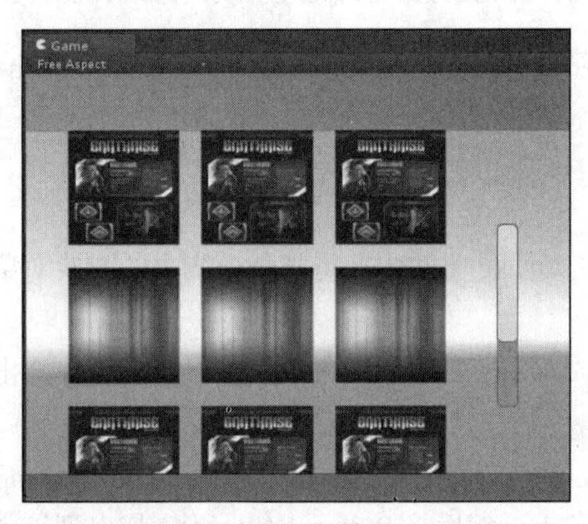

（a）案例运行效果 1

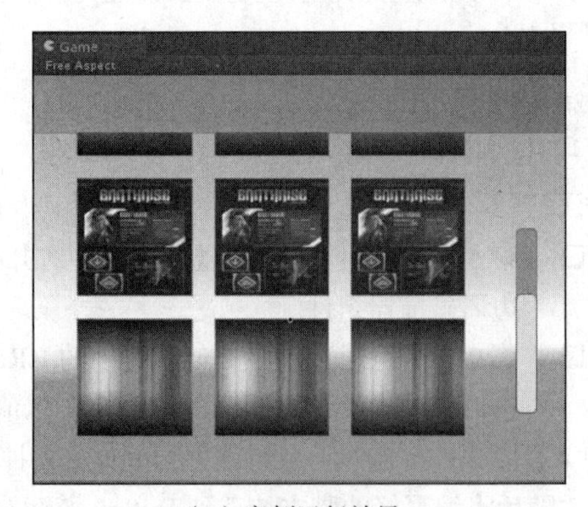

（b）案例运行效果 2

图 3-107　案例运行效果

3. 开发流程

通过图 3-107 读者可以感受到滚动视图的主要功能：拖曳滚动视图，旁边的滚动条也会跟随其滚动，反之亦然。下面将详细地讲解该案例的开发流程，使读者可以更加熟练地掌握滚动视图的制作方法，具体步骤如下。

（1）创建一个文件夹，将其重命名为“Texture”。将需要的图片资源导入 Texture 文件夹，其中 Imagebg01.png 和 jxtwo02.png 两张图片将作为 Image 组件下的图片精灵，需要将它们的类型修改为 Sprite，具体方法不再重复。

（2）单击 GameObject→UI→Panel，创建一个 Panel 控件，将其命名为“ScrollView”，单击其属性查看器左上角的准星图标将其锚点设置为 middle/center，如图 3-108 所示。在 Rect Transform 中将其 Width 修改为 500，Height 修改为 300，如图 3-109 所示。

（3）按快捷键 Ctrl+Shift+N 或单击 GameObject→Create Example 创建一个空游戏对象，并将其命名为“Grid”。为该游戏对象添加 Grid Layout Group（网格布局管理器）。在 Grid 游戏对象的属性查看器中修改 Width 为 400，Height 为 500。

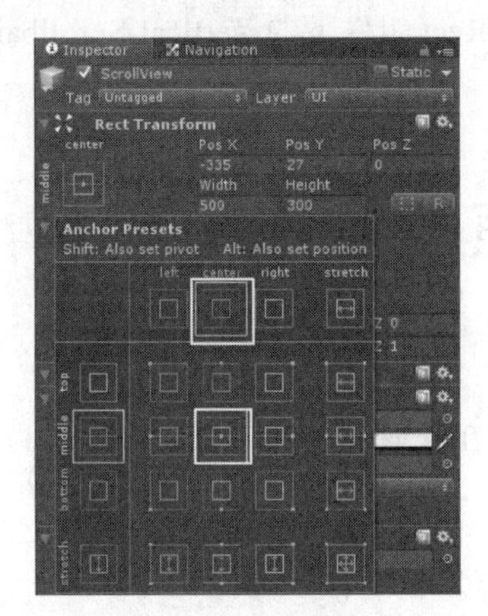

图 3-108 重置锚点

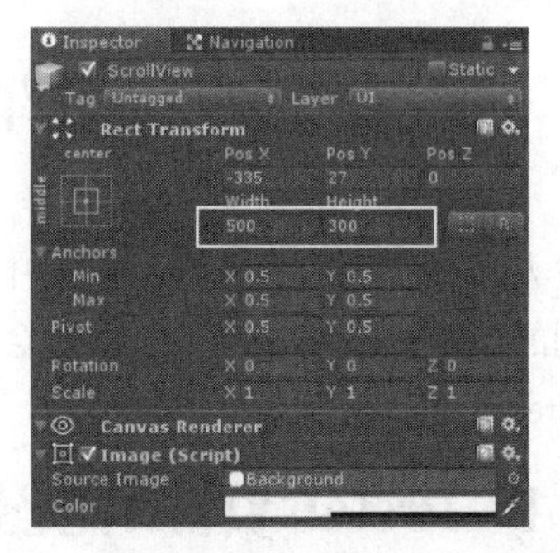

图 3-109 修改面板大小

（4）选中 Grid 游戏对象，为其添加 12 个 Image 游戏对象，并为每个 Image 添加图片精灵，添加方法这里不再重复。为了让 12 个 Image 完美地显示在视图中，将 Grid 游戏对象网格布局管理器的 Cell Size 参数修改为 100×100，将 Spacing 参数修改为 20×20，如图 3-110 所示。

（5）这里需要强调的是，Grid 控件的大小是存放的 Image 图片的大小，而 ScrollView 控件的大小是整个滚动视图滚动空间的大小，所以读者在自己设置游戏对象时需要注意各个控件的大小是否合适。

（6）到这一步读者可以看到 12 个 Image 游戏对象整齐地排列在 Grid 中，但是不在滚动视图中的 Image 不应该显示。为达到这一效果需要为 ScrollView 添加 Mask 组件。单击 Component→UI→Mask 即可达到添加 Mask 组件的目的，这时不在滚动视图内的 Image 就不会在屏幕上显示出来。

（7）为实现滚动视图中 Image 的滚动效果，选中 ScrollView 游戏对象，单击 Component→UI→Scroll Rect，添加滚动组件。这时将 Grid 游戏对象拖曳到参数 Content 的右侧框中，并取消勾选 Horizontal 复选框，如图 3-111 所示。

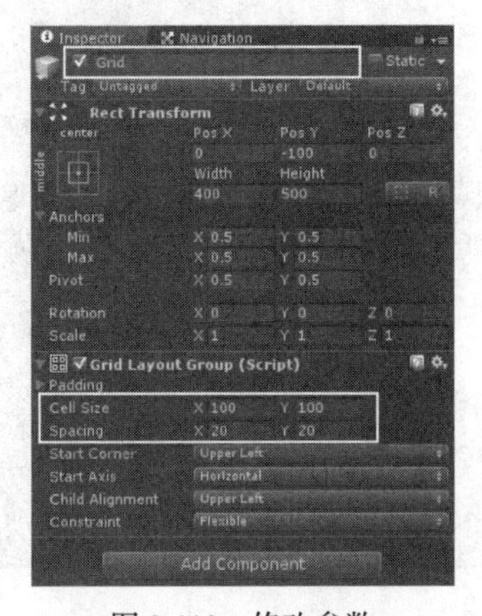

图 3-110 修改参数

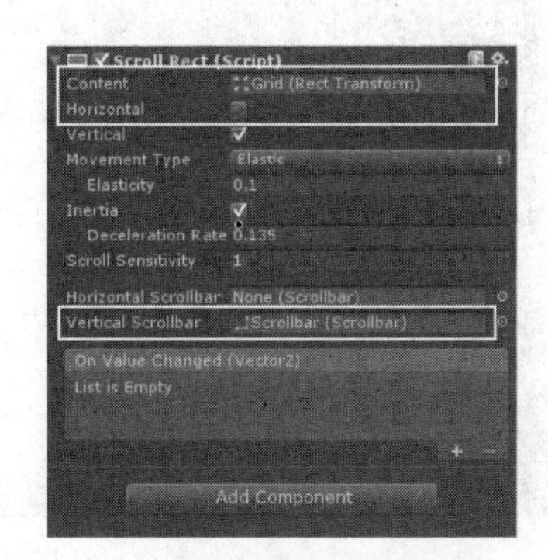

图 3-111 添加滚动组件

（8）至此就完成了 ScrollView 的制作。为增强视觉效果，为其添加一个 Scrollbar 控件，拖曳此控件的滑块，ScrollView 中的图片也会滚动。单击 GameObject→UI→Scrollbar 创建滚动条，并将其改为Canvas的子对象。调整其位置和大小，将Scrollbar控件中Scrollbar组件下的Direction参数修改为Bottom To Top，并将该滚动条拖曳到Scroll Rect组件下的Vertical Scrollbar中，如图3-111所示。

3.3 Prefab 资源的应用

开发人员在一个项目的开发过程中经常会应用预制件（Prefab）资源。一些场景中会有多个完全相同的游戏对象，如果一一创建会耗费大量的资源，在管理上也会有一定的难度，这时就需要使用Prefab来辅助开发。

3.3.1 Prefab 资源的创建

Unity中的Prefab不但可以节省大量的资源，而且管理也十分简单。通过对Prefab的修改可以实现修改场景中所有由该Prefab生成的游戏对象。这一小节首先介绍关于创建Prefab的知识，然后通过一个案例对这部分知识进行总结应用。

1. 基础知识

用户可以通过将创建好的Prefab拖曳到场景中来实例化Prefab，也可以在脚本中对Prefab进行实例化。例如，塔防游戏中不断出现的小兵在出兵之前并不存在，而是游戏开始后通过代码在脚本中实时创建的。

2. 案例效果

下面将通过一个案例来更加系统地介绍Prefab，使读者在开发过程中能够更加熟练地使用这些知识。案例的运行效果如图3-112所示。

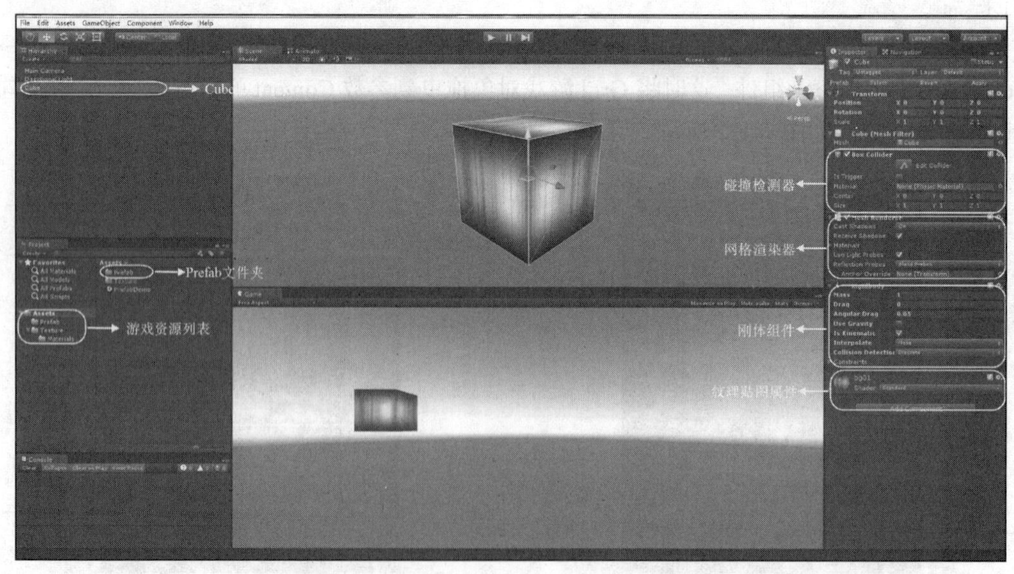

图3-112 案例运行效果

3. 开发流程

该案例主要介绍如何创建一个简单的Prefab，读者应该举一反三，学会其他Prefab的制作。

下面将详细地讲解该案例的开发流程，具体步骤如下。

（1）打开 Unity，创建两个文件夹并分别命名为“Texture”和“Prefab”。将名为 bg01.jpg 的图片导入 Texture 文件夹。在 Prefab 文件夹中单击鼠标右键，选择 Create→Prefab，创建一个空的 Prefab 并命名为“CubePrefab”。

（2）单击 GameObject→3D Object→Cube，在场景中创建一个简单的正方体游戏对象，将 Texture 中的纹理图片拖曳到该游戏对象上，即为该正方体添加纹理，最后为其添加刚体组件。

（3）单击游戏组成对象列表面板中的 Cube 游戏对象，并将其拖曳到 Prefab 文件夹下的 CubePrefab 上，这样，一个简单的 Prefab 就创建完成了。

3.3.2　通过 Prefab 资源实例化对象

在实际的开发过程中，若要创建大量的重复资源，就需要使用 Prefab。通过脚本编写程序实例化这些游戏对象，既可以节省创建大量相同游戏对象的时间，也可以省去为各个游戏对象添加相同属性的烦琐操作，从而提高开发效率。

1. 基础知识

前一小节主要介绍了如何在场景中创建 Prefab，相信读者已经掌握了这部分知识。这一小节将介绍通过 Prefab 资源实例化对象。该过程是在脚本中完成的，通过代码控制实例化对象生成的位置和时间，既方便控制又节省游戏资源。

2. 案例效果

下面将通过一个案例来更加系统地介绍相关知识，使读者在开发过程中能够更加熟练地使用这些知识。案例的运行效果如图 3-113 所示。

图 3-113　Prefab 运行效果

3. 开发流程

通过图 3-113 读者可以看到脚本代码在屏幕上实例化了 10 个一模一样的 Cube 游戏对象。这是在脚本中实现的，包括游戏对象的摆放位置，掌握这个技术，读者就可以在任意位置实例化任意的 Prefab 资源。

（1）以上一小节的 CubePrefab 为例，关于 Prefab 的创建这里就不再详细介绍了。

（2）利用脚本将 Prefab 资源实例化成游戏对象。在 Assets 目录下单击鼠标右键，选择 Create →C# Script 创建脚本，将其命名为“CubePrefabScript.cs”。双击该脚本进入脚本编辑器并编写脚本，具体代码如下。（代码位置：见资源包中源代码第 3 章目录下的 PrefabDemoTwo/Assets/CubePrefabScript.cs。）

```
1    using UnityEngine;
2    using System.Collections;
3    public class CubePrefabScript : MonoBehaviour{
4      public int i = 0;                                  //声明整型变量 i
5      public int j = 0;                                  //声明整型变量 j
6      public Rigidbody CubePrefab;                       //声明刚体 CubePrefab
7      public float x = 0.0f;                             //初始化 x、y、z 坐标
```

```
8       public float y = 4.0f;
9       public float z = 0.0f;
10      public int n = 4;                                   //声明实例化游戏对象的行数
11      public float k = 2.0f;
12      int count = 0;                                      //声明一个计数器
13      public Rigidbody[] BP;                              //声明刚体数组
14      void Start(){                                       //声明 Start 方法
15        BP = new Rigidbody[10];                           //初始化刚体数组
16        count = 0;                                        //将计数器置 0
17        for (i = 1; i <= n; i++){                         //对变量 i 进行循环
18          for (j = 0; j < i; j++){    //对变量 j 进行循环，在自定义位置实例化 10 个正方体
19              BP[count++] = (Rigidbody)Instantiate(CubePrefab,
20              new Vector3(x - 2.0f * k * i + 4.0f * j * k, 2.0f, z - 2.0f * 1.75f
* k * i), CubePrefab.rotation);
21      }}}}
```

- 第 4～13 行主要声明了整型变量 i、j，刚体 CubePrefab，x、y、z 坐标，刚体的行数，计数器，并对相关的参数进行了赋值。在 Unity 集成开发环境下的属性查看器中可以为各个参数指定资源或赋值。
- 第 14～16 行将刚体数组初始化，并将计数器置 0。
- 第 17～21 行利用前面声明的整型变量 i 和 j，对它们进行循环赋值，在固定的位置通过实例化刚体数组创建 10 个正方体，并对正方体进行有顺序的排列。

（3）将编写完的脚本挂载到摄像机上，单击播放按钮即可。本案例通过脚本循环创建了 10 个游戏对象，因此在游戏场景中会显示出 CubePrefab 实例化后的效果。读者也可以通过修改脚本中的相关参数体验不同的案例运行效果。

3.4 常用的输入对象

游戏时常需要获取玩家的输入情况，如手机和平板电脑的多点触控、PC 的键盘鼠标操作等。在其他的开发平台中，获取这些操控参数往往需要开发人员编写代码来实现，而 Unity 在设计时就封装好了这些常用的方法与参数。

3.4.1 Touch 输入对象

针对玩家的输入，Unity 专门为开发人员提供了两个输入对象——Touch 与 Input。开发人员通过 Touch 与 Input 输入对象中的方法和参数可以非常方便地获取玩家输入的各种参数，包括触控的位置和相位、手指按下的位移、鼠标键盘的输入等。下面首先介绍 Touch 输入对象。

1. 基础知识

Touch 输入对象中有非常全面的参数和方法，开发人员使用该对象可以详细地获取 Android、iOS 等移动平台中的触控信息。读者将分析 Touch 的代码写在对应的脚本中，然后挂载到对应的游戏对象上，就可以获取 Touch 信息。Touch 输入对象的变量如表 3-27 所示。

表 3-27　　Touch 输入对象的变量

变 量 名	含　义	变 量 名	含　义
fingerID	手指的索引	position	手指的位置
deltaPosition	相对于上次改变的距离增量	deltaTime	相对于上次改变的时间增量
tapCount	单击次数	phase	触摸相位

Touch 输入对象的各个参数在开发的过程中一般都是相互配合使用的，只有变量间相互配合才能满足开发的需求。接下来将给出一个解析玩家手势操控的案例，希望读者可以通过该案例对学到的内容进行印证并加深理解。

2. 案例效果

案例的运行效果如图 3-114 所示。读者可以将该项目运行到手机上亲自体验球的缩放与旋转效果。

图 3-114　手机运行效果

3. 开发流程

与 Touch 有关的项目都需要在手机上进行测试。下面将详细地讲解该案例的开发流程。

（1）打开 Unity 集成开发环境，单击 GameObject→3D Object→Sphere，新建一个小球。调整小球的位置将其放置在坐标原点上（选中 Sphere 游戏对象，单击 Transform 组件右侧的设置按钮，单击 Reset 按钮将其坐标重置，重置后的位置就是坐标原点）。

（2）新建一个 Texure 文件夹，将 Sphere 的纹理图片导入该文件夹，并为 Sphere 添加纹理。将 Camera 坐标中的 Z 值调整为−20。新建一个 C#文件夹，在该文件夹下单击鼠标右键，选择 Create →C# Script，新建一个脚本并命名为"TouchTest.cs"。双击该脚本进入脚本编辑器并编辑代码。具体代码如下。（代码位置：见资源包中源代码第 3 章目录下的 TouchDemo/Assets/C#/TouchTest.cs。）

```
1    using UnityEngine;
2    using System.Collections;
3    public class TouchTest : MonoBehaviour {
4      public GameObject ball;                          //声明 GameObject 变量
5      private float lastDis=0;                         //上一次两个手指间的距离
6      private float cameraDis = -20;                   //摄像机到球的距离
7      public float ScaleDump = 0.1f;                   //缩放阻尼
8      void Update() {
9        if (Input.touchCount ==1) {                    //判断是否为单点触控
```

```
10          Touch t = Input.GetTouch(0);              //获取触控
11          if (t.phase == TouchPhase.Moved){         //手指移动中
12              ball.transform.Rotate(Vector3.right, Input.GetAxis("Mouse Y"), Space.World); //竖直旋转
13              ball.transform.Rotate(Vector3.up, -1 * Input.GetAxis("Mouse X"), Space.World); //水平旋转
14        }}
15        else if (Input.touchCount > 1){
16          Touch t1 = Input.GetTouch(0);                          //获取触控
17          Touch t2 = Input.GetTouch(1);                          //获取触控
18          if (t2.phase == TouchPhase.Began){                     //开始触摸
19              lastDis = Vector2.Distance(t1.position, t2.position);//初始化 lastDis
20          }else
21          if (t1.phase == TouchPhase.Moved && t2.phase == TouchPhase.Moved){// 两个手指都在移动
22              float dis = Vector2.Distance(t1.position, t2.position); //计算手指位置
23                if (Mathf.Abs(dis - lastDis)>1)           //若手指距离>1
24                    cameraDis += (dis - lastDis)*ScaleDump;    //设置摄像机到物体的距离
25                    cameraDis=Mathf.Clamp(cameraDis, -40, -5); //限制摄像机到物体的距离
26                    lastDis = dis;                             //备份本次触摸结果
27      }}}
28      void LateUpdate(){
29        this.transform.position = new Vector3(0,0,cameraDis);   //调整摄像机的位置
30      }
31      void OnGUI(){                                            //输出信息与退出按钮
32        string s = string.Format("Input.touchCount={0}\ncameraDIS=\n{1}",
33        Input.touchCount,cameraDis);                           //输出字符串
34        GUI.TextArea(new Rect(0, 0, Screen.width / 10, Screen.height), s);  // 用text 控件显示字符串
35        if (GUI.Button(new Rect(Screen.width * 9 / 10, 0,
36          Screen.width / 10, Screen.height / 10),"quit")){     //退出按钮
37              Debug.Log("quit");                               //输出单击信息
38              Application.Quit();                              //退出程序
39    }}}
```

- 第 4～7 行的主要功能是声明场景中 Sphere 游戏对象的引用和一些变量，方便下面对其进行旋转等变换，同时还声明了一些全局变量。
- 第 8～14 行是在 Update 方法中对单点触控行为进行解析，当发生触控并且手指在移动时，就可以通过 Input.GetAxis("Mouse X/Y")获取玩家的手指位移，然后将其转换为旋转角对小球进行旋转。运行时，玩家滑动手指，场景中的小球根据滑动方向进行旋转。
- 第 15～27 行解析玩家多点触控的行为，当手指数目大于 1 时，会计算两指间的距离，并与上一次计算出的距离进行比较，若距离变大就将摄像机向前推以产生放大的效果，反之将摄像机向后拉以得到缩小的效果。第 25 行还对摄像机的位置进行了限制，使游戏对象不能无限放大或缩小。最后备份这一帧中手指间的距离，以便在下一帧中和新的距离进行比较。

- 第 28～30 行对 LateUpdate 方法进行重写，这个方法在 Update 方法回调完后进行回调。这部分根据上一步算出来的 cameraDis 对摄像机进行前推或后拉，产生放大或缩小的效果。
- 第 31～39 行代码与触控的检测没有关系，主要是使用 Text 控件对触控的信息进行输出，使其在程序运行时可以被看到，方便读者学习与调试。最后还设置了一个退出按钮，单击后程序结束。

（3）到这一步，读者就可以将案例导入手机运行，运行后能看到小球根据玩家手指在屏幕上的滑动操作进行旋转，或者根据玩家两指的操控而放大或缩小。有兴趣的读者还可以开发出更多的手势检测来适应不同的游戏。

3.4.2　Input 输入对象的主要变量

针对玩家的输入，除了 Touch 输入对象外，Unity 还专门为开发人员提供了 Input 输入对象。上一小节主要介绍了 Touch 输入对象的相关知识，本小节将介绍 Input 输入对象。

1. 基础知识

Input 输入对象中有非常全面的参数，该对象可以获取 Android、iOS 等移动平台中详细的触控信息。读者将分析 Input 的代码写在对应的脚本中，然后挂载到对应的游戏对象上，就可以获取 Input 信息。Input 输入对象的主要变量如表 3-28 所示。

表 3-28　Input 输入对象的主要变量

变 量 名	含　义	变 量 名	含　义
mousePosition	返回当前鼠标指针的像素坐标	anyKey	当前是否有按键被按住，若有返回 true
anyKeyDown	玩家单击任何键或鼠标按键，第一帧返回 true	inputString	返回键盘输入的字符串

2. 案例效果

下面将通过一个案例更加系统地介绍相关知识，使读者在开发过程中能够更加熟练地运用 Input 输入对象。案例运行效果如图 3-115 所示。这个案例通过一些输出的信息来表明事件的发生。读者注意图中右侧的数字，这些数字表示该信息输出的次数。

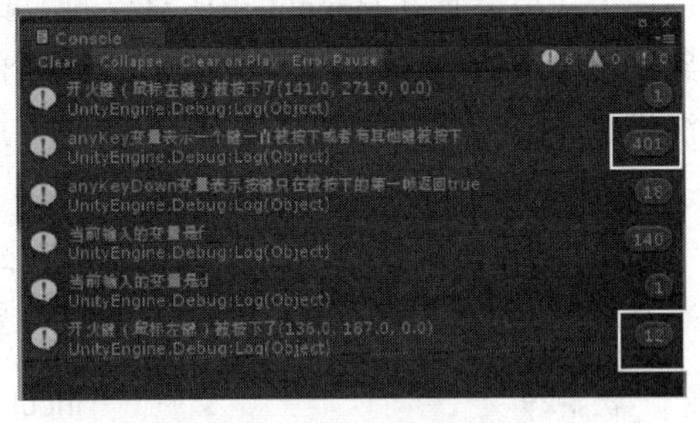

图 3-115　案例运行效果

3. 开发流程

本案例通过输出信息来表示事件的发生。在控制台中查看信息输出次数可以了解脚本中相关方法的工作原理。下面将详细地介绍本案例的开发流程，具体的开发步骤如下。

（1）打开 Unity 集成开发环境，在 Assets 目录下新建一个文件夹，并命名为“C#”，在该文件夹下单击鼠标右键，选择 Create→C# Script，新建一个脚本并命名为“InputDemo.cs”。双击该脚本进入脚本编辑器并编辑脚本。这一小节讲的是对 Input 输入对象的变量的使用，所以没有界面的展示，只有信息的输出，具体代码如下。（代码位置：见资源包中源代码第 3 章目录下的 InputDemo/Assets/C#/ InputDemo.cs。）

```
1  using UnityEngine;
2  using System.Collections;
3  public class InputDemo : MonoBehaviour{
4    void Update (){                                   //重写 Update 方法
5      if(Input.GetButtonDown("Fire1")){               //当开火键（默认是鼠标左键）被按下时
6        Debug.Log("开火键（鼠标左键）被按下了"+Input.mousePosition  );
7      }                                               //输出开火键被按下时的三维坐标
8      if(Input.anyKey ){                              //当有键被按下或鼠标被单击时返回 true
9        Debug.Log("anyKey 变量表示一个键一直被按下或者有其他键被按下");
10     }                                     //输出一些键被按下的信息
11     if (Input.anyKeyDown){                //当有键被按下或鼠标被单击时仅在第一帧返回 true
12       Debug.Log("anyKeyDown 变量表示按键只在被按下的第一帧返回 true");
13     }                                     //输出一些键被按下的信息
14     if(Input.inputString !=""){           //当输入信息不为空的字符串时
15       Debug.Log("当前输入的变量是" + Input.inputString);//输出输入的信息
16 }}}
```

- 第 4～7 行的主要功能是重写 Update 方法，当开火键（默认是鼠标左键）被按下时会输出鼠标单击位置的坐标信息。
- 第 8～13 行使用了 anyKey 变量，当任意按键被按下时（只要不抬起）就会一直输出信息。而 anyKeyDown 变量则只在按键被按下的瞬间返回布尔值并输出信息。
- 第 14～16 行的功能是当玩家通过键盘输入信息时，输出玩家输入的信息。

（2）脚本编写完毕后单击保存按钮保存脚本。在场景中将脚本挂载到主摄像机上，单击播放按钮运行程序，然后在游戏预览面板中单击或通过键盘输入内容。读者可以通过观察输出信息来判断 Input 变量的工作方式，更加熟练地掌握这些变量的用法。

3.4.3 Input 输入对象的主要方法

上一小节介绍了 Input 输入对象的主要变量，以及每个变量的主要作用和用法。Input 输入对象不仅包括丰富的变量，它还提供了大量的实用方法。下面将对 Input 输入对象中封装的常用方法进行详细的介绍。

1. 基础知识

Input 输入对象提供了非常丰富的方法。读者可以将这些方法写到脚本中，然后通过输出信息熟悉这些 Input 方法。Input 输入对象的主要方法如表 3-29 所示。

表 3-29　　Input 输入对象的主要方法

方法名	含义	方法名	含义
GetButton	若虚拟按钮被按下则返回 true	GetButtonDown	虚拟按钮被按下的一帧返回 true
GetButtonUp	虚拟按钮抬起的一帧返回 true	GetKey	指定按键被按下时返回 true
GetKeyDown	指定按键被按下的一帧返回 true	GetKeyUp	指定按键抬起的一帧返回 true
GetMouseButton	指定鼠标按键被按下时返回 true	GetMouseButtonDown	指定鼠标按键被按下的一帧返回 true
GetMouseButtonUp	指定鼠标按键抬起的一帧返回 true		

2. 案例效果

下面将通过一个案例来更加系统地介绍相关知识，使读者在开发过程中能够更加熟练地使用这些知识。案例的运行效果如图 3-116 所示。该案例通过一些输出的信息来表明事件的发生。请读者注意输出信息中最右侧的数字。

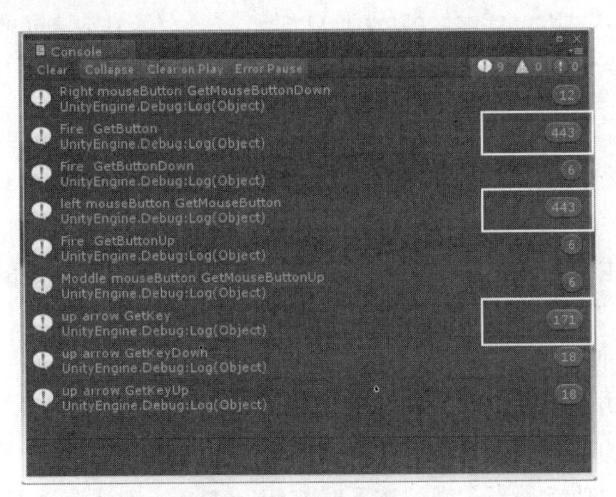

图 3-116　案例运行效果

3. 开发流程

下面将详细地讲解该案例的开发流程，具体步骤如下。

（1）打开 Unity 集成开发环境，在 Assets 目录下新建一个文件夹，并重命名为“C#”，在该文件夹下单击鼠标右键，选择 Create→C# Script，新建一个脚本并命名为“InputMethodDemo.cs”。双击该脚本进入脚本编辑器并编写脚本。这一小节讲的是 Input 输入对象的方法，所以没有界面的展示，只有信息的输出，具体代码如下。（代码位置：见资源包中源代码第 3 章目录下的 InputDemoTwo/Assets/C#/ InputMethodDemo.cs。）

```
1    using UnityEngine;
2    using System.Collections;
3    public class InputMethodDemo : MonoBehaviour{
4      void Update(){
5      if (Input.GetButton("Fire1")){
6          Debug.Log("Fire  GetButton");          //输出信息
7      }
8      if (Input.GetButtonDown("Fire1")){         //使用 GetButtonDown 监听“Fire1”按钮
9          Debug.Log("Fire  GetButtonDown");      //输出信息
10     }
11     if (Input.GetButtonUp("Fire1")){           //使用 GetButtonUp 监听“Fire1”按钮
12         Debug.Log("Fire  GetButtonUp");        //输出信息
13     }
14     if (Input.GetKey("up")){                   //使用 GetKey 监听↑键
15         Debug.Log("up arrow GetKey");          //输出信息
16     }
17     if (Input.GetKeyDown(KeyCode.UpArrow)){    //使用 GetKeyDown 监听↑键
18         Debug.Log("up arrow GetKeyDown");          //输出信息
19     }
20     if (Input.GetKeyUp(KeyCode.UpArrow)){          //使用 GetKeyUp 监听↑键
```

```
21          Debug.Log("up arrow GetKeyUp");             //输出信息
22      }
23      if (Input.GetMouseButton(0)){                    // GetMouseButton 监听鼠标左键
24          Debug.Log("left mouseButton GetMouseButton");             //输出信息
25      }
26      if (Input.GetMouseButtonDown(1)){          // GetMouseButtonDown 监听鼠标右键
27           Debug.Log("Right mouseButton GetMouseButtonDown");    //输出信息
28      }
29      if (Input.GetMouseButtonUp(2)){              // GetMouseButtonUp 监听鼠标中键
30          Debug.Log("Moddle mouseButton GetMouseButtonUp");      //输出信息
31  }}}
```

- ❑ 第 4～7 行的主要功能是重写 Update 方法，当开火键（默认是鼠标左键）被按下时输出信息。
- ❑ 第 8～13 行使用了 GetButtonDown 方法，按钮被按下的一瞬间会输出信息。而 GetButtonUp 方法则是只在按钮抬起的瞬间返回布尔值。
- ❑ 第 14～16 行的功能是按下↑键才会输出信息。
- ❑ 第 17～22 行的功能是当↑键被按下时 GetKeyDown 方法会返回 true，而 GetKeyUp 方法只有当↑键抬起时返回 true。
- ❑ 第 23～31 行的功能是当鼠标的左键、右键、中键分别被按下时会输出相关的信息，其中 0 代表鼠标左键，1 代表鼠标右键，2 代表鼠标中键。

（2）脚本编写完毕后单击保存按钮保存脚本。在场景中将脚本挂载到主摄像机上，单击播放按钮运行程序，然后在游戏预览面板中单击或通过键盘输入内容。读者可以通过观察输出信息来判断方法的工作方式，更加熟练地掌握这些方法。

3.5　与销毁相关的方法

游戏中经常有对象、组件、资源等在使用完毕后便失去了存在价值的情况，放任其不管的话轻则影响项目运行效率，重则影响项目的正常运行。所以必须有一类方法来管理、删除这些没有用的资源。本节将介绍 Unity 中的销毁方法。

3.5.1　Object.Destroy 方法

Unity 中有很多销毁方法，不同销毁方法用于销毁不同类型的资源。下面将讲解常用的多种销毁方法的区别和使用方式，从而使读者在开发过程中能更好地利用这部分知识，使项目运行得更加流畅。首先讲解 Object.Destroy 方法。

1. 基础知识

Object.Destroy 方法可以将对象立即销毁，也可以设置时延稍后销毁，如果删除的对象是一个组件，则该组件会被移除。下面将通过一段代码来说明 Object.Destroy 方法的使用方式，代码片段如下。

```
1    void Start () {
2       Destroy(ball.GetComponent<Rigidbody>());
```

```
3       Destroy(ball,5);
4     }
```

在这个代码片段中，ball 是场景中的一个挂载有 Rigidbody 组件的游戏对象，在 Start 方法中，首先删除 ball 上挂载的刚体组件，然后在 5 秒后删除 ball 游戏对象。

2. 案例效果

下面将通过一个案例来更加系统地介绍相关知识，使读者在开发过程中能够更加熟练地使用这些知识。案例运行效果如图 3-117 和图 3-118 所示。这个案例在运行时会立即销毁小球游戏对象上的刚体组件，5 秒之后销毁小球游戏对象。

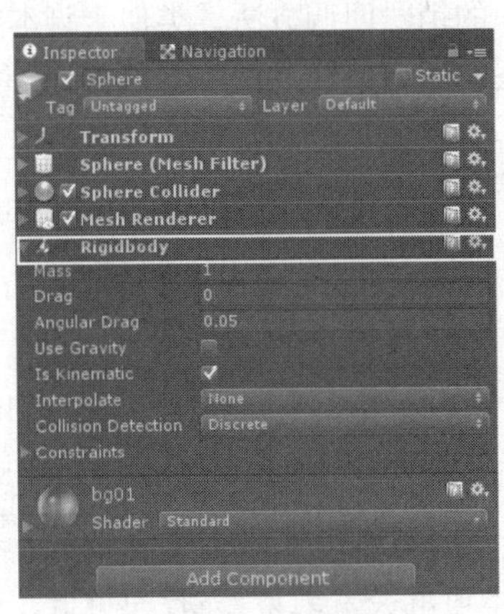

图 3-117　带有刚体组件

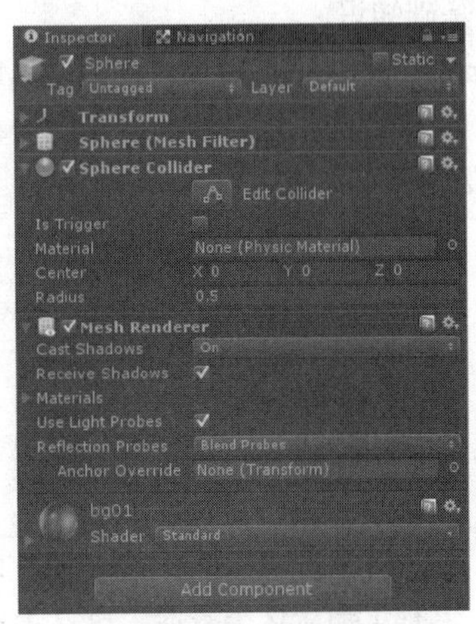

图 3-118　刚体组件消失

3. 开发流程

下面将详细地讲解该案例的开发流程，具体步骤如下。

（1）打开 Unity 集成开发环境，单击 GameObject→3D Object→Sphere，新建一个小球游戏对象。将小球放置在坐标原点上（选中 Sphere 游戏对象，单击 Transform 组件右侧的设置按钮，单击 Reset 按钮将其坐标重置，重置后的位置就是坐标原点），为其添加刚体组件。

（2）新建一个 Texure 文件夹，将 Sphere 的纹理图片导入该文件夹，并为 Sphere 添加纹理。调整 Camera 的坐标值。新建一个 C#文件夹，在该文件夹下单击鼠标右键，选择 Create→C# Script，新建一个脚本并命名为“DestroyDemo.cs”。双击该脚本进入脚本编辑器并编写脚本。具体代码如下。（代码位置：见资源包中源代码第 3 章目录下的 DestroyDemo/Assets/C#/ DestroyDemo.cs。）

```
1   using UnityEngine;
2   using System.Collections;
3   public class DestroyDemo : MonoBehaviour{
4     public GameObject ball;                 //声明 GameObject 变量，用来挂载 ball 游戏对象
5     void Start (){                          //重写 Start 方法
6       Destroy(ball.GetComponent<Rigidbody>());   //获取 ball 游戏对象的刚体组件并销毁
7       Destroy(ball,5);                      //5 秒之后销毁 ball 游戏对象
8   }}
```

- ❑ 第 4 行的主要功能是声明一个游戏对象，用来获取小球游戏对象的引用。

❑ 第 5～8 行重写 Start 方法，获取其刚体组件并删除该组件，5 秒之后销毁小球游戏对象。

（3）脚本编写完毕后单击保存按钮保存脚本。在场景中将脚本挂载到主摄像机上，然后单击播放按钮运行程序，这样就可以在属性查看器中观察到小球游戏对象组件的变化及其本身在 5 秒之后消失的现象。读者可以亲自编写脚本进行测试。

3.5.2 MonoBehavior.OnDestroy 方法

上一小节主要介绍了 Object.Destroy 方法，除此之外 Unity 中还有其他的销毁方法，不同的销毁方法用于销毁不同类型的资源。下面将讲解在开发过程中会经常用到的 MonoBehavior.OnDestroy 方法。

1. 基础知识

MonoBehavior.OnDestroy 方法是 MonoBehavior 类中的销毁回调方法，类似于脚本中常见的 Update、Start 方法，该方法也由系统自动回调。这个方法的回调条件是该脚本被移除，如下面的代码片段所示。

```
1    void Start () {
2      Destroy(this.GetComponent<DestroyTest>(), 5);            //移除该脚本
3    }
4    void OnDestroy(){
5      Debug.Log("this script has been destroy");               //移除该脚本时回调方法
6    }
```

将带有该代码片段的脚本挂载到摄像机上，这段代码首先在第 2 行指定 5 秒后从摄像机上删除这个脚本，所以等到 5 秒后删除脚本时就会看到第 5 行的输出，这是因为 OnDestroy 方法在移除该脚本时被自动回调了。

2. 案例效果

下面将通过一个案例来更加系统地介绍相关知识，使读者在开发过程中能够更加熟练地使用这些知识。案例运行效果如图 3-119 和图 3-120 所示。该案例在运行时立即销毁小球自带的脚本组件，并且输出提示信息，如图 3-121 所示。

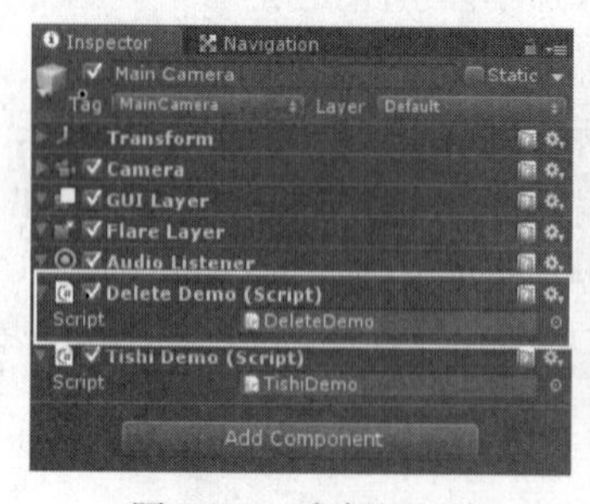

图 3-119 案例运行前

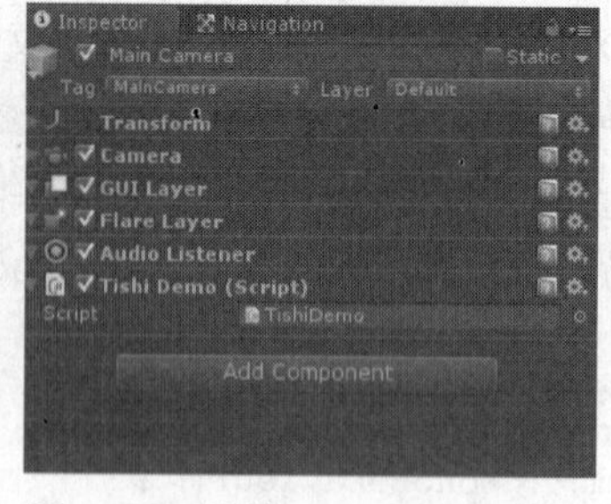

图 3-120 移除 DeleteDemo 脚本

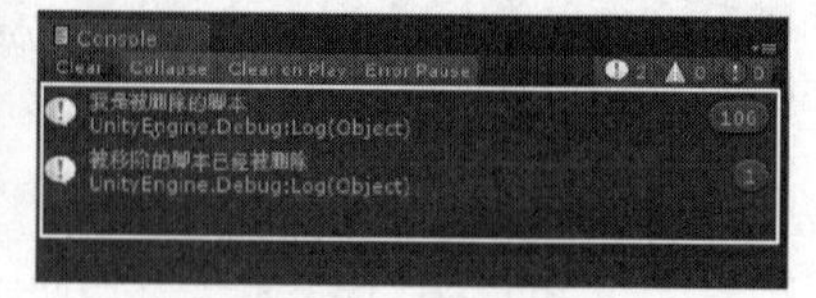

图 3-121 输出提示信息

3. 开发流程

通过图 3-119~图 3-121 读者可以了解 OnDestroy 方法的作用和用法，在单击播放按钮运行游戏时，挂载在该游戏对象上的脚本会被立即销毁，并在控制台中显示提示信息。下面将详细地讲解该案例的开发流程，具体步骤如下。

（1）打开 Unity 集成开发环境，在 Assets 目录下新建一个文件夹，并重命名为“C#”，在该文件夹下单击鼠标右键，选择 Create→C# Script，新建一个脚本并命名为“TishiDemo.cs”。双击该脚本进入脚本编辑器并编写脚本，具体代码如下。由于 DeleteDemo 脚本十分简单，这里省略。（代码位置：见资源包中源代码第 3 章目录下的 OnDestroyDemo/Assets/C#/ TishiDemo.cs。）

```
1    using UnityEngine;
2    using System.Collections;
3    public class TishiDemo : MonoBehaviour{
4      void Start (){                                  //重写 Start 方法
5      Destroy(this.GetComponent <DeleteDemo >(),2);//获取挂载在摄像机上的 DeleteDemo
脚本
6      }
7      void OnDestroy(){                               //重写 OnDestroy 方法
8      Debug.Log("被移除的脚本已经被删除");              //输出脚本已被删除的提示信息
9    }}
```

- 第 4～6 行的主要功能是重写 Start 方法，通过 GetComponent 方法获取摄像机上的脚本并删除该脚本组件。
- 第 7～9 行重写 OnDestroy 方法，并输出提示信息。

（2）脚本编写完毕后单击保存按钮保存脚本。在场景中将脚本挂载到主摄像机上，单击播放按钮运行程序，在属性查看器中会观察到 2 秒后 DeleteDemo 脚本消失，在控制台中也有提示信息被输出。读者可亲自编写脚本进行测试。

3.6　本章小结

本章首先从整体上对 GUI 系统的各个控件进行了详细的讲解，使读者可以熟练地应用各个 GUI 控件；然后对 Unity 在 4.6 版本后新增的图形用户界面系统 UGUI 进行了详细讲解。UGUI 系统相比 GUI 系统有了很大的提升，使用起来更加方便，控件更加美观。

本章对预制件（Prefab）资源的应用也进行了详细的讲解，分别通过 Prefab 的创建和对象的实例化进行介绍；最后对开发过程中的常用输入对象和销毁的相关方法进行了讲解。在一个项目中，需要多种技术相互配合，才能开发出使用户满意的游戏或应用。

3.7　习　　题

1. 说明 Unity 中有哪几种图形用户界面系统，并说明它们各自的特点。
2. 使用 GUI 系统创建一个 Button 控件，并通过单击该 Button 控件来切换在屏幕上绘制的图片。
3. 使用 UGUI 系统创建一个滚动视图，在其中添加多个 Button 控件，并通过单击 Button 控件来切换在屏幕上绘制的图片。
4. 将一个 3D 物体制作成 Prefab，并通过脚本在场景中将此 Prefab 多次实例化。
5. 使用 Toggle 控件来控制屏幕中 Button 控件的启用与禁用。

6. 使用 Input 输入对象中的变量，当单击时使用 Debug 在控制台中输出当前光标在屏幕中的位置。

7. 为键盘上的任意键添加监听，当相应的键被按下时使用 Debug 在控制台中输出不同的自定义信息。

8. 在场景中创建一个 3D 物体并为其挂载脚本，在脚本文件中使用代码实现在一定时间后销毁该脚本，并在销毁该脚本时在控制台中使用 Debug 输出自定义信息。

9. 使用 GUI 系统，在屏幕上创建 Scrollbar 控件和 TextArea 控件，并通过 Scrollbar 控件来控制屏幕中 TextArea 控件中文字内容的滚动。

10. 使用 UGUI 系统，在屏幕中创建一个不规则形状的 Button 控件，并为其添加不规则碰撞检测，实现每当单击该 Button 控件时，能够通过 Debug 在控制台中输出自定义信息。

第4章 物理引擎

物理引擎对当前大部分游戏来说都是必不可少的一部分。在虚拟现实逐渐兴起的今天，玩家对游戏的真实感、操作感及打击感的要求越来越高，国外厂商的 3A 大作都在物理引擎上下足了功夫，令虚拟世界中物体的运动符合真实世界的物理规律，使游戏更加贴近现实。

Unity 内置了由英伟达（NVIDIA）公司出品的 PhysX 物理引擎，该引擎具有高效、低耗、仿真度极高的特点。物理引擎通过为刚性物体赋予真实的物理属性的方式来计算它们的运动、旋转和碰撞反应，使用 Unity 的开发人员只需要进行简单的操作便可完成对真实世界中的物体的模拟。

4.1 刚 体

刚体是在使用物理引擎过程中需要经常用到的一个组件，其可以通过接受力与扭矩，使物体的运动效果更加真实。任何物体若想要受重力影响，受脚本施加的力的作用，或者通过 NVIDIA PhysX 物理引擎来与其他物体交互，都需要挂载一个刚体组件。

4.1.1 刚体特性

刚体使物体在物理引擎的控制下运动。它可以实现各种类型的关节及其他炫酷的功能。刚体在受物理引擎影响之前，必须被明确添加给物体。可以通过选中物体，然后单击菜单 Components→Physics→Rigidbody 来为物体增加一个刚体组件。

1. 刚体属性

正如上面所说，如果需要为游戏中的物体赋予真实的物理属性，就需要为其添加刚体组件，添加完成后可以在属性查看器中看到刚体组件的设置面板，如图 4-1 所示。其中提供了很多属性，开发人员可以很方便地对其进行修改，接下来将对这些属性进行详细的介绍。

（1）Mass（质量）。

该属性用来设定刚体的质量，如果将质量设置为 1，那么只需要给这个物体一个向上的 9.8N 的力便可抵消重力。在开发过程中要注意合理地对各个刚体的质量进行分配，在发生碰撞时，质量大的物体能够推开质量较小的物体。

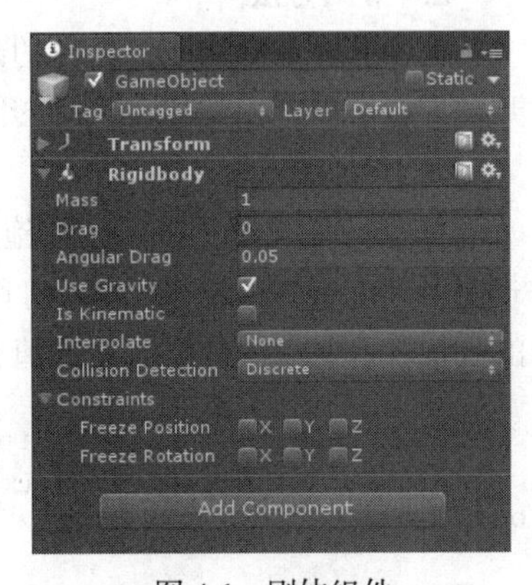

图 4-1 刚体组件

（2）Drag（阻力）。

Drag 属性指的是物体的移动阻力，物体进行任意方向的移动都会受到与运动方向相反的阻力，阻力值默认为 0，即没有阻力。Drag 值越大，物体受到的阻力也就越大，速度的衰减也越快。

（3）Angular Drag（旋转阻力）。

旋转阻力的方向与物体的旋转方向相反，用来阻碍物体的旋转运动，默认值为 0.05。设置了旋转阻力的大小之后，物体在任何方向上的旋转运动都将会受到影响。如果将其设置为 0，那么物体受到瞬时力开始旋转后，将不会停止旋转。旋转阻力的数值越大，物体的速度衰减越快。

（4）Use Gravity（使用重力）。

该属性用来设定是否在刚体上施加重力。模拟现实世界中的自由落体状态等，都需要使用重力。勾选该复选框后刚体将会受到重力的影响。如果需要模拟物体在无重力环境下的运动状态，那么就要取消勾选该复选框。

（5）Is Kinematic（是否遵循运动定律）。

该属性用来设置刚体是否遵循牛顿提出的运动定律。如果勾选它，则表示该物体将不会调用物理计算，只受脚本和动画的影响而运动，作用力、关节和碰撞都不会对其产生任何作用。一般游戏中死去的 NPC（Non-Player Character，非玩家角色）都需要勾选该复选框以减少物理计算。

（6）Interpolate（插值）。

由于在 Unity 中物理模拟和画面渲染不同步，因此如果不进行插值处理，计算得到的物理数据会是上一个物理模拟时间点的数据，而插值是获取近似当前渲染时间点数据的一种手段。然而，插值得到的值并非真实值，会造成轻微抖动的现象，建议在开发过程中只对主要游戏对象进行插值处理。

（7）Collision Detection（碰撞检测）。

刚体组件默认使用占用资源较少的离散模式（Discrete），一般用于静止的或运动速度较慢的物体；而高速运动或体积较小的物体建议使用连续模式（Continuous）；被使用了连续模式的物体撞击的物体，应该使用动态连续模式（Continuous Dynamic）。

（8）Constraints（限制条件）。

该属性用来设置物体在哪一个方向上的运动或旋转将受到限制。默认情况下，物体的运动和旋转在各个方向上都不会受到限制。开发人员可以设置需要限制物体运动的方向对应的坐标轴，例如，如果勾选 Freeze Position 的 X 复选项，那么物体将无法在 *x* 轴方向上进行移动。

2. 常用方法

除了上面介绍的刚体组件的部分属性，Unity 也为开发人员提供了一些方法，使用这些方法，开发人员可以轻松地移动、旋转刚体或给刚体施加力。下面将对一些常用的方法进行详细介绍。

（1）AddForce 方法。

AddForce 方法用来对刚体施加一个指定方向的力，使其发生移动。如下所示，第一种语法格式使用 Vector3 来指定力的方向和大小，第二种语法格式使用 3 个浮点数表示力在 3 个坐标轴上的分量。这些方法并没有返回值，mode 为 ForceMode（力的模式）。

```
1    function AddForce (force : Vector3, mode : ForceMode = ForceMode.Force) : void
2    function AddForce (x : float, y : float, z : float, mode : ForceMode = ForceM
ode.Force) : void
```

在方法中 ForceMode 有 4 种，分别为 Force、Impulse、Acceleration 和 VelocityChange，后两种分别表示对物体施加加速度和改变物体速度，并且它们都会忽略物体的质量，所以若在不同质量的刚体上使用它们，产生的效果相同。接下来将介绍常用的两种 ForceMode。

- Force。该模式将对刚体施加一个持续的力，并且这种模式下刚体的移动还取决于刚体的质量，也就是质量大的物体需要较大的力才能移动。
- Impulse。该模式将对刚体施加一个瞬间冲击力。该模式下刚体的运动同样取决于刚体的质量，质量越大需要的力就越大。该模式通常用来模拟物体因爆炸或碰撞而被震飞的效果。

（2）MovePosition 方法。

MovePosition 方法用来将刚体移动到 position 位置。此方法被调用时，系统会根据指定的参数将刚体移动到对应的位置，其效果是物体的位置会因为刚体的移动而移动。该方法经常用于 FixedUpdate 方法中。语法格式如下所示。

```
function MovePosition (position : Vector3) : void
```

（3）MoveRotation 方法。

MoveRotation 方法用来将刚体旋转到 rot。rot 为 Quaternion（四元数），会返回刚体需要旋转的角度。此方法被调用时，系统会根据指定的参数将刚体旋转对应的角度，其效果是物体会因为刚体的旋转而旋转。该方法经常用于 FixedUpdate 方法中。语法格式如下所示。

```
function MoveRotation (rot : Quaternion) : void
```

3. 案例效果

本案例将使用上面介绍的常用的 3 种方法，来实现对场景中的正方体施加力、移动正方体和旋转正方体的效果。屏幕左上角设置了重置按钮，用于使正方体复位。在屏幕下方会出现 4 个由 GUI 系统实现的 Button 控件，依次为“施加瞬时力”“施加恒力”“移动方块”“旋转方块”，案例运行效果如图 4-2 所示。

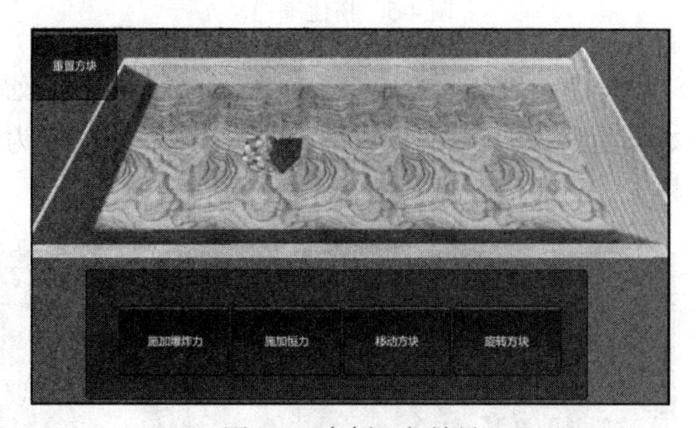

图 4-2　案例运行效果

4. 开发流程

如需运行该案例，使用 Unity 打开资源包中的工程文件“Rigidbody_Demo”，在 Unity 集成开发环境中双击 Assets 目录下的 Rigidbody_Demo 场景文件，然后单击播放按钮即可。读者可以通过单击不同的按钮来观察案例运行效果。下面将对该案例的制作进行详细的介绍，具体步骤如下。

（1）分别创建 Texture 和 C#两个文件夹，一个用于放置图片资源，一个用于放置脚本文件。只需要在计算机中选中需要的图片，然后将它们拖曳到 Unity 集成开发环境中的 Texture 文件夹中即可导入图片。也可以通过单击鼠标右键，选择 Import New Asset 来添加图片资源。

（2）单击 File→Save Scene 保存场景，并将其命名为“Rigidbody_Demo”。单击 GameObject→3D Object→Cube，创建一个 Cube 对象，如图 4-3 所示。重复该步骤创建多个 Cube 对象，将它们搭建成围栏，调整 Cube 对象的大小和位置。如图 4-4 所示，4 个方块代表在不同轴上对物体进行缩小和放大。

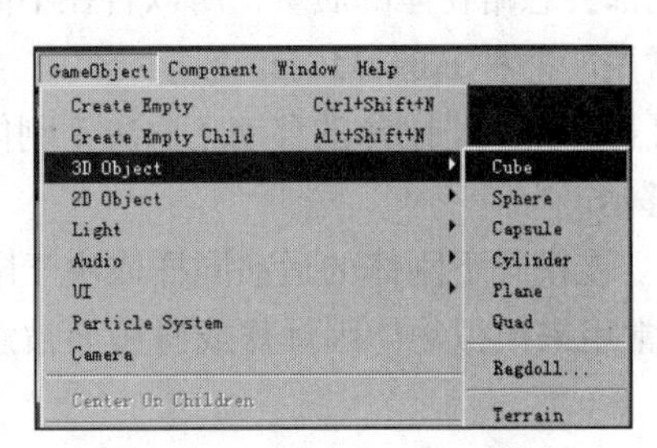

图 4-3　创建 Cube 对象

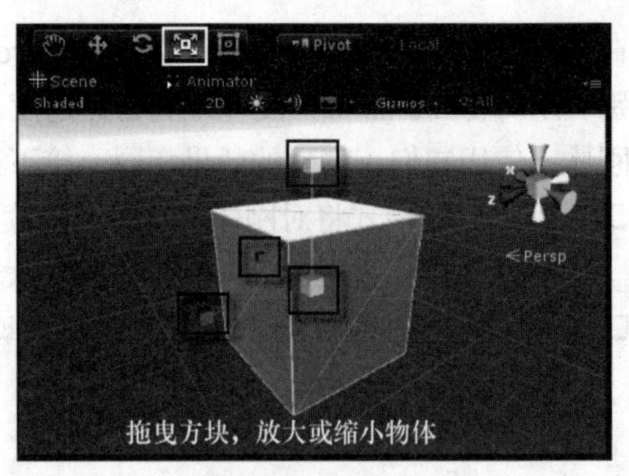

图 4-4　调整物体大小

（3）搭建完成后的效果如图 4-5 所示。单击 GameObject→3D Object→Plane，创建一个 Plane 对象作为地板，用相同的方式对 Plane 的尺寸进行修改使其大小和围栏的范围相同，完成后的效果如图 4-6 所示。

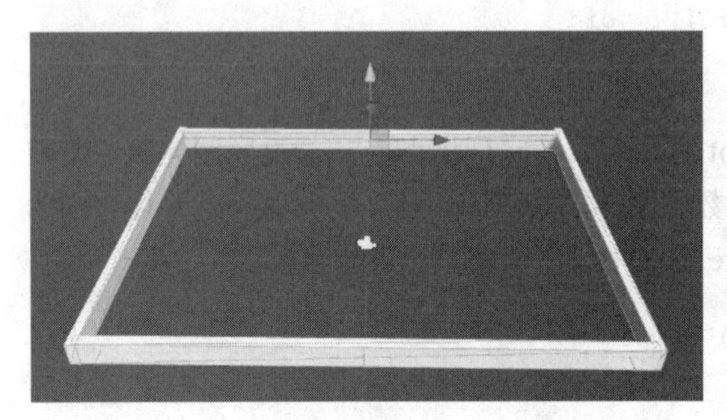

图 4-5　搭建围栏

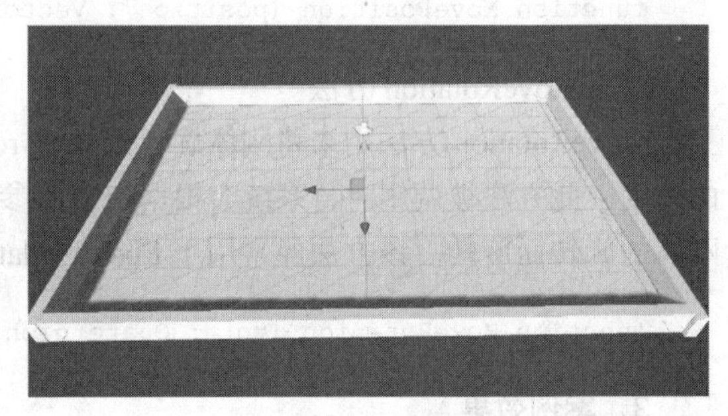

图 4-6　放置地板

（4）给物体添加纹理，以获得较好的视觉效果。本案例将需要使用的纹理图片都放在了最开始创建的 Texture 文件夹中，如图 4-7 所示。先为地板添加纹理，选中 wood 图片并将其拖曳到地板上即可完成添加，如图 4-8 所示。

图 4-7　Texture 文件夹

图 4-8　为地板添加纹理

（5）为围栏添加纹理，需要注意的是图 4-7 所示的 Materials 文件夹是在第一次为物体添加纹理时系统自行创建的，其中放置的是材质球。因为围栏由多个 Cube 对象构成，所以首先需要选中 wood2 图片并拖曳到其中一个 Cube 对象上，为其添加纹理；然后打开 Materials 文件夹找到名为 wood2 的材质球，选中并拖曳到其他 Cube 对象上，否则会产生多个有相同纹理的材质球，浪费资源。完成后的效果如图 4-9 所示。

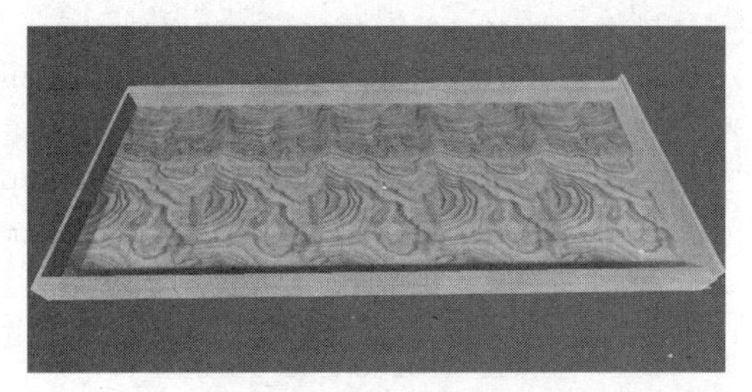
图 4-9　为围栏添加纹理

（6）当一个 Cube 对象或 Plane 对象被拉伸的幅度很大时，在添加纹理后纹理可能会发生很严重的形变，尤其是围栏部分，围栏面积较小会使得纹理贴图被挤压得很窄。可以在搭建围栏的一边时将多个 Cube 对象组合起来，从而很轻松地解决该问题。

（7）创建一个 Cube 对象作为本案例的主角，它将受到刚体的影响。创建方式和前面一样，将其命名为"Demo_Cube"。在 Texture 文件夹中找到 cube 图片为其添加纹理，并调整 Cube 对象的位置，如图 4-10 所示，然后为其添加刚体组件，选中 Cube 对象并单击 Component→Physical→Rigidbody，如图 4-11 所示。

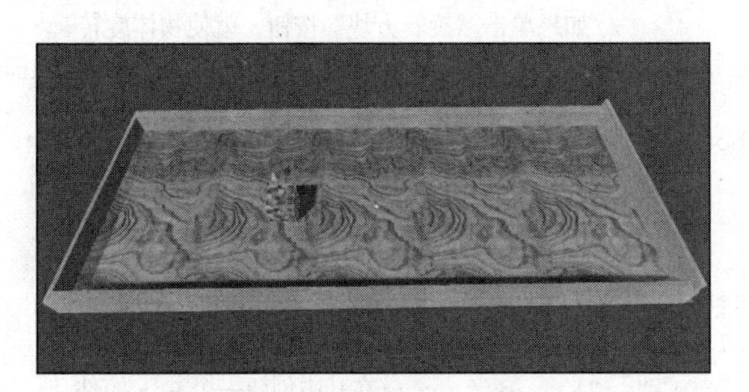
图 4-10　放置 Cube 对象

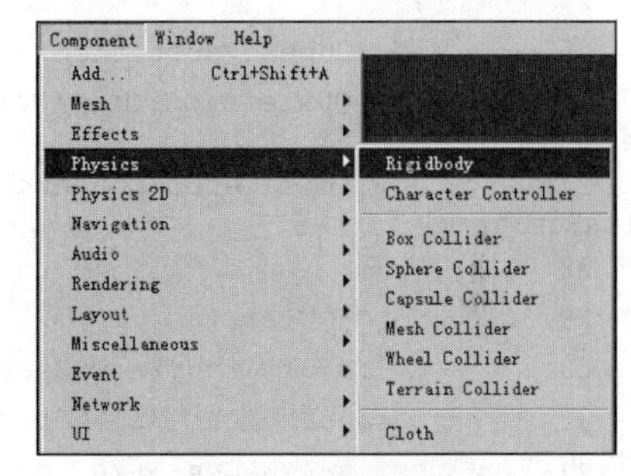

图 4-11　添加刚体组件

（8）刚体组件添加完成后，选中 Demo_Cube，在属性查看器中就可以看到 Rigidbody 的设置面板，在其中可以设置质量、阻力、插值等。本案例对质量、阻力进行了修改，如图 4-12 所示。在开发过程中可以进行任意的修改来查看不同的效果。

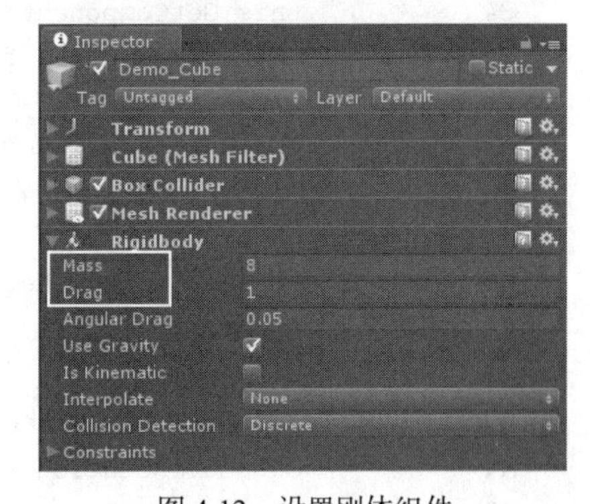

图 4-12　设置刚体组件

（9）编写脚本对 Demo_Cube 进行操作，通过代码来对其施加力、移动它和旋转它。在 Assets 目录下的 C#文件夹中，单击鼠标右键，选择 Create→C# Script，新建一个脚本并命名为"Demo.cs"。双击创建好的脚本进入脚本编辑器并编写代码，具体代码如下。（代码位置：见资源包中源代码第 4 章目录下的 Rigidbody_Demo/Assert/C#/Demo.cs。）

```
1    using UnityEngine;
2    using System.Collections;
3    public class Demo : MonoBehaviour {
4      public float force;                    //声明浮点类型变量，设置施加在物体上的力的大小
5      public float speed;                    //物体移动的速度
6      private bool ForceMode_Force;          //布尔型的变量，判断当前是否对物体施加恒力
7      private bool CubeMovePosition;         //判断当前是否移动物体
8      private bool CubeMoveRotation;         //判断当前是否旋转物体
9      private Vector3 eulerAngleVelocity =
10     new Vector3(0, 100, 0);                //声明三维向量，用来设置物体绕哪个轴旋转
```

```
11    private Vector3 cubePosition;        //用来存储物体的位置
12    private Quaternion cubeRotation;     //声明四元数变量，存储物体当前的旋转状态
13    void Awake(){                        //重写 Awake 方法，当脚本加载时被调用
14      cubePosition=this.transform.position;           //记录物体初始的位置
15      cubeRotation = this.transform.rotation;         //记录物体初始的旋转状态
16    }
17    void FixedUpdate() {
18      if (ForceMode_Force) {            //如果单击“施加恒力”按钮，就对物体施加向右的恒力
19          this.GetComponent<Rigidbody>().AddForce(Vector3.right * force, ForceM
ode.Force);
20      }
21      if (CubeMovePosition) {           //如果单击“移动方块”按钮，就使物体向右移动
22          this.GetComponent<Rigidbody>().MovePosition
23          (this.transform.position+Vector3.right*speed*Time.deltaTime);
24      }
25      if (CubeMoveRotation) {              //如果单击“旋转方块”按钮，就使物体旋转
26          Quaternion deltaRotation = Quaternion.Euler(eulerAngleVelocity * Time
.deltaTime);
27          this.GetComponent<Rigidbody>().MoveRotation(this.transform.rotation*
deltaRotation);
28    }}
29    void OnGUI() {                       //重写 OnGUI 方法，用于绘制控件
30      GUI.BeginGroup(new Rect(Screen.width / 12,
31      Screen.height / 1.56f, 600, 150));              //在指定的位置创建容器
32      GUI.Box(new Rect(0, 0, 600, 150),"  ");         //在其中创建一个 Box 控件
33      if (GUI.Button(new Rect(39, 42, 130, 80), "施加爆炸力")) { //创建 Button 控件
34          this.GetComponent<Rigidbody>().AddForce
35          (Vector3.right * force, ForceMode.Impulse); //当单击时对物体施加爆炸力
36      }
37      if (GUI.Button(new Rect(172, 42, 130, 80), "施加恒力")){
38          ForceMode_Force = !ForceMode_Force;   //当单击时将 ForceMode_Force 置反
39      }
40      if (GUI.Button(new Rect(305, 42, 130, 80), "移动方块")){
41          CubeMovePosition = !CubeMovePosition;  //当单击时将 CubeMovePosition 置反
42      }
43      if (GUI.Button(new Rect(438, 42, 130, 80), "旋转方块")){
44          CubeMoveRotation = !CubeMoveRotation;  //当单击时将 CubeMoveRotation 置反
45      }
46      GUI.EndGroup();
47      if (GUI.Button(new Rect(0, 0, 100  , 80), "重置方块")){       //创建一个重置按
钮，将物体复位
48          this.GetComponent<Rigidbody>
49          ().isKinematic = true;      //使其不受物理引擎驱动，消除物体旋转、平移的状态
50          this.GetComponent<Rigidbody>
51          ().isKinematic = false; //使其受物理引擎驱动，Rigidbody 的方法能够影响到物体
52          this.transform.position=cubePosition;           //将物体的位置修改为初始位置
53          this.transform.rotation = cubeRotation;       //将物体的旋转状态修改为初始旋
转状态
54   }}}
```

- 第 4～5 行声明了两个浮点型变量，分别用于设置对物体施加的力的大小和物体移动的

速度。由于变量为 public 类型，因此能够在属性查看器中直接进行修改。

- 第 6～8 行声明了 3 个布尔型的变量，分别用来判断是否对当前的物体施加力或使其发生平移、旋转。
- 第 9～12 行声明了 2 个三维向量和 1 个四元数。2 个三维向量分别用来指定物体旋转的旋转轴与存储物体的初始位置坐标；四元数用来存储物体初始的旋转状态，用于物体的复位。
- 第 13～16 行使用 Awake 方法，该方法在脚本被加载时调用，用来记录物体的初始位置与旋转状态。
- 第 18～20 行首先判断 ForceMode_Force 变量的值，如果为 false 就不执行，如果为 true 就通过 AddForce 方法对物体施加一个水平向右、大小为 force 的恒力。
- 第 21～24 行首先判断 CubeMovePosition 变量的值，如果为 false 就不执行，如果为 true 就通过 MovePosition 方法将物体向右移动。
- 第 25～28 行首先判断 CubeMoveRotation 变量的值，如果为 false 就不执行，如果为 true 就声明一个四元数变量 deltaRotation，用来记录每一帧物体的欧拉角，然后通过 MoveRotation 方法将该四元数赋给物体，使其旋转。
- 第 30～32 行通过 GUI 系统创建一个容器和 Box 控件。
- 第 33～36 行首先创建一个 Button 控件，当该控件被单击时就用 AddForce 方法对物体施加一个水平向右、大小为 force 的爆炸力。
- 第 37～45 行创建了 3 个 Button 控件，分别用来控制对物体施加恒力、物体移动和物体旋转的布尔型变量，连续单击同一个 Button 控件可以开启或关闭效果。
- 第 47～54 行首先通过将刚体的 Is Kinematic 属性置为 false，使物体不再受物理引擎驱动，也可以理解为使物体停止下落、旋转和移动；然后将其 Is Kinematic 属性置为 true，使物体能够受物理引擎驱动；最后将物体的位置、旋转状态都设置为初始参数，使其复位。

（10）保存脚本，并在 Unity 中将 Demo 脚本拖曳到游戏对象 Demo_Cube 上，然后在属性查看器中就会看到该脚本的设置面板，如图 4-13 所示。本案例将 Force 设置为 1000，Speed 设置为 10。读者可以随意修改参数来查看不同的效果。

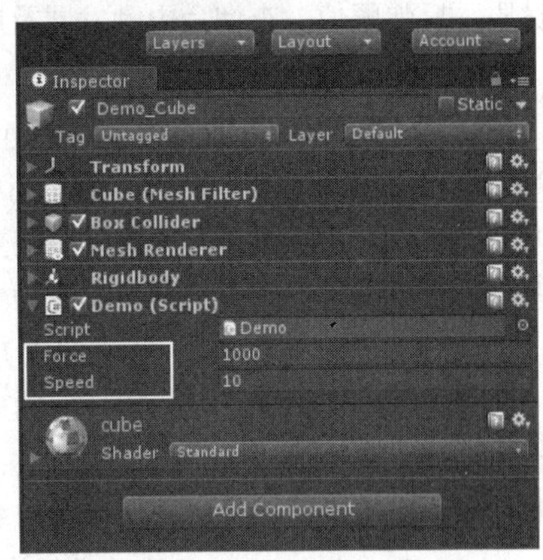

图 4-13　设置 Demo 脚本

4.1.2　物理管理器

在使用 Unity 集成开发环境开发游戏时，开发人员可以使用物理管理器来对全局的物理属性进行设置。开发人员可以修改重力的大小和方向、默认材质等，例如，在修改默认材质后，开发人员再次向场景中添加带有碰撞器的物体时，碰撞器就会默认使用修改后的材质。

1. 物理管理器界面

在 Unity 集成开发环境中，如果想要打开物理管理器（PhysicsManager）并对其中的参数进行修改，可以单击 Edit→Project Settings→Physics，如图 4-14、图 4-15 所示，这样就能够在属性查看器中打开 PhysicsManager 设置面板。

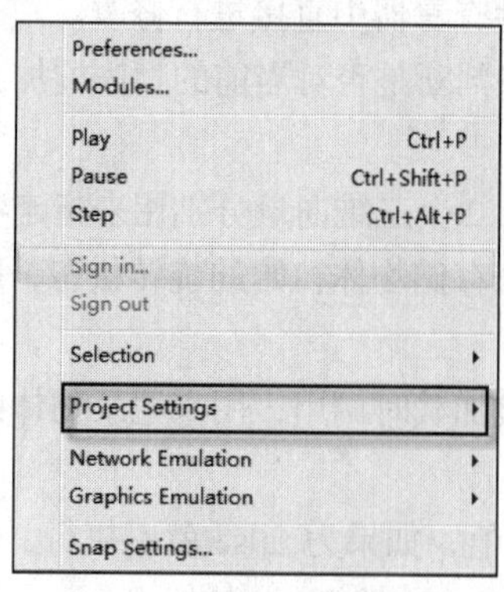

图 4-14　打开物理管理器 1

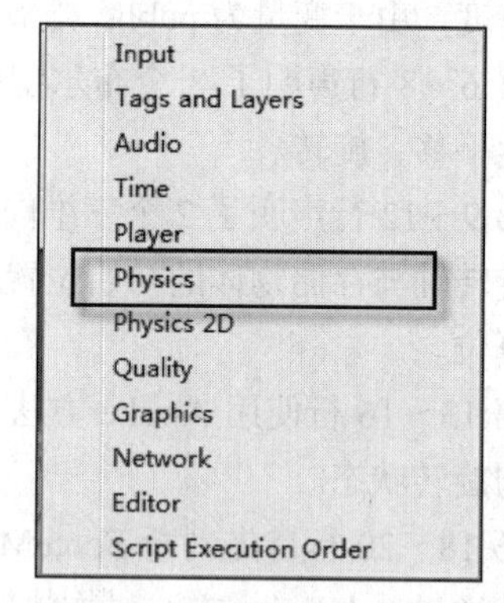

图 4-15　打开物理管理器 2

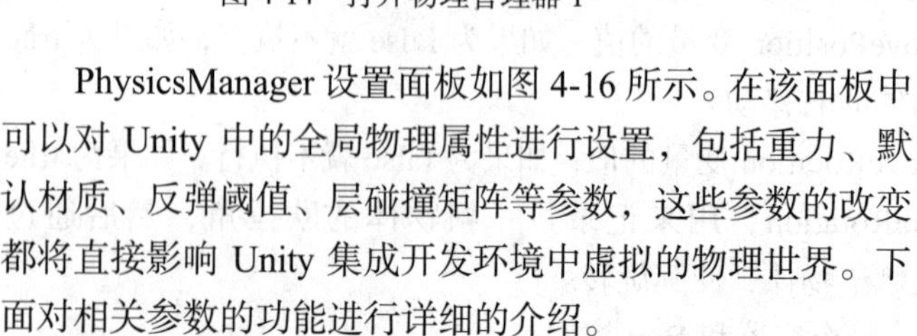

PhysicsManager 设置面板如图 4-16 所示。在该面板中可以对 Unity 中的全局物理属性进行设置，包括重力、默认材质、反弹阈值、层碰撞矩阵等参数，这些参数的改变都将直接影响 Unity 集成开发环境中虚拟的物理世界。下面对相关参数的功能进行详细的介绍。

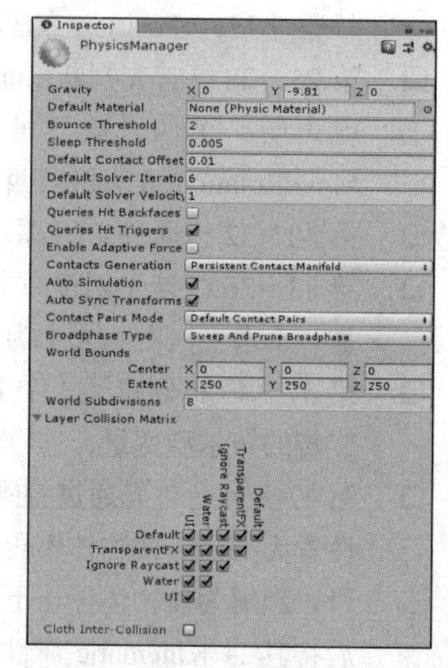

图 4-16　PhysicsManager 设置面板

2. 物理管理器参数

物理管理器中部分参数的工作机制比较复杂，且在多数情况下无须修改。为了便于 Unity 初学者学习，这里仅对重要且易于理解的部分参数进行介绍，包括重力、默认材质、反弹阈值、查询命中触发器及层碰撞矩阵等。

（1）Gravity（重力）。

在 Unity 中默认的重力方向为 y 轴负方向，大小为 9.81N。在物理管理器中可以对其进行任意的修改，包括重力的方向、大小。例如，需要模拟失重的环境时，只需要将重力在各个坐标轴上的分量设置为 0，模拟反重力环境时只需要将 y 轴数据修改为 9.81。

（2）Default Material（默认材质）。

物理管理器中默认不使用任何物理材质，开发人员可以添加物理材质，添加的物理材质便会成为物理引擎中默认使用的物理材质，其后创建的碰撞器都会默认使用添加的物理材质。关于物理材质的使用后文会详细介绍，这里先不做讲解。

（3）Bounce Threshold（反弹阈值）。

该参数的修改同样会应用于所有的刚体，当两个相互碰撞的刚体间的相对速度小于阈值时，就不再进行反弹计算，这样会有效地减少模拟物理现象过程中物体的抖动与物理计算。

相对速度是指以参与碰撞的两个刚体中的一个为静止参照物，得到的另一个刚体的速度值。

（4）Queries Hit Triggers（查询命中触发器）。

在 Unity 集成开发环境的物理引擎中，3D 拾取功能需要和碰撞器相互配合使用，即在进行物理命中测试时或与标记为触发器的碰撞器相交时会返回命中消息，开发人员将此消息捕捉后可以实现特定的功能。勾选该复选框后，会返回命中消息，反之则不会返回消息。默认勾选此。

（5）Layer Collision Matrix（层碰撞矩阵）。

在 Unity 集成开发环境中，开发人员可以对场景中的物体进行分层，将不同功能或类型的物体区分开来。在物理管理器中，开发人员可以使用层碰撞矩阵来设置不同层的物体间的碰撞计算。两个层的交叉处就是设置碰撞检测的标志位，如果为 false，那么这两个层的物体之间将不会进行碰撞计算。

（6）Default Solver Velocity Iterations（默认求解器速度迭代）。

在 Unity 集成开发环境中，开发人员可以设置求解器在每个物理帧中执行的速度过程数。其中求解器能够处理小型物理引擎中许多物体相互作用的情况，如关节的运动。求解器执行的任务越多，刚体反弹后获得的速度就越准确。

4.2 碰 撞 器

上一节讲解了刚体的主要特性和使用方法，本节主要介绍碰撞器（Collider）的相关知识。碰撞器在 Unity 内置物理引擎中起着很重要的作用。理解碰撞器的原理和概念，以及掌握碰撞器的使用技巧对于 Unity 的学习是十分重要的。

4.2.1 碰撞器的添加

下面将对碰撞器的基础知识和使用技巧进行讲解。在 Unity 集成开发环境中，开发人员为游戏对象添加碰撞器是一件很简单的事情。在 Unity 中，碰撞器作为游戏对象的一种组件，可随意地添加或删除。接下来将介绍碰撞器的相关知识。

1. 基础知识

Unity 中内置了 6 种碰撞器，分别是盒子碰撞器、球体碰撞器、胶囊碰撞器、网格碰撞器、车轮碰撞器和地形碰撞器。这几种碰撞器可以满足开发过程中的大部分需求，因为 Unity 并未限制同一物体上挂载碰撞器的数量，所以若碰上不规则物体读者可以将这几种碰撞器组合使用。

（1）盒子碰撞器（Box Collider）。

盒子碰撞器是基本方形碰撞器的原型，可以调整成不同大小的长方体，其参数如图 4-17 所示。一般情况下，该碰撞器应用于比较规则的物体上，可以将作用对象的主要部分包裹起来，适用于冰箱、门窗、桌子等物体。适当使用该碰撞器可以在一定程度上减少物理计算，提高游戏性能。

（2）球体碰撞器（Sphere Collider）。

球体碰撞器是基本球形碰撞器的原型，在三维方向上均可以调整大小，但是不能单独调整某一维的大小，其参数如图 4-18 所示。该碰撞器主要应用于圆形物体，如篮球、弹珠、石头等。

（3）胶囊碰撞器（Capsule Collider）。

胶囊碰撞器是形状类似胶囊的碰撞器，由一个圆柱体和上下两个半球组成，其参数如图 4-19 所示。胶囊碰撞器的高度和半径大小均可以单独调节。该碰撞器主要应用于角色控制器，或和其他碰撞器组合使用，为不规则的物体添加碰撞器。

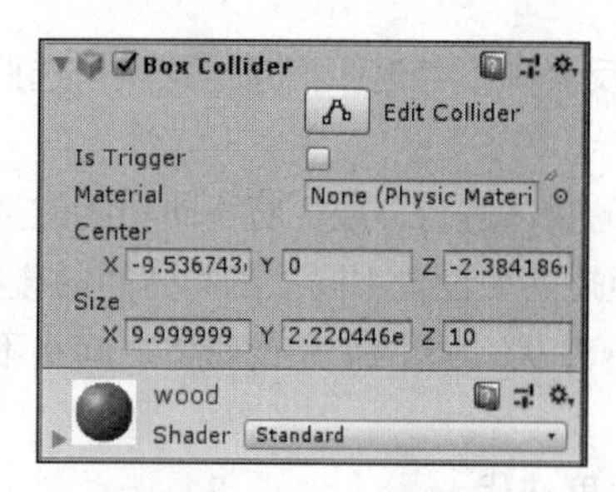

图 4-17 Box Collider 参数

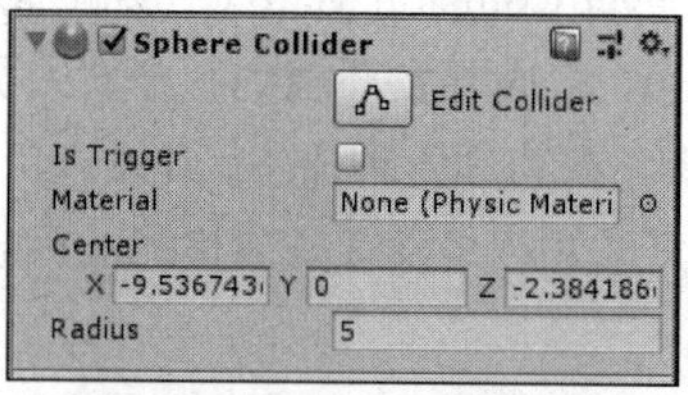

图 4-18 Sphere Collider 参数

（4）网格碰撞器（Mesh Collider）。

网格碰撞器是一种在物体网格资源上构建的碰撞器，用于对复杂网状物体进行碰撞检测，其参数如图 4-20 所示。网格碰撞器比上述的几种碰撞器要精确得多，其大小和位置取决于物体的大小和位置。网格碰撞器虽然比较精确，但是在计算时比较耗费资源。

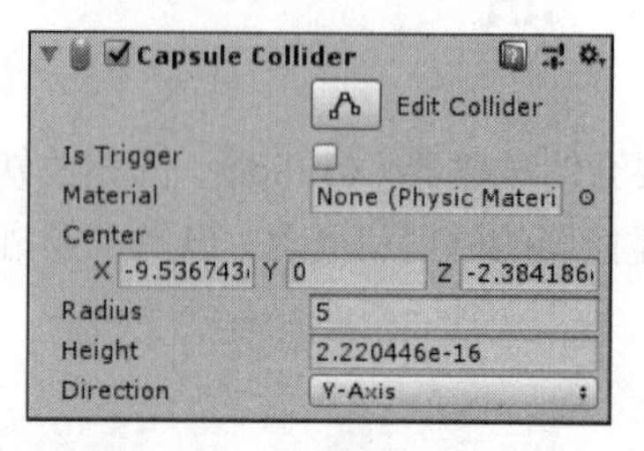

图 4-19 Capsule Collider 参数

图 4-20 Mesh Collider 参数

（5）车轮碰撞器（Wheel Collider）。

车轮碰撞器是一种特殊的碰撞器，该碰撞器包含碰撞检测、车轮物理引擎和基于滑动的轮胎摩擦模型，其参数如图 4-21 所示。它专门为车辆的轮胎设计，也可以应用于其他对象。该碰撞器的相关知识将在 4.5 节详细介绍。

（6）地形碰撞器（Terrain Collider）。

地形碰撞器是主要作用于地形的碰撞器，用于检测地形和地形上游戏对象的碰撞，防止地形上设置有刚体属性的物体无限下落，其参数如图 4-22 所示。该碰撞器和车轮碰撞器使用范围类似，都是为特定物体量身定做的特定形式的碰撞器。

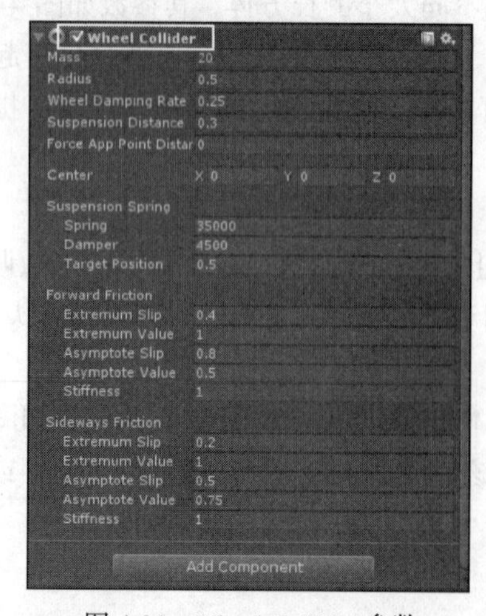

图 4-21 Wheel Collider 参数

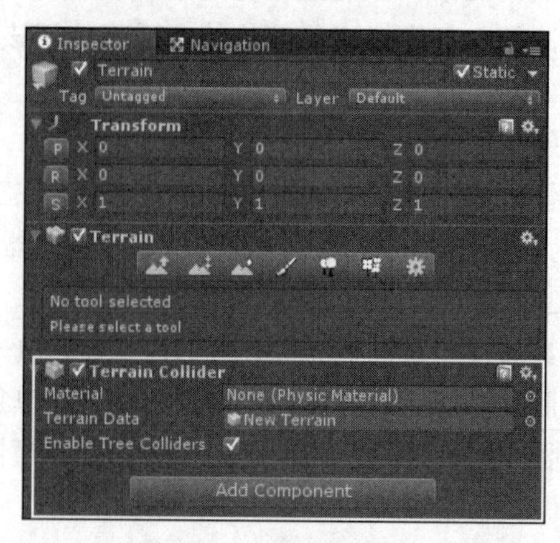

图 4-22 Terrain Collider 参数

读者需要了解上述 6 种碰撞器的具体参数。前几种基本碰撞器除了形态不同外，其他参数基本相同，下面将介绍它们共有的属性参数，如表 4-1 所示。而车轮碰撞器和地形碰撞器会在后文具体介绍。

表 4-1　碰撞器的参数介绍

参 数 名	含　义	参 数 名	含　义
Is Trigger	如果启用，此碰撞器则用于触发事件，会被物理引擎忽略	Material	引用可确定此碰撞器与其他碰撞器的交互方式的物理材质
Size	碰撞器在 x、y、z 轴上的尺寸	Content	碰撞器在本地对象上的位置
Radius	球体碰撞器的半径大小	Height	胶囊碰撞器圆柱体的高度

2. 案例效果

通过上一小节对碰撞器类型、用途及其相关参数的学习，相信读者对碰撞器已经有了初步的认识。下面将通过一个案例更加系统地介绍相关知识，使读者在开发过程中能够更加熟练地应用碰撞器组件。案例运行效果如图 4-23 和图 4-24 所示。

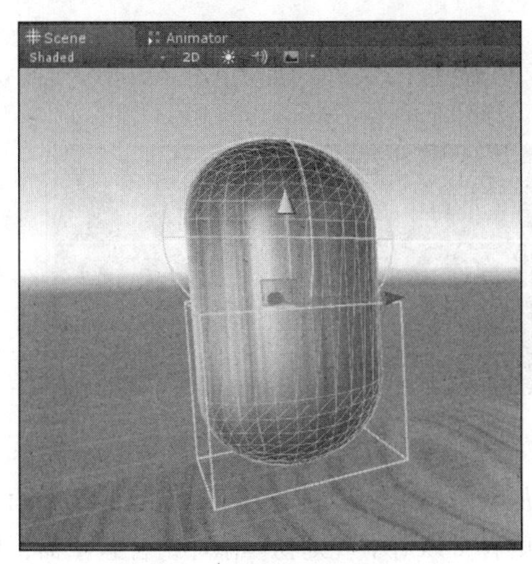

图 4-23　案例运行效果 1

图 4-24　案例运行效果 2

3. 开发流程

虽然本案例较简单，但是它涉及了碰撞器的添加、删除及组合使用，这几项操作在游戏开发中十分实用且重要。下面将详细地讲解该案例的开发流程，具体步骤如下。

（1）打开 Unity 集成开发环境，在 Assets 目录下新建一个名为“Texture”的文件夹，并将 Diban.jpg 和 bg01.jpg 导入该文件夹，分别作为地板和胶囊的纹理图片。单击 GameObject→3D Object→Plane 创建一个地板，为其添加纹理。

（2）单击 GameObject→3D Object→Capsule 创建一个胶囊游戏对象，为其添加纹理并调整该胶囊和地板的距离使其在地板上方。选中 Capsule 游戏对象，为其添加刚体组件。单击 Capsule Collider 组件右侧的设置按钮，选择 Remove Component，移除该组件，如图 4-25 所示。

（3）此时的胶囊游戏对象没有碰撞器。选中 Capsule 游戏对象，单击 Component→Physics→Box Collider，如图 4-26 所示。胶囊属性列表中增加了 Box Collider 组件，单击 Box Collider 的编辑按钮，其每个面中心都会出现一个点，调整其尺寸使其包裹住半个胶囊，如图 4-27 所示。

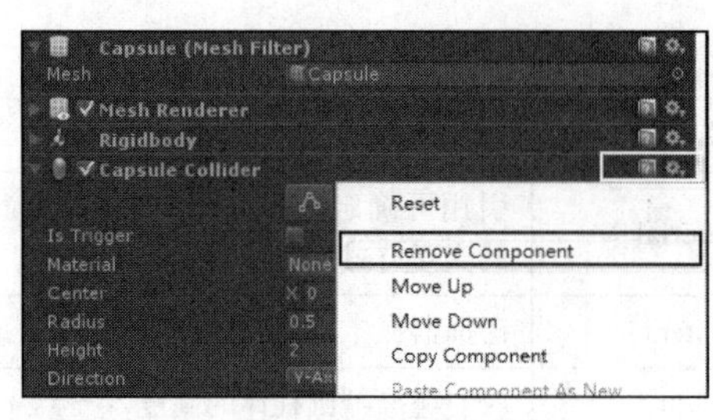

图 4-25　移除胶囊碰撞器

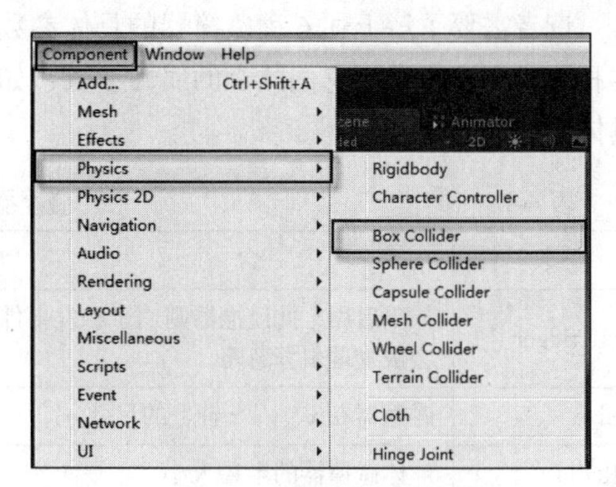

图 4-26　添加盒子碰撞器

（4）按照上述步骤为胶囊添加 Sphere Collider 组件，在 Center 参数列表中调整其位置，将 Y 值调整为 0.4，并单击编辑按钮调整其半径大小，也可以在 Radius 参数中调整该碰撞器组件的半径大小，如图 4-28 所示。

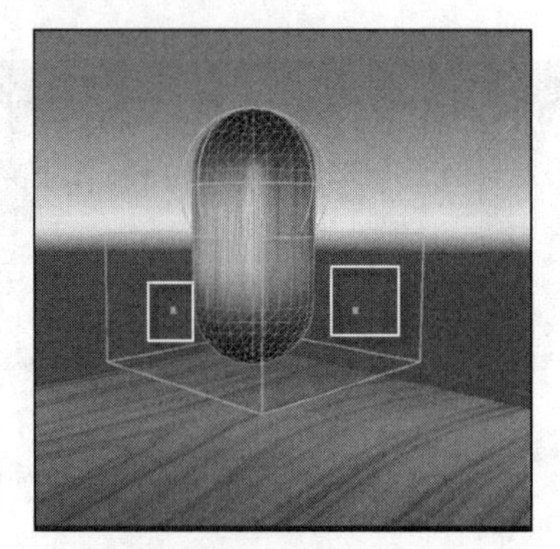

图 4-27　调整 Box Collider

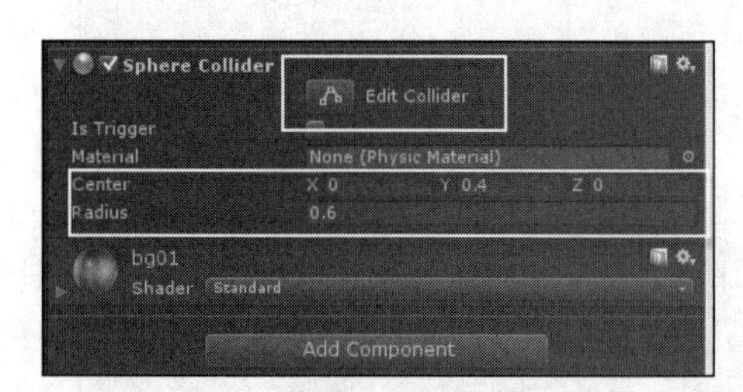

图 4-28　修改参数

（5）单击播放按钮运行该案例，观察到胶囊会从空中掉下来但并不会穿过地板落到下面去，这是刚体和碰撞器结合产生的效果。在开发过程中读者可以对不规则物体添加组合碰撞器，使游戏效果更加真实。

4.2.2　碰撞过滤

在 Unity 游戏开发过程中，如果某些游戏对象之间不需要检测碰撞效果或两者之间的碰撞不符合现实，那么就要规避这种碰撞。Unity 中的物理环境不仅能够通过菜单进行设置，还可以通过编写脚本来进行设置。

1. 基础知识

为规避不必要的碰撞检测，既可以通过菜单进行设置又可以通过脚本中的代码进行控制。下面首先介绍如何在脚本中实现规避碰撞。使两个对象之间不进行碰撞检测的原理是当脚本被激活时，将当前对象的“不检测碰撞器”指定为另一个对象，代码片段如下所示。

```
1    void Start () {                                  //Start 方法在对象被激活时开始执行
2      Physics.IgnoreCollision(ballA.GetComponent<Collider>(),ballC.GetComponent
<Collider>());
```

```
3      Physics.IgnoreCollision(ballB.GetComponent<Collider>(), ballC.GetComponent
<Collider>());
4                                   //控制 ballC 对象不和 ballA 及 ballB 发生碰撞
5  }
```

该代码片段主要是通过获取游戏对象的 Collider 组件，调用 Physics 类的 IgnoreCollision 方法使得两个球之间忽略碰撞检测。

在介绍了用脚本代码忽略碰撞后，接下来为读者介绍通过菜单设置忽略碰撞。大致的原理是将需要产生碰撞的游戏对象设置在同一层中，将忽略碰撞检测的对象放置在其他层中，然后通过物理管理器设置忽略层与层之间的碰撞。

2. 案例效果

通过前面的学习，相信读者对碰撞过滤已经有了初步的认识。下面将通过一个案例更加系统地介绍相关知识，使读者在开发过程中能够更加熟练地运用碰撞器方面的知识。案例运行效果如图 4-29 和图 4-30 所示。

图 4-29　案例运行效果 1

图 4-30　案例运行效果 2

3. 开发流程

通过观察案例运行效果，读者可以看出第一列的 3 个不同颜色的球融合在一起，第二列的 3 个球叠加在一起。其他列相同颜色的球可以相互穿透而不同颜色的球则直接碰撞分离。这是因为设置了在不同层的球不可以忽略碰撞，同层则反之，第一列的球通过脚本控制。具体步骤如下。

（1）打开 Unity 集成开发环境，按快捷键 Ctrl+N 新建一个场景，按快捷键 Ctrl+S 保存场景并命名为“IgnoreCollisionDemo”。在 Assets 目录下新建 3 个文件夹，分别命名为“Texture”（存放需要使用的纹理图片）、“C#”（存放开发过程中的 C#脚本文件）、“Material”（存放开发过程中的材质球）。

（2）按快捷键 Ctrl+Shift+N 新建一个空游戏对象，命名为“Ball”，用来存放场景中的所有小球游戏对象。在 Ball 游戏对象下，再新建 3 个空游戏对象，将它们分别命名为“RedBall”“GreenBall”“BlueBall”。下面以新建一个红色球为例介绍所有颜色球的开发，内部结构如图 4-31 所示。

（3）将准备好的两幅纹理图片导入 Texture 文件夹，分别作为地板和球的纹理图片。单击

GameObject→3D Object→Plane 新建 1 个地板，将 Diban.jpg 纹理图片拖曳到该游戏对象上。单击 GameObject→3D Object→Sphere 新建 4 个球体对象，将它们分别命名为“Redone”到“Redfour”。

（4）在 Material 文件夹中新建 3 个材质球，单击鼠标右键，选择 Create→Material，将它们分别命名为“Redmaterial”“Greenmaterial”“Bluematerial”，如图 4-32 所示。选中 Redmaterial 材质球，将 Texture 文件夹中的 BallBG 纹理图片拖曳到 MainMaps 下的 Albedo 中，并将右侧的颜色调为红色，如图 4-33 所示。

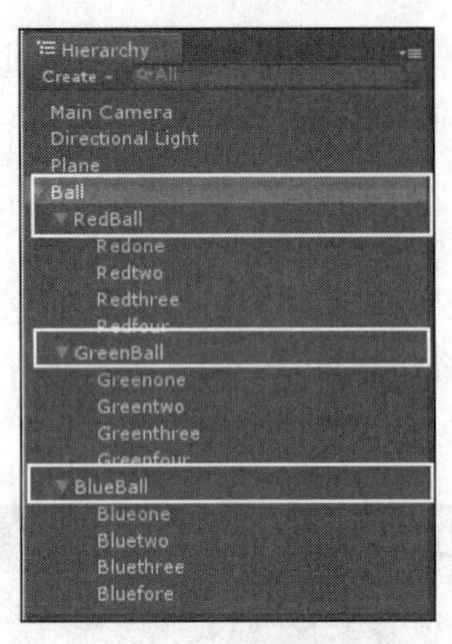

图 4-31　内部结构

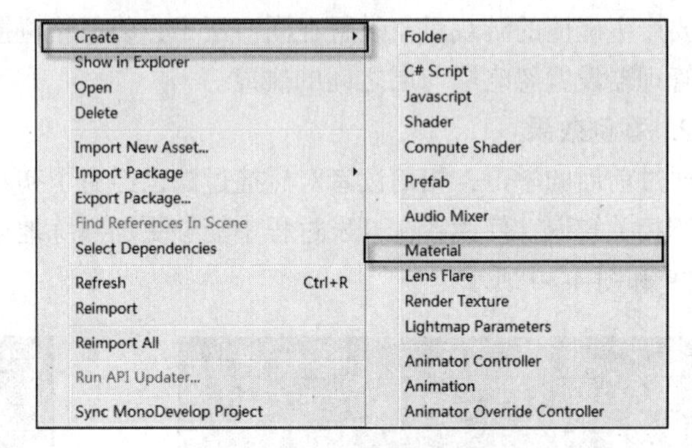

图 4-32　创建材质

（5）红色球材质制作完成后按照此步骤分别制作绿色球材质和蓝色球材质，并将它们分别拖曳到对应的小球上，按照图 4-29 调整小球位置。至此就完成了场景的开发，接下来将讲解如何通过创建层和编写脚本控制小球的碰撞检测。

（6）在游戏组成对象列表面板中随意选中一个游戏对象，在其属性查看器中会看到 Layer 下拉列表，这里需要新建一个层，单击 Add Layer，如图 4-34 所示。这时会出现图 4-35 所示的界面，从 Layer0 到 Layer7 都是系统默认的层，开发人员不可以更改，从 Layer8 开始依次建立 Red、Green、Blue 层。

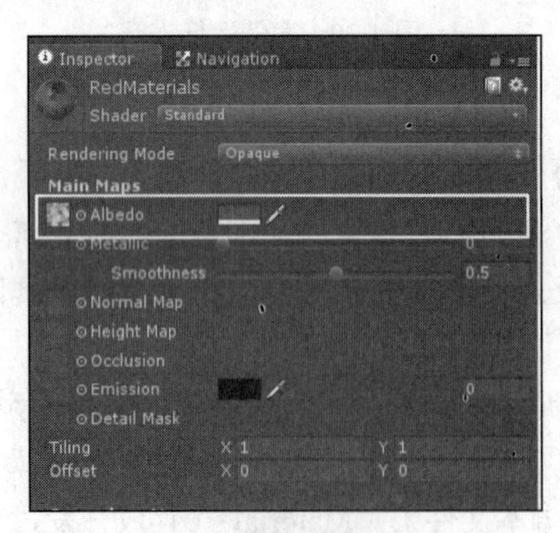

图 4-33　制作红色球材质

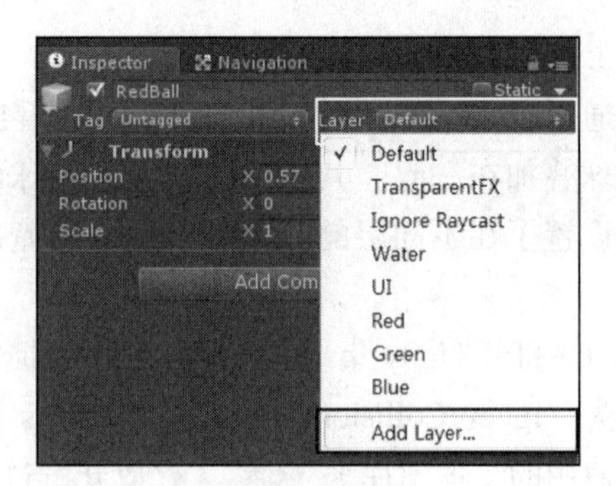

图 4-34　添加层

（7）为场景中不同游戏对象设置不同的层。选中所有的红色球将它们的 Layer 设置为 Red，如图 4-36 所示。将所有绿色球的 Layer 设置为 Green，所有蓝色球的 Layer 设置为 Blue。到这一步，就完成了对所有小球游戏对象的层设置。

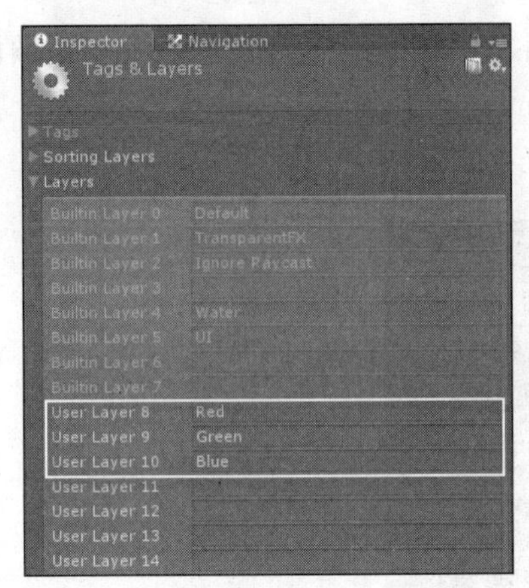

图 4-35　添加 3 个层

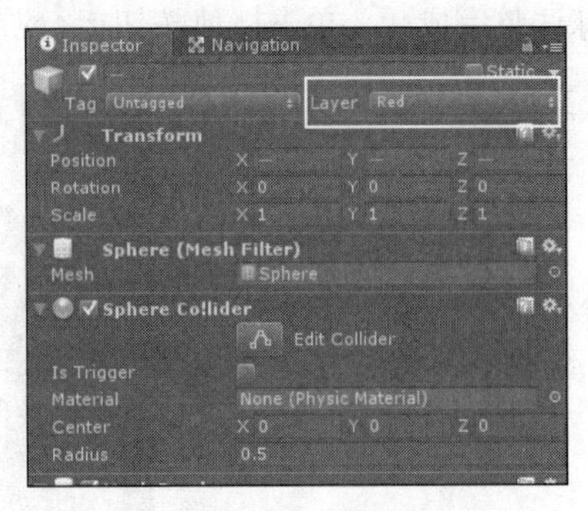

图 4-36　设置层

（8）单击 Edit→Project Settings→Physics，打开物理管理器，在属性查看器中会呈现出排列比较整齐的层次矩阵。细心的读者会发现每一层和每一层的物理关系都可以调节。这里设置同一层可以忽略碰撞，反之则不可，如图 4-37 所示。

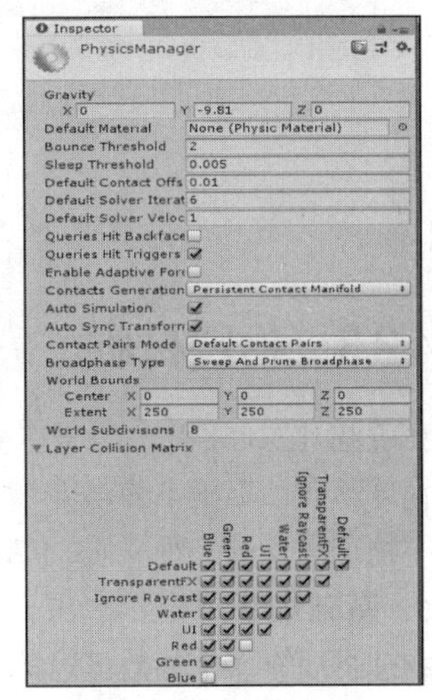

图 4-37　设置层次

（9）到这一步，处于相同层的游戏对象就会忽略碰撞，而处于不同层的游戏对象依然会发生物理碰撞。那么如何实现案例运行效果中第一列不同颜色球融合在一起的效果呢？这就涉及脚本控制了。在 C#文件夹中新建一个名为“IgnoreCollision.cs”的 C#脚本。脚本代码如下。（代码位置：见资源包中源代码第 4 章目录下的 Unity_Demo/Assets/Acceleration/IgnoreCollision.cs。）

```
1    using UnityEngine;
2    using System.Collections;
3    public class IgnoreCollision : MonoBehaviour{
4      public Transform RedBall;                    //声明挂载场景中红色球的变量
5      public Transform GreenBall;                  //声明挂载场景中绿色球的变量
6      public Transform BlueBall;                   //声明挂载场景中蓝色球的变量
7      void Start (){                               //重写 Start 方法
8        Physics.IgnoreCollision(RedBall .GetComponent <Collider >(),GreenBall .
GetComponent <Collider >());
9        Physics.IgnoreCollision(BlueBall. GetComponent <Collider>(),GreenBall.
GetComponent<Collider >());
10                           //调用 Physics 类中的方法使得绿色球与蓝色球和红色球忽略碰撞
11       Physics.IgnoreCollision(RedBall .GetComponent <Collider>(),BlueBall .
GetComponent <Collider >());
12                           //调用 Physics 类中的方法使得蓝色球和红色球忽略碰撞
13   }}
```

- 第 4～6 行声明了挂载场景中的不同颜色球的变量。
- 第 7～13 行重写 Start 方法，调用 Physics 类中的 IgnoreCollision 方法使得场景中第一列 3 个不同颜色的球忽略物理碰撞，从而产生融合在一起的效果。

（10）编辑完脚本之后单击保存按钮保存脚本，并将其挂载到主摄像机上。将每个颜色第一列的球拖曳到对应变量上，这里用的是 Redfour、Greenfour、Bluefour，如图 4-38 所示。在将每个颜色的球调整完成后，单击播放按钮运行游戏即可查看效果。

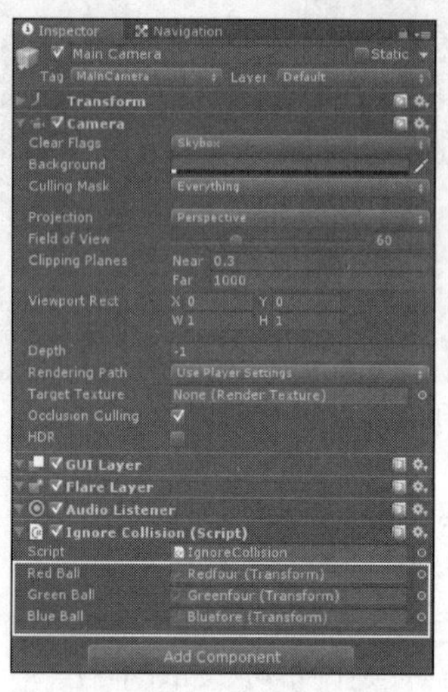

图 4-38　添加变量

4.2.3　物理材质

在游戏开发过程中，开发人员往往需要制作特殊的碰撞效果，如篮球从高空落到地板上时弹起、铅球落在沙堆里不弹起等，实现这些碰撞效果需要用到物理材质。顾名思义，物理材质就是指定了物理属性的一种材质，包括物体的弹性和摩擦系数等。本小节将对物理材质进行详细介绍。

1. 基础知识

物理材质有多个参数可以调节，其中最常用的 3 个参数是 Bounciness、Dynamic Friction 和 Static Friction，这 3 个参数共同决定了物理材质的弹性和动、静摩擦系数。

同时，开发人员还可以通过修改 Friction Combine 参数来设置碰撞器间摩擦系数的混合模式。实际开发过程中若有需要还可以通过修改 Friction Direction 2 参数来设置物体应用 Dynamic Friction 2 和 Static Friction 2 参数的方向。上述这些参数的介绍如表 4-2 所示。

表 4-2　物理材质参数介绍

参 数 名	含 义	参 数 名	含 义
Dynamic Friction	滑动摩擦系数，通常取值范围为 0～1	Static Friction	静摩擦系数，通常取值范围为 0～1
Bounciness	表面弹性	Friction Combine	碰撞器间摩擦系数的混合模式
Bounce Combine	表面弹性混合方式		

说明

各向异性摩擦力是指物体不同方向可以有不同的摩擦力，例如，一辆小车，它向前和向后的摩擦力都很小，但是在向左或向右平移时摩擦力就会很大。物理材质就是通过修改物体在不同方向上的摩擦系数来实现这一效果的。灵活使用各向异性摩擦力，可以大大提高场景的真实感。

介绍完物理材质的具体参数之后，下面将讲解如何创建一个物理材质。单击鼠标右键，选择 Create→Physics Material，创建一个物理材质，如图 4-39 所示。创建完成后物理材质的设置面板如图 4-40 所示。为物理材质的各个参数设置合理的数值是成功使用物理材质的关键。

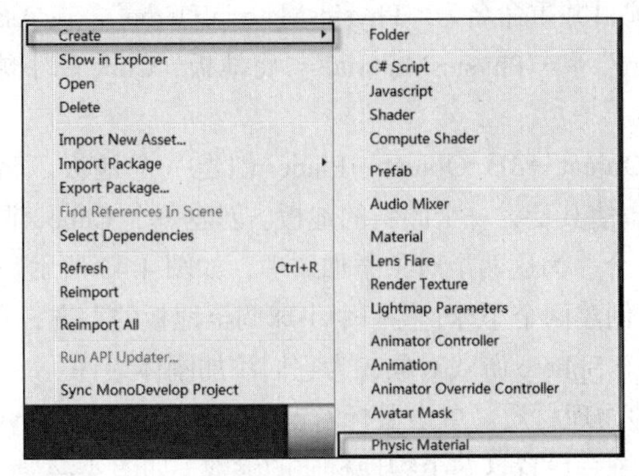

图 4-39　创建物理材质

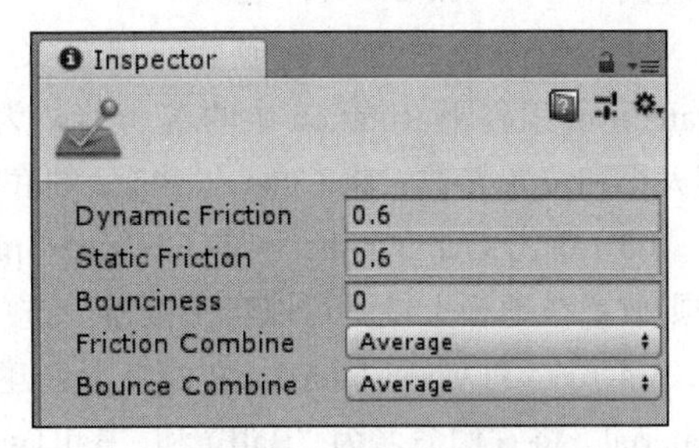

图 4-40　物理材质的参数

说明

本小节讲解的是 Unity 2018.3.14 中的物理材质，该版本物理材质中的 Friction Combine 2、Dynamic Friction 2 及 Static Friction 2 这 3 个参数已经被删掉。其余参数与前面介绍的完全相同。

（1）Dynamic Friction（滑动摩擦系数）和 Static Friction（静摩擦系数）。这两个摩擦系数的取值范围是 0～1。当取值为 0 时，被该物理材质控制的物体将会产生类似于在冰面运动的效果，流畅感很强。当取值为 1 时受控物体就会产生类似于在橡胶面运动的效果，流畅感很差。

（2）Bounciness（表面弹性）。该参数的取值范围也是 0～1，当取值为 0 时受控物体没有弹性，与其碰撞的物体碰撞后不会反弹。而当取值为 1 时，受控物体的弹性很强，与其碰撞的物体会发生完全碰撞，没有能量损耗。

（3）Friction Combine（摩擦组合）。选择相应的摩擦组合类型即可，如 Average（平均）、Minimum（最低）、Maximum（最大）、Multiply（乘以）。Bounce Combine（反弹组合）也有相同的组合类型可供选择。

2. 案例效果

前面讲解了物理材质的参数和相关功能，相信读者对这部分知识已经有了一定的了解。下面将通过一个具体的案例对这部分知识进行系统的讲解，使得读者在开发过程中可以熟练地应用这部分知识。案例运行效果如图 4-41 和图 4-42 所示。

图 4-41　案例运行效果 1

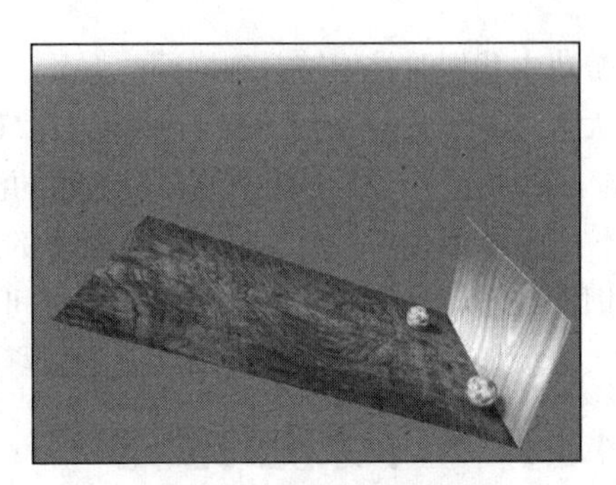
图 4-42　案例运行效果 2

3. 开发流程

本案例中，小球从斜坡上滚下来，用到的是刚体组件的特性，而上面的球从高空坠落再弹起的效果，除利用刚体组件的特性之外还利用了物理材质。下面将详细介绍该案例的开发流程。

（1）打开 Unity 集成开发环境，新建一个项目并重命名为“PhysicsMaterialDemo”。在 Assets 目录下新建两个文件夹，分别重命名为“Texture”和“PhysicsMaterial”，将地板、Cube 和小球的纹理图片导入 Texture 文件夹。

（2）纹理图片导入完成后，单击 GameObject→3D Object→Plane 创建一个地板。将其 Transform 组件下 Rotation 中的 X 值修改为 20，使其变为一个倾斜的地板。创建一个 Cube，调整其大小和位置参数，将 Cube 与 Plane 的底端重合。为这两个对象添加纹理，如图 4-43 所示。

（3）单击 GameObject→3D Object→Sphere 创建两个小球，将一个小球调至地板的上方，另一个则放置在地板上使其可以自由滚落。选中两个 Sphere 游戏对象，为它们添加刚体组件。

（4）在 PhysicsMaterial 文件夹下创建两种物理材质。单击鼠标右键，选择 Create→Physics Material，将它们命名为“Ball”和“BallTwo”，统一设置这两个物理材质的参数，如图 4-44 所示。将 Ball 和 BallTwo 两种物理材质分别拖曳到 Ball 和 BallTwo 两个游戏对象的 Collision 组件下的 Material 中，单击播放按钮即可观察效果。

图 4-43　制作斜坡

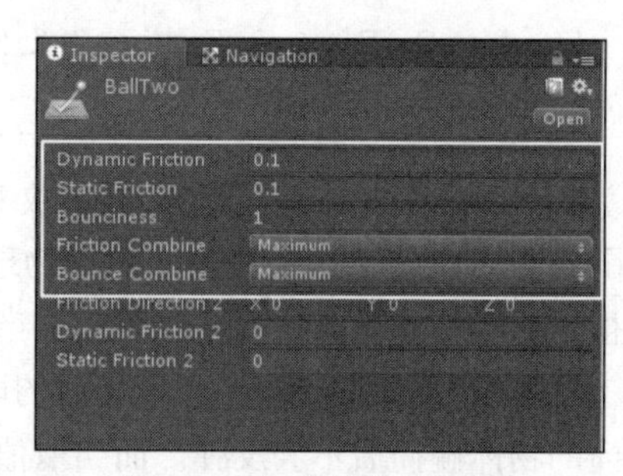

图 4-44　调整物理材质参数

上述案例中使用的物理材质的摩擦组合类型为 Maximum（最大），即当两个物体接触时物体间的摩擦系数为两者中系数较大的那个。没有添加物理材质的物体默认的动、静摩擦系数都为 0.6。由于本案例中地板并没有添加物理材质，因此案例中小球与地板间的动、静摩擦系数均为 0.6。

4.3 粒子系统

游戏中我们时常能够看到绚丽的爆炸、水花、烟雾、火焰等特效，通过编程来实现这些特效将会大大增加程序开发的难度与时间。在 Unity 集成开发环境中，开发人员可以通过粒子系统（Particle System）组件来轻松地实现绚丽的游戏特效。

粒子系统通过对一两种材质进行重复的绘制来产生大量的粒子，继而不断产生新的粒子同时销毁旧的粒子，并且产生的粒子能够随时间在颜色、体积、速度等方面发生变化。基于这些特性开发人员就能够很轻松地打造出绚丽的浓雾、雨水、火焰、烟花等特效。

4.3.1 粒子系统的创建

在 Unity 集成开发环境中创建粒子系统有两种方式，一种方式是通过菜单直接在场景中创建一个粒子系统对象，另一种方式就是将粒子系统以组件的形式挂载到场景中的物体上。这两种创建方式创建出来的粒子系统并没有本质的区别。下面将对这两种创建方式进行详细介绍。

1. 创建粒子系统对象

打开 Unity 集成开发环境，单击 GameObject→Particle System，如图 4-45 所示，这样就会在场景中创建一个粒子系统对象，而且在游戏组成对象列表中会生成一个名为“Particle System”的游戏对象，单击该对象就能够在属性查看器中查看粒子系统的设置面板，如图 4-46 所示。

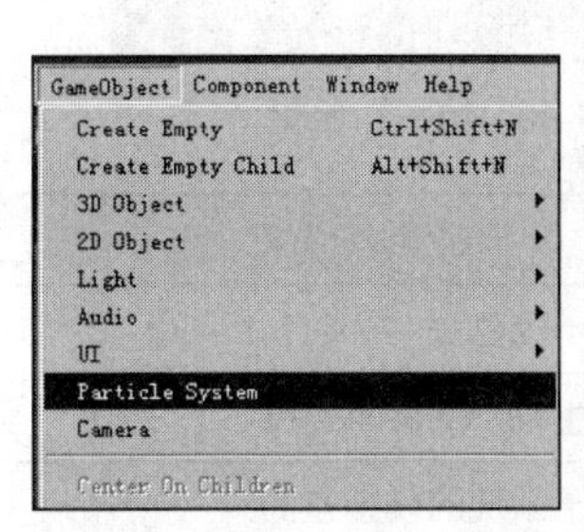

图 4-45　创建粒子系统对象

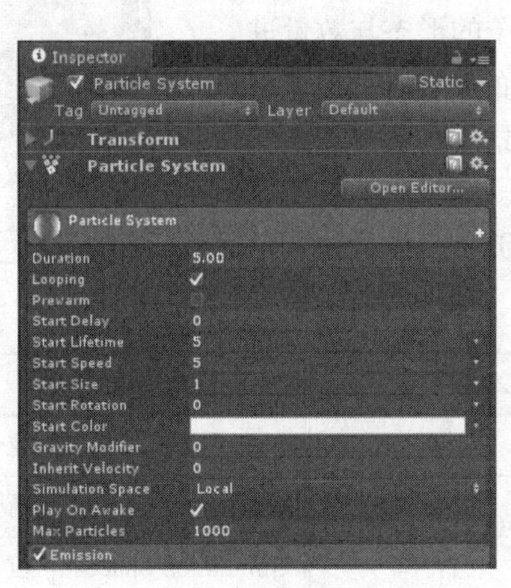

（a）设置面板 1

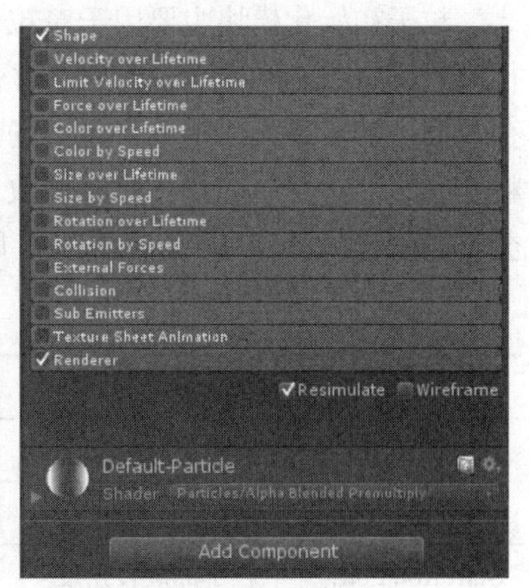

（b）设置面板 2

图 4-46　粒子系统设置面板

2. 添加粒子系统组件

首先打开 Unity 集成开发环境并在场景中创建一个游戏对象，然后选中该游戏对象，单击 Component→Effects→Particle System，如图 4-47 所示。这样就给选中的游戏对象添加了粒子系统组件。在游戏对象的属性查看器中同样可以看到粒子系统的设置面板。

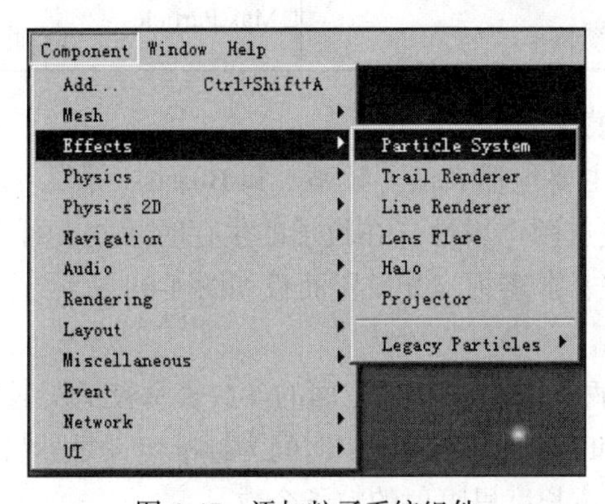

图 4-47　添加粒子系统组件

4.3.2　粒子系统的特性

粒子系统功能强大，它可以创造出绝大部分火焰、烟雾、天气特效，所以粒子系统的参数也十分复杂，对初学者来说很难上手。为了方便学习，下面就对粒子系统中常用且容易理解的参数进行介绍，并通过一个简单的案例来加深读者对这些参数的理解。

1. **基础知识**

粒子系统由若干个模块组成，每一个模块负责不同的功能。接下来将介绍日常开发中常用的粒子系统的 3 个模块，分别为粒子初始化模块、Emission（喷射）模块、Shape（形态）模块。每一个模块下都有若干个相关参数可以修改。

（1）粒子初始化模块。

粒子初始化模块主要用于对粒子的形态与数量进行设置，如图 4-48 所示，包括粒子的速度、颜色、生存周期、粒子最大数量等。单击场景中的粒子对象，粒子系统便会开始工作；修改参数，场景中的粒子也会实时改变。其参数介绍如表 4-3 所示。

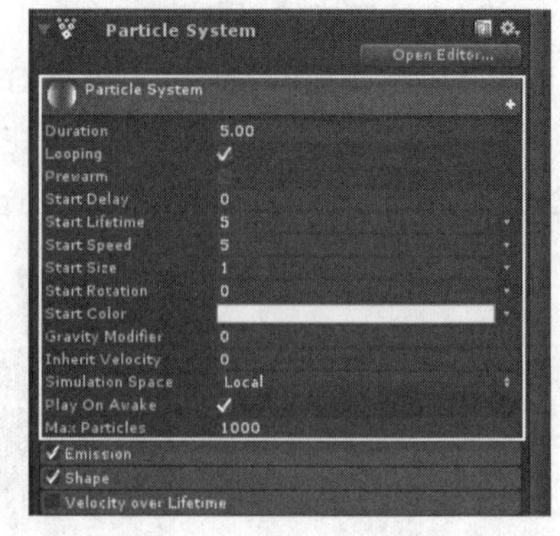

图 4-48　粒子初始化

表 4-3　粒子初始化参数介绍

参 数 名	含　义	参 数 名	含　义
Duration	粒子的喷射周期	Start Color	粒子颜色
Looping	是否循环喷射	Inherit Velocity	新生粒子的继承速度
Start Rotation	粒子的旋转角度	Simulation Space	粒子系统的模拟空间
Play On Awake	创建时自动播放	Gravity Modifier	相对于物理管理器中重力加速度的重力密度（缩放比）
Start Lifetime	粒子的生命周期	Prewarm	预热（Looping 状态下预产生下一周期的粒子）
Start Speed	粒子的喷射速度	Start Delay	粒子喷射延迟（Prewarm 状态下无法延迟）
Start Size	粒子的大小	Max Particles	一个周期内发射的粒子数，多于此数目则停止发射

（2）Emission（喷射）模块。

Emission（喷射）模块主要包括 Rate（频率）和 Bursts（爆发）两个重要属性，可以控制粒子系统中的粒子。通过设置这两个属性，在粒子的生存时间内，可实现瞬间再次产生大量粒子的效果，在模拟烟花效果时非常实用。其设置面板如图 4-49 所示。下面将对其中的参数进行详细的介绍。

- ❑ Rate（频率）下有两个参数，其中上面的参数表示粒子发射数量。下面的参数有两个选项，分别为 Time 和 Distance，前者以时间为标准定义每秒喷射的粒子个数，后者以距离为标准定义每个单位长度里喷射的粒子个数。
- ❑ Bursts（爆发）参数只有在以时间为标准的情况下才能使用，用来在粒子生存时间内的特定时刻喷射额外数量的粒子。单击右下角的“+”可以添加预设参数，其中 Time 参数用来设置爆发时间，Particles 参数用来设置喷射的粒子数目。

（3）Shape（形态）模块。

Shape（形态）模块用来设置粒子发射器的形状，不同形状的发射器发射出来的粒子的运动轨迹也不同。其设置面板如图 4-50 所示。粒子发射器的参数各不相同，其形状如表 4-4 所示。

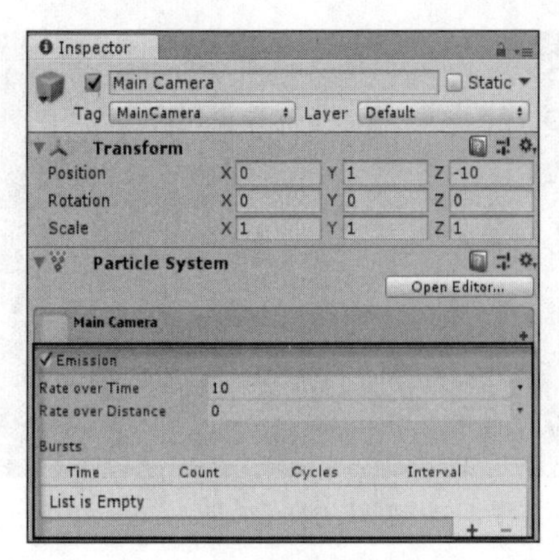

图 4-49　喷射模块设置面板

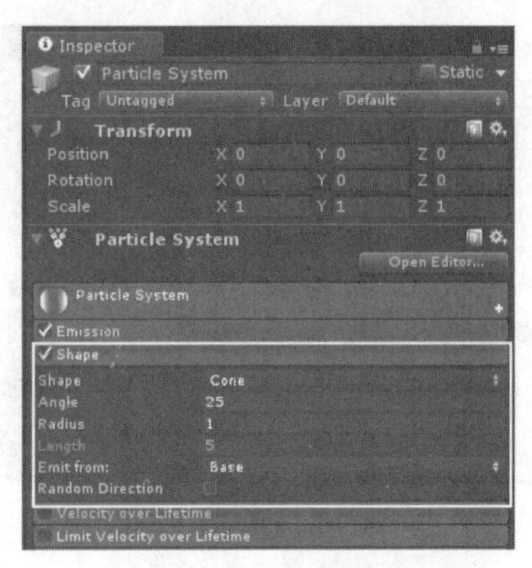

图 4-50　形态模块设置面板

表 4-4　粒子发射器形状

形　　状	含　　义	形　　状	含　　义
Sphere	球体发射器	HemiSphere	半球体发射器
Cone	圆锥体发射器	Box	盒状发射器
Mesh	网格发射器	Circle	环形发射器
Edge	线形发射器	Donut	甜甜圈状发射器

2. 案例效果

本案例将用球体发射器瞬间发射大量的粒子，来演示粒子爆发效果。其中粒子会随着喷射的距离而逐渐变小，每个粒子发射的方向是随机的，案例运行效果如图 4-51、图 4-52 所示。粒子系统如果使用不当就会耗费大量的运算资源，在开发过程中要合理使用，尽量避免产生过多的粒子。

图 4-51　案例运行效果 1

图 4-52　案例运行效果 2

3. 开发流程

如需运行该案例，使用 Unity 打开资源包中的工程文件夹“ParticleSystem_Demo”，在 Unity 集成开发环境中双击 Assets 目录下的 ParticleSystem_Demo 场景文件，然后单击播放按钮即可。下面将对该案例的开发流程进行详细的介绍，具体步骤如下。

（1）使用 Unity 新建一个工程，打开工程文件进入 Unity 集成开发环境，单击 File→Save Scene 保存场景并命名为“ParticleSystem_Demo”。然后单击 GameObject→Particle System，如图 4-53 所示，此时就能够在场景中看到有粒子被发射出来，如图 4-54 所示。

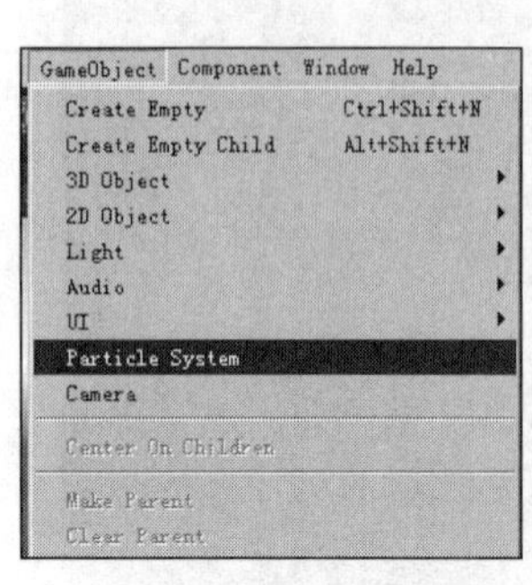

图 4-53 创建粒子系统对象

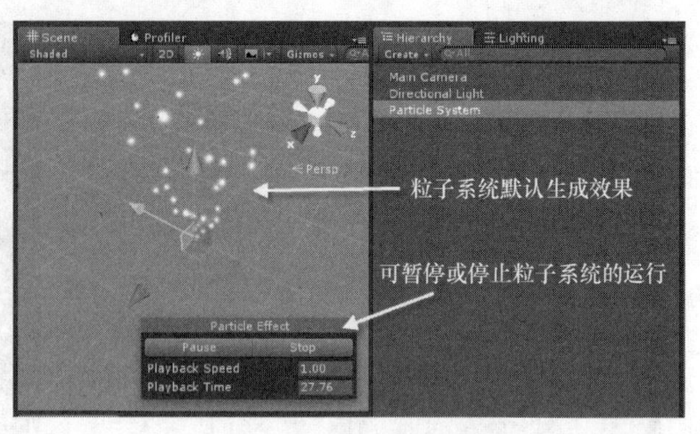

图 4-54 默认的粒子效果

（2）选中创建的粒子系统对象，在属性查看器中就可以查看到其设置面板。修改粒子初始化模块中的参数，设置其喷射周期为 10，粒子的喷射速度为 10，设置粒子大小在 5 到 2 之间变化，将最大粒子数设置为 500。

（3）修改生成的粒子颜色。单击 Start Color 参数右侧的向下箭头，选择“Random Between Two Gradients”（颜色在两个梯度间变化），单击两个颜色条中的一个，在弹出的面板中的开始和结尾处选择任意颜色，如图 4-55 所示。对另一个颜色条也进行相同的操作，完成后设置面板中的参数如图 4-56 所示。

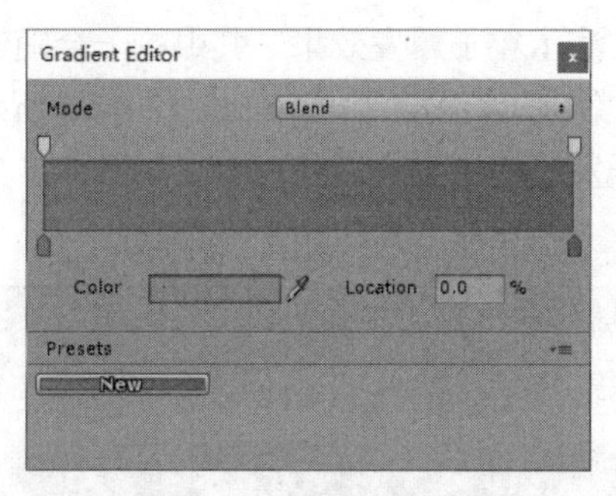

图 4-55 设置粒子颜色

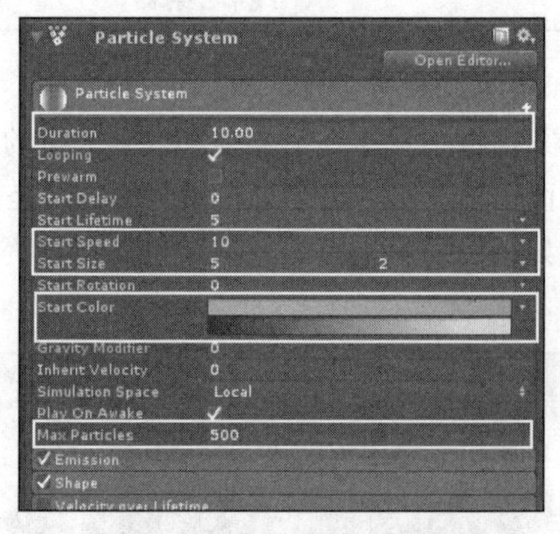

图 4-56 粒子初始化设置面板

（4）对喷射模块进行设置，以达到粒子爆发的效果。在 Rate over Time 选项中，将粒子喷射个数设置为 500，与初始化设置中的最大粒子数相同，并选择“Time”即以时间为基准，这样粒子系统才会在单位喷射时间内将全部粒子释放出来，如图 4-57 所示。

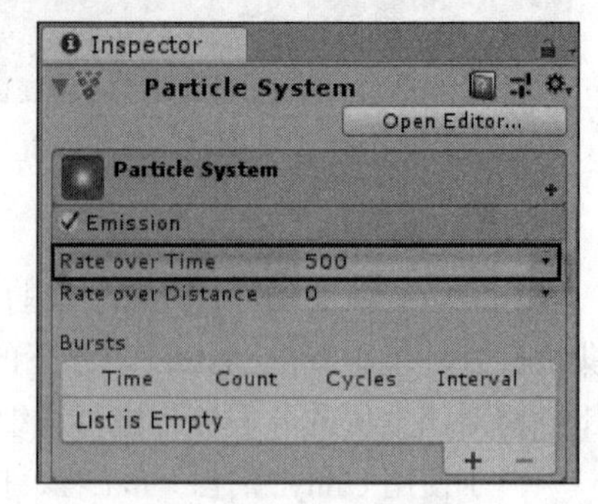

图 4-57 设置喷射模块

（5）对发射器形状进行设置。在本案例中粒子全部喷射出来后形成的是球状粒子群，所以这里需要使用球体发射器。单击 Shape 选项右侧的箭头，选择 Sphere，如图 4-58 所示，并将 Radius（半径）设置为 28，将 Randomize Direction（随机方向）设置为 1，使粒子发射方向完全随机，如果设置为 0，则此设置无效，如图 4-59 所示。

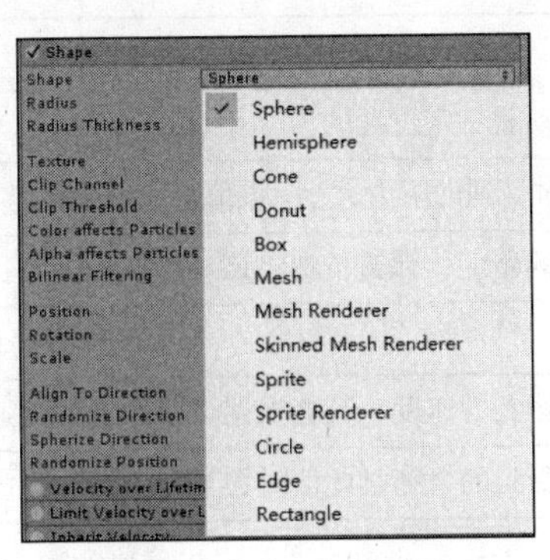

图 4-58　选择发射器形状

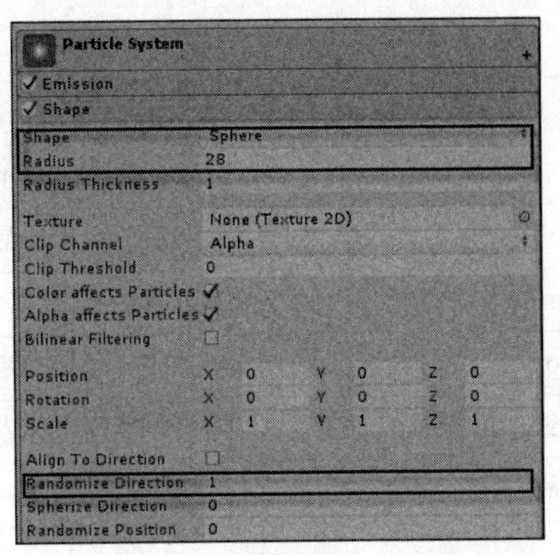

图 4-59　设置球体发射器的半径和粒子发射方向

4.4　关　　节

在现实生活中，大部分的运动物体并不是单独的简单基本体，而是要和其他对象进行交互，其中必然存在内在联系。例如，枪械对象的刚体组件并不是一个简单的基本刚体，而是多个刚体拼接而成的。拼接过程中就需要用到关节的知识。

在 Unity 中，关节包括铰链关节（Hinge Joint）、固定关节（Fixed Joint）、弹簧关节（Spring Joint）等。通过关节的组装可以轻松地实现人体、汽车等游戏对象的模拟。下面将对每个关节逐一进行讲解。

4.4.1　铰链关节

在 Unity 基本关节中，铰链关节是用途十分广泛的一种，利用铰链关节可以制作门、风车、汽车的模型。铰链关节将两个刚体链接在一起并在两者之间产生铰链的效果。下面将通过对基础知识和案例开发流程的讲解来介绍铰链关节。

1．基础知识

铰链关节组件在游戏的开发中是用途最广泛的组件之一，尤其是大型游戏场景中的门、风车等模型都可以用该关节制作出来。铰链关节的主要参数如表 4-5 所示。铰链关节的创建如图 4-60 所示，单击 Component→Physics→Hinge Joint。该关节的参数如图 4-61 所示。

表 4-5　　铰链关节主要参数介绍

参 数 名	含　义
Connected Body	目标刚体，即与带有铰链关节组件的刚体（本体）组成铰链组合的刚体
Anchor	本体的锚点，目标刚体旋转时围绕的中心点
Axis	锚点和目标锚点的方向，指定了本体和目标刚体旋转的方向
Connected Anchor	目标刚体的锚点，本体旋转时围绕的中心点
Auto Configure Connected Anchor	勾选该选项后，给出本体锚点的坐标，系统会自动给出目标锚点的位置
Use Spring	关节组件中是否使用弹簧，只有勾选此选项时 Spring 参数才会起作用

续表

参 数 名	含 义
Spring	弹簧力，表示维持对象移动到一定位置的力
Damper	阻尼大小，表示物体移动时受到的阻力大小，该值越大对象的移动越缓慢
Target Position	目标位置，表示弹簧旋转的角度，弹簧负责将该对象拉到这个目标位置
Use Motor	关节组件中是否使用马达
Target Velocity	目标速度，表示对象试图达到的速度，其会根据该速度进行加速或减速
Break Force	一个力的限制值，当关节受到的力超过此值时关节会受损

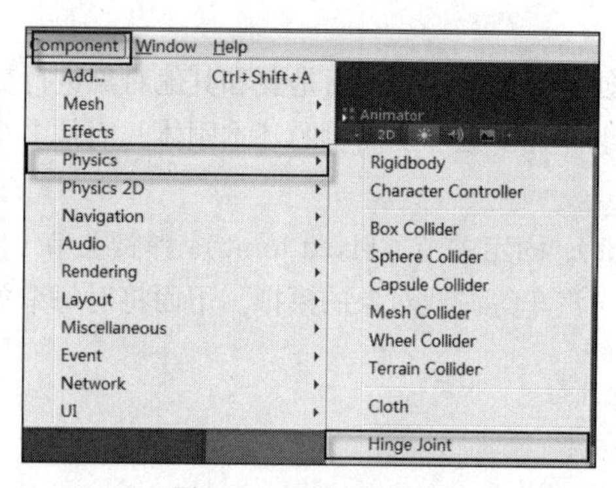

图 4-60　添加铰链关节

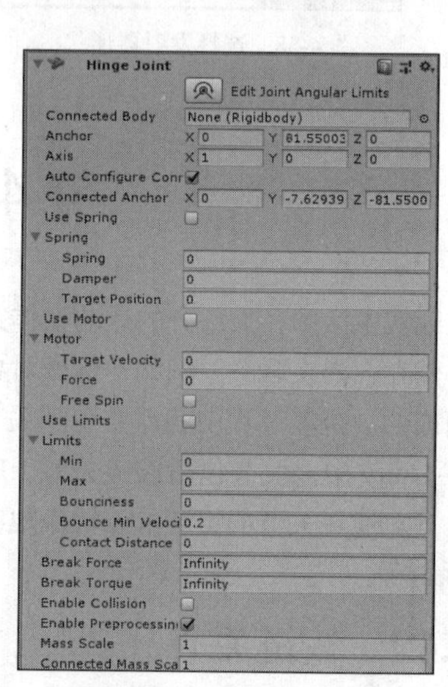

图 4-61　铰链关节的参数

2. 案例效果

通过对前面知识的学习，相信读者对铰链关节已经有了初步的了解。下面将通过一个案例对这部分知识进行更系统的讲解，使读者在开发过程中能够更加熟练地应用该组件实现门、窗的开关效果。案例的运行效果如图 4-62 和图 4-63 所示。

图 4-62　案例运行效果 1

图 4-63　案例运行效果 2

3. 开发流程

本案例中，单击播放按钮之后，模仿门的 Cube 开始旋转，右边的两个 Cube 按照一定的弹力弹起规定的角度。为了让读者更加清晰地了解该组件，下面将详细地介绍该案例的开发流程。

（1）打开 Unity 集成开发环境，新建一个文件夹 Texture，将地板、Cube 和圆柱的纹理图片导入该文件夹。新建一个圆柱（Cylinder），调整其大小和位置，使其变成门柱的样式。新建一个 Cube，调整其大小和位置，使其与 Cylinder 构成一扇门的形状，如图 4-64 所示。

图 4-64　建造一扇门

（2）为这两个游戏对象添加刚体组件，并勾选 Cylinder 刚体组件下的 Is Kinematic 复选框。将它们的位置调整好后，选中 Cylinder 游戏对象，单击 Component→Physics→Hinge Joint，为其添加 Hinge Joint 组件。如果要求门绕着圆柱转动，那么将其 Axis 参数调整为(0,1,0)。

（3）这时需要通过调整 Anchor 参数来改变 Hinge Joint 的位置，如图 4-65 所示。因为所要达到的效果是让门绕着 Cylinder 转动，所以将 Anchor 调整到 Cylinder 的中心。将 Cube 拖曳到铰链关节的 Connected Body 参数上。使用马达，并调整马达的目标旋转速度和施加的力的大小，如图 4-66 所示。

图 4-65　改变 Hinge Joint 位置

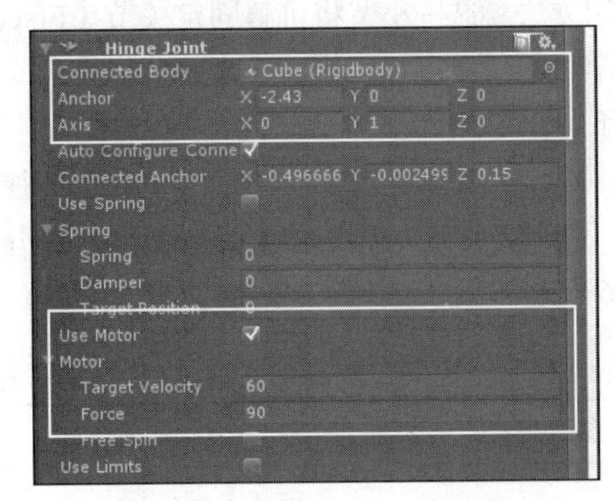

图 4-66　修改 Hinge Joint 参数

（4）Use Limits 选项用于对旋转角度进行限制，这里将 Min 设置为−100 度，Max 设置为 0 度。需要读者注意的是，先确保该物体旋转的方向正确，再根据方向设置限制角度。当勾选该复选框时，如果角度参数不起作用，换个方向即可。

（5）参数设置完成后，单击播放按钮运行游戏时，读者会发现门板不停地围绕 Cylinder 转动。这样转门的开发就完成了。但是细心的读者会发现在开发过程中还有一个 Spring 参数没有使用。下面将在同一个场景中添加弹簧铰链关节。

（6）在同一个场景中添加两个 Cube，一个为 Cube(1)，另一个为 Cube(2)。调整两个 Cube 的大小和位置，并为它们添加纹理，效果如图 4-67 所示。为它们添加刚体组件，并取消勾选两个刚体组件下的 Use Gravity 复选框。这样在游戏运行时 Cube 不会坠落。

（7）选中其中一个游戏对象，这里选择的是 Cube(1)，为其添加 Hinge Joint 组件，具体步骤不再重复。根据转门开发过程中调整 Axis 和 Anchor 参数的步骤调整该 Hinge Joint 组件的相关参数。这里将 Axis 参数调整为(0,0,1)，并将 Cube(2)拖曳到 Connected Body 参数上。

（8）勾选 Use Spring 复选框，并调整 Spring 下的参数，将 Spring（弹簧力）调整为 30，Target Position（目标位置）调整为 60，Damper（阻尼）调整为 20。读者也可以任意改变参数大小来达到不同的效果，如图 4-68 所示。

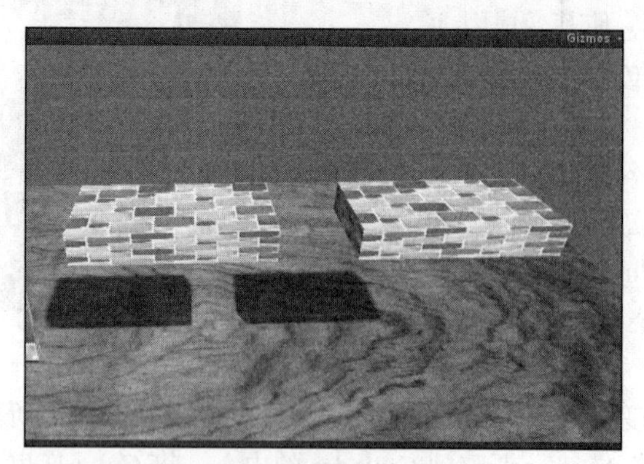

图 4-67　添加两个长方体

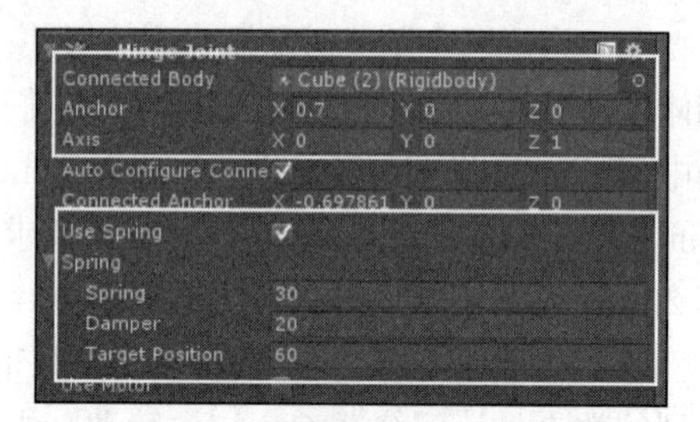

图 4-68　调整 Hinge Joint 参数

4.4.2　固定关节

上一小节为读者讲解了铰链关节的基础知识和案例的开发过程，相信读者已经掌握了该组件的使用方法。这一小节将讲解固定关节（Fixed Joint），相较于铰链关节，该关节更加简单，相信读者学习起来会更加轻松。

1. 基础知识

在 Unity 基本关节中，固定关节起到的往往是组装的作用。固定关节可以将两个刚体束缚在一起，使两者之间的相对位置保持不变，在开发过程中用途十分广泛。该关节的具体参数介绍如表 4-6 所示。

表 4-6　　固定关节参数介绍

参 数 名	含　义	参 数 名	含　义
Connected Body	目标刚体	Break Force	一个力的限制值，当关节受到的力超过此值时关节会受损
Enable Collision	允许碰撞检测	Break Torque	一个力矩的限制值，当关节受到的力矩超过此值时关节会受损
Enable Preprocessing	允许进行预处理		

在学习该关节的参数之后，需要掌握如何添加该组件。在场景中选中要为其添加关节组件的游戏对象，单击 Component→Physics→Fixed Joint，如图 4-69 所示。添加之后在属性查看器中可以看到该组件的详细参数，如图 4-70 所示。

2. 案例效果

接下来将通过一个小案例对固定关节进行详细讲解，这样读者在游戏场景中就可以随意建立两个固定在一起的刚体了。案例的运行效果如图 4-71 和图 4-72 所示。

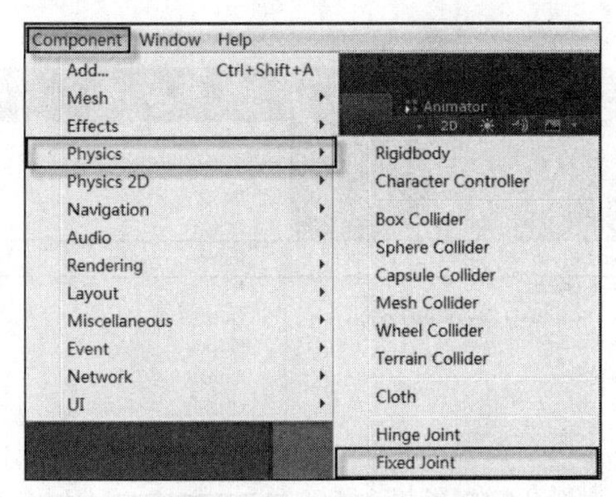

图 4-69　添加固定关节

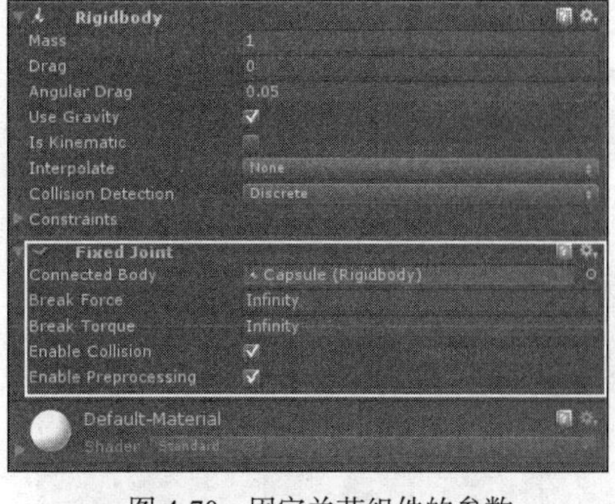

图 4-70　固定关节组件的参数

图 4-71　案例运行效果 1

图 4-72　案例运行效果 2

3. 开发流程

本案例中，案例运行前两个刚体悬浮在地板之上，与地板有一定距离；案例运行后两个刚体坠落在地板上，但是两者之间的距离和两者的姿态并没有发生变化。这就是固定关节的作用。本案例的开发步骤如下。

（1）打开 Unity 集成开发环境，新建一个场景并命名为“Fixed JointDemo”。在 Assets 目录下新建一个文件夹并命名为“Texture”，将地板和 Cube 的纹理图片导入该文件夹。

（2）单击 GameObject→3D Object→Plane 新建一个地板，并将地板的纹理图片拖曳到该游戏对象上。在属性查看器中展开 Diban 贴图属性，在 Base 中修改 Tiling（瓦片）参数值。这里将其修改为一个较大的值，如图 4-73 所示，让效果比较美观。

（3）单击 GameObject→3D Object→Cube，创建一个 Cube 游戏对象，调整其大小与位置。利用同样的方式创建一个 Capsule 游戏对象，将其调整到正方体的正上方，然后为 Capsule 和 Cube 添加同样的纹理，修改其渲染模式为 Mobile 中的 Bumped Diffuse，如图 4-74 所示。

（4）选中 Capsule 和 Cube 游戏对象，单击 Component→Physics→Rigidbody，为它们添加刚体组件。因为在这个案例中需要用到刚体的重力特性，所以采用刚体的默认参数值。选中 Capsule 对象，为其添加 Fixed Joint 组件。

（5）单击 Component→Physics→Fixed Joint，为胶囊添加该固定关节组件。将 Cube 游戏对象拖曳到其 Connected Body 中，其他参数采用默认值即可。单击播放按钮运行游戏，观察该案例中固定关节的作用效果。

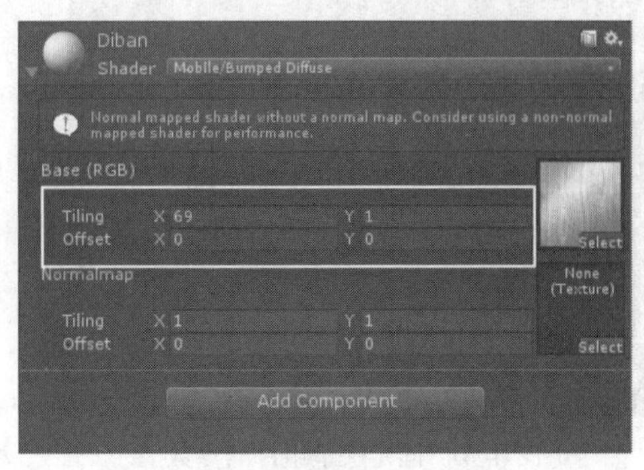

图 4-73　修改纹理贴图属性

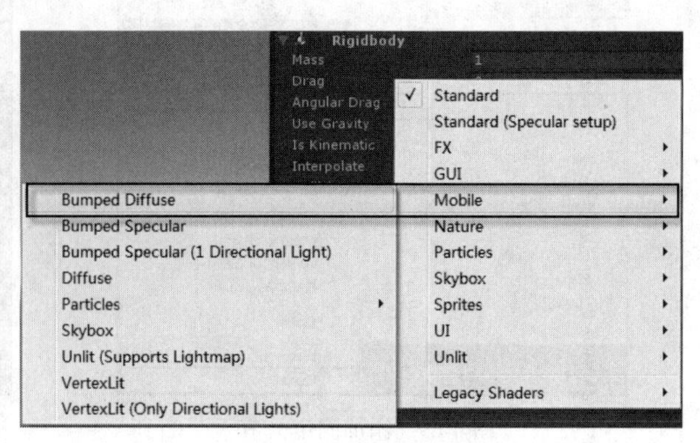

图 4-74　修改渲染模式

4.4.3　弹簧关节

前面两个小节为读者介绍了铰链关节和固定关节，这两者在游戏开发中的应用十分广泛。还有一种关节在开发过程中也必不可少，那就是本小节将要介绍的弹簧关节（Spring Joint），该关节和上述两个关节一样，都是作用在两个物体之间的关节组件。

1. 基础知识

在 Unity 基本关节中，弹簧关节的效果极佳，其模拟效果非常真实。利用弹簧关节可以模拟出多种物理模型。弹簧关节将两个刚体束缚在一起，使两者之间好像有一个弹簧一样。弹簧关节的主要参数介绍如表 4-7 所示。

表 4-7　弹簧关节主要参数介绍

参数名	含义	参数名	含义
Damper	阻尼值越大弹簧减速越快	Connected Body	目标刚体，是弹簧关节依赖的可靠刚体，默认情况下弹簧关节将连接至世界空间
Min Distance	弹簧两端的最小距离	Anchor	锚点，基于本体的模型坐标系，表示弹簧的一端
Max Distance	弹簧两端的最大距离	Connected Anchor	目标锚点，基于目标刚体的模型坐标系，表示弹簧的另一端
Break Force	破坏弹簧所需的最小力	Spring	弹簧力，此值越大，弹簧的弹性越强

2. 案例效果

通过学习弹簧关节的基础知识，读者可以了解到，弹簧关节和固定关节的性质是一样的，都是对两个物体的简单连接，无非一种是通过弹簧的形式而另一种则是通过固定的形式。所以读者在学习的时候完全可以参照上一小节讲解的固定关节的知识。本案例的运行效果如图 4-75 和图 4-76 所示。

3. 开发流程

通过观察案例运行效果，读者可以看出，在案例运行前，3 个 Cube 都是整齐摆放的，单击播放按钮后，上面的两个 Cube 会从空中坠落下来，其中一个会落在其下面的 Cube 上，但是不会落到地板上。这并不只是因为底下有 Cube 的支撑，更是因为两个长方体之间有 Spring Joint 组件。本案例开发步骤如下。

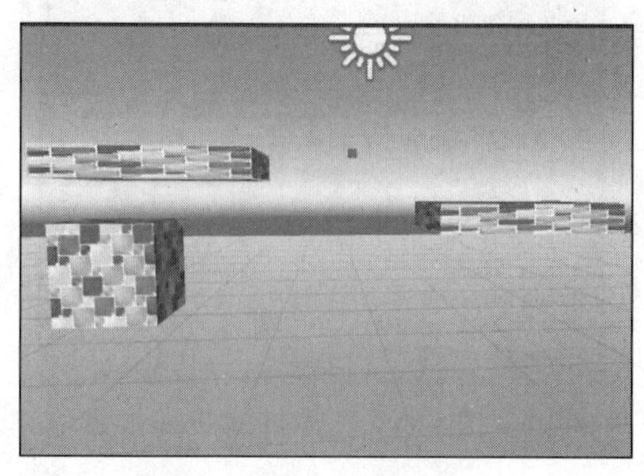
图 4-75 案例运行效果 1

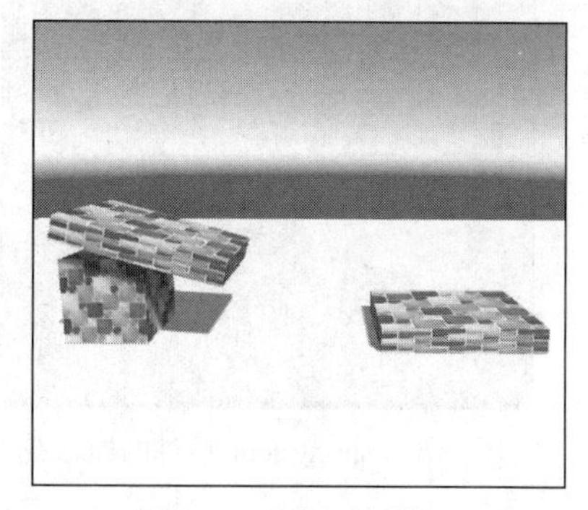
图 4-76 案例运行效果 2

（1）打开 Unity 集成开发环境，新建一个场景并命名为“Spring JointDemo”。在 Assets 目录下新建一个文件夹并命名为“Texture”，将 BallBG 图片导入该文件夹作为 Cube 的纹理图片。准备工作完成。

（2）单击 GameObject→3D Object→Plane 新建一个地板，这里为了凸显 Cube 的运动效果不对 Plane 进行贴图。单击 GameObject→3D Object→Cube，创建 3 个 Cube 游戏对象，这时游戏组成对象列表面板如图 4-77 所示。

（3）图 4-77 中，Cube 代表场景中左上角的长方体，Cube(1)是右上角的长方体，Cube(2)则是 Cube 下的正方体，如图 4-78 所示。选中 Cube、Cube(1)游戏对象并单击 Component→Physics→Rigidbody 为它们添加刚体组件，因为需要 Cube 和 Cube(1)向下坠落，所以刚体组件的属性保持默认。

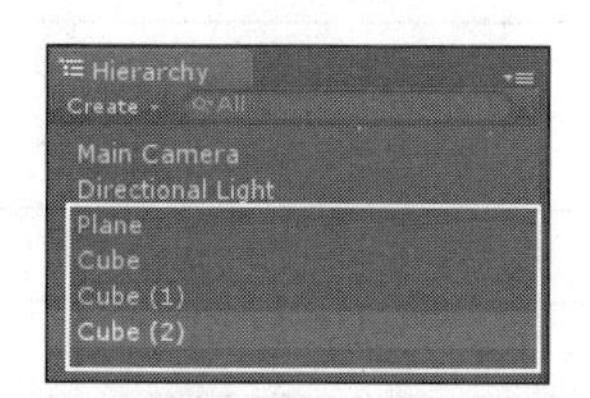

图 4-77 游戏组成对象列表面板

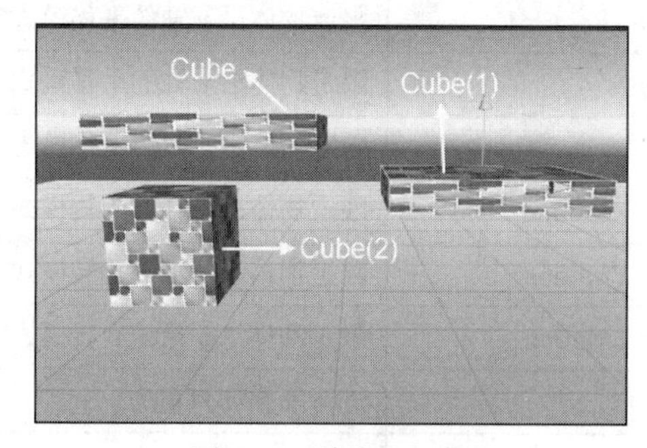

图 4-78 游戏对象命名

（4）将所有游戏对象贴图的渲染模式修改为 Mobile→Bumped Diffuse。选中 Cube 游戏对象并单击 Component→Physics→Spring Joint 为其添加弹簧关节组件，调整该组件的 Axis 值和 Anchor 值。读者可以参考该组件的标志点，如图 4-79 所示。

（5）把 Cube(1)拖曳到该弹簧关节的 Connect Body 参数上，适当调节该关节的弹簧力和阻尼值，如图 4-80 所示。单击播放按钮即可查看案例运行效果。读者可以修改参数以观察不同的运行效果。

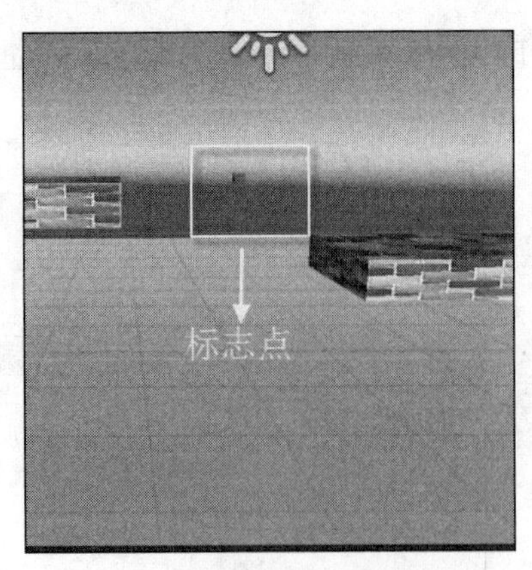

图 4-79　Spring Joint 组件的标志点

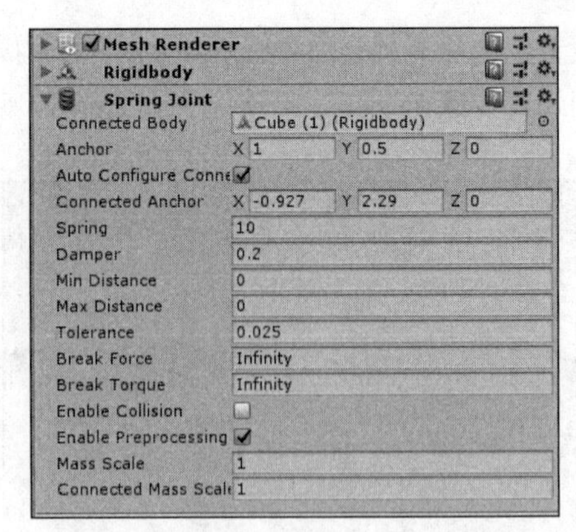

图 4-80　修改 Spring Joint 参数

4.4.4　可配置关节

前面讲解了铰链关节、固定关节、弹簧关节 3 种关节组件，这 3 种不同的关节组件虽然各有各的特色，但是功能都较为单一。本小节将要讲解的可配置关节（Configurable Joint）是一个非常灵活的关节组件，其功能十分完善。

1. 基础知识

可配置关节将 PhysX 物理引擎中所有与关节相关的参数都设置为可配置的，因此可以用该组件创造出与其他关节行为相似的关节。正是由于其灵活性强，因此其复杂性也较强。下面将介绍可配置关节的主要参数，如表 4-8 所示。

表 4-8　可配置关节的主要参数介绍

参　数　名	含　义
Xmotion	限定物体沿 *x* 轴的平移模式
Ymotion	限定物体沿 *y* 轴的平移模式
Zmotion	限定物体沿 *z* 轴的平移模式
Angular XMotion	限定物体沿 *x* 轴的旋转模式
Angular YMotion	限定物体沿 *y* 轴的旋转模式
Angular ZMotion	限定物体沿 *z* 轴的旋转模式
Spring	进行反弹的弹簧力
Damper	弹簧阻尼
Target Position	目标位置，关节应到达的位置
Target Velocity	目标速度，关节应达到的速度
XDrive	*x* 轴驱动，沿 *x* 轴运动的方式
YDrive	*y* 轴驱动，沿 *y* 轴运动的方式
ZDrive	*z* 轴驱动，沿 *z* 轴运动的方式
Position Spring	位置弹力，朝定义方向的弹力
Anchor	关节的中心点，所有的物理模拟都以此点为中心进行计算

续表

参 数 名	含　义
Axis	主轴，即局部旋转轴，定义了物理模拟下物体的自然旋转
Secondary Axis	副轴，与主轴共同定义了关节的局部坐标系
Linear Limit	以与关节原点距离的形式定义物体的平移限制
Low Angular XLimit	以与关节原点距离的形式定义物体 *x* 轴的旋转下限
High Angular XLimit	以与关节原点距离的形式定义物体 *x* 轴的旋转上限
Angular YLimit	以与关节原点距离的形式定义物体 *y* 轴的旋转上限
Angular ZLimit	以与关节原点距离的形式定义物体 *z* 轴的旋转上限
Bounciness	反弹系数，当物体达到限制值时受到的反弹力
Mode	目标位置或目标速度或两者都有，默认是 Disabled 模式
Position Damper	位置阻尼，朝定义方向的弹簧阻尼
Maximum Force	朝定义方向的最大力
Target Rotation	目标角度，用一个四元数表示，定义了关节的旋转目标
Target Angular Velocity	目标角速度，用一个 Vector3 值表示，表示了关节的目标角速度
Rotation Drive Mode	旋转驱动模式，表示用 x&yz 角驱动或插值驱动控制物体的旋转
Angular XDrive	*x* 轴角驱动，定义了关节如何绕 *x* 轴旋转，只有当旋转驱动模式为 x&yz 角驱动时才有效
Angular YZDrive	*y* 轴角驱动，定义了关节如何绕 *y* 轴旋转，只有当旋转驱动模式为 x&yz 角驱动时才有效
Slerp Drive	插值驱动，定义了关节如何绕所有局部旋转轴旋转，只有当旋转驱动模式为插值驱动时才有效
Projection Mode	投影模式，表示当物体离它受限的位置太远时让它迅速回到受限的位置
Projection Distance	投影距离，当物体与目标刚体的距离超过投影距离时，物体才会迅速回到受限的位置
Projection Angle	投影角度，当物体与目标刚体之间的角度超过投影角度时，物体才会迅速回到受限的位置
Configure in World Space	若勾选此选项，所有与目标刚体相关的计算都会在世界空间坐标系中进行
Break Force	当受力超过该值时，关节结构会被破坏
Break Torque	当力矩超过该值时，关节结构会被破坏

2. 案例效果

可配置关节功能完善，使用灵活，但使用起来较为复杂。通过表 4-8，读者可以发现该关节具有很多参数。读者通过学习这些参数可以在开发过程中制作出更加符合要求的关节。下面讲解一个简单的案例，案例运行效果如图 4-81 和图 4-82 所示。

3. 开发流程

本案例中，小球会围绕正方体旋转。虽然可以用铰链关节制作出同样的效果，但是这也体现了可配置关节的灵活性。不仅如此，读者还可以根据相关参数配置出更符合要求的关节。本案例开发流程的具体步骤如下。

图 4-81　案例运行效果 1

图 4-82　案例运行效果 2

（1）打开 Unity 集成开发环境，在 Assets 目录下新建一个名为“Texture”的文件夹，将 Diban.jpg 和 BallBG.jpg 导入该文件夹。单击 GameObject→3D Object→Plane 新建一个地板，将 Diban.jpg 图片拖曳到 Plane 上，为其添加纹理。

（2）创建一个球体对象和一个正方体对象，具体操作方法为，依次单击 GameObject→3D Object→Sphere 和 GameObject→3D Object→Cube，分别创建一个 Sphere 和一个 Cube 对象，并为它们添加纹理。然后将这两个对象摆放到合适位置，如图 4-83 所示。

（3）依次选中 Sphere 和 Cube 对象，单击 Component→Physics→Rigidbody，分别为 Sphere 和 Cube 对象添加刚体组件，如图 4-84 所示。只有挂载了刚体组件的对象才能使用关节（且不可以勾选 Is Kinematic 复选框），这里刚体组件采用系统默认参数。

图 4-83　新建两个对象

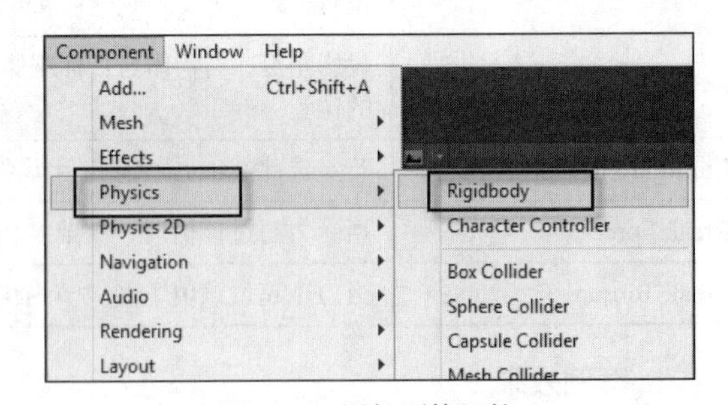

图 4-84　添加刚体组件

（4）选中 Cube 对象，单击 Component→Physics→Configurable Joint，为其添加一个可配置关节，如图 4-85 所示。然后在属性查看器中修改其参数，如图 4-86 所示，即将 X Motion、Y Motion 和 Z Motion 参数都修改为 Locked。

（5）选中 Cube 对象，修改其刚体参数使其固定在原点，如图 4-87 所示。单击播放按钮，此时 Sphere 对象会在 Cube 对象下面左右摆动。除此之外，可配置关节还可以模拟出许多有趣的效果，由于篇幅有限，在此就不再赘述，读者可自行尝试。

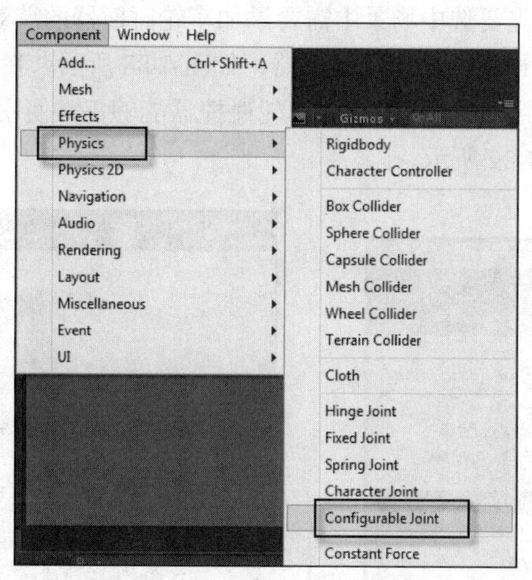

图 4-85　添加可配置关节

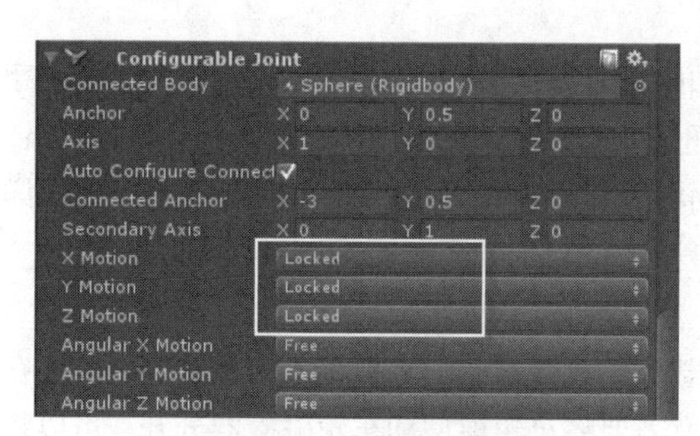

图 4-86　修改可配置关节参数

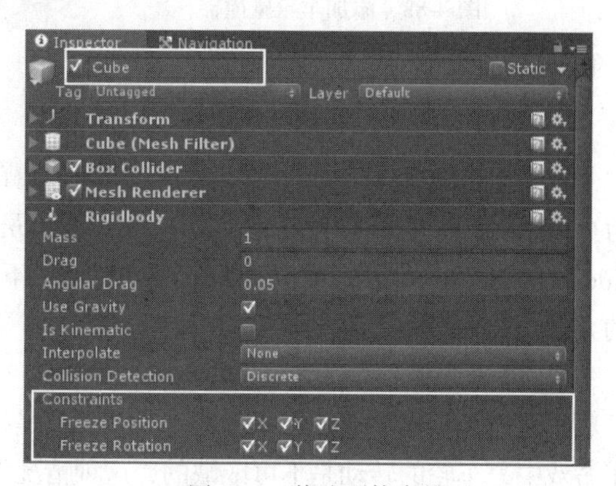

图 4-87　修改刚体参数

4.5　车轮碰撞器

众多的游戏类型中，赛车竞速类游戏以其真实的感官体验和紧张刺激的赛事令玩家爱不释手。为了能够真实地模拟现实生活中汽车的运动方式，Unity 为开发人员提供了相关的开发工具——车轮碰撞器。

车轮碰撞器是开发赛车类游戏时必不可少的工具，游戏中赛车的行驶是通过对摆放在车轮位置的车轮碰撞器施加力矩来实现的。车辆的制动也同样如此，需要时添加制动力矩即可。车轮碰撞器还提供车辆悬挂系统的模拟，使车辆能在崎岖不平的路面上行驶。

4.5.1　车轮碰撞器的创建

接下来将介绍如何在 Unity 集成开发环境中使用车轮碰撞器。需要注意的是，只有在挂载车轮碰撞器的游戏对象作为一个挂载有刚体组件的游戏对象的子对象时，车轮碰撞器才能够正常地使用，否则无法在场景中看到创建的车轮碰撞器。

要创建车轮碰撞器，首先要选中场景中需要添加车轮碰撞器的游戏对象，然后单击 Component→Physics→Wheel Collider 即可添加车轮碰撞器，如图 4-88 所示。在属性查看器中可以看到车轮碰撞器的设置面板（后面会详细介绍）。如果车轮碰撞器能够正常使用，在场景中便能够看到车轮碰撞器的碰撞范围，如图 4-89 所示。

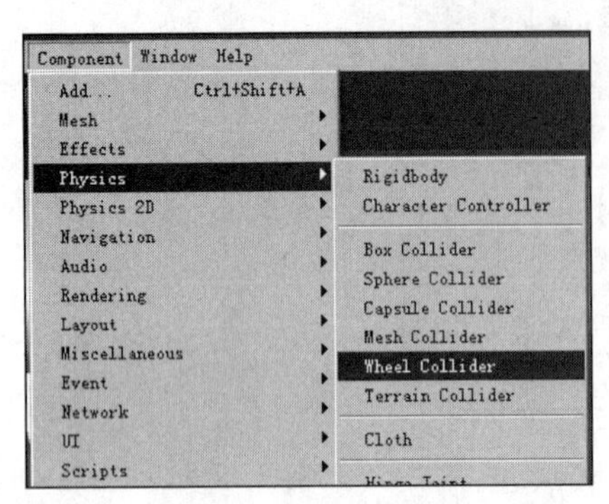

图 4-88　添加车轮碰撞器

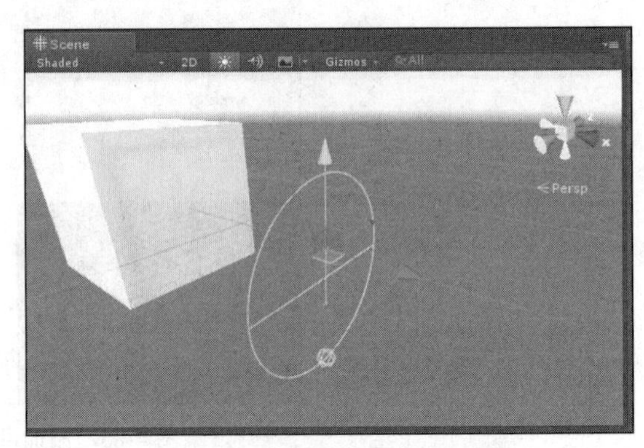

图 4-89　车轮碰撞器的碰撞范围

4.5.2　车轮碰撞器的特性

车轮碰撞器用于车轮模型。它能够模拟弹簧和阻尼悬挂装置，并使用一个基于滑动轮胎摩擦力的模型计算车轮接触力。而且，开发人员可通过改变车轮碰撞器的 forwardFriction 和 sidewaysFriction 参数来模拟不同的路面材质。下面将对车轮碰撞器的参数和案例的制作进行详细的介绍。

1. 基础知识

车轮碰撞器虽然通过力矩来驱动赛车，但是挂载车轮碰撞器的车轮模型不会被其驱动。而在赛车游戏中，车轮的转动是不可或缺的，这种情况下就需要将车轮模型和车轮碰撞器分开。可以将车轮碰撞器挂载到空对象上，并在场景中将空对象放置到车轮位置，具体的游戏对象列表如图 4-90 所示。

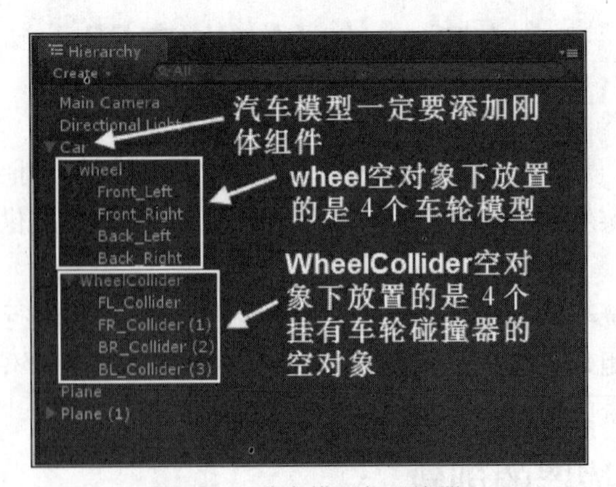

图 4-90　分离模型与碰撞器

由于车轮碰撞器组件的功能十分完善，因此该组件会提供很多的参数以便开发人员使用，包括车轮的前向摩擦力、侧向摩擦力和车辆阻尼悬挂等。通过对各个参数的调整可以模拟多种不同类型车辆的行驶效果，其设置面板如图 4-91、图 4-92 所示，参数的具体功能介绍如表 4-9 所示。

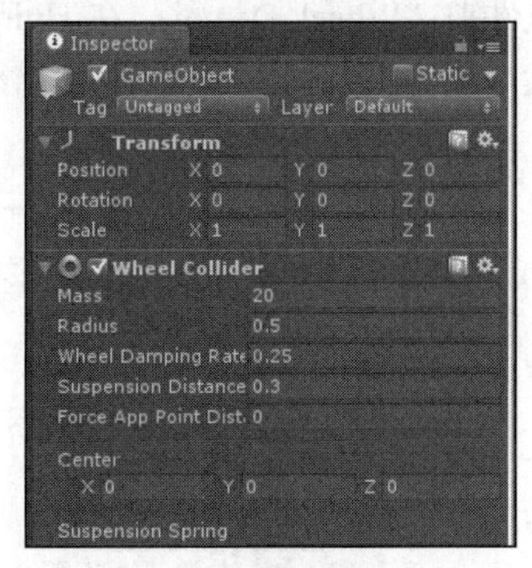

图 4-91　车轮碰撞器设置面板 1

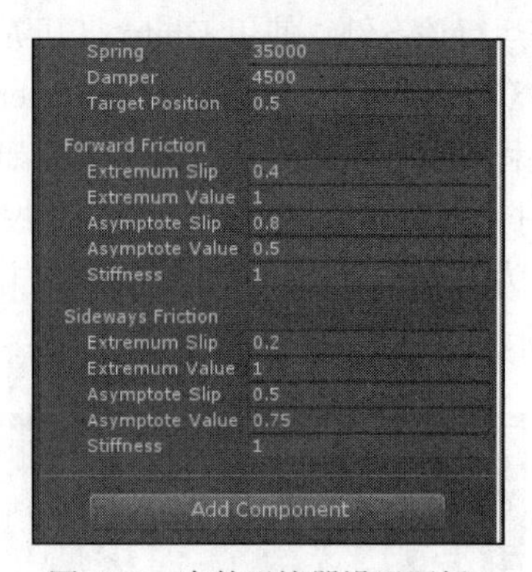

图 4-92　车轮碰撞器设置面板 2

表 4-9　车轮碰撞器的参数

参 数 名	含 义
Mass	车轮的重力
Radius	车轮的半径
Wheel Damping Rate	车轮旋转阻尼
Suspension Distance	悬挂高度，可提高车辆稳定性，不小于 0 且方向垂直向下
Force App Point Distance	悬挂力应用点
Center	基于模型坐标系的车轮碰撞器的中心点
Spring(Suspension Spring)	指向目标中心的弹力，值越大到达中心越快（悬挂弹簧参数）
Damper(Suspension Spring)	悬浮速度的阻尼，值越大车轮归位消耗的时间越长
Target Position(Suspension Spring)	悬挂中心
Extremum Slip(Forward Friction)	前向摩擦曲线的滑动极值（车轮前向摩擦力）
Extremum Value(Forward Friction)	前向摩擦曲线的极值
Asymptote Slip(Forward Friction)	前向渐近线的滑动值
Asymptote Value(Forward Friction)	前向曲线的渐近线点
Stiffness(Forward Friction)	刚度，控制前向摩擦曲线的倍数
Extremum Slip(Sideways Friction)	侧向摩擦曲线的滑动极值（车轮侧向摩擦力）
Extremum Value(Sideways Friction)	侧向摩擦曲线的极值
Asymptote Slip(Sideways Friction)	侧向渐近线的滑动值
Asymptote Value(Sideways Friction)	侧向曲线的渐近线点
Stiffness(Sideways Friction)	刚度，控制侧向摩擦曲线的倍数

2. 案例效果

本小节将通过一个汽车案例来详细地向读者介绍如何在开发过程中使用车轮碰撞器。该案例在汽车的 4 个车轮处添加了车轮碰撞器，并通过脚本驱动碰撞器使汽车能够行驶；此外，还在道路上设置了不同的障碍，用来体现车辆悬挂系统的效果。案例运行效果如图 4-93 所示。

3. 开发流程

如需运行该案例，使用 Unity 打开资源包中的工程文件夹“Wheel_Demo”，在 Unity 集成开发环境中双击 Assets 目录下的 Wheel_Demo 场景文件，然后单击播放按钮即可。下面将对该案例的开发流程进行详细的介绍，具体步骤如下。

（1）打开 Unity 集成开发环境，按快捷键 Ctrl+N 新建一个场景，然后按快捷键 Ctrl+S 保存场景并命名为“Wheel_Demo”，也可以单击 File→New Scene 或 Save Scene 来创建或保存场景，如图 4-94 所示。

图 4-93　案例运行效果

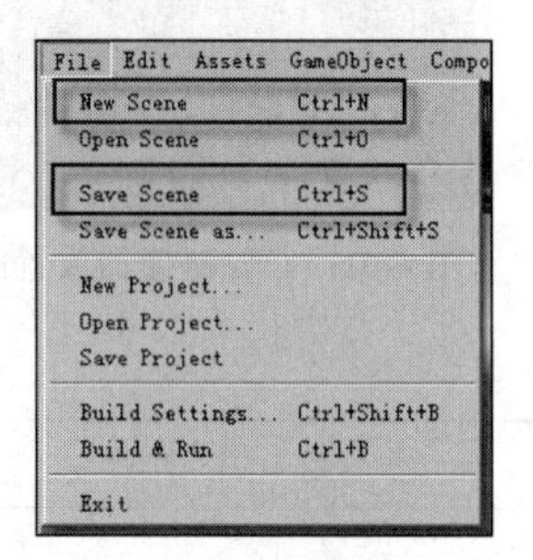

图 4-94　创建和保存场景

（2）在 Assets 目录下单击鼠标右键，选择 Create→Folder，创建 3 个分别名为“Texture”“C#”“Model”的文件夹，分别用来存放图片资源、脚本文件和模型资源，创建完成后的效果如图 4-95 所示。然后将场景中需要的图片资源、模型资源分别导入相关的文件夹，如图 4-96、图 4-97 所示。

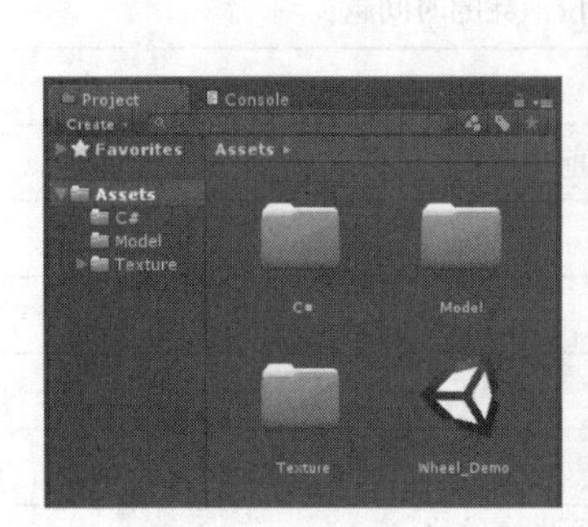

图 4-95　创建文件夹

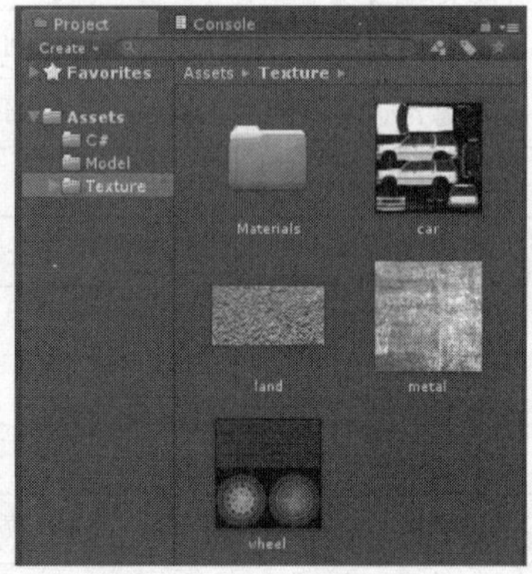

图 4-96　图片资源

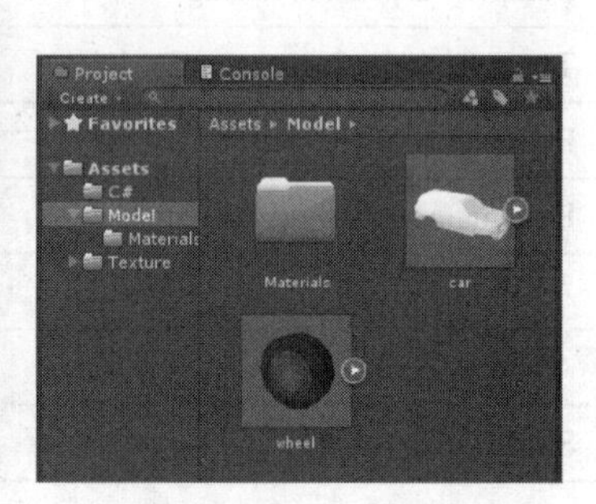

图 4-97　模型资源

（3）创建汽车行驶的道路。单击 GameObject→3D Object→Plane（Cylinder 或 Sphere），创建多个 3D 物体并为它们添加纹理。Plane 用于制作路面和跳台，Cylinder 和 Sphere 用来制作路面上的障碍物。可通过缩放和调整位置将它们随意组合出一种路面效果。本案例搭建的路面如图 4-98 所示。

（4）在场景中添加汽车模型。单击 Model 文件夹中的汽车模型并将其拖曳到场景中即可。添加完成后如果车身上没有纹理，就将 Texture 文件夹中的纹理图片 Car 拖曳到车身上。重复上面的过程将 Model 文件夹中的车轮模型添加到场景中，最终效果如图 4-99 所示。

图 4-98　搭建路面

图 4-99　添加汽车模型

（5）为了开发方便，在汽车模型添加完成后还需要对游戏组成对象列表面板中的对象列表进行整理。在 Car 对象下创建两个空对象，分别命名为“Wheel”和“WheelCollider”；在 WheelCollider 对象下新建 4 个空对象用来挂载车轮碰撞器。为了便于区分，对所有的对象进行命名，如图 4-100 所示。

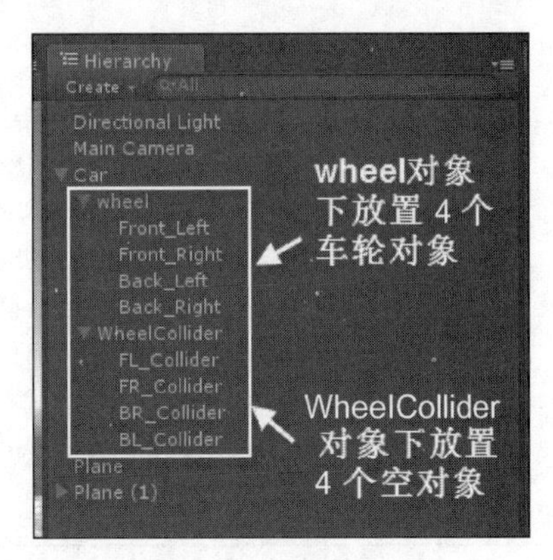

图 4-100　整理对象列表

（6）为了使车轮碰撞器能够正常工作，要为汽车对象添加刚体组件。选中 Car 对象，然后单击 Component→Physics→Rigidbody 添加组件。本案例为了不让汽车被弹飞，将刚体组件的 Mass 设置为 5000，如图 4-101 所示。最后为汽车对象添加碰撞器，如图 4-102 所示。

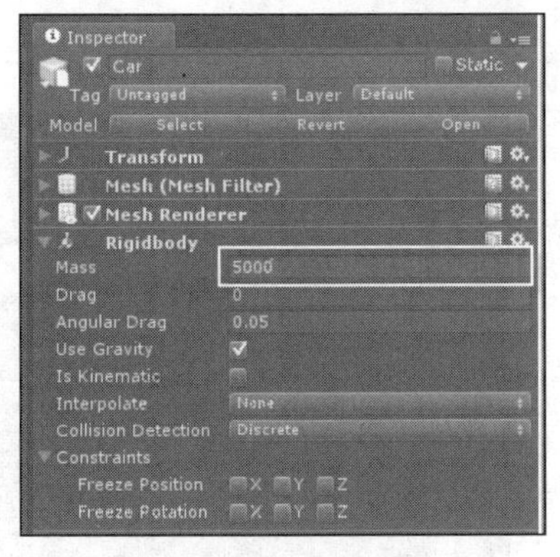

图 4-101　添加刚体组件

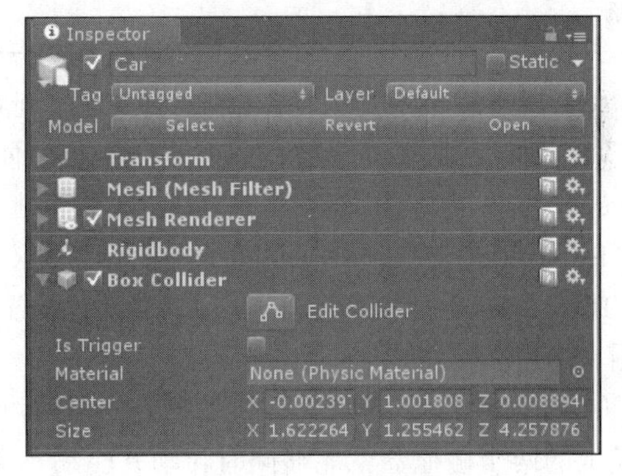

图 4-102　添加碰撞器

（7）将车轮碰撞器挂载到 WheelCollider 下的 4 个空对象上，车轮碰撞器的创建使用前面介绍的方法即可，本案例修改了车轮碰撞器的半径，使其和车轮一样大。添加完成后调整挂载有碰撞器的 4 个对象的位置，让碰撞器位于车轮处，如图 4-103 所示。

（8）场景、模型的搭建和组件的添加已经完成，下面就需要编写脚本，让场景中的汽车动起来。在脚本中编写的代码功能就是对汽车的车轮碰撞器施加力矩使其转动并带动车辆前进。在 C# 文件夹中单击鼠标右键，选择 Create→C# Script，新建一个脚本，并将其命名为“MoveCar.cs”。双击该脚本进入脚本编辑器并编写脚本，具体代码如下。（代码位置：见资源包中源代码第 4 章目录下的 Wheel_Demo/Assert/C#/MoveCar.cs。）

图 4-103　添加车轮碰撞器

```
1    using UnityEngine;
2    using System.Collections;
3    public class MoveCar : MonoBehaviour {
4      public GameObject BRWheel;          //声明游戏对象变量，用来获取挂载有车轮碰撞器的对象
5      public GameObject BLWheel;          //获取两个车轮，同时驱动车辆
6      public float torque;                //声明浮点型变量，用于设置力矩的大小
7      void FixedUpdate() {
8        BRWheel.GetComponent<WheelCollider>().motorTorque = torque; //获取车轮碰撞器
9        BLWheel.GetComponent<WheelCollider>().motorTorque = torque; //为力矩变量赋值
10   }}
```

说明

该脚本通过两个 public 类型的游戏对象变量绑定任意两个挂载有车轮碰撞器的游戏对象，然后获取其中的车轮碰撞器组件的 motorTorque 变量并为变量赋值，值越大车辆行驶得就越快。

（9）脚本编辑完成后，单击脚本将其拖曳到 Car 对象上即可。然后在 Car 对象的属性查看器中便可看到 MoveCar 脚本的设置面板，将放置在汽车后轮处的游戏对象“BR_Collider”和“BL_Collider”拖曳到“BR Wheel”和“BL Wheel”变量处，再将 Torque（力矩）设置为 3000，如图 4-104 所示。

图 4-104　设置 MoveCar 脚本

（10）MoveCar 脚本设置完成后，在程序运行时汽车后轮上的两个碰撞器就能够同时转动并驱动车辆向前行驶。为了使汽车更加真实，在汽车的行驶过程中轮子应该转动。在 C#文件夹中单击鼠标右键，选择 Create→C# Script，新建一个脚本，并将其命名为“WheelRotate.cs”。双击该脚本进入脚本编辑器并编写脚本，具体代码如下。（代码位置：见资源包中源代码第 4 章目录下的 Wheel_Demo\Assert\C#\ WheelRotate.cs。）

```
1    using UnityEngine;
2    using System.Collections;
3    public class WheelRotate : MonoBehaviour {
4      public GameObject wheel;            //声明游戏对象变量，用于获取挂载有车轮碰撞器的对象
5      private float wheelAngle;           //声明浮点型的变量，用于设置车轮的旋转角度
```

```
6      private WheelCollider wheelCollider;                       //声明车轮碰撞器变量
7      void Awake() {
8        wheelCollider = wheel.transform.GetComponent<WheelCollider>();   //获取车轮碰撞器
9      }
10     void Update () {
11       this.transform.rotation =            //修改当前车轮对象的旋转角度，仅绕 x 轴旋转
12         wheelCollider.transform.rotation * Quaternion.Euler(wheelAngle,0,0);
13       wheelAngle += wheelCollider.rpm * 360 / 60 * Time.deltaTime;     //计算车轮每秒旋转多少度
14     }}
```

该脚本通过当前放置在车轮位置的车轮碰撞器的转速变量，计算出车轮每秒应该旋转的角度；保持车轮对象的旋转角度的 y 轴、z 轴分量和车轮碰撞器相同，通过欧拉角改变车轮对象在 x 轴方向转动的角度，这样即使车辆侧翻，车轮也能和车辆保持相对静止。

（11）脚本编写完成后，为每一个车轮对象都挂载该脚本，并在脚本的 Wheel 变量处添加放置在当前车轮处的车轮碰撞器对象，这样每一个车轮都会按照脚本的命令运动，如图 4-105、图 4-106 所示。

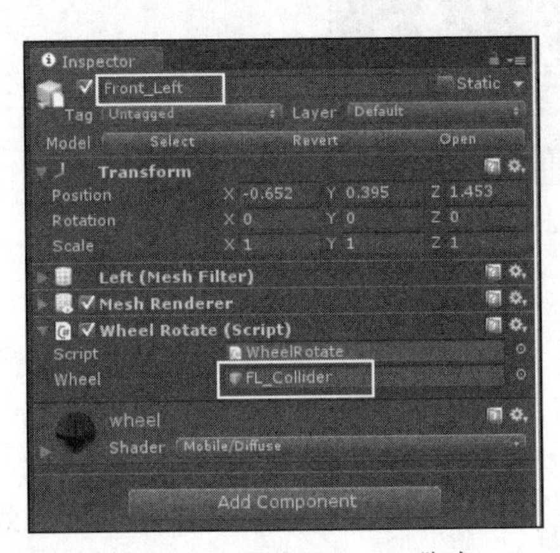

图 4-105　设置 WheelRotate 脚本 1

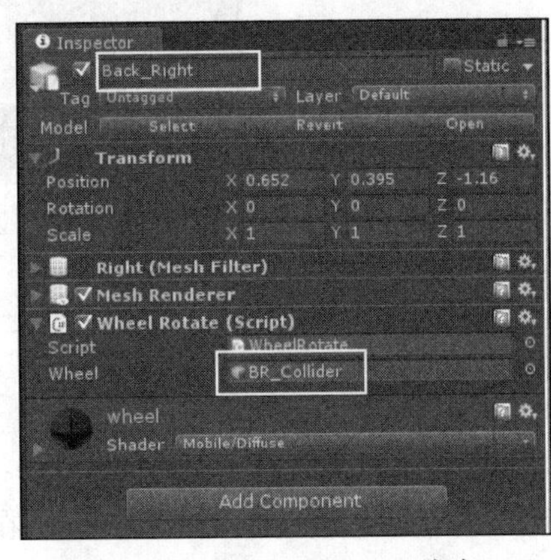

图 4-106　设置 WheelRotate 脚本 2

（12）程序运行时，为了能够看到汽车全程的行驶效果，需要使场景中的摄像机和运动的汽车模型保持相对静止，这实现起来很简单，只需要几行代码。在 C#文件夹中单击鼠标右键，选择 Create→C# Script，新建一个脚本，并将其命名为“FollowCar.cs”。双击该脚本进入脚本编辑器编写脚本，具体代码如下。（代码位置：见资源包中源代码第 4 章目录下的 Wheel_Demo/Assert/C#/FollowCar.cs。）

```
1    using UnityEngine;
2    using System.Collections;
3    public class FollowCar : MonoBehaviour{
4      public GameObject Car;                    //声明游戏对象变量，用于获取汽车对象
5      private float y;                          //声明浮点型变量，用于设置摄像机 y 轴坐标
6      private float z;                          //声明浮点型变量，用于设置摄像机 z 轴坐标
7      void Awake() {
8        z = this.transform.position.z;          //获取车辆的 z 轴坐标值并赋给变量 z
```

```
9           y = this.transform.position.y;          //获取车辆的 y 轴坐标值并赋给变量 y
10       }
11       void FixedUpdate(){
12          this.transform.position =
13          new Vector3(Car.transform.position.x, y, z);      //通过三维向量来实时更新位置
14    }}
```

该脚本通过获取汽车对象的坐标在 x 轴的分量，来实时更新摄像机坐标在 x 轴的分量，且保持摄像机 y 轴、z 轴坐标不变，这样即使汽车颠簸，摄像机也能平稳地跟随车辆移动。在程序运行前需要将摄像机摆在合适的位置。

（13）将 FollowCar 脚本拖曳到主摄像机上，并将汽车对象添加到 FollowCar 脚本下的变量 Car 处，如图 4-107 所示。运行程序，汽车会自动向前行驶，读者可以明显地看到车辆悬挂系统的效果，并且在车辆侧翻后后轮还会持续转动，而前轮会慢慢停止转动。

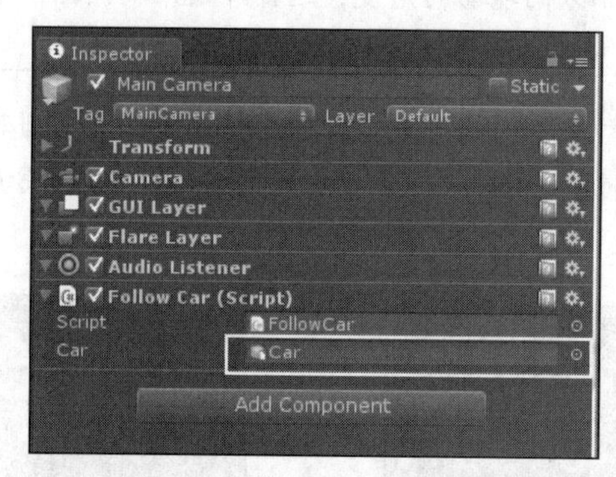

图 4-107　设置 FollowCar 脚本

4.6 布　　料

本节主要向读者介绍布料的相关知识。在 Unity 最新版本中，为提高布料的物理模拟效率，Unity 废弃了先前的 Interactive Cloth 和 Cloth Renderer 组件，以 Cloth 和 Skinned Mesh Renderer 组件代替，以实现布料功能。不同组件的参数不同。

1. 基础知识

在进行布料组件的讲解前，很有必要先介绍一下 Skinned Mesh Renderer（蒙皮网格）组件的特性。该组件的重要参数如表 4-10 所示。该组件可以模拟出非常柔软的网格体，不但在布料中充当非常重要的角色，而且支持人形角色的蒙皮功能。通过运用该组件，开发人员可以模拟出许多与皮肤类似的效果。

表 4-10　　Skinned Mesh Renderer 组件的重要参数介绍

参 数 名	含　义
Cast Shadows	投影方式，包括 Off（关）、On（单向）、Two Sided（双向）、Shadows Only（仅阴影）
Receive Shadows	是否接受其他对象对自身投射阴影
Materials	为该对象指定的材质

续表

参数名	含义
Reflection Probes	反射探头模式，包括 Blend Probes（混合）、Blend Probes And Skybox（混合及天空盒）、Simple（单一）
Anchor Override	网格锚点，网格对象将跟随锚点移动并进行物理模拟
Quality	影响任意一个顶点的骨骼数量，包括 Auto（自动）、1/2/3 Bones（1/2/3 个）
Update When Offscreen	在屏幕之外的部分是否随帧进行物理模拟计算
Mesh	该渲染器指定的网格对象，通过修改该对象可以设置不同形状的网格
Root Bone	根骨骼
Bounds(Center)	包围盒的中心点坐标，该坐标值基于网格的模型体系，且不可修改
Bounds(Extents)	包围盒 3 个方向的长度，不可修改，当网格在屏幕之外时，使用包围盒进行计算

Unity 将布料（Cloth）封装为一个组件，任何一个物体只要挂载了蒙皮网格组件和布料组件，就拥有了布料的所有功能，即能够模拟出布料的效果。Cloth 组件的重要参数如表 4-11 所示。

表 4-11　Cloth 组件的重要参数介绍

参数名	含义
Stretching Stiffness	布料的韧度，其取值范围为(0,1)，表示布料的可拉伸程度
Bending Stiffness	布料的硬度，其取值范围为(0,1)，表示布料的可弯曲程度
Use Tethers	是否对布料进行约束，以防止其出现过度不合理的偏移
Damping	该布料的运动阻尼系数，其取值范围为[0,1]
External Acceleration	外部加速度，相当于对布料施加一个常量力，可以模拟随和风扬起的旗帜
Random Acceleration	随机加速度，相当于对布料施加一个变量力，可以模拟随强风鼓动的旗帜
World Velocity Scale	世界空间坐标系下的速度缩放比例，原速度经过缩放后成为实际速度
World Acceleration Scale	世界空间坐标系下的加速度缩放比例，原加速度经过缩放后成为实际加速度
Friction	布料相对于角色的摩擦力
Use Continuous Collision	是否使用连续碰撞模式
Solver Frequency	计算频率，即每秒的计算次数，应权衡性能和精度要求对该值进行设置
Capsule Colliders(Size)	可与布料产生碰撞的胶囊碰撞器个数，并在下方进行指定
Sphere Colliders(Size)	可与布料产生碰撞的球体碰撞器的个数
First/Second	First 和 Second 两个球体碰撞器相互连接组成胶囊碰撞器，适当设置可调整出锥形胶囊碰撞器

细心的读者会发现在 Cloth 组件上方有一个编辑按钮，如图 4-108 所示。单击该按钮可以打开 Cloth Constraints 面板，如图 4-109 所示。下面将讲解 Cloth Constraints 面板中的参数，以便读者在开发过程中更熟练地应用 Cloth 组件。

- Select 编辑模式要先框选或按住 Shift 键单击选中多个顶点，然后勾选 Max Distance 或 Surface Penetration 复选框，最后在后面填写数值。

- ❑ Paint 代表开启绘制模式。
- ❑ Max Distance 用于设置每个顶点的最大可移动距离，可以将不能动的点设置为 0。
- ❑ Surface Penetration 控制的是顶点可以嵌入 Mesh 的最大程度。
- ❑ Manipulate Backfaces 的功能是选择是否让操作影响视口背面的顶点。

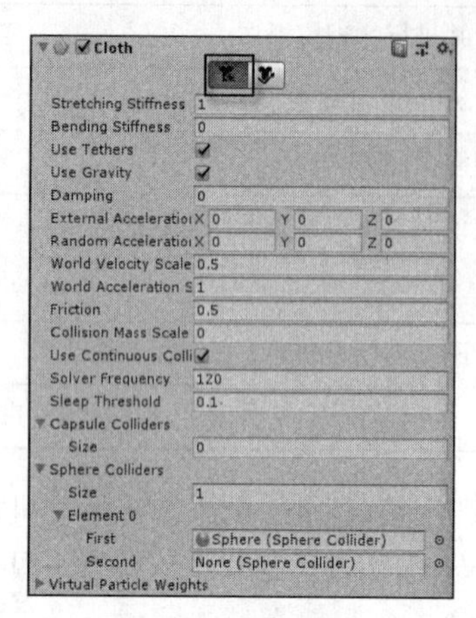

图 4-108　单击按钮

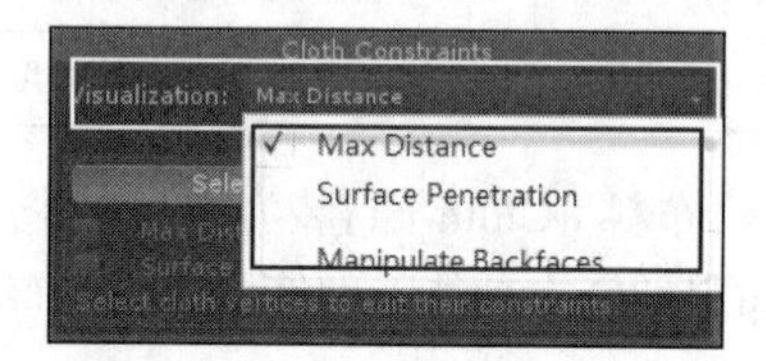

图 4-109　Cloth Constraints 面板

2. 案例效果

通过学习布料组件的相关参数，相信读者对其已经有了更清晰的了解。需要提醒读者的是，布料的物理模拟是单向的，例如，参数中的 Friction，该摩擦力的大小只会影响布料的模拟效果而不会影响与其碰撞的物体。下面将通过一个案例对布料组件进行更系统的讲解，案例运行效果如图 4-110 和图 4-111 所示。

图 4-110　案例运行效果 1

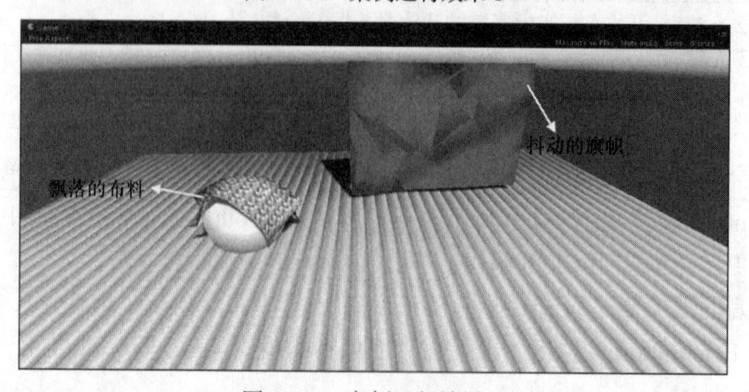

图 4-111　案例运行效果 2

在该案例中，左上角的布料会因重力而向下飘落，飘落到下面的圆球上时因阻力而缓慢滑落。因为在开发过程中并没有将地板设置成该布料的碰撞器，所以布料可以穿过地板。而右边的旗帜则会在其位置上“随风飘扬”。

3. 开发流程

通过观察案例运行效果，读者可以看出布料可以设置为各种不同的效果，如飘落的布料、随风飘扬的旗帜等。在 Unity 中要实现这些效果，开发人员只需修改相应的参数。下面将详细地介绍该案例的开发过程。

（1）打开 Unity 集成开发环境，在项目资源列表面板中新建一个名为“Texture”的文件夹，将地板和布料的纹理图片导入该文件夹。创建一个 Plane 作为地板，并为其添加 Diban 纹理。按快捷键 Ctrl+Shift+N 或单击 GameObject→Create Empty 创建一个空游戏对象，将其命名为“Cloth”。

（2）选中 Cloth 游戏对象，单击 Component→Physics→Cloth 或在其属性查看器的搜索框中输入 Cloth，为该游戏对象添加布料组件，如图 4-112 所示。添加完成后属性查看器中会同时出现两个组件——Cloth 和 Skinned Mesh Renderer，如图 4-113 所示。

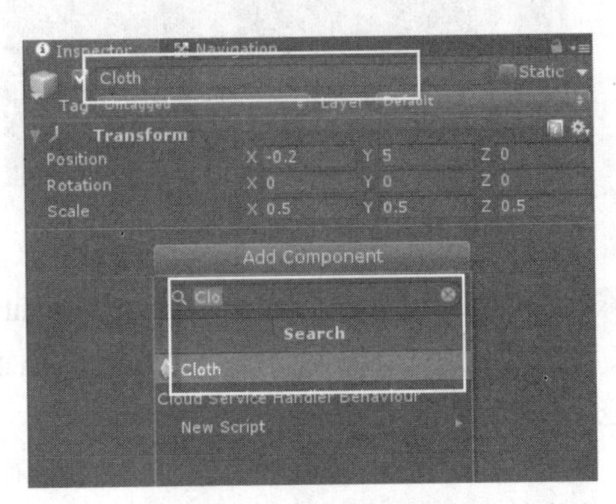

图 4-112　添加 Cloth 组件

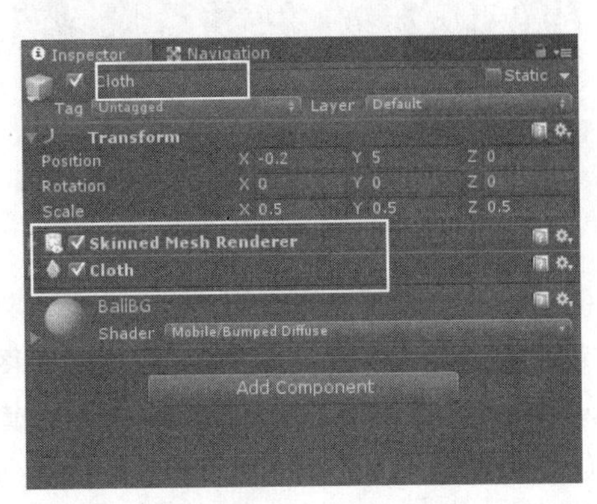

图 4-113　出现两个组件

（3）下面为 Cloth 组件选择 Mesh。单击 Skinned Mesh Renderer 组件下 Mesh 参数右侧的设置按钮，如图 4-114 所示，在弹出的 Select Mesh 面板中选择 Mesh。这里选择 Plane 作为布料的 Mesh，如图 4-115 所示。将 Cloth 游戏对象拖曳到 Root Bone 参数上。

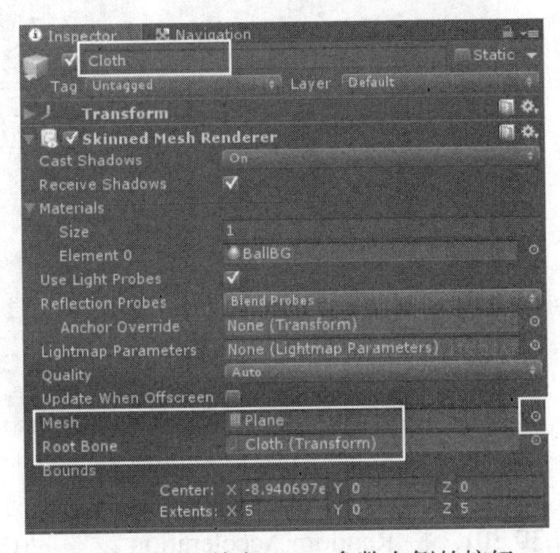

图 4-114　单击 Mesh 参数右侧的按钮

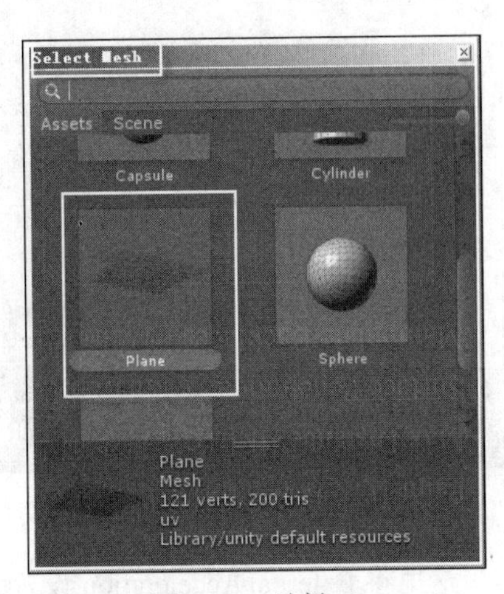

图 4-115　选择 Plane

（4）将 BallBG 纹理图片拖曳到 Cloth 的属性查看器中为其添加纹理，并将渲染模式修改为 Mobile→Bumped Diffuse。调整 Cloth 的位置并在其底部创建一个 Sphere 作为阻挡布料飘落的球体，如图 4-116 所示。在 Cloth 组件中将该 Sphere 设置为布料的碰撞器，如图 4-117 所示。

图 4-116　创建 Sphere

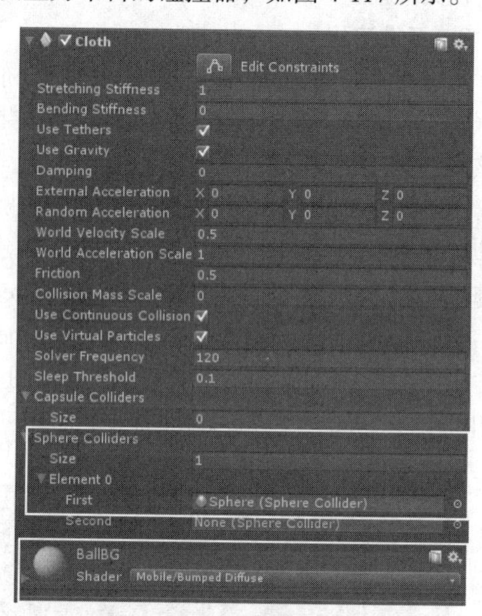

图 4-117　设置碰撞器

（5）下面讲解飘扬旗帜的开发流程。重复步骤（2）、步骤（3），创建一个名为“Clothtwo”的游戏对象，为其添加名为“Hong”的纹理图片，调整位置使 Clothtwo（以下称为旗帜）面向摄像机。单击 Cloth 组件，上方的编辑按钮对旗帜进行设置。

（6）采用框选方式选中旗帜最左侧的一列点，并将 Max Distance 设置为 0，也就意味着这一列点是不可移动的，如图 4-118 所示。利用这种方法将其他点的 Max Distance 设置为 100。为实现旗帜随风飘扬的效果，设置 Cloth 组件下的 External Acceleration、Random Acceleration 参数，如图 4-119 所示。

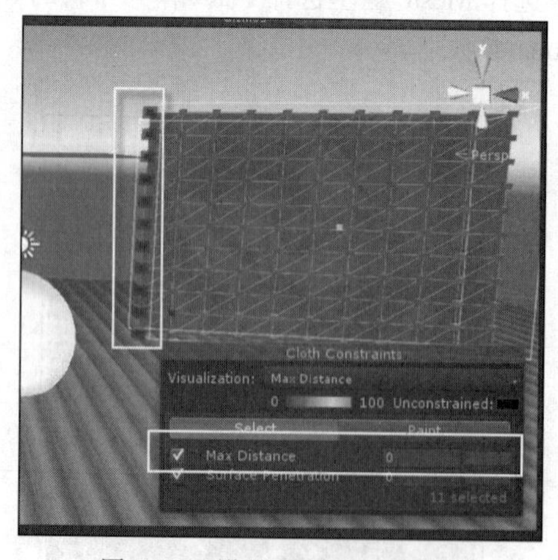

图 4-118　设置 Max Distance 参数

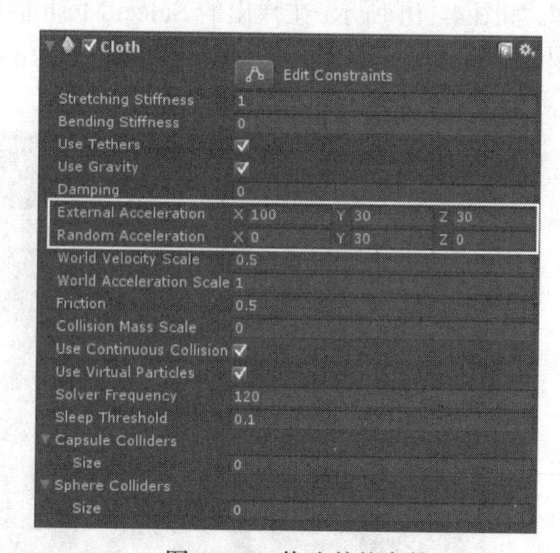

图 4-119　修改其他参数

（7）这里将 External Acceleration 设置为(100,30,30)，将 Random Acceleration 设置为(0,30,0)。读者可以将其修改为不同的值以达到更好的飘扬效果。单击播放按钮，可以观察到左侧的布料飘落到 Sphere 上后滑下，右侧的旗帜则“随风飘扬”。

4.7　角色控制器

角色控制器主要用于控制第三人称或第一人称游戏主角。角色在使用角色控制器后，其物理模拟计算将不再使用刚体组件，挂载的刚体组件将失去效果。角色控制器不会受力的影响，其运动受 Move 方法和 SimpleMove 方法的控制，但仍受碰撞的制约。

4.7.1　角色控制器的特性

Unity 集成开发环境中，角色控制器以组件的形式被应用在程序中，即在需要使用的游戏对象上挂载角色控制器组件。但是 Unity 也为开发人员提供了该组件各个参数的接口，使得开发人员能够在脚本中动态修改角色控制器的参数和调用其功能的方法。

1. 角色控制器相关参数

选中需要添加角色控制器的游戏对象，然后单击 Component→Physics→Character Controller 完成添加，在属性查看器中可以看到角色控制器组件的设置面板，如图 4-120 所示。下面将对角色控制器中的所有参数进行介绍，这些参数都可以在脚本中获取并使用，如表 4-12 所示。

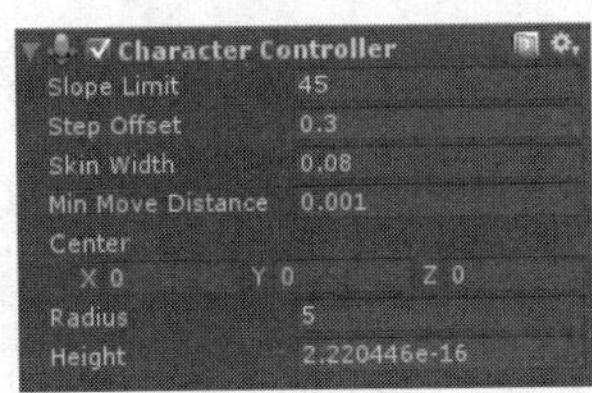

图 4-120　角色控制器组件设置面板

表 4-12　角色控制器参数介绍

参数名	含义	参数名	含义
Min Move Distance	最小移动距离，如果角色移动的距离小于该值，角色就不会移动	Step Offset	以米为单位的角色控制器的台阶偏移量（台阶高度）
Skin Width	皮肤厚度，决定两个碰撞器可以互相渗入的深度	Velocity	角色当前的相对速度
Center	该值决定胶囊碰撞器在世界空间中的位置	Radius	胶囊碰撞器的半径大小
Height	角色胶囊碰撞器的高度	isGrounded	在最后的移动的角色控制器是否触碰地面
Collision Flags	在最后的 CharacterController. Move 方法调用期间，胶囊的哪个部分与周围环境相碰撞	Slope Limit	角色控制器的坡度度数限制
Detect Collisions	其他的刚体和角色控制器是否能够与本角色控制器相碰撞		

2. 角色控制器相关方法

Unity 集成开发环境中角色控制器不同于刚体，角色控制器并不会受力的影响，如果想让挂载有角色控制器组件的物体移动，就需要使用 Move 方法和 SimpleMove 方法，而想要与其他刚体产生碰撞效果就需要使用 OnControllerColliderHit 方法。下面将对它们进行详细的介绍。

```
1    function SimpleMove (speed : Vector3) : bool
2    function Move (motion : Vector3) : CollisionFlags
3    function OnControllerColliderHit (hit : ControllerColliderHit) : void
```

- SimpleMove 方法。该方法的功能为将物体以一定的速度（speed）移动，并且会返回布尔值来判断物体是否着地。使用该方法，物体在 y 轴上的速度被忽略，即无法实现物体的跳跃功能，物体速度以米/秒为单位，重力被自动应用。
- Move 方法。这个方法比 SimpleMove 方法更复杂，SimpleMove 方法是通过提供角色控制器速度来驱动物体的，而 Move 方法是通过提供动力（motion）来驱动物体的。使用该方法时不会自动应用重力，开发人员需要自行模拟重力，并且该方法会返回角色与其他物体碰撞的信息。
- OnControllerColliderHit 方法。当角色碰撞到一个可以执行移动的碰撞器时，这个方法将会被调用。例如，需要角色来推开一个带有刚体组件的物体，就可以将对角色碰到的刚体进行控制的代码写在这个方法中。

4.7.2　角色控制器的应用

完成了对角色控制器（Character Controller）的介绍，本小节将会制作并讲解一个使用角色控制器控制角色移动的案例。为便于初学者学习，本案例将会使用 SimpleMove 方法来控制角色的移动，读者可以查看 Unity 官方技术文档来深入学习。

1. 案例效果

本案例将会设计一个场景，用落差来说明 SimpleMove 方法会自动应用重力，玩家可通过方向键来控制角色移动，角色可以通过台阶并且能够爬上斜度为 65 度的斜坡。场景中还会有数个应用了刚体组件的小球，角色碰撞到它们时能够将它们推开。案例运行效果如图 4-121 所示。

图 4-121　案例运行效果

2. 开发流程

如需运行该案例，使用 Unity 打开资源包中的工程文件夹“CharacterControll_Demo”，在 Unity 集成开发环境中双击 Assets 目录下的 CharacterControll_Demo 场景文件，然后单击播放按钮即可。下面将对该案例的开发流程进行详细的介绍，具体步骤如下。

（1）分别创建 Texture 和 C#两个文件夹，一个用于放置图片资源，一个用于放置脚本文件。在计算机中选中需要的图片，然后将它们拖曳到 Unity 集成开发环境中的 Texture 文件夹中即可导入图片。也可以通过单击鼠标右键，选择 Import New Asset 来添加图片资源。

（2）单击 File→Save Scene 保存场景并命名为 “CharacterControll_Demo”。接下来创建 Plane、Cube 和 Sphere 对象来搭建场景，并为场景的各个部分添加纹理。这些操作在前面都已经介绍过，这里就不再赘述，搭建完成后的场景效果如图 4-122 所示。

（3）为场景中的每一个 Sphere 对象都挂载上刚体组件。选中小球并单击 Component→Physics→Rigidbody 完成添加。然后选中主摄像机并单击 Component→Physics→Character Controller，为摄像机添加角色控制器，主摄像机上就会出现胶囊碰撞器，如图 4-123 所示。

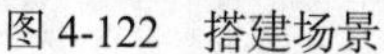
图 4-122 搭建场景

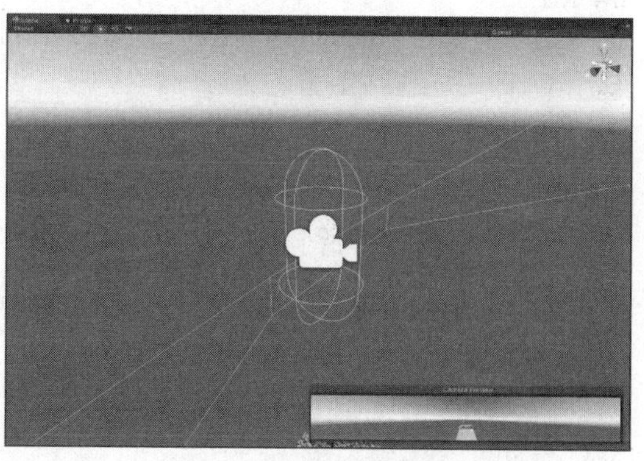

图 4-123 添加角色控制器

（4）添加完成后在属性查看器中就会看到角色控制器设置面板，将 Slope Limit（坡度限制）设置为 66，因为本案例将场景中的斜坡角度设置为 65 度。将 Step Offset（台阶偏移量）设置为 0.3，这个参数可根据场景中的台阶在 y 轴上的尺寸（scale）来调节。设置面板如图 4-124 所示。

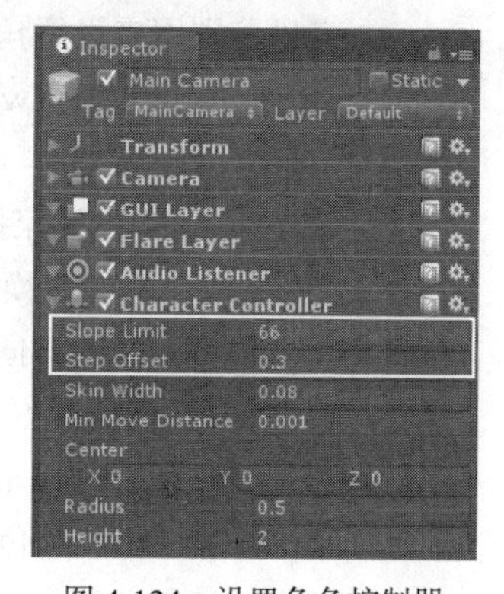

图 4-124 设置角色控制器

（5）下面编写脚本，通过脚本控制角色移动。该脚本实现的功能是允许玩家通过方向键来控制角色转身、前进和后退，并且角色能够推动小球。在 C#文件夹中单击鼠标右键，选择 Create→C# Script，新建一个脚本，并将其命名为 “Demo.cs”。双击该脚本进入脚本编辑器并编写脚本，具体代码如下。（代码位置：见资源包中源代码第 4 章目录下的 CharacterControll_Demo/Assert/C#/ Demo.cs。）

```
1   using UnityEngine;
2   using System.Collections;
3   public class Demo : MonoBehaviour {
4     CharacterController controller;                          //声明角色控制器
5     public float pushPower = 5.0f;                           //推动物体的力
6     public float speed = 6.0f;                               //角色移动速度
7     public float rotateSpeed=3.0f;                           //角色转身速度
8     void Awake() {
9       controller = this.GetComponent<CharacterController>();  //获取角色控制器组件
10    }
11    void Update() {
12      transform.Rotate(new Vector3(0, Input.GetAxis("Horizontal") *
```

```
13          rotateSpeed, 0));                    //单击方向键“←”“→”来转动角色
14        Vector3 forward = transform.
15          TransformDirection(Vector3.forward); //从自身坐标到世界空间坐标变换方向
16        controller.SimpleMove(forward * speed*
17          Input.GetAxis("Vertical"));         //当单击方向键“↑”“↓”时通过方法移动物体
18      }
19      void OnControllerColliderHit(ControllerColliderHit hit){    //当碰撞到可移动的物
体时被调用
20        Rigidbody body = hit.collider.attachedRigidbody;          //获取被碰撞的物体的
刚体组件
21        if (body == null || body.isKinematic) {//如果物体没有刚体组件或不遵循运动定律就
返回
22          return;
23        }
24        if (hit.moveDirection.y < -0.3F){
25          return;              //当角色碰撞器中心到触碰点的方向的 y 轴分量值小于-0.3 时返回
26        }
27        Vector3 pushDir = new Vector3(hit.moveDirection.x, 0,
28          hit.moveDirection.z);                        //设置被碰撞的物体的移动方向
29        body.velocity = pushDir * pushPower;          //改变被碰撞的物体的速度
30    }}
```

- 第 4～7 行声明的 controller 变量用来获取角色控制器，pushPower、speed、rotateSpeed 变量分别用来设置角色推动物体的力、角色移动速度和角色转身速度。
- 第 8～10 行重写 Awake 方法，当脚本被加载时会获取挂载该脚本的对象的角色控制器组件。
- 第 12～15 行当玩家按方向键“←”“→”时通过 Rotate 方法来旋转角色，并通过 Transform Direction（方向变换）方法来保证角色旋转后当玩家按方向键“↑”时，角色能够朝着角色当前面对的方向前进。
- 第 16～18 行使用 SimpleMove 方法来控制角色移动，即当玩家按方向键“↑”“↓”时角色能够朝着 forward 三维向量指定的方向移动。
- 第 19～26 行当角色碰撞到可执行移动的物体时被调用，首先获取被碰撞的对象所挂载的刚体组件，如果物体没有刚体组件或不遵循运动定律，程序就不再向下执行。如果角色碰撞器中心到触碰点的方向的 y 轴分量值小于 −0.3，程序也会终止。
- 第 27～30 行使用三维向量 pushDir 来存储被碰撞的物体的移动方向，忽略 y 轴，即不会向上或向下移动物体。最后修改被碰撞物体的刚体组件的速度值，使被碰撞的物体开始移动。

（6）编写完成后保存脚本，在 Unity 集成开发环境中将该脚本拖曳到主摄像机上，此时能够在主摄像机的属性查看器中看到 Demo 脚本的设置面板，如图 4-125 所示。读者可以在设置面板中调节角色的移动速度、转身速度和推动物体的力。

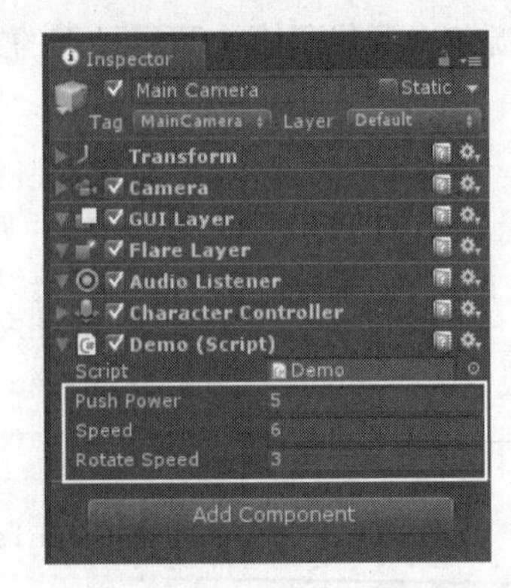

图 4-125　Demo 脚本设置面板

4.8　本章小结

Unity 的便利之处在于，几步简单的操作就可以使游戏中的物体严格按照物理规律运动。刚体和碰撞器实现了游戏对象的物理实体性，每个游戏对象不仅是呈现在屏幕上的影像，还可以与游戏玩家发生仿真的交互。

本章不仅涉及了物理引擎的刚体和碰撞器，也介绍了关节、粒子系统和角色控制器等组件的使用方法。在 Unity 的学习过程中，最关键的是对游戏对象的关键物理特性的理解。开发人员应该时刻保持“仿真”的心态，以更加贴近现实为目标开发出最为真实的游戏场景。

4.9　习　题

1. 解释一下 Rigidbody 组件中 Is Kinematic 参数在什么情况下使用。
2. 编写一个脚本对刚体的几种常用方法进行测试。
3. 了解 Unity 自带的规则碰撞器，导入一个不规则模型并为其添加不规则碰撞器。
4. 运行并调试 4.2 节中碰撞过滤的案例，并自行开发出相似的案例。
5. 在场景中新建物理材质，并实现小球从高空落下可弹起的功能。
6. 根据本章所学的粒子系统知识，自己制作出一种工厂烟雾的粒子效果。
7. 运行并调试 4.4 节中铰链关节、固定关节、弹簧关节的案例。
8. 根据 4.4.4 小节所学的可配置关节知识，制作出一种不同于铰链关节、固定关节、弹簧关节的关节效果。
9. 运行并调试 4.5 节中车轮碰撞器的案例。
10. 根据角色控制器的相关知识，实现摄像机爬上山坡的功能。

第5章 着色器编程基础

开发人员在游戏的开发过程中常常遇到的一个问题就是如何实现更加炫酷的游戏效果，这一点往往涉及着色器与着色器语言——ShaderLab。着色器和着色器语言是Unity开发中相当复杂且不可或缺的一部分，学好着色器对读者今后的游戏开发至关重要。

本章将对Unity开发中的着色器及着色器语言进行初步的介绍。经过本章的学习，读者将会对Unity中的着色器编程有基本的了解。

5.1 初识着色器

优化游戏的视觉体验是游戏开发过程中一个相当重要的方面，这需要开发人员在视觉特效上花费许多功夫。游戏中的许多特效，如特殊的光影效果、卡通特效等，都是使用着色器来实现的。这些效果如果直接通过编程实现不仅会比较困难，还会影响游戏的整体运行。

5.1.1 着色器简介

着色器——Shader是运行在GPU上用来实现图像渲染的程序。Unity中大多数的渲染都是通过着色器来完成的，并且Unity中有大量内置的着色器程序，开发人员可以直接使用，也可以根据需求开发自己的着色器程序。

目前3种常用的高级图像语言为HLSL、GLSL和Cg语言。这3种语言的特点和适用环境也各不相同。Unity对着色器语言的支持非常全面，但其重点支持Cg语言。

5.1.2 ShaderLab语法基础

Unity中的着色器程序使用的是ShaderLab着色器语言，该语言具备了显示材质所需的一切信息，同时Unity还支持使用Cg语言、HLSL或GLSL编写的着色器程序。下面将介绍ShaderLab的基本语法结构。

1. Shader

Shader是一个着色器程序的根命令，每个着色器程序都必须定义唯一的Shader，其中定义了对象材质和如何使用这个着色器渲染对象。Shader命令的语法如下。

```
Shader "name" { [Properties] SubShaders{…}[Fallback] }
```

说明 该语法中着色器程序定义了一个名为“name”的 Shader，然后通过 Properties 来可选地定义了一个显示在材质设定界面的属性列表，后面紧跟 SubShaders 列表，并额外添加了一个 Fallback 代码块（可选）用于应对特殊的情况。

2. Properties

Properties 是着色器程序中用来定义着色器属性的地方。任何定义在其中的属性都可以由开发人员在 Unity 的属性查看器中编辑和调整，其中典型的属性包括颜色、纹理及其他被着色器使用的属性。Properties 的基本语法如下。

```
Properties { Property [Property …] }
```

说明 上述语法中定义了属性块，属性块可包含多个属性，其类型如表 5-1 所示。

表 5-1 Properties 类型

类　型	说　明
name ("display name", Range (min, max)) = num	定义浮点数范围属性，在属性查看器中可通过一个标注了最大值和最小值的滑动条来修改
name ("display name", Float) = num	定义浮点数属性
name ("display name", Int) = num	定义整数属性
name ("display name", Color) = (num, num, num, num)	定义颜色属性，num 取值范围为 0～1
name ("display name", Vector) = (num, num, num, num)	定义四维向量属性
name ("display name", 2D) = " name" { options }	定义 2D 纹理属性，默认值为 white、black、gray、bump
name ("display name", Rect) = "name" { options }	定义矩形纹理（尺寸非 2 次方）属性，默认值同 2D 纹理属性
name ("isplay name", Cube) = "name" { options }	定义立方图纹理属性，默认值同 2D 纹理属性
name ("display name", 3D) = "name" { options }	定义 3D 纹理属性

- 着色器程序属性列表通过“name”来索引其中的属性，通常使用下画线引出一个属性的名称，并且属性值也要通过“name”来访问。属性会将“display name”显示在属性查看器中，还可以在等号后为每个属性提供默认值。属性结构如图 5-1 所示。

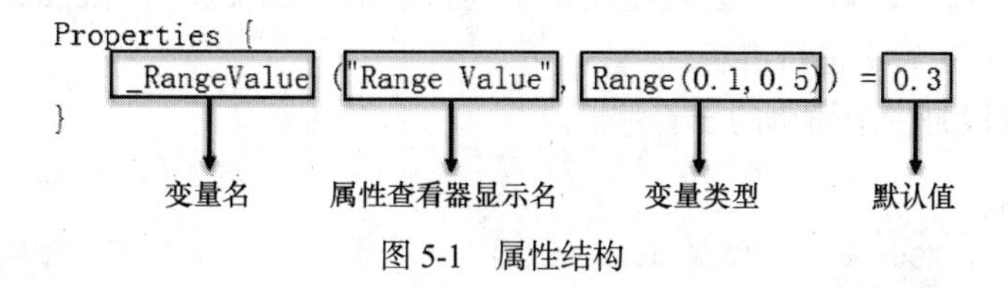

图 5-1 属性结构

- 包含在纹理属性的大括号中的 options（选项）是可选的，可用的选项如表 5-2 所示。

表 5-2　　纹理属性选项

选项名称	说　明
TexGen	纹理生成模式，即纹理自动生成纹理坐标时的模式。模式包括 ObjectLinear、EyeLinear、SphereMap、CubeReflect 或 CubeNormal，这些模式和 OpenGL 纹理生成模式相对应。注意：如果使用自定义顶点片元着色器，那么纹理生成模式将被忽略
LightmapMod	光照贴图模式，如果选择这个选项，纹理会被渲染器的光照贴图所影响，即纹理不是被应用在材质中，而是使用渲染器中的设定进行渲染

下面将通过一段简单的代码来说明上述 Properties 的定义方法。

```
1   Properties {
2       _RangeValue ("Range Value", Range(0.1,0.5)) = 0.5    //定义一个浮点数范围属性
3       _FloatValue ("Float Value", Float) = 1.5              //定义一个浮点数属性
4       _Color ("Color", Color) = (1,1,1,1)                   //定义一个颜色属性
5       _Vector ("Vector", Vector) = (1,1,1,1)                //定义一个四维向量属性
6       _MainTex ("Albedo (RGB)", 2D) = "white" {TexGen EyeLinear}//定义 2D 纹理属性
7       _Rect("RectTex", Rect)= "black" {TexGen EyeLinear}      //定义矩形纹理属性
8       _Cube("CubeTex", Cube)= "skybox"{ TexGen CubeReflect}   //定义立方图纹理属性
9   }
```

说明　此代码片段对应表 5-1 所示的部分类型，包括浮点数属性、颜色属性、四维向量属性、2D 纹理属性等，读者可以仿照上述格式编写代码。

3. SubShader

着色器程序还包含一个子着色器列表，即 SubShaders。子着色器是真正用来呈现和渲染物体的部分。子着色器列表中有且至少有一个子着色器，即 SubShader。当加载一个着色器程序时，Unity 将遍历该列表来获取第一个能被用户计算机支持的子着色器。

SubShader 的基本语法如下。

```
SubShader { [Tags] [CommonState] Passdef [Passdef …] }
```

说明　子着色器由可选标签（Tags）、通用状态（CommonState）和一个通道（Pass）列表构成。其中通道列表能够选择是否为所有通道初始化所需要的通用状态。

Unity 选择一个 SubShader 进行渲染时，将优先渲染被每个通道定义的对象。一些显卡不能通过单个通道来实现需要的效果，必须使用多个通道。通道的类型有 RegularPass、UsePass 和 GrabPass，这部分将在后文进行讲解。

下面的代码片段是一个简单的子着色器。

```
1   SubShader {
2      Tags { "Queue" = "Transparent" }                      //渲染队列为透明队列
3      Pass {
4         Lighting Off                                        //关闭光照
5         SetTexture [_MainTex] {}                            //设置纹理
6   }}
```

此段代码将对象的渲染队列设置为透明队列，然后关闭了光照并且定义了一个纹理图片，此部分的详细运用将在后文进行讲解。

4. SubShader Tags

子着色器通过标签（Tags）告诉渲染引擎何时渲染及如何渲染对象。也就是说，Tags 相当于向系统传递渲染信息的一个总指令。Tags 的基本语法如下。

```
Tags { "TagName1" = "Value1" "TagName2" = "Value2" }
```

上述语法是通过标签对应的值来指定标签的。简单来说标签就是键值对，并且标签可以有任意多个。

常用的标签有以下 3 种类型。

（1）渲染队列标签（Queue Tag）。

渲染队列标签可以决定对象被渲染的次序，也就是说，着色器通过对象所归属的渲染队列来确定哪些物体先渲染，哪些物体后渲染。任何透明物体都可以通过这种方法确保自身在不透明物体渲染之后渲染。

ShaderLab 中有 3 种预定义的渲染队列标签可选值，下面将初步介绍它们的用途和对应值（渲染队列将在 5.3.2 小节中详细介绍）。

- Background（背景）：用于渲染天空盒之类的对象，对应值为 1000。
- Geometry（几何体）：用于渲染不透明的几何体，为默认选项，被用于大多数对象，对应值为 2000。
- AlphaTest（Alpha 测试）：开启 Alpha 测试，对应值为 2450。
- Transparent（透明）：与 Geometry 相对，用于渲染透明的物体；任何采用 Alpha 混合模式的对象都应该使用该渲染队列，如玻璃、粒子效果等，对应值为 3000。
- Overlay（覆盖）：用于实现叠加效果；任何需要最后渲染的对象都应该使用该渲染队列，如镜头光晕，对应值为 4000。

渲染队列标签的使用方法如下。

```
Tags { "Queue" = "Transparent" }                    //设置渲染队列为“透明”
```

为了达到最优的性能，透明渲染队列优化了对象绘制次序；其他渲染队列根据距离来排序，从最远的对象开始，由远至近渲染。

（2）自定义队列标签（Label of Custom Queue）。

有时我们在实际开发中会遇到一些特殊的需要，上述几个预定义值无法满足需求，此时就可以使用自定义队列标签。每一个队列标签都有自己对应的值，在着色器中可以自定义一个队列，如下面的代码。

```
Tag { "Queue" = "Geometry +600" }                    //自定义渲染队列
```

上面的代码设置对象的渲染队列为“Geometry+600”，即 2600，渲染次序介于 AlphaTest 和 Transparent 之间。

（3）渲染类型标签（RenderType Tag）。

渲染类型标签将着色器分为若干个预定义组，如采用透明着色器或采用 Alpha 测试着色器等，由着色器替换使用，有时用于生成相机的深度纹理。渲染类型标签的预定义值如表 5-3 所示。

表 5-3　渲染类型标签的预定义值

预定义值	说　明
Opaque	不透明，用于大多数着色器（法线着色器、自发光着色器、反射着色器及地形着色器）
Background	天空盒着色器
TreeOpaque	地形引擎树皮着色器
TreeBillboard	地形引擎布告板树
GrassBillboard	地形引擎布告板草
Transparent	透明，用于大多数半透明着色器（透明着色器、粒子着色器、字体着色器、地形额外通道着色器）
Overlay	GUITexture、光晕着色器、闪光着色器
TreeTransparentCutout	地形引擎树叶
Grass	地形引擎草
TransparentCutout	遮蔽的透明着色器（透明镂空着色器、两个通道植被着色器）

5. Pass

子着色器决定了一个渲染方案，而这个方案是通过一个个通道（Pass）来执行的。SubShader 可以包括一个或多个 Pass 块，并且每个 Pass 都能使几何对象被渲染一次。Pass 的基本语法如下。

```
Pass { [Name and Tags] [RenderSetup] [TextureSetup] }
```

如上所示，基本的通道命令由一个名称（Name）和任意多个标签（Tags）、一个可选的渲染设置命令列表（RenderSetup）、一个可选的纹理设置命令列表（TextureSetup）三部分构成。Pass 块的 Name 一般用来引用此 Pass，并且命名时必须使用大写字母。

通道渲染设置命令用于设置显卡的各种状态，如打开 Alpha 混合、使用雾等。这些命令如表 5-4 所示。

表 5-4　通道渲染设置命令

命　令	含　义	说　明
Lighting	光照	开启或关闭顶点光照，开关状态的值为 On 或 Off
Material（材质块）	材质	定义一个使用顶点光照管线的材质
ColorMaterial	颜色集	当计算顶点光照时使用顶点颜色，颜色集可以是 AmbientAndDiffuse 或 Emission

续表

命　令	含　义	说　明
SeparateSpecular	开关状态	开启或关闭顶点与光照相关的镜面高光颜色，开关状态的值为 On 或 Off
Color	颜色	设置当顶点光照关闭时使用的颜色
Fog（雾块）	雾	设置雾参数
AlphaTest	Alpha 测试模式	Less、Greater、LEqual、GEqual、Equal、NotEqual、Always（小于、大于、小于或等于、大于或等于、等于、不等于、一直），默认值为 LEqual
ZTest	深度测试模式	设置深度测试模式，模式有 Less、Greater、LEqual、GEqual、Equal、NotEqual、Always
ZWrite	深度写模式	开启或关闭深度写模式，开关状态的值为 On、Off
Blend	混合模式	设置混合模式，混合模式有 SourceBlendMode、DestBlendMode、AlphaSourceBlendMode、AlphaDestBlendMode
ColorMask	颜色遮罩	设置颜色遮罩，颜色值可以是 RGB、A、0，以及任何 R、G、B、A 的组合，设置为 0 将关闭所有颜色通道的渲染
Offset	偏移因子	设置深度偏移，这个命令仅接收常数参数

上述渲染通道为普通通道（RegularPass），除此之外，还有两个特殊的通道用于反复利用普通通道或实现一些高级特效，如表 5-5 所示。

表 5-5　两个特殊通道的语法及说明

通道名称	语　法	说　明
UsePass	UsePass "Shader/Name"	插入所有来自给定着色器中的给定名称的通道。“Shader”为着色器的名称，“Name”为通道的名称
GrabPass	GrabPass{ ["纹理名"] }	捕获屏幕到一个纹理，该纹理通常使用在靠后的通道中。“纹理名”是可选项

在着色器中通过 UsePass 重用其他着色器中已存在的通道，提高了代码的重用率。为了让 UsePass 能正常工作，必须为期望被使用的通道命名，通道的命名用“Name”命令。下面将通过一个代码片段对此进行说明。

```
1    UsePass "Specular/BASE"        //插入镜面高光着色器中名为“BASE”的通道
2    Name "MyPassName"              //将通道命名为 MyPassName
```

GrabPass 是一种特殊的通道类型，它会捕获物体所在位置的屏幕内容，然后将其写入一个纹理，这个纹理能被用于后续的通道中并完成一些高级特效。

GrabPass 中同样可以使用 Name 和 Tags 命令。将 GrabPass 放入 SubShader 中有两种方式。

- GrabPass {}：捕获当前屏幕的内容并将其写入一个纹理，纹理能在后续通道中通过 _GrabTexture 进行访问。但要注意的是，该形式的捕获通道将在每一个使用该通道的对象渲染过程中执行极耗资源的屏幕捕获操作。
- GrabPass {“纹理名”}：捕获屏幕内容并将其写入一个纹理，但只会在每帧中处理第一个使用该给定纹理名的纹理对象。该纹理可以在后续的通道中通过给定的纹理名访问。

当一个场景中有多个使用 GrabPass 的对象时游戏性能将提高。

6. Fallback

降级渲染（Fallback），简单来说它的功能是当系统没有采用着色器列表中的任何一个着色器时采用降级着色器。从某种意义上来说，降级着色器也是一种子着色器。Fallback 有两种常见的语法。

```
1    Fallback "name"
```

"name"为指定的着色器名称，此语法为退回到以该名称命名的着色器。

```
2    Fallback Off
```

此语法表示不会进行降级操作且不会得到任何回应，包括不会输出任何警告信息，甚至没有子着色器会被当前硬件运行。

5.2 表面着色器

本章将对着色器的 3 种形态进行简要的介绍，并对 Unity 开发中最常用的表面着色器进行详细介绍，包括表面着色器的编译指令、输入/输出参数结构体、自定义光照模型等。通过本章的学习，读者可以编写一个简单的表面着色器。

5.2.1 着色器的 3 种形态

Unity 中的着色器存在 3 种不同的形态，分别为固定管线着色器、顶点片元着色器和表面着色器。这 3 种着色器分别代表着色器发展的不同阶段，拥有不同的使用难度和使用人群。下面简要介绍一下这 3 种不同的着色器。

- 固定管线着色器（Fixed Function Shader）：最简单原始的着色器形态，只能使用 Unity 系统自带的固定语法和方法，适用于任何硬件，使用难度最小。
- 顶点片元着色器（Vertex and Fragment Shader）：效果较为丰富，使用 Cg 语言和 HLSL 规范，着色器由顶点程序和片元程序组成，所有效果都需要开发人员编写，使用难度相对较大。
- 表面着色器（Surface Shader）：类似于顶点片元着色器，同样由顶点程序和片元程序组成，开发人员可以根据自己期望的效果进行编写。表面着色器既可以使用系统自带的一些光照模型，也可以由开发人员自己编写光照模型，所以它具有较为丰富的效果，使用难度相对适中。

表面着色器是 Unity 开发中最常使用的着色器，它比固定管线着色器更加灵活，比顶点片元着色器更能方便地处理光照，整合了其他两种着色器的优点，是最适合 Unity 开发人员学习、使用的着色器。本书会在下一小节详细介绍表面着色器的基础知识。

5.2.2 表面着色器基础知识

本小节将详细介绍表面着色器的基础知识，主要包括表面着色器的编译指令、表面着色器方法输入和输出参数的结构体等。表面着色器需要放置于 CGPROGRAM...ENDCG 块中，并且必须将其放置于子着色器块中，而不能放在通道中，表面着色器自身会编译为多个通道。

1. 编译指令

表面着色器需要一句指令来向系统表明自身属性，告诉系统自己是表面着色器，这个指令就是编译指令。表面着色器的编译指令为#pragma surface，具体语法和参数说明如下。

```
#pragma surface <surfaceFunction> <lightModel> [optionalparams]
```

- ❑ surfaceFunction：表面着色器方法名称，用来表示 Cg 代码中有表面着色器代码。此方法的格式是 void surf (Input IN,inout SurfaceOutput o)，其中 Input 是开发人员自己定义的输入结构，应该包含所有纹理坐标和表面方法需要的额外的必需变量；SurfaceOutput 是输出结构。（此方法的结构体将在后面详细介绍。）
- ❑ lightModel：光照模型。通过该指令告诉编译器这个表面着色器使用的光照模型。Unity 内置的光照模型为 Lambert（漫反射）和 BlinnPhong（高光），开发人员也可以自定义光照模型。
- ❑ optionalparams：可选参数。可用的可选参数如表 5-6 所示。

表 5-6　表面着色器编译指令的可选参数

可 选 参 数	说　明	可 选 参 数	说　明
alpha	Alpha 混合模式。该参数用于半透明着色器	exclude_path:prepass 或 exclude_path:forward	使用指定的渲染路径
vertex:VertexFunction	自定义名为 VertexFunction 的顶点方法	dualforward	将双重光照贴图用于正向渲染路径中
decal:add	附加印花着色器	novertexlights	在正向渲染中不使用球面调和光照或逐顶点光照
softvegetation	使表面着色器仅在 Soft Vegetation 开启时被渲染	fullforwardshadows	在正向渲染路径中支持所有阴影类型
addshadow	添加阴影投射器和集合通道	decal:blend	附加半透明印花着色器
nodirlightmap	在这个着色器上禁用方向光照贴图	noambient	不使用任何环境光照或球面调和光照
approxview	对于有需要的着色器，逐顶点而不是逐像素计算规范化视线方向。这种方法更快速，但当摄像机靠近表面时，视线方向不完全正确	nolightmap	在这个着色器上禁用光照贴图
alphatest: VariableName	Alpha 测试模式。该参数用于透明镂空着色器。镂空值（VariableName）为浮点型变量	noforwardadd	禁用正向渲染添加通道。这会使这个着色器支持一个完整的方向光和所有逐顶点/SH 计算的光照
finalcolor: ColorFunction	自定义名为 ColorFunction 的最终颜色修改方法	halfasview	将半方向向量（而非视线方向向量）传递到光照方法中。半方向向量将会被逐顶点计算和规范化。这种方法更快速，但不完全正确

2. 输入/输出参数结构体

表面着色器方法中有两个参数，分别为 Input 结构体和 SurfaceOutput 结构体。Input 结构体用于向表面着色器方法中输入所需的纹理坐标和其他的数据。SurfaceOutput 结构体用于输出数据，但其写入值必须与表面着色器方法中的输入一一对应。

Input 结构体中的纹理坐标的命名格式为“uv+纹理名称”，如果物体带有第二个纹理坐标，则带有“uv2”的纹理坐标为物体所带的第二纹理坐标，即“uv2+第二个纹理名称”。Input 结构体中可附加一些可用数据，如表 5-7 所示。

表 5-7　Input 结构体其他可用的数据

可用的数据	说　明
float3 viewDir	视图方向。为了计算视差、边缘光照等效果，Input 需要包含视图方向
float4 color	每个顶点颜色的插值
float4 screenPos	屏幕空间中的位置。为了获得反射效果，需要包含屏幕坐标
float3 worldPos	世界空间位置
float3 worldRefl	世界空间中的反射向量，但必须要满足表面着色器不写入 o.Normal 参数
float3 worldNormal	世界空间中的法线向量，但必须要满足表面着色器不写入 o.Normal 参数
float3 worldRefl; INTERNAL_DATA	世界空间中的反射向量，但必须要满足表面着色器写入 o.Normal 参数。要基于逐像素法线贴图获得反射向量，请使用 WorldReflectionVector (IN, o.Normal)
float3 worldNormal; INTERNAL_DATA	世界空间中的法线向量，但必须要满足表面着色器写入 o.Normal 参数。要基于逐像素法线贴图获得法线向量，请使用 WorldNormalVector (IN, o.Normal)

Input 结构体用于从顶点方法传数据给表面着色器方法，不但可以包含上面所列的数据，还可以包含自定义的数据。

表面着色器的输出结构体 SurfaceOutput 是已定义好的，只需在表面着色器方法中为需要的变量赋值即可。标准的表面着色器输出结构体如下。

```
1   struct SurfaceOutput {
2       half3 Albedo;                                  //漫反射的颜色值
3       half3 Normal;                                  //法线坐标
4       half3 Emission;                                //自发光颜色
5       half Specular;                                 //镜面反射系数
6       half Gloss;                                    //光泽系数
7       half Alpha;                                    //透明度系数
8   };
```

表面着色器的输出结构体用于从自定义光照模型方法传数据给表面着色器方法，可以由开发人员自定义，自定义输出结构体时必须首先包含标准 SurfaceOutput 结构体的所有变量，然后才能添加自己需要的变量。

3. 自定义光照模型

表面着色器描述的是一个表面的属性（如反射率颜色、法线等），并由光照模型完成光照交互的计算。Unity 系统内置了 Lambert（漫反射光照）和 BlinnPhong（高光光照）两个光照模型。

除了上述的两种光照模型，有时也需要开发人员自定义光照模型，这在表面着色器中是可以实现的。开发人员可以在着色器文件或导入文件中的任何一个地方声明自定义光照模型。

自定义光照模型的声明形式有 3 种，相关参数说明如下。

```
1    half4 Lighting<Name> (SurfaceOutput s, half3 lightDir, half atten)
```

此种声明形式在正向渲染路径中用于不与视线方向相关的光照模型（如漫反射），并且并不取决于视图的方向。

```
2    half4 Lighting<Name> (SurfaceOutput s, half3 lightDir, half3 viewDir, half atten)
```

此种声明形式在正向渲染路径中用于与视线方向相关的光照模型，并且取决于视图的方向。

```
3    half4 Lighting<Name>_PrePass (SurfaceOutput s, half4 light):
```

此种声明形式用于延时光照路径中的光照模型。

上述声明方法中，SurfaceOutput 结构体用于向表面着色器方法传输数据，这个结构体也可以自己定义，但必须与表面着色器方法的输出结构体相同。lightDir 参数为点到光源的单位向量，viewDir 参数为点到摄像机的单位向量，atten 参数为光源的衰减系数。

光照模型方法的返回值为经过光照计算的颜色值。下面通过一个带自定义光照模型的表面着色器的案例来详细介绍自定义光照模型的相关知识。

（1）创建 Cube 对象。单击 GameObject→3D Object→Cube，创建一个 Cube 对象。

（2）创建 Shader 脚本。单击 Assets→Create→Shader，创建一个着色器脚本，并命名为“BNUSurfShader.Shader”。然后双击该脚本进入脚本编辑器并编写脚本，具体代码如下。（代码位置：见资源包中源代码第 5 章目录下的 BNUSurfaceShader/Assets/BNUSurfShader.shader。）

```
1    Shader "Custom/BNUSurfShader" {
2      Properties {
3        _Color ("Color", Color) = (1,1,1,1)                //主颜色数值
4        _MainTex ("Albedo (RGB)", 2D) = "white" {}         //2D 纹理数值
5        _Shininess ("Shininess", Range(0,10)) = 10         //镜面反射系数
6      }
7      SubShader {
8        CGPROGRAM
9        #pragma surface surf Phong                         //表面着色器编译指令
10       sampler2D _MainTex;                                //2D 纹理属性
11       fixed4 _Color;                                     //主颜色属性
12       float _Shininess;                                  //镜面反射系数属性
```

```
13      struct Input {
14        float2 uv_MainTex;                              //UV 纹理坐标
15      };
16      float4 LightingPhong(SurfaceOutput s, float3 lightDir,half3 viewDir, half
atten){
17                                                         //光照模型方法
18        float4 c;
19        float diffuseF = max(0,dot(s.Normal,lightDir));    //计算漫反射强度
20        float specF;
21        float3 H = normalize(lightDir+viewDir);   //计算视线与光线的半向量
22        float specBase = max(0,dot(s.Normal,H)); //计算法线与半向量的点积
23        specF = pow(specBase,_Shininess);         //计算镜面反射强度
24        c.rgb = s.Albedo * _LightColor0 * diffuseF *atten + _LightColor0*specF;
25                                          //结合漫反射光与镜面反射光计算最终光照颜色
26        c.a = s.Alpha;
27        return c;                                        //返回最终光照颜色
28      }
29      void surf (Input IN, inout SurfaceOutput o) {//表面着色器方法
30        fixed4 c = tex2D (_MainTex, IN.uv_MainTex) * _Color;
31                                               //根据 UV 纹理坐标从纹理中提取颜色
32        o.Albedo = c.rgb;                               //设置颜色
33        o.Alpha = c.a;                                  //设置透明度
34      }
35      ENDCG
36    }
37    FallBack "Diffuse"                                  //降级着色器
38  }
```

- 第 2～6 行为着色器的属性块，定义了主颜色数值、2D 纹理数值及镜面反射系数等参数，它们均可在材质球属性查看器中查看和修改。
- 第 9～15 行为表面着色器编译指令和定义属性。编译指令中的“Phong”是指表面着色器自定义名称为 Phong 的光照模型，并且名称为 LightingPhong 的方法为光照模型方法，其余参数与属性块中定义的参数相对应。
- 第 16～28 行为自定义光照模型方法。其中通过法线和光线的点积求出漫反射强度，然后通过视线与光线的半向量与法线的点积求出镜面反射强度，最后结合漫反射光与镜面反射光计算出最终光照颜色，并将结果返回。
- 第 29～34 行为表面着色器方法。该方法主要实现了从纹理中提取颜色为 Albedo 参数和 Alpha 参数赋值。
- 第 37 行为备用的着色器。如果着色器中的子着色器均未被启用，则会调用 FallBack 下的着色器，即“Diffuse”（漫反射）。

（3）创建一个材质球。单击 Assets→Create→Material，创建一个材质球，并命名为“SurfMaterial”，然后将刚刚编写好的 BNUSurfShader 脚本挂载到该材质球上，再将该材质球拖曳到 Cube 的属性查看器中。单击材质球，为材质球选择“Texture.jpg”贴图，材质球属性查看器如图 5-2 所示。

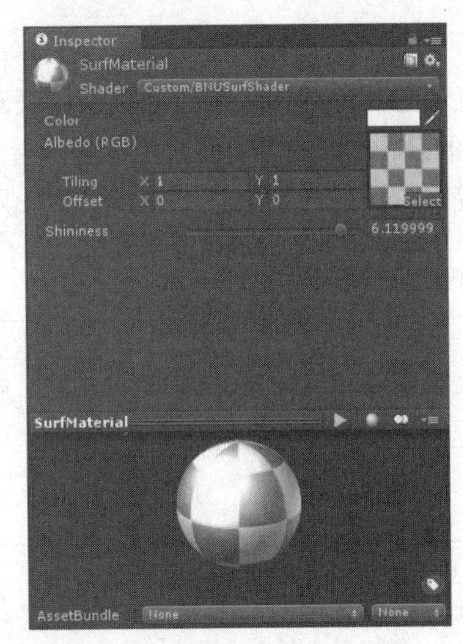

图 5-2　材质球属性查看器

（4）运行项目。单击播放按钮运行该案例，在游戏预览面板中可以看到，通过调整材质球属性查看器内的参数，Cube 对象的光照效果会发生变化，如图 5-3 和图 5-4 所示。

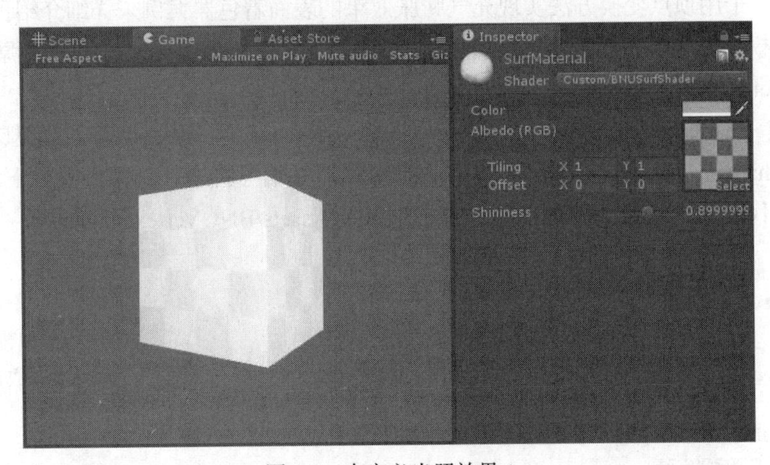

图 5-3　自定义光照效果 1

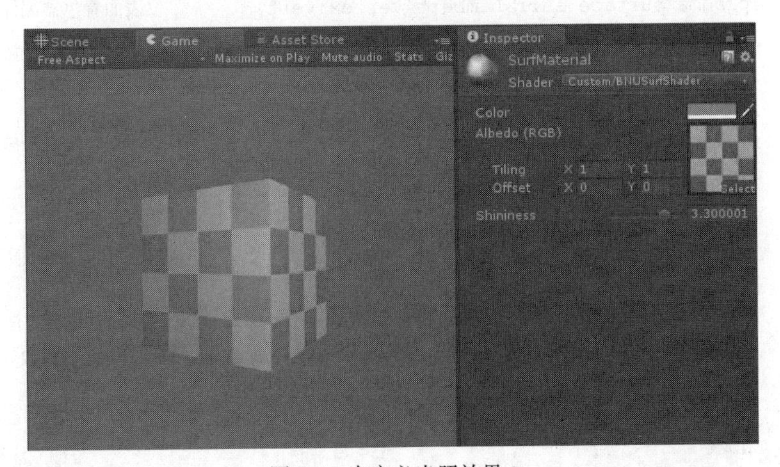

图 5-4　自定义光照效果 2

4. 顶点变换方法

顶点变换方法可以修改顶点着色器中的输入顶点数据及为表面着色器方法传递顶点数据，其可用于实现程序性动画、沿法线的挤压等功能。表面着色器编译指令为 vertex:<Name>，其中 Name 为顶点变换方法的名称。顶点变换方法的声明有以下几种形式，用于满足不同的需求。

```
1    void <Name> (inout appdata_full v)
```

此方法用于只修改顶点着色器中的输入顶点数据。

```
2    half4 <Name> (inout appdata_full v, out Input o)
```

此方法用于修改顶点着色器中的输入顶点数据及为表面着色器方法传递顶点数据。

其中 inout 类型的结构体使用了顶点数据结构体，用于给顶点变换方法输入顶点数据。out 类型的结构体为表面着色器中使用的输入结构体，用于为表面着色器方法传递顶点数据。

下面通过一个用顶点变换方法实现充气膨胀效果的表面着色器案例来详细介绍顶点变换方法。

（1）导入模型对象。将目标模型对象导入工程文件夹（本案例模型对象为资源包中第 5 章目录下的 BNUVertexShader/Assets/panda.FBX）。

（2）创建 Shader 脚本。单击 Assets→Create→Shader，创建一个着色器脚本，并命名为“BNUVertex.Shader”。然后双击该脚本进入脚本编辑器并编写脚本，具体代码如下。（代码位置：见资源包中源代码第 5 章目录下的 BNUVertexShader/Assets/BNUVertex.shader。）

```
1    Shader "Custom/ BNUVertex" {
2      Properties {
3        _MainTex ("Texture", 2D) = "white" {}                  //2D 纹理数值
4        _Amount ("Extrusion Amount", Range(0,0.1)) = 0.05      //膨胀系数数值
5      }
6      SubShader {
7        CGPROGRAM
8        #pragma surface surf Lambert vertex:vert            //表面着色器编译指令
9        struct Input {                                      //Input 结构体
10         float2 uv_MainTex;                                //UV 纹理坐标
11       };
12       float _Amount;                                      //定义膨胀系数属性
13       sampler2D _MainTex;                                 //定义 2D 纹理
14       void vert (inout appdata_base v) {                  //顶点变换方法
15         v.vertex.xyz += v.normal * _Amount;               //通过法线挤压实现充气的效果
16       }
17       void surf (Input IN, inout SurfaceOutput o) {       //表面着色器方法
18         o.Albedo=tex2D (_MainTex, IN.uv_MainTex).rgb; //从纹理中提取颜色为漫反射颜色
赋值
19       }
20       ENDCG
21     }
```

```
22     Fallback "Diffuse"                                  //降级着色器
23   }
```

- 第 2～5 行为着色器的属性块。其中定义了 2D 纹理数值和膨胀系数数值，用于表面着色器的顶点变换方法的计算。
- 第 8～13 行为表面着色器编译指令和定义属性。编译指令中的“vertex:vert”用于告诉编译器表面着色器名称为 vert 的方法为顶点变换方法。
- 第 14～16 行为顶点变换方法。其原理是通过将顶点向法线方向移动来实现为物体充气的效果。
- 第 17～19 行为表面着色器方法。该方法主要实现了从纹理中提取颜色为 Albedo 参数赋值的功能。
- 第 22 行为降级着色器。如果着色器中的子着色器均未被启用，则会调用 FallBack 下的着色器，即“Diffuse”。

（3）运行项目。将刚刚编写好的 BNUVertex 脚本拖曳到模型对象的材质球上（本案例中为 panda 模型下的 Object04.obj 对象），单击播放按钮运行该案例，在游戏预览面板中可以看到经顶点变换方法处理过的模型对象会充气膨胀，如图 5-5 和图 5-6 所示。

图 5-5　膨胀处理前效果

图 5-6　膨胀处理后效果

5.3　渲染通道的通用指令

固定管线着色器、顶点片元着色器及表面着色器都可以通过一些通用指令来控制渲染通道。这些通用指令可以用来实现一些游戏中常用的特效，如半透明效果、镜面及倒影等。下面将详细介绍一些基本的通用指令。

5.3.1　设置 LOD 数值

着色器中可以在 SubShader 里设置一个 LOD 数值，如果 SubShader 中设置的 LOD 数值小于或等于脚本中设置的最大 LOD 数值，就可以使用此 SubShader，反之，则不可以使用此 SubShader。

除了可针对某一特定着色器设置最大 LOD 数值，也可在脚本中通过设置 Shader.globalMaximumLOD 属性的数值来设置全局最大 LOD 数值。Unity 内置的着色器都有 LOD 分级，如表 5-8 所示。

表 5-8　　LOD 分级

LOD 分级	对　应　值
VertexLit kind of shaders	100
Decal、Reflective VertexLit	150
Diffuse	200
Difuse Detail、Reflective Bumped Unlit、Reflective Bumped VertexLit	250
Bumped	300
Bumped Specular	400
Parallax	500
Parallax Specular	600

LOD 为“Levels of Detail”的简称，意为细节层次技术。LOD 是指根据物体模型的节点在场景中所处的位置和重要度，决定物体渲染时的资源分配，降低非重要物体的面数和细节度，从而实现高效率的渲染运算。LOD 不仅在着色器中有所体现，也在很多游戏和软件中得到了很好的应用。

下面通过一个控制 LOD 数值改变模型对象颜色的着色器案例来详细介绍 LOD 数值的使用方法。

（1）导入模型对象。将目标模型对象导入工程文件夹（本案例模型对象为资源包中第 5 章目录下的 BNULODShader/Assets/dabai.FBX）。

（2）创建 Shader 脚本。单击 Assets→Create→Shader，创建一个着色器脚本，并命名为“BNULOD.Shader”，然后双击该脚本进入脚本编辑器并编写脚本，具体代码如下。（代码位置：见资源包中源代码第 5 章目录下的 BNULODShader/Assets/ BNULOD.shader。）

```
1    Shader "Custom/BNULOD" {
2      SubShader {                                        //将物体渲染为白色的 SubShader
3        LOD 600                                          //设置 LOD 数值为 600
4        CGPROGRAM
5        #pragma surface surf Lambert                     //表面着色器编译指令
6        struct Input {                                   //Input 结构体
7          float2 uv_MainTex;
8        };
9        void surf (Input IN, inout SurfaceOutput o) {    //表面着色器方法
10         o.Albedo = float3(1,1,1);                      //设置颜色为白色
11       }
12       ENDCG
13     }
14     SubShader {                                      //将物体渲染为红色的 SubShader
15       LOD 500                                        //设置 LOD 数值为 500
16       CGPROGRAM
17       #pragma surface surf Lambert                   //表面着色器编译指令
```

```
18        struct Input {                                  //Input 结构体
19          float2 uv_MainTex;
20        };
21        void surf (Input IN, inout SurfaceOutput o) {//表面着色器方法
22          o.Albedo = float3(1,0,0);                     //设置颜色为红色
23        }
24        ENDCG
25      }
26      SubShader {                                       //将物体渲染为蓝色的 SubShader
27        LOD 400                                         //设置 LOD 数值为 400
28        CGPROGRAM
29        #pragma surface surf Lambert                    //表面着色器编译指令
30        struct Input {                                  //Input 结构体
31          float2 uv_MainTex;
32        };
33        void surf (Input IN, inout SurfaceOutput o) {//表面着色器方法
34          o.Albedo = float3(0,0,1);                     //设置颜色为蓝色
35        }
36        ENDCG
37    }}
```

- 第 3 行的主要功能为定义将物体渲染为白色的 SubShader，设置 LOD 数值为 600。
- 第 9～11 行的主要功能为在表面着色器方法中设置物体表面颜色为白色。
- 第 15 行的主要功能为定义将物体渲染为红色的 SubShader，设置 LOD 数值为 500。
- 第 21～23 行的主要功能为在表面着色器方法中设置物体表面颜色为红色。
- 第 27 行的主要功能为定义将物体渲染为蓝色的 SubShader，设置 LOD 数值为 400。
- 第 33～35 行的主要功能为在表面着色器方法中设置物体表面颜色为蓝色。

（3）创建一个材质球。单击 Assets→Create→Material，创建一个材质球，并命名为“LODMaterial”，再将刚刚编写好的 BNULOD 脚本拖曳到材质球上，最后将材质球拖曳到模型对象的属性查看器中（本案例中为 dabai 模型下的 body.obj 对象）。

（4）编写控制最大 LOD 数值的 C#脚本。单击 Assets→Create→C#，创建一个 C#脚本，并命名为“SetLOD.cs”，然后双击该脚本进入脚本编辑器并编写脚本，具体代码如下。（代码位置：见资源包中源代码第 5 章目录下的 BNULODShader/Assets /SetLOD.cs。）

```
1    using UnityEngine;
2    using System.Collections;
3    public class SetLOD : MonoBehaviour {
4      public Shader myShader;                            //定义着色器
5      private float val = 6;                             //设置 LOD 数值
6      void Update(){
7        myShader.maximumLOD = (int)val * 100;            //设置最大 LOD 数值
8      }
9      void OnGUI(){
10       val = (int)GUI.HorizontalSlider(new Rect(100,125,300,30),val,3,6);
11                                                        //显示控制 LOD 数值的滑动条控件
12       GUI.Label(new Rect(333,100,170,30),"Current LOD is:"+val*100);
13                                                        //显示当前的 LOD 数值
14   }}
```

- ❑ 第 4～5 行的主要功能为定义“BNULOD”着色器的引用和 LOD 数值。
- ❑ 第 6～8 行重写了 Update 方法，在 Update 方法中设置着色器的最大 LOD 数值。
- ❑ 第 9～14 行的主要功能为在屏幕上显示控制 LOD 数值的滑动条控件，用来调节 LOD 数值，以及显示当前的 LOD 数值。

（5）将创建的 SetLOD 脚本拖曳到主摄像机上，然后将“BNULOD”着色器拖曳到主摄像机的 SetLOD 脚本组件的 myShader 中。

（6）运行项目。单击播放按钮运行该案例，依次调节 LOD 数值为 600、500、400、300，并观察在游戏预览面板里角色身体变为不同的颜色，如图 5-7 所示。

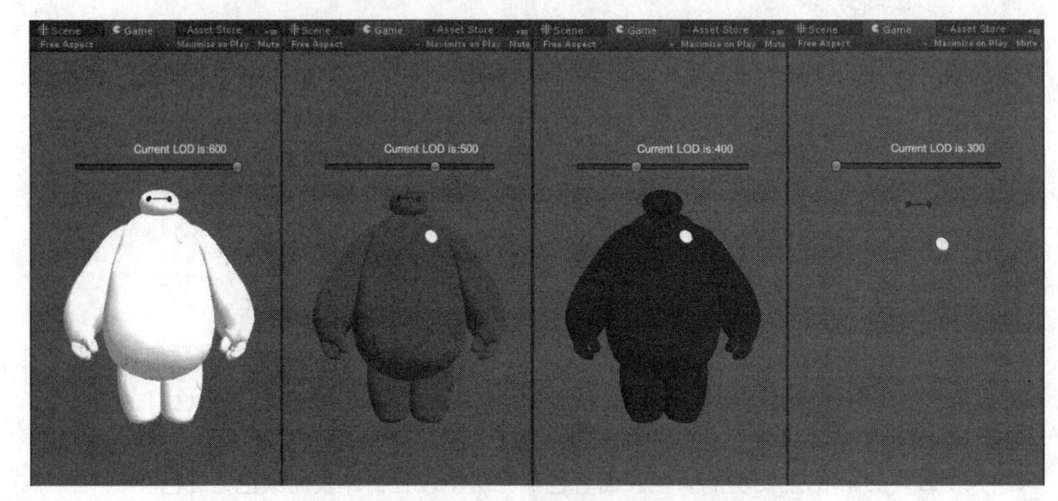

图 5-7　LOD 值不同时角色身体颜色不同

说明　当 LOD 数值为 600 时，将物体渲染为白色的 SubShader 被使用，而其下面的 SubShader 虽然符合要求，但不再被使用，这说明在着色器里第一个符合条件的 SubShader 会优先被使用。当 LOD 数值为 300 时，找不到符合要求的 SubShader，物体就不会被渲染。

5.3.2　渲染队列

渲染队列可以决定渲染场景时物体的渲染顺序，这在很多特殊情况下非常有用。例如，关闭深度测试后还需要近处的物体可以遮挡远处的物体，或者启用混合模式后要保证远处的半透明的物体先渲染，近处的后渲染。

Unity 内置了 5 种渲染队列，如表 5-9 所示。

表 5-9　渲染队列

队列名称	说　明
Background	背景，对应值为 1000。这个渲染队列在所有队列之前被渲染，通常用于渲染真正需要放在背景上的物体，如天空盒
Geometry	几何体（默认值），对应值为 2000。这是默认的渲染队列，被用于大多数对象。不透明的几何体使用这个渲染队列
AlphaTest	Alpha 测试，对应值为 2450。Alpha 测试的几何结构使用这种渲染队列。它是一个独立于 Geometry 的队列，因为它可以在所有固体对象绘制后更有效地渲染采用 Alpha 测试的对象

续表

队列名称	说　明
Transparent	透明，对应值为 3000。这个渲染队列在 Geometry 队列之后被渲染，采用从后到前的次序。任何采用 Alpha 混合模式的对象（不对深度缓冲产生写操作的着色器）都在这里渲染，如玻璃、粒子效果
Overlay	覆盖，对应值为 4000。这个渲染队列被用于实现叠加效果。任何需要最后渲染的对象都应该放置在此处，如镜头光晕

下面通过一个更改两个小球渲染次序的案例来详细介绍渲染队列。

（1）创建小球对象。单击 GameObject→3D Object→Sphere，创建两个 Sphere 对象，分别命名为“Ball1”和“Ball2”，并调节两个小球的位置，将 Ball1 放在 Ball2 前方，保证摄像机视角下 Ball1 遮住 Ball2。

（2）创建 Shader 脚本。单击 Assets→Create→Shader，创建两个着色器脚本，并分别命名为“BNURender100.Shader”和“BNURender200.Shadwr”。然后双击脚本进入脚本编辑器并编写脚本，BNURender100 脚本具体代码如下。（代码位置：见资源包中源代码第 5 章目录下的 BNURenderQueue/Assets/BNURender100.shader。）

```
1   Shader "Custom/BNURender100" {
2     Properties {
3       _Color ("Main Color", Color) = (0,0,0,0)             //主颜色数值
4     }
5     SubShader {
6       Tags { "Queue"="Geometry+100" }                      //设置渲染队列数值
7       ZTest off                                            //关闭深度测试
8       CGPROGRAM
9       #pragma surface surf Lambert                         //表面着色器编译指令
10      fixed4 _Color;                                       //主颜色属性
11      struct Input {                                       //Input 结构体
12        float2 uv_MainTex;
13      };
14      void surf (Input IN, inout SurfaceOutput o) {        //表面着色器方法
15        o.Albedo = _Color;                                 //设置物体表面颜色
16      }
17      ENDCG
18  }}
```

- 第 2～4 行为属性块，其中定义了主颜色数值，用于表面着色器设置物体表面颜色。
- 第 6～7 行的主要功能为设置渲染队列数值为“Geometry+100”并关闭深度测试。为了达到后渲染的物体遮挡住先渲染的物体的效果需要关闭深度测试。
- 第 10～13 行的主要功能为定义主颜色属性和 Input 结构体，其中主颜色属性用于在表面着色器方法中设置物体表面颜色。
- 第 14～16 行为表面着色器方法，其中使用主颜色数值设置物体表面颜色。

（3）编写另一个着色器脚本，该脚本中除了将渲染队列数值设置为“Geometry+200”，其他代码与 RenderQueue100 脚本基本相同，读者可以参考随书案例中的源代码。

（4）创建材质球。单击 Assets→Create→Material，创建两个材质球，并分别命名为"RenderQueue100"和"RenderQueue200"，再将编写好的 BNURender100 和 BNURender200 脚本分别拖曳到这两个材质球上，最后将材质球分别拖曳到两个小球对象的属性查看器中。

（5）单击播放按钮，观察效果，发现虽然 Ball1 在 Ball2 的前面，但是 Ball1 无法遮挡住 Ball2，如图 5-8 所示。这是因为 Ball2 的渲染队列数值比 Ball1 的大，所以后渲染的 Ball2 小球能够遮挡住先渲染的 Ball1 小球。

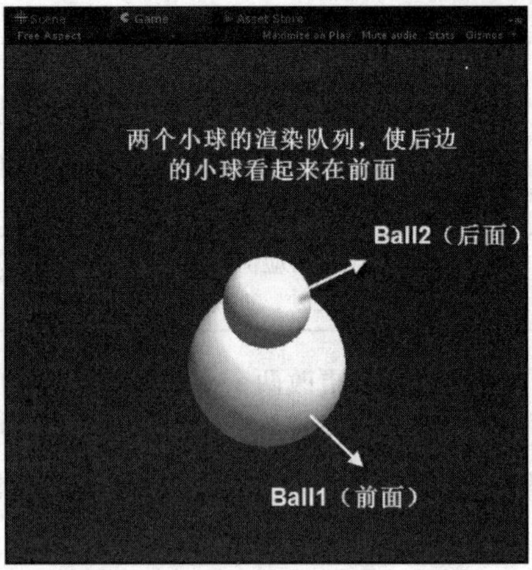

图 5-8　渲染队列案例演示

5.3.3　Alpha 测试

Alpha 测试是阻止片元被写到屏幕的最后一次机会，通俗地说这是最后一次能够决定片元是否显示的设置。在最终渲染出的颜色被计算出来之后，将颜色的透明度值和一个固定值比较，如果 Alpha 值满足要求，则通过测试，绘制此片元；否则丢弃此片元，不进行绘制。Alpha 测试指令如下。

```
1    Alpha Test 开关状态
```

开关状态为 Off 时关闭 Alpha 测试，绘制所有片元；开关状态为 On 时开启 Alpha 测试。默认情况下为 Off，关闭 Alpha 测试。

```
2    Alpha Test 比较模式 [测试值]
```

该指令设置 Alpha 测试只渲染透明度值在某一确定范围内的片元。其常用的比较模式如表 5-10 所示。

表 5-10　Alpha 测试比较模式

比较模式	说　明	比较模式	说　明
Greater	大于	GEqual	大于或等于
Less	小于	LEqual	小于或等于
Equal	等于	NotEqual	不等于
Always	渲染所有片元，等于 AlphaTest Off	Never	不渲染任何片元

下面给出一个通过使用 Alpha 测试来控制面显示区域的案例来详细介绍 Alpha 测试，具体步骤如下。

（1）创建面对象。单击 GameObject→3D Object→Plane，创建一个 Plane 对象，并调节 Plane 的角度，使其正面正对摄像机。

（2）创建 Shader 脚本。单击 Assets→Create→Shader，创建一个着色器脚本，并命名为"BNUAlphaT.Shader"。然后双击该脚本进入脚本编辑器并编写脚本，具体代码如下。（代码位置：见资源包中源代码第 5 章目录下的 BNUAlphaTest/Assets/ BNUAlphaT.shader。）

```
1   Shader "Custom/BNUAlphaT" {
2     Properties {
3       _Color ("Main Color", Color) = (1,1,1,1)          //主颜色数值
4       _MainTex ("Albedo (RGB)", 2D) = "white" {  }      //2D 纹理
5       _CutOff("Alpha cutoff",Range(0,2))=0.0            //Alpha 范围数值
6     }
7     SubShader {
8       Tags { "Queue"="AlphaTest" }                      //设置渲染队列为 AlphaTest
9       Pass{
10        Material{
11          Diffuse [_Color]                              //设置漫反射颜色
12          Ambient [_Color]                              //设置环境光颜色
13        }
14        AlphaTest GEqual [_CutOff]                      //进行 Alpha 测试
15        Lighting On                                     //打开光照
16        SetTexture [_MainTex]{                          //设置纹理
17          constantColor [_Color]                        //定义颜色常量
18          Combine texture*primary DOUBLE,texture*constant//计算最终颜色
19  }}}}
```

- 第 2～6 行为属性块，其中定义了主颜色数值、2D 纹理和 Alpha 范围数值。
- 第 8 行的主要功能为设置渲染队列为“AlphaTest”，这样做的目的是确保该对象在场景中排在其他普通物体渲染后渲染，因为带 Alpha 测试的物体需要在普通物体渲染后渲染，否则显示不出 Alpha 测试的效果。
- 第 10～13 行为固定管线着色器的材质块，主要设置了漫反射颜色和环境光颜色。
- 第 14～15 行的主要功能为开启 Alpha 测试和打开光照。其中将进行 Alpha 测试的比较模式设置为“GEqual”，这样做的目的是只渲染 Alpha 值大于或等于_CutOff 数值的片元。
- 第 16～19 行处理纹理并计算最终颜色，该部分为固定管线着色器。

（3）创建材质球。单击 Assets→Create→Material，创建材质球，并命名为“AlphaTMaterial”，再将编写好的 BNUAlphaT 脚本拖曳到该材质球上。

（4）添加纹理图片。将半透明渐变纹理图片拖曳到材质球的 Texture 属性上（本案例模型对象为资源包中第 5 章目录下的 BNUAlphaTest/Assets/Mesh.png），渐变纹理图片的 Alpha 值从左到右递减，如图 5-9 所示。图中灰白相间的格子区域表示透明区域，格子越清楚其 Alpha 值越小。

（5）单击播放按钮，在材质球的属性查看器中调整材质球的 Alpha 值，发现 Plane 对象能显示出来的黑色区域会增大或减小，如图 5-10 所示。

本案例的原理是 Plane 对象的纹理图片是渐变的，图上灰白相间格子区域的 Alpha 值从右到左不断增大。而着色器属性中的_CutOff 数值相当于一个测试 Alpha 值的门槛，_CutOff 数值增大或减小，门槛的值也在变化，所以纹理图片显示区域的大小也会不断变化。

图 5-9 “Mesh”纹理图片

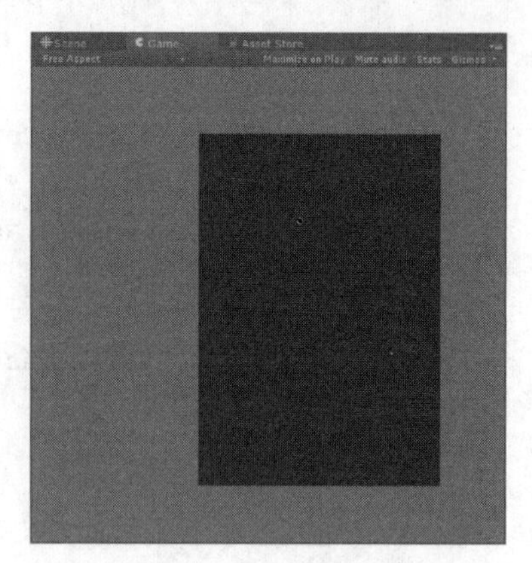

图 5-10 Alpha 测试效果图

5.3.4 深度测试

深度测试能够保证距离摄像机近的物体遮挡住距离摄像机远的物体，以符合真实世界的物理规律。在片元写入帧缓冲前，需要将待写入的片元的深度值 Z 与深度缓冲区中对应的深度值进行比较测试，只有测试成功才会写入帧缓冲。深度测试指令如下。

```
1    ZWrite 开关状态
```

该指令控制是否将来自对象的片元深度值 Z 写入深度缓冲，默认开启。如果绘制的是不透明物体，则设置为 On；当绘制半透明物体时设置为 Off。

```
2    ZTest 深度测试模式
```

该指令设置深度测试模式。默认模式是 LEqual（将深度值 Z 小于或等于深度缓冲区中对应的深度值的片元写入帧缓冲，实现距离摄像机近的物体遮挡住距离摄像机远的物体）。深度测试模式如表 5-11 所示。

表 5-11 深度测试模式

深度测试模式	说　明	深度测试模式	说　明
Less	小于	Greater	大于
LEqual	小于或等于	GEqual	大于或等于
Equal	等于	NotEqual	不等于
Always	总是渲染，相等于关闭深度测试		

```
3    Offset Factor , Units
```

Factor（因子）和 Units（单元）两个参数可以指定深度偏移的量，因子衡量多边形 z 轴与 x 轴或 y 轴的最大斜率，而单元衡量可分解的最小深度缓存值。这使开发人员可以强制性地将一个多边形绘制在另一个多边形上，即使它们实际上处于相同位置。例如，“Offset 0, −1”是忽略多边形的斜率，使其靠近摄像机，而“Offset −1, −1”是使多边形从切线角看时更加靠近摄像机。

下面通过一个控制深度测试模式更改面显示效果的案例来详细介绍深度测试，具体步骤如下。

（1）创建 Plane 对象。单击 GameObject→3D Object→Plane，创建 4 个 Plane 对象，并分别命名为“MainPlane”“RedPlane”“BluePlane”“GreenPlane”，调节 4 个 Plane 的位置，使它们两两

对称且交叉倾斜，如图 5-11 所示。

图 5-11　4 个 Plane 对象在场景中的位置

（2）创建材质球。单击 Assets→Create→Material，创建 3 个材质球，并分别命名为“RedMaterial”“BlueMaterial”“GreenMaterial”，将“RedMaterial”材质设为红色，“BlueMaterial”材质设为蓝色，“GreenMaterial”材质设为绿色。最后将 3 个材质球分别设置为“RedPlane”“BluePlane”“GreenPlane”3 个 Plane 对象的材质。

（3）在 Assets 目录下新建一个文件夹，并命名为“Shader”，在该文件夹下创建 7 个材质资源，分别命名为“Always”“Equal”“GEqual”“Greater”“LEqual”“Less”“NotEqual”。再创建 7 个着色器，名称和 7 个材质资源一一对应。

（4）将 7 个着色器分别拖曳到对应名称的材质的着色器属性查看器中。这 7 个着色器的深度测试模式与其名称一一对应，并且除了深度测试模式不同其他部分都相同。下面以 LEqual 着色器为例进行讲解。（代码位置：见资源包中源代码第 5 章目录下的 BNUZTest/Assets/Shader/BNULEqual.cs。）

```
1   Shader "Custom/BNULEqual" {
2     SubShader {
3       ZTest LEqual                                  //设置深度测试模式
4       CGPROGRAM
5       #pragma surface surf Lambert                  //表面着色器编译指令
6       struct Input {                                //Input 结构体
7         float2 uv_MainTex;                          //UV 纹理坐标
8       };
9       void surf (Input IN, inout SurfaceOutput o) { //表面着色器方法
10        o.Albedo = float3(1,1,1);                   //设置漫反射颜色为白色
11      }
12      ENDCG
13  }}
```

- 第 3 行的主要功能为设置深度测试模式。将此着色器的深度测试模式设为“LEqual”，其他几个着色器的深度测试模式分别与其着色器的名称对应。
- 第 5～11 行为一个简单的表面着色器，主要功能为将物体漫反射颜色设置为白色。

（5）创建功能脚本。在 Assets 目录下创建一个脚本，并命名为“BNUZTest.cs”，然后将其拖曳到 MainPlane 对象上。双击打开该脚本，开始该脚本的编写，具体代码如下。（代码位置：见资源包中源代码第 5 章目录下的 BNUZTest/Assets/BNUZTest.cs。）

```
1   using UnityEngine;
2   using System.Collections;
```

```
3    public class BNUZTest : MonoBehaviour {
4      public Renderer rd;                              //渲染器组件
5      public Material[] mats;                          //材质数组
6      public string[] labels;                          //用于显示当前深度测试模式
7      public Rect rect,tip;                            //滑动条控件及显示控件的位置和大小
8      public int n;                                    //渲染器当前使用材质的序列号
9      void Start () {
10       rd=this.GetComponent<MeshRenderer>();         //获取渲染器组件
11     }
12     void Update () {
13       rd.material = mats[n];                        //为渲染器设置材质
14     }
15     void OnGUI(){
16       n = (int)GUI.HorizontalSlider(rect, n, 0, 6);//显示滑动条控件并获取滑动条控件的值
17       GUI.Label(tip,"Current ZTest "+labels[n]);  //显示当前深度测试模式
18   }}
```

- 第 4～8 行的主要功能为定义变量，主要定义了渲染器组件、材质数组、用于显示当前深度测试模式及渲染器当前使用材质的序列号等变量。
- 第 9～11 行重写了 Start 方法，在 Start 方法中获取渲染器组件。
- 第 12～14 行重写了 Update 方法，在 Update 方法中根据滑动条控件的值来为渲染器设置对应序列号的材质。
- 第 15～18 行为 OnGUI 方法的重写，主要功能为显示滑动条控件并获取滑动条控件的值，以及显示当前深度测试模式。

（6）设置 MainPlane 对象的 BNUZTest.cs 脚本组件的相应参数，具体参数设置如图 5-12 所示。其中将 Mats 的 Size 设为 7，然后将 Shader 文件夹下的 7 个材质资源按照名称分别拖曳到相应位置；将 Labels 的 Size 设为 7，分别输入 7 种深度测试模式的名称。

（7）单击播放按钮，观察效果。MainPlane 对象使用的默认材质深度测试模式为 LEqual，距离摄像机近的物体遮挡住了距离摄像机远的物体，场景符合物理规律，如图 5-13 所示。拖曳滑块切换深度测试模式，会出现不同的效果。

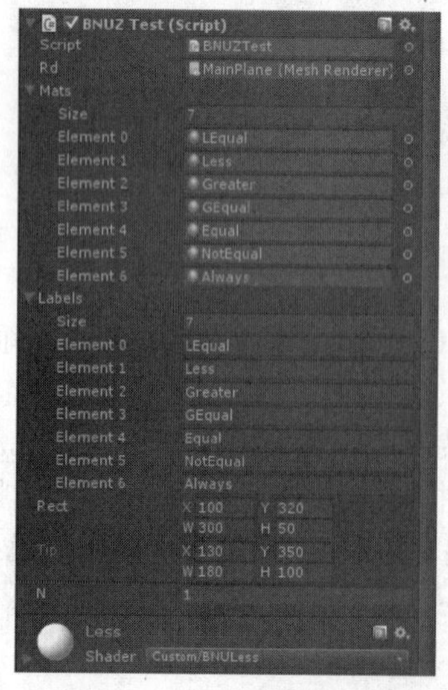

图 5-12 “BNUZTest.cs”脚本组件的参数设置

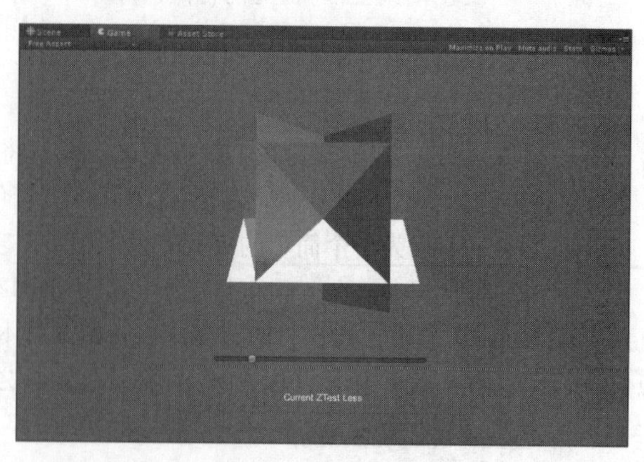

图 5-13 案例运行效果

由于本书正文中的插图是灰度印刷，因此可能表现不出应有效果，请读者运行随书案例来观察效果。

5.3.5　通道遮罩

通常情况下渲染结果输出时 R、G、B、A 这 4 个通道皆会被写入，但通道遮罩可以指定渲染结果的输出通道，从而实现一些特殊的效果。通道遮罩的可选参数是 R、G、B、A 的任意组合和 0，如果参数为 0，就意味着不会写入任何通道，但会做一次深度测试并会写入深度缓冲。

图 5-14　两个 Plane 对象

下面通过一个案例来详细地介绍一下通道遮罩。

（1）创建 Plane 对象。单击 GameObject→3D Object→Plane，创建两个 Plane 对象，命名为“FrontPlane”和“BackPlane”，并调整两个 Plane 的位置和大小，使它们一前一后出现在摄像机前，并且后面的 Plane 对象要比前面的大，如图 5-14 所示。

（2）创建材质球。单击 Assets→Create→Material，创建一个材质球，并命名为“FrontMaterial”，然后将其设置为 FrontPlane 对象的材质。

（3）创建 Shader 脚本。单击 Assets→Create→Shader，创建一个着色器脚本，并命名为“BNUFront.Shader”，将其拖曳到“FrontMateial”材质球的属性查看器中。然后双击该脚本进入脚本编辑器并编写脚本，具体代码如下。（代码位置：见资源包中源代码第 5 章目录下的 BNUMask/Assets/BNUFront.shader。）

```
1    Shader "Custom/BNUFront" {
2      SubShader {
3        Tags {"Queue"="Geometry+2"}                    //设置渲染队列
4        Pass{
5          Color(1,1,1,1)                               //设置物体表面颜色
6    }}}
```

此着色器的功能是设置渲染队列，使该物体在场景中最后被渲染，并且渲染为白色。

（4）添加纹理图片。为 BackPlane 对象添加纹理图片（本案例纹理图片为资源包中第 5 章目录下的 BNUMask/Assets/texture.jpg）。然后在场景中创建一个小球，调整小球的位置使小球在 FrontPlane 对象的前面。

（5）创建一个材质球，命名为“ColorMask”。将其设置为小球对象的材质。再创建一个着色器，命名为“BNUMask”，将创建的着色器拖曳到“ColorMask”材质的着色器属性查看器中。双击打开该着色器，开始 BNUMask 脚本的编写，具体代码如下。（代码位置：见资源包中源代码第 5 章目录下的 BNUMask/Assets/BNUMask.shader。）

```
1    Shader "Custom/BNUMask" {
2      SubShader {
3        Tags{"Queue"="Geometry+1"}                    //设置渲染队列
4        Pass{
5          ColorMask 0                                 //设置通道遮罩参数为 0
6          Color(1,1,1,1)                              //设置物体表面颜色
7    }}}
```

此着色器的功能是设置渲染队列使该物体在 FrontPlane 对象渲染前、BackPlane 对象渲染后被渲染，并将通道遮罩参数设置为 0，使物体的 R、G、B、A 通道都不会被写入。

（6）单击播放按钮，观察效果，发现在小球的位置可以透过 FrontPlane 对象直接看到 BackPlane 对象，如图 5-15 所示。

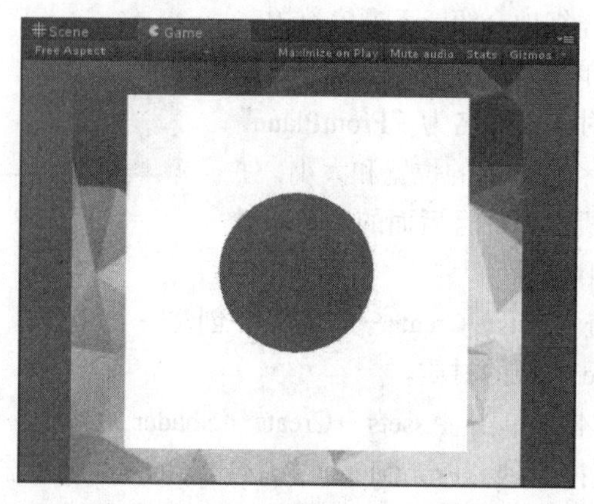

图 5-15　案例运行效果

本案例场景中最先渲染 BackPlane 对象，然后渲染小球。因为小球的 R、G、B、A 通道都不写入，只将深度值写入了深度缓冲，使最后渲染的 FrontPlane 对象上对应着小球的区域的片元深度测试失败，所以出现了图 5-15 中的透视效果。

5.4　通过表面着色器实现边缘光渲染

前面对 Unity 的表面着色器进行了系统的介绍，下面将用一个表面着色器的案例来完整地讲解表面着色器的使用。本案例使用表面着色器来实现游戏开发中常用的边缘光（RimLight）渲染。

游戏开发中有时需要对玩家选中或处于特殊状态的对象进行醒目化处理，这就需要用边缘光渲染技术在需要醒目化处理的对象边缘渲染一层光环，使该对象变得醒目并对玩家进行提醒。例如，当玩家处于防御塔射程内时，防御塔便会被渲染一层红色的边缘光，提醒玩家需要注意，如图 5-16 所示。

1. 案例效果

本案例运行后在游戏界面中可以看到一个人物模型，如图 5-17 所示。当鼠标指针移至人物模型上时，人物模型将会被渲染一层边缘光，如图 5-18 所示。

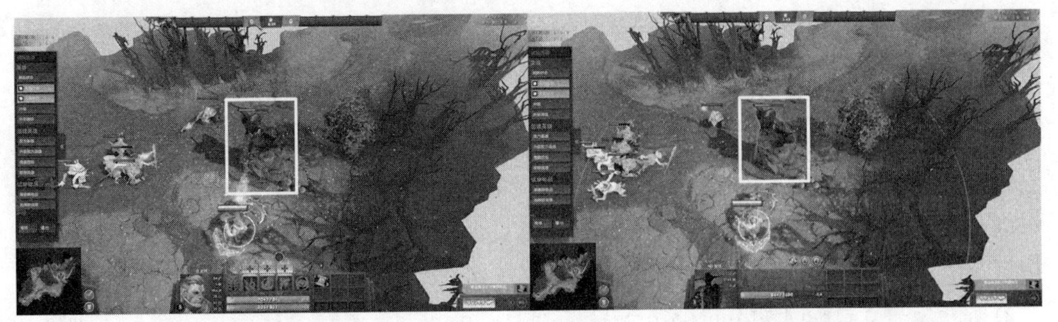

图 5-16　游戏截图

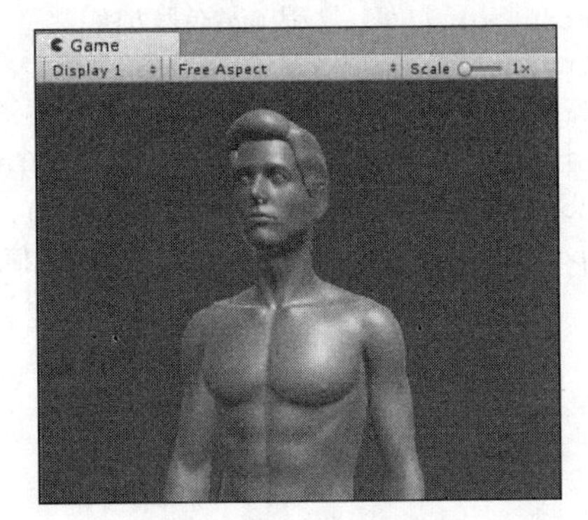

图 5-17　边缘光渲染前

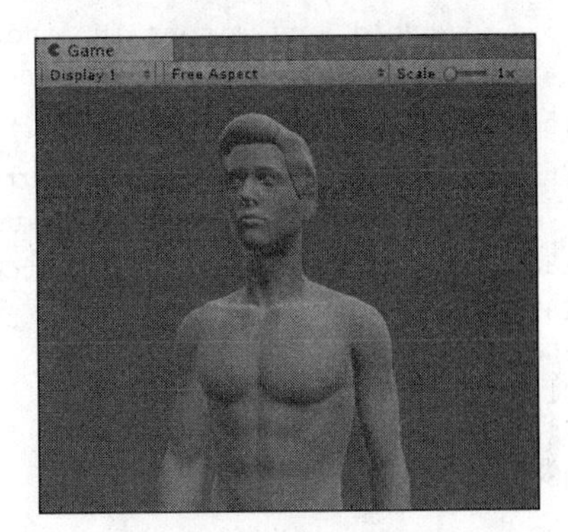

图 5-18　边缘光渲染后

2. 开发流程

（1）新建场景。单击 File→New Scene，创建一个场景。按快捷键 Ctrl+S 保存该场景，并命名为“RimLight”。

（2）将人物模型拖入场景，并适当调整其位置、大小。

（3）单击 Assets→Create→Material，创建一个材质球，并命名为“B1”。调整材质球的颜色，如图 5-19 所示。再用同样的方法创建一个材质球，命名为“B2”，将它们调整为相同的颜色。

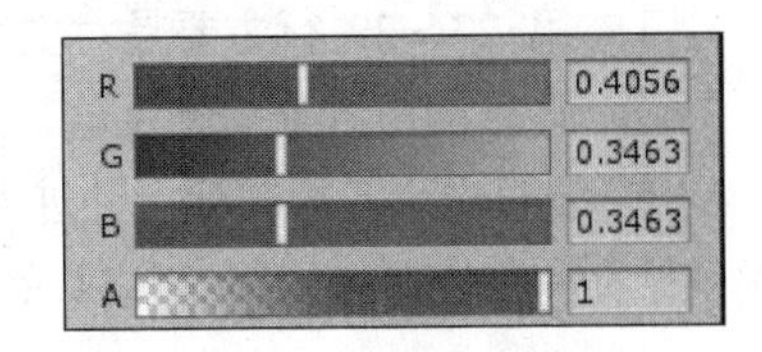

图 5-19　材质球颜色参数

（4）开发边缘光渲染的着色器。单击 Assets→Create→Shader，创建一个着色器脚本，并命名为“B2.Shader”，然后双击打开该着色器脚本，开始代码的编写，具体代码如下。（代码位置：见资源包中源代码第 5 章目录下的 BNURimLight/Assets/B2.shader。）

```
1    Shader "Custom/B2" {
2        Properties {
3            _MainColor ("Main Color", Color) = (1,1,1,1)           //纹理颜色
4            _MainTex ("Texture", 2D) = "white" {}                  //主纹理属性
5            _BumpMap ("Bumpmap", 2D) = "bump" {}                   //法线贴图纹理属性
6            _LightColor ("Light Color", Color) = (1,0,0,1)         //边缘光颜色值
7            _LightPower ("Light Power", Range(0.5,8.0)) = 3.0      //边缘光强度值
8        }
9        SubShader {
10           Tags { "RenderType" = "Opaque" }
11           CGPROGRAM
```

```
12          #pragma surface surf Lambert                              //表面着色器编译指令
13          struct Input {
14              float2 uv_MainTex;                              //主纹理坐标值
15              float2 uv_BumpMap;                              //法线贴图坐标值
16              float3 viewDir;                                 //视图方向
17              };
18          float4 _MainColor;
19          sampler2D _MainTex;
20          sampler2D _BumpMap;
21          float4 _LightColor;
22          float _LightPower;
23      void surf (Input IN, inout SurfaceOutput o) {      //表面着色器方法
24          fixed4 tex = tex2D(_MainTex, IN.uv_MainTex);
25          o.Albedo = tex.rgb * _MainColor.rgb;               //颜色信息赋值
26          o.Normal = UnpackNormal (tex2D (_BumpMap, IN.uv_BumpMap));//法线信息赋值
27          half rim = 1.0 - saturate(dot (normalize(IN.viewDir), o.Normal));
28          o.Emission = _LightColor.rgb * pow (rim, _LightPower);//发光颜色信息赋值
29          }
30      ENDCG
31      }
32      Fallback "Diffuse"
33  }
```

- 第 1～8 行的主要功能为着色器参数声明，在这部分中声明了纹理颜色、主纹理属性、法线贴图纹理属性、边缘光颜色值、边缘光强度值等参数。
- 第 9～22 行添加了一个 SubShader，并声明了一个 Input 结构体，里面有主纹理和法线贴图的 UV 坐标值和视图方向等变量。随后将 Properties 块中声明过的变量再声明一次作为着色器内部参数，相当于参数的传递。
- 第 23～29 行主要是对主纹理和法线贴图纹理进行采样，得到颜色和法线信息。再通过计算得出各处的颜色值，经过计算后得到最终的发光颜色值。

（5）编写用于实现鼠标指针进入人物模型范围时切换材质球的 ShowChange.cs 脚本。（代码位置：见资源包中源代码第 5 章目录下的 BNURimLight/Assets/ ShowChange.cs。）

```
1   using UnityEngine;
2   using System.Collections;
3   public class ShowChange : MonoBehaviour{
4      private Color B1Color;
5      private Shader B1Shader;
6      public Color B2Color;
7      public Shader B2Shader;
8      void Start(){
9         B1Color = GetComponent<Renderer>().material.color; //保存 B1 阶段的颜色值
10        B1Shader = GetComponent<Renderer>().material.shader;//保存 B1 阶段的 Shader
11        B2Shader = Shader.Find("Custom/B2");//找到鼠标指针进入需要的 Shader
12        if (!B2Shader){
13           enabled = false;
14           return;
15        }}
16     void OnMouseEnter(){
17        GetComponent<Renderer>().material.shader = B2Shader;//替换 B2 阶段的 Shader
```

```
18            GetComponent<Renderer>().material.SetColor
19              ("_RimColor", B2Color);                          //设置 B2 边缘光颜色值
20            GetComponent<Renderer>().material.SetColor
21              ("_MainColor", B1Color);                         //设置纹理颜色值
22          }
23          void OnMouseExit(){
24             GetComponent<Renderer>().material.color = B1Color;  //恢复 B1 颜色值
25             GetComponent<Renderer>().material.shader = B1Shader;//恢复 B1Shader
26      }}
```

- 第 4～7 行主要声明了一些变量，这些变量包括 B1、B2 的颜色值和着色器引用。
- 第 8～15 行主要保存了 B1 的颜色值和着色器的应用，便于鼠标指针移开后恢复原状。接着找到了 B2 着色器并赋值给 B2 的着色器引用。
- 第 16～26 行重写了 OnMouseEnter 方法和 OnMouseExit 方法，分别实现了鼠标指针进入和移开的操作。当鼠标指针进入人物模型范围时，将 Shader 切换为 B2，并设置纹理颜色值和边缘光颜色值；当鼠标指针移开时，恢复 B1 原本的颜色及 Shader。

（6）将 B2.Shader 挂载到 B2 材质球上，再将 ShowChange.cs 挂载到人物模型上。单击播放按钮，当鼠标指针移至人物模型上时便可以看到人物被渲染上边缘光了。

5.5　简单的 UV 帧动画效果

这一节将介绍如何使用表面着色器修改 UV 纹理坐标，以实现 UV 帧动画。这一技术以极低的成本实现了帧动画效果，因此在游戏开发中很常用。

1. 案例效果

本案例开始运行后在游戏界面中可以看到一个贴了纹理的正方体，如图 5-20 所示。在案例运行时，正方体上的纹理会周期性地变化，产生 UV 帧动画的效果。

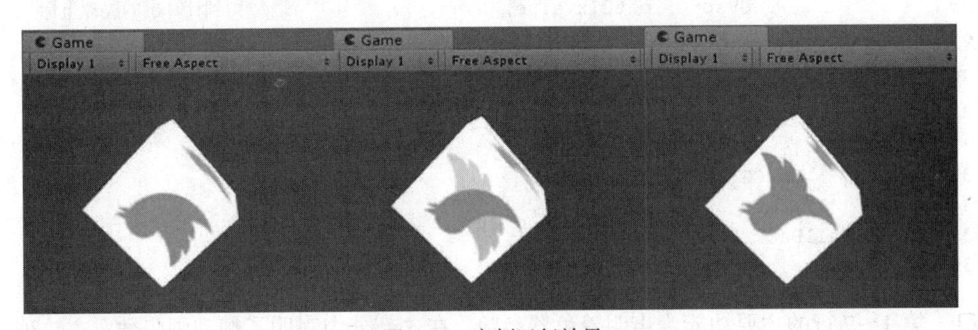

图 5-20　案例运行效果

2. 开发流程

（1）新建场景。单击 File→New Scene，创建一个场景。按快捷键 Ctrl+S 保存该场景，将其命名为“Animation”。

（2）创建 Cube 对象。单击 GameObject→3D Object→Cube，然后调整 Cube 对象的位置和大小。

（3）单击 Assets→Create→Material，创建一个材质球，并命名为“Frame animation”。

（4）开发 UV 帧动画的着色器。单击 Assets→Create→Shader，创建一个着色器脚本，并命名为“Fa.Shader”，然后双击打开该着色器脚本，开始编写代码，具体代码如下。（代码位置：见资源包中源代码第 5 章目录下的 BNUAnimation /Assets/Fa.shader。）

```
1   Shader "Custom/Fa"{
2       Properties{
3           _MainTex("Base (RGB)",2D)="white"{}           //主纹理属性
4           _Frame("Frame",float)=0.0                     //帧动画张数
5           _TexWidth("Sheet Width",float)=0.0            //图片宽度
6           _SwitchSpeed("Switch Speed",Range(1,30))=12//播放速度
7       }
8       SubShader{
9           Tags { "RenderType"="Opaque" }
10          LOD 200
11          CGPROGRAM
12          #pragma surface surf Lambert                  //表面着色器编译指令
13          sampler2D _MainTex;
14          float _TexWidth;
15          float _Frame;
16          float _SwitchSpeed;
17          struct  Input{
18              float2 uv_MainTex;                        //主纹理 UV 坐标
19          };
20          void surf(Input IN,inout SurfaceOutput o){
21              float UVPercentage = 1.0/_Frame;  //计算每帧图占整图的百分比
22              float timeVal = fmod (_Time.y*_SwitchSpeed,_Frame);//通过计算分割图
23              timeVal = ceil(timeVal);
24              float2 UVsp= IN.uv_MainTex;               //将 UV 坐标值保存在变量中
25              float xValue = UVsp.x;
26              xValue += timeVal;
27              xValue *=UVPercentage;
28              UVsp= float2(xValue, UVsp.y);             //得到计算出的纹理坐标
29              float4 c = tex2D (_MainTex, UVsp);        //纹理采样
30              o.Albedo = c.rgb;                         //颜色赋值
31              o.Alpha = c.a;                            //透明度赋值
32          }
33          ENDCG
34      }
35      FallBack "Diffuse"
36  }
```

- 第 1～7 行的主要功能为声明着色器参数，在这部分中声明了帧动画张数、主纹理属性、图片宽度、播放速度等参数。
- 第 8～19 行添加了一个 SubShader，并声明了一个 Input 结构体，里面有主纹理 UV 坐标。随后将 Properties 块中声明过的变量再声明一次作为着色器内部参数，相当于参数的传递。
- 第 21～27 行先计算出了每帧图片占整张图片的百分比，再通过计算将每张小图分割出来。接着把 UV 坐标值保存到一个变量中便于计算，最后声明一个存储图片采样的 *x* 坐标的变量 xValue。第 26 行的作用是保证只有最后一张小图会被显示。

- 第 28～31 行对计算出的纹理坐标进行采样，然后得出最终的颜色值和透明度值。

（5）将编写好的着色器脚本挂载到材质球 “Frame animation” 上，在材质球的属性查看器里设置好图片的宽度和张数（本案例设置的图片宽度为 800，张数为 4）后，将图片挂载到材质球上，如图 5-21 所示。

（6）将设置好的材质球挂载到正方体对象上，单击播放按钮便可看到案例运行效果。

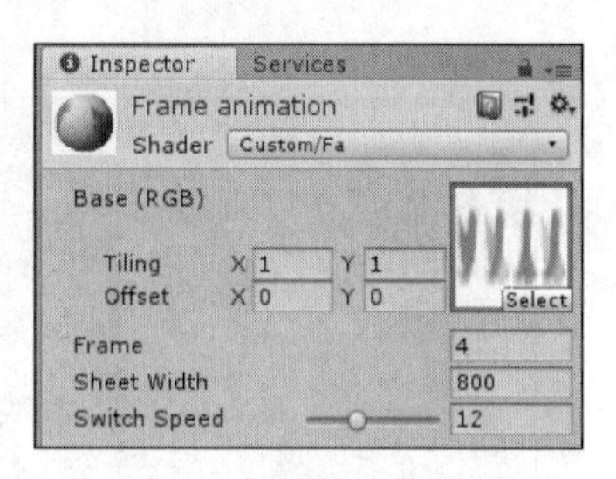

图 5-21　材质球的设置

5.6　可视化着色器编程

Unity 2018.1 发布前，由于着色器编程比较复杂，而且门槛较高，许多 Unity 开发人员和美术人员都期盼着着色器编程能实现可视化，从而降低难度，容易上手。

终于，Unity 2018.1 的更新中推出了可视化着色器编程工具（Shader Graph）。可视化着色器编程工具使开发人员不用编写代码就能够使用设计工具直观地构建着色器。通过简单的拖放方式在图形网络中创建和连接节点后，开发人员可以立即看到结果，然后进行迭代，这使得新用户很容易参与着色器的创建。这一节将会对可视化着色器编程进行简单的介绍。

1. 下载配置

学习使用该工具之前需要先下载 Lightweight Render Pipeline（轻量级渲染管线）和 Shader Graph 包。单击 Window→PackageManager，然后在 All 选项卡中找到所需的包，如图 5-22 所示。单击右上角的 “Install” 按钮进行下载。

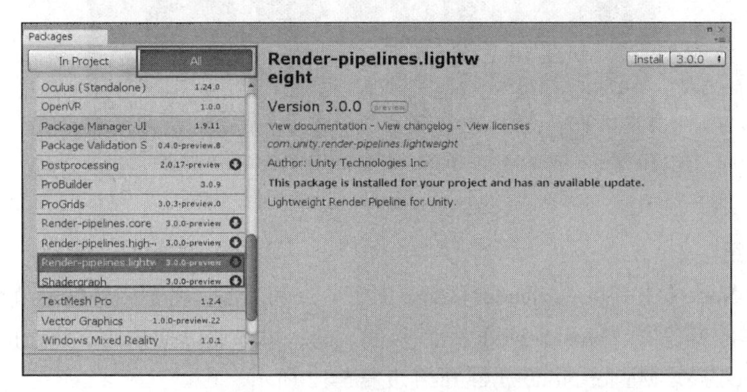

图 5-22　PackageManager 界面

2. 创建步骤

（1）下载好必要的包后，单击 Assets→Create→Rendering→Lightingweight Pipeline Asset，在项目资源列表面板中会出现一个文件，如图 5-23 所示。这个文件就是渲染管线的配置文件。单击 Edit →Project Settings →Graphics，设置该配置文件，如图 5-24 所示。

（2）单击 Assets →Create →Shader 就可以看到 3 种可视化着色器编程工具了，如图 5-25 所示。这里先单击创建一个 PBR Graph。

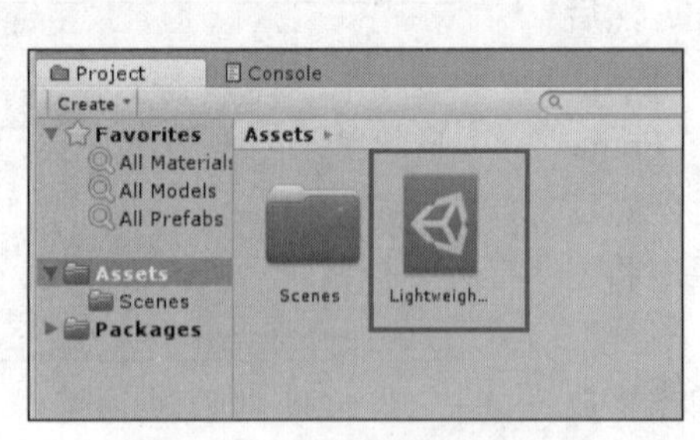

图 5-23 渲染管线配置文件

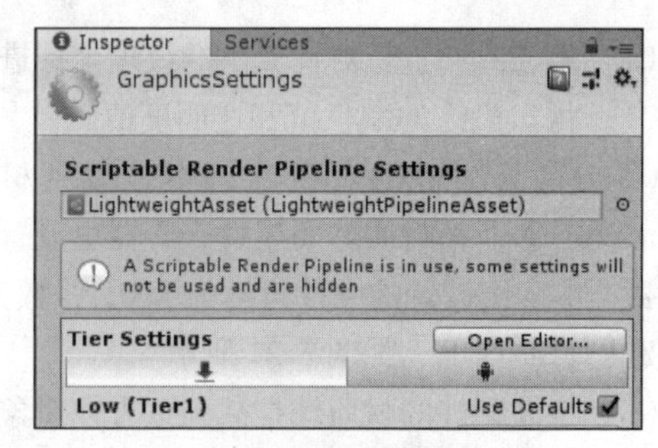

图 5-24 设置渲染管线配置文件

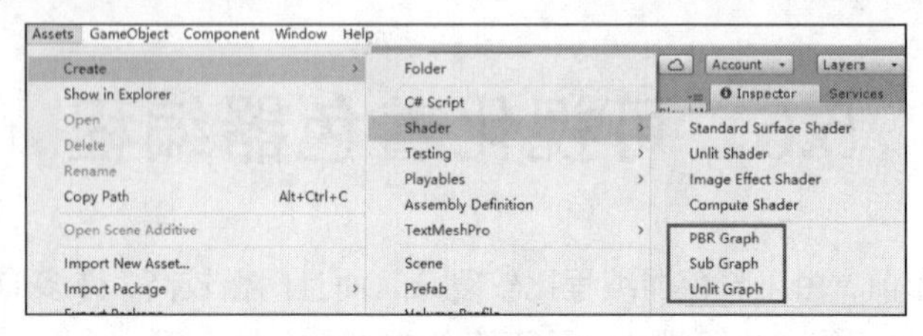

图 5-25 可视化着色器编程工具

（3）双击刚才创建的 PBR Graph 便可打开 Shader Graph 面板，如图 5-26 所示，到这里就完成 Shader Graph 的创建了。

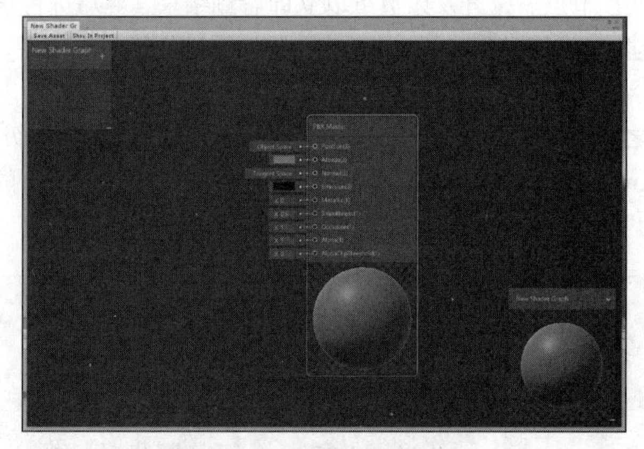

图 5-26 Shader Graph 面板

3. 使用介绍

（1）Master Node（主节点）。Shader Graph 中有节点和线段，将不同属性的节点相互连接便可编辑出各种各样的着色器。Master Node 是默认创建的，可以通过把其他节点连接到 Master Node 来创造出不同的效果。Master Node 属性介绍如表 5-12 所示。

表 5-12 Master Node 属性介绍

属　性	说　明	属　性	说　明
Albedo	可以连接材质或颜色的节点	Specular	增加玻璃质感的节点
Normal	可以连接法线的节点	Smoothness	控制平滑度的节点
Emission	可以连接材质发光属性的节点	Occlusion	设置材质遮挡信息的节点
Metallic	增加金属质感的节点	Alpha	定义 Alpha 通道的节点
AlphaClipThreshold	定义 Alpha 阈值的节点		

通过修改连接 Master Node 的参数就可以快速地改变材质的属性。

（2）Node（节点）。它是 ShaderGraph 中基本的操作对象，节点可以和主节点一样拥有很多属性，从而实现各种各样的功能。在 Shader Graph 面板空白处单击鼠标右键，在弹出的快捷菜单中选择 Create Node 可以创建一个节点，这里选择 Sample Texture 2D 创建一个可以设置简单纹理图片的节点，如图 5-27 和图 5-28 所示。

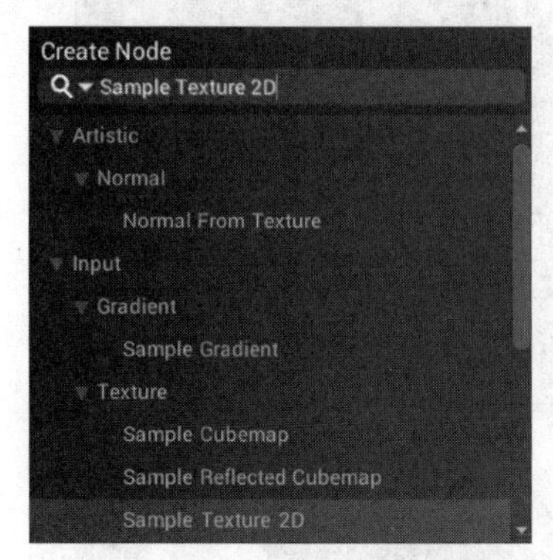

图 5-27　创建节点

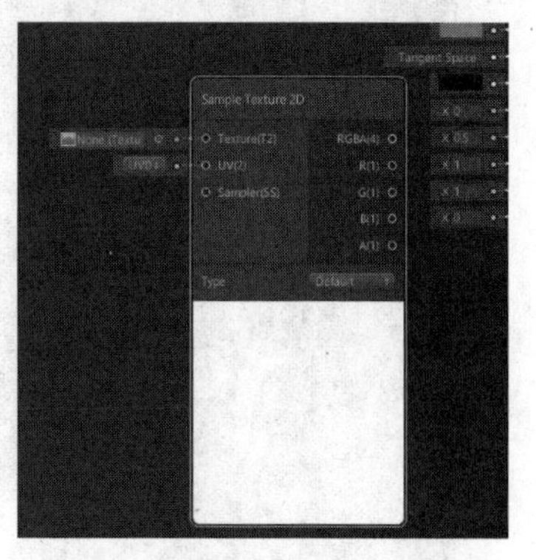

图 5-28　Sample Texture 2D 节点

接着在 Sample Texture 2D 节点的 Texture 属性上选择一幅纹理图片，再将右侧的“RGBA”节点连接到 Master Node 的“Albedo”节点上，这样就完成了利用节点为材质贴图的操作，如图 5-29 所示。

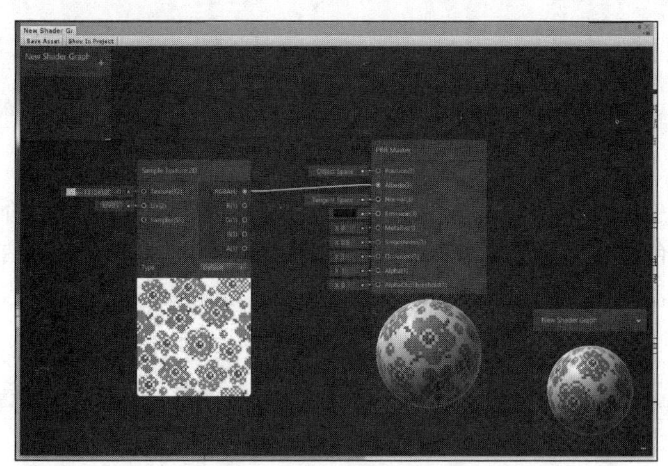

图 5-29　使用节点进行贴图

（3）变量。变量可以为很多的节点或节点上的属性赋值。在 Shader Graph 面板左上角的标签内单击“+”即可创建变量，如图 5-30 所示。

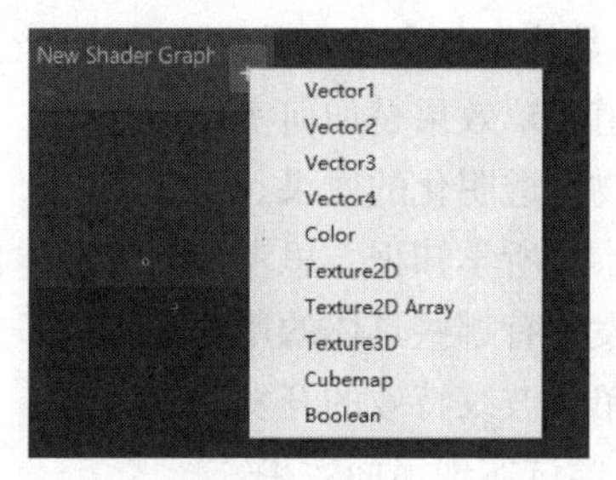

图 5-30　创建变量

这里选择创建 Color 变量。创建完毕后将 Color 变量拖至空白处，然后将其中的“Color”节点连接到 Master Node 的“Emission”节点上，这样就完成了利用变量为属性赋值的操作，如图 5-31 所示。

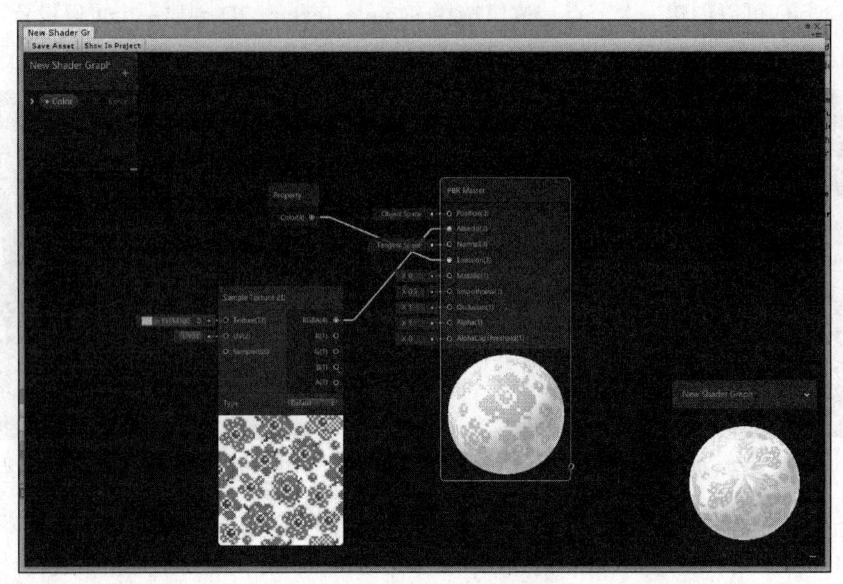

图 5-31　使用变量进行赋值

5.7　本章小结

本章简要介绍了 Unity 中开发高级特效的着色语言和着色器编程，主要介绍了 ShaderLab 的基本语法、表面着色器等。通过本章的学习，读者应该对 Unity 中的着色语言有了一定的了解，能够初步开发着色器，为以后开发复杂的、更加真实的 3D 场景打好基础。

5.8　习　　题

1. 简述什么是着色器和着色器语言。
2. 常见的 3 种着色器包括哪些？它们各有什么特点？
3. 简述 ShaderLab 语法的各部分名称及用法。
4. 渲染通道指令中的 LOD 数值有何含义？其作用是什么？
5. 分别简述深度测试和通道遮罩效果是如何实现的。
6. 编写一个着色器，实现物体透明化的效果。
7. 请查阅相关资料，结合本章所学知识，思考如何实现体积雾。
8. 思考深度测试在实际开发中有哪些具体的用途。
9. 使用顶点着色器实现简单水波纹特效的开发。
10. 查阅相关资料和书籍，尝试实现镜面效果。

第6章 3D 游戏开发常用技术

开发一款 3D 游戏时，仅仅能够搭建场景、编写游戏功能脚本是远远不够的。一款成熟的 3D 游戏中有丰富的音效来渲染游戏气氛，有虚拟摇杆来方便玩家在移动端对游戏进行操作等。这些都涉及游戏开发中常用且必不可少的开发技术。本章将对这些常用技术进行介绍。

6.1 天空盒的应用

玩家在进行游戏时，常常能够看到天空、云彩，感觉游戏场景好像在一个真实的世界中。开发人员在 Unity 集成开发环境中可以使用天空盒来模拟真实的天空环境。读者可以把天空盒想象成将游戏场景包裹起来的盒子，盒子的内壁贴上天空纹理图片来模拟天空环境。

6.1.1 天空盒基础知识

目前 Unity 最新版本提供了 4 种天空盒供开发人员使用，包括 6 Sided（六面天空盒）、Cubemap（立方图纹理天空盒）、Procedural（系统天空盒）和 Panoramic（全景天空盒），如图 6-1 所示。这 4 种天空盒都可以包裹游戏场景，制作前 3 种天空盒各需要使用 6 张能够无缝拼接的天空纹理图片，而全景天空盒则需要一段 360 度全景视频。

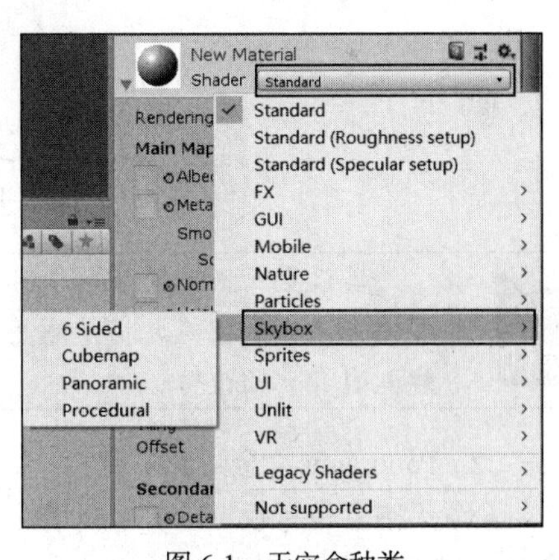

图 6-1　天空盒种类

开发人员需要小心处理天空盒的添加，例如，在游戏场景中有多个摄像机时，如果开发人员需要所有摄像机拍摄出来的画面都使用同一种天空盒，就需要单击 Window→Rendering→Lighting Settings，在打开的面板中的 Skybox Material 变量处添加天空盒，如图 6-2 所示。如果需要让不同的摄像机显示不同的天空盒，就需要在摄像机上挂载天空盒组件并在其中添加不同的天空盒，在属性查看器中单击 Add Component→Rendering→Skybox 即可添加，如图 6-3 所示。下面将对 3 种常用的天空盒进行详细的讲解。

（1）6 Sided（六面天空盒）。

这种天空盒在游戏开发中最为常用，其使用 6 张天空纹理图片组成一个天空场景。创建这种天空盒首先需要创建一个材质球，创建完成后单击材质球，然后将其着色器类型选择为 Skybox6

Sided 即可，再在其中添加 6 张纹理图片，其设置面板如图 6-4 所示。

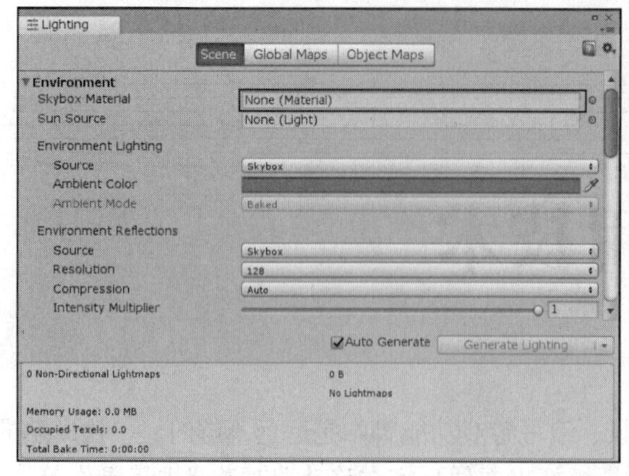

图 6-2　添加摄像机共用的天空盒

图 6-3　添加天空盒组件

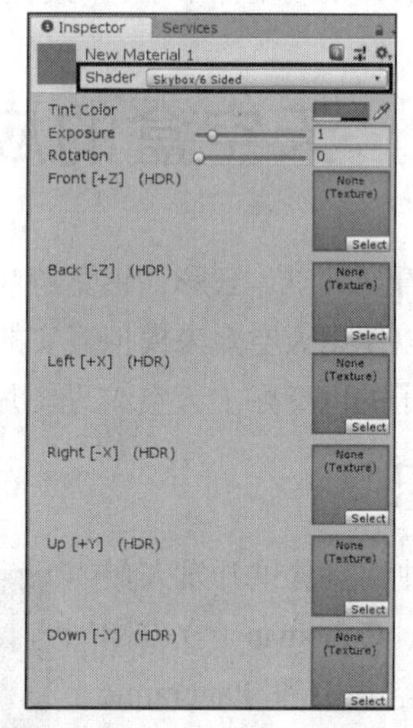

图 6-4　6 Sided 天空盒设置面板

其设置面板中的 Tint Color 参数用来修改天空盒纹理的颜色；Exposure 参数用来设置曝光度，数值越大场景越亮；Rotation 参数用来修改天空盒的旋转角度，天空盒仅围绕其自身 y 轴旋转。

（2）Panoramic（全景天空盒）。

全景天空盒是新版 Unity 中新增的一种天空盒，开发人员可以将一段准备好的全景视频导入全景天空盒。首先创建一个 Render Texture，之后创建材质并修改其着色器类型为 Skybox/Panoramic，再创建一个 video player 对象与 RenderTexture 关联，最后将创建的材质赋给天空盒。

为确保视频正常显示，需要针对视频内容的类型选择映射方式。对于 Cubemap 类型内容，应将 Mapping 设为“6 Frames Layout”；而等距长圆柱类型则需选择“Latitude Longitude Layout”。在 Lighting 面板中，将刚刚新建的天空盒材质赋给 Environment 下的第一个变量 Skybox Material。

（3）Procedural（系统天空盒）。

系统天空盒即 Unity 自带的天空盒，开发人员是无法修改系统天空盒的纹理贴图的。创建这种天空盒首先需要创建一个材质球，即在项目资源列表面板中单击鼠标右键，选择 Create→Material。创建完成后单击材质球，将其着色器类型选择为 Skybox/Procedural 即可，其设置面板如图 6-5 所示。

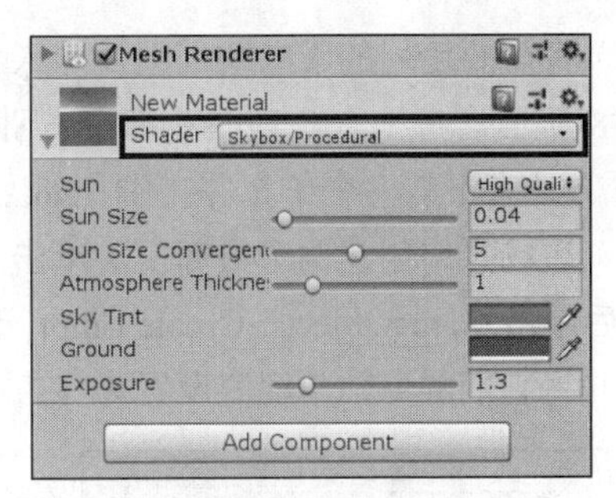

图 6-5　系统天空盒设置面板

虽然系统天空盒的纹理无法更改，但是其功能比六面天空盒丰富。其设置面板中的 Sun 参数用来设置天空中太阳的贴图质量，Sun Size 参数用来修改太阳的大小，Atmosphere Thickne 参数用来修改大气层的厚度，Sky Tint 参数用来修改天空的色调，Ground 参数用来修改地面色调，Exposure 参数用来修改曝光度。

6.1.2　天空盒案例

前面已经介绍了 Unity 中天空盒的功能和种类，为了让读者能够对天空盒的知识理解得更加深刻，本小节将通过一个案例来介绍 Unity 中天空盒的使用。学习这个案例后读者可以清晰地了解天空盒的特点和使用方法。

1. 案例效果

本案例在同一个场景中使用了两个摄像机对象来实现分屏效果。一台摄像机拍摄到的天空盒是在 Lighting 面板中设置的天空盒；另一台摄像机拍摄到的天空盒是在挂载在摄像机上的天空盒组件中设置的天空盒，案例运行时用户可以按空格键来切换不同的天空盒纹理。案例运行效果如图 6-6 所示。

图 6-6　案例运行效果

2. 开发流程

为不同氛围的游戏场景搭配合适的天空盒，能够大大地加强游戏的视觉效果。如果需要运行本案例，可使用 Unity 打开资源包中的 Sky_Demo 工程文件并双击工程中的场景文件 Sky_Demo，最后单击播放按钮即可。下面将详细介绍本案例的开发流程，具体步骤如下。

（1）打开 Unity 集成开发环境，新建一个工程并重命名为“Sky_Demo”，进入工程，按快捷键 Ctrl+S 保存当前场景并重命名为“Sky_Demo”，然后在 Assets 目录下新建两个文件夹并重命名为“Texture”“C#”，分别用来放置天空纹理图片和脚本文件，如图 6-7 所示。

（2）将需要使用的天空纹理图片导入 Texture 文件夹。本案例一共导入了 6 套天空纹理图片，如图 6-8 所示。每一套纹理图片都有 6 张，为了方便区分，建议将每一套天空纹理图片都放在 Texture 文件夹下的一个子文件夹中，如图 6-9 所示。

（3）在场景中创建两个摄像机。单击 GameObject→Camera 即可在场景中创建一个摄像机对象。然后单击 GameObject→Create Empty 创建一个空对象，将两个摄像机对象设置成该对象的子对象，并将它们的 x 轴角度值设置为−22，如图 6-10 所示。

图 6-7　目录结构

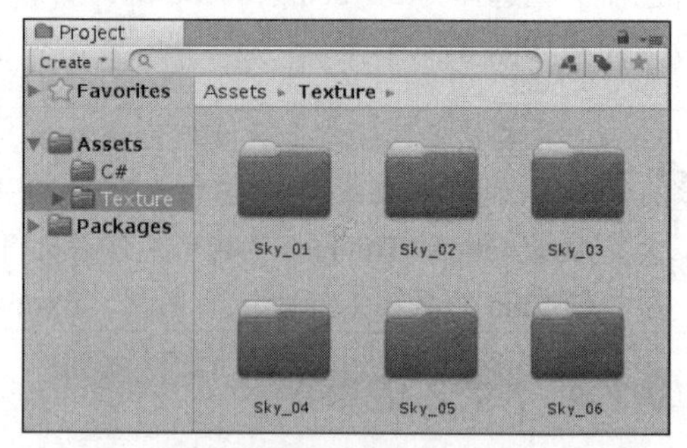

图 6-8　纹理图片文件夹

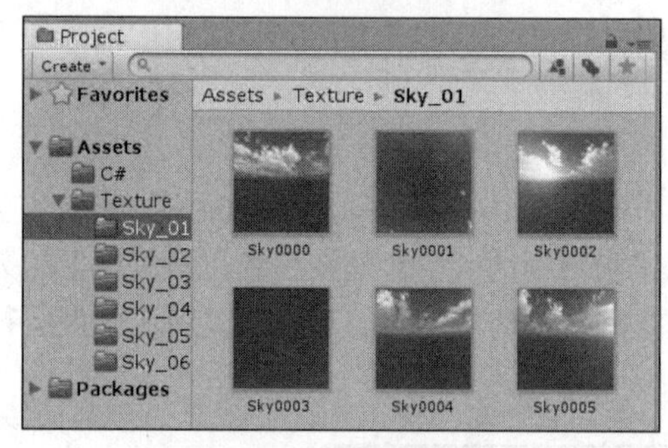

图 6-9　天空纹理图片

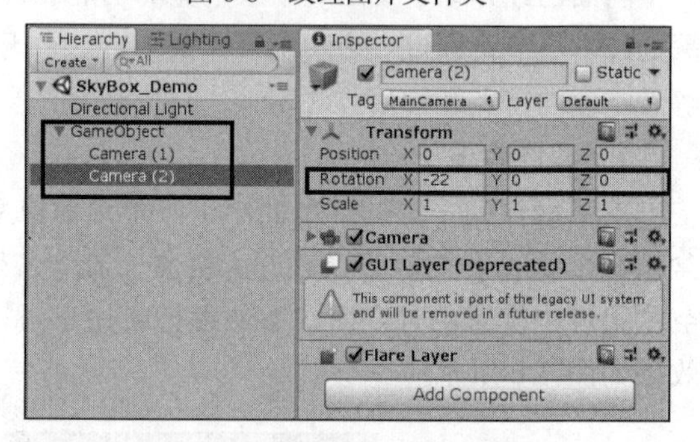

图 6-10　设置摄像机角度

（4）实现分屏效果，即将两个摄像机对象拍摄到的画面分开显示。选中摄像机对象，在属性查看器中的 Camera 组件下会看到 Viewport Rect（视口矩形）参数，将其下的 Y 值修改为−0.5，将另一台摄像机的该参数设置为 0.5，即可实现上下分屏效果，如图 6-11 和图 6-12 所示。

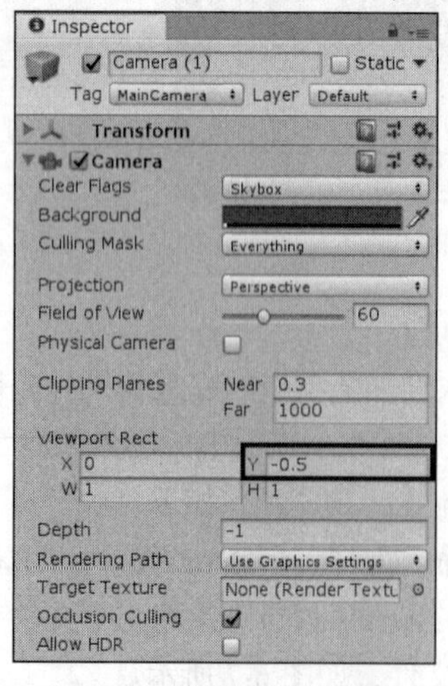

图 6-11　设置摄像机参数 1

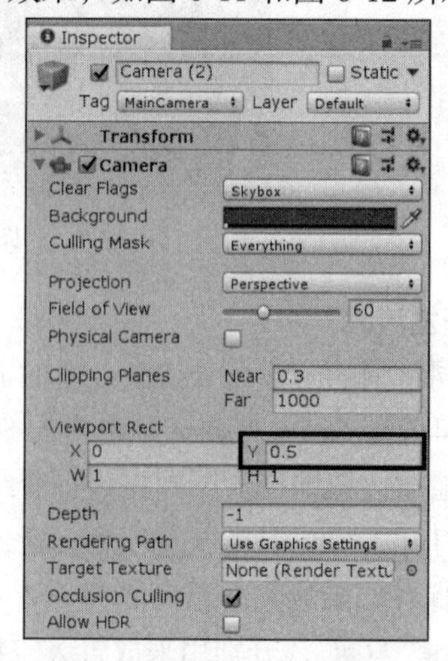

图 6-12　设置摄像机参数 2

（5）使用导入的天空纹理图片来创建天空盒。本案例使用的是六面天空盒（6 Sided）。六面天空盒的创建在前面已经介绍过了，这里不再赘述。然后在 Texture 文件夹下创建 6 个纹理不同的天空盒，并命名为“Sky1”～“Sky6”，如图 6-13 所示。

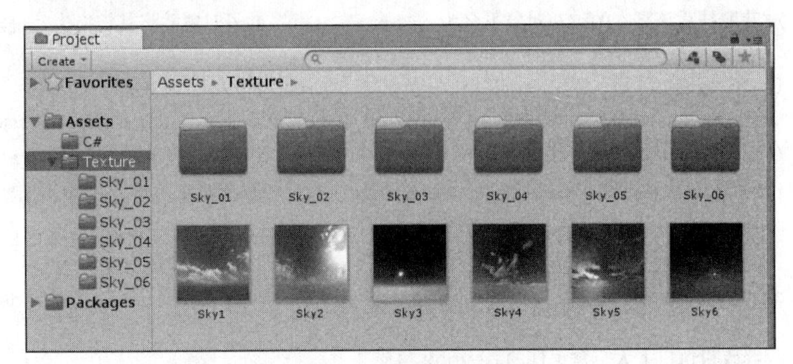

图 6-13　创建天空盒

在将 6 张天空纹理图片添加到天空盒之前需要将纹理的 Wrap Mode（覆盖模式）设置为 Clamp（拉伸），这样每张纹理图片都会完全覆盖住天空盒的一个面，否则可能出现缝隙。单击纹理图片后在其属性查看器中就可以进行相关设置。

（6）在场景中添加创建好的天空盒。首先单击菜单 Window→Rendering→Lighting Settings，将天空盒材质添加到 Skybox Material 处，如图 6-14 所示。然后选中一台摄像机，单击 Component→Rendering→Skybox 为其添加天空盒组件并在其中添加天空盒材质，如图 6-15 所示。

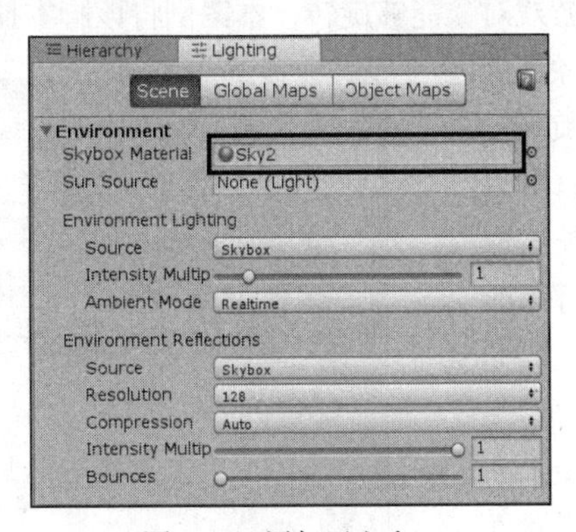

图 6-14　添加天空盒 1

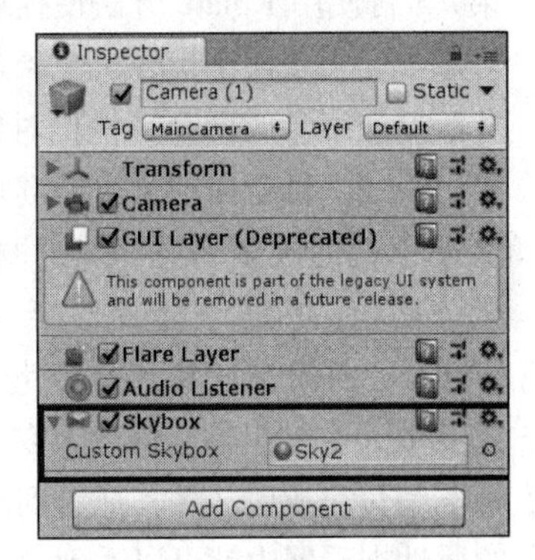

图 6-15　添加天空盒 2

（7）编写脚本实现旋转摄像机和按空格键切换天空盒的功能。该脚本中最重要的是关于天空盒切换的代码，请注意学习重点。在 C#文件夹下单击鼠标右键，选择 Create→C# Script 创建一个 C#脚本并命名为“Demo.cs”。双击该脚本进入脚本编辑器并编写代码，具体代码如下。（代码位置：见资源包中源代码第 6 章目录下的 SkyBox_Demo/Assert/C#/Demo.cs。）

```
1    using UnityEngine;
2    using System.Collections;
3    public class Demo : MonoBehaviour {
4      public float rotateSpeed = 15.0f;          //设置摄像机的旋转速度
5      private GameObject camera1;                //声明游戏对象，用于获取摄像机
6      public Material[] First;                   //声明材质数组，用于放置需要切换的天空盒
7      public Material[] Second;
```

```
8      private int index;                                //第一个材质数组的索引
9      private int deindex;                              //第二个材质数组的索引
10     void Awake() {
11       camera1 = transform.FindChild("Camera (1)").gameObject;
12       //获取挂载该脚本的游戏对象下名为“Camera (1)”的子对象并将其转换为 GameObject 类型
13     }
14     void Update () {
15       this.transform.Rotate(new Vector3(0,rotateSpeed*Time.deltaTime,0));
16       //通过 Rotate 方法使挂载该脚本的游戏对象绕 y 轴以每秒 15 度的速度旋转
17       if (Input.GetKeyDown(KeyCode.Space)){  //添加键盘监听，判断空格键是否被按下
18       RenderSettings.skybox = First[index++%First.Length];//修改 Lighting 面板中的
Skybox 材质
19       camera1.transform.GetComponent<Skybox>().material = Second[deindex++ % Se
cond.Length];
20       //修改摄像机上天空盒组件的 Skybox 材质
21    }}}
```

- 第 4～5 行声明了浮点型的变量，用于设置摄像机的旋转速度；声明了 GameObject 变量，用于获取摄像机对象，在后面可通过摄像机来获取挂载于其上的天空盒组件。
- 第 6～9 行中索引与材质数组配合使用，材质数组用来存放需要切换的天空盒材质。在后面会通过改变索引的方式来更换天空盒材质。
- 第 11 行搜索挂载该脚本的游戏对象中名为“Camera (1)”的子对象，并赋给 camera1 变量。
- 第 15 行使用 Rotate 方法使挂载该脚本的游戏对象能够旋转，本案例将该脚本挂载到空对象上，由于两个摄像机对象都是其子对象，因此旋转空对象时两个摄像机对象也会同时旋转。
- 第 17～20 行首先判断空格键是否被按下，如果被按下就修改索引并将其对材质数组的长度取模来防止数组索引越界。第 18 行代码可修改 Lighting 面板中的 Skybox 变量，第 19 行代码通过获取天空盒组件来修改天空盒组件的材质。

（8）脚本编写完成后，将其拖曳到创建的空对象上。在空对象的属性查看器中就可以看到 Demo 脚本的设置面板，通过修改 Rotate Speed 参数来调整摄像机的旋转速度，将 First 和 Second 两个数组的大小设置为 3，然后分别为数组添加 3 个天空盒材质，如图 6-16 所示。完成后单击播放按钮即可查看运行效果。

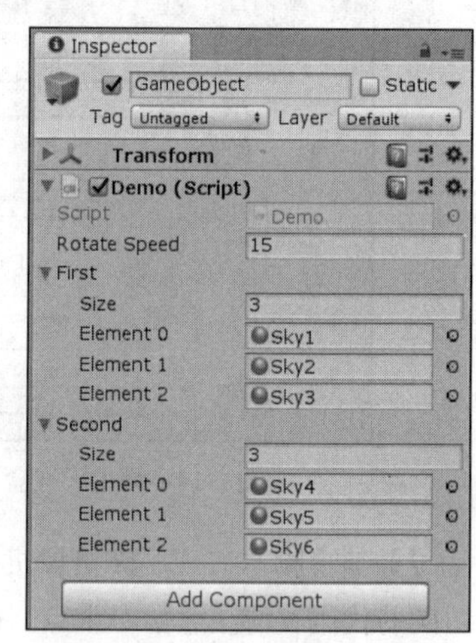

图 6-16　设置 Demo 脚本

6.2　3D 拾取技术

对一款成熟的游戏来说，良好的交互性是必不可少的。在 PC 端，游戏通常需要玩家使用鼠标来对场景中的物体执行拾取、移动、选择等操作。而在移动端，游戏通常需要玩家通过触摸屏幕来执行相关的操作。

6.2.1　3D 拾取技术基础知识

3D 拾取就是玩家通过鼠标或手指在屏幕上的操作来进一步影响游戏世界中的物体。例如，PC 端平台上的解密类游戏中，玩家需要单击场景中的物体来收集道具、查看信息；移动端平台上的休闲益智类游戏需要玩家使用手指点击屏幕来完成相关操作。

开发人员使用 Unity 可以很轻松地完成对 3D 拾取功能的开发。3D 拾取的原理是当玩家用手指点击屏幕时生成一条由屏幕发射到游戏世界的射线，起点就是玩家手指触摸的地方。在射线与游戏世界中的物体发生碰撞之后，返回被检测到的物体的具体信息。其代码片段如下。

```
1    foreach (Touch touch in Input.touches) {          //对当前触控进行循环
2      Ray ray = Camera.main.ScreenPointToRay(touch.position);
                  //声明由触控点和摄像机组成的射线
3      RaycastHit hit;                                  //声明一个 RaycastHit 型变量 hit
4      if (Physics.Raycast(ray, out hit)){              //判断此物理事件
5        touchname = hit.transform.name;                //获得射线碰触到的物体的名称
6        /*此处省略事件处理代码*/
7      }}
```

说明　这段 3D 拾取代码仅适用于移动端平台，不能在 PC 端平台上使用。本书在后面的案例中会介绍 PC 端平台上的 3D 拾取如何实现。下面将对这段代码中的内容进行详细的介绍。

（1）Touch（触摸）。

Touch 用来记录一根手指触摸屏幕的状态，其中常用的变量有 position（手指触摸的位置）、tapCount（点击次数）及 phase（描述触摸的相位）。上述代码片段中的第 1 行就是通过 foreach 方法将手指触摸屏幕的信息存储在 Touch 类型的变量中。

（2）Ray（射线）。

Ray 表示射线，即一条从起点射出的能够达到无穷远的线。Ray 包含 origin（起点）和 director（方向）两个变量。上述代码的第 2 行使用 ScreenPointToRay 方法来创建一条射线，使用该方法时需要传递给它当前手指触摸的位置，这样该方法就会创建一条以手指触摸位置为起点并射向游戏世界的射线。

（3）RaycastHit（光线投射碰撞）。

RaycastHit 用来获取从 Raycast（光线投射）方法反馈回来的信息。其常用的变量有 distance（射线起点到碰撞点的距离）、collider（碰到的碰撞器）、transform（碰到的变换组件）。上述代码的第 5 行就是通过其 transform 变量来获取射线触碰到的物体的名称。

（4）Physics.Raycast（光线投射）。

Raycast 方法的重载方法有很多，这里仅做简要介绍。Raycast 方法用来向游戏世界投射射线，其返回值为布尔值，如果碰到了带有碰撞器的物体就返回 true，否则返回 false。在上述代码片段中此方法传递了两个参数，第一个参数是先前创建好的射线 ray，第二个参数是用来存储反馈信息的 hit 变量。

6.2.2　3D 拾取案例

前面已经对 3D 拾取技术进行了详细的介绍，但前面介绍的知识仅适用于移动端，即通过玩

家点击屏幕来完成射线的投射。本小节将通过一个小案例来进一步讲解相关知识，案例中使用的代码的功能是通过玩家的单击来完成射线投射，这部分实现功能的代码在移动端同样适用。

虽然通过单击的方式在场景中投射射线也适用于移动端，但它只能做到单点触控。而移动端的游戏一般都需要玩家使用两根手指进行操作，例如，闯关类游戏需要玩家控制角色移动和攻击，这就需要用两根手指来完成，而想要实现多点触控，就需要使用前面介绍的知识了。

1. 案例效果

本案例场景中有两个方块，通过拾取代码可以对它们进行移动。本案例中使用了两个脚本：一个脚本是在 PC 端和移动端通用的拾取代码，但同一时刻只能控制一个方块；另一个脚本为适用于移动端的拾取代码，让玩家可以用两根手指同时移动两个方块。案例运行效果如图 6-17、图 6-18 所示。

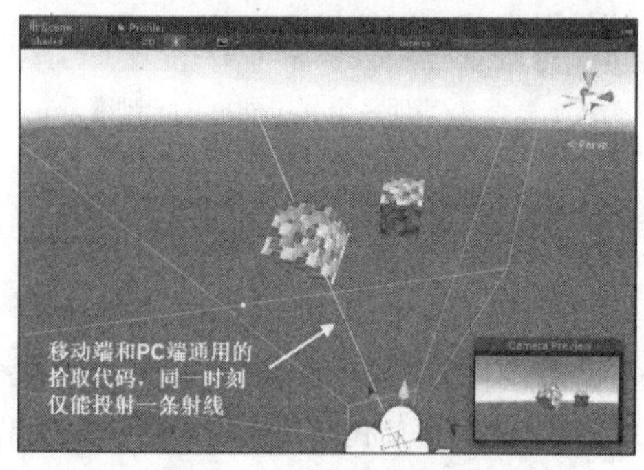

图 6-17　案例运行效果 1

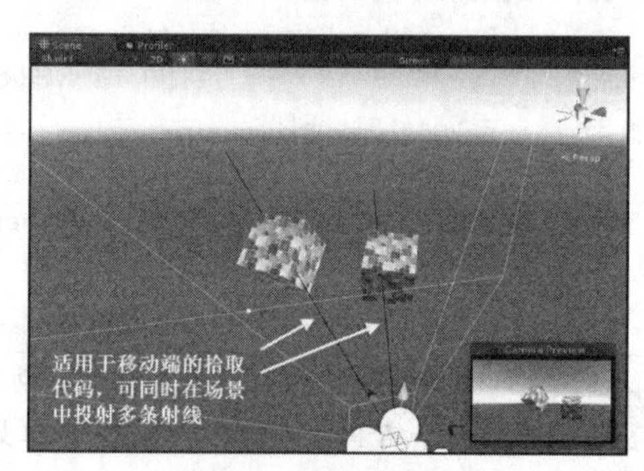

图 6-18　案例运行效果 2

2. 开发流程

由于本案例中有两个脚本来进行射线的投射，因此在使用时需要切换挂载到主摄像机上的脚本文件。如果需要运行本案例，可使用 Unity 打开资源包中的 Raycast_Demo 工程文件并双击工程中的场景文件 Raycast_Demo，最后单击播放按钮即可。下面将详细介绍本案例的开发流程，具体步骤如下。

（1）打开 Unity 集成开发环境，新建一个工程并重命名为“Raycast_Demo”，进入工程，按快捷键 Ctrl+S 保存当前场景并重命名为“Raycast_Demo”。然后在 Assets 目录下新建两个文件夹并重命名为“Texture”“C#”，分别用来放置纹理图片和脚本文件，如图 6-19 所示。

（2）将需要使用的纹理图片导入 Texture 文件夹，然后在场景中创建两个 Cube，方法为单击 GameObject→3D Object→Cube。创建完成后为它们添加纹理。最后调整两个 Cube 的位置和旋转角度。完成后的效果如图 6-20 所示。

图 6-19　目录结构

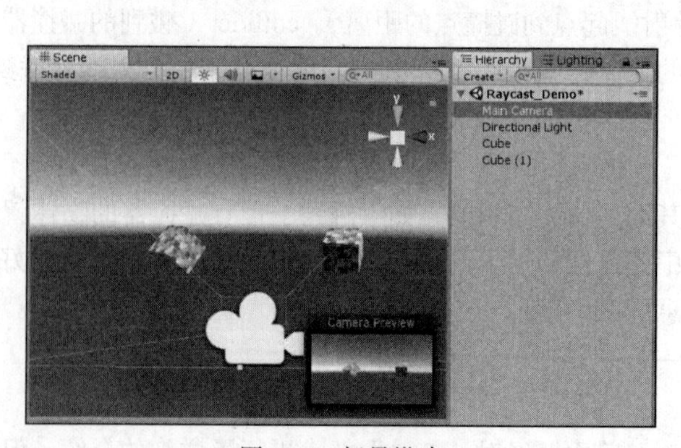

图 6-20　场景搭建

（3）编写脚本实现 3D 拾取功能。本案例共需要编写两个脚本。第一个脚本使得用户可通过鼠标来控制方块的移动。在 C#文件夹下单击鼠标右键，选择 Create→C# Script 创建一个 C#脚本并命名为“Demo.cs”。双击该脚本进入脚本编辑器并编写代码，具体代码如下。（代码位置：见资源包中源代码第 6 章目录下的 Raycast_Demo/Assert/C#/Demo.cs。）

```
1    using UnityEngine;
2    using System.Collections;
3    public class Demo : MonoBehaviour {
4      public float smooth = 3f;   //声明浮点型变量，用于设置物体跟随鼠标指针移动的速度
5      Transform currentObject;    //Transform 类型变量
6      Vector3 mouse3DPosition;  //Vector3 类型变量，用于存储鼠标指针在世界空间坐标系的位置
7      void Update() {
8        if(Input.GetMouseButton(0)){                    //判断鼠标左键是否被单击
9          Ray rays = Camera.main.
10         ScreenPointToRay(Input.mousePosition);     //创建一条起点为鼠标指针位置的射线
11         Debug.DrawRay(rays.origin,
12         rays.direction * 100, Color.yellow);       //将射线以黄色的细线表示出来
13         RaycastHit hit;                     //创建一个 RaycastHit 变量，用于存储反馈信息
14        if (Physics.Raycast(rays, out hit)){//将创建的射线投射出去并将反馈信息存储到 hit 中
15           currentObject = hit.transform; //获取被射线碰到的对象的 transform 变量
16         }
17         if (currentObject == null){  //如果当前没有可被移动的对象，程序将不再继续执行
18           return;
19         }
20         Vector3 mp = Input.mousePosition;//存储鼠标指针在屏幕坐标系的位置
21         mp.z = 6;                  //设置屏幕坐标转换为世界空间坐标时世界空间坐标的深度
22         mouse3DPosition = Camera.main.ScreenToWorldPoint(mp);//将屏幕坐标转换为世界空间
坐标
23         currentObject.position = Vector3.Lerp
24         (currentObject.position, mouse3DPosition, smooth * Time.deltaTime);
25         //使用 Lerp 方法将物体的位置平滑地过渡到鼠标指针所在的世界空间坐标系中的位置
26       }
27       if (Input.GetMouseButtonUp(0)){      //如果鼠标左键抬起，就将射线获取到的对象删除
28        currentObject = null;
29   }}}
```

- 第 4～6 行声明了一些变量用来设置物体移动速度，存储被射线碰到的物体，以及存储鼠标指针在世界空间坐标系中的位置。
- 第 8 行是对鼠标的监听，GetMouseButton 方法用来监听指定的鼠标按键是否被按下，如果被按下就返回 true。传入的参数 0 表示鼠标左键，1 表示鼠标右键，2 表示鼠标中键。
- 第 9～15 行用于创建需要被投射的射线，创建存储返回信息的 RaycastHit 变量，并将被射线碰到的物体的 transform 变量存储在前面创建的 currentObject 变量中。
- 第 17～19 行用来判断当前是否有可被移动的物体，如果没有，程序就不再向下执行，防止程序出错。如果没有可移动的对象还要执行下面的移动代码，程序就会报错。
- 第 20～26 行用来将鼠标指针在屏幕坐标系中的二维位置坐标，结合深度值转换为世界空间坐标系中的三维位置坐标，并用 Lerp 方法将物体移动到鼠标指针所对应的世界空间

坐标系中的位置。需要注意的是，屏幕坐标转换为世界空间坐标时需要设置世界空间坐标的深度值，否则将无法正确转换。

- 第 27～28 行中 GetMouseButtonUp 方法用于监听指定的鼠标按键是否抬起，如果抬起就返回 true。传入的参数 0 表示鼠标左键，1 表示鼠标右键，2 表示鼠标中键。

（4）编写第二个脚本。第二个脚本仅适用于移动端平台，挂载此脚本后，玩家可使用多根手指同时操控多个物体。在 C#文件夹下单击鼠标右键，选择 Create→C# Script 创建一个 C#脚本并命名为“Demo2.cs”。双击该脚本进入脚本编辑器并编写代码，具体代码如下。（代码位置：见资源包中源代码第 6 章目录下的 Raycast_Demo/Assert/C#/Demo2.cs。）

```
1    using UnityEngine;
2    using System.Collections;
3    public class Demo2 : MonoBehaviour {
4      public float smooth = 30.0f;    //声明浮点型变量，用于设置物体跟随手指移动的速度
5      Vector3 touch3DPosition; //Vector3 类型变量，用于存储手指触摸点在世界空间坐标系的位置
6      Transform currentObject;    //Transform 类型变量
7      void Update() {
8        foreach (Touch touch in Input.touches) {
9           Ray ray = Camera.main.
10          ScreenPointToRay(touch.position);    //创建一条起点为手指触摸点的射线
11          RaycastHit hit;                    //创建一个 RaycastHit 变量，用于存储反馈信息
12          if (Physics.Raycast(ray, out hit)){//将创建的射线投射出去并将反馈信息存储到 hit 中
13             currentObject = hit.transform;    //获取被射线碰到的对象的 transform 变量
14             Debug.DrawRay(ray.origin,
15             ray.direction * 20, Color.blue); //将投射的射线以蓝色的细线表示出来
16          }
17          if (currentObject == null){    //如果当前没有可被移动的对象，程序将不再继续执行
18             return;
19          }
20          Vector3 mp = touch.position;    //存储手指触摸点在屏幕坐标系的位置
21          mp.z = 6.0f;                 //设置屏幕坐标转换为世界空间坐标时世界空间坐标的深度
22          touch3DPosition = Camera.main.ScreenToWorldPoint(mp);//将屏幕坐标转换为世
界空间坐标
23          currentObject.position = Vector3.Lerp
24          (currentObject.position, touch3DPosition, Time.time);
25            //使用 Lerp 方法将物体的位置平滑地过渡到手指触摸点所在的世界空间坐标系中的位置
26          if (touch.phase == TouchPhase.Ended) { //如果手指抬起，就将射线获取到的对象删除
27            currentObject = null;
28   }}}}
```

Demo2 脚本中的代码与 Demo 脚本中的代码功能与结构基本一致。不同的是 Demo 脚本是根据鼠标左键的状态来控制物体；而 Demo2 脚本中使用的是本节开始介绍的 3D 拾取代码片段中的代码，其根据手指的触摸状态来控制物体的移动。

（5）将两个脚本全部挂载到主摄像机上，由于这两个脚本的功能相同而实现方法不同，因此每次只需要启用一个脚本。单击主摄像机对象，在属性查看器中会看到挂载的两个脚本，若要禁用脚本，将对应脚本名称前面的复选框取消勾选即可，如图 6-21 所示。

（6）Demo 脚本通过判定鼠标左键的状态来控制物体，所以启用该脚本时，只需要单击播放按钮运行程序，然后在游戏预览面板中进行相应操作。而 Demo2 脚本通过判断手指的触摸状态来

控制物体的运动，这就需要将程序导入手机并在手机上运行才能看到效果。下面将介绍如何将项目导入手机。

（7）单击 File→Build Settings 打开 Build Settings 面板，在 Build Settings 面板左侧的 Platform 下选择 Android，如图 6-22 所示。然后单击其下方的“Player Settings”按钮，在属性查看器中找到 Other Settings→Package Name，将该参数修改为“com.**.**”，“**”为任意字符，如图 6-23 所示。

（8）单击 Build Settings 面板左下角的“Switch Platform”按钮。最后可单击“Build”按钮导出 Apk 安装包，也可以单击“Build And Run”按钮将程序直接安装到手机上，如图 6-24 所示。安装完成后即可在移动端屏幕上通过触摸方块的方式来控制其运动。

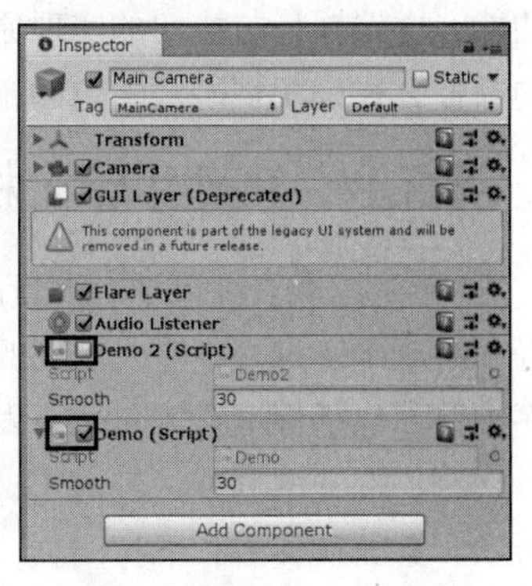

图 6-21　禁用 Demo2 脚本

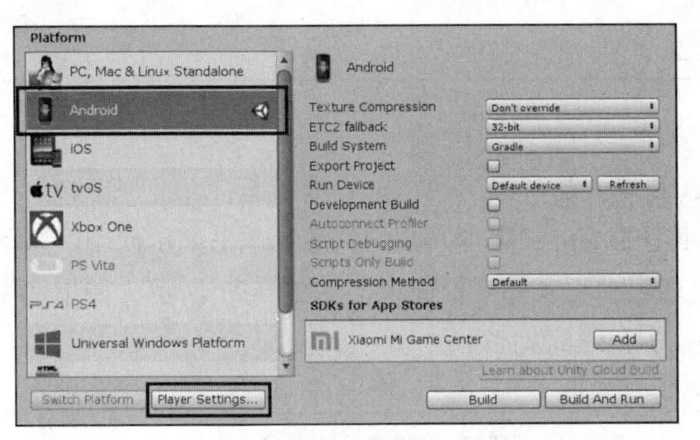

图 6-22　切换为 Android 平台

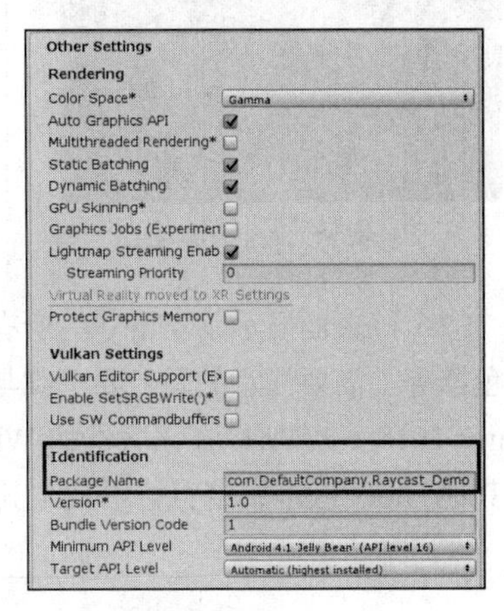

图 6-23　设置 Package Name

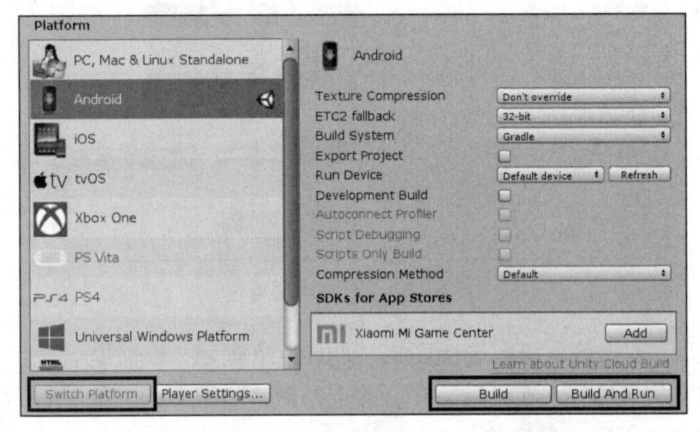

图 6-24　将程序导出到 Android 平台并安装程序

6.3　虚拟摇杆与按钮的使用

在移动端游戏的开发中，通常会使用虚拟摇杆与按钮来实现游戏中角色的移动和视角切换的功能。虚拟摇杆与按钮的实现原理就是在屏幕上绘制相关的 UI 控件，让玩家通过对它们的不同的操控方式来实现游戏角色的不同行为。

6.3.1 下载并导入标准资源包

Unity 标准资源包中有大量的资源，包括 Effects、Environment、ParticleSystems 及 Characters 等。游戏开发过程中需要用到的虚拟摇杆与按钮资源就包含在 Characters 中。但是 Unity 安装程序中并不包括标准资源包，开发人员需要额外下载并导入，具体步骤如下。

（1）打开浏览器，进入 Unity 官方网站。单击首页右上角的“下载 Unity”按钮，如图 6-25 所示。页面跳转后，下拉网页，进入 Unity 游戏引擎下载部分，如图 6-26 所示。

图 6-25 获取 Unity

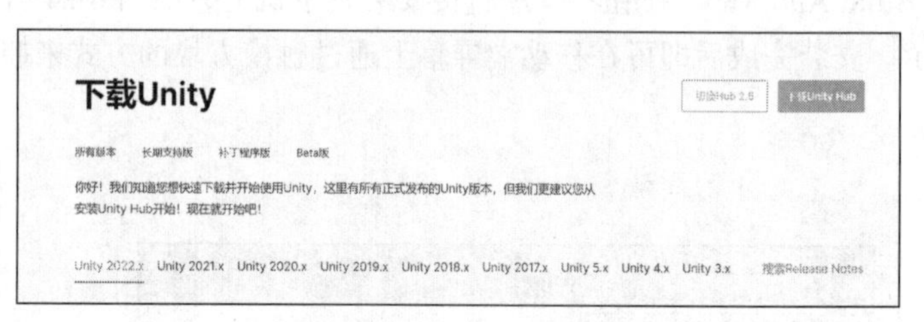

图 6-26 下载旧版本

（2）该页面显示了 Unity 的所有版本，开发人员可以下载 Unity 编辑器、标准资源包、内置着色器等。需要注意的是，要下载与当前使用的 Unity 版本匹配的资源。本书演示使用的版本是 Unity 2018.1.9，所以在该版本的 Win 下拉列表中下载标准资源包，如图 6-27 所示（如果使用的是其他 Unity 版本，请自行下载与其相对应的标准资源包）。

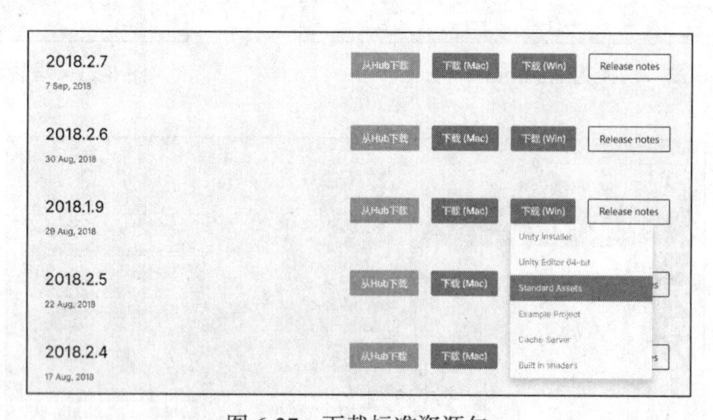

图 6-27 下载标准资源包

（3）下载完成后，双击该资源包进行安装。如图 6-28 所示，根据提示进行下一步操作，Unity 会自动分析资源包的安装路径，在最后一步直接选择默认路径即可。安装路径如图 6-29 所示，不同用户的安装路径可能不同，最后单击“Install”按钮。

（4）安装成功后，开发人员就可以从标准资源包中导入开发过程中需要的资源了。本小节介绍的是虚拟摇杆与按钮，所以导入 Characters 资源。在 Assets 目录下单击鼠标右键，选择 Import Package→Characters 导入相关资源，如图 6-30 所示。在 Import Unity Package 面板中单击“Import”按钮即可，如图 6-31 所示。

（5）导入完成后在项目资源列表中会出现 Editor 和 Standard Assets 文件夹，如图 6-32 所示。

开发游戏需要的大部分资源都在 Standard Assets 文件夹中，不同的资源被分门别类地放在不同的子文件夹中，其中不仅有虚拟摇杆的资源，还有很多其他的实用资源，读者可自行查看、使用。

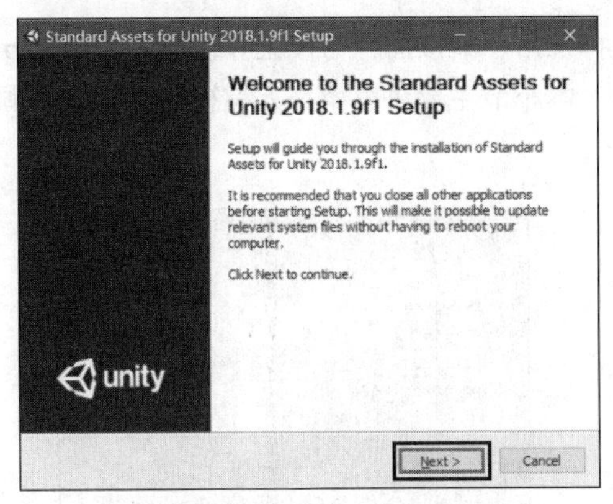

图 6-28　安装步骤 1

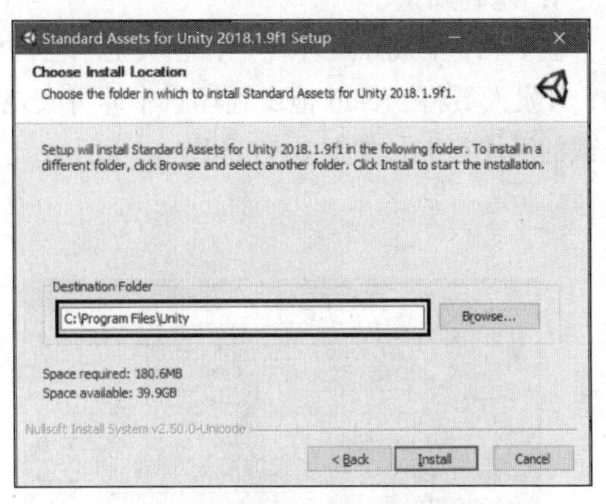

图 6-29　安装步骤 2

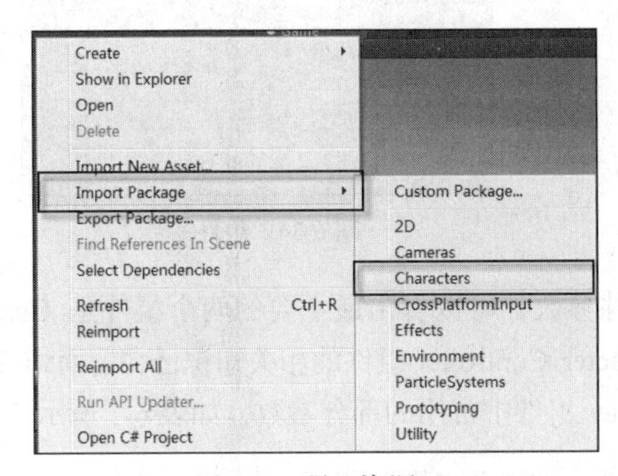

图 6-30　导入资源

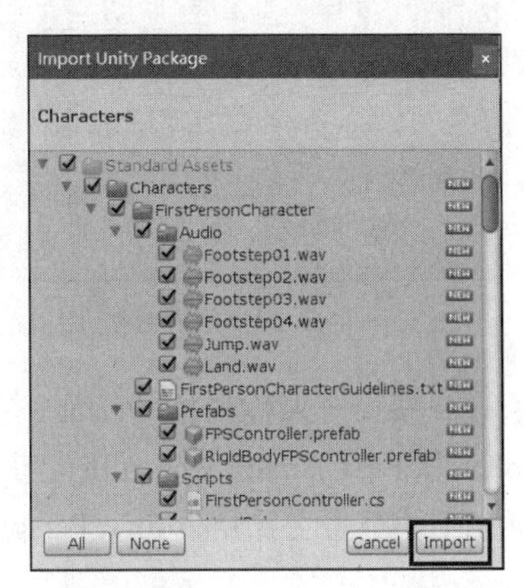

图 6-31　单击 Import（导入）按钮

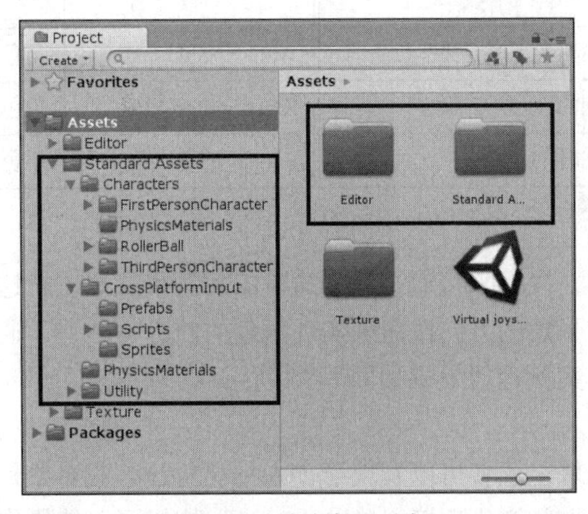

图 6-32　游戏资源列表

6.3.2　虚拟摇杆与按钮的案例

通过观察 Standard Assets 文件夹中的资源，可以发现 Characters 文件夹包含 FirstPersonCharacter

和 ThirdPersonCharacter 两个子文件夹，Unity 官方的示例也分为第一人称视角和第三人称视角示例（可以在官网下载示例项目）。开发人员需要根据需求选用不同的人称视角来开发游戏。

1. 基础知识

在 Unity 集成开发环境中，相关引擎已经将人称视角、虚拟摇杆与按钮等整理成了 Prefab 资源，开发人员将 Prefab 拖曳到场景中即可实现应用。本小节主要讲解第一人称视角 Prefab 资源上挂载的组件参数，如图 6-33 和图 6-34 所示。

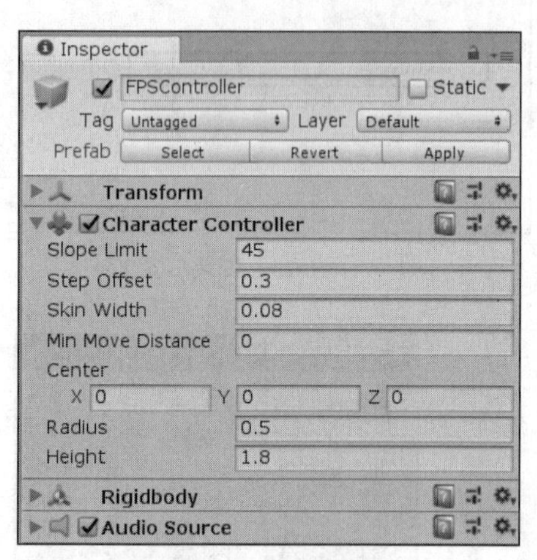

图 6-33　组件参数 1

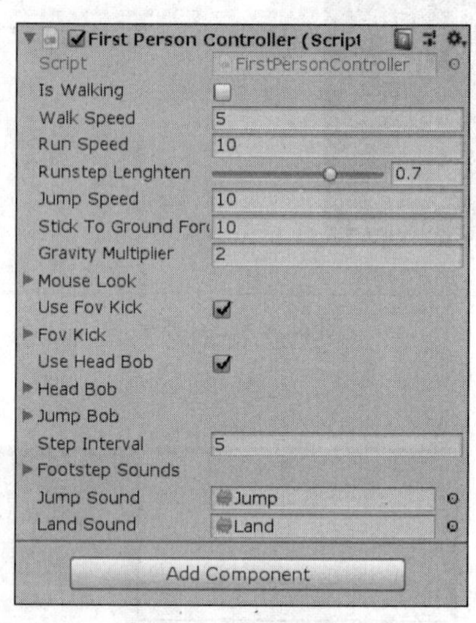

图 6-34　组件参数 2

通过观察第一人称视角 Prefab 资源的组件参数，可以看出最主要的两个组件是 Character Controller 和 First Person Controller。其中 Character Controller 组件的相关知识已在前面详细介绍过，所以本小节将主要介绍 First Person Controller 组件中常用的部分参数，如表 6-1 所示。

表 6-1　First Person Controller 组件主要参数介绍

参 数 名	含　义	参 数 名	含　义
Is Walking	判断当前角色是否正在行走	Walk Speed	角色行走的速度
Run Speed	角色奔跑的速度	Runstep Lengthen	角色奔跑时的步伐长度
Jump Speed	角色起跳时的速度	Footstep Sounds	角色行走时的声音资源

2. 案例效果

基础知识讲解完毕后，接下来将通过一个简单的案例系统地讲解这部分知识。该案例采用第一人称视角，玩家通过左下角的方向按钮来实现角色的前进与后退，通过单击右下角的“Jump”按钮来实现角色的跳跃。案例运行效果如图 6-35 所示。

3. 开发流程

通过观察案例运行效果，读者可以发现第一人称视角的游戏对象是一个摄像机。在该案例中摄像机可以与场景中的正方体产生碰撞，单击“Jump”按钮可以使摄像机跳过场景中的障碍物继续前行。本案例的具体开发流程如下。

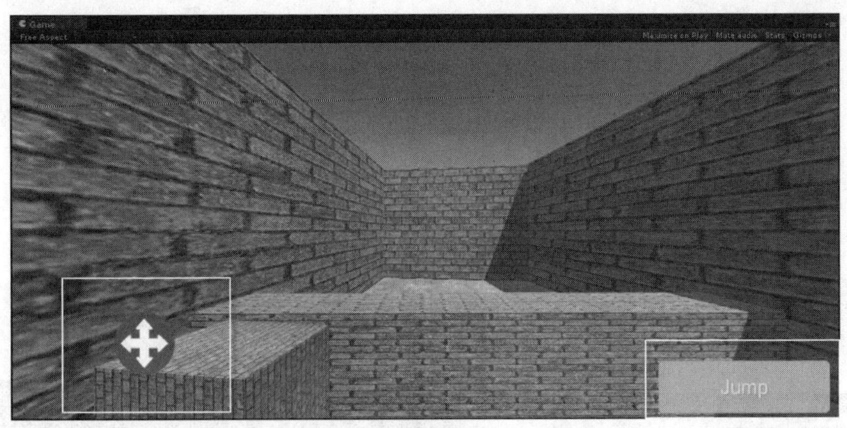

图 6-35　案例运行效果

（1）打开 Unity 集成开发环境，导入标准资源包中的 Characters 资源（上一小节中已经详细讲解过，具体步骤可以参考上一小节的内容）。在项目资源列表面板中单击鼠标右键，选择 Create → Folder，新建一个文件夹并命名为“Texture”，如图 6-36 所示。

（2）该案例会用到 CrossPlatformInput（跨平台输入）文件夹中的资源。Unity 集成开发环境默认的平台是 PC/Mac/Linux 独立平台，需要改成 Android 平台，否则在使用 FPSController 时会报错。单击 File→Build Settings，打开 Build Settings 面板，选择 Android 并单击“Switch Platform”按钮转换平台，如图 6-37 所示。

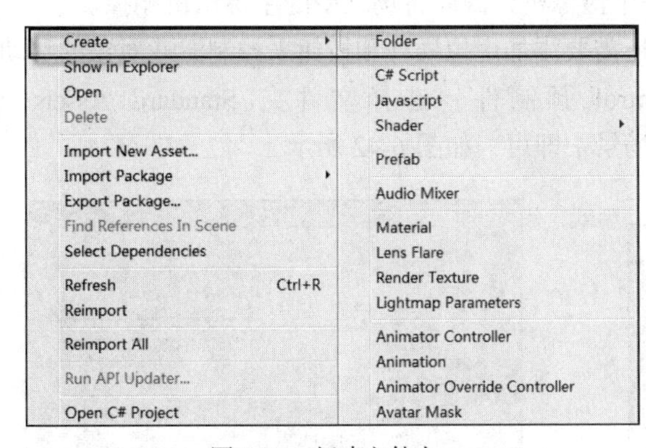

图 6-36　新建文件夹

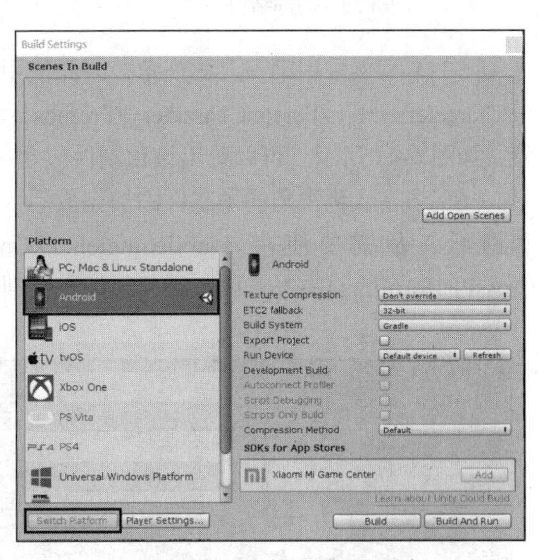

图 6-37　切换 Android 平台

（3）将作为地板纹理图片的 Di.png 和作为 Cube 纹理图片的 Qiang.png 导入 Texture 文件夹。单击 GameObject→3D Object→Plane 新建一个地板，如图 6-38 所示，并为其添加纹理 Di.png。按快捷键 Ctrl+Shift+N 创建一个空游戏对象。

（4）选中 GameObject 空游戏对象，参照步骤（3）为其创建 10 个 Cube 子对象作为场景中的墙壁和障碍物，其内部结构如图 6-39 所示。选中 4 个 Cube 游戏对象，调整位置和大小，作为 Plane 的四面墙壁，其他的 Cube 作为障碍物随意摆放即可，具体的摆放效果如图 6-40 所示。

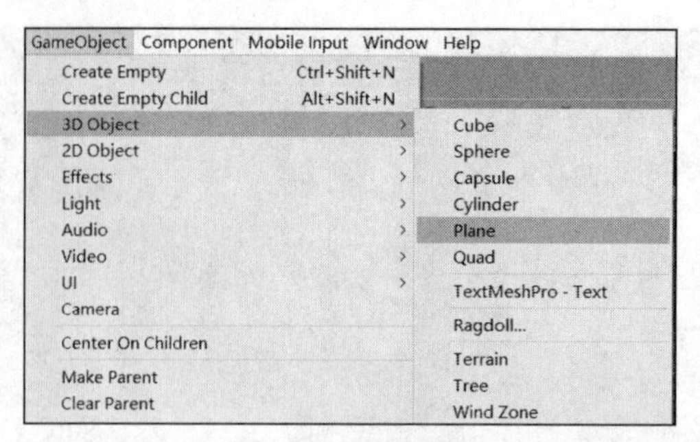

图 6-38　新建 Plane

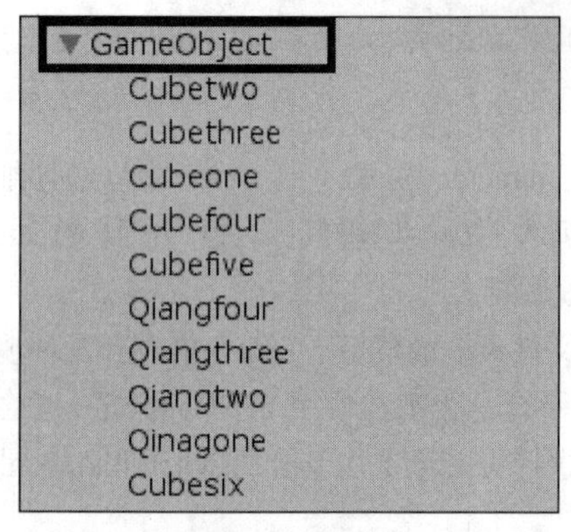

图 6-39　内部结构

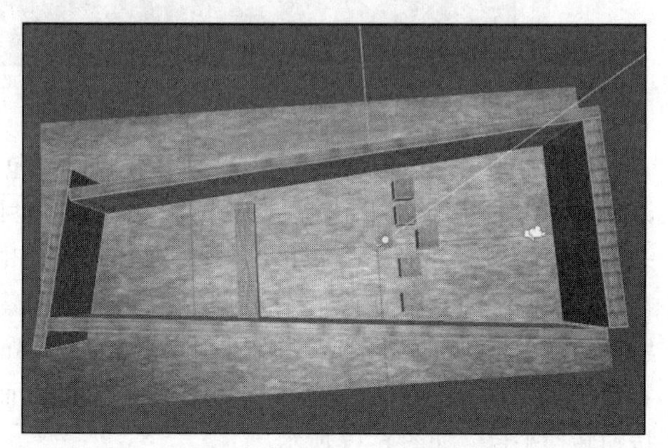

图 6-40　障碍物摆放效果

（5）本案例采用第一人称视角，因此使用 FPSController 预制件，选择文件夹 Standard Assets→Characters→FirstPersonCharacter→Prefabs，将预制件拖曳到场景中创建一个第一人称的游戏对象，如图 6-41 所示。可以看出该预制件包含一个摄像机，因此将场景中的主摄像机删掉。

（6）第一人称视角的预制件添加完成后，还需要添加虚拟摇杆和按钮来控制游戏对象的移动和跳跃，故需要使用 MobileSingleStickControl 预制件，选择文件夹 Standard Assets→CrossPlatformInput→Prefabs，将预制件拖曳到场景中即可，如图 6-42 所示。

图 6-41　FPSController 预制件

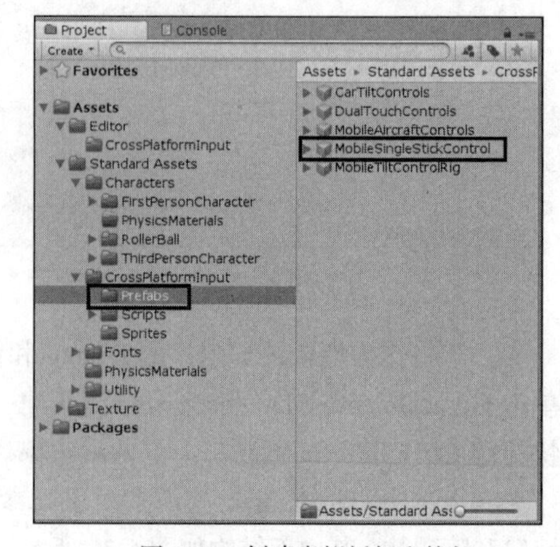

图 6-42　创建虚拟摇杆和按钮

（7）选中 MobileSingleStickControl 下的 Text 游戏对象，在其属性查看器中会发现 Text 组件下的 Font 显示为 Missing，如图 6-43 所示。单击其右侧的按钮，在弹出的 Select Font 面板中选择

Arial 字体，如图 6-44 所示。

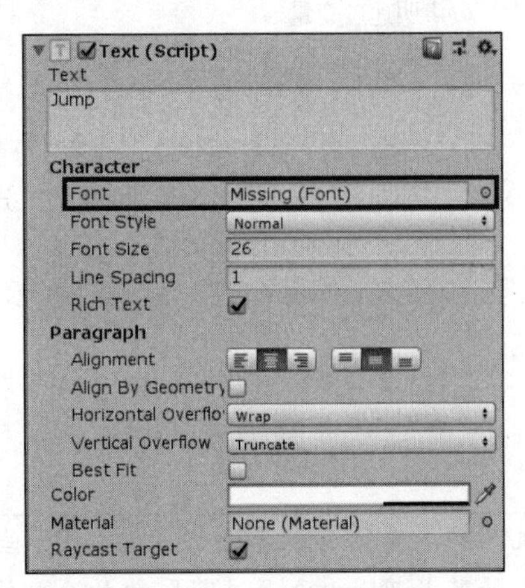

图 6-43　字体丢失

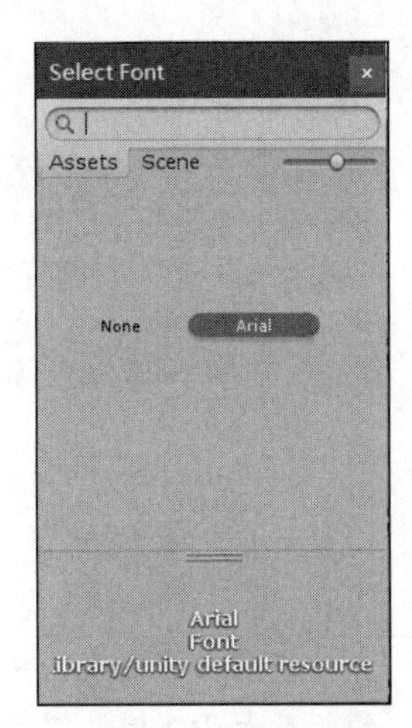

图 6-44　选择字体

（8）选中 MobileSingleStickControl 下的 JumpButton 游戏对象，在其属性查看器中调整 Image 组件下的 Color 值，使其与场景中其他的白色游戏对象易于区分，如图 6-45 所示。案例开发完成后，可以在 Android 设备上观察案例运行效果。

图 6-45　修改 Color 值

6.4　加速度传感器

由于手机传感器的普及，移动端游戏通常会允许玩家通过操控移动设备来影响游戏内容，例如，在赛车类游戏中通过让设备左右倾斜来模拟游戏中的方向盘，这里就用到了加速度传感器。下面讲解这部分知识。

1．基础知识

线性加速度的 3 个分量 $\boldsymbol{x}$、$\boldsymbol{y}$、z 分别对应手机屏幕竖直方向、水平方向和垂直方向。通过手机重力传感器就能获取手机移动或旋转过程的 3 个分量数值，需要使用时只需在代码中调用

Input.acceleration 方法，相关代码片段如下。

```
1    float speed=10f;                          //声明速度变量
2    void Update () {                          //重写 Update 方法
3      Vector3 dir = Vector3.zero;             //声明三维向量且设置为零向量
4      dir.x = -Input.acceleration.y;          //三维向量的 x 分量为线性加速度的 y 分量的相反向量
5      dir.z = Input.acceleration.x;           //三维向量的 z 分量为线性加速度的 x 分量
6      if (dir.sqrMagnitude > 1) {             //如果三维向量的长度的平方大于 1
7          dir.Normalize();                    //将分量长度置为 1
8      }
9      dir *= Time.deltaTime;                  //将三维向量和时间同步
10     transform.Translate (dir*speed);        //根据获取的三维向量进行移动
11   }
```

声明三维向量，并根据游戏和手机的对应关系获取各个方向的向量，当三维向量的长度大于 1 时，对向量进行规范化，使其长度为 1。通过获取的加速度的大小控制游戏对象的移动。

2. 案例效果

通过基础知识的学习，相信读者已经对加速度传感器有了初步的认识。开发人员可以利用加速度传感器开发跑酷类游戏，通过倾斜移动设备来影响游戏内容。下面将通过一个简单案例来讲解加速度传感器的相关应用。案例运行效果如图 6-46 和图 6-47 所示。

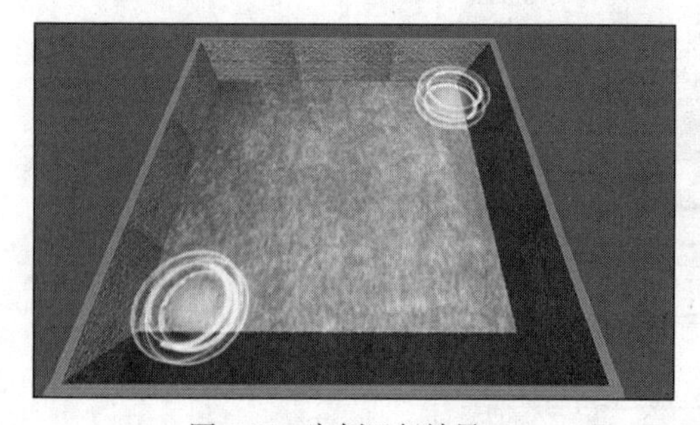

图 6-46　案例运行效果 1

图 6-47　案例运行效果 2

3. 开发流程

本案例中，当小球经过上方的“魔法粒子阵”时，小球会消失，在围栏的左下方会同时出现一个“魔法粒子阵”和小球。本案例的开发步骤如下。

（1）打开 Unity 集成开发环境，在 Assets 目录下新建两个文件夹，依次命名为“C#”“Texture”，将围栏的纹理图片 Qiang.png、地板纹理图片 Di.png 及小球纹理图片 bg01.png 导入 Texture 文件夹，如图 6-48 所示。将开发过程中需用到的粒子特效资源导入该项目，如图 6-49 所示。粒子特效资源需要从网上下载。

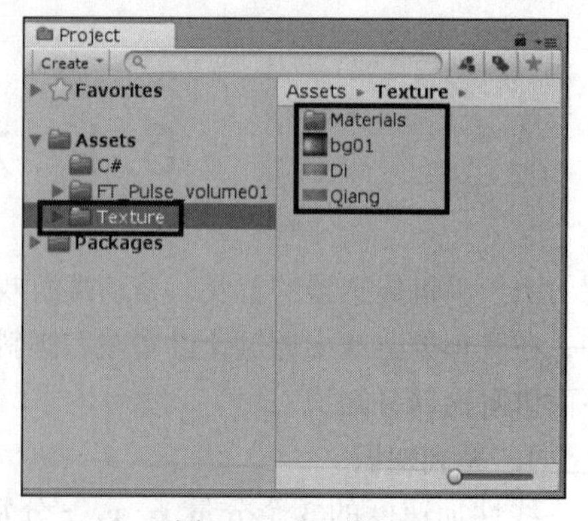

图 6-48　纹理图片

（2）单击 GameObject→3D Object→Plane，在场景中创建一个地板。单击其属性查看器中

Transform 右侧的设置按钮，选择 Reset，重置 Plane 的位置，如图 6-50 所示，并为其添加纹理 Di.png。按快捷键 Ctrl+Shift+N 创建一个空游戏对象，将其命名为“Cubezong”。

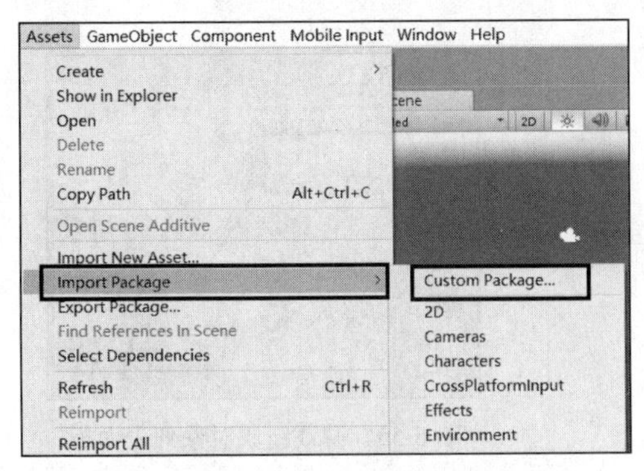

图 6-49　导入粒子特效资源

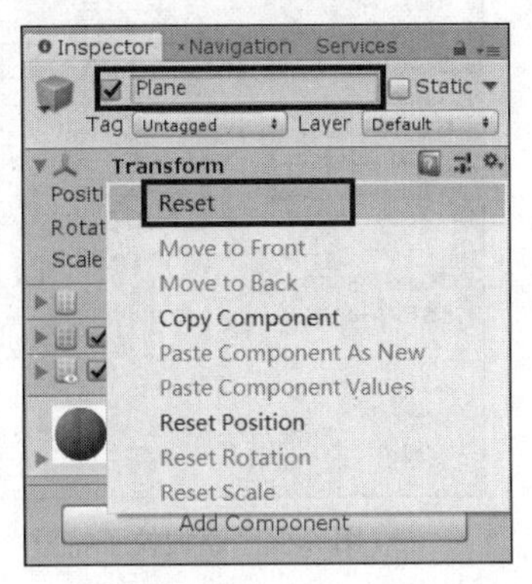

图 6-50　重置 Plane 位置

（3）选中 CubeZong 游戏对象，为其创建 4 个 Cube 子对象，调整位置和大小，作为围栏，如图 6-51 所示。将正方体依次命名为“Cube”“Cubeone”“Cubetwo”“Cubethree”。为四面围栏添加纹理 Qiang.png。单击 GameObject→3D Object→Sphere 创建一个小球，并为其添加纹理。游戏场景整体效果如图 6-52 所示。

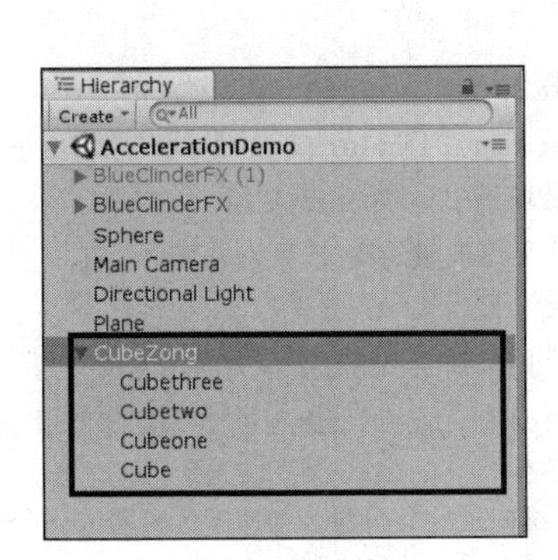

图 6-51　创建围栏

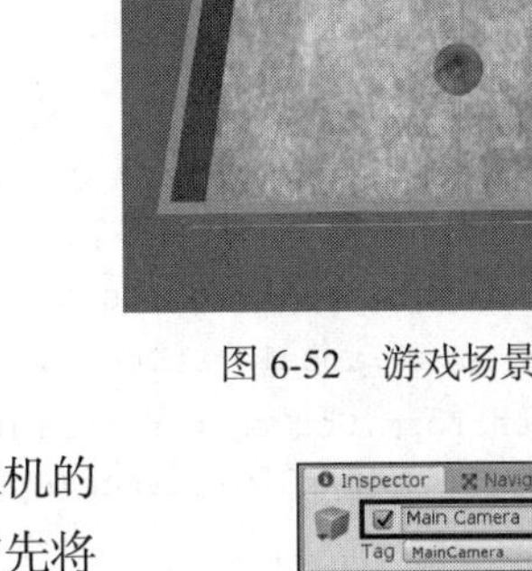

图 6-52　游戏场景整体效果

（4）为更好地观察案例效果，适当调整摄像机的位置。该案例中摄像机的参数如图 6-53 所示。首先将摄像机的坐标重置，然后通过调整 Transform 组件下的 Position 和 Rotation 参数来实现本案例需要的视野效果（和调整其他游戏对象的方法无异）。

（5）本案例场景中用到了“魔法粒子阵”，这时需要用到步骤（1）中导入的粒子特效资源。在 Assets/FT_Pulse_volume01/Effects 目录下找到 BlueClinderFX 粒子特效，将其拖曳到场景中，如图 6-54 所示。按快捷键 Ctrl+D 创建一个同样的粒子特效。游戏组成对象列表面板如图 6-55 所示。

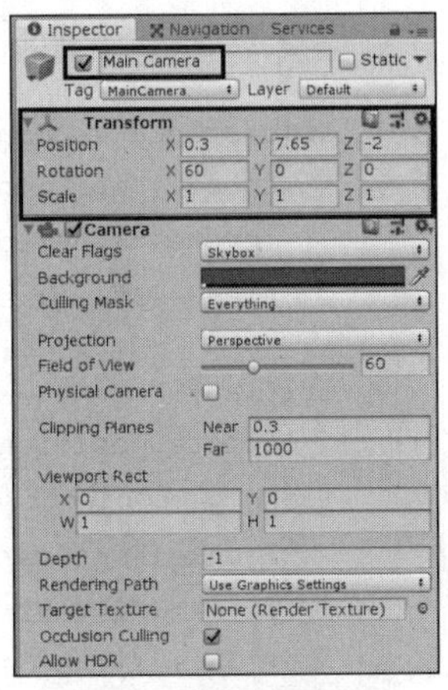

图 6-53　调整摄像机参数

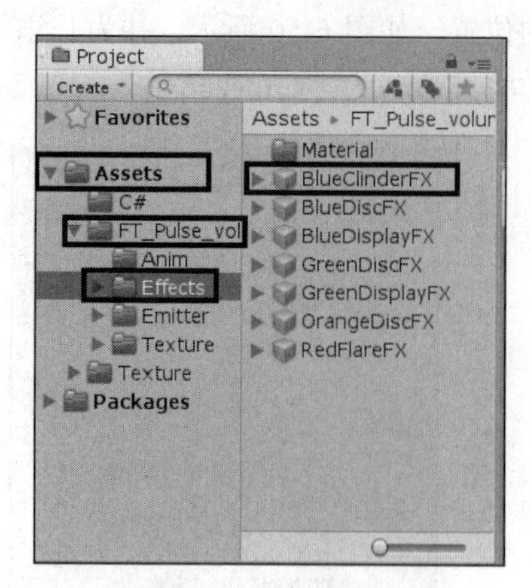

图 6-54　添加粒子特效

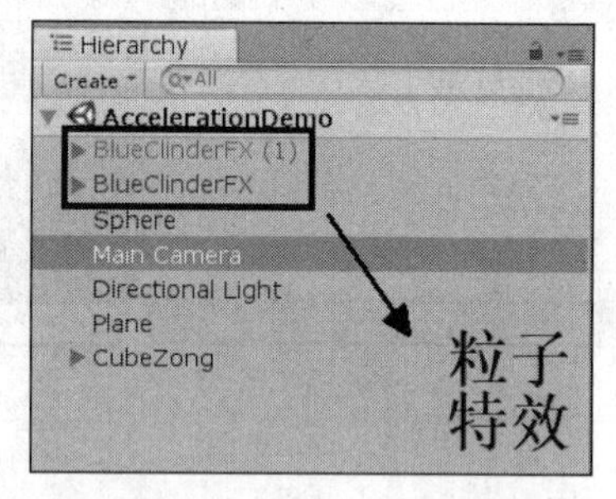

图 6-55　游戏组成对象列表面板

（6）游戏对象创建完成后，接下来实现小球的操控功能。利用加速度传感器，实现让玩家通过倾斜手机控制小球的运动方向；在小球进入 BlueClinderFX“魔法粒子阵”中时，小球会被传送到 BlueClinderFX(1)的位置上。在 C#文件夹中新建一脚本并命名为“Control.cs”，具体代码如下。（代码位置：见资源包中源代码第 6 章目录下的 AccelerationDemo/Assets/ C#/ Control.cs。）

```
1    using UnityEngine;
2    using System.Collections;
3    public class Control : MonoBehaviour{
4      public Transform destroy;          //声明挂载 BlueClinderFX 游戏对象的变量
5      public Transform flash;            //声明挂载 BlueClinderFX(1)游戏对象的变量
6      public Transform sphere;           //声明挂载场景中小球的游戏变量
7      Vector3 dir = Vector3.zero;        //声明一个三维向量的变量
8      private float distance;            //声明距离变量
9      private bool flag=false;           //声明一个用来判断小球是否消失的标志位
10     private float mindistance = 2.0f; //声明小球和 BlueClinderFX 游戏对象的最小距离变量
11     void Update(){
12       dir.x = Input.acceleration.x;       //三维向量的 x 分量为加速度传感器的 x 分量
13       dir.z = Input.acceleration.y;       //三维向量的 z 分量为加速度传感器的 y 分量
14       this.transform.GetComponent<Rigidbody>().AddForce(dir*5);//为小球添加力的效果
15       distance = Vector3.Distance(sphere.position, destroy.position);
                                              //获取当前小球和 destroy 的距离
16       if(distance <= mindistance){
17          sphere.position = destroy.position; //重置小球的当前位置
18          Invoke("spheredestroy", 0.1f);      //在 0.1 秒后调用 spheredestroy 方法
19          flag = !flag;                       //将标志位置反
20       }
21       if(flag){
22          sphere.position = flash.position;   //重置小球的当前位置
23       flash.gameObject.SetActive(true);//将 BlueClinderFX(1)游戏对象的 active 置为 true
24          Invoke("sphereflash", 1.0f);        //在 1 秒后调用 sphereflash 方法
25          Invoke("flashreset", 1.0f);         //在 1 秒后调用 flashreset 方法
26          flag = !flag;                       //将标志位置反
27   }}
```

```
28      void spheredestroy(){
29        sphere.gameObject.SetActive(false);    //将小球的active置为false(即置为不可见)
30      }
31      void sphereflash(){
32        sphere.gameObject.SetActive(true);     //将小球的active置为true
33      }
34      void flashreset(){
35        flash.gameObject.SetActive(false);//将 BlueClinderFX(1)游戏对象的 active 置为
false
36    }}
```

- 第 4～10 行声明了挂载场景中游戏对象的变量，声明了标志位及脚本中要用到的距离变量。
- 第 11～14 行重写 Update 方法，将加速度传感器的各分量赋予三维向量中与其对应的各个分量，并为小球添加力的效果。
- 第 15～19 行判断小球和 BlueClinderFX 游戏对象的距离，小于定义的最小距离时重置小球的位置，并调用 spheredestroy 方法。
- 第 21～27 行当标志位为真时，重置小球位置并调用 sphereflash、flashreset 方法对事件进行处理。
- 第 28～30 行定义 spheredestroy 方法，将小球的 active 置为 false。
- 第 31～33 行定义 sphereflash 方法，将小球的 active 置为 true。
- 第 34～36 行定义 flashreset 方法，将 BlueClinderFX(1)游戏对象的 active 置为 false。

（7）脚本编辑完成后单击保存按钮保存脚本，将该脚本拖曳到 Sphere 游戏对象上，选中 BlueClinderFX (1)，将其 active 置为 false，如图 6-56 所示。将游戏对象分别挂载到脚本中对应的变量上，如图 6-57 所示。

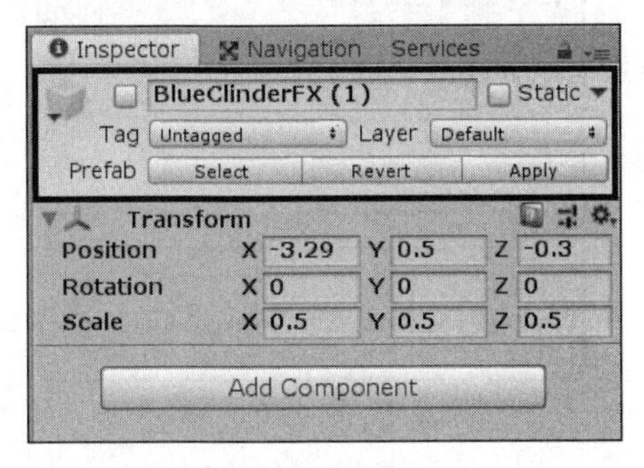

图 6-56　重置 active

图 6-57　挂载游戏对象

（8）本案例讲解的是加速度传感器，且需要在手机上运行。单击 File→Build Settings，在弹出的 Build Settings 面板中选择 Android 平台，再单击“Add Open Scenes”按钮添加场景，最后单击“Player Settings”按钮进行设置，如图 6-58 所示。

（9）在 Player Settings 面板中可以定义游戏特定平台的各种参数，在这里只讲解本案例导出 Apk 安装包时用到的参数。将 Default Orientation*参数修改为“Landscape Left”，如图 6-59 所示。将 Other Settings 下的 Package Name 参数修改为“com.*. *”，“*”为任意字符，如图 6-60 所示。最后单击“Build”按钮即可导出 Apk 安装包。

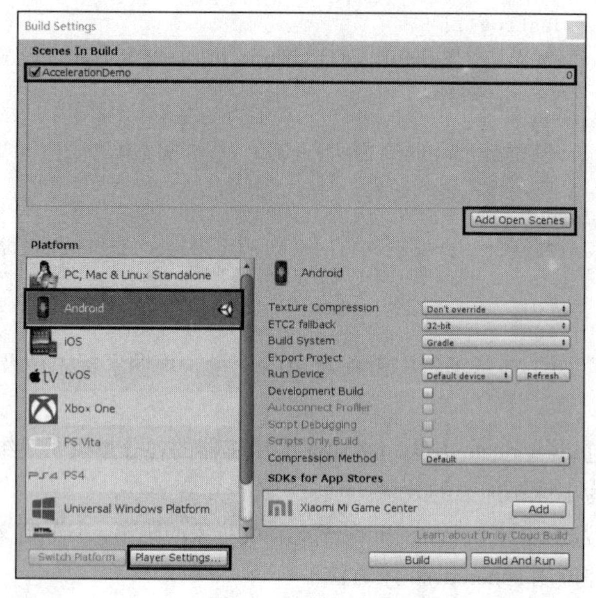

图 6-58　导出项目

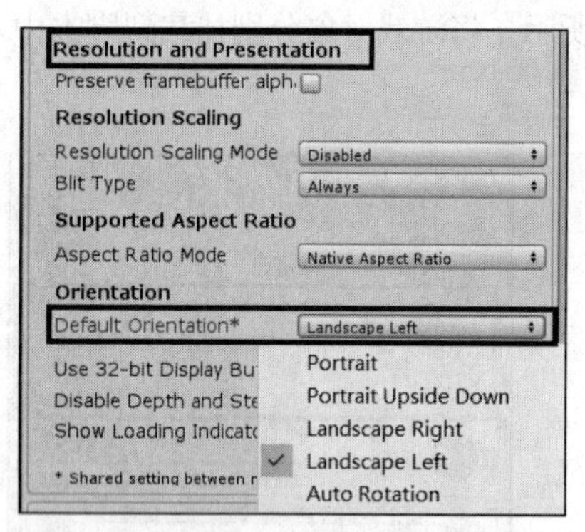

图 6-59　导出设置 1

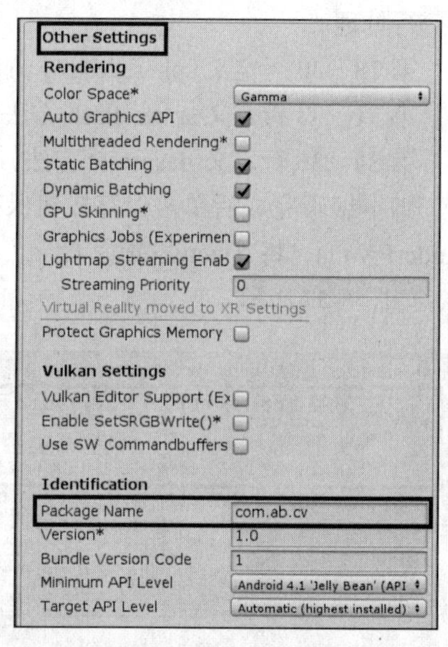

图 6-60　导出设置 2

6.5　动 态 字 体

Unity 支持动态字体，并且能够很好地支持中文字体，开发人员可以根据需要选择不同的字体类型。例如，中文字体中的楷体、隶书、宋体等，在游戏开发中应用得十分广泛。本节将通过一个简单的案例对动态字体的应用进行介绍。

1．案例效果

在 Unity 集成开发环境中，开发人员可以导入多种字体来满足开发的需要。本节将通过这个简单案例来系统地介绍动态字体的相关知识，案例运行效果如图 6-61、图 6-62 所示。单击场景中的“切换”按钮，可以改变字体类型。

图 6-61　案例运行效果 1

图 6-62　案例运行效果 2

2. 开发流程

本案例除了涉及动态字体的相关知识，还涉及 GUI 的屏幕自适应问题。接下来将详细地介绍具体开发步骤。

（1）打开 Unity 集成开发环境，在 Assets 目录下新建 3 个文件夹，依次命名为“C#”“Texture”“Font”。将作为界面背景图片的 Background.png 和作为按钮图片的 QieHuan.png 导入 Texture 文件夹，如图 6-63 所示。将两种字体文件导入 Font 文件夹，此处准备的是华文琥珀和华文行楷，如图 6-64 所示。

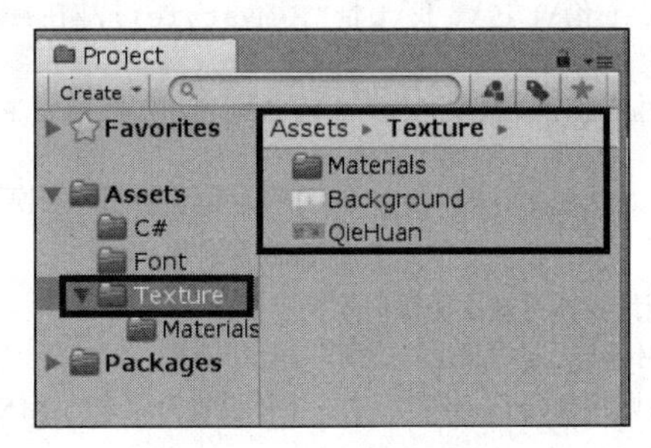

图 6-63　Texture 文件夹

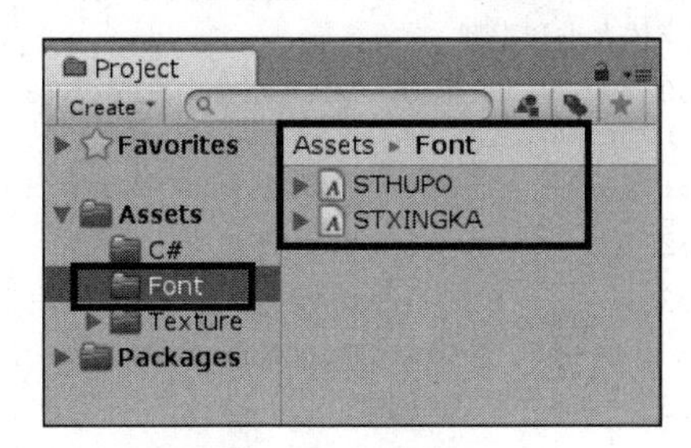

图 6-64　Font 文件夹

（2）在 C#文件夹中单击鼠标右键，选择 Create→C# Script 创建一个脚本，并命名为“DynamicFont.cs”。双击该脚本进入脚本编辑器并编写代码。该脚本的主要功能是在屏幕上绘制背景图片，并利用动态字体在背景图片的适当位置绘制出一首完整的古诗，具体代码如下。（代码位置：见资源包中源代码第 6 章目录下的 DynamicfontDemo/Assets/ C#/ DynamicFont.cs。）

```
1    using UnityEngine;
2    using System.Collections;
3    public class DynamicFont : MonoBehaviour{
4      public GUIStyle Mystyle;                    //声明 GUI 类型
5      public Texture bgtexture;                   //声明需要被绘制的图片变量
6      public Texture Buttonbg;                    //声明按钮上的图片变量
7      public Font THfont;                         //声明在案例中要替换的字体类型变量
8      public Font Yfont;                          //声明 Mystyle 中原来的字体类型变量
9      private int counters= 1;                    //声明计数器变量
10     private float m_fScreenWidth = 960;         //声明基准屏幕分辨率变量
11     private float m_fScreenHeight = 640;
```

```
12    private float m_fScaleWidth;                          //声明屏幕缩放系数变量
13    private float m_fScaleHeight;
14    void Start(){                                         //重写 Start 方法
15      m_fScaleWidth = (float)Screen.width/m_fScreenWidth;      //计算缩放系数
16      m_fScaleHeight = (float)Screen.height/m_fScreenHeight;
17    }
18    void OnGUI(){                                         //重写 OnGUI 方法
19      GUI.DrawTexture(new Rect(0, 0, Screen .width , Screen .height ), bgtexture);
//在屏幕上绘制背景图片
20      GUI.Label(new Rect(380 * m_fScaleWidth, 100 * m_fScaleHeight, 100 *
m_fScaleWidth,
21      100 * m_fScaleHeight), "赠\t汪\t伦", Mystyle);//在给定坐标区域内绘制标签
22      GUI.Label(new Rect(180 * m_fScaleWidth, 200 * m_fScaleHeight, 100 *
m_fScaleWidth,
23      100 * m_fScaleHeight), "李\t白\t乘\t舟\t将\t欲\t行", Mystyle);
24      GUI.Label(new Rect(180 * m_fScaleWidth, 270 * m_fScaleHeight, 100 *
m_fScaleWidth,
25      100 * m_fScaleHeight), "忽\t闻\t岸\t上\t踏\t歌\t声", Mystyle);//设置 GUI 格
式，使 GUI 更加美观
26      GUI.Label(new Rect(180 * m_fScaleWidth, 340 * m_fScaleHeight, 100 *
m_fScaleWidth,
27      100 * m_fScaleHeight), "桃\t花\t潭\t水\t深\t千\t尺", Mystyle);
28      GUI.Label(new Rect(180 * m_fScaleWidth, 410 * m_fScaleHeight, 100 *
m_fScaleWidth,
29      100 * m_fScaleHeight), "不\t及\t汪\t伦\t送\t我\t情", Mystyle);//在 Mystyle
中设置字体大小和类型
30      if (GUI.Button(new Rect(850 * m_fScaleWidth, 550 * m_fScaleHeight, 80 *
m_fScaleWidth,
31        60 * m_fScaleHeight), Buttonbg, Mystyle)){        //在特定位置绘制“切换”按钮
32        ++counters;                                      //计数器自加
33        if (counters % 2 == 0){        //当计数器可被 2 整除时切换字体
34          GetComponent<DynamicFont>().Mystyle.font = THfont;
35        }else{                         //否则将 Mystyle 类型中的字体设置为原来的字体类型
36          GetComponent<DynamicFont>().Mystyle.font = Yfont;
37  }}}}
```

- 第 4～8 行声明了 GUI 的格式、背景图片及开发过程中需要用到的字体类型变量。
- 第 9～13 行声明了计数器、基准屏幕分辨率变量，声明了屏幕缩放系数变量来解决 Android 多屏幕分辨率自适应问题。
- 第 14～17 行重写 Start 方法，根据当前的屏幕分辨率计算屏幕缩放系数，并在整个屏幕上绘制背景图片。
- 第 18～29 行重写 OnGUI 方法，在背景图片上绘制古诗。
- 第 30～32 行在屏幕的特定位置绘制切换字体的 Button 控件，并实现计数器的自加功能。
- 第 33～37 行的功能是当计数器可以被 2 整除时切换 Mystyle 中的字体类型，否则恢复为原来的字体类型，实现对古诗字体类型的切换功能。

（3）脚本编写完成后保存脚本。回到 Unity 集成开发环境，将该脚本挂载到主摄像机上，如图 6-65 所示。将对应的资源拖曳到脚本中的变量上，将 Background.png 挂载到 Bgtexture 上，QieHuan.png 挂载到 Buttonbg 变量上，再分别为脚本中的字体类型变量挂载资源，如图 6-66 所示。

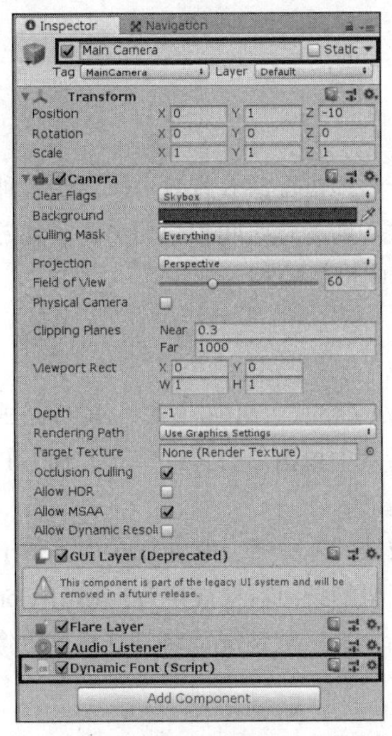

图 6-65　挂载脚本

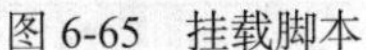

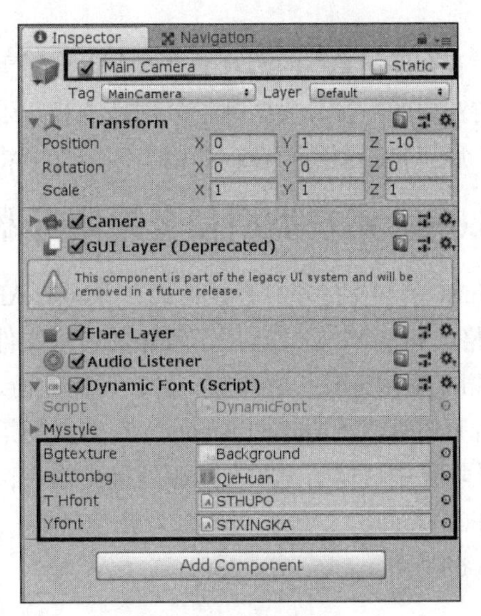

图 6-66　挂载资源

（4）脚本变量挂载完成后，单击 Dynamic Font 脚本下的 Mystyle 参数，对该 GUI 格式进行设置。将华文行楷字体拖曳到 Font 参数上，并设置 Font Size（字体大小）参数为 30（可以根据开发需求自行修改 Mystyle 参数），如图 6-67 所示。最后单击播放按钮即可查看运行效果。

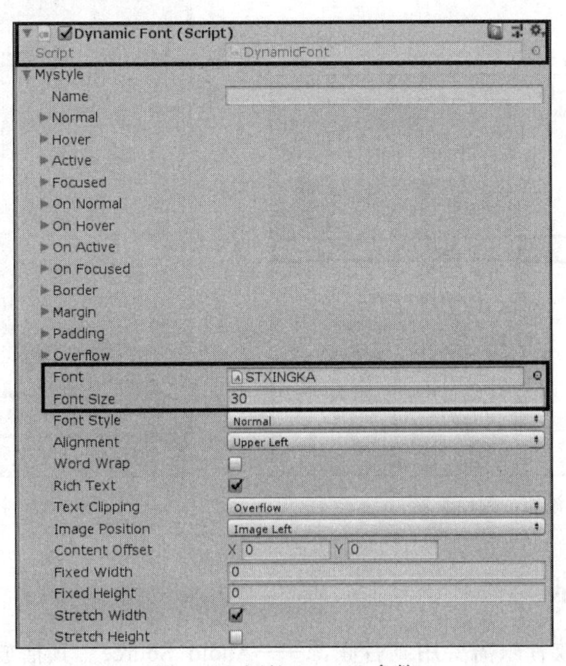

图 6-67　调整 Mystyle 参数

6.6 声　　音

声音在任何类型的游戏中都占有举足轻重的地位，合理地搭配游戏音效可以营造各种环境氛围。游戏中的声音分为两种，分别是游戏音乐和游戏音效。前者是时间较长的声音，如游戏背景音乐，后者是较短的声音，如枪击声。本节将讲解 Unity 中声音的相关知识。

6.6.1 声音类型和音频侦听器

Unity 一共支持 4 种音频格式，分别是 AIFF 格式、WAV 格式、MP3 格式、OGG 格式。其中 AIFF 格式和 WAV 格式适用于较短的音乐文件，可作为游戏中枪击、打怪的声音，而 MP3 格式、OGG 格式适用于较长的音乐文件，可作为游戏中的背景音乐。

音频侦听器（Audio Listener）在游戏场景中是不可或缺的一分子，它在场景中类似于话筒设备，从场景中任何给定的音频源处接受输入，并通过计算机的扬声器播放声音。单击 Component →Audio→Audio Listener 可添加音频侦听器，如图 6-68 所示。一般情况下将其挂载到摄像机上，如图 6-69 所示。

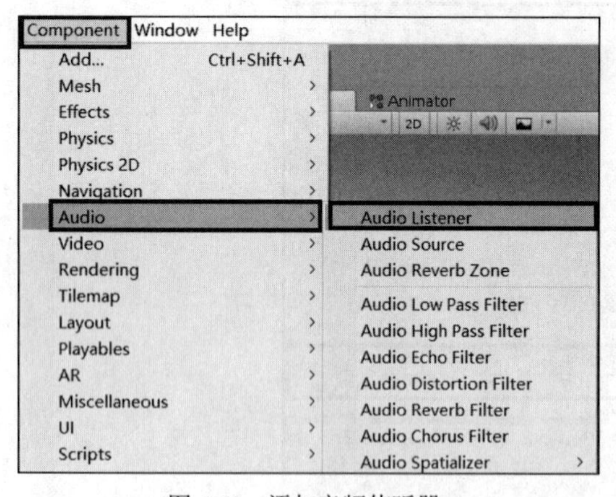

图 6-68　添加音频侦听器

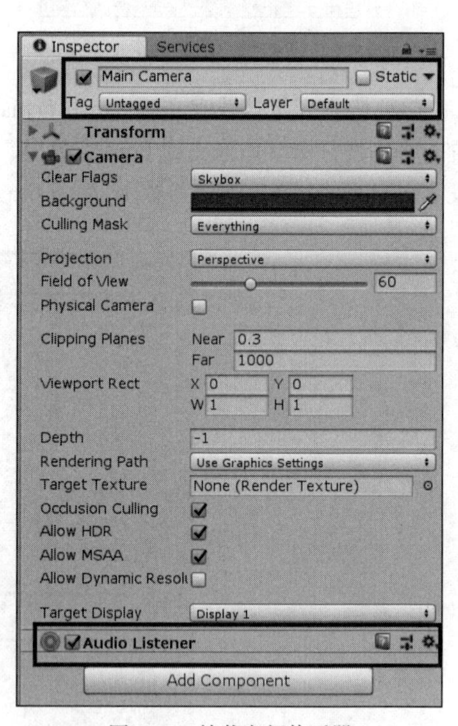

图 6-69　挂载音频侦听器

6.6.2 音频源

在游戏场景中播放音乐需要用到音频源——Audio Source。其播放的是音频剪辑（Audio Clip），若音频剪辑是 3D 的，则声音会随着音频侦听器与音频源之间距离的增大而衰减，从而产生多普勒效应。音频源不仅可以在 2D 与 3D 之间进行声音效果设置，还可以改变音量的衰减模式。

当音频侦听器处于一个或多个混响区域（Reverb Zone）内时，混响将被应用到音频源中。单独的音频滤波器可以应用到每个音频源，提供更加丰富的听觉体验。单击 Component→Audio→Audio Source 添加音频源，如图 6-70 所示。音频源的参数如图 6-71 所示，其参数详解如表 6-2 所示。

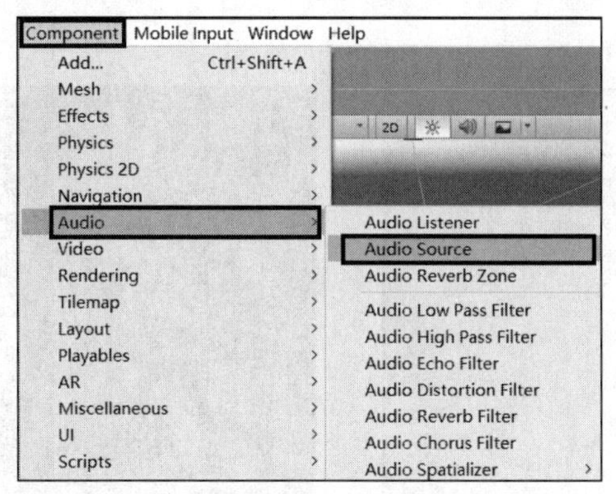

图 6-70　添加音频源

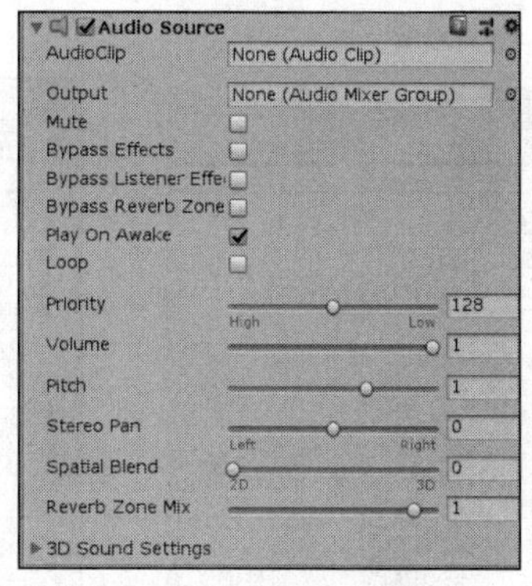

图 6-71　音频源的参数

表 6-2　音频源重要参数介绍

参 数 名	含 义
AudioClip（音频剪辑）	将要被播放的音频剪辑文件
OutPut（输出）	音频剪辑通过音频混合器输出
Mute（静音）	如果勾选该选项，那么音频在播放时会没有声音
Bypass Effect（忽视效果）	应用到音频源的快速“直通”过滤效果，用来快速打开或关闭所有特效
Bypass Listener Effect（忽视侦听器效果）	用来快速打开或关闭音频侦听器特效
Bypass Reverb Zone（忽视混响区）	用来快速打开或关闭混响区
Play On Awake（唤醒时播放）	如果勾选该选项，则声音在场景启动时就会播放；如果禁用，那么就需要在脚本中使用 Play 命令来播放
Loop（循环）	用来快速打开或关闭循环播放
Priority（优先权）	确定场景中所有并存的音频源的优先权（0 为最高，256 为最低），一般使用优先权为 0 的音频剪辑
Volume（音量）	音频侦听器监听到的音量
Pitch（音调）	改变音调值，可以加速或减速播放音频剪辑，默认为 1，即以正常速度播放
Spatial Blend（空间混合）	设置该音频剪辑能够被 3D 空间计算（衰减、多普勒效应等）影响多少，为 0 时为 2D 音效，为 1 时为全 3D 音效
Volume Rollof（音量衰减模式）	设置音量衰减的模式（对数、线性、自定义）
Min Distance（最小距离）	在最小距离内，声音会保持最大音量。在最小距离之外，声音就会开始衰减
Max Distance（最大距离）	声音停止衰减距离（与音频侦听器的最大距离）。超过这一距离，将保持音量，不再产生任何衰减

音频源音量的衰减模式一共有 3 种，分别是对数衰减模式、线性衰减模式和自定义衰减模式，如图 6-72、图 6-73 和图 6-74 所示。这 3 个衰减模式的共同特点是声音在 Min Distance（最小距离）之外按照其模式进行衰减。其中自定义衰减模式需自定义衰减曲线，在曲线上的某一点双击或单击鼠标右键，选择 Add Key 即可增加一个键（Key），再在键的位置调整衰减曲线。

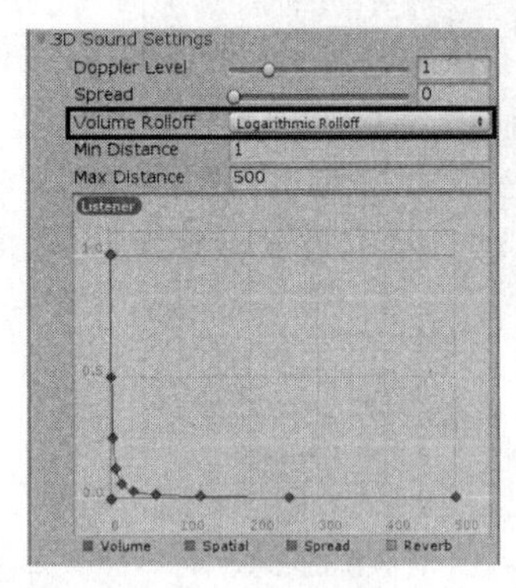

图 6-72　对数衰减模式

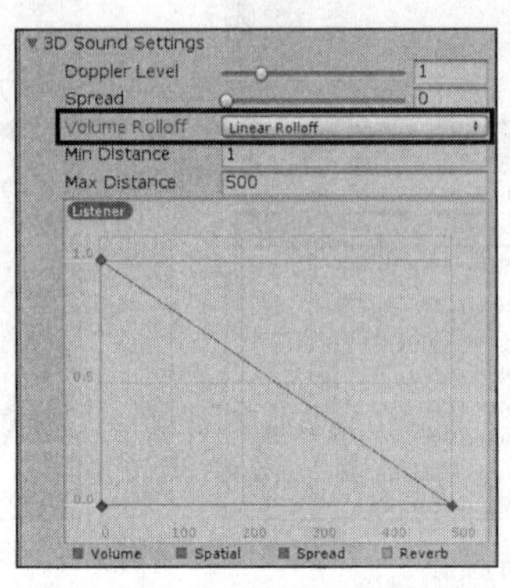

图 6-73　线性衰减模式

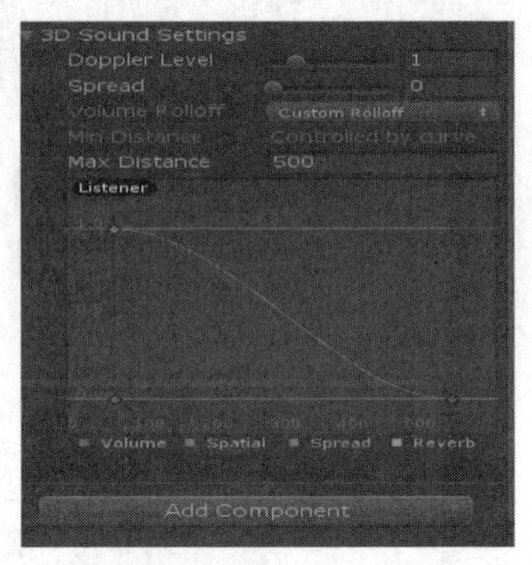

图 6-74　自定义衰减模式

6.6.3　音频效果

音频滤波器组件不仅可以应用到音频源和音频侦听器上，还可以应用到带有音频源组件或带有音频监听组件的游戏对象上，以达到不同的播放效果。但需要注意的是，虽然 Unity 对滤波器进行了高度优化，但是某些滤波器仍会消耗大量的 CPU 资源。

Unity 封装的滤波器有 6 种，分别是低通滤波器（Low Pass Filter）、高通滤波器（High Pass Filter）、回声滤波器（Echo Filter）、失真滤波器（Distortion Filter）、混响滤波器（Reverb Filter）和合声滤波器（Chorus Filter）。下面将对游戏开发中常用的滤波器进行详细介绍。

1. 低通滤波器——Low Pass Filter

低通滤波器允许低频率的声音通过，频率比截止频率高的声音都将被消除。低通滤波器有 2 个非常重要的参数，分别为截止频率（Cutoff Frequency）、低通共振品质（Lowpass Resonance Q）。下面将详细地介绍这两个参数。

低通滤波器截止频率的范围是 10.0～22000.0Hz，默认值为 5000Hz。低通共振品质决定滤波器自谐振的阻尼，其范围为 1.0～10.0，默认值为 1.0。低通共振品质的值越高表示能量损失越低，即振荡消失越慢。单击 Component→Audio→Audio Low Pass Filter 添加低通滤波器，如图 6-75 所示。

低通滤波器关联了滚降曲线（Rolloff curve），这样便可以在音频源与音频侦听器之间设置截止频率。开发人员可以通过编辑曲线设置截止频率，如图 6-76 所示。

2. 回声滤波器——Echo Filter

回声滤波器一般会被添加到一个给定延迟重复的音频源上，其衰减基于重复的衰变率。回声滤波器具有 4 个重要的参数，分别为延迟（Delay）、衰变率（Decay Ratio）、湿度混合（Wet Mix）和直达声混合（Dry Mix），如表 6-3 所示。

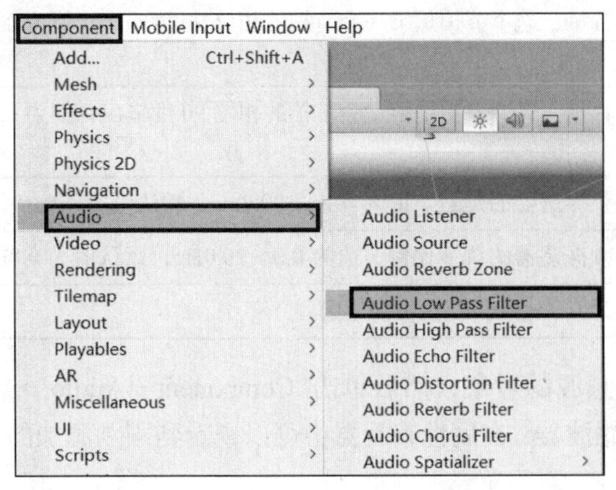

图 6-75　添加低通滤波器

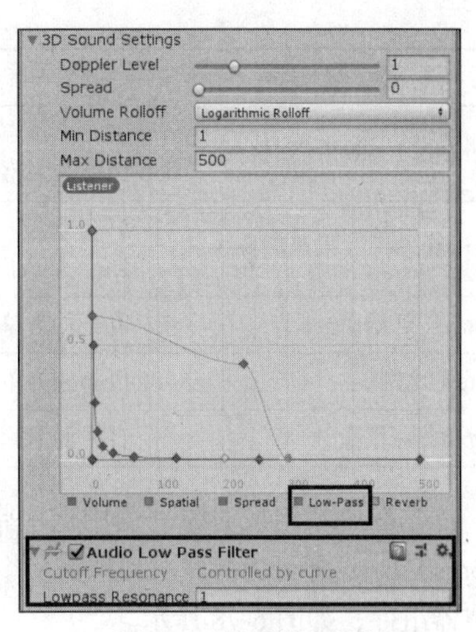

图 6-76　设置截止频率

表 6-3　回声滤波器参数介绍

参　数　名	含　　义
Delay（延迟）	以毫秒为单位，回声延迟值为 10.0～5000.0，默认值为 500
Decay Ratio（衰变率）	回声每次延迟值为 0.0～1.0，1.0 表示不延迟，0.0 表示总延迟，默认值为 0.5
Wet Mix（湿度混合）	回声信号输出的音量值为 0.0～1.0，默认值为 1.0
Dry Mix（直达声混合）	原始信号输出的音量值为 0.0～1.0，默认值为 1.0

提示

湿度混合表示已加入效果的声音信号的振幅。直达声混合表示未加入效果的声音信号的振幅。

若要为音频源添加一个回声滤波器，首先要选中带有音频源组件的游戏对象，然后单击 Component→Audio→Echo Filter 即可添加该组件，其相关参数可在该游戏对象的属性查看器中查看，如图 6-77 所示。

图 6-77　回声滤波器的参数

3. 合声滤波器——Chorus Filter

合声滤波器会对音频剪辑进行处理，得到合声效果。合声滤波器通过一个正弦低频振荡器（Low Frequency Oscillator，LFO）来调节原始声音，其输出的声音听起来类似合唱团发出的声音。合声滤波器具有多个重要的参数，如表 6-4 所示。

表 6-4　合声滤波器参数介绍

参　数　名	含　　义
Dry Mix（直达声混合）	原始信号输出的音量，值为 0.0～1.0，默认值为 0.5
Wet Mix 1（效果声混合 1）	第一个合声节拍的音量，值为 0.0～1.0，默认值为 0.5

续表

参 数 名	含 义
Wet Mix 2（效果声混合 2）	第二个合声节拍的音量，这个节拍是第一个节拍的相位 90 度输出，值为 0.0～1.0，默认值为 0.5
Wet Mix 3（效果声混合 3）	第三个合声节拍的音量，这个节拍是第二个节拍的相位 90 度输出，值为 0.0～1.0，默认值为 0.5
Delay（延迟）	以毫秒为单位，低频振荡器的延迟。值为 0.1～100.0ms，默认值为 40ms
Rate（比例）	以赫兹为单位，低频振荡器的调节比例，值为 0.0～20.0Hz，默认值为 0.8Hz
Depth（深度）	合声调节深度，值为 0.0～1.0，默认值为 0.03

首先在游戏组成对象列表中选中带有音频源的对象，然后单击 Component→Audio→Audio Chorus Filter，即可为游戏对象添加一个合声滤波器，在属性查看器中可以查看到刚刚添加的合声滤波器组件，如图 6-78 所示。

图 6-78　合声滤波器的参数

6.6.4　声音案例

通过前面的学习，相信读者对声音的相关知识有了初步的了解。本小节将通过一个简单的综合案例更加系统地讲解 Unity 中的声音，希望能够帮助读者在开发过程中熟练地应用声音技术开发出更加优秀的游戏作品。

1. 案例效果

本案例由一个简单的 3D 场景和 UI 组成。该 UI 由 3 个 Button 控件和 3 个 Toggle 控件组成，Button 控件分别控制声音的播放、暂停和停止，Toggle 控件控制选择不同的音频滤波器。案例运行效果如图 6-79、图 6-80 所示。

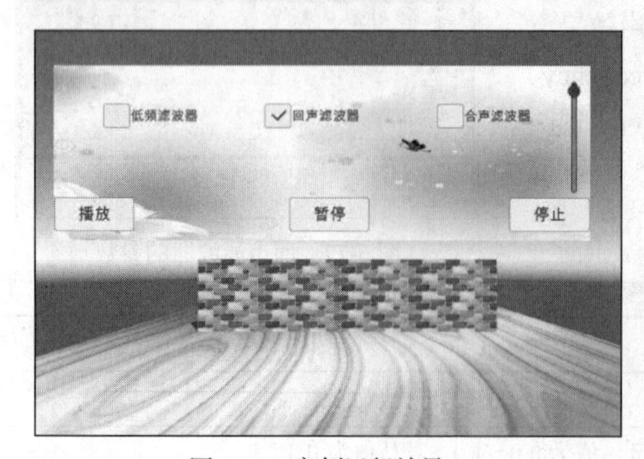

图 6-79　案例运行效果 1

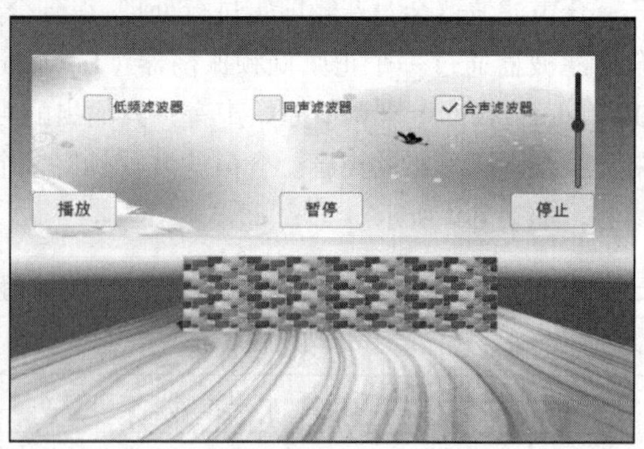

图 6-80　案例运行效果 2

2. 开发流程

本案例中，单击 UI 底部的“播放”按钮、“暂停”按钮和“停止”按钮可控制声音的状态，调整右侧的滑动条可调整音量，通过正上方的 Toggle 控件可启用不同的音频滤波器，UI 下方是一个简单的游戏场景。本案例具体开发流程如下。

（1）打开 Unity 集成开发环境，在项目资源列表面板中新建 3 个文件夹，分别命名为“Audio”“C#”“Texture”。将开发过程中用到的音频剪辑 gaoshan.mp3 导入 Audio 文件夹；将所需的图片导入 Texture 文件夹，作为场景中游戏对象的纹理图片。

（2）单击 GameObject→3D Object→Plane 新建一个地板，并将 Texture 文件夹中的 Diban.png 拖曳到地板上为其添加纹理。按照此步骤在场景中新建一个 Cube 游戏对象，为其添加纹理 BallBG.png，调整该 Cube 的大小和位置，如图 6-81 所示。

（3）单击 GameObject→UI→Canvas，在场景中新建一个画布，如图 6-82 所示。选中 Canvas 游戏对象，单击 GameObject→Camera 创建摄像机，该摄像机的功能是渲染 UI，去除其属性查看器中的 Audio Listener 组件。在 Camera 游戏对象下新建子对象 Panel，用来放置所有的 UI 组件。

图 6-81　3D 场景效果

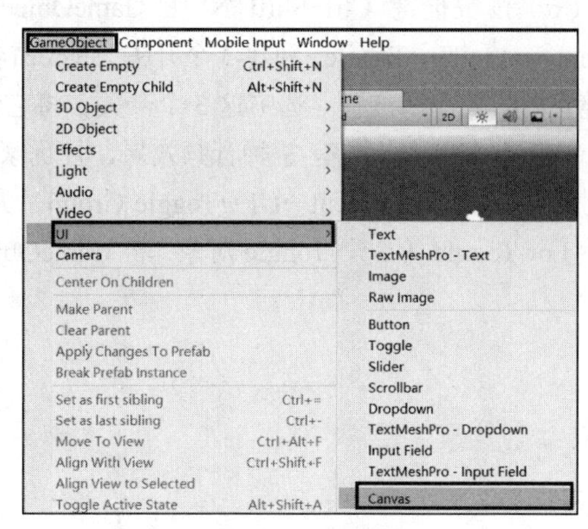

图 6-82　新建画布

（4）选中 Panel 游戏对象，将 Beijing1.png 拖曳到其 Image 组件下，作为整个 UI 的背景，如图 6-83 所示。以新建“播放”按钮为例，单击 Component→UI→Button 新建一个 Button 控件并命名为“bofang”，选中其子对象 Text，在其属性查看器中的 Text 组件下将 Text 文本修改为“播放”，并将其 Font Size 设置为 24，如图 6-84 所示。

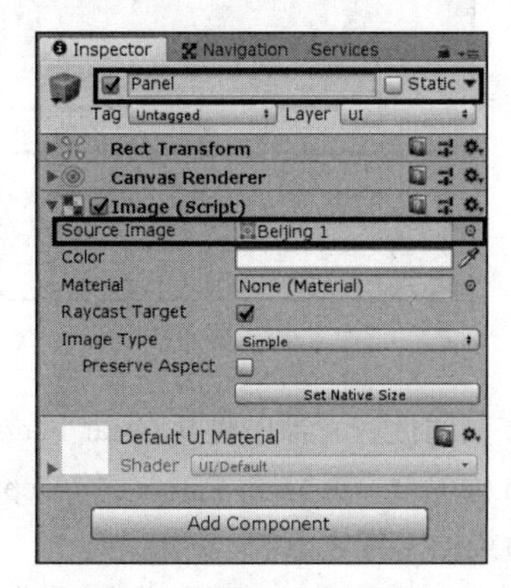

图 6-83　添加 UI 背景图片

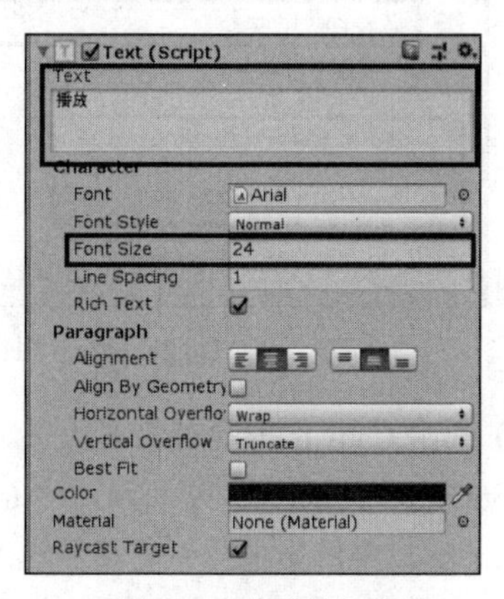

图 6-84　修改按钮参数

（5）重复步骤（4），创建“暂停”按钮和“停止”按钮。调整 3 个按钮的位置，使它们位于 Panel 的底部。在 Panel 下新建子对象 Slider，用来调整场景中音乐的音量，并将其调整到 Panel 的右侧。修改 Slider 各部分的颜色值，以便区分（具体方法已在前文介绍）。游戏对象内部结构如图 6-85 所示，界面效果如图 6-86 所示。

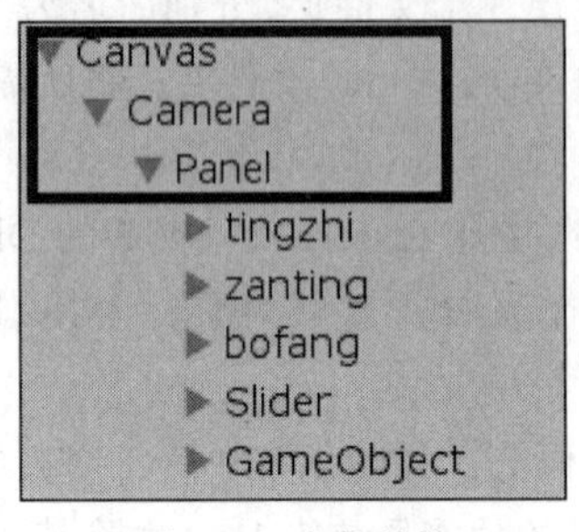

图 6-85　内部结构

图 6-86　界面效果

（6）按快捷键 Ctrl+Shift+N 在 GameObject 下创建一个空游戏对象，选中该对象并单击 Component→UI→Toggle，创建 3 个开关，依次命名为“LowToggle”“EchoToggle”“ChorusToggle”，调整它们的大小和位置。选中这 3 个开关，将它们的 Is On 复选框取消勾选。

（7）本案例中一共有 3 种音频效果，且玩家每次只可以勾选一种效果。选中 GameObject 游戏对象，单击 Component→UI→Toggle Group，为其添加开关组件，如图 6-87 所示。按住 Ctrl 键选中 LowToggle 等 3 个 Toggle 对象，将 GameObject 拖曳到 Toggle 组件下的 Group 中，如图 6-88 所示。

图 6-87　添加 Toggle Group 组件

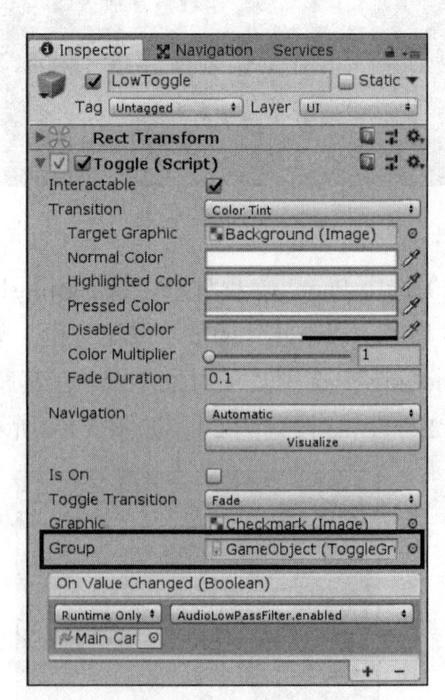

图 6-88　添加开关组

（8）选中 Canvas 游戏对象下的子对象 Camera，在其属性查看器中将其 Clear Flags 参数修改为“Depth only”，如图 6-89 所示。该 Camera 的 Depth 值为 0，而 Main Camera 的 Depth 值为-1，所以 Camera 渲染的影像会一直显示在 Main Camera 渲染的影像之上。

（9）选中 Canvas 游戏对象，在其属性查看器中将其 Render Mode（渲染模式）修改为“World

Space”，将 Camera 游戏对象拖曳到 Event Camera 中，如图 6-90 所示。选中 Main Camera 游戏对象，为其添加低通滤波器、回声滤波器、合声滤波器组件，并将它们的 active 置为 false，如图 6-91 所示。

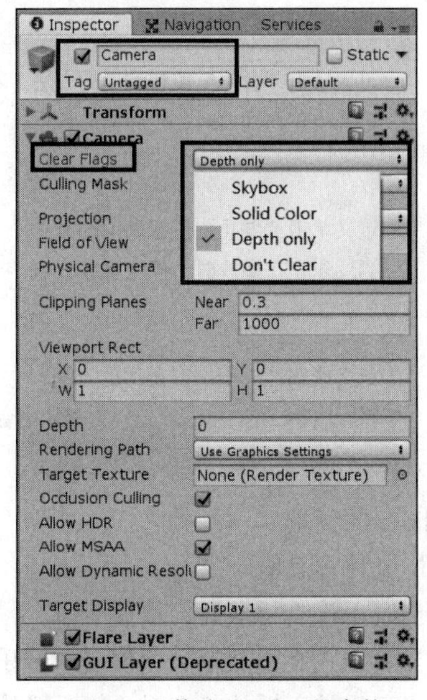

图 6-89 修改 Camera 的参数

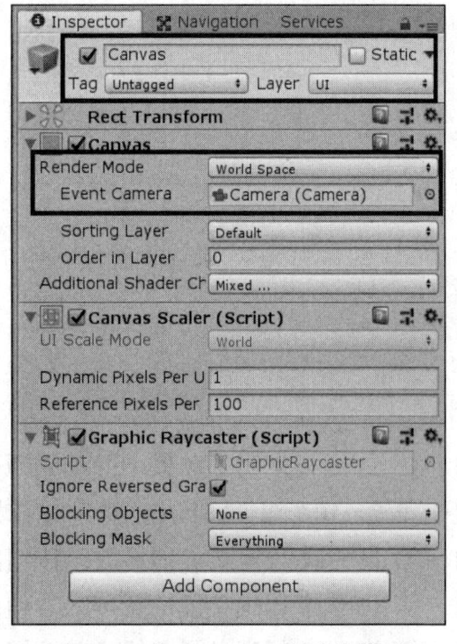

图 6-90 修改 Camera 的渲染模式

（10）单击 Component→Audio→Audio Source，为 Main Camera 添加音频源组件。将 Audio 文件夹下的 gaoshan.mp3 音频剪辑拖曳到 AduioClip 中，并将 Play On Awake 参数置为 false，如图 6-92 所示。在 C#文件夹中新建一个 C#脚本并命名为“AudioSettings.cs”，具体代码如下。（代码位置：见资源包中源代码第 6 章目录下的 SoundsDemo/Assets/ C#/ AudioSettings.cs。）

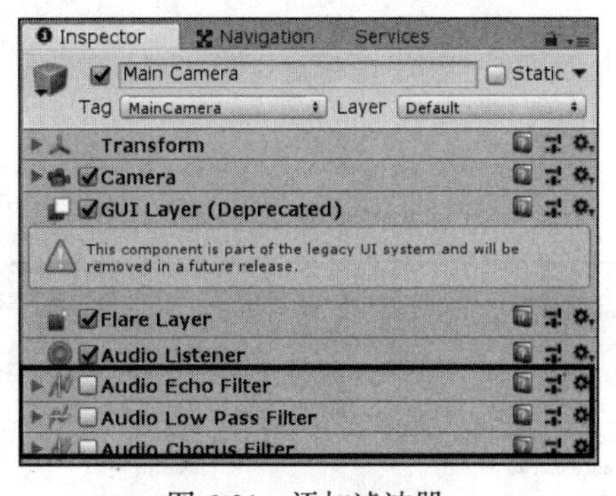

图 6-91 添加滤波器

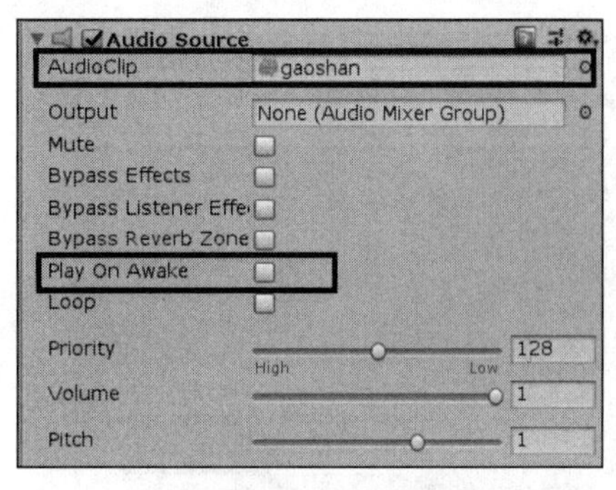

图 6-92 添加音频源

```
1    using UnityEngine;
2    using System.Collections;
3    using UnityEngine.UI;
4    public class AudioSettings : MonoBehaviour{
5      AudioSource musics;                              //声明音频源变量
6      public Slider slider;                            //声明场景中的Slider变量
7      void Start (){
8        musics = this.GetComponent<AudioSource>();   //初始化音频源变量
```

```
9      musics.volume = slider.value;            //初始化音频剪辑的音量值
10     }
11     public void pressbofang(){               //定义单击“播放”按钮调用的方法
12       if(!musics .isPlaying ){               //当音乐没有播放时，播放音乐
13           musics.Play();
14     }}
15     public void presszanting(){              //定义单击“暂停”按钮调用的方法
16       if(musics.isPlaying ){                 //当音乐正在播放时，暂停播放音乐
17          musics.Pause();
18     }}
19     public void presstingzhi(){              //定义单击“停止”按钮调用的方法
20       if(musics.isPlaying ){                 //当音乐正在播放时，停止播放音乐
21          musics.Stop();
22     }}
23     public void Volumechange(){              //定义调整 Slider 时调用的方法
24       musics.volume = slider.value;          //将 Slider 的 value 值作为音乐的音量值
25   }}
```

- 第 5～6 行声明了场景中的音频源变量和挂载 Slider 的变量。
- 第 7～10 行重写 Start 方法，并初始化音频源变量及其音量值。
- 第 11～14 行定义了“播放”按钮的监听方法，当音乐没有播放时，播放音乐。
- 第 15～18 行定义了“暂停”按钮的监听方法，当音乐正在播放时，暂停播放音乐。
- 第 19～22 行定义了“停止”按钮的监听方法，当音乐处于播放状态时，停止播放音乐。
- 第 23～25 行定义了滑动 Slider 时调用的方法，并将 Slider 的 value 值作为音乐的音量值。

（11）脚本编辑完成后将其挂载到主摄像机上，将场景中的 Slider 游戏对象挂载到脚本的 Slider 变量上。以“播放”按钮为例讲解挂载按钮监听的方法：选中 bofang 游戏对象，单击 On Click 下的“+”按钮并将 Main Camera 拖曳到左侧框中，在右侧的下拉列表中找到 pressbofang 方法，如图 6-93、图 6-94 所示。

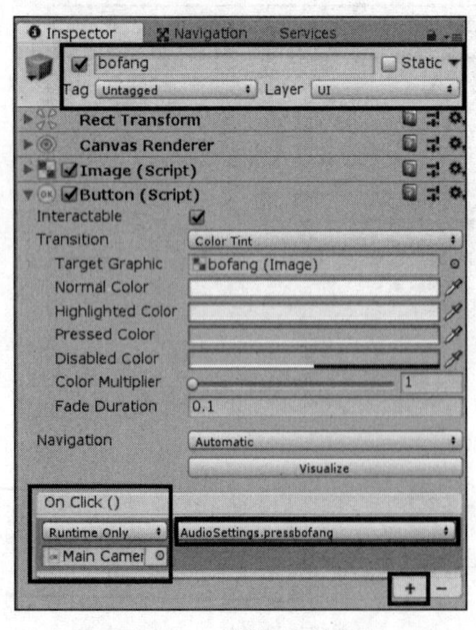

图 6-93　添加监听方法

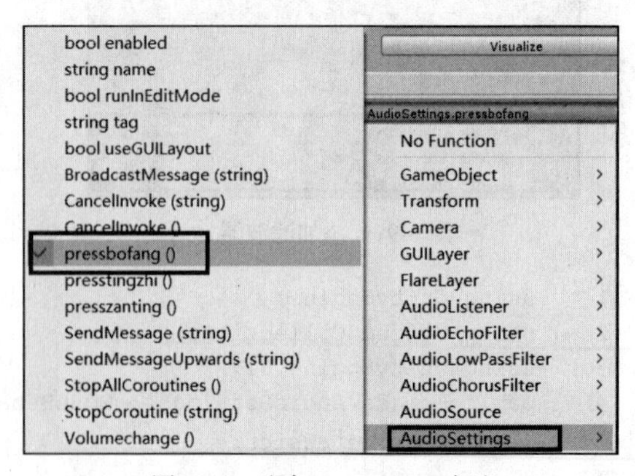

图 6-94　选中 pressbofang 方法

（12）以同样的方式为“暂停”按钮、“停止”按钮及滑动条添加事件监听。以 LowToggle

为例讲解为 Toggle 挂载事件监听的方法：选中 LowToggle 游戏对象，单击 On Click 下的“+”按钮并将 Main Camera 拖曳到左侧框中，在右侧的下拉列表中选择 AudioLowPassFilter→enabled，如图 6-95 所示。

（13）依次为 3 个 Toggle 添加事件监听后，选中 Main Camera 游戏对象，在 Camera 组件中修改 Culling Mask 参数，去除 UI 选项，如图 6-96 所示。单击播放按钮运行游戏，滑动滑块调整音乐音量，选择不同的滤波器体验不同的音频效果。

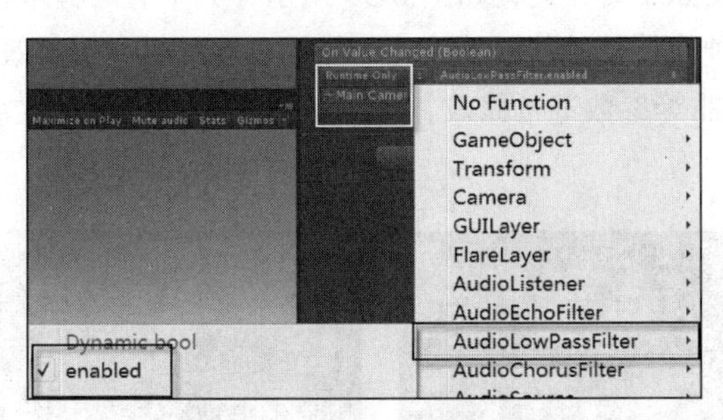

图 6-95　添加 Toggle 监听

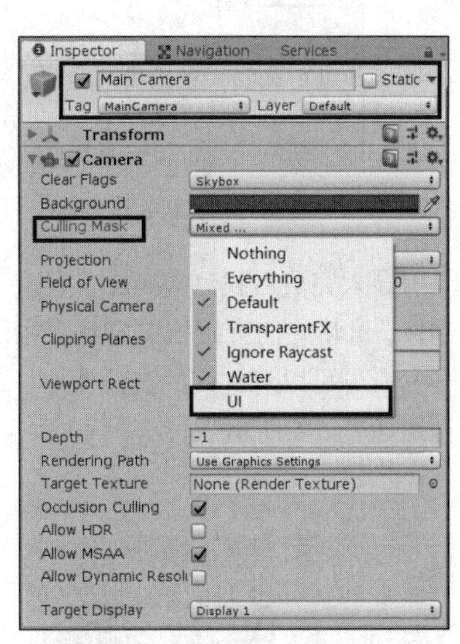

图 6-96　修改 Camera 组件的参数

6.7　雾特效和水特效

为了在游戏中模拟自然状况，开发人员都会尽可能地还原真实世界中的场景。例如，制作更加真实的光照效果，进行精细的 3D 建模和添加前面介绍的天空盒，这些都会大大加强场景的真实感。本节将介绍游戏场景中雾与水特效的实现，让读者在以后的开发中能够创造出更加绚丽的场景。

一般情况下，在游戏场景中添加雾特效与水特效较为困难，需要开发人员懂得着色器语言并能够熟练地用其进行编程。Unity 为了降低开发门槛，内置了雾特效并在标准资源包中添加了多种水特效，开发人员可轻松地将它们添加到场景中。

6.7.1　雾特效和水特效的基础知识

首先介绍雾特效的使用。Unity 集成开发环境中的雾特效有 3 种模式，分别为 Linear（线性模式）、Exponential（指数模式）和 Exponential Squared（指数平方模式），如图 6-97 所示。这 3 种模式的不同之处在于雾的衰减方式。开发人员还可以设置雾的颜色和衰减系数。

然后介绍水特效的添加。如果已经安装了 Unity 的标准资源包，可在项目资源列表面板中单击鼠标右键，选择 Import Package→Environment 导入资源包，在打开的面板中仅选中 Water 文件夹即可，然后单击“Import”按钮导入，如图 6-98 所示。下面将会对部分水特效进行介绍。

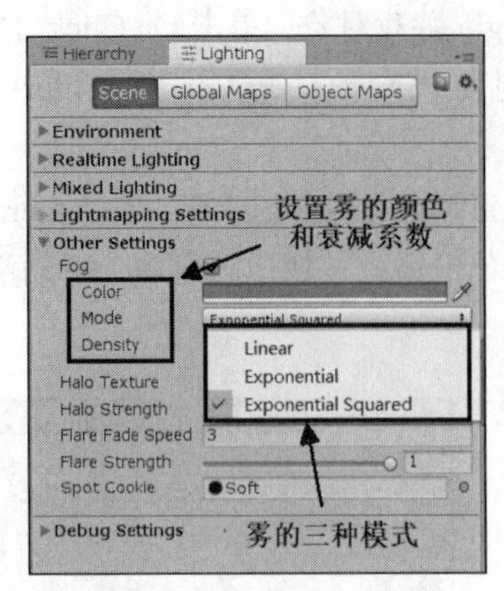

图 6-97　雾特效设置面板

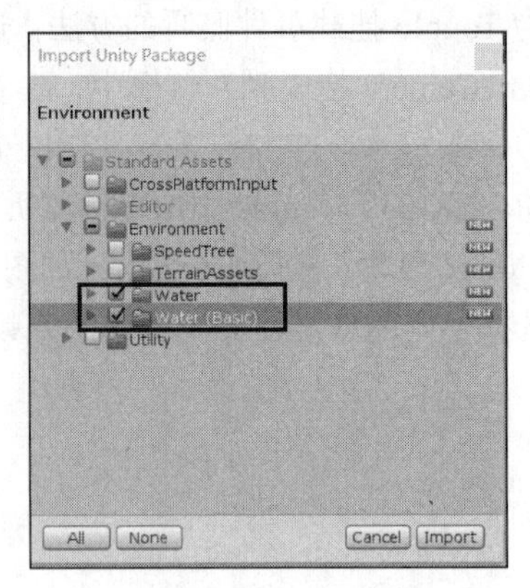

图 6-98　导入水特效

（1）导入完成后找到 Water 文件夹下的 Prefabs 文件夹，如图 6-99 所示，其中有两种水特效的预制件，可将它们直接拖曳到场景中。这两种水特效功能较为丰富，能够实现反射和折射效果，并且开发人员可以对它们的波浪大小、反射扭曲等参数进行修改，如图 6-100 所示。水特效常用参数介绍如表 6-5 所示。

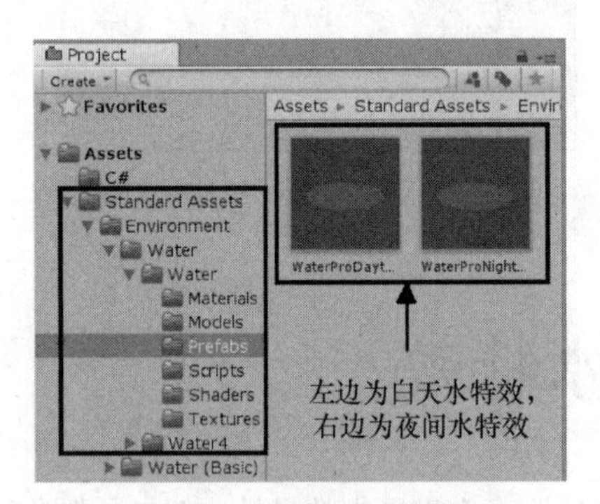

图 6-99　水特效目录结构

（a）水特效设置面板 1

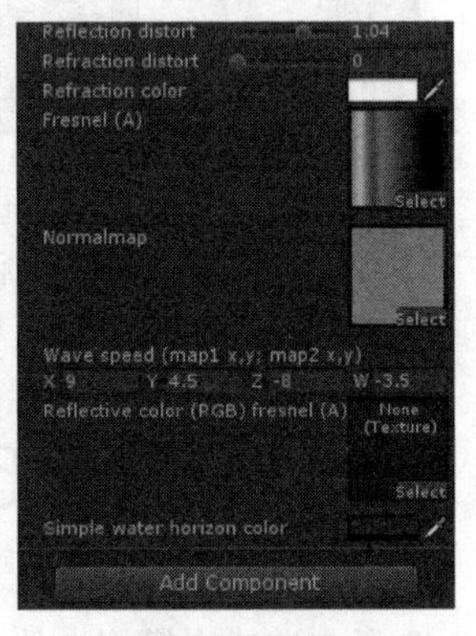

（b）水特效设置面板 2

图 6-100　水特效参数修改

表 6-5　水特效常用参数介绍

参数名	含义	参数名	含义
Water Mode	包括 Simple（简单）、Reflective（反射）、Refractive（折射）3 种模式	Texture Size	纹理图片的尺寸
Wave Scale	水面波浪大小	Reflection distort	反射扭曲
Refraction distort	折射扭曲	Refraction color	折射颜色

（2）找到 Water(Basic)文件夹下的 Prefabs 文件夹，如图 6-101 所示。其中有两种基本水的预制件。基本水的功能较为单一，没有反射、折射等功能，且开发人员仅可以对水的波纹大小与颜色进行设置。由于功能简单，因此这两种水消耗的计算资源远远小于前面两种，更适合移动端游戏的开发。

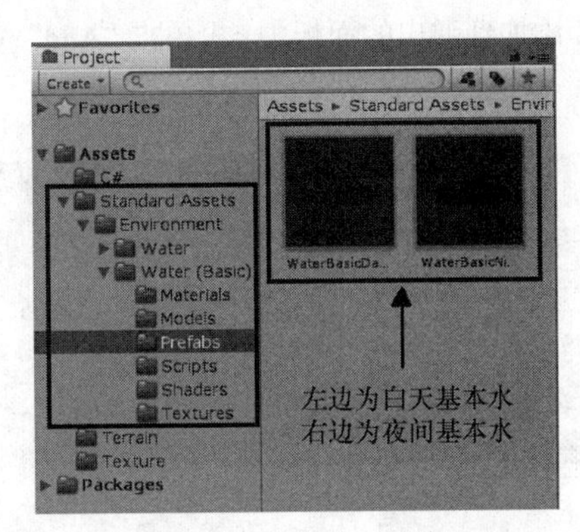

图 6-101　基本水目录结构

6.7.2　雾特效和水特效的案例

前面介绍了雾特效与水特效的基础知识，接下来将通过一个案例来讲解开发人员如何在实际开发过程中使用水特效与雾特效。学习之前要确认自己的 Unity 安装了标准资源包。资源包的安装在前面已经介绍过，这里不再赘述。

1. 案例效果

本案例在场景中同时添加雾特效与水特效，除此之外本案例还将用到 Terrain（地形）对象，关于地形的知识后文会进行详细的介绍。案例运行后可以用方向键来控制镜头的移动，单击左上角的按钮可切换雾的模式。案例运行效果如图 6-102 所示。

图 6-102　案例运行效果

2. 开发流程

在实际开发中要注意特效的合理使用，滥用特效会造成游戏的卡顿。如果需要运行本案例，可使用 Unity 打开资源包中的 FogWater_Demo 工程文件并双击工程中的场景文件 FogWater_Demo，最后单击播放按钮即可。下面将详细介绍本案例的开发流程，具体步骤如下。

（1）打开 Unity 集成开发环境，新建工程并命名为“FogWater_Demo”，进入工程，按快捷键 Ctrl+S 保存当前场景并命名为“FogWater_Demo”。在 Assets 目录下新建 3 个文件夹并分别命名为“Texture”“C#”“Terrain”，用来放置纹理图片、脚本文件和地形文件。

（2）将本案例需要的地形文件和地形纹理图片导入 Terrain 和 Texture 文件夹，然后将地形添加到场景中并为其添加纹理。单击场景中的地形，在属性查看器中单击画笔按钮，选择 Edit Textures

→Add Texture，将地形纹理图片添加到弹出的面板中，再单击“Add”按钮即可，如图 6-103、图 6-104 所示。

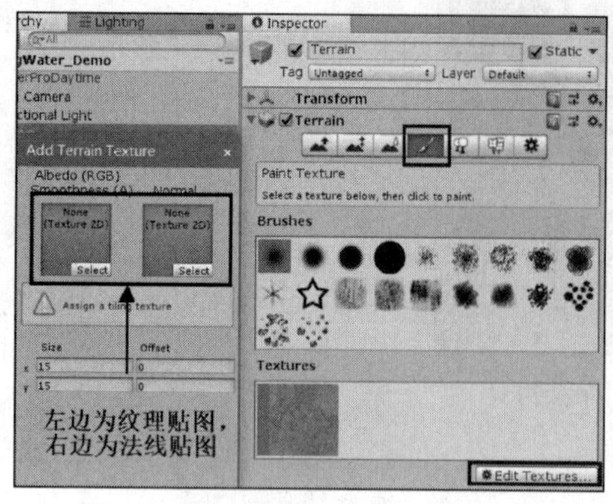

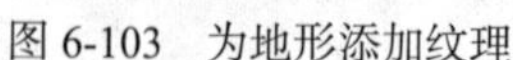
图 6-103　为地形添加纹理

图 6-104　地形效果

（3）选中主摄像机，为其添加 Character Controller（角色控制器）组件。单击 Component→Physics→Character Controller 即可。之后需要编写脚本，使玩家能够通过方向键来控制摄像机的移动，本案例使用的代码是 4.7.2 小节中的代码，这里不再赘述。本案例中的脚本名为“Move.cs”。

（4）开启场景中的雾特效。单击 Window→Rendering→Lighting Settings，打开 Lighting 面板，在该面板中勾选 Fog 复选框，然后在其设置面板中设置雾的模式和雾的颜色，这里随意选择即可，如图 6-105、图 6-106 所示。后面将编写脚本来动态地更改雾的模式和颜色。

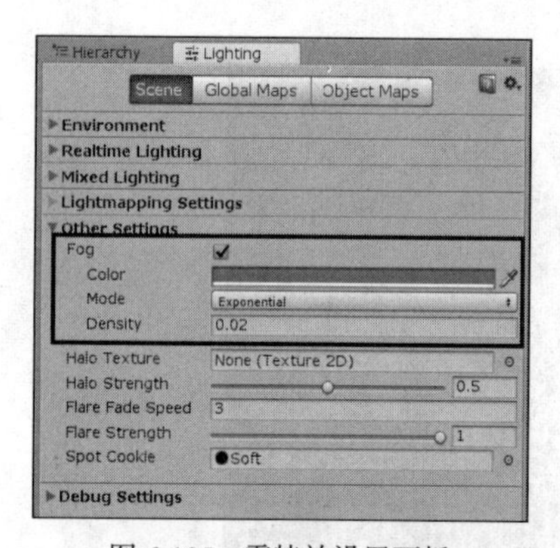

图 6-105　雾特效设置面板

图 6-106　雾特效开启后的效果

（5）向场景中添加水特效。本案例使用的水特效是 WaterProDaytime 预制件。这个预制件在 Water 文件夹下的 Prefab 文件夹中，如图 6-107 所示。将该预制件拖曳到场景中，然后将其放置在合适的位置上并适当放大，完成后的效果如图 6-108 所示。

（6）至此，场景的搭建已经完成，接下来需要使用 UGUI 系统在屏幕的左上角创建 3 个 Button 控件，用来切换雾特效的模式。UGUI 系统中 Button 控件的使用与创建 3.2.3 小节已经介绍过，这里不再赘述，创建完成后的效果如图 6-109 所示。

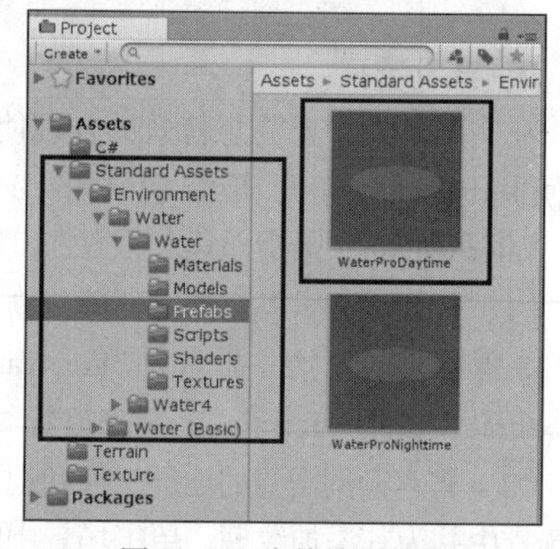

图 6-107　水特效预制件

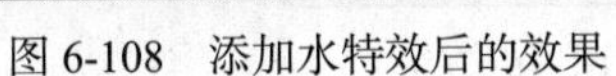
图 6-108　添加水特效后的效果

图 6-109　添加 Button 控件后的效果

（7）编写脚本，实现单击 Button 控件切换雾特效的模式，以演示 3 种模式下的雾特效。在 C#文件夹下单击鼠标右键，选择 Create→C# Script 创建一个 C#脚本并命名为“Demo.cs”。双击该脚本进入脚本编辑器并编写代码，具体代码如下。（代码位置：见资源包中源代码第 6 章目录下的 FogWater_Demo/Assert/C#/FogWater.cs。）

```
1    using UnityEngine;
2    using System.Collections;
3    public class Demo : MonoBehaviour {
4      public Color color; //定义 Color 类型的变量，使用户能够在脚本的设置面板中设置雾的颜色
5      void Update() {
6         RenderSettings.fogColor = color;  //将雾的颜色设置为用户选定的颜色
7      }
8      public void LinearFog() {   //定义 public 类型的方法，使 Button 控件能够调用该方法
9         RenderSettings.fogMode = FogMode.Linear;              //将雾的模式设置为线性
10     }
11     public void ExponentialFog() {
12        RenderSettings.fogMode = FogMode.Exponential;         //将雾的模式设置为指数
13     }
14     public void ExponentialSquaredFog(){
15        RenderSettings.fogMode = FogMode.ExponentialSquared;//将雾的模式设置为指数平方
16   }}
```

该脚本主要通过 RenderSettings 下的 fogColor 和 fogMode 变量来修改雾特效的颜色和模式。RenderSettings 下还有其他关于雾特效的变量可以使用，如 fogDensity（衰减系数）、fogStartDistance（线性雾的开始距离）和 fogEndDistance（线性雾的结束距离）。

（8）脚本编写完成后保存脚本，并将其挂载到主摄像机上，然后在游戏组成对象列表面板中选中一个 Button 控件；在其属性查看器中会看到 On Click 参数，将主摄像机对象拖曳到其下面的框中；再单击最右侧的下拉按钮，在其中找到 Demo 脚本中编写的方法并单击添加即可，如图 6-110 所示。对其他两个按钮的操作方式与上述方式完全相同，只是需要绑定的方法不同而已。完成后单击播放按钮即可查看案例运行效果。

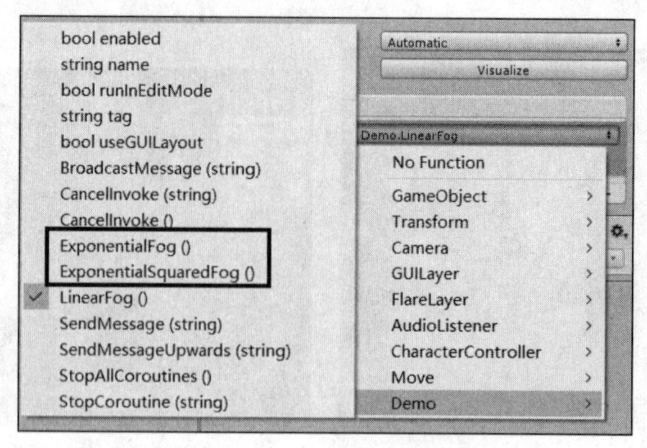

图 6-110　为 Button 控件绑定需要调用的方法

6.8　SQLite 数据库

对一款游戏来说，数据的存储是十分必要的，例如，玩家设置的游戏喜好、获取的道具、得到的分数及游戏存档等都会涉及游戏数据的存储。本节将详细介绍在 Unity 集成开发环境中如何使用 C#语言对 SQLite 数据库进行操作。

6.8.1　SQLite 数据库的基础知识

SQLite 数据库是一个关系数据库管理系统，它包含在一个相对小的 C 程式库中。SQLite 支持跨平台，操作简单，让开发人员能够使用很多种语言直接创建数据库，如 Java、C#、PHP 等流行语言。SQLite 数据库体积小，仅有 4.43MB，并且在使用时无须配置，其 API 的使用也十分简单。

SQLite 数据库可以使用多种流行语言来创建，但对数据库进行操作就需要使用结构化查询语言（Structured Query Language，SQL）。SQL 结构简洁，功能强大，简单易学。下面将简单介绍 SQL 的陈述式和数据类型。

1. 增、删、改、查 4 种陈述式

INSERT 陈述式用来向数据表中添加一列数据，DELETE 陈述式用于在数据表中删除数据，UPDATE 陈述式用于在数据表中更新数据，SELECT 陈述式用来搜索数据表中的数据。SQLite 数据库的使用涉及 SQL 语句的使用，想要深入学习还需阅读相关书籍。下面列出这 4 种陈述式的基本形式。

```
1    INSERT INTO 表名称 VALUES (值1, 值2, …)
2    DELETE FROM 表名称 WHERE 列名称 = 值
3    UPDATE 表名称 SET 列名称 = 新值 WHERE 列名称 = 某值
4    SELECT 列名称 FROM 表名称
```

2. 数据类型

结构化查询语言有多种数据类型，分别为文本型、字符型、数值型、日期型。下面对这些数据类型进行简单的介绍。

（1）文本型数据即 TEXT 类型，其可以存储超过 20 亿个字符，通常只在需要存储数量非常庞大的字符时才会使用，因为只要 TEXT 存在，即使它为空，系统也会分配给它 2KB 的存储空间，除非将它删除，否则它所占用的存储空间无法以任何形式被释放。

（2）字符型数据包含 VARCHAR 和 CHAR 2 种类型，用来存储字符数小于 255 的字符串。不同的是 VARCHAR 可以比 CHAR 占用的内存和硬盘空间更少。例如，定义了一个长度为 5 的 VARCHAR，如果仅存储 1 个字符，那么它所占用的存储空间就会动态更改，而 CHAR 则不会。

（3）数值型数据包括 INTEGER（整数）、SINGLE（单精度浮点数）和 DOUBLE（双精度浮点数）3 种类型。INTEGER 能够存储整数，占用 2 字节；SINGLE 能够存储小数，占用 4 字节；而 DOUBLE 的用途和 SINGLE 一样，不过它的存储范围大得多，占用 8 字节。

（4）日期型数据包含 DATE 和 TIME 2 种类型。DATE 的存储格式为 YYYY-MM-DD，支持的范围从'1000-01-01' 到 '9999-12-31';TIME 的存储格式为 HH:MM:SS，支持的范围为'-838:59:59' 到 '838:59:59'，其中 Y 为年份、M 为月份、D 为天、H 为小时、M 为分钟、S 为秒。

SQL 和 SQLite 数据库支持的数据类型不止上面几种。有兴趣的读者可以自行查看相关学习资料。本节主要介绍如何在 Unity 集成开发环境中使用 SQLite 数据库。

6.8.2　SQLite 数据库的案例

前面已经介绍了 SQLite 数据库与 SQL 的基本知识。这里将通过一个对数据库进行简单操作的案例来介绍如何使用 SQLite 数据库。本案例中对数据库的操作均使用最基本的 SQL 语句。了解本案例后读者可学习 SQL 的相关知识来实现更加复杂的功能。

1. 案例效果

本案例界面中有 4 个 Button 控件，分别用来执行对数据库的操作，当单击“查询数据”按钮时，先前插入的数据就会显示在上方的 InputFiled 控件中。案例运行效果如图 6-111 所示。本案例的讲解重点是如何在 Unity 中使用 SQLite 数据库，希望读者重点学习。

2. 开发流程

关于 UI 的使用这里不再过多介绍。若需要运行本案例，可使用 Unity 打开资源包中的 SQLite_Demo 工程文件并双击工程中的场景文件 SQLite_Demo，最后单击播放按钮即可。下面将详细介绍本案例的开发流程，具体步骤如下。

（1）打开 Unity 集成开发环境，新建工程并命名为“SQLite_Demo”，进入工程，按快捷键 Ctrl+S 保存当前场景并命名为“SQLite_Demo”。然后在 Assets 目录下新建两个文件夹，分别命名为“C#”和“Plugins”，用来放置脚本文件和 SQLite 数据库的 DLL 文件，如图 6-112 所示。

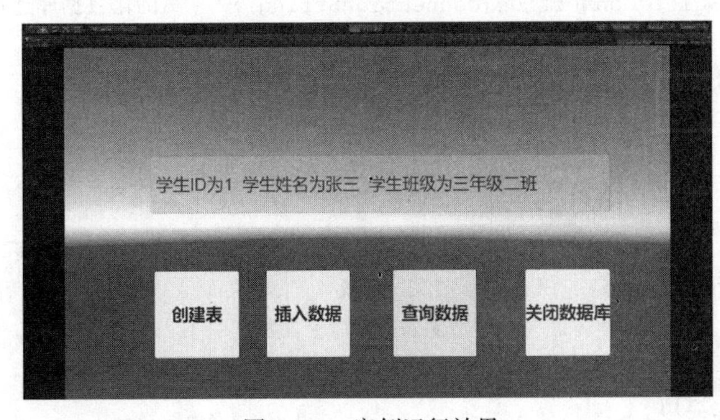

图 6-111　案例运行效果

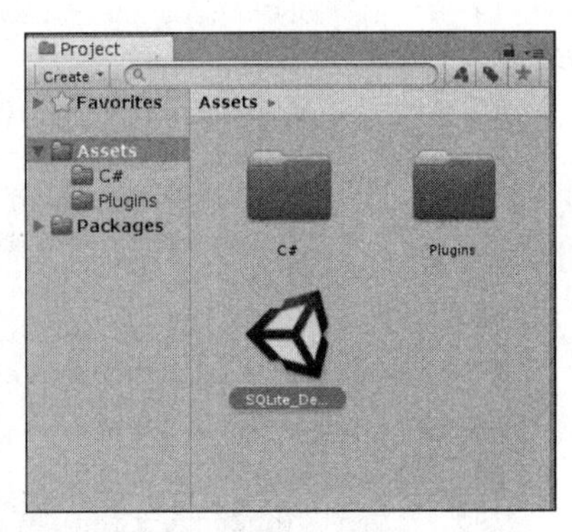

图 6-112　目录结构

（2）向 Unity 项目中添加跟 SQLite 数据库相关的 3 个 DLL 文件，这 3 个文件都在 Unity 安装目录中，分别为“Mono.Data.Sqlite.dll”“sqlite3.dll”“System.Data.dll”。3 个文件都必须放置在 Plugins 文件夹下，如果项目中没有这个文件夹则需要自行创建。3 个文件的地址如表 6-6 所示。

表 6-6　　DLL 文件地址

文 件 名	地　址
Mono.Data.Sqlite.dll	Unity\Editor\Data\MonoBleedingEdge\lib\mono\gac\Mono.Data.Sqlite\2.0.0.0__0738eb9f132ed756
sqlite3.dll	Unity\Editor\Data\PlaybackEngines\webglsupport\BuildTools\Emscripten_Win\python\2.7.5.3_64bit\DLLs
System.Data.dll	Unity\Editor\Data\MonoBleedingEdge\lib\mono\gac\System.Data\2.0.0.0__b77a5c561934e089

（3）DLL 文件添加完成后就可以在 Unity 中通过脚本来对 SQLite 数据库进行操作了。在 C# 文件夹下单击鼠标右键，选择 Create→C# Script 创建一个 C#脚本并命名为“Demo.cs”。双击该脚本进入脚本编辑器并编写代码，具体代码如下。（代码位置：见资源包中源代码第 6 章目录下的 SQLite_Demo/Assert/C#/Demo.cs。）

```
1    using UnityEngine;
2    using System.Collections;
3    using Mono.Data.Sqlite;   //导入 Sqlite 数据集，也就是 Plugins 文件夹下的 DLL 文件
4    using System;
5    using System.Data; //数据集是 formwork2.0,若用 VS 开发则要自己引用框架中的 System.Data
6    using UnityEngine.UI;
7    public class Demo : MonoBehaviour{
8      private SqliteConnection dbConnection;     //声明一个连接对象
9      private SqliteCommand dbCommand;           //声明一个操作数据库命令
10     private SqliteDataReader reader;           //声明读取结果集的一个或多个结果流
11     public InputField field;          //数据库的连接字符串，用于建立与特定数据源的连接
12     int id = 0;                       //声明一个学生 ID
13     void Awake() {
14       OpenDB("Data Source=./sqlite3.db");   //调用 OpenDB 方法来连接数据库
15       Debug.Log("Data Source=./sqlite3.db");
16     }
17     public void OpenDB(string connectionString){
18       try{
19         dbConnection = new SqliteConnection(connectionString); //实例化数据库连接
对象
20         dbConnection.Open();                          //打开数据库
21         Debug.Log("Connected to Database");
22       }catch (Exception e){
23         string error = e.ToString();
24         Debug.Log(error);
25       }}
26     public void CloseSqlConnection(){              // 关闭连接
27       dbCommand = null;                            //将数据库命令置为空
28       reader = null;                               //将结果集置为空
29       if (dbConnection != null){
30         dbConnection.Close();                      //关闭数据库连接
```

```
31        }
32        dbConnection = null;                        //将数据库对象置为空
33        Debug.Log("Disconnected from db.");
34      }
35      public SqliteDataReader ExecuteQuery(string sqlQuery){//执行查询数据语句
36        dbCommand = dbConnection.CreateCommand(); //创建一个数据库命令对象
37        dbCommand.CommandText = sqlQuery;       //将 CommandText 设置为接收到的 SQL 语句
38        reader = dbCommand.ExecuteReader();     //执行命令语句并将返回的结果集赋给
reader
39        return reader;                          //返回结果集
40      }
41      public void ReadFullTable(){               //查询该表中的所有数据
42        string test = null;                     //声明一个字符串，用于显示在 UI 控件中
43        IDataReader sqReader =ExecuteQuery("select * from DemoTable"); //接收结果集
44        while (sqReader.Read()){                //读取结果集中的数据
45          test = "学生 ID 为" +
46          sqReader.GetInt32(sqReader.GetOrdinal("id")) + "  学生姓名为" +
47          //GetOrdinal 方法用于得到指定列的序号
48          //GetInt32 方法用于获取其中 Int 类型的数据
49          sqReader.GetString(sqReader.GetOrdinal("name")) + "  学生班级为" +
50          sqReader.GetString(sqReader.GetOrdinal("class"));
51          //GetString 方法用于获取其中字符串类型的数据
52          field.transform.GetComponent<InputField>().text = test;
53          //将最终处理完成的字符串显示在 UI 控件上
54      }}
55      public void InsertInto(){             //向表中添加数据
56       string query = "INSERT INTO DemoTable VALUES("+(++id)+",\"张三\",\"三年级二班\")";
57        //声明一条 SQL 语句，用来向表中添加数据
58        ExecuteQuery(query);                          //执行 SQL 语句
59      }
60      public void CreateTable(){                      //创建数据表
61        string query = "CREATE TABLE DemoTable(id int,name VARCHAR(30),class VARCHAR(30))";
62        //声明一条 SQL 语句，用来创建数据表
63        ExecuteQuery(query);                          //执行 SQL 语句
64    }}
```

- 第 1～6 行引用相关的命名空间，为了能够正常地使用 SQLite 数据库和 UI 控件，这些命名空间缺一不可。
- 第 8～12 行是关于变量的声明，第 8～10 行是与 SQLite 数据库相关的变量，包括连接对象、命令文本及结果集，第 11～12 行用来声明 UI 控件和学生 ID。
- 第 13～16 行重写系统的 Awake 方法，当脚本被加载时这个方法会被调用；其中又调用了 OpenDB 方法，用于打开一个数据库。数据库文件的地址用户可以自行定义。
- 第 17～25 行为 OpenDB 方法，这个方法会接收数据库地址，并根据地址创建数据库连接对象；然后使用 Open 方法来打开数据库，这一部分需要使用异常捕捉。
- 第 26～34 行的 CloseSqlConnection 方法用来关闭数据库，在其中的数据库命令、结果集及数据库连接对象都会被清空，并使用 Close 方法来关闭数据库。

- ❑ 第 35～40 行的 ExecuteQuery 方法用来执行接收到的 SQL 语句，并将返回的结果集赋给 reader。
- ❑ 第 41～54 行的 ReadFullTable 方法用来查询表中的所有数据，使用 ExecuteQuery 方法执行一条 SQL 语句，并使用 while 循环来读取被返回的结果集中的数据，在 while 循环中拼装将显示在 UI 控件上的字符串，最后使用 InputFiled 控件的 Text 变量来显示字符串。
- ❑ 第 55～59 行的 InsertInto 方法用于向数据表中插入数据，声明相关 SQL 语句的字符串并使用 ExecuteQuery 方法来执行 SQL 语句。
- ❑ 第 60～64 行的 CreateTable 方法用于创建数据表，在其中声明相关的 SQL 语句并使用 ExecuteQuery 方法来执行 SQL 语句。

（4）为了保证该项目能够在 PC 端正常运行，这里还需要设置 API 兼容性级别。单击 File→Build Settings，在打开的面板中单击“Player Settings”按钮，在属性查看器中 Other Settings 下即可找到 Api Compatibility Level，将其设置为“.NET 2.0”即可，如图 6-113 所示。

（5）脚本编写完成后，保存并返回 Unity 集成开发环境，将脚本挂载到主摄像机上即可。然后需要在场景中使用 UGUI 系统创建 4 个 Button 控件和一个 InputField 控件。创建完成后将 InputField 控件添加到 Demo 脚本设置面板上的 Field 处，如图 6-114 所示，并为 4 个 Button 控件分别挂载 Demo 脚本中 4 个相关的方法。完成后单击播放按钮即可，在运行过程中应首先单击“创建表”按钮。

图 6-113　设置 API 兼容性级别

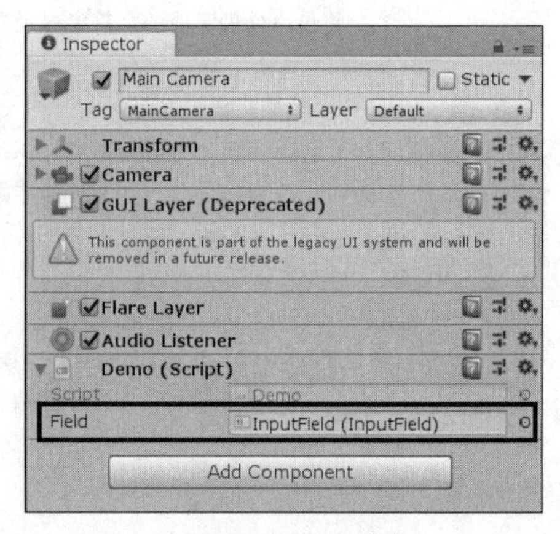

图 6-114　添加控件

6.9　本章小结

本章介绍了 3D 开发中常用的开发技术，包括天空盒的应用、3D 拾取技术、虚拟摇杆与按钮的使用、加速度传感器、动态字体、声音、雾特效和水特效等。通过本章的学习，相信读者在以后的开发过程中会更加得心应手，顺利实现所需要的效果。

6.10　习　　题

1. 创建多个 6 Sided 天空盒，并将它们应用到场景中，让玩家可通过单击来切换当前的天空盒。

2. 运行并调试 6.2 节中关于 3D 拾取技术的案例，并开发出与之相似的案例效果。

3. 使用 3D 拾取技术，使场景中的 3D 物体能够随着鼠标指针移动。

4. 使用标准资源包中的摇杆预制件来控制场景中 3D 物体的运动。

5. 在场景中搭建一个围栏并在其中放置一个球体，将程序发布到 Android 平台，通过加速度传感器来控制当前小球的运动方向。

6. 在场景中使用 UGUI 系统搭建一个音频播放控制面板，该面板可以控制音乐的播放、暂停、关闭，以及控制 3 种滤波器的启用与关闭。

7. 在场景中添加水特效和雾特效，并编写脚本来改变雾特效的模式。

8. 使用 SQLite 数据库，通过编写脚本来执行 SQL 语句，实现增、删、改、查 4 种基本功能，并且能够通过 Debug 在控制台中输出相关的文本信息。

9. 在 Unity 集成开发环境中实现音频的多普勒效应。

10. 解释本书介绍的 3 种音频滤波器的工作原理。

第 7 章 光影效果的使用

随着计算机硬件设施的日益强大，硬件能够完成更多且更加复杂的计算。这使得游戏开发人员能够在游戏的开发过程中使用更加高级的算法来模拟出更加真实的游戏环境。Unity 支持对光照技术的使用，良好的光影效果能够大大地加强场景的真实性与美感。

本章将详细地介绍 Unity 中光照系统的使用方法，包括各种形式的光源、法线贴图及光照烘焙等技术。Unity 新版本对光照系统进行了大幅度的升级，能够实现的效果也更加真实。下面一一进行讲解。

7.1 光　源

光源是每一个游戏场景中的重要组成部分，网格和纹理决定了场景的形状和外观，光源则决定了 3D 环境的色调和氛围。同一个场景中可以同时开启多个不同类型的光源，如果这些光源配合得当，就能搭建出层次分明、光彩绚丽的场景。

Unity 内置了 4 种形式的光源，分别为点光源、定向光源、聚光灯光源和区域光源。单击 GameObject→Light 即可查看这 4 种不同形式的光源，单击光源名称即可添加。每种光源各具特色，下面进行详细介绍。

7.1.1 点光源和定向光源

本小节将介绍两种光源，分别为点光源和定向光源。点光源就是一个可以向四周发射光线的点，类似于现实世界中的灯泡；而定向光源能够更好地模拟太阳，定向光源发出的光线都是平行的，且光线从无限远处投射到场景中，适用于户外的照明。

1. 点光源基础知识

点光源从一个点向四面八方发射光线，类似于蜡烛、灯泡，是场景搭建的常用光源之一。在合适的位置添加点光源会大大增强游戏对象的层次感，使场景中的游戏对象具有更加真实的效果。

点光源的添加可以通过单击 GameObject→Light→Point Light 完成，添加后的效果如图 7-1 所示。点光源可以移动，场景中由细线围成的球体就是点光源的光照范围，其光照强度从中心向外递减，球面处的光照强度基本为 0。

选中场景中的点光源，在其属性查看器中就会出现点光源的设置面板，如图 7-2 所示。在该设置面板中可以修改点光源的位置、光照强度、光照范围等参数。其设置面板中主要参数的具体介绍如表 7-1 所示。点光源的光照效果如图 7-3 所示。（场景位置：见资源包中源代码第 7 章目录下的 Light_Demo/Assets/PointLight。）

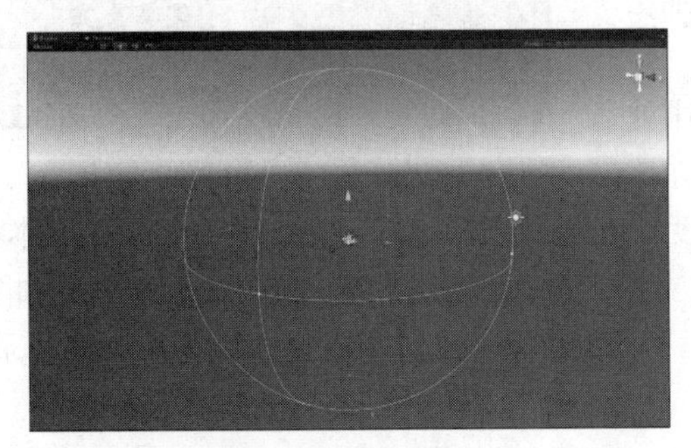

图 7-1　点光源

图 7-2　点光源的设置面板

表 7-1　点光源主要参数介绍

参　数　名	含　　义
Type	光源类型，可以在 4 种形式的光源之间进行切换
Range	光源的光照范围
Intensity	光照强度
Shadow Type	设置阴影模式（没有阴影、硬阴影、软阴影）
Strength	阴影强度，值越大，阴影的颜色越深
Draw Halo	是否启用光晕
Color	光照颜色
Bounce Intensity	用来设置光的反射强度
Flare	设置光照耀斑、镜头光晕效果
Resolution	设置阴影的质量
Baking	光照烘焙模式（实时、烘焙、混合），在烘焙模式下烘焙光照后，该光源的效果会被添加到烘焙贴图中。烘焙模式下的光源无法影响非静态对象；混合模式下的光源既可以被烘焙，也能够影响非静态对象
Cookie	灯光遮罩，为光源设置带有 Alpha 通道的纹理，使其在不同的位置具有不同的亮度（点光源需要放置立方图纹理）
Render Mode	设置光照的渲染模式，Auto 模式为自动调节模式，Important 模式是将像素逐个渲染，Not Important 模式是总以最快的方式进行渲染
Culling Mask	剔除遮罩，只有被选中的层关联的对象能够受到光照的影响
Directional	将光源改为定向光源，将其放在无穷远处也可以影响场景中的物体
Spot	将光源改为聚光灯光源，按照聚光灯定义的角度和范围在一个锥体内发射光线，影响所有在该锥体内的物体

2. 定向光源基础知识

定向光源的添加可以通过单击 GameObject→Light→Directional Light 完成，添加后的效果如图 7-4 所示。定向光源在场景中如果只是改变位置，它的光照效果并不会发生任何改变，因此可以把它放到场景中任意地方。但是如果定向光源被旋转，那么它产生的光线照射方向也会随之发生变化。

图 7-3　点光源的光照效果

选中场景中的定向光源，在其属性查看器中就会出现定向光源的设置面板，如图 7-5 所示。在该设置面板中可以修改定向光源的位置、光照强度、光照颜色等参数。其参数和点光源的基本相同，注意，定向光源在 Forword 渲染路径下就可以支持实时动态阴影。定向光源的光照效果如图 7-6 所示。其使用 Cookie 后的效果如图 7-7 所示。（场景位置：见资源包中源代码第 7 章目录下的 Light_Demo/Assets/DirectionalLight。）

图 7-4　定向光源

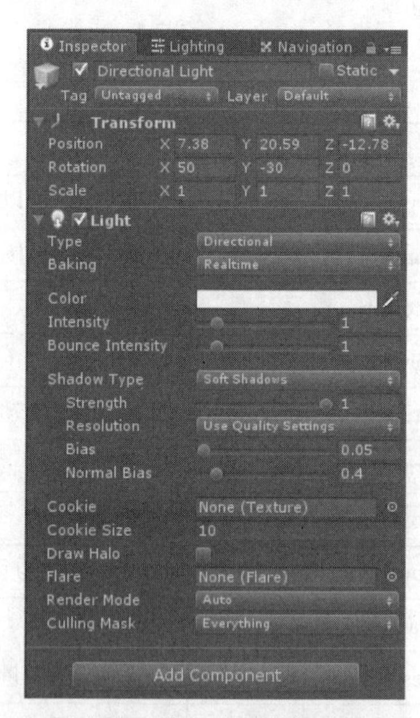

图 7-5　定向光源的设置面板

图 7-6　定向光源的光照效果

图 7-7　定向光源使用 Cookie 后的效果

7.1.2　聚光灯光源和区域光源

本小节将继续介绍另外两种光源，分别为聚光灯光源和区域光源。聚光灯光源的照明范围为一个锥体，其光线类似于聚光灯发射出来的光线，并不会像点光源一样向四周发射光线。区域光源是一片能够发光的矩形区域，只有在光照烘焙完成后才能看到效果。

1. 聚光灯光源基础知识

聚光灯光源的添加可以通过单击 GameObject→Light→Spot Light 完成，添加后的效果如图 7-8 所示。聚光灯光源可以移动，场景中由细线围成的锥体就是聚光灯光源的光照范围，其光照强度从锥体顶部向下递减，锥体底部的光照强度基本为 0。

选中场景中的聚光灯光源，在其属性查看器中就会出现聚光灯光源的设置面板，如图 7-9 所示。在该设置面板中可以修改聚光灯光源的位置、光照强度、光照颜色等参数。其设置面板中的参数和点光源的参数大致相同，仅多了 Spot Angle 参数（用于调节灯光的角度）。聚光灯光源的光照效果如图 7-10 所示。其使用 Cookie 后的效果如图 7-11 所示。（场景位置：见资源包中源代码第 7 章目录下的 Light_Demo/Assets/SpotLight。）

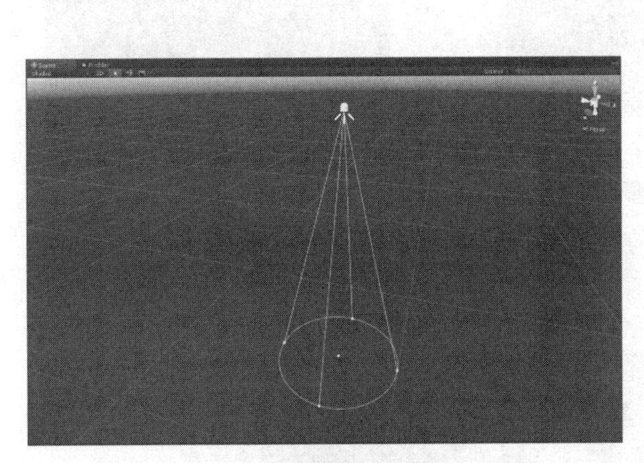

图 7-8　聚光灯光源

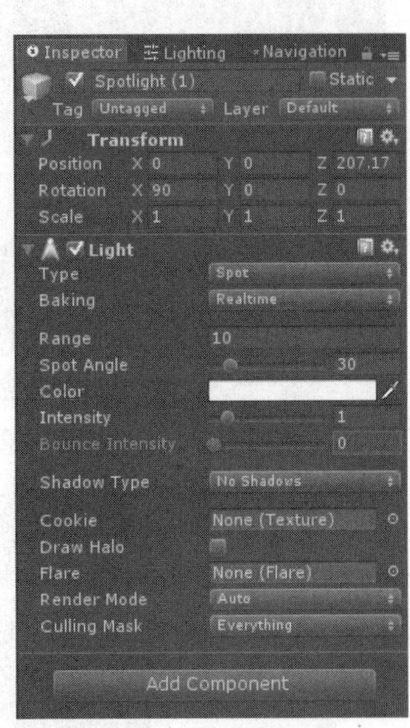

图 7-9　聚光灯光源的设置面板

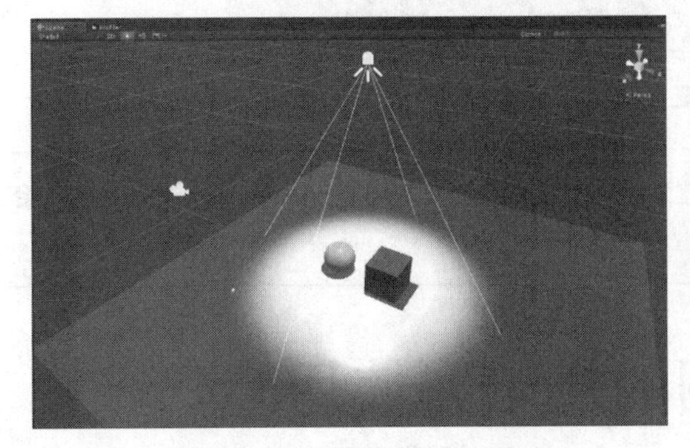

图 7-10　聚光灯光源的光照效果

图 7-11　聚光灯光源使用 Cookie 后的效果

2. 区域光源基础知识

区域光源的添加可以通过单击 GameObject→Light→Area Light 完成，添加后的效果如图 7-12 所示。区域光源比较特殊，它在光照烘焙完成后才能显示出效果。区域光源一般用来模拟灯管的照明效果。

图 7-12 中由细线围成的矩形区域就是发光区域，可以拖曳其中的节点来改变区域光源发光区域的大小，也可以在它的属性查看器中修改 Width 和 Height 参数来修改发光区域大小（不可以用 Transfrom 中的 Scale 代替）。区域光源无法使用 Cookie，它的其余参数与其他光源完全相同，如图 7-13 所示。区域光源的光照效果如图 7-14 所示。（场景位置：见资源包中源代码第 7 章目录下的 Light_Demo/Assets/AreaLight。）

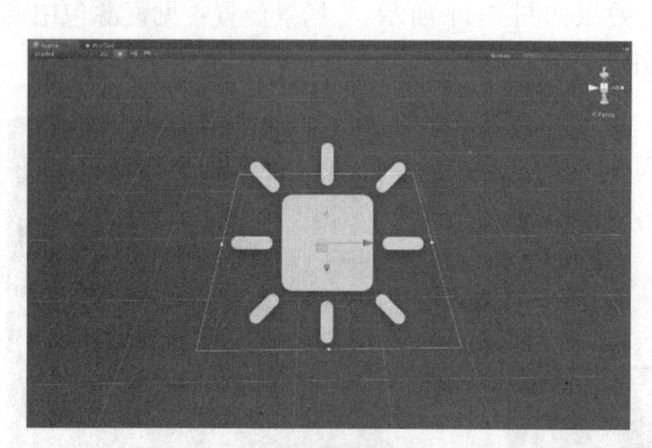

图 7-12　区域光源

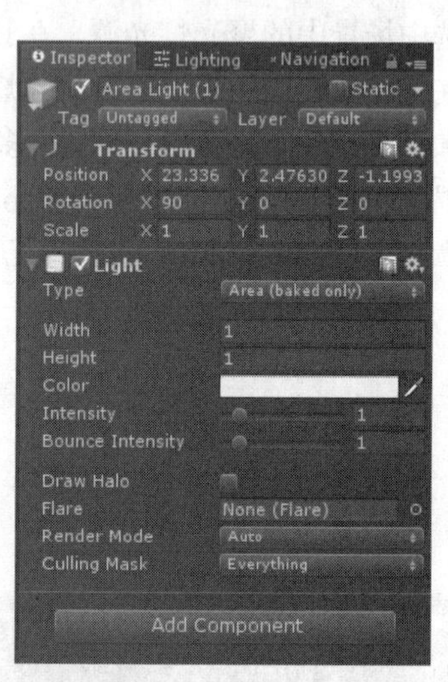

图 7-13　区域光源的设置面板

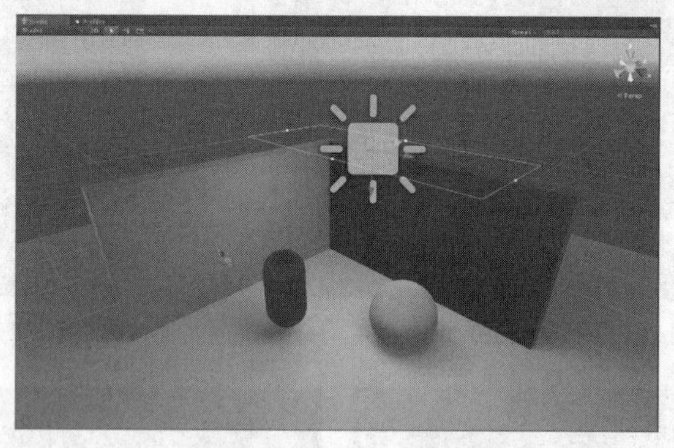

图 7-14　区域光源的光照效果

为了实现区域光源的照明效果，这里使用了光照烘焙技术。光照烘焙技术在后面会进行详细的讲解，这里先不做介绍。

7.2　光照贴图的烘焙和使用

对一款游戏来说，光照效果的重要性是毋庸置疑的。所以在游戏制作的过程中，开发人员会在场景中使用大量的光源进行照明。大型的 3D 游戏为了追求场景的真实性，对光影效果的要求会更加严格。而在场景中添加过量的光源进行照明，可能会引起游戏的卡顿，使其无法正常运行。

为了解决进行大量光照运算带来的游戏卡顿问题，Unity 提供了光照贴图烘焙技术。它的基本原理就是将一张包含场景中不会变化的物体的阴影的贴图附加在整个场景中，此时这些光照信息已经存储在贴图中，不再需要 CPU 进行计算，能大幅度提高游戏性能。下面将对光照贴图的使用进行详细介绍。

7.2.1　光照设置

Unity 2018.3.14 将所有与光照相关的设置都集成在了 Lighting 面板中，单击 Window→Lighting 即可打开 Lighting 面板，如图 7-15 所示。Lighting 面板中分 3 个板块来放置 Unity 中跟光照相关的参数，如图 7-16 所示。下面将对这 3 个板块中的参数进行详细介绍。

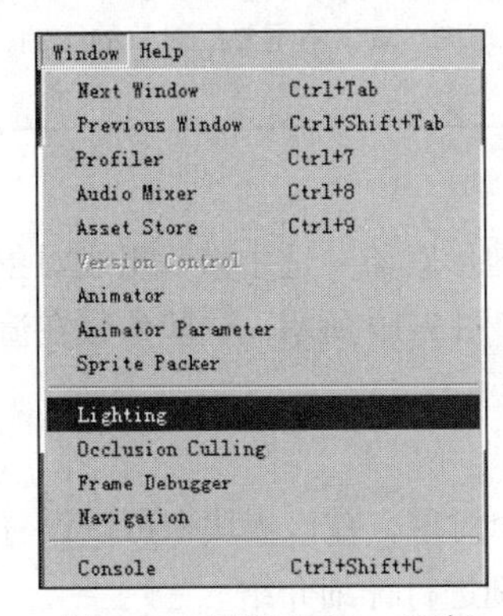

图 7-15　打开 Lighting 面板

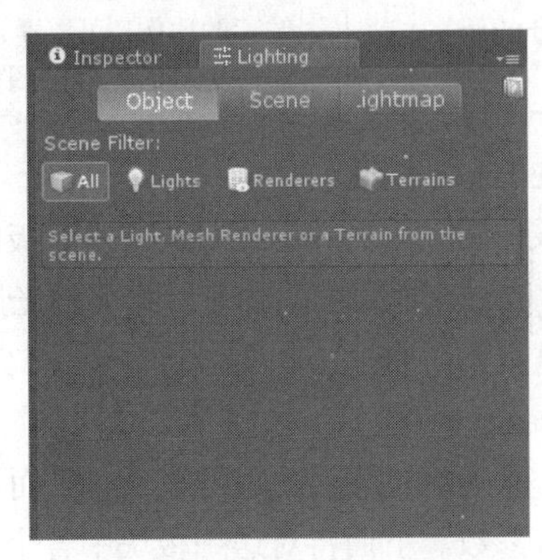

图 7-16　Lighting 面板

1. Object 板块

Object 板块主要用于对游戏组成对象列表面板中的对象进行筛选。Object 板块中有 4 个按钮，分别为全部对象、光源、渲染器、地形。单击其中一个按钮后，游戏组成对象列表面板中仅显示与当前单击的按钮相匹配的对象。当选中游戏组成对象列表面板中的对象时，Object 板块中就会显示该对象与光照相关的参数。

由于选中光源时 Object 板块中的参数与前面介绍的光源设置面板中的内容完全一致，因此下面将对带有渲染器的对象和地形对象中与光照相关的参数进行详细介绍。

（1）Renderers（渲染器）。

单击该按钮，在游戏组成对象列表面板中会显示所有带有网格渲染器（Mesh Renderer）的对象。选中游戏组成对象列表面板中的对象，Object 板块中就会显示相关的光照控制参数，如图 7-17、图 7-18 所示。参数的具体介绍如表 7-2 所示。

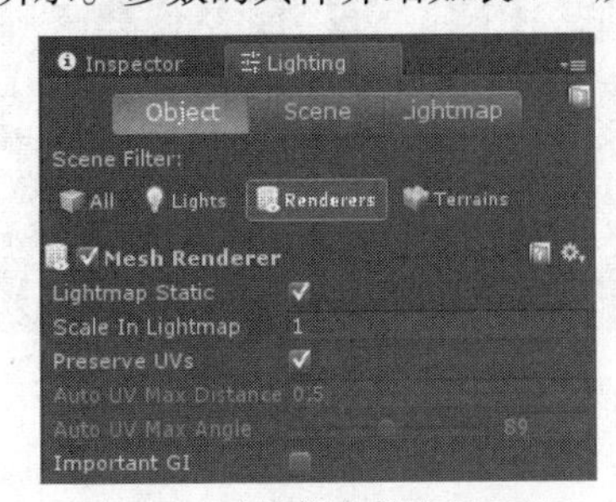

图 7-17　渲染器参数设置面板 1

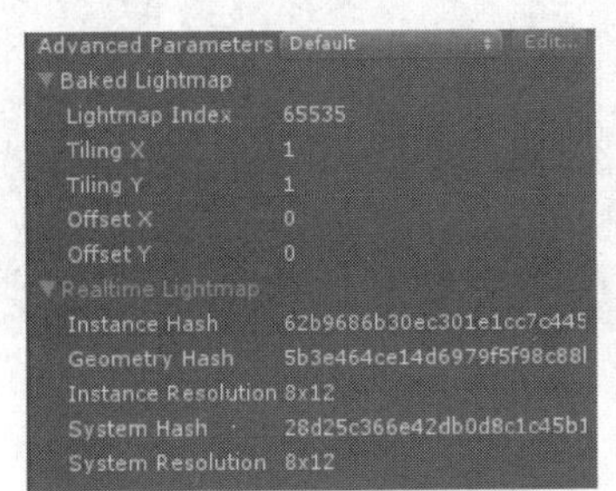

图 7-18　渲染器参数设置面板 2

表 7-2　　　　　　　　　　　　　　渲染器相关参数介绍

参　数　名	含　义
Preserve UVs	保护光照贴图 UV，若模型没有在 3ds Max 等建模软件中设置好 UV，则必须勾选该选项
Important GI	让自发光的物体光照范围更大（在较大的场景中可能会用到）
Advanced Parameters	设置光照贴图的质量
Auto UV Max Distance	手动设置 UV 的最大距离
Auto UV Max Angle	手动设置 UV 的最大角度
Lightmap Static	该选项表示选中的游戏对象是否为静态或光照贴图静态，如果是，则该游戏对象应该加入全局光照系统计算光照
Scale In Lightmap	该值影响用于选中对象的光照贴图的像素数目。1 为默认值，表示每个对象占光照贴图像素的比例。可以通过此值来优化光照贴图，减少不重要的对象的比例，让重要的对象占更多的光照贴图像素以优化场景

（2）Terrain（地形）。

单击该按钮，在游戏组成对象列表面板中会显示所有地形对象。选中游戏组成对象列表面板中的对象，Object 板块中就会显示相关的光照控制参数，如图 7-19 所示。这些参数在渲染器中已有介绍，这里不再赘述。

2. Scene 板块

Scene 板块中的设置适用于整个场景而不是单独的某个对象，在该板块中可以设置有关全局光照的所有参数。下面将对这一板块中各个部分的参数分别进行详细介绍。

（1）Environment Lighting（环境光照）。

在这里，开发人员可以设置当前游戏场景中的天空盒、太阳光等参数，如图 7-20 所示。该设置面板中参数的主要功能是调节场景中光的来源、光照强度、反射强度和反射范围等。参数的详细信息如表 7-3 所示。

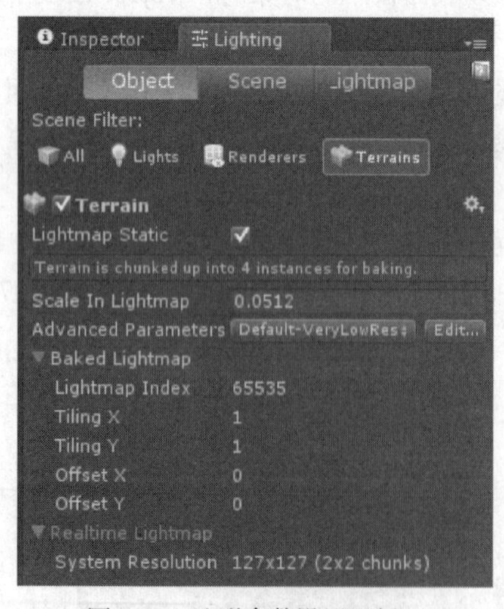

图 7-19　地形参数设置面板

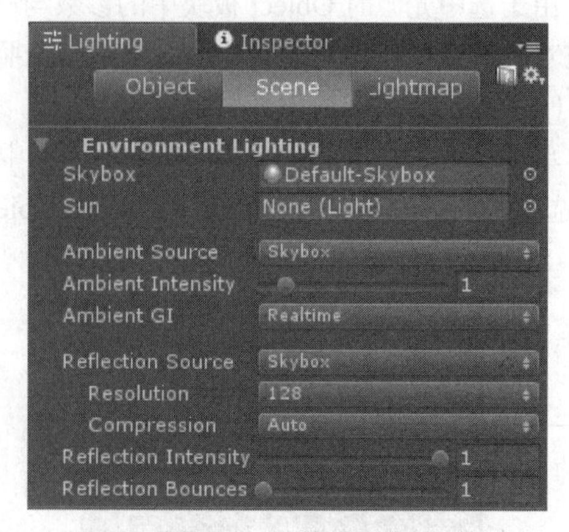

图 7-20　环境光照设置面板

表 7-3 环境光照相关参数介绍

参数名	含义
Skybox	场景中使用的天空盒
Sun	太阳光，可以为其指定一个定向光源
Ambient Source	环境光来源，在这里可以指定环境光是源于天空盒、梯度还是源于指定颜色
Ambient Intensity	环境光的强度
Ambient GI	指定环境光的光照模式是实时光照还是烘焙，若下面的两种 GI 模式没有都开启，那么该选项的调节是没有效果的
Reflection Source	反射源，可以指定反射源是天空盒或一个自定的立方图纹理
Reflection Intensity	反射强度，设定来自天空盒或立方图纹理的反射强度
Reflection Bounces	反射计算次数

（2）Precomputed Realtime GI（预计算实时全局光照）。

预计算实时全局光照并不是用于光照烘焙的，预先计算的实时全局光照系统能帮我们实时运算复杂的场景光源互动。通过这种方法，开发人员就能在昏暗的游戏环境下建立丰富的全局光照反射，并实时观察光源的改变。这对硬件性能的要求是目前移动端所无法满足的。

由于光照烘焙能够更好地降低游戏对硬件性能的要求，因此在移动端游戏的开发过程中，开发人员使用光照烘焙来代替预计算实时全局光照。预计算实时全局光照设置面板如图 7-21 所示，其中 Realtime Resolution 参数用于设置光照贴图的分辨率，CPU Usage 用来设置 CPU 的使用率。

（3）Baked GI（烘焙全局光照）。

Baked GI 设置面板是控制 Unity 光照烘焙系统的重要面板，主要用于设置光照烘焙中光照烘焙贴图的质量，如图 7-22 所示。如果开发过程中需要使用光照烘焙，那么就需要勾选 Baked GI 复选框并取消勾选 Precomputed Realtime GI 复选框。全部勾选会造成大量的重复计算，不利于提升游戏性能。相关参数的详细介绍如表 7-4 所示。

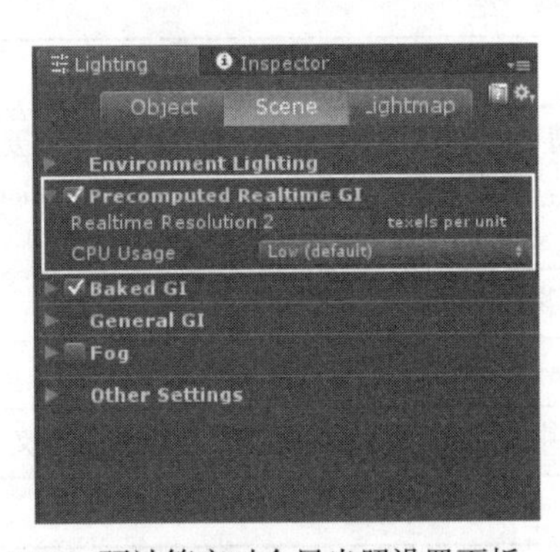

图 7-21 预计算实时全局光照设置面板

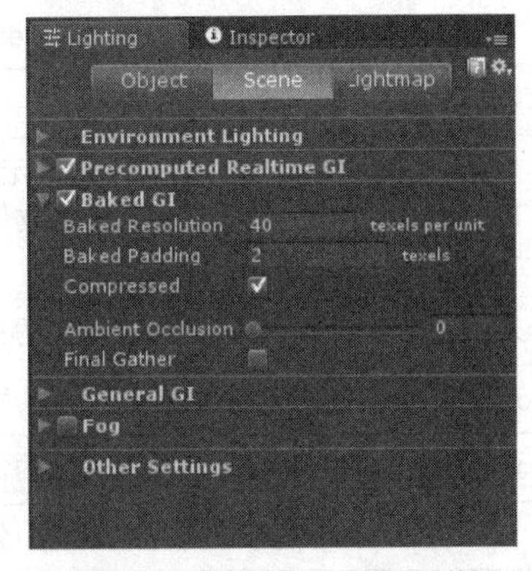

图 7-22 烘焙全局光照设置面板

表 7-4 Baked GI 相关参数介绍

参数名	功能
Baked Resolution	烘焙分辨率，若该值为 10 就代表每个单位中分布着 10 个纹理元素
Baked Padding	在光照贴图中不同物体的烘焙贴图的间距

续表

参数名	功能
Compressed	是否压缩光照贴图。在移动设备上最好勾选该选项
Ambient Occlusion	烘培光照贴图时产生一定数量的环境阻光。环境阻光计算物体每一点被一定距离内的其他物体或自身遮挡的程度（用来模拟物体表面环境光及阴影覆盖的比例，达到全局光照的效果）
Final Gather	控制从最终聚集点发射出的光线数量，较大的数值可以得到较好的效果

GI（全局光照）算法是对光传输的物理特性的一种模拟。它是一种模拟光在 3D 场景中各表面之间的传输的有效方式，会极大地提升游戏的真实感。GI 算法不仅需考虑光源的直射光，还需考虑场景中其他物体表面的反射光。

（4）General GI（基本全局光照）。

General GI 设置面板中对全局光照进行设置的参数同时适用于 Precomputed Realtime GI 和 Baked GI，如图 7-23 所示。参数的详细介绍如表 7-5 所示。

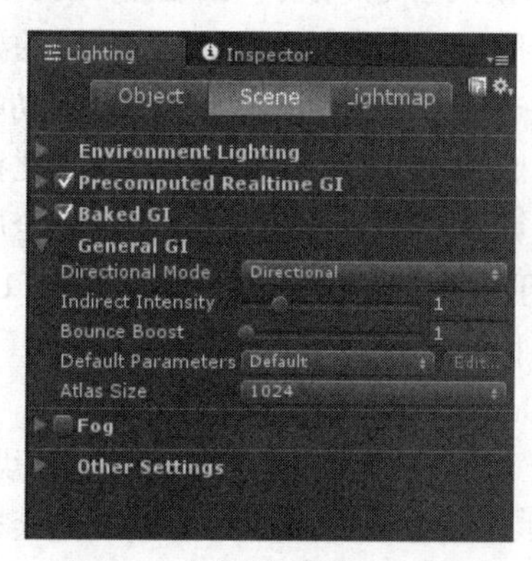

图 7-23　基本全局光照设置面板

表 7-5　General GI 相关参数介绍

参数名	功能
Directional Mode	定向模式（默认）。定向模式能够满足大部分的开发需求，如果游戏中需要提升直接光和间接光对静态物体的照射效果，就需要将其设置为 Directional Specular（定向镜面模式）
Indirect Intensity	用于调整静态物体的自发光对其他物体的影响，以及环境照明的强度
Bounce Boost	用于设置光线从一个物体反射到另一个物体时，被反射的光线的数量
Default Parameters	用于修改关于光照的常规参数，其中有多个预设值供选择，也可以自定义
Atlas Size	用于设置光照贴图中分辨率的大小

Directional Specular 对 SM 2.0 和 OpenGL ES 2.0 不支持。但是当今大部分主流的移动端设备已经支持 OpenGL ES 3.0，所以在大部分情况下不需要担心此警告。

7.2.2　光照烘焙案例

本小节将通过一个案例来展现光照烘焙的效果和使用方法。为了使烘焙能够快速完成，本案例中使用了多个基本的几何体来代替游戏中的建筑模型，并在其中添加了多种光源来提供照明。

1. 案例效果

本案例中使用多种简单几何体来搭建场景，并添加点光源、聚光灯光源和区域光源来为整个场景提供照明。案例运行效果如图 7-24 所示。本案例使用了光照烘焙技术，所以在场景烘焙完成后，即使将场景中的所有光源全部删除，场景中的光照效果也依然存在。

图 7-24　案例运行效果

2. 开发流程

读者可以随意搭配场景及随意改变灯光位置来实现不同的效果。如果需要运行本案例，可使用 Unity 打开资源包中的 Light_Demo 工程文件并双击工程中的场景文件 Bake_Demo，打开后场景就会自动开始烘焙，烘焙完成后即可看到效果。下面将详细介绍本案例的开发流程，具体步骤如下。

（1）打开 Unity 集成开发环境，新建一个工程并命名为“Light_Demo”，进入工程后保存当前场景并命名为“Bake_Demo”。使用 Unity 内置的多种简单几何体搭建一个简易的场景即可，搭建完成后的效果如图 7-25 所示。

图 7-25　搭建简易场景

（2）场景搭建完成后，为了使其他光源的光照效果更突出，本案例将场景中的定向光源去掉，将所有的 3D 对象设置为静态对象，如图 7-26 所示。再在其中添加多种光源进行照明，将光源的烘焙模式均设置为 Baked，如图 7-27 所示。最后调整光源的位置和朝向即可。

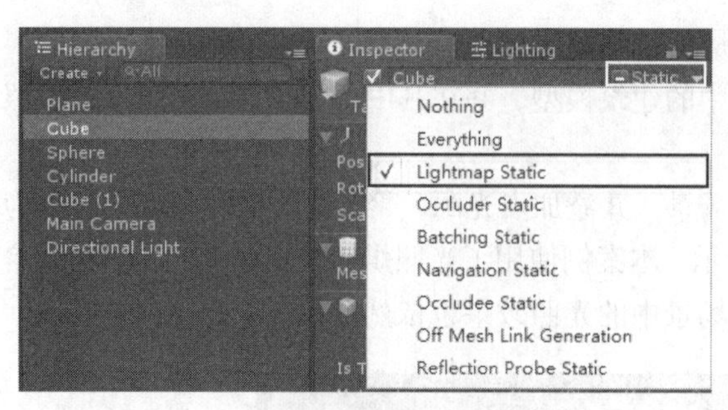

图 7-26　将物体设置为静态对象

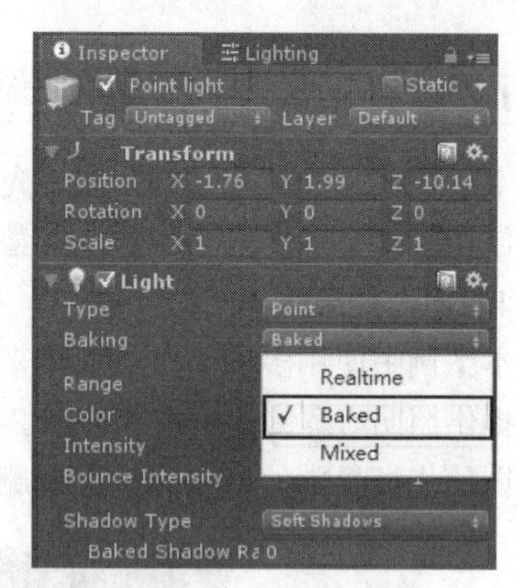

图 7-27　设置烘焙模式

（3）由于本案例仅用于演示，因此还需要对 Lighting 面板中的部分参数进行修改，以达到较好的视觉效果。首先打开 Lighting 面板，在 Scene 板块中关闭预计算实时全局光照功能，取消对光照烘焙贴图的压缩，并将定向模式修改为定向镜面模式，如图 7-28、图 7-29 所示。

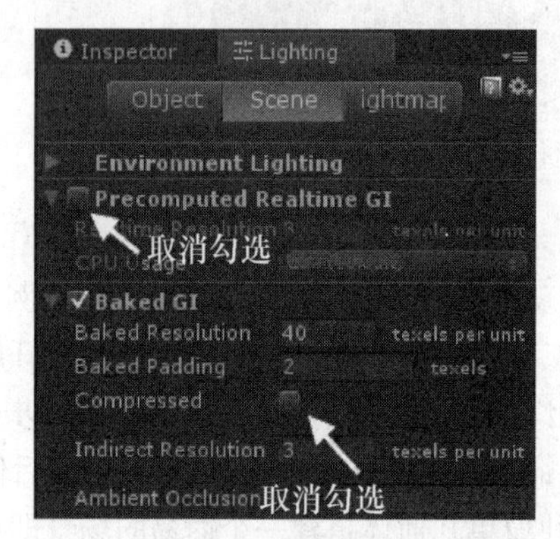

图 7-28　参数设置 1

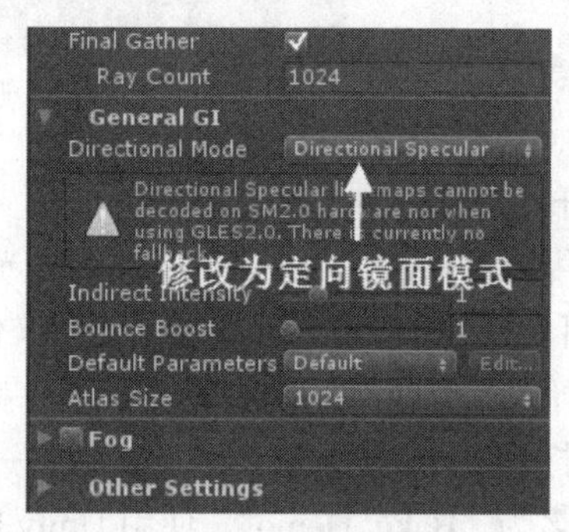

图 7-29　参数设置 2

全部设置完成后单击 Lighting 面板中下方的“Build”按钮即可开始烘焙。其左侧的 Auto 选项是用来开启自动烘焙功能的，在小场景中可以将其开启，每当场景中的物体发生变化时，后台就会自动开始光照烘焙，十分方便。但是当场景过大时，由于烘焙需要较长的时间，且烘焙过程中容易卡顿，因此建议进行手动烘焙，以便更好地控制烘焙过程。

7.3　反射探头

我们在游戏中常常会遇到带有镜面效果的物体，其表面能够呈现出其所处环境中的场景，例如，豪华的跑车、镜子和玻璃球等都需要实现这种反射效果。Unity 2018.3.14 中增加了用来制作反射效果的 Reflection Probe（反射探头）功能，该功能通过场景中若干个反射采样点来生成“Cubemap”，然后通过特定的着色器从“Cubemap”中采样，从而实现反射效果。

7.3.1　反射探头基础知识

开发人员过去使用 Reflection mapping 来制作反射效果，但是这种方法具有局限性，它无法实现自身的反射。而反射探头则能够捕捉其自身所在位置各个方向的环境视图，并将所捕获的图像存储为一个 Cubemap（立方图纹理），这样物体会根据其所处的位置产生真实的反射效果。

单击 GameObject→Light→Reflection Probe，即可在场景中创建一个反射探头，场景中出现的黄色边框表示该反射探头的反射范围，只有在框内的物体才会被呈现。其设置面板如图 7-30、图 7-31 所示，其中参数的详细介绍如表 7-6 所示。

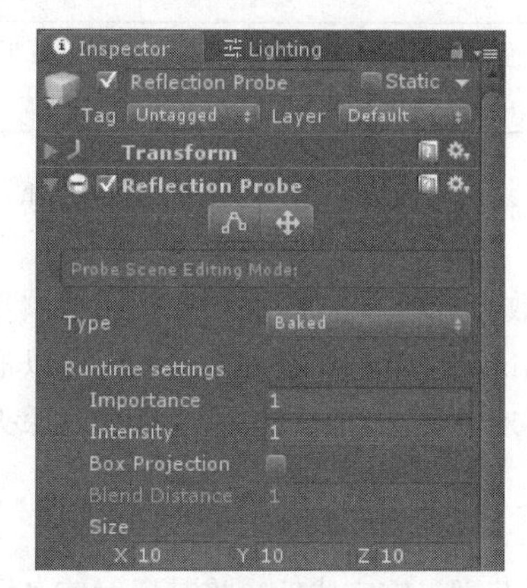

图 7-30　反射探头设置面板 1

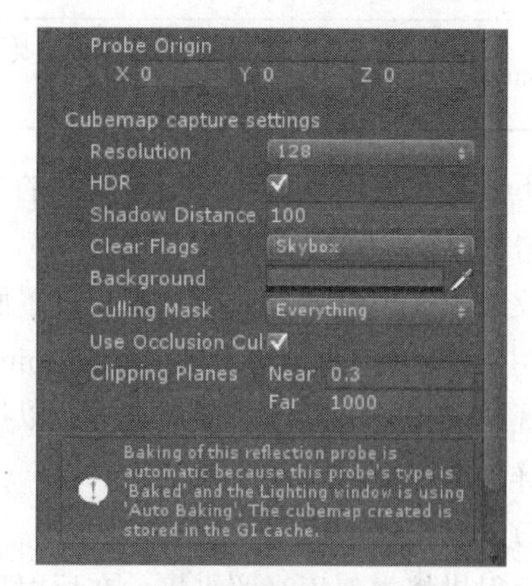

图 7-31　反射探头设置面板 2

表 7-6　Reflection Probe 组件参数介绍

参 数 名	含　义
Type	设置反射探头的类型（有 Baked、Custom 和 Realtime 3 种类型）
Dynamic Object	Custom 类型的参数，将场景中没有标示为 Static 的对象烘焙到立方图纹理中
Cubemap	Custom 类型的参数，烘焙出来的立方图纹理
Refresh Mode	Realtime 类型的参数，刷新模式，On Awake 表示只在唤醒时刷新一次，Every Frame 表示每帧刷新，Via Scripting 表示由脚本控制刷新
Time Slicing	Realtime 类型的参数，反射画面刷新频率：All faces at once，9 帧完成一次刷新（性能消耗中等）；Individual Faces，14 帧完成一次刷新（性能消耗低）；no timeslicing，一帧完成一次刷新（性能消耗最高）
Importance	权重。影响一个物体同时处于多个 Probe 中时渲染器组件中多个 Probe 的质量。这时首先会计算每个 Probe 的权重，然后计算每个 Probe 与物体交叉的体积大小，用于混合不同 Probe 的反射情况
Intensity	立方图纹理的颜色亮度
Box Projection	若勾选此选项，Probe 的区域大小和原点会影响反射贴图的映射方式
Size	该反射探头的区域大小，在该区域中的所有物体都会应用反射（需要 Standard 着色器）
Probe Origin	反射探头的原点，会影响捕捉到的立方图纹理
Resolution	生成的立方图纹理的分辨率，分辨率越高，反射贴图越清晰，但是也越消耗资源
HDR	在生成的立方图纹理中是否使用高动态范围图像（High Dynamic Range），这也会影响探头的数据存储位置
Shadow Distance	在反射贴图中的阴影距离，即超过该距离的阴影不会被反射
Clear Flags	设置反射贴图中的背景是天空盒（Skybox）还是单一的颜色（Solid Color）

续表

参 数 名	含 义
Background	当 Clear Flags 设置为 Solid Color 时设置反射的背景颜色
Culling Mask	反射剔除，可以根据是否勾选对应的层来决定某层中的物体是否被反射
Use Occlusion Culling	烘焙时是否启用遮挡剔除
Clipping Planes	反射的剪裁平面（类似于摄像机的剪裁平面，有 Near、Far 两个参数，分别设置近平面和远平面）

下面将对使用反射探头需要注意的方面进行全面的阐述，使这部分知识更加通俗易懂。

（1）反射探头类型的选择。

反射探头类型的选择通过修改设置面板中的 Type 参数来实现。有 3 种反射探头类型供开发人员使用，分别为 Baked（烘焙）、Custom（自定义）、Realtime（实时）。在开发过程中可以根据实际情况来选择合适的反射探头类型，以提升游戏效果与游戏性能。下面将对这 3 种反射探头类型进行详细的讲解。

❑ Baked

反射烘焙类似于光照烘焙，在反射探头的位置和反射范围设定完成后，将其反射信息烘焙到 Cubemap 中，这样物体上的反射效果将会固定为烘焙时反射探头捕捉到环境视图。即使场景中的物体被删除，它依旧会出现在反射的场景中。这样做会大大降低性能消耗。

如果需要使用烘焙类型的反射探头，就要将需要被反射探头捕捉到的物体设置为“Reflection Probe Static”，如图 7-32 所示。如果将 Lighting 面板中的 Auto 功能（自动烘焙）开启，那么当物体有所变化时就会开始烘焙；如果没有开启，在反射探头设置面板下方就会出现“Bake”按钮（用于手动烘焙），如图 7-33 所示。

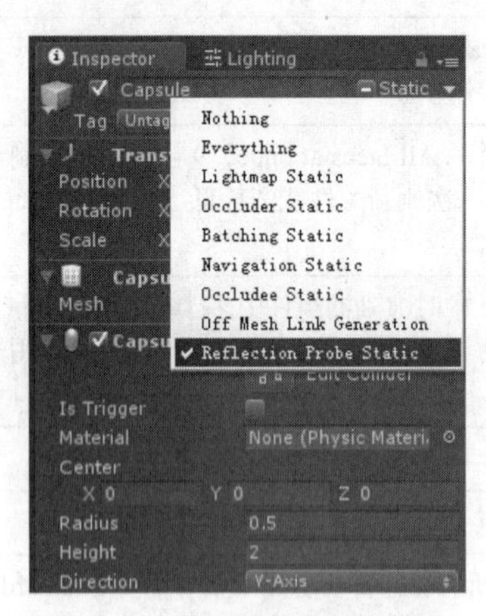

图 7-32 修改物体为静态模式

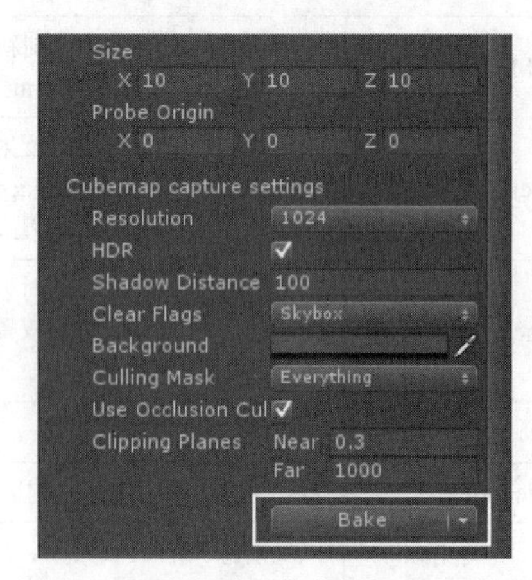

图 7-33 反射探头组件中的“Bake”按钮

❑ Custom

默认状态下自定义类型的反射探头和烘焙类型的反射探头的用法和效果基本相同，它们都需要通过烘焙将当前捕捉到的环境视图记录成 Cubemap 并使用。不同的是自定义类型的反射探头可以开启 Dynamic Objects 功能，使得没有设置为“Reflection Probe Static”的动态物体也能够被反射探头捕捉。

而且自定义类型的反射探头可以指定 Cubemap。也就是说，当前处于 A 地区的反射探头捕捉的环境视图可以替换为在 B 地区的反射探头捕捉到的环境视图。自定义模式下的反射探头设置面板如图 7-34 所示。

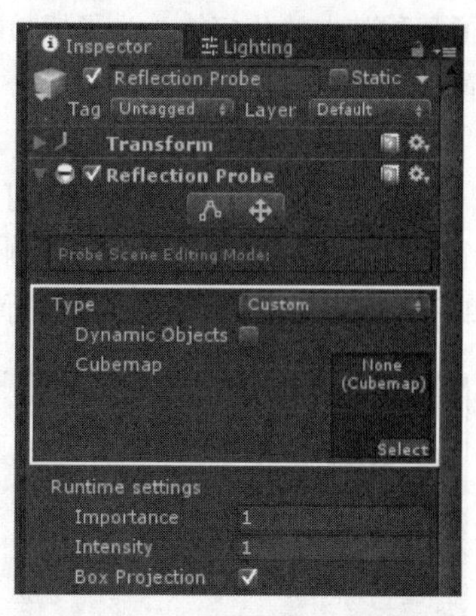

图 7-34　自定义类型的反射探头设置面板

❑　Realtime

实时类型的反射探头能够根据当前捕捉区域内物体的移动而实时变换反射效果，需要被捕捉的物体不必设置为静态，只要在捕捉区域内即可。在游戏开发中可以使用该类型制作出真实的反射效果，但是其对性能的消耗也是极为严重的，移动端开发时需谨慎使用。

（2）反射探头的位置和大小。

反射探头的移动可以通过两种方式进行，一种是直接移动反射探头在 3D 世界中的位置，另一种是使用反射探头组件提供的移动工具，如图 7-35 所示。但是使用移动工具只能够小范围移动反射探头且会被限制在探头捕捉区域内，而反射探头对象在 3D 世界中的位置并不会发生变化。

反射探头捕捉区域的调整也可以通过两种方式进行。一种是使用反射探头组件内置的调节按钮，如图 7-35 所示。单击该按钮后，在包围探头的正方体的每一个面上都会出现一个点，如图 7-36 所示，可以拖曳它们来改变捕捉区域。另一种就是修改其设置面板中的 Size 参数来调节捕捉区域。

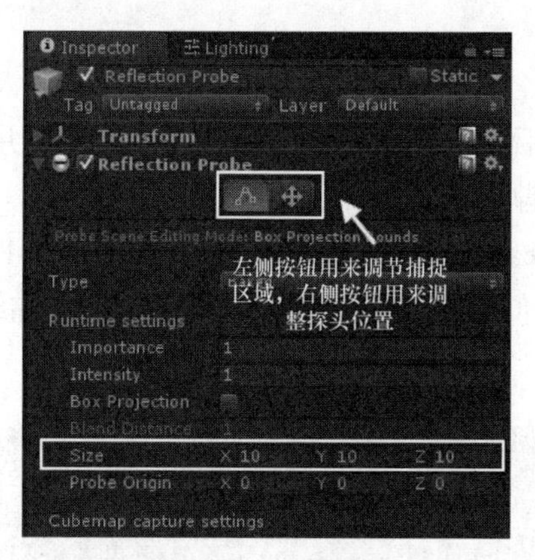

图 7-35　移动工具

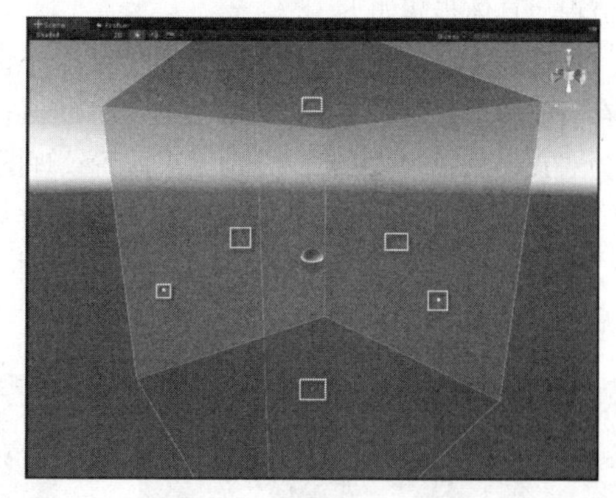

图 7-36　捕捉区域调节点

（3）无限反射。

设想一下，如果将两面镜子相对放置，那么在镜子中应该能够看到经过无数次反射后的效果，这样的现象称为互反射。但是可想而知，无限反射的后果就是程序无法运行，为了防止这种事情发生，在 Unity 中可以调节反射的次数。

单击 Window→Lighting，打开 Lighting 面板，在其 Scene 板块中 Environment Lighting 下的 Reflection Bounces 属性就是用来控制反射的次数的，最多 5 次。

7.3.2　反射探头案例

下面将通过一个案例来演示反射探头的反射效果和使用方法。为了方便演示，本案例仅使用了几种基本的几何体；为了使效果更好，本案例中并没有考虑性能的消耗，因此将反射的质量设置得很高。

1. 案例效果

本案例使用一些基本的几何体来搭建一个简易的场景，在场景中添加一个反射探头并使用一个球体来显示反射效果。在案例运行时摄像机会围绕球体旋转，摄像机处于不同的方位时观察到的反射效果也会不同。案例运行效果如图 7-37、图 7-38 所示。

图 7-37　案例运行效果 1

图 7-38　案例运行效果 2

2. 开发流程

本案例可以随意搭配场景及随意调整反射探头的位置来实现不同的效果。如果需要运行本案例，可使用 Unity 打开资源包中的工程文件 ReflectionProbe_Demo 并双击工程中的场景文件 ReflectionProbe_Demo，打开后单击播放按钮即可看到案例运行效果。下面将详细地介绍本案例的开发流程，具体步骤如下。

（1）打开 Unity 集成开发环境，新建一个工程并命名为“ReflectionProbe_Demo”，进入工程后保存当前场景并命名为“ReflectionProbe_Demo”。然后在 Assets 目录下新建两个文件夹并分别命名为“Texture”和“C#”，分别用来放置纹理图片和脚本文件，目录结构如图 7-39 所示。

（2）搭建场景。首先将需要使用的纹理图片导入 Texture 文件夹，然后在场景中创建 Plane、Cube、Sphere、Cylinder 和 Capsule 等 5 种几何体，将它们摆放到合适的位置并为它们添加纹理，完成后的效果如图 7-40 所示。

图 7-39　目录结构

图 7-40　搭建场景

（3）单击 GameObject→Light→Reflection Probe 创建一个反射探头并将其放置在场景的中间位置，为了使反射效果更突出，将反射探头设置面板中的 Resdution 设置为 1024，并使用实时类型，如图 7-41、图 7-42 所示。

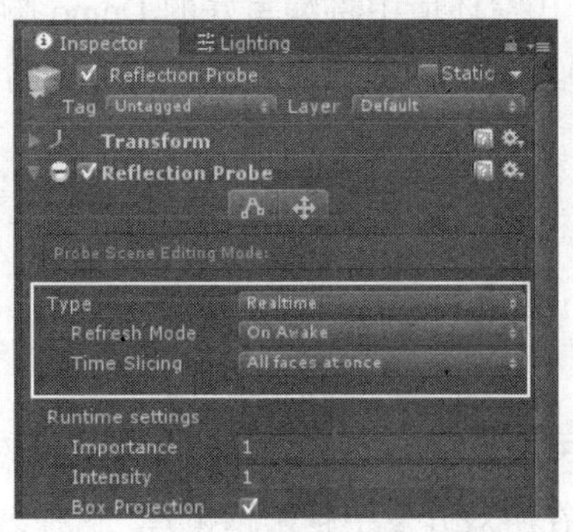

图 7-41　设置反射探头类型

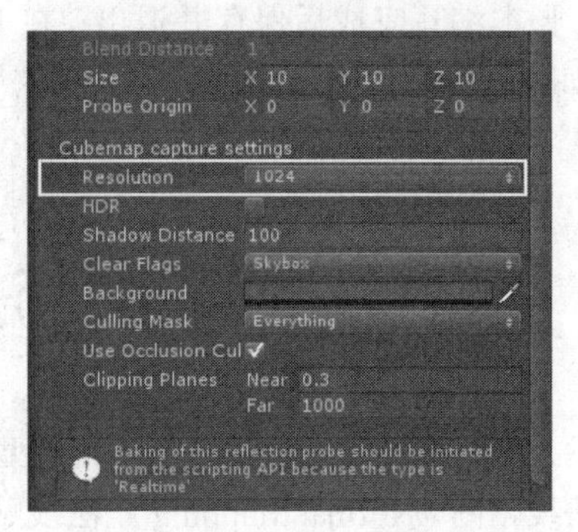

图 7-42　设置 Cubemap Resdution

（4）向场景中添加用于呈现反射效果的球体。在场景中新建一个球体，调节其位置和大小使其能够将反射探头包含在内。然后为其添加一张纯色的纹理图片，本案例中使用的是白色纹理图片。在其属性查看器的材质编辑器中将 Metallic 和 Smoothness 均调节为 1，使其反射效果更好，如图 7-43 所示。

（5）完成后应该就能够看到反射探头产生的效果已经应用到球体上，因为在该球体的 Mesh Renderer（网格渲染器）中已经绑定当前场景中的反射探头，如图 7-44 所示。接下来需要编写脚本来控制摄像机的运动。在 C#文件夹下单击鼠标右键，选择 Create→C# Script，创建一个 C#脚本并命名为“Demo.cs”。双击该脚本进入脚本编辑器并编写代码，具体代码如下。（代码位置：见资源包中源代码第 6 章目录下的 ReflectionProbe_Demo/Assert/C#/ Demo.cs。）

```
1    using UnityEngine;
2    using System.Collections;
3    public class Demo : MonoBehaviour {
4      void Update(){
5        Camera.main.transform.RotateAround(this.transform.position,Vector3.up,0.3f);
6    }}
```

使用 RotateAround 方法来实现摄像机绕球体转动。第一个参数 this.transform.position 为摄像机旋转的中心点坐标，这里使用的是小球的坐标。第二个参数 Vector3.up 用来设置旋转轴，这里使摄像机绕 y 轴旋转。第三个参数为每一帧旋转的弧度。

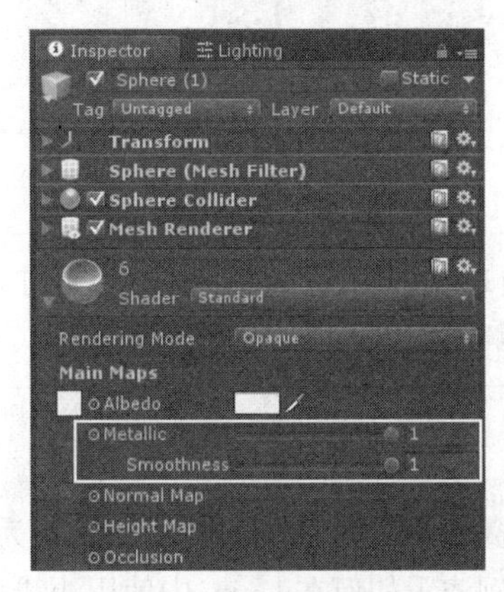

图 7-43　调节材质编辑器

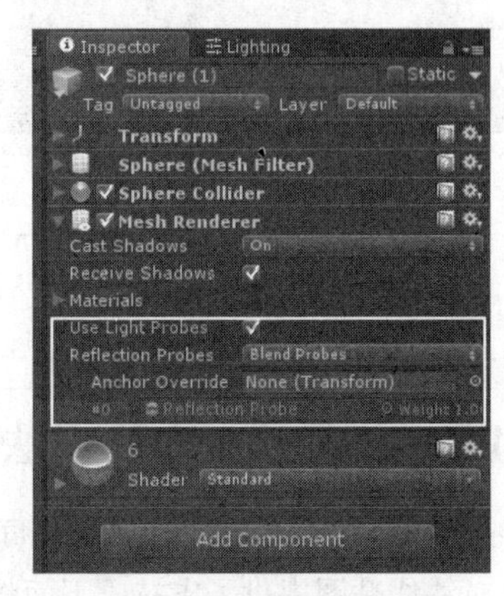

图 7-44　设置网格渲染器

（6）脚本编写完成后保存并退出，在 Unity 集成开发环境中将编写好的 Demo 脚本挂载到球体上即可（将脚本拖曳到球体对象上来完成挂载）。完成后单击播放按钮即可观看案例运行效果。

7.4 法 线 贴 图

开发人员开发游戏场景时，需要将模型的细节呈现出来，但又不想增加多边形的数量，这就要用到法线贴图（Normal Mapping）。法线贴图的使用在游戏开发中越来越频繁，这种既节省资源又能获得良好视觉效果的方法得到了越来越多开发人员的认可。本节将对法线贴图的知识及其在 Unity 中的应用进行详细的介绍。

7.4.1 法线贴图基础知识

法线贴图就是在原物体凹凸表面的每个点上均做法线，通过 RGB 颜色通道来标记法线的方向，就视觉效果而言，它的效率比原有的凹凸表面更高。若在特定位置上应用光源，可以让细节程度较低的表面生成高细节程度的精确光照效果和反射效果。

（1）法线贴图在三维图形学中是凹凸贴图（Bump Mapping）技术的一种应用，法线贴图有时也称为“Dot3（仿立体）凹凸纹理贴图”。凹凸贴图与纹理贴图对现有模型的法线添加扰动的方式不同，法线贴图则要完全更新法线。

（2）将高细节模型通过映射方式烘焙出法线贴图，然后贴在低细节模型的法线贴图通道上，使其表面呈现精细渲染效果，能大大减少表现物体时需要的面数和计算量，从而达到优化动画和游戏的目的。纹理贴图和法线贴图效果如图 7-45 和图 7-46 所示。

图 7-45　纹理贴图效果

图 7-46　法线贴图效果

说明

法线贴图的制作方法有很多种，既可以通过 Photoshop 等软件制作，也可以在 3ds Max 中通过高模渲染制作，这里不再详细讲解，有兴趣的读者可以查阅相关资料。

7.4.2 在 Unity 中使用法线贴图

法线贴图在取得良好视觉效果的同时又节省了游戏资源，对移动端的游戏开发尤为重要。Unity 也对法线贴图提供了支持。下面将通过一个简单案例演示如何在 Unity 中使用法线贴图。

1. 案例效果

本案例通过简单的柠檬模型来展示普通纹理贴图和法线贴图的区别。创建两个材质球并赋予它们不同的着色器效果，再将材质球赋给柠檬模型，即可观察到两种不同的效果。打开资源包中第 7 章目录下的 NormalmapDemo\Assets\NormalmapDemo 场景即可查看随书案例。案例运行效果如图 7-47、图 7-48 所示。

图 7-47　案例运行效果 1

图 7-48　案例运行效果 2

2. 开发流程

通过案例运行效果可以看出普通纹理贴图模型和法线贴图模型的区别，法线贴图模型的纹理更加细致，可以加强游戏的真实感。下面将对本案例的制作流程进行详细的介绍，具体步骤如下。

（1）打开 Unity，按快捷键 Ctrl+N 新建一个场景并保存为“NormalmapDemo”。在 Assets 目录下新建两个文件夹，分别命名为“Materials”和“Texture”。将事先准备好的柠檬图片及其法线贴图导入 Texture 文件夹，目录结构如图 7-49 所示。

（2）选中 NingMeng_NRM 法线贴图，在属性查看器中可以看到其参数，其中 Bumpiness 表示的是法线贴图的凹凸程度，可以滑动滑块来调整数值，单击“Apply”按钮实现应用，如图 7-50 所示。在场景中新建一个 Plane，在 Plane 上放置两个柠檬并赋予它们不同贴图做比较。

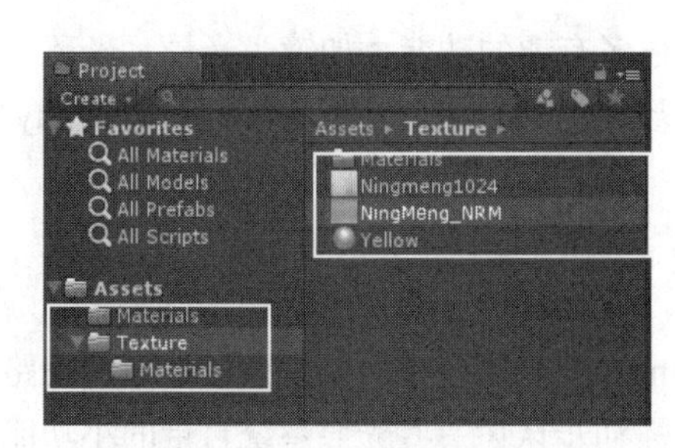

图 7-49　目录结构

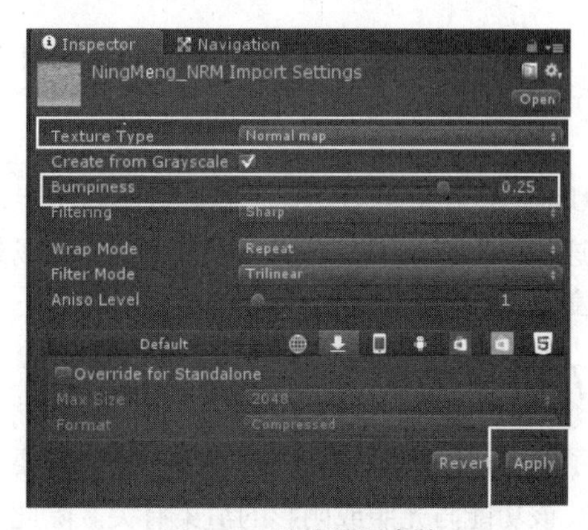

图 7-50　法线贴图参数

（3）在 Materials 文件夹中单击鼠标右键，选择 Create→Material 新建两个材质球，如图 7-51 所示，并将它们分别命名为“Diffuse”“Normaterial”。选中 Diffuse 材质球，将木箱的纹理图片拖曳到 Albedo 参数上（采用默认的着色器），如图 7-52 所示。

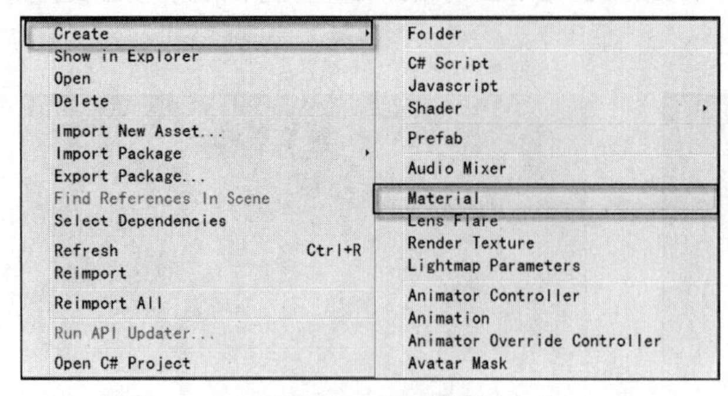

图 7-51　创建材质球

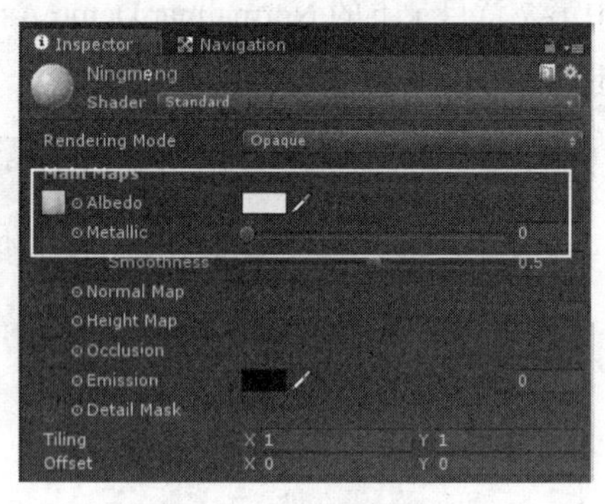

图 7-52　添加纹理图片

（4）选中 Normaterial 材质球，将其着色器修改为“Legacy Shaders/Bumpped Diffuse”，并将木箱纹理图片拖曳到 Base 中，将法线贴图拖曳到 Normalmap 中，如图 7-53 所示。将两种材质球分别赋给先前创建的两个柠檬。至此，案例的开发就完成了。

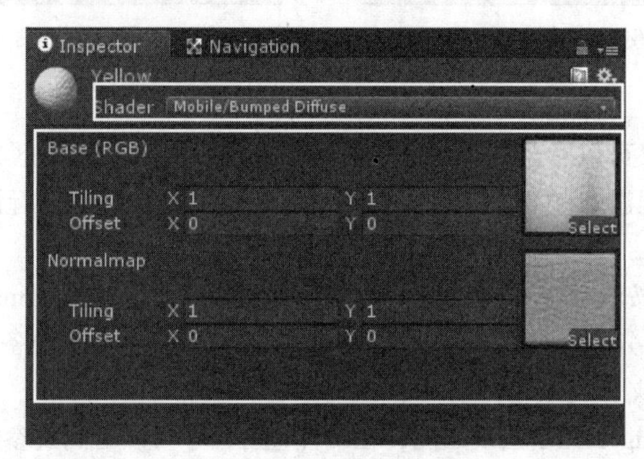

图 7-53　法线贴图材质球

7.5　Unity 光照系统中的高级功能

Unity 光照系统不仅有光源投射阴影功能，还有很多有趣的功能，如镜头光晕、光环、剔除等，这些小功能在某些时候可以极大地美化场景，使场景更加真实。本节将详细介绍 Unity 中的这些高级光照功能。

7.5.1　光照系统中的小功能

了解 Unity 的具体光照功能前，首先需要了解 Unity 中光影效果的场景设置，即渲染路径的设置。该功能与光照或阴影的渲染有关。除此之外还需初步认识一些光照系统自带的小功能，如镜头光晕、光照过滤等。

1. 基础知识

Unity 支持多种渲染路径（Rendering Path）。用户在使用的时候可根据场景的实际情况，以及目标平台和硬件的支持情况进行选择，例如，需要点光源和区域光源显示阴影时，就将渲染路径设置为“Legacy Deferred”或“Deferred”。下面将对每种效果进行讲解。

（1）Unity 支持多种渲染路径，不同的渲染路径有不同的性能和效果，它们大多数都是影响光照和阴影的。单击 Edit→Project Settings→Player，在属性查看器中 Other Setting 下的 Rendering Path 中设置渲染路径，如图 7-54、图 7-55 所示。

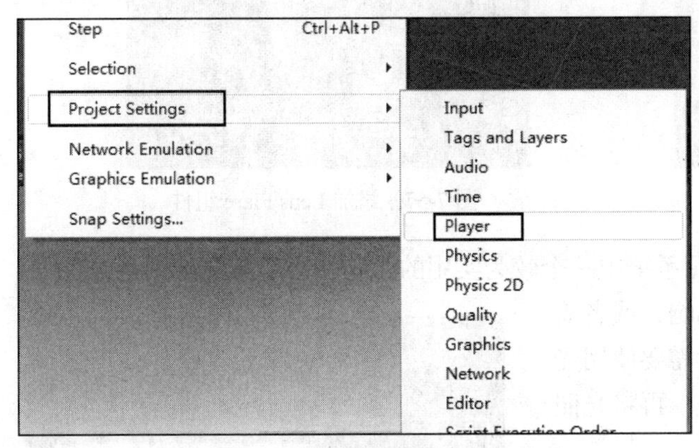

图 7-54 渲染路径的设置 1

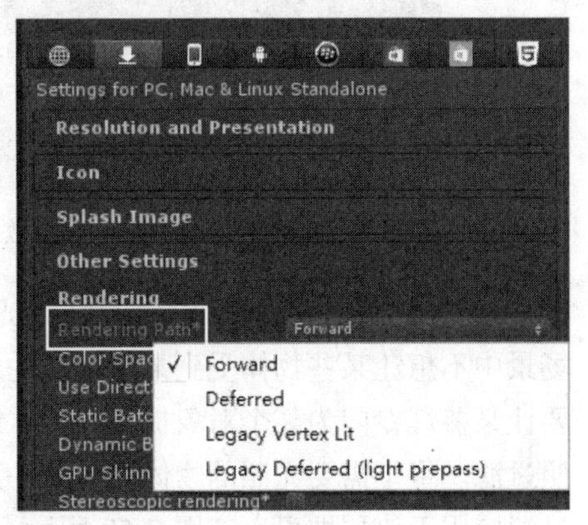

图 7-55 渲染路径的设置 2

❑ Forward

该渲染路径是 Unity 的预设渲染路径，在该渲染路径下，每个对象是根据影响对象的灯光通过通道来着色的。所以当一个对象同时在多个光源的光照范围内时，该对象就会被重复着色多次。这个渲染路径的优点是硬件要求低，可以快速处理透明度。其缺点是在有大量光源的复杂场景中效率反而会降低。

❑ Deferred

该渲染路径为延迟渲染路径，其优点是照明的着色成本和像素数量成正比，而非灯光数量，所以非常适合有大量 Realtime 模式的光源存在的场景，但是该渲染路径需要较高的硬件性能，所以移动设备不支持这种渲染路径。

❑ Legacy Vertex Lit

顶点照明渲染路径通常在一个通道中渲染物体，所有的光源照明都是在物体的顶点上计算的。该渲染路径是最快速的，并且具有最广泛的硬件支持（不能工作在游戏机上）。因为所有的光照都是在顶点层级上计算的，所以此渲染路径不支持大部分像素渲染效果，如阴影、法线贴图、光照过滤、高精度的高光等。

❑ Legacy Deferred(light prepass)

该渲染路径和 Deferred 渲染路径非常相似，只是采用了不同的手段去实现。需要注意的是，该渲染路径不支持 Unity 5 中的 Physically Based Standard 着色器。

（2）镜头光晕（Flare）也称为耀斑，是模拟摄像机镜头内的一种光线折射的效果，常用来表示非常明亮的灯光。添加镜头光晕最简单的方法是在 Light 组件下的 Flare 参数中选择耀斑效果，如图 7-56 所示。另一种方法是新建一个游戏对象，单击 Component→Effects→Lens Flare，为其添加该组件，并为其赋予耀斑效果，如图 7-57 所示。

图 7-56　Light 中的 Flare 参数

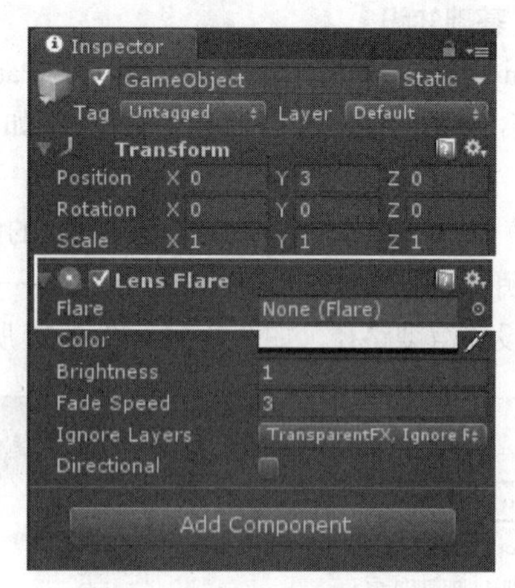

图 7-57　添加 Lens Flare 组件

（3）光照过滤（Culling Mask）是光照系统中一个较为实用的小功能，经常会被用到。例如，场景中不想让某些物体受到某个光源的影响，或者需要让某盏灯专门为某个对象提供光照，就需要使用光照过滤。将不需要光照的物体置于某一层，再将光照过滤应用于该层即可，如图 7-58 所示。

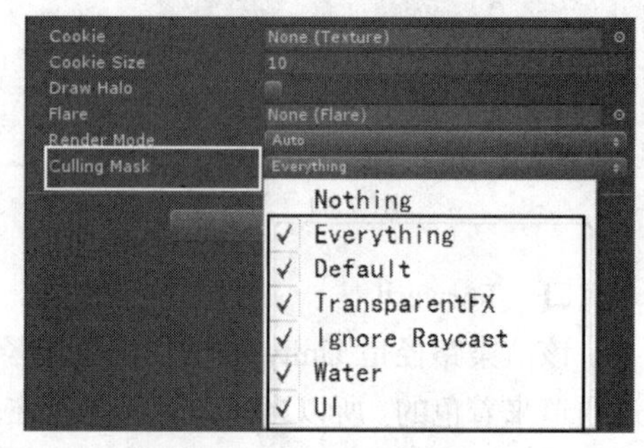

图 7-58　光照过滤层次

2. 案例效果

本案例通过简单的场景介绍镜头光晕和光照过滤的效果。打开资源包中第 7 章目录下的 LighteffectsDemo\Assets\LighteffectsDemo 场景即可查看随书案例，案例运行效果如图 7-59 所示。

图 7-59　案例运行效果

3. 开发流程

通过观察案例运行效果可以发现，场景中的左上方有一个镜头光晕来模拟现实中的太阳，可以更换不同的镜头光晕效果；右下方的正方体没有接受场景中的光照。下面将对本案例的开发流程进行详细的介绍，具体步骤如下。

（1）打开 Unity 集成开发环境，首先导入标准资源包中的镜头光晕效果，单击 Assets→Import

Package→Effects，在弹出的 Importing package 面板中导入资源即可，如图 7-60 所示。在 Assets 目录下新建一个文件夹并命名为“Texture”。

（2）将开发过程中需要用到的纹理图片拖曳到 Texture 文件夹中。单击 GameObject→3D Object→Plane，在场景中创建一个地板，如图 7-61 所示。重复相同步骤创建两个 Cube 对象，并分别命名为“Cubeone”和“Cubetwo”，调整这 3 个对象的位置，使它们接近摄像机。

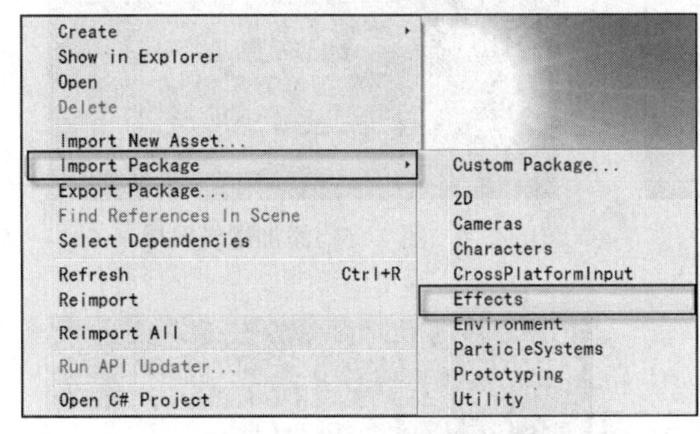

图 7-60　导入镜头光晕效果

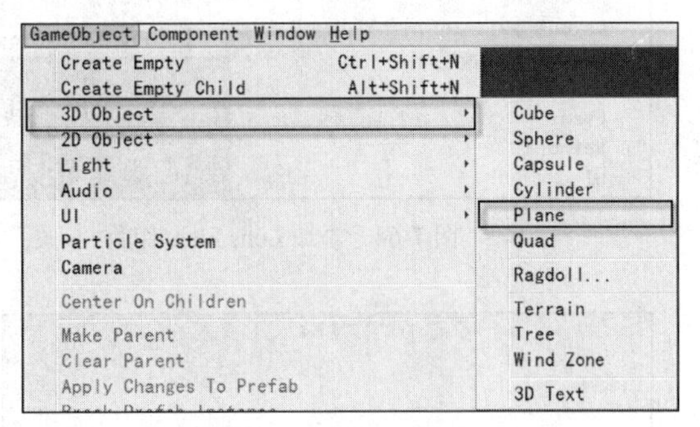

图 7-61　创建 Plane

（3）将 Texture 文件夹中的纹理图片拖曳到 Cubeone 游戏对象上，并将其着色器类型修改为 Mobile/Bumped Diffuse，如图 7-62 所示。这时将 Texture 文件夹中的材质球拖曳到 Cubetwo 上即可实现纹理图的添加，如图 7-63 所示（这样可以减少资源包中的材质球数量）。

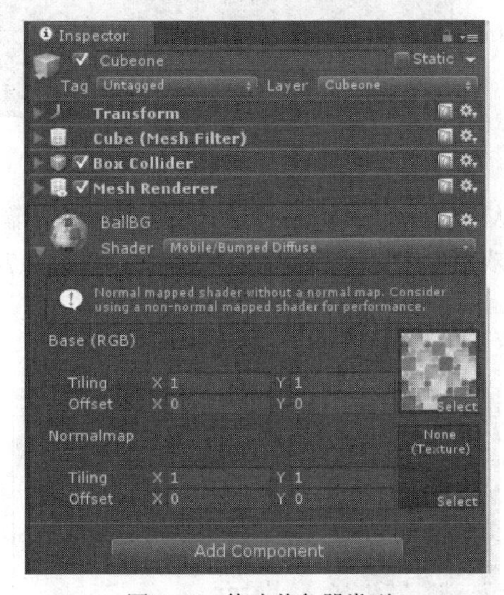

图 7-62　修改着色器类型

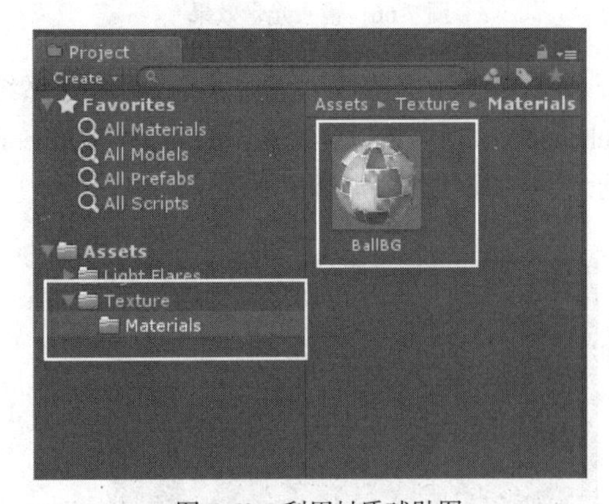

图 7-63　利用材质球贴图

（4）按快捷键 Ctrl+Shift+N 新建一个空游戏对象，调整其位置，使其位于两个 Cube 的左后方。单击 Component→Effects→Lens Flare，为其添加 Lens Flare 组件，如图 7-64 所示。将标准资源包中的某幅耀斑效果图拖曳到该组件的 Flare 参数上，如图 7-65 所示。

（5）在指定耀斑参数后，通过调整游戏对象的位置和旋转角度来改变镜头光晕的位置和朝向，效果如图 7-66 所示。选中 Cubeone 游戏对象，在其属性查看器右上角的 Layer 下拉列表中选择 Add Layer，如图 7-67 所示。

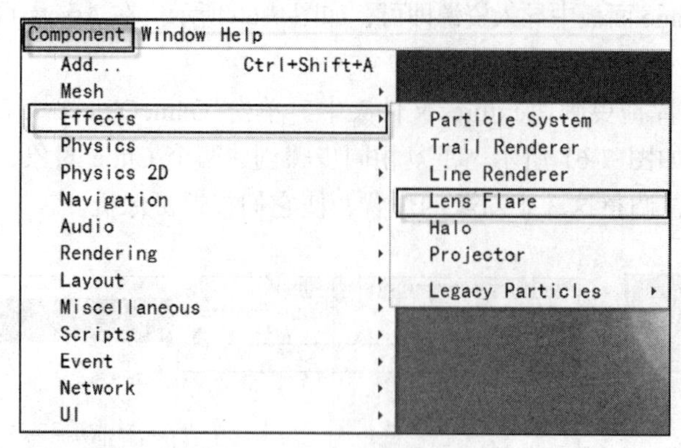

图 7-64　添加 Lens Flare 组件

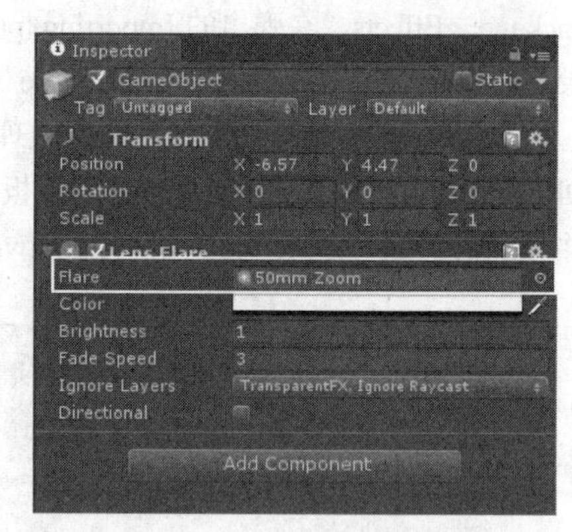

图 7-65　添加耀斑效果

图 7-66　镜头光晕效果

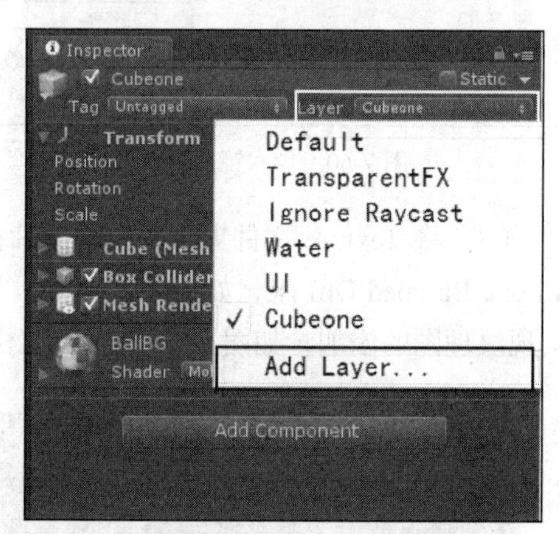

图 7-67　Layer 下拉列表

（6）在弹出的层次列表中，前 8 个是系统默认的层次，无法更改，选择第 9 个并输入“Cubeone”，如图 7-68 所示。创建完成后将 Cubeone 游戏对象的 Layer 修改为“Cubeone”，如图 7-69 所示。这时层次的添加就完成了。

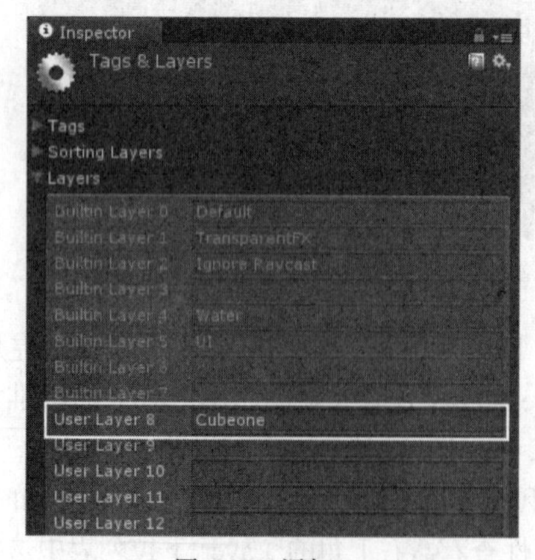

图 7-68　添加 Layer

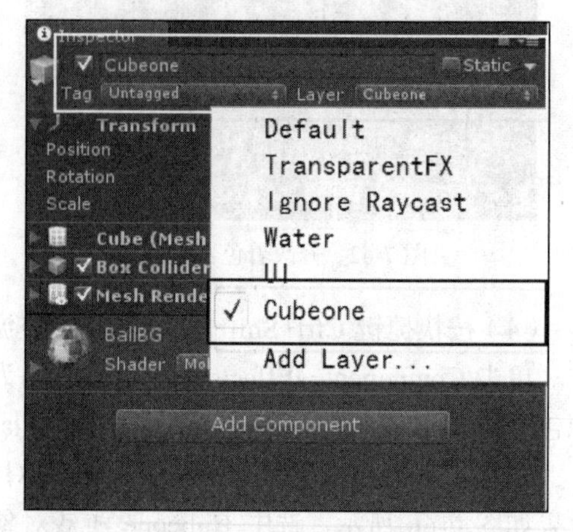

图 7-69　设定特定的层次

（7）修改完成后，选中场景中的 Directional Light 光源，在 Light 组件中修改 Culling Mask 参

数，将 Cubeone 层次取消勾选即可实现光照过滤的功能，如图 7-70 所示。利用该方法还可以实现让特定的光源对特定物体进行照射的功能。

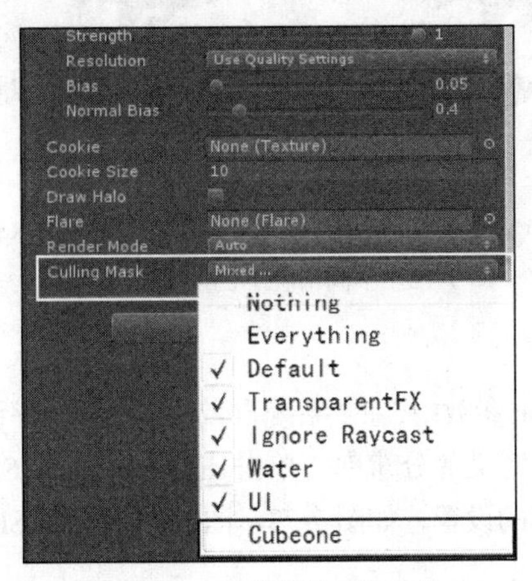

图 7-70　实现光照过滤功能

7.5.2　阴影的设置

游戏场景中，阴影是非常重要的一部分，好的阴影效果可以从整体上提升游戏的真实性和美观性。Unity 中的阴影也可以通过参数的设置来达到不同的效果。本节将详细介绍 Unity 光照系统中的阴影参数。本节使用的光源为 Directional Light。

1. 阴影质量

Unity 中使用阴影贴图（Shadow Map）来显示阴影，阴影贴图可以看作将灯光投射到场景产生的阴影通过纹理的形式表现出来，所以其质量主要取决于两个参数：贴图分辨率（Resolution）和阴影模式（Hard/Soft Shadow）。

Resolution 可以在光源的 Light 组件下进行设置，其中的选项依次为自定义分辨率、低分辨率、中等分辨率、高分辨率和极高分辨率，如图 7-71 所示。当然，分辨率越高的阴影越清晰，也越能展现出物体的细节，但其所消耗的性能资源也相应地增加。

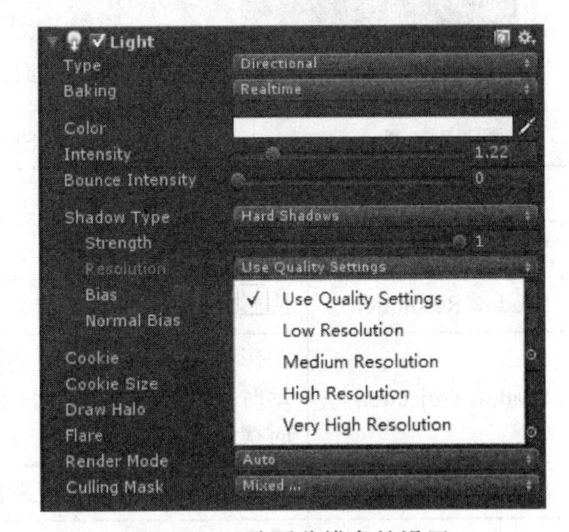

图 7-71　贴图分辨率的设置

Unity 提供两种阴影模式（Shadow Type），分别为 Hard Shadow 和 Soft Shadow，在相同光照和同等的贴图分辨率下，Hard Shadow 模式下的阴影效果十分生硬，并且带有明显的锯齿。下面给出 4 种不同情况下的阴影贴图效果，如图 7-72 所示。（场景位置：见资源包中源代码第 7 章目录下的 Shadowmaps/Assets/Yu。）

说明

观察图 7-72 可以发现，硬阴影高分辨率贴图的边缘也有锯齿，但是软阴影会消耗更多的性能资源，在使用时需要视具体情况而定。

（a） Hard Shadow-Low Resolution （b） Soft Shadow-Low Resolution （c） Hard Shadow-High Resolution （d） Soft Shadow-High Resolution

图 7-72　不同情况下的阴影贴图效果

2. Quality Settings 面板

在 Light 组件下的 Resolution 参数中，除了系统自带的 4 种分辨率设置，还有一种就是 Use Quality Settings，意为使用开发人员自定义的分辨率。单击 Edit→Project Settings→Quality，进入 Quality Settings 面板，即可进行分辨率的设置，如图 7-73、图 7-74 所示。Shadows 参数如表 7-7 所示。

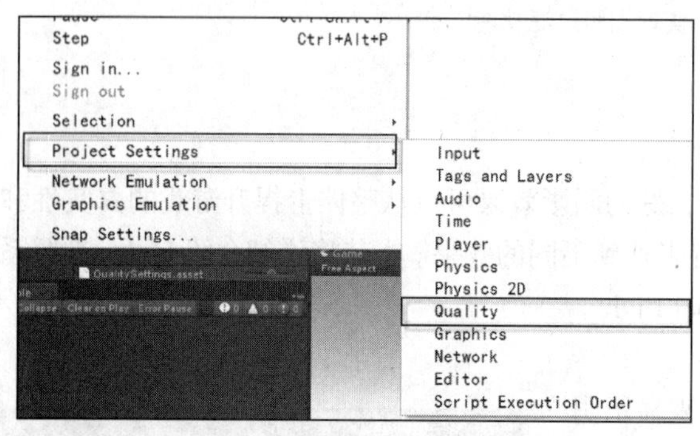

图 7-73　打开 Quality Settings 面板

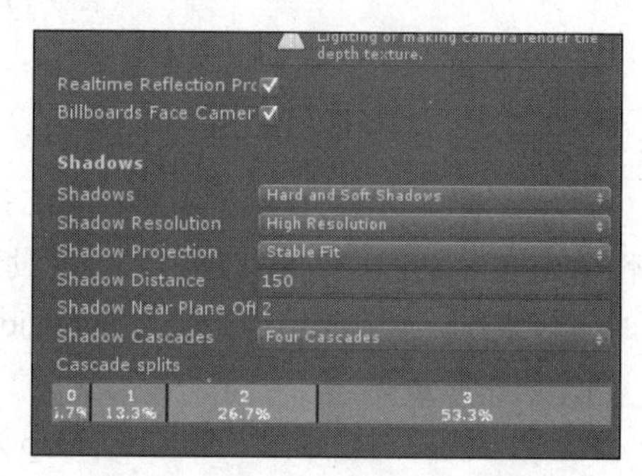

图 7-74　Shadows 参数设置

表 7-7　Shadows 参数介绍

参　数　名	含　义
Shadows	设置阴影的类型
Shadow Resolution	阴影的分辨率，可以将分辨率设置为低、中、高、极高；分辨率越高，计算开销越大
Shadow Projection	阴影投射，平行光投射阴影有两种方式：Close Fit，渲染高分辨率阴影，但是摄像机移动时，阴影会稍微摆动；Stable Fit，渲染的阴影分辨率低，但是阴影不会在摄像机移动时摆动
Shadow Distance	摄像机的最大阴影可见距离，超过这个距离的阴影不会被计算
Shadow Cascades	阴影层叠，层叠数目越多，阴影质量越好，计算开销越大

3. 阴影性能

Unity 中开启阴影需要消耗较多性能资源，因此在整个场景中应用实时阴影是非常不现实和不明智的，于是便需要使用一些方法来尽可能降低消耗，同时还要保证必要的效果。Unity 中降低阴影消耗的常用方法如下。

（1）使用光照贴图。

一个游戏场景中一定会有一些“静态”的物体，这些物体不会移动和变形，所以其阴影也不会发生改变，这时使用实时阴影是非常浪费的。光照贴图（Light Map）就非常适合处理这种情况。

光照贴图会将场景中静态物体的阴影经过一段时间的烘焙和计算渲染到一张贴图上，应用光照贴图后场景中的静态物体就会有自己的“假阴影”而不必再去计算光照了，具体的烘焙方法已在前面讲过。

（2）分辨率和阴影模式的设置。

Unity 中通过设置阴影的分辨率（Resolution）和阴影模式（Hard/Soft Shadow）来降低游戏消耗，需要注意的是，软阴影（Soft Shadow）比硬阴影（Hard Shadow）更消耗资源，但是其只消耗 GPU 资源，所以使用软/硬阴影不会影响 CPU 性能资源和内存资源。

（3）设置阴影距离。

Quality Settings 面板中有一个参数 Shadow Distance，它可以用来设置阴影可见距离，例如，其默认值 150 就代表着距离观察摄像机 150 个单位以外的阴影将不会被计算和渲染。这个功能在大型场景中比较实用，可以避免计算很多距离太远看不到的阴影，从而达到节省资源的目的。

7.5.3　光探头

经过前面对光照相关知识的学习，读者已可以烘焙出想要的游戏效果。但是光照贴图无法作用于非静态物体上，因此非静态物体的光照效果在烘焙好的光照贴图场景中显得很突兀。为了让非静态的物体很好地融入游戏场景，需要使用 Unity 内置的光探头（Light Probes）组件。

1. 基础知识

该组件的原理是在场景中放上若干个采样点，收集采样点周围的明暗信息，然后在附近几个点围成的区域内进行插值，当动态的游戏对象位于这些区域内时会根据位置返回插值结果，也就是其所接受的光照结果。这种方法并不会消耗太多的性能资源，能实现动态物体和静态场景光照效果的融合。

2. 案例效果

介绍了光探头的基础知识后，下面将通过一个案例更加细致地展示其效果。案例运行效果如图 7-75 和图 7-76 所示。本案例通过搭建简单的场景制作出阴影效果，在阴影处添加光探头，并选择该物体是否接受光探头。

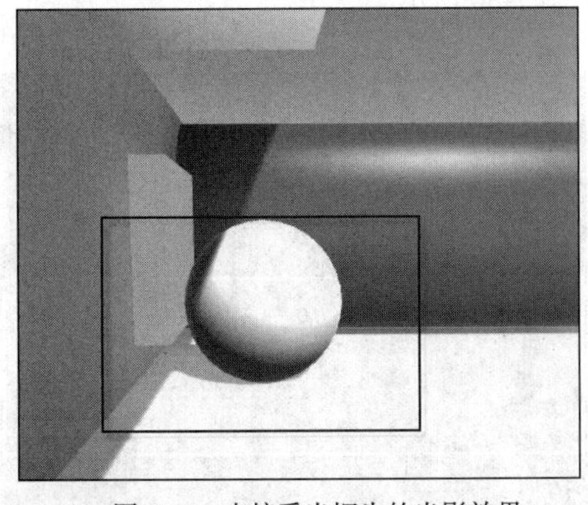

图 7-75　未接受光探头的光影效果

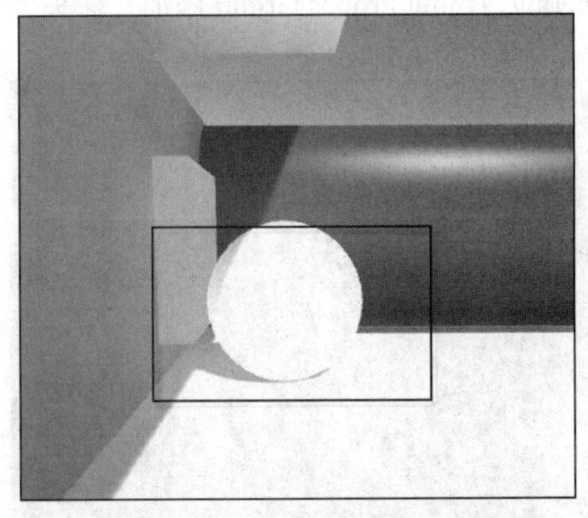

图 7-76　接受光探头的光影效果

3. 开发流程

本案例中，当球（动态物体）在自发光材质附近时，开启光探头开关后，该球就会受到自发光材质的影响，而关闭开关后就没有来自自发光材质的光照效果了。本案例的具体开发步骤如下。

（1）光探头存在的价值是解决动态物体在烘焙好的光照贴图场景中显得突兀的问题。首先搭建一个简单的场景，利用 Unity 中简单的几何体搭建一个场景，效果如图 7-77 所示。

（2）在场景搭建过程中，需要给每个游戏对象添加材质。这里介绍部分对象的材质球的创建过程。在 Assets 目录下新建一个文件夹并命名为“Materials”，在该文件夹下单击鼠标右键，选择 Create→Material，新建一个材质球并命名为“blue”，在其 Albedo 参数中将颜色修改为蓝色，如图 7-78 所示。

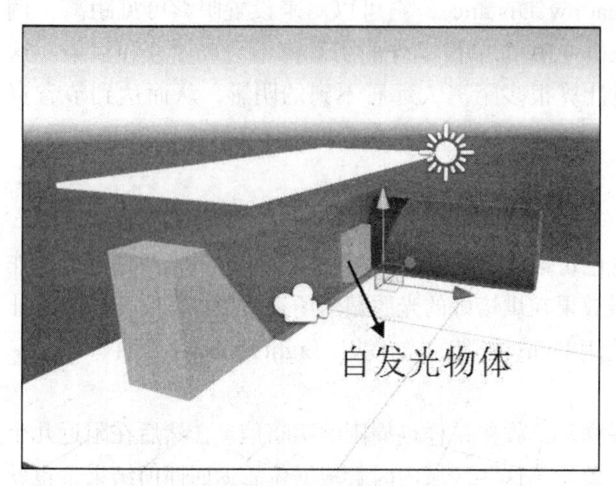

图 7-77　搭建场景

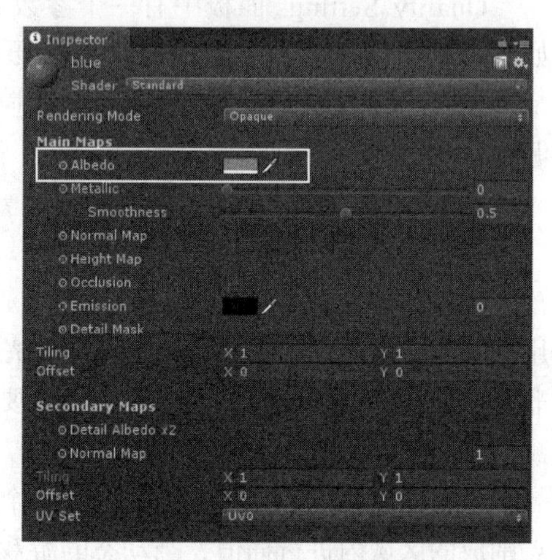

图 7-78　修改材质球颜色

（3）参考步骤（2）新建一个名为“Yingguang-green”的材质球，将其着色器参数修改为“Legacy Shaders/Self–Illumin/Diffuse”，并在 Main Color 参数中将颜色修改为淡绿色，将该发光材质球指定给创建的小长方体，如图 7-79 所示。

（4）场景搭建完成后，将场景中的所有游戏对象标为静态物体，对场景进行烘焙（具体过程已经在前文详细介绍过）。按快捷键 Ctrl+Shift+N 创建一个空游戏对象，单击 Component→Rendering→Light Probes Group 添加光探头组件，如图 7-80 所示。

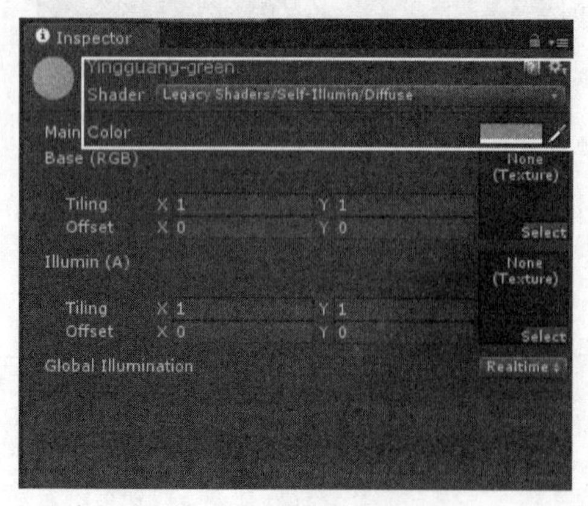

图 7-79　创建自发光材质球

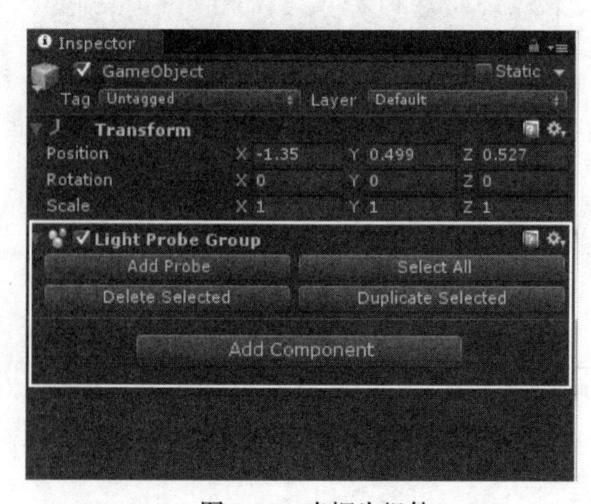

图 7-80　光探头组件

（5）为游戏场景布置采样点。单击 Light Probe Group 组件中的“Add Probe”按钮，场景设计面板中就会出现一个新的“小球”，接下来将该小球移动到场景中的某个位置即可完成其摆放。单击“Duplicate Selected”按钮可以复制一个当前选中的采样点。

（6）重复步骤（5），直到场景中大部分阴影比较明显的地方都放置有采样点，如图 7-81 所示。用线连起来的“小球”就是设置的采样点。注意，采样点并不会影响游戏的性能。采样点放置完毕后，再次烘焙游戏场景，所有的采样点都被赋予了其所在位置的光影信息。

（7）测试一下 Light Probe 的功能。创建一个小球并将其摆放到场景中的各个位置，观察其光影效果。将小球摆放到场景中自发光材质的附近，勾选再取消勾选其 Mesh Renderer 组件中的 Use Light Probes 复选框，如图 7-82 所示，观察其区别。

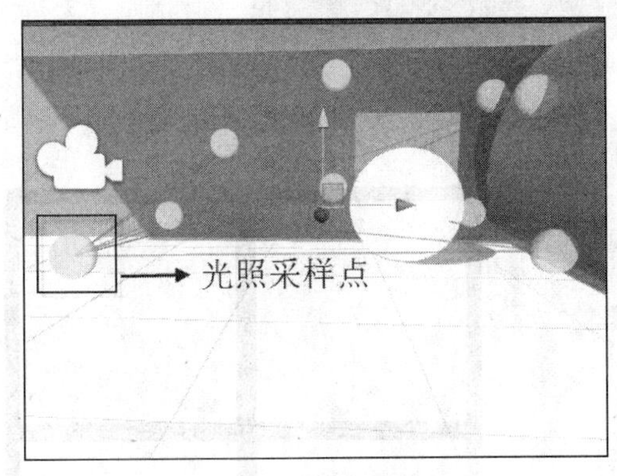

图 7-81　采样点的设置

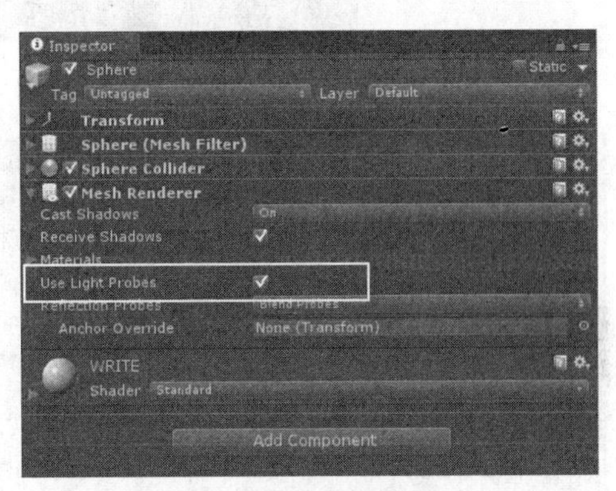

图 7-82　是否启用光探头

4. Light Probes 应用细节

通常情况，布置 Light Probes 最简单有效的方式是将采样点均匀地分布在场景中，这样场景中就会有很多个采样点。虽然这样不会消耗内存，但是布置起来很麻烦。实际上，完全没有必要在光影毫无变化的区域内布置多个采样点，而应当在光影差异较大的位置（如阴影的边缘）布置多个采样点。关于采样点的布置有如下几点需要注意。

（1）采样点的工作原理是将场景空间划分为多个相邻的四面体空间，为了能够合理地划分空间以便进行正确的插值，不可将所有采样点都放置在同一个平面上。

（2）当动态物体只在一定的高度下活动时，在该高度的上方就没有必要布置多个采样点了。当然也不能将所有的采样点都布置得太低，这样就无法划分空间了。

7.5.4　Cookies

Cookies 是一个很有趣的功能。在早期的电影中，灯光特效就被用来产生一个并不存在的物体的轮廓，如丛林中的树冠阴影、监狱中栏杆的阴影等，这些效果可以极大地提升场景的真实感。Unity 也支持这种效果，使用灯光中的 Cookies 参数即可实现，如图 7-83 所示。

Cookies 的使用非常简单，在定向光源中，只要把一张带有透明通道的纹理图片或灰度图片拖曳到光源的 Cookies 参数上，即可在画面中看到效果。对新导入的纹理图片需要进行设置，选中图片后在属性查看器中将图片类型改为 Cookie 即可，如图 7-84 所示。本示例使用的 Cookies 灰度图片如图 7-85 所示。

图 7-83　Cookies 效果

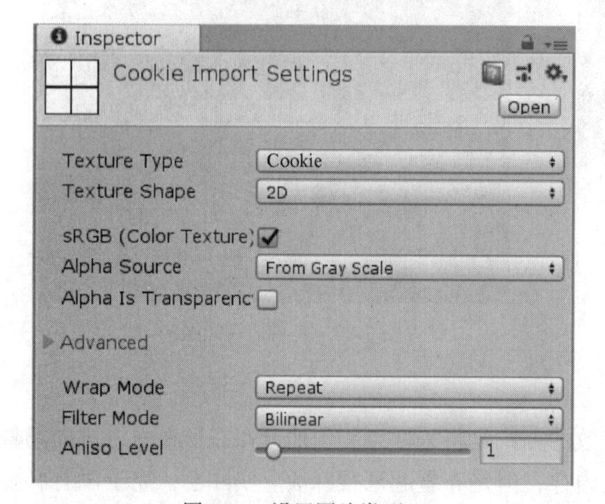

图 7-84　设置图片类型

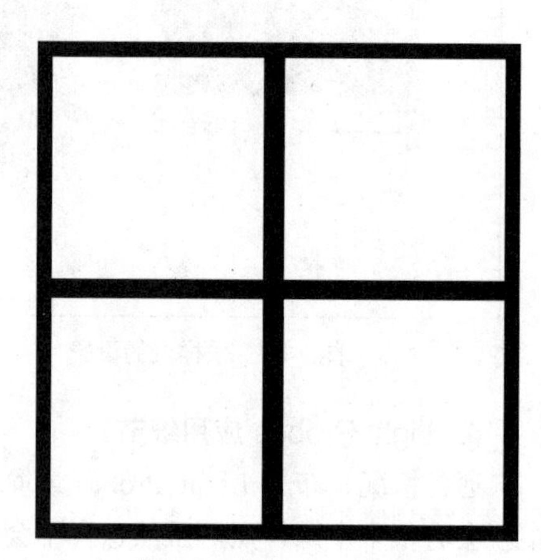

图 7-85　Cookies 灰度图片

7.5.5　光照过滤

光照过滤是光照系统中一个较为简单的小功能，但是经常会被用到。例如，场景中不想让某些物体受到某个光源的影响，需要某盏灯专门为某个对象提供光照，这时就需要使用光照过滤（Culling Mask）。图 7-86 所示场景中的球应用了光照过滤，不管场景中的灯光如何调整也不会对其产生光照效果；而同样处于场景中的正方体则正常接受光照。（场景位置：见资源包中源代码第 7 章目录下的 PRG_Demo\Assets\PRG_Scene）

光照过滤的设置也比较简单，将不需要光照的物体放在某个层中，然后对该层设置光照过滤即可，具体步骤如下。

（1）搭建所需要的场景。依次创建一个球（Sphere）、一个正方体（Cube）和一个平面（Plane），将它们摆放到合适的位置后创建一个定向光源（Directional Light）。

（2）层的创建。选中球（Sphere）游戏对象，单击展开其属性查看器右上角的 Layer 下拉列表，下拉列表中有当前场景中的所有层，单击最下方的 Add Layer，如图 7-87 所示。在新出现的面板中新输入一个层的名称，如图 7-88 所示。创建完成后将球游戏对象设置到该层。

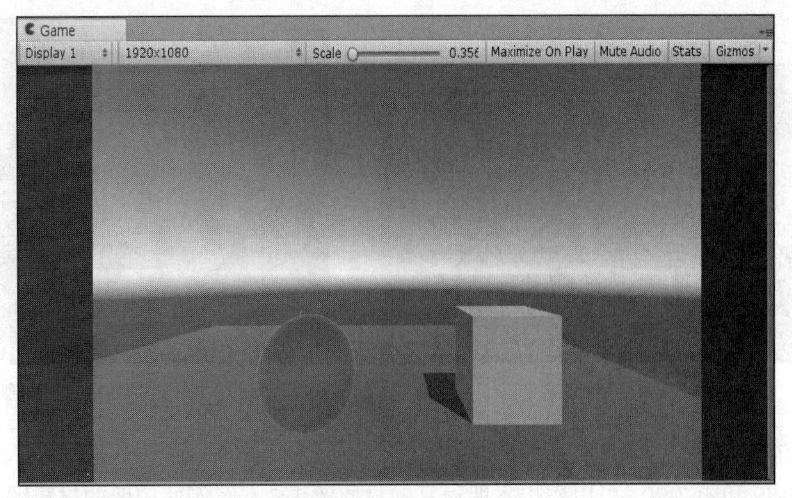

图 7-86　光照过滤示意图

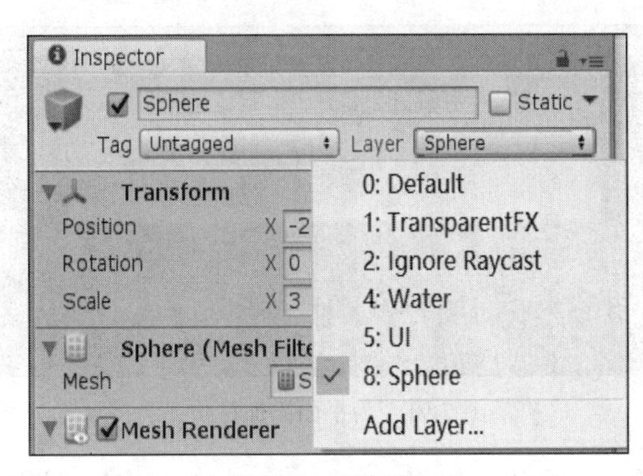

图 7-87　添加层

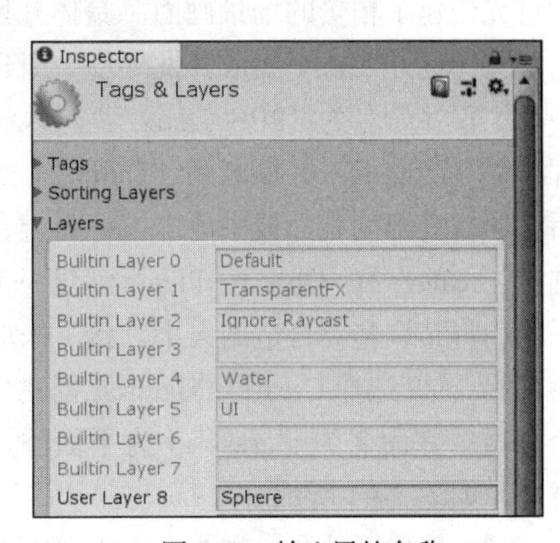

图 7-88　输入层的名称

（3）选中场景中的光源，在其 Light 组件的 Culling Mask 参数中取消 Sphere 层的勾选。这样场景中的球和所有处于 Sphere 层的游戏对象都不会受到这个光源的影响了。

7.5.6　基于物理的着色

为了表现出真实的灯光效果，Unity 中基于物理的着色技术模仿了物理过程，包括能量储存（意味着物体反射的光线强度不大于它接受的光线强度）、菲涅耳反射（视线不垂直于物体表面时，夹角越小，反射越明显）等。

1．基础知识

基于物理的着色（Pysically Based Shading，PBS）用模拟现实的方法呈现出材质和灯光的相互作用，营造逼真的视觉效果，而且不需要使用过多的专业工具。

Unity 中的 Standard 着色器和完整的 PBS 一起使用时，可以实现很好的画面效果，逼真地模拟出石头、陶瓷、黄铜及橡胶等材质，甚至能够模拟皮肤、头发、布料等材质。

2．案例效果

本案例通过简单的场景介绍基于物理的着色的效果。打开资源包中第 7 章目录下的 PBS_Demo\Assets\ PBS_Demo.exe 即可查看随书案例。案例运行效果如图 7-89 和图 7-90 所示。

图 7-89　案例运行效果

图 7-90　案例部分细节

3. 开发流程

通过图 7-89 和图 7-90，可以看出木船逼真的材质效果。本案例使用船的材质图片和位置合适的灯光创建了精美的场景画面。具体开发步骤如下。

（1）打开 Unity 集成开发环境，新建一个工程并命名为“PBS_Demo”，进入工程后保存当前场景并命名为“Demo”。然后在项目资源列表面板中单击鼠标右键，选择 Create→3D Object→Plane 创建一个平面，将其调整到合适的大小。接下来单击鼠标右键，选择 Create→Material 创建一个材质球并命名为“grass”，为平面添加材质，如图 7-91 所示。

图 7-91　为平面添加材质

（2）创建天空盒。在 Materials 文件夹下单击鼠标右键，选择 Creat→Material，创建一个材质球并命名为“Skybox”。在属性查看器中设置该材质的着色器为 Mobile/Skybox。然后为该天空盒的前后、左右、上下分别添加纹理，如图 7-92 所示。

（3）设置天空盒。单击 Windows→Lighting，打开 Lighting 面板。将上面创建的天空盒材质拖曳到 Skybox Material 参数上，如图 7-93 所示。

（4）导入木船模型。在 Assets 目录下创建 Model 文件夹，将木船模型复制进去并重命名为“boat”，在项目资源列表面板中，将模型直接拖曳到场景中，再调整其尺寸大小和在场景中的位置。

（5）为模型添加材质。在 Materials 文件夹下单击鼠标右键并选择 Creat→Material，创建两个材质球并命名为“boat1”和“boat2”，为材质贴图并调整相关参数，如图 7-94 和图 7-95 所示。

（6）光照设置灯光。调整光源的参数和光源的位置，使场景中的模型更加逼真，如图 7-96 所示。

（7）创建脚本。在 Script 文件夹下创建两个 C#脚本，并命名为“CameraControl”和“MouseLook”。这两个脚本的作用分别为通过 W、S、A、D 键控制摄像机前、后、左、右移动查看场景和通过移动鼠标指针在空间中旋转摄像机查看场景。将两个脚本挂载到主摄像机上并设置好参数，如图 7-97 所示。

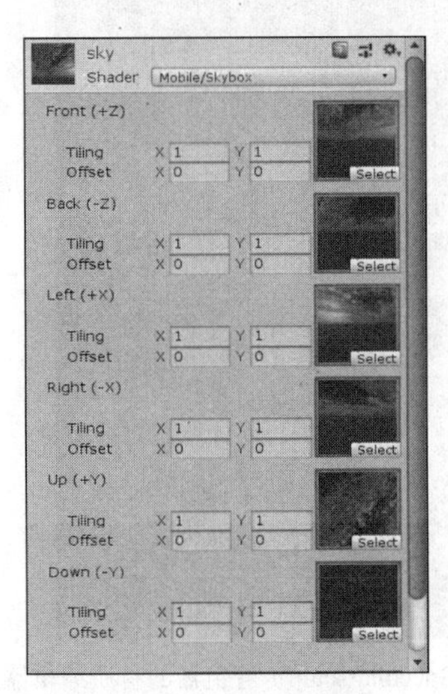

图 7-92　天空盒材质

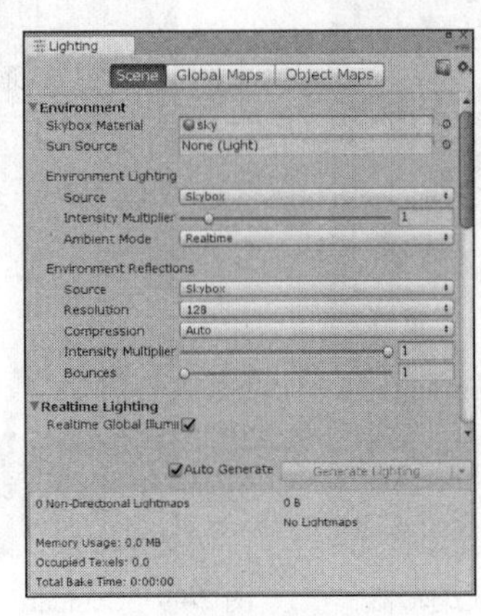

图 7-93　设置天空盒

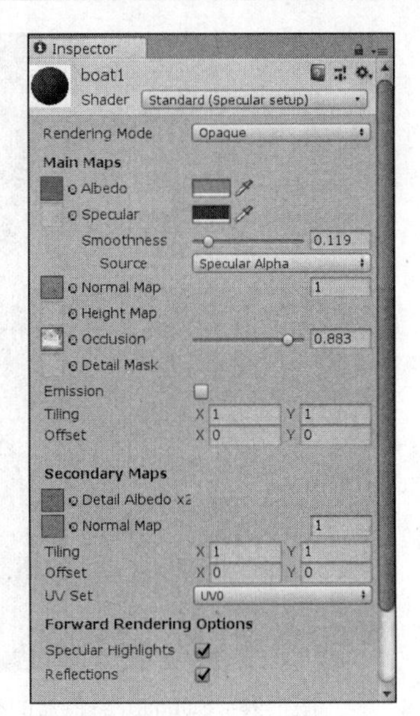

图 7-94　模型材质 1

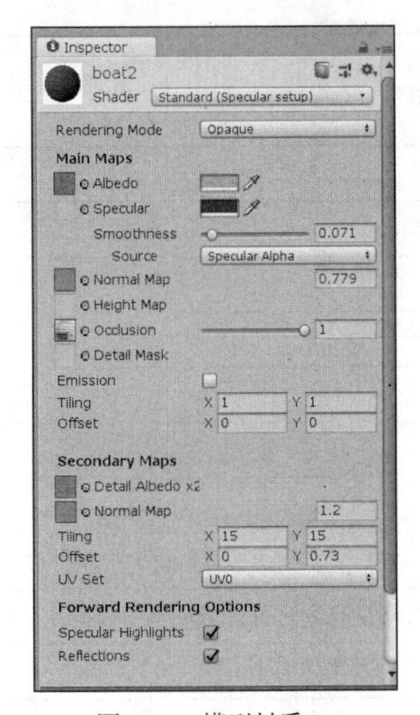

图 7-95　模型材质 2

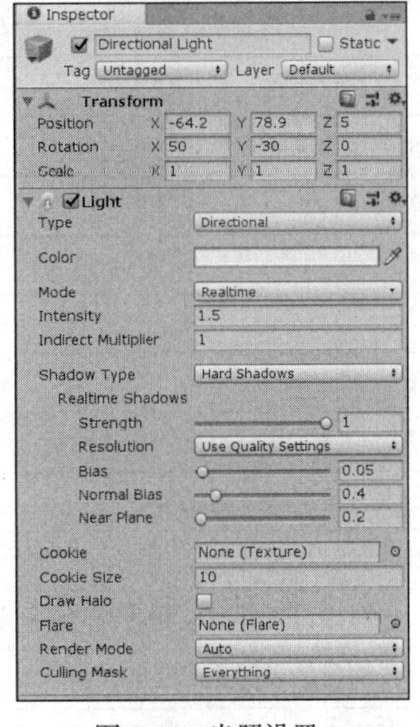

图 7-96　光照设置

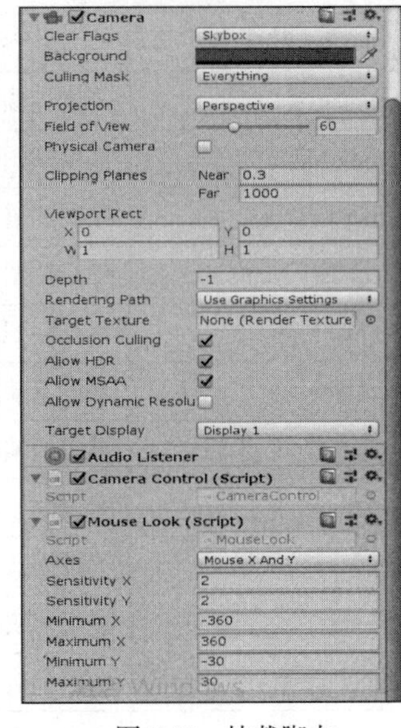

图 7-97　挂载脚本

7.5.7　材质编辑器

本小节将介绍 Standard 着色器的材质编辑器。Unity 新版本中添加了两种 Standard 着色器，它们的材质编辑器如图 7-98 和图 7-99 所示。用户可以在项目资源列表面板中单击鼠标右键，选择 Create→Material 创建一个材质球，然后在其属性查看器中的 Shader 处选择想要的 Standard 着色器。其参数介绍如表 7-8 所示。

接下来将介绍 Standard 着色器的 Rendering Mode 中的 4 种不同的渲染模式。读者使用 Standard 着色器时，一定要设置正确的渲染模式，否则很可能无法得到正确的视觉效果。

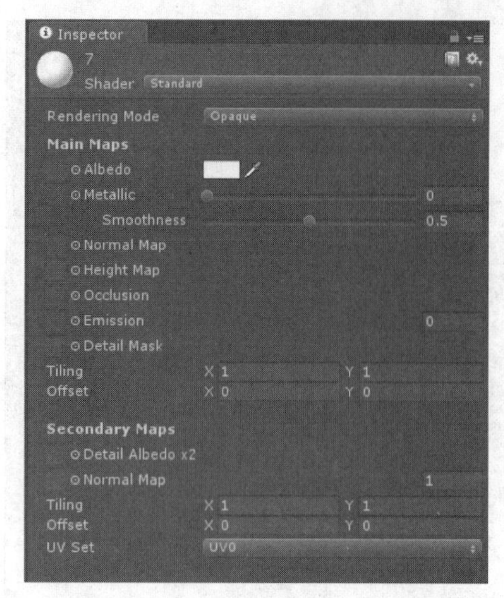

图 7-98 Standard 着色器的材质编辑器

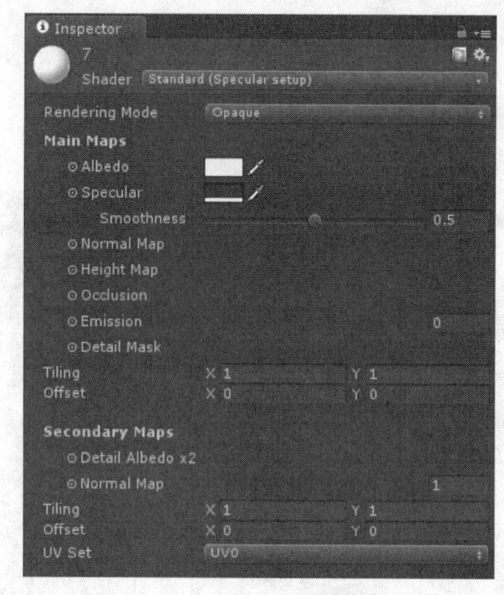

图 7-99 Standard（Specular setup）着色器的材质编辑器

表 7-8 Standard 着色器参数介绍

参 数 名	含 义
Specular	高光，颜色可以自行设置
Height Map	高度贴图，通常是灰度图片
Tiling	贴图的重复次数
Secondary Maps	细节贴图
Normal Map	法线贴图
Occlusion	环境遮盖贴图
Offset	贴图的偏移量
Metallic	金属性，值越大，反射效果越明显
Rendering Mode	渲染模式，有 4 种模式可选
Albedo	漫反射纹理，也可以设置其颜色和透明度（设置透明度需要选择正确的渲染模式）
Smoothness	此值影响计算反射时的表面光滑程度，值越大，反射效果越清晰
Emission	自发光属性，开启后该材质在场景中类似一个光源，可以调节其 GI 模式
Detail Mask	细节遮罩贴图，当某些地方不需要细节时可以使用遮罩贴图来进行设置，如嘴唇部分不需要毛孔等

❑ Opaque

这种模式下着色器不支持透明通道。也就是说此时该着色器只能是完全不透明的（当制作石头、金属等材质时使用该模式）。

❑ Cutout

这种模式下着色器支持透明通道，但是不支持半透明。也就是说，显示的纹理图片内容要么完全透明，要么完全不透明。图片内容是否透明由 Albedo 参数中的 Alpha 值和 Alpha Cutoff 决定（这种模式下的着色器适合制作叶子、草等带有透明通道却又不希望出现半透明效果的材质）。

- ❑ Fade

该模式下可以改变 Albedo 参数的 Alpha 值来操控材质的透明度，从而制作出半透明的效果。但是该模式并不适合制作玻璃等半透明材质，因为当 Alpha 值减小时，其表面的高光、反射等也会跟着变淡（该模式比较适合制作物体渐渐淡出的动画效果）。

- ❑ Transparent

这种模式下，材质同样可以通过改变 Albedo 参数的 Alpha 值来调节透明度，不同的是，当物体变为半透明时，其表面的高光和反射不会变淡（该模式非常适合制作玻璃等具有光滑表面的半透明材质）。

7.6　本章小结

本章不仅涉及了 Unity 中光源的种类和每种类型光源的特点，也介绍了光照烘焙、法线贴图及光探头等的使用方法。在 Unity 的学习过程中，最关键的是对光源特性的理解。开发人员应该时刻保持严谨的心态，力求开发出最具真实感的游戏场景。

7.7　习　　题

1. 简要阐述 4 种光源的照明效果和用途。
2. 简要叙述光照烘焙技术的原理及其在游戏开发过程中的必要性。
3. 运行并调试 7.2 节中光照烘焙的案例，熟悉光照烘焙的使用流程。
4. 简要阐述反射探头的工作原理。
5. 运行并调试 7.3 节中反射探头的案例，熟悉反射探头的使用流程。
6. 简要阐述法线贴图的工作原理及其能够实现的效果。
7. 收集并制作法线贴图，然后在 Unity 中展示其效果。
8. 简要阐述光探头的工作原理及其能够实现的效果。
9. 运行并调试 7.5 节中的光探头案例，熟悉光探头的使用流程。
10. 简要阐述使用光探头时的注意事项。

第 8 章 模型与动画

本章将对 Unity 开发中的 3D 模型和 Unity 的 Mecanim 动画系统进行介绍。通过本章的学习，读者将会对 3D 模型的创建、导入、使用有所了解，并且能够熟练地使用 Unity 中的 Mecanim 动画系统制作出连贯的角色动画，为以后的 3D 游戏开发打下基础。

8.1 3D 模型背景知识

3D 模型是用 3D 建模软件建造的立体模型，也是构成 Unity 场景的基础元素。Unity 几乎支持所有主流格式的 3D 模型，如 FBX 文件和 OBJ 文件等。开发人员可以将从 3D 建模软件导出的模型文件添加到 Unity 的项目资源列表中。

8.1.1 主流 3D 建模软件的介绍

首先介绍一下如今的主流 3D 建模软件，这些软件广泛应用于模型制作、工业设计、建筑设计、三维动画制作等领域，每款软件都有自己擅长的功能和专有的文件格式。正是因为有这些软件来完成建模工作，Unity 才得以展现出丰富的游戏场景和角色动画。目前主流的 3D 建模软件有如下几款。

❑ Autodesk 3ds Max

3ds Max 是 Autodesk 公司开发的基于 PC 操作系统的三维动画渲染和制作软件。其前身是基于 DOS 的 3D Studio 系列软件。3ds Max 首先运用于计算机游戏中的动画制作，后来进一步开始参与影视片的特效制作。

❑ Autodesk Maya

Maya 是 Autodesk 公司出品的优秀三维动画软件，不仅具有一般三维和视觉效果制作功能，还能与先进的建模、数字化布料模拟、毛发渲染、运动匹配技术相结合。其应用对象是专业的影视广告、角色动画、电影特效等。

Maya 功能完善、工作灵活、易学易用，制作效率极高，渲染真实感极强，是电影级别的高端制作软件。Maya 可在 Windows、Mac OS X、Linux 与 SGI IRIX 操作系统上运行。

❑ Cinema 4D

Cinema 4D 是由 Maxon Computer 公司开发的一款三维软件，广泛应用在广告、电影、工业设计等方面，并且表现出色。其以极高的运算速度和强大的渲染插件著称，很多模块的功能在同类软件中代表了科技进步的成果，目前支持的操作系统有 Windows、Mac OS X。

Cinema 4D 在电影中表现突出，并且相关技术越来越成熟，受到越来越多的电影公司重视，例如，影片《阿凡达》中有部分场景就是使用 Cinema 4D 制作的。Cinema 4D 正成为许多一流艺术家和电影公司的首选，已经走向成熟。

8.1.2　Unity 与建模软件单位的比例关系

上一小节中介绍的主流 3D 建模软件都有其默认的单位长度，在 Unity 中默认的系统单位为“米”，也就是说默认情况下一个单位长度的大小是 1 米。但是 3D 建模软件默认的系统单位并不都是“米”，如果使用建模软件的默认单位，导入 Unity 的模型可能会过大或过小。

为了让模型在导入 Unity 后大小不变，在 3D 建模软件中，应尽量使用公制单位。表 8-1 所示为建模软件的系统单位与 Unity 系统单位的比例关系。

表 8-1　常用建模软件与 Unity 的单位比例关系

建模软件	建模软件内部公制尺寸/米	导入 Unity 中的尺寸/米	与 Unity 系统单位的比例关系
3ds Max	1	0.01	100:1
Maya	1	100	1:100
Cinema 4D	1	100	1:100

下面将以 3ds Max 为例，介绍一下相关参数调整的过程。如果想让模型在导入 Unity 后大小不变，可以按照下面的步骤操作。

（1）打开 3ds Max 后，单击“自定义”菜单下的“单位设置”选项，如图 8-1 所示。

（2）在弹出的“单位设置”对话框中，将“显示单位比例”下的“公制”选项修改为“厘米”，如图 8-2 所示。

（3）单击对话框顶部的“系统单位设置”按钮，在弹出的“系统单位设置”对话框中将单位修改为“厘米”，如图 8-3 所示。修改完成后单击“确定”按钮完成参数的调整。

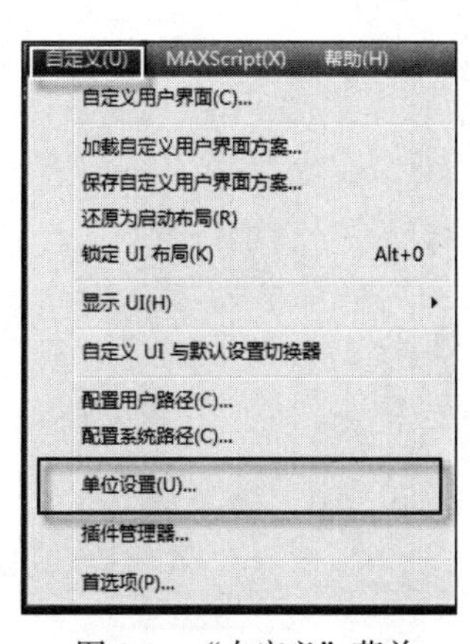

图 8-1　“自定义”菜单

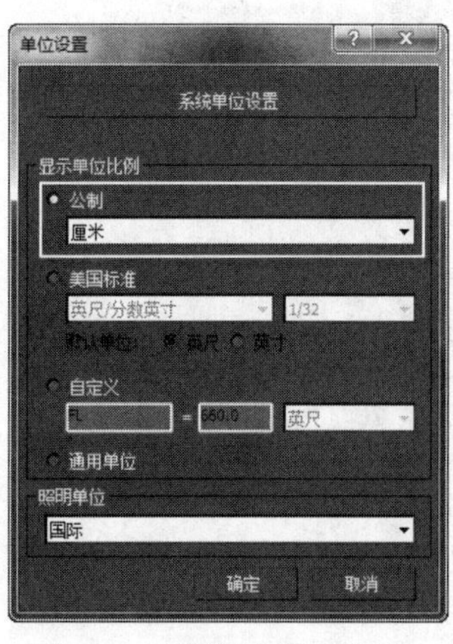

图 8-2　“单位设置”对话框

图 8-3　“系统单位设置”对话框

8.1.3　将 3D 模型导入 Unity

读者已经对主流 3D 建模软件有了大致的了解，在本小节中将介绍如何将 3D 模型导入

Unity。将 3D 模型导入 Unity 是游戏开发的第一步。下面以 3ds Max 为例，为读者演示从建模到将模型导入 Unity 的过程，具体步骤如下。

（1）打开 3ds Max，单击右侧 AEC Extended（AEC 扩展）中的“Foliage”按钮，在下方列表中的模型中任意选择一种，创建一个树模型，如图 8-4 所示。这时就完成了基本的建模工作。

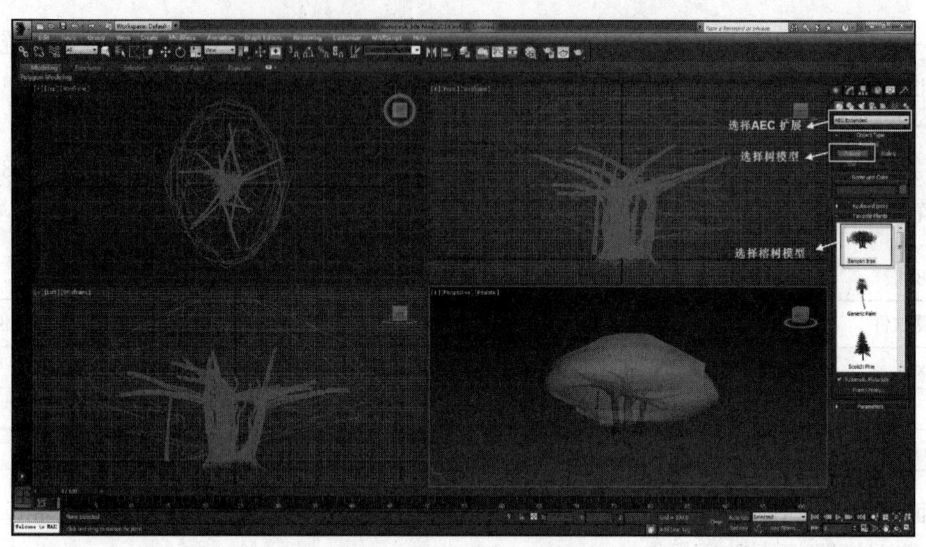

图 8-4　在 3ds Max 中建模

（2）单击窗口左上角的 3ds Max 标志，打开下拉列表。单击 Export，如图 8-5 所示。在弹出的对话框中选择导出路径并为导出的文件命名（注意选择保存类型为 FBX），单击“保存”按钮即可导出模型。

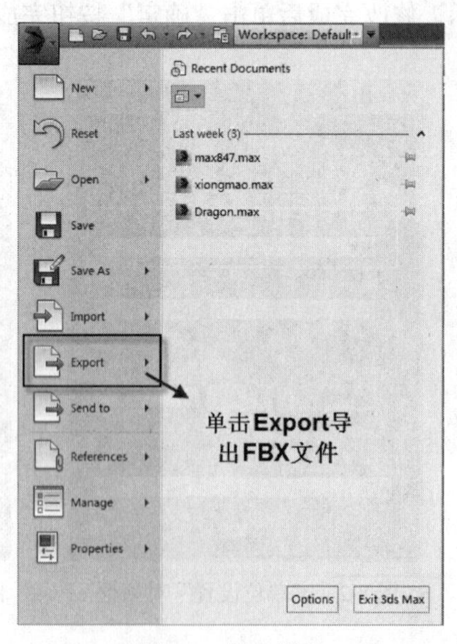

图 8-5　导出模型

（3）将模型导入 Unity。在 Unity 中单击 Assets→Import New Asset，按照模型的路径找到并选中模型，完成导入。导入的模型会保存在 Assets 文件夹中，开发人员可以在 Unity 的项目资源列表面板中查看并使用。

8.2　网格——Mesh

本节主要向读者介绍网格（Mesh）的相关知识。Mesh 是 Unity 提供的一个类，开发人员可以通过脚本来创建和修改 Mesh 类，并通过 Mesh 类生成或修改物体的网格，做出普通方法难以实现的物体变形特效。

8.2.1　网格过滤器

网格过滤器（Mesh Filter）中有一个重要的属性——Mesh，它用于存储物体的网格数据。开发人员可以从资源中拿出网格并将网格传递给网格渲染器（Mesh Renderer），在屏幕上渲染。在导入模型资源时，Unity 会自动创建一个网格过滤器，如图 8-6 所示。

图 8-6　网格过滤器组件

8.2.2　Mesh 的属性和方法介绍

Mesh 中有一些用于存储物体的网格数据的属性和生成或修改物体网格的方法，下面将对这些属性和方法进行详细介绍。

（1）Mesh 中有一些用于存储物体网格数据的属性，这些属性均以数组的形式出现，如表 8-2 所示。

表 8-2　Mesh 的属性

属　性	说　明	属　性	说　明
vertices	网格的顶点数组	normals	网格的法线数组
tangents	网格的切线数组	uv	网格的基础纹理坐标
uv2	如果存在，这是为网格设定的第二个纹理坐标	subMeshCount	子网格的数量。每种材质都有一个独立的网格列表
bounds	网格的包围体	colors	网格的顶点颜色数组
triangles	包含所有三角形顶点索引的数组	vertexCount	网格中顶点的数量（只读）
boneWeights	每个顶点的骨骼权重	bindposes	绑定的姿势。每个索引绑定的姿势使用具有相同索引的骨骼

（2）Mesh 中有生成或修改物体网格的方法，如表 8-3 所示。

表 8-3　Mesh 的方法

方　法	说　明	方　法	说　明
Clear	清空所有顶点数据和所有三角形顶点索引	RecalculateBounds	重新计算网格包围体的顶点
RecalculateNormals	重新计算网格的法线	Optimize	显示优化后的网格
GetTriangles	返回网格的三角形列表	SetTriangles	为网格设定三角形列表
CombineMeshes	组合多个网格到同一个网格		

8.2.3 Mesh 的使用

网格包括顶点和多个三角形数组。三角形数组是指顶点的索引数组，每个三角形数组存放 3 个索引。每个顶点可以有一条法线、两个纹理坐标，以及颜色和切线。它们都是可选的。所有关于顶点的信息被存储在单独的同等规格的数组中。

Unity 通过为顶点数组和三角形数组赋值来新建一个网格。获取顶点数组后，通过修改这些数据并把这些数据放回网格来改变物体形状。下面通过一个使用 Mesh 来使物体变形的案例详细地介绍 Mesh 的使用，具体操作步骤如下。

（1）创建一个工程项目，并命名为“BNUMeshes”。然后创建地形，创建地形的方法读者可参考本书介绍地形创建的章节，这里不再重复介绍（本案例中的地形文件在资源包/第 8 章/BNUMeshes\Assets 下的 Forest.asset 文件中）。

（2）创建水。选中 Assets 文件夹，单击鼠标右键，选择 Import Package→Water(Pro Only)导入标准水资源包，如图 8-7 所示。然后拖曳 Daylight Water 到场景中，并调整水和地形的位置参数，如图 8-8 和图 8-9 所示，最终效果如图 8-10 所示。

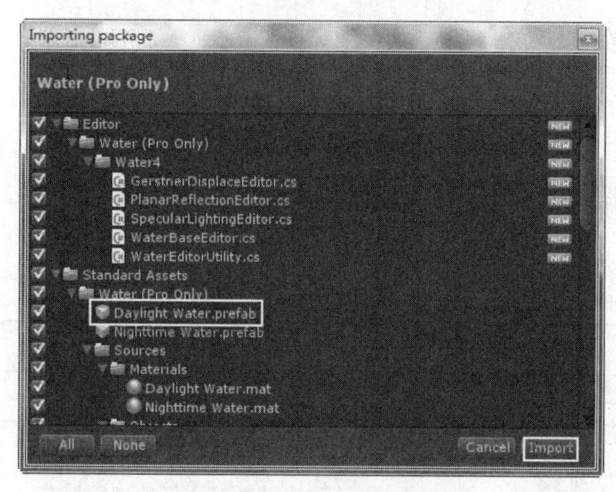

图 8-7 导入标准水资源包

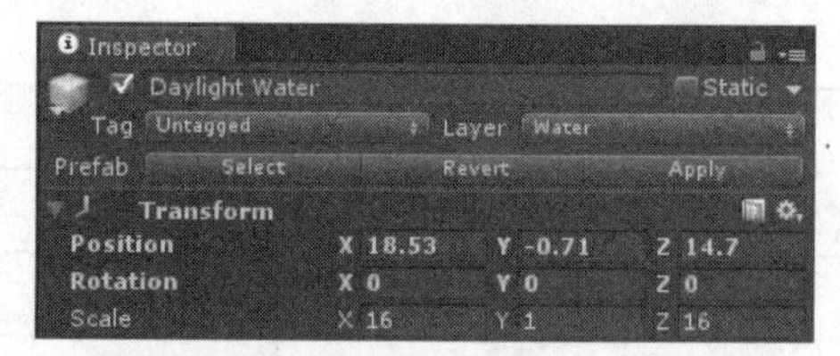

图 8-8 水位置参数

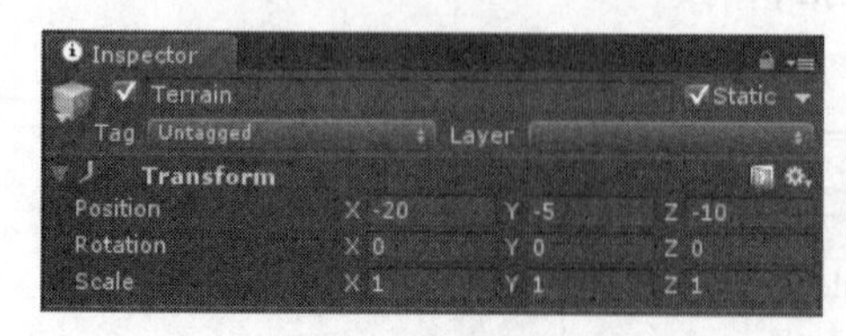

图 8-9 地形位置参数

图 8-10 地形与水面的效果

（3）创建两个空对象，分别命名为“Expansion”和“Triangle”。具体方法为单击 GameObject→Create Empty，如图 8-11 所示。然后为两个空对象添加网格过滤器组件。先选中对象，再单击

Component→Mesh→Mesh Filter 为对象添加网格过滤器组件，如图 8-12 所示。

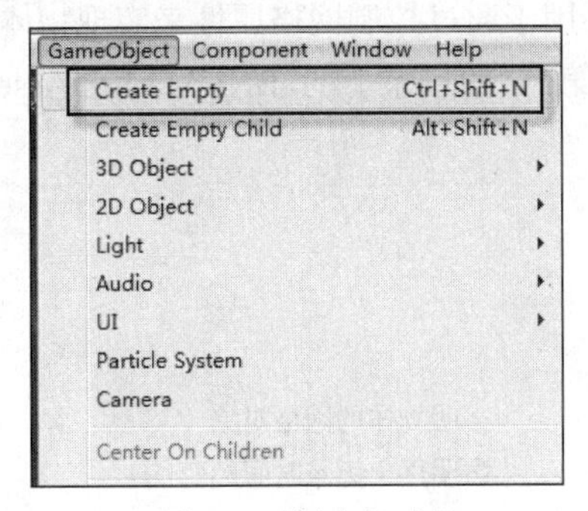

图 8-11 创建空对象

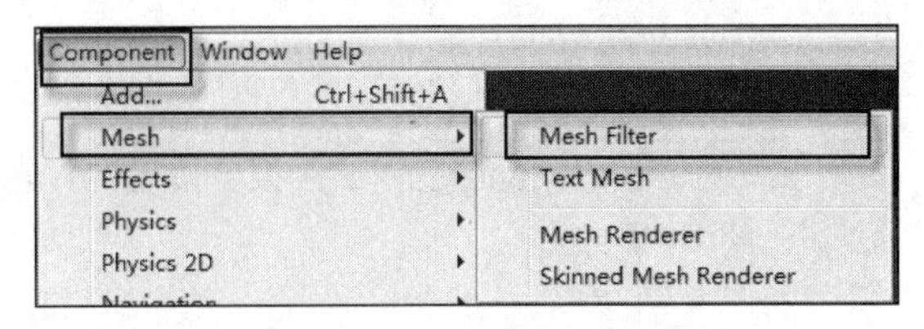

图 8-12 添加网格过滤器组件

（4）向两个空对象的网格过滤器组件中添加网格属性。首先找到 Assets→Meshes 文件夹下的 Triangle.FBX 和 Expansion.FBX 模型文件，单击展开，找到网格 Box01，如图 8-13 所示。将网格 Box01 分别拖曳到 Expansion 对象和 Triangle 对象的网格过滤器组件的 Mesh 属性中，如图 8-14 所示。

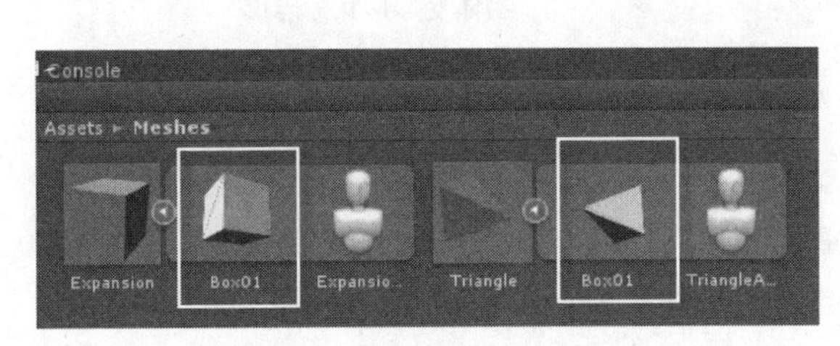

图 8-13 模型文件中的网格 Box01

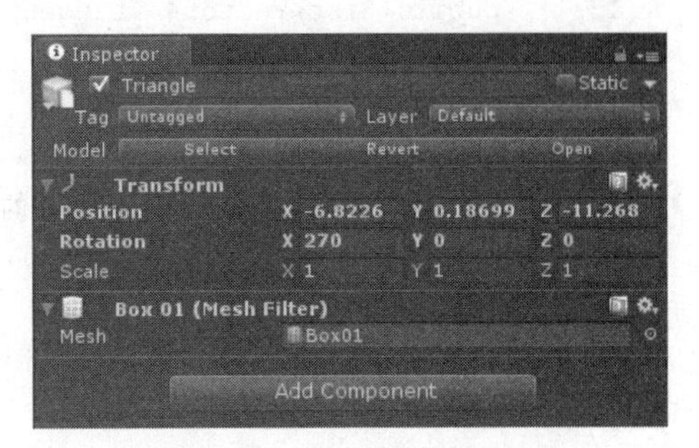

图 8-14 设置网格过滤器组件

（5）创建一个空对象，并命名为“Obj1”，调整该对象的位置和大小，具体参数如图 8-15 所示。然后为 Obj1 对象添加网格过滤器和网格渲染器组件。具体方法为选中对象，然后单击 Component→Mesh→Mesh Renderer 为对象添加网格渲染器组件，如图 8-16 所示。

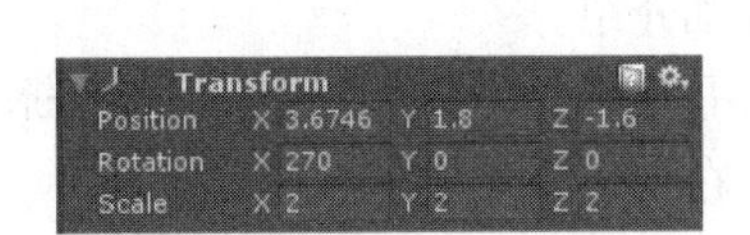

图 8-15 Obj1 对象的位置和大小

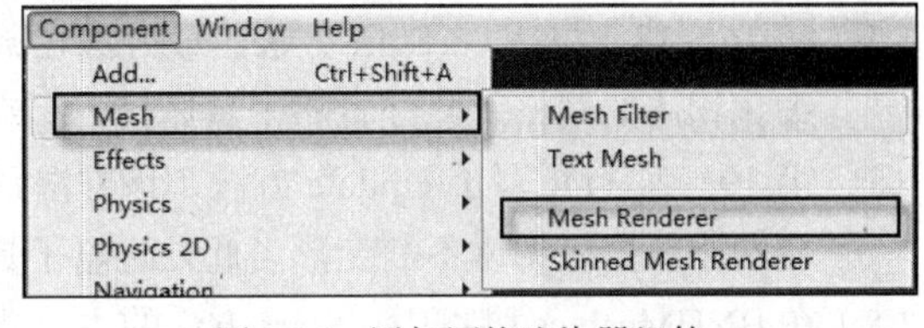

图 8-16 添加网格渲染器组件

（6）为 Obj1 对象添加纹理。将 Assets→Textures 文件夹下的 wenli.tga 纹理文件拖曳到 Obj1 对象上。然后按照相同的方法创建 4 个对象，并分别命名为“Obj2”“Obj3”“Obj4”“Obj5”，拖曳纹理文件，使 5 个对象的网格渲染器的 Materials 属性下的 Element 0 均被设置为“wenli”材质，如图 8-17 所示。

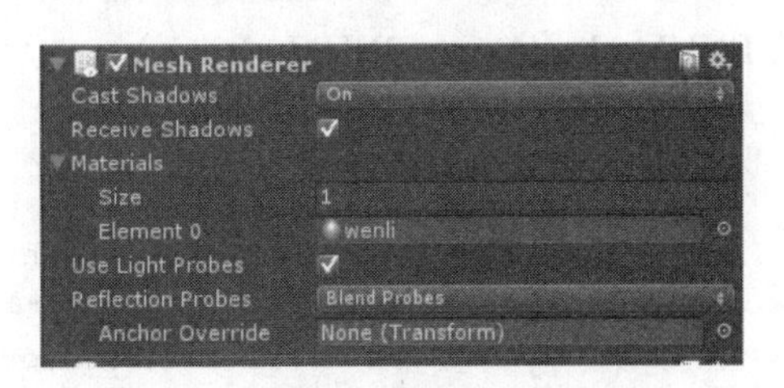

图 8-17 Obj1 对象的网格渲染器组件

（7）单击鼠标右键，选择 Create→ C# Script 创建一个脚本并命名为“BNUMesh.cs”，然后双击打开该脚本，开始 BNUMesh.cs 脚本的编写。该脚本主要用于通过控制网格属性来实现物体变形的效果，具体代码如下。（代码位置：见资源包中源代码第 8 章目录下的 BNUMeshes/Assets/BNUMesh.cs。）

```
1   using UnityEngine;
2   using System.Collections;
3   using System.Collections.Generic;
4   public class BNUMesh : MonoBehaviour {
5     Mesh mesh;                                  //声明物体的网格对象
6     int time;                                   //声明用于记录时间的变量
7     public GameObject[] g;                      //声明游戏对象数组
8     Mesh[] m;                                   //声明网格对象数组
9     public List<Vector3> vertice;               //声明网格顶点的集合
10    public List<int> triangle;                  //声明三角形顶点索引的集合
11    public List<Vector2> uv;                    //声明网格的基础纹理坐标的集合
12    public List<Vector3> normal;                //声明网格法线的集合
13    public List<Vector4> tangent;               //声明网格切线的集合
14    bool bian = true;                           //声明物体是否完成一次变形的标志位
15    int s=0;                                    //物体变形形状标志位
16    void Start(){
17      ……//此处省略了对 Start 方法的重写
18    }
19    void Update () {
20      ……//此处省略了对 Update 方法的重写
21  }}
```

- 第 5～8 行主要声明了物体的网格对象、游戏对象数组、网格对象数组、用于记录时间的变量等。
- 第 9～15 行主要声明了网格各项数据的集合，包括网格顶点的集合、所有三角形顶点索引的集合、网格法线的集合等，以及物体是否完成一次变形的标志位和物体变形形状标志位。
- 第 16～18 行重写了 Start 方法，该方法在游戏加载时执行。其主要功能是在游戏加载时细化物体的网格。此处省略了具体代码，在下面将详细介绍。
- 第 19～21 行重写了 Update 方法，该方法系统每帧调用一次。其主要功能是通过不断改变网格数据使物体不断变形。此处省略了具体代码，在下面将详细介绍。

（8）在 BNUMesh.cs 脚本中，Start 方法的主要功能是让系统在场景加载时通过调用此方法来实现物体网格的细化。Start 方法的具体代码如下。（代码位置：见资源包中源代码第 8 章目录下的 BNUMeshes/Assets/BNUMesh.cs。）

```
1   void Start(){
2     m = new Mesh[2];                                //实例化网格对象数组
3     for (int a = 0; a < g.Length; a++){
4       for (int j = 0; j < 2; j++){
5         vertice = new List<Vector3>();              //实例化网格的顶点集合
6         triangle = new List<int>();                 //实例化三角形顶点索引的集合
```

```
7         uv = new List<Vector2>();                        //实例化纹理坐标集合
8         normal = new List<Vector3>();                    //实例化网格的法线集合
9         tangent = new List<Vector4>();                   //实例化网格的切线集合
10        m[a] = g[a].GetComponent<MeshFilter>().mesh;     //获取物体的网格对象
11        if (m[a].vertexCount > 100){                     //如果顶点数大于 100
12          break;                                         //不再细化
13        }
14        for (int i = 0; i < m[a].triangles.Length / 3; i++){
15          Vector3 te1 = m[a].vertices[m[a].triangles[i * 3]]; //获取三角形第一个
顶点坐标
16          Vector3 te2 = m[a].vertices[m[a].triangles[i * 3 + 1]]; //获取三角形第
二个顶点坐标
17          Vector3 te3 = m[a].vertices[m[a].triangles[i * 3 + 2]]; //获取三角形第三
个顶点坐标
18          Vector3 te4 = Vector3.Lerp(te1, te2, 0.5f);        //插值出第四个顶点坐标
19          Vector3 te5 = Vector3.Lerp(te2, te3, 0.5f);        //插值出第五个顶点坐标
20          Vector3 te6 = Vector3.Lerp(te3, te1, 0.5f);        //插值出第六个顶点坐标
21          ……//此处省略了将顶点添加到顶点数组和缠绕三角形的代码
22          Vector2 u1 = m[a].uv[m[a].triangles[i * 3]];       //获取三角形第一个顶点
纹理坐标
23          Vector2 u2 = m[a].uv[m[a].triangles[i * 3 + 1]]; //获取三角形第二个顶点纹
理坐标
24          Vector2 u3 = m[a].uv[m[a].triangles[i * 3 + 2]]; //获取三角形第三个顶点纹
理坐标
25          Vector2 u4 = Vector2.Lerp(u1, u2, 0.5f);       //插值出第四个顶点纹理坐标
26          Vector2 u5 = Vector2.Lerp(u2, u3, 0.5f);       //插值出第五个顶点纹理坐标
27          Vector2 u6 = Vector2.Lerp(u3, u1, 0.5f);       //插值出第六个顶点纹理坐标
28          ……//此处省略了将顶点纹理坐标添加到纹理坐标数组的代码
29          Vector3 n1 = m[a].normals[m[a].triangles[i * 3]]; //获取三角形第一个顶点
的法线
30          Vector3 n2 = m[a].normals[m[a].triangles[i * 3 + 1]]; //获取三角形第二个
顶点的法线
31          Vector3 n3 = m[a].normals[m[a].triangles[i * 3 + 2]]; //获取三角形第三个
顶点的法线
32          Vector3 n4 = Vector3.Lerp(n1, n2, 0.5f);     //插值出第四个顶点的法线
33          Vector3 n5 = Vector3.Lerp(n2, n3, 0.5f);     //插值出第五个顶点的法线
34          Vector3 n6 = Vector3.Lerp(n3, n1, 0.5f);     //插值出第六个顶点的法线
35          ……//此处省略了将顶点法线添加到法线数组的代码和定义顶点切线数组的代码
36        }
37        m[a].vertices = vertice.ToArray();               //为网格的顶点集合赋值
38        m[a].tangents = tangent.ToArray();               //为网格的切线集合赋值
39        m[a].normals = normal.ToArray();                 //为网格的法线集合赋值
40        m[a].triangles = triangle.ToArray();             //为网格的三角形索引集合赋值
41        m[a].uv = uv.ToArray();                          //为网格的纹理坐标集合赋值
42        m[a].RecalculateBounds();                        //重新计算网格的包围体
43        g[a].GetComponent<MeshFilter>().mesh = m[a];     //设置物体的网格
44      }}
45      mesh = GetComponent<MeshFilter>().mesh;            //获取物体的网格
```

```
46    mesh.Clear();                                   //清除网格数据
47    mesh.vertices = m[0].vertices;                  //为网格的顶点数组赋值
48    mesh.triangles = m[0].triangles;                //为网格的三角形索引数组赋值
49    mesh.uv = m[0].uv;                              //为网格的纹理坐标数组赋值
50    mesh.normals = m[0].normals;                    //为网格的法线数组赋值
51  }
```

- 第 4～9 行的主要功能是实例化存储网格各项数据的集合。通过实例化存储网格数据的集合将网格的各项数据添加到集合中，以供后面的代码调用。
- 第 10～13 行的主要功能是获取物体的网格对象，并判断网格中的顶点数量。如果顶点数大于 100，则跳出循环，不再细化网格。
- 第 15～21 行的主要功能是获取细分后三角形的 6 个顶点坐标，并将顶点坐标添加到顶点数组，用这些顶点缠绕三角形。此处省略了将顶点添加到顶点数组和缠绕三角形的代码，有兴趣的读者可以自行翻看资源包中的源代码。
- 第 22～28 行的主要功能是获取细分后三角形的 6 个顶点纹理坐标，并将顶点纹理坐标添加到纹理坐标数组。此处省略了将顶点纹理坐标添加到纹理坐标数组的代码，读者可以自行翻看资源包中的源代码。
- 第 29～35 行的主要功能是获取细分后三角形的 6 个顶点法线，并将法线添加到法线数组。此处省略了将顶点法线添加到法线数组的代码，读者可以自行翻看资源包中的源代码。
- 第 37～43 行的主要功能是分别为网格的顶点、切线、法线、三角形索引和纹理坐标赋值，并重新计算网格的包围体。
- 第 45～50 行的主要功能是获取物体的网格，并清除网格数据，重新为网格的顶点、法线、三角形索引和纹理坐标赋值。

（9）在 BNUMesh.cs 脚本中，Update 方法的主要功能是让系统通过调用此方法来不断改变网格数据，从而使物体不断变形。Update 方法的具体代码如下。（代码位置：见资源包中源代码第 8 章目录下的 BNUMeshes/Assets/BNUMesh.cs。）

```
1   void Update() {
2       time++;                                               //用于记录的时间不断增加
3       if (time < 80) {
4           List<Vector3> l = new List<Vector3>();    //实例化用于存储顶点坐标的集合
5           List<Vector3> n = new List<Vector3>();    //实例化用于存储顶点法线的集合
6           for (int i = 0; i < mesh.vertexCount; i++) {
7               Vector3 tel = Vector3.Lerp(mesh.vertices[i], mesh.vertices[i].
8               normalized / 5, 0.04f);                   //将顶点坐标不断渐变成圆的顶点坐标
9               l.Add(tel);                               //将顶点坐标添加到顶点坐标集合
10              Vector3 ten = Vector3.Lerp(mesh.normals[i], mesh.vertices[i].
11              normalized, 0.04f);                       //将顶点法线不断渐变成圆的顶点法线
12              n.Add(ten);                               //将法线添加到法线集合
13          }
14          mesh.normals = n.ToArray();                   //为网格的法线数组赋值
15          mesh.vertices = l.ToArray();                  //为网格的顶点数组赋值
16          bian = false;                                 //变形没有完成
17      }else if (time < 160) {
18          if (!bian) {                                  //如果变形没有完成
```

```
19              if (s == 0) {                       //如果上一次变形形状标志位为 0
20                     s = 1;                       //将变形形状标志位设为 1
21              }else if (s == 1) {                 //如果上一次变形形状标志位为 1
22                     s = 0;                       //将变形形状标志位设为 0
23              }
24              bian = true;                        //变形完成
25         }
26       mesh = GetComponent<MeshFilter>().mesh;       //获取物体的网格
27       List<Vector3> l = new List<Vector3>(); //实例化用于存储顶点坐标的集合
28       List<Vector3> n = new List<Vector3>(); //实例化用于存储顶点法线的集合
29       for (int i = 0; i < mesh.vertexCount; i++) {
30              //将顶点坐标不断渐变成原来物体的顶点坐标
31              Vector3 tel = Vector3.Lerp(mesh.vertices[i], m[s].vertices[i],
0.04f);
32              l.Add(tel);                    //将顶点坐标添加到顶点坐标的集合
33              //将顶点法线不断渐变成原来物体的顶点法线
34              Vector3 ten = Vector3.Lerp(mesh.normals[i], m[s].normals[i],
0.04f);
35              n.Add(ten);                         //将法线添加到法线的集合
36         }
37         mesh.normals = n.ToArray();              //为网格的法线数组赋值
38         mesh.vertices = l.ToArray();             //为网格的顶点数组赋值
39    }else {
40         time = 0;                                //时间归 0
41     }
42     mesh.RecalculateBounds();                    //重新计算网格的包围体
43     GetComponent<MeshFilter>().mesh = mesh;      //设置物体的网格
44  }
```

- ❑ 第 2～5 行的主要功能是使用于记录的时间不断增加，并实例化用于存储顶点坐标的集合和用于存储顶点法线的集合。
- ❑ 第 6～13 行的主要功能是将顶点坐标和法线不断渐变成圆的顶点坐标和法线，并且顶点坐标和法线数据分别添加到顶点坐标集合和法线集合。
- ❑ 第 14～25 行的主要功能是为网格的法线数组和顶点数组分别赋值，并且如果变形没有完成，则改变物体变形形状标志位的值。
- ❑ 第 26～28 行的主要功能是获取物体的网格，并实例化用于存储顶点坐标的集合和用于存储顶点法线的集合。
- ❑ 第 29～36 行的主要功能是将顶点坐标和法线不断渐变成原来物体的顶点坐标和法线，并将顶点坐标和法线分别添加到顶点坐标集合和法线集合。
- ❑ 第 37～44 行的主要功能是为网格的法线数组和顶点数组分别赋值，并重新计算网格的包围体及设置物体的网格。

（10）将脚本 BNUMesh.cs 分别拖曳到上面创建的 6 个游戏对象上，然后单击游戏对象，在属性查看器中可看到脚本组件，设置参数，如图 8-18 所示。

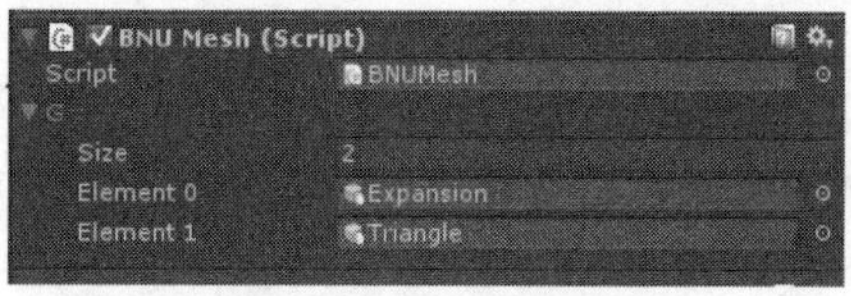

图 8-18 脚本参数设置

（11）单击播放按钮，观察效果。在游戏预览面板中可以看到地形和不断变形的 6 个物体，如图 8-19 和图 8-20 所示。

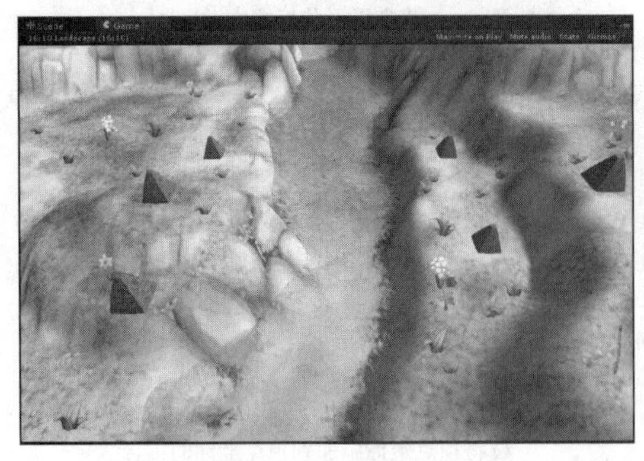

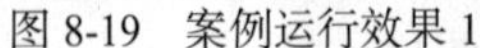
图 8-19　案例运行效果 1

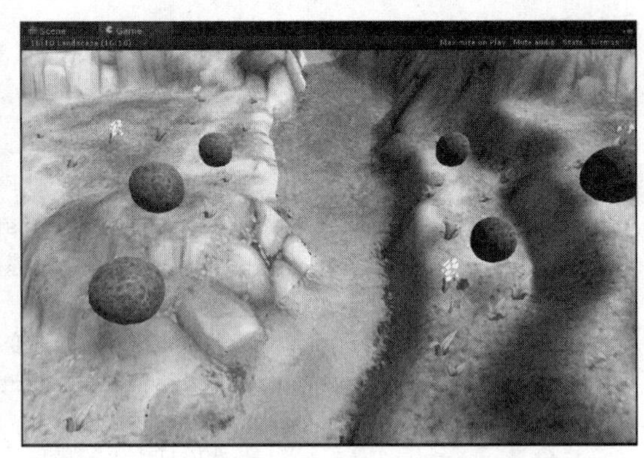

图 8-20　案例运行效果 2

8.3　骨骼结构映射——Avatar

本节主要向读者介绍 Unity 中的 Mecanim 动画系统。经过不断优化和改善，Mecanim 动画系统已经变得非常成熟。通过本节的学习，读者会对其有大致的了解，同时能够掌握该动画系统的基本操作方法。

Avatar 是 Mecanim 动画系统中自带的人形骨骼结构与模型文件中的骨骼结构之间的映射。将本书资源包中的第 8 章/BNUAnimator\Assets\Model\kt.FBX 模型文件资源导入 Unity 后，系统会自动为模型文件生成一个 Avatar 文件作为其子对象，如图 8-21 所示。

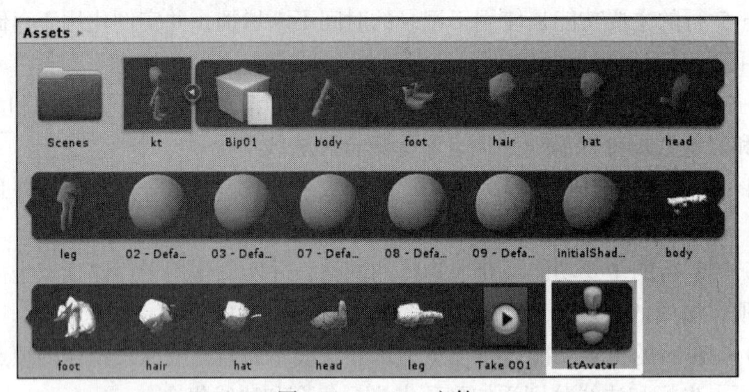

图 8-21　Avatar 文件

8.3.1　Avatar 的创建

单击刚刚添加的人形角色模型文件，在属性查看器中单击 Rig，如图 8-22 所示。在 Animation Type 下拉列表中选择 Humanoid，然后单击“Apply”按钮，如图 8-23 所示。完成后该模型文件已经被设置为人形角色模型，并且系统会自动为其创建 Avatar 文件。

图 8-22 选择 Rig

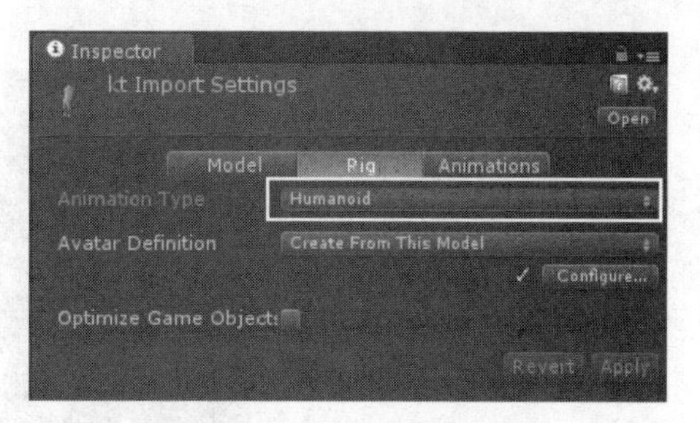

图 8-23 选择 Humanoid

Animation Type 下拉列表中的 4 个选项分别为“None”“Legacy”“Generic”和“Humanoid”，分别对应无模式、旧版动画模式、其他动画模式和人形角色动画模式，不同模型选择不同的模式。本案例使用的是人形角色模型，所以选择人形角色动画模式。

8.3.2 Avatar 的配置

Avatar 创建完成后，需要对其进行配置。下面将详细介绍配置 Avatar 的步骤。

（1）在项目资源列表面板中单击模型文件下的子对象 Avatar 文件，然后单击属性查看器中的“Configure Avatar”按钮，如图 8-24 所示。此时系统会关闭原场景设计面板，打开 Avatar 的临时面板，配置结束后该临时面板会自动关闭。

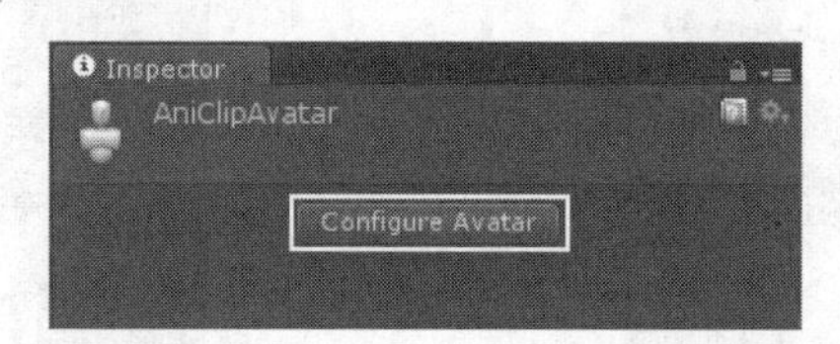

图 8-24 Avatar 的 Inspector 面板

（2）临时面板的预览面板中会出现导入的人形角色模型的骨骼，如图 8-25 所示。右侧为 Avatar 的设置面板，更改设置面板中的参数也会改变显示在预览面板中的模型。

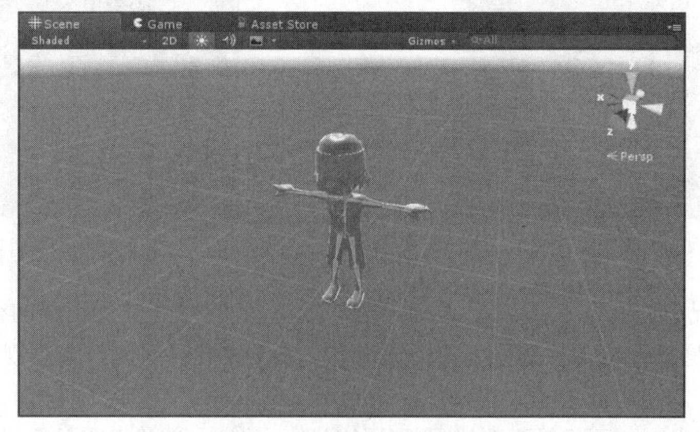

图 8-25 临时面板的预览面板

（3）右侧还有附加配置面板，开发人员可以按部位对人形角色模型进行配置。此面板中有“Body”“Head”“Left Hand”“Right Hand”4 个按钮，如图 8-26 所示。单击不同的按钮会出现不同部位的骨骼配置，并且各个部位的配置互不影响，如图 8-27 和图 8-28 所示。

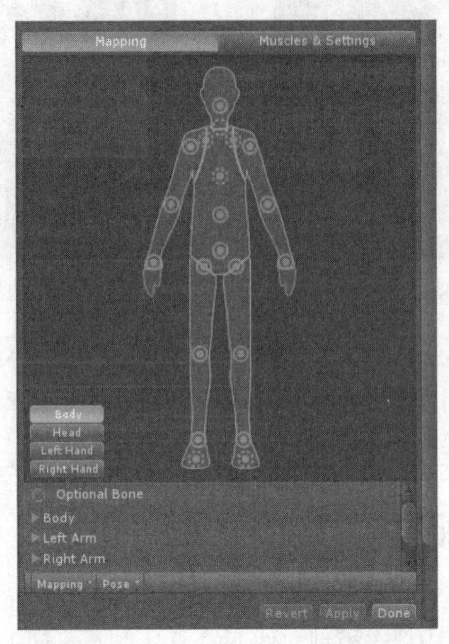

图 8-26　附加配置面板

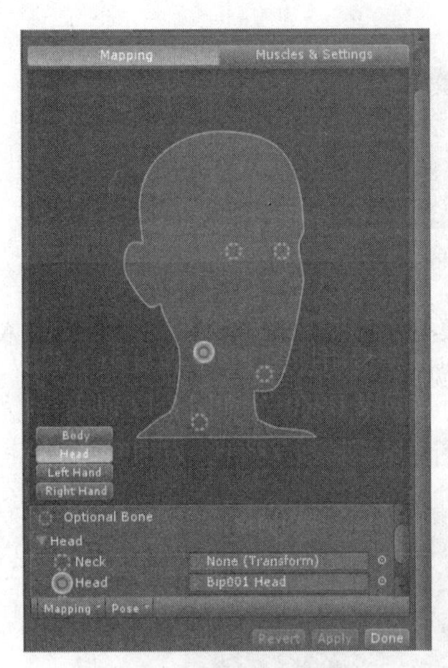

图 8-27　头部骨骼配置

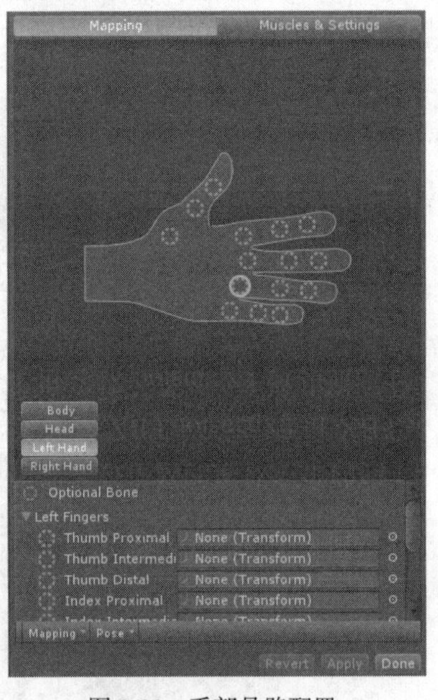

图 8-28　手部骨骼配置

（4）一般情况下，开发人员创建 Avatar 后，Uniy 都会对其进行正确的初始化，但如果模型文件本身有问题，Unity 无法识别每个部位相应的骨骼，错误部位就会呈现为红色，如图 8-29 所示。

（5）开发人员此时需要手动更改错误部位的骨骼。首先在游戏组成对象列表面板的骨骼列表中找到正确的骨骼，如图 8-30 所示。然后将正确的骨骼拖曳到附加配置面板中与该骨骼相对应的位置上，若拖曳到了正确位置，错误的部位就会变回绿色，Avatar 也就配置完成了。

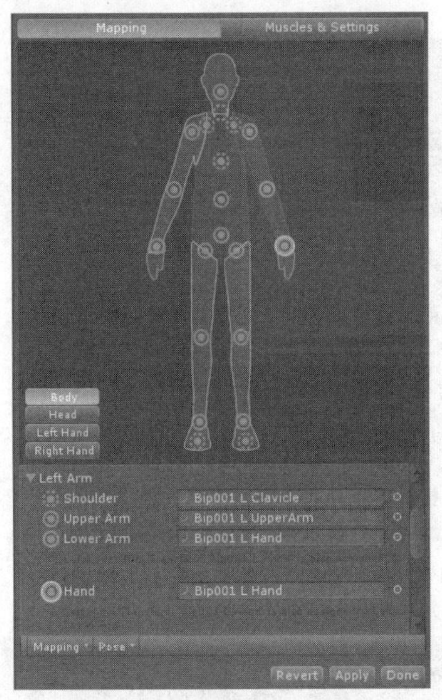

图 8-29　错误部位呈现为红色

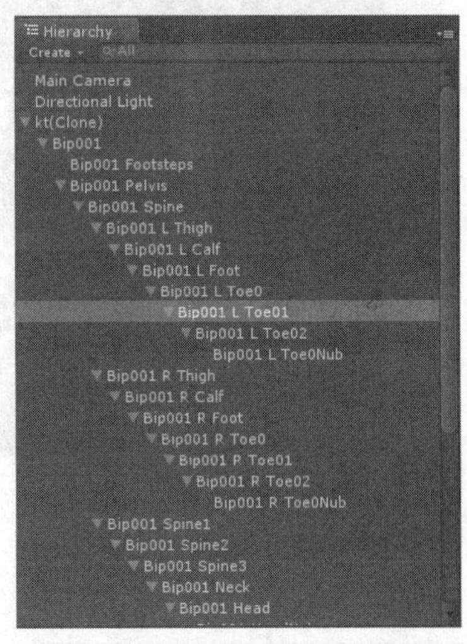

图 8-30　游戏组成对象列表面板中的骨骼列表

8.3.3　Muscle 的配置

人形角色模型模拟的人体不仅有骨骼部分，还有肌肉部分，开发人员有时会遇到人形角色模型动作幅度较大的情况，这就需要开发人员设置 Avatar 中的 Muscle 参数来限制人形角色模型各个部位的运动范围，防止某些部分的运动范围超过合理值。

（1）单击 Avatar 附加配置面板顶部的 Muscles and Settings，进入 Muscle 的配置面板。

（2）下面以左胳膊为例对参数调节进行讲解。首先选中面板中的 Left Arm 参数，其子参数会随之展开，包括肩部的上下和前后移动，胳膊的上下、前后移动和转动等，如图 8-31 所示。

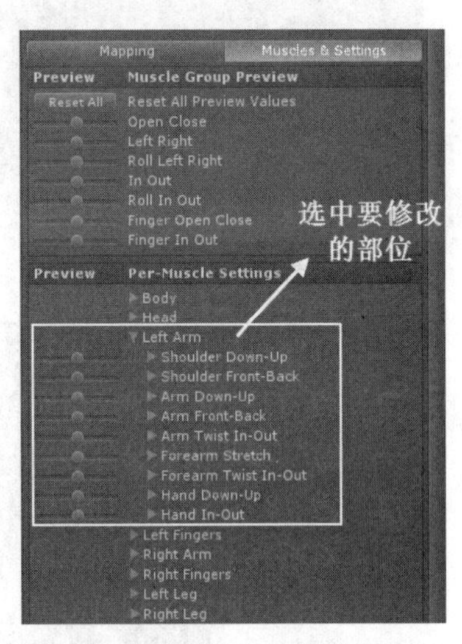

图 8-31　Muscle 的配置面板

（3）读者可以通过拖曳参数对应的滑块来调节相应部位的运动范围；同时在 Avatar 预览面板中对应的骨骼上会出现一个扇形区域，表示骨骼旋转的范围，如图 8-32 所示。

（4）在下方的 Additional Settings 中还可以进行其他的设置，如 Upper Arm Twist 参数，如图 8-33 所示。读者可通过拖曳其滑块对该骨骼的运动范围进行调整。设置完毕之后单击面板右下角的“Done”按钮结束 Muscle 的配置。

（5）返回常规界面，在项目资源列表面板中找到导入的模型资源，单击其中的动画文件，如图 8-34 所示。在属性查看器下方会播放该动画，拖曳动画上方的进度条可以按时间查看动画每帧的动作，如图 8-35 所示。

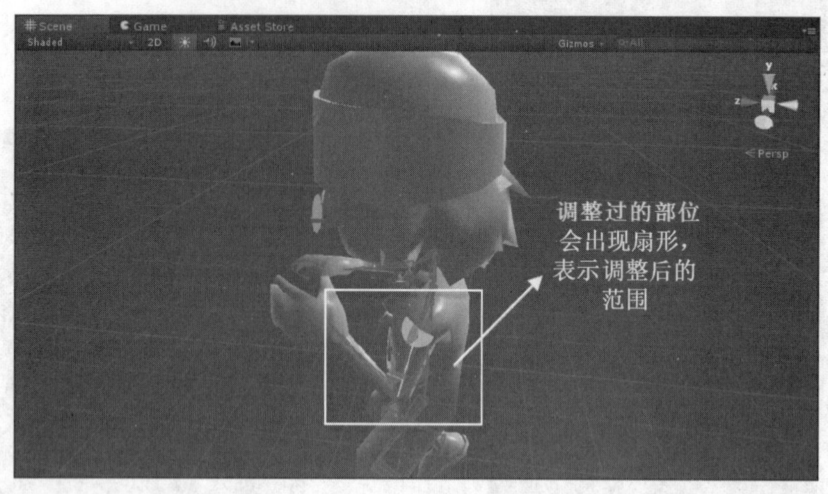

图 8-32　预览面板

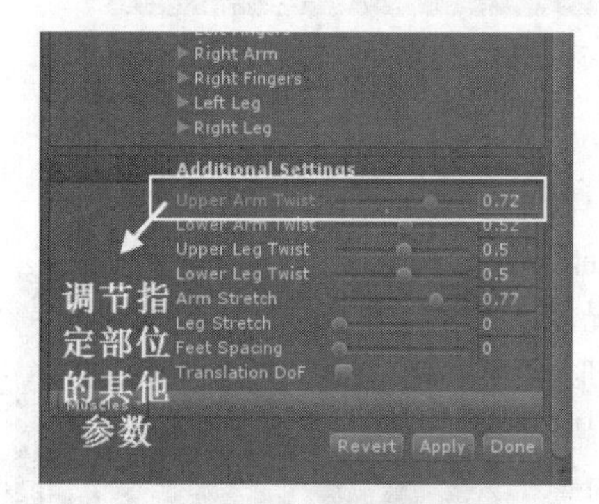

图 8-33　其他设置

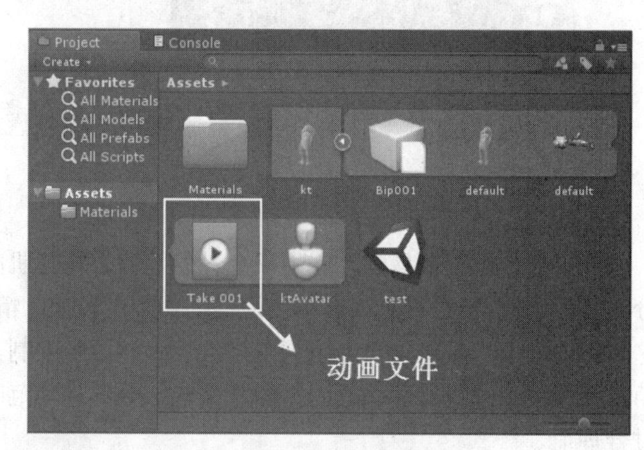

图 8-34　模型文件下的动画文件

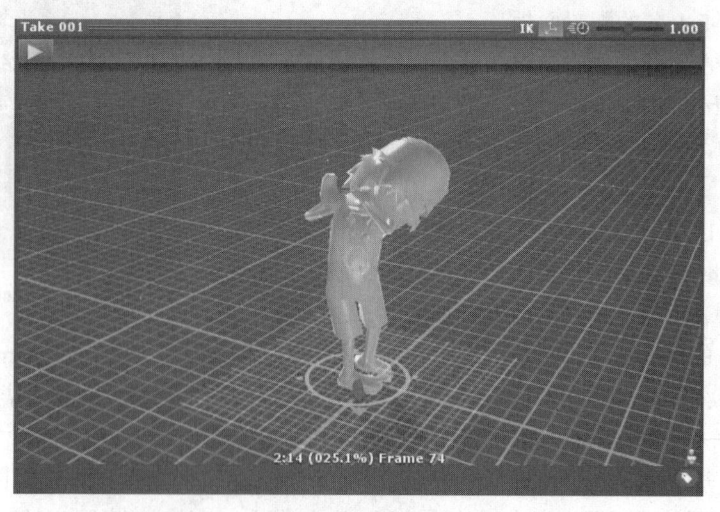

图 8-35　播放动画

说明

Muscle 参数除了可以限制动作幅度，还可以对原动画进行修改，例如，原动画是一个人物边行走边摆手，而现在仅需要摆手的动作，便可以通过限制腿部的动作，只允许手部运动，来满足需求。

8.4　动画控制器

动画控制器是 Mecanim 动画系统为使开发人员更加方便地完成动画的制作而引入的一种工具。游戏动画师在 Unity 中通过单击和拖曳就能独立地完成动画控制器的创建，不涉及任何代码的编写。

8.4.1　创建动画控制器

首先要介绍的是如何创建动画控制器。单击 Assets→Create→Animator Controller，创建一个动画控制器，如图 8-36 所示。双击打开动画控制器，如图 8-37 所示。

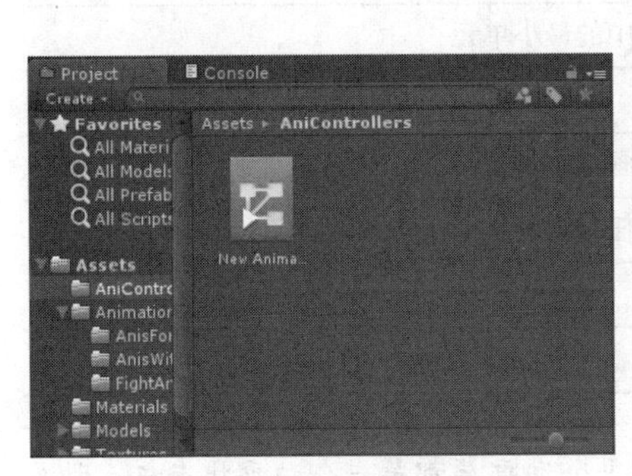

图 8-36　创建动画控制器

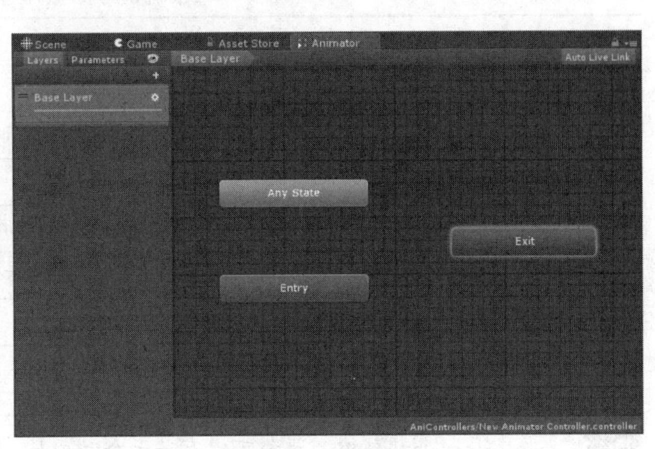

图 8-37　动画控制器

8.4.2　动画控制器的配置

上一小节介绍了动画控置器的创建方法，本小节将讲解动画控制器的配置，并介绍动画状态机和结合代码讲解对动画控制器的操作等。通过本小节的学习，读者能够独立搭建一个完整的动画控制器，为后续的游戏开发打好基础。

1. 动画状态机和过渡条件

一个角色在不同状态下可以做出不同的动作，例如，在默认状态下走路，在接到指令后开始跑步，走路和跑步是两个不同的动画，使用代码来控制这两种动画的播放是比较复杂的。为了解决这个问题，Unity 引入了动画状态机来更为方便地控制角色动画。

动画控制器中的动画状态机有不同颜色的节点，每一个节点都对应一个动画状态单元。图 8-38 所示的黄色的节点表示默认的状态，其他节点为灰色。除此之外，动画状态机的参数分别代表不同的含义。在 Unity 新版本中，每一个动画状态机都必然会含有“Any State”“Entry”“Exit”动画状态单元。

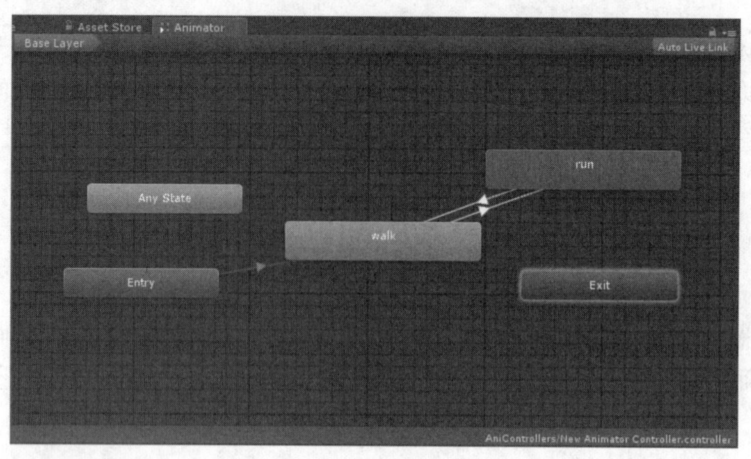

图 8-38　动画状态机

动画状态机的参数介绍如表 8-4 所列。

表 8-4　动画状态机参数介绍

参 数 名	说　明
StateMachine	动画状态机，可包含若干个动画状态单元
State	动画状态单元，动画状态机中的最小单元
Sub-State Machine	子动画状态机，可包含若干个动画状态单元或子动画状态机
Blend Tree	动画混合树，一种特殊的动画状态单元
Any State	特殊的动画状态单元，表示任意动画状态
Entry	本动画状态机的入口
Exit	本动画状态机的出口

每一个动画控制器都可以有若干个动画层，每个动画层都是一个动画状态机，动画状态机可以同时包含若干个动画状态单元或子动画状态机。

动画状态单元之间的箭头表示两个动画之间的连接。将鼠标指针放在动画状态单元上，单击鼠标右键，在弹出的快捷菜单中选择 Make Transition 创建动画过渡条件，然后单击另一个动画状态单元，完成动画过渡条件的创建。动画过渡条件的参数设置将在下面详细介绍。

2. 过渡条件的参数设置

过渡条件用于实现各个动画片段之间的逻辑，开发人员通过控制过渡条件即可实现对动画的控制。想要对过渡条件进行控制就需要提前创建多个参数，并留于代码中备用。Mecanim 动画系统支持的过渡条件参数类型有 Float、Int、Bool 和 Trigger 4 种。

下面介绍创建过渡条件参数的方法。在动画控制器的 Parameters 面板中，单击右上角的“+”可选择想要添加的参数类型，如图 8-39 所示。然后为参数命名，并为其设置初始值，如图 8-40 所示。

单击想要添加参数的过渡条件，然后在属性查看器中的 Conditions 列表中单击“+”，选择所需的参数，如图 8-41 所示。然后为参数添加对比条件，不同类型的参数对比条件也不同，例如，Float 类型参数的对比条件有“Greater”和“Less”，如图 8-42 所示。

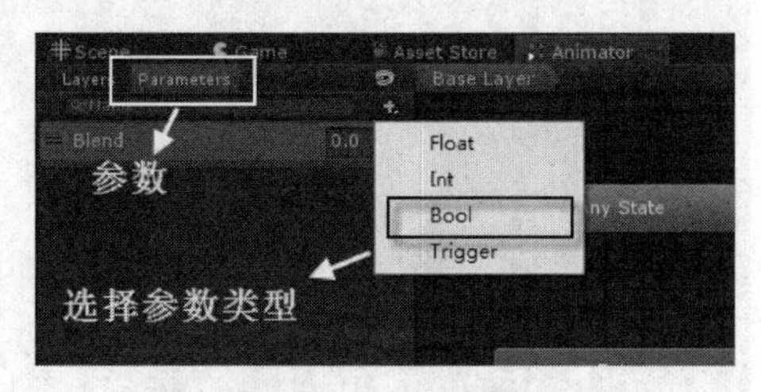

图 8-39　添加参数

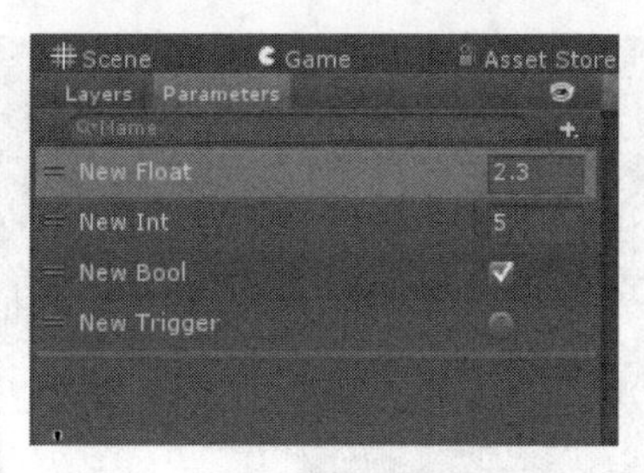

图 8-40　参数设置

图 8-41　为过渡条件创建参数

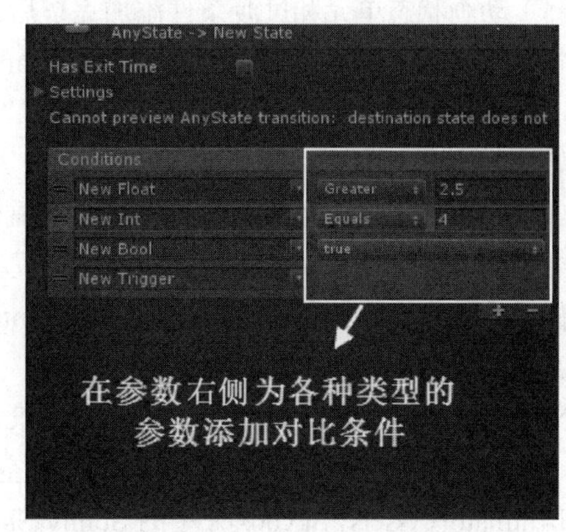

图 8-42　为参数添加对比条件

只有在满足对比条件的情况下，游戏对象才会从一个动画状态跳转至另一个动画状态。若存在多个对比条件，需要满足所有对比条件才能实现上述效果。开发人员可根据这一特性在代码中控制参数的大小，以实现控制动画播放的效果。

3. 通过代码对动画控制器进行操控

上面介绍了动画状态机和过渡条件的相关知识，接下来将通过一个案例介绍如何用代码对动画控制器进行操控。

（1）创建一个工程项目，并命名为“BNUAnimator”。将资源包的资源目录下第 8 章的“BNUAnimator”工程文件下的“Animations”“Models”“Textures”等文件夹依次复制到项目的 Assets 目录下。然后创建一个名为“AniControllers”的空文件夹，用于存放项目所需的动画控制器文件。

（2）在 AniControllers 文件夹下单击鼠标右键，选择 Create→Animator Controller 创建一个动画控制器，并命名为“AnimatorController”。双击打开该动画控制器。

（3）向动画控制器中拖曳“Boy@ForwardKick”“Boy@KickBack”“Boy@Idle”3 个动画文件（该动画文件资源在资源包/第 8 章/BNUAnimator/Assets/Animations/AnisForFight 下），创建 3 个动画状态单元。

（4）将 Idle 动画状态单元设置为默认动画状态单元。用鼠标右键单击 Idle 动画状态单元，选择 Set as Layer Default State，如图 8-43 所示。修改完成后 Idle 动画状态单元会变为黄色。然后为各个动画状态单元添加过渡条件，如图 8-44 所示。

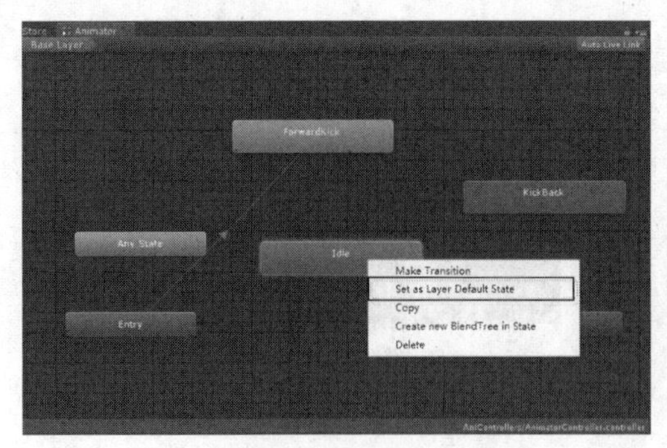

图 8-43　设置为默认动画状态单元

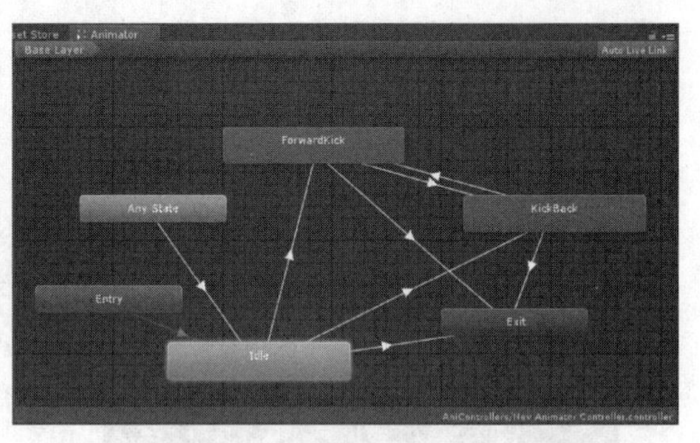

图 8-44　为动画状态单元添加过渡条件

（5）动画状态单元和过渡条件添加完毕后，向动画控制器中添加实现过渡条件所需的参数。单击 Parameters 面板中的“+”，添加一个 Float 类型的参数，并命名为“AniFlag”，设置其初始值为-1.0，如图 8-45 所示。

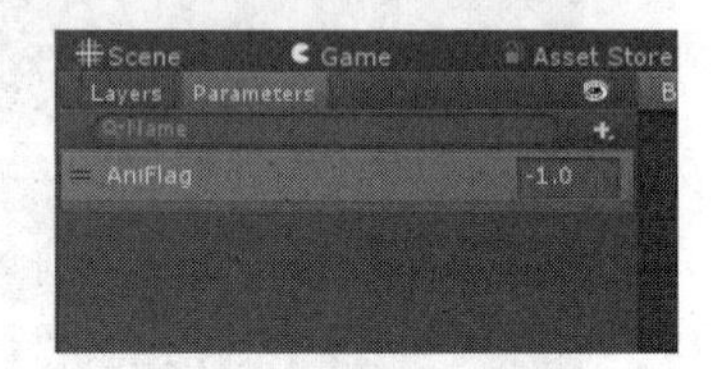

图 8-45　添加参数

（6）选中任意一个过渡条件，在属性查看器的 Conditions 列表中单击“+”创建参数并进行参数的设置（本案例所用过渡条件参数请参考资源包/第 8 章/BNUAniControl\Assets\ AniControllers 中的 AniController 动画控制器，由于篇幅有限，在此不再赘述）。

（7）在项目资源列表面板中新建一个场景，双击打开场景。在场景中创建一个地形，给地形添加绿色草地纹理，然后为其添加天空盒（本案例天空盒资源在资源包/第 8 章/BNUAnimator\Assets\ Skyboxes 中的 Sunny Skybox 文件中），并调整光照至合适角度，如图 8-46 所示。

图 8-46　添加地形和天空盒

（8）向场景中添加人形角色模型。将 Models 文件夹下的 fighter 模型文件拖曳到场景中，然后为其添加贴图（本案例的贴图资源为资源包/第 8 章/BNUAnimator\Assets\Model 下的 PNG 文件），如图 8-47 所示。

（9）创建 UI。单击 GameObject→UI→Button 创建两个按钮，并分别命名为“Button1”和“Button2”。这两个按钮分别用于控制两个动画，当单击任意一个按钮时，系统将启动对应的动画过渡。

（10）为人形角色模型添加动画组件。选中 fighter 游戏对象，将先前创建的 AnimatorController 动画控制器拖曳到 Animator 组件下的 Controller 参数上，如图 8-48 所示。然后新建一个 C#脚本，并将其命名为“BNUAnimator.cs”，具体代码如下。（代码位置：见资源包中源代码第 8 章目录下的 BNUAnimator/Assets/BNUAnimator.cs。）

```
1   using UnityEngine;
2   using System.Collections;
3   public class BNUAnimator: MonoBehaviour
4   {
5       Animator myAnimator;                                    //声明 Animator 组件
6       Transform myCamera;                                     //声明摄像机对象
7       void Start()
8       {
9           myAnimator = GetComponent<Animator>();              //初始化 Animator 组件
10          UIInit();                                           //初始化 UI
11          myCamera = GameObject.Find("Main Camera").transform;  //初始化摄像
机对象
12      }
13      void Update()
14      {
15          myCamera.position = transform.position + new Vector3(0, 1.5f, -5);
                                                                //摄像机对象跟随
16          myCamera.LookAt(transform);                         //摄像机对象的朝向
17      }
18      void UIInit()
19      {
20          //按钮位置
21          GameObject.Find("Canvas/Button1").transform.GetComponent<RectTrans
form>(). localPosition
22          = new Vector3(Screen.height / 6 - Screen.width / 2, Screen.height * 2 / 5
 - Screen.height / 2);
23          //按钮大小
24          GameObject.Find("Canvas/Button1").transform.GetComponent<RectTrans
form>(). localScale
25          = Screen.width / 600.0f * new Vector3(1, 1, 1);
26          //按钮位置
27          GameObject.Find("Canvas/Button2").transform.GetComponent<RectTrans
form>(). localPosition
28          = new Vector3(Screen.height / 6 - Screen.width / 2, Screen.height
/ 6 - Screen.height / 2);
29          //按钮大小
30          GameObject.Find("Canvas/Button2").transform.GetComponent<RectTran
sform>(). LocalScale
31          = Screen.width / 600.0f * new Vector3(1, 1, 1);
32      }
33      public void ButtonOnClick(int index)
34      {
35          myAnimator.SetFloat("AniFlag", index);              //向动画控制器传递参数
36      }
37  }
```

- 第 5～6 行对参数进行了声明，包括动画组件和摄像机对象的声明，为后续代码的编写做准备。
- 第 7～12 行重写了 Start 方法，在 Start 方法中对两个 Animator 组件进行初始化，以便在后续代码中进行参数传递；同时进行 UI 的初始化，使其在不同分辨率的屏幕中都可以正常运行。
- 第 13～17 行重写了 Update 方法，在 Update 方法中计算了摄像机的位置，使摄像机始终保持在游戏人物对象前方 5 个单位长度处；并且设置了摄像机的朝向，使摄像机保持正对游戏人物对象的方向。
- 第 18～32 行为 UIInit 方法的开发，分别根据界面的大小对按钮的位置和大小进行了计算，使它们在各种分辨率的界面上都不会被拉伸。
- 第 33～36 行为按钮回调方法的开发，当指定的按钮被单击时，系统会调用此方法。本方法将会根据被单击按钮的不同，向 Animator 组件传递对应的参数值，动画控制器获得该参数之后，将对指定的过渡条件进行调控，从而实现对动画播放的操控。

图 8-47　添加人形角色模型

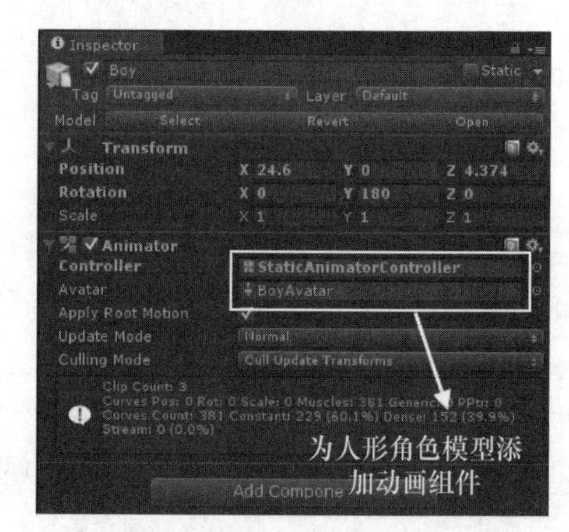

图 8-48　为人形角色模型添加动画组件

（11）代码编写完成后将脚本挂载到 fighter 游戏对象上，然后单击 Button1 和 Button2 两个按钮对象，将 fighter 对象拖曳到属性查看器下方的 ButtonOnClick 方法的目标对象上，选择对应的方法，如图 8-49 所示。

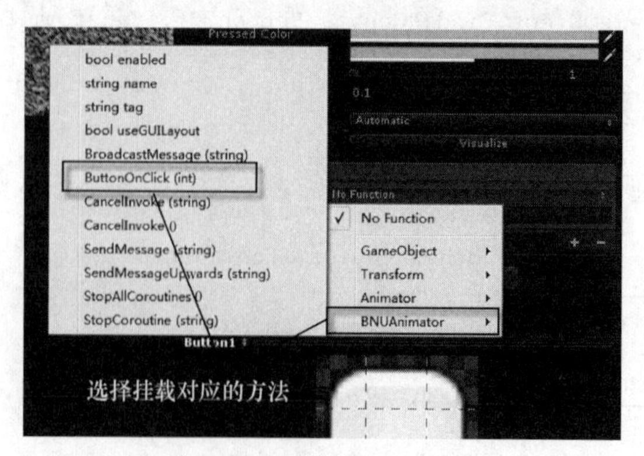

图 8-49　挂载脚本和方法

（12）单击播放按钮之后，案例的运行效果会显示在游戏预览面板中，单击屏幕上的两个按钮，可以使场景中的小男孩做出不同的动作，如图 8-50 和图 8-51 所示。

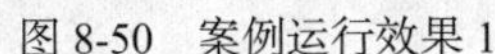

图 8-50　案例运行效果 1

图 8-51　案例运行效果 2

8.5　角色动画的重定向

实际的开发中，游戏的模型与动画可能是由不同的开发人员来制作的，为了让分工更加方便， Unity 提供了一套用于人形角色动画的重定向机制。游戏角色设计师可以独立地制作好所有角色模型，游戏动画师也可独立地进行动画的制作，两者互不干涉。本节将介绍角色动画的重定向机制。

8.5.1　重定向的原理

8.3 节介绍了 Avatar 的创建和配置，但 Avatar 的本质也许读者并没有理解。在实际开发中，人形角色模型绑定的骨骼架构所包含的骨骼数量和名称不尽相同，因此难以实现动画的通用。

为了解决这一问题，Mecanim 动画系统提供了一套简化过的人形角色骨骼架构。简单来说，Avatar 文件就是模型骨骼架构与系统自带骨骼架构间的桥梁，重定向的模型骨骼架构都要通过 Avatar 与系统自带骨骼架构搭建映射。

映射后的模型骨骼可通过 Avatar 驱动系统自带骨骼运动，这样就会产生一套通用的骨骼动画，其他角色模型借助这套通用的骨骼动画就可以做出与原模型相同的动作，即实现角色动画的重定向。这项技术可以极大地缩减开发人员的工作量，以及项目文件和安装包的大小。

8.5.2　重定向的应用

下面通过一个简单的案例详细讲解角色动画的重定向，详细步骤如下。

（1）创建一个工程项目，并命名为“BNUAiControl”，将资源包的资源目录下第 8 章的“BNUAnimator”工程文件下的“Animations”“Models”“Textures”等文件夹依次复制到项目中的 Assets 目录下。然后创建一个名为“AniControllers”的空文件夹，用于存放项目所需的动画控制器文件。

（2）在 AniControllers 文件夹下单击鼠标右键，选择 Create→Animator Controller 创建一个动画控制器，并命名为“AnimatorController”。双击打开该动画控制器，然后将“Boy@JumpTurnKick”

和“Boy@RaceSideKick”两个动画文件（这些动画文件资源在资源包/第 8 章/BNUAniControl\Assets\Animations\FightAnis 下）拖曳进来，创建两个动画状态单元，如图 8-52 所示。

（3）动画状态单元和过渡条件添加完毕后，向动画控制器中添加实现过渡条件所需的参数。单击 Parameters 面板中的“+”，添加两个 Bool 类型的参数，并分别命名为“JtoR”和“RtoJ”，设置它们的初始值为 false，如图 8-53 所示。

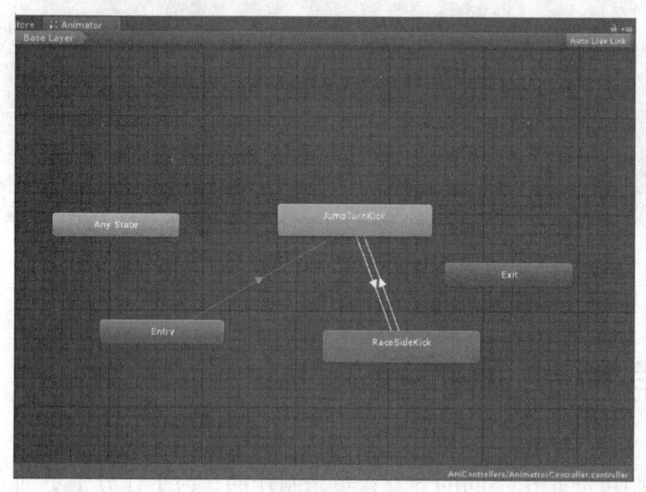

图 8-52 创建动画状态单元

图 8-53 添加参数

（4）选中任意一个过渡条件，在属性查看器的 Conditions 列表中单击“+”创建参数，并进行参数的设置（本案例所用过渡条件参数请参考资源包/第 8 章/BNUAnimator/Assets/AniControllers 中的 AniController 动画控制器，由于篇幅有限，在此不再赘述）。

（5）在项目资源列表面板中新建一个场景，双击打开场景。在场景中创建一个地形，给地形添加绿色草地纹理，然后为其添加天空盒（本案例天空盒资源在资源包/第 8 章/BNUAniControl\Assets\ Skyboxes 中的 Sunny Skybox 文件中），并调整光照至合适角度，如图 8-54 所示。

（6）向场景中添加人形角色模型。将 Models 文件夹下的 Boy 模型文件和 Girl 模型文件拖曳到场景中，然后为它们添加贴图（本案例的贴图资源为资源包/第 8 章/BNUAniControl\Assets\Model 下的 PNG 文件），如图 8-55 所示。

图 8-54 添加地形和天空盒

图 8-55 添加人形角色模型

（7）创建 UI。单击 GameObject→UI→Button 创建两个按钮，并分别命名为“Button1”和“Button2”。这两个按钮分别用于控制两个动画，当单击任意一个按钮时，系统将启动对应的动画过渡。

（8）为人形角色模型添加动画组件。选中 Boy 和 Girl 游戏对象，将先前创建的 AnimatorController 动画控制器拖曳到 Animator 组件下的 Controller 参数上。然后新建一个 C#脚本，并将其命名为“BNUAniControl.cs”，具体代码如下。（代码位置：见资源包中源代码第 8 章目录下的 BNUAniControl/Assets/BNUAniControl.cs。）

```
1     using UnityEngine;
2     using System.Collections;
3     public class BNUAniControl : MonoBehaviour {
4       #region Variables
5       Animator animator;                                    //声明 Boy 对象动画控制器
6       Animator girlAnimator;                                //声明 Girl 对象动画控制器
7       Transform myCamera;                                   //声明摄像机对象
8       #endregion
9       #region Function which be called by system
10      void Start () {
11        animator = GetComponent<Animator>();                //初始化 Boy 对象动画控制器
12        //初始化 Girl 对象动画控制器
13        girlAnimator = GameObject.Find("Girl").GetComponent<Animator>();
14        UIInit();                                           //初始化界面
15        myCamera = GameObject.Find("Main Camera").transform;       //初始化摄像机对象
16      }
17      void Update () {
18        myCamera.position = transform.position + new Vector3(0, 1.5f, -5);  //摄像
机跟随
19        myCamera.LookAt(transform);                              //摄像机的朝向
20      }
21      #endregion
22      #region UI recall function and setting
23      public void ButtonOnClick(int Index) {                     //按钮回调事件
24        bool[] pars = new bool[] { true, false };                //声明启动数组
25        animator.SetBool("JtoR", pars[Index]);                   //传递控制参数
26        animator.SetBool("RtoJ", pars[(Index + 1) % 2]);         //传递控制参数
27        girlAnimator.SetBool("JtoR", pars[Index]);               //传递控制参数
28        girlAnimator.SetBool("RtoJ", pars[(Index + 1) % 2]);//传递控制参数
29      }
30      void UIInit() {
31          //按钮位置
32          GameObject.Find("Canvas/Button1").transform.GetComponent<RectTransform>().
localPosition
33          = new Vector3(Screen.height / 6 - Screen.width / 2, Screen.height * 2 / 5 -
Screen.height / 2);
34          GameObject.Find("Canvas/Button1").transform.GetComponent<RectTransform>().
localScale
35          = Screen.width / 600.0f * Vector3.one;                //按钮大小
36          //按钮位置
37          GameObject.Find("Canvas/Button2").transform.GetComponent<RectTransform>().
localPosition
```

```
38          = new Vector3(Screen.height / 6 - Screen.width / 2, Screen.height / 6 -
Screen.height / 2);
39          GameObject.Find("Canvas/Button2").transform.GetComponent<RectTransform>().
localScale
40          = Screen.width / 600.0f * Vector3.one;          //按钮大小
41      }
42      #endregion
43  }
```

- 第 5～7 行的主要内容是参数的声明，包括 Boy 对象动画控制器、Girl 对象动画控制器及摄像机对象。
- 第 10～16 行的主要功能是重写 Start 方法，在 Start 方法中对两个 Animator 组件进行初始化，以便在后续代码中进行参数传递；同时进行 UI 的初始化，使其在不同分辨率的屏幕中都可以正常运行。
- 第 17～20 行的主要功能是重写 Update 方法，在 Update 方法中计算摄像机的位置，使摄像机始终保持在游戏人物对象前方 5 个单位长度处；并且设置了摄像机的朝向，使摄像机保持正对游戏人物对象的方向。
- 第 23～29 行的主要功能是进行按钮回调事件的开发，当任意一个按钮被单击时，系统会调用此方法，并根据被单击按钮的不同，进行不同的操作，向动画控制器传递一个特定的参数，实现对动画播放的操控。
- 第 30～41 行的主要功能是对 UI 进行初始化，分别根据界面的大小对按钮的位置和大小进行了计算，使它们在各种分辨率的界面上都不会被拉伸。

（9）代码编写完成后将脚本挂载到 Boy 游戏对象上，然后单击 Button1 和 Button2 两个按钮对象，将 Boy 对象拖曳到属性查看器下方的两个按钮的 ButtonOnClick 方法的目标对象上，再选择相应的方法，如图 8-56 所示。

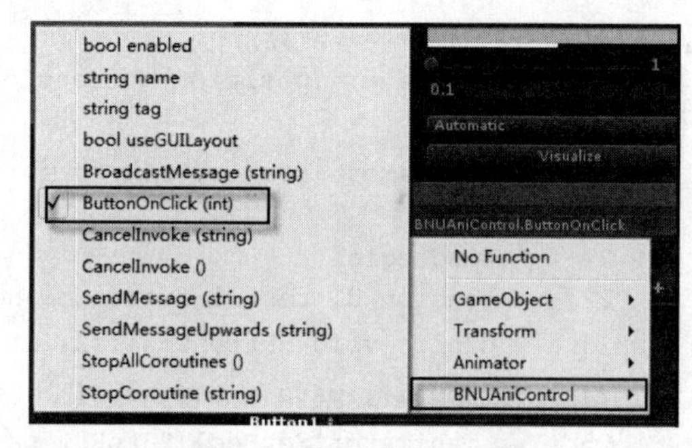

图 8-56　挂载脚本和方法

（10）单击播放按钮，案例的运行效果就会呈现在游戏预览面板中，单击任意一个按钮时，两个游戏角色对象就会做出相同的动作，如图 8-57 和图 8-58 所示。两个角色对象通过 Mecanim 动画系统中的角色动画重定向功能，同时播放同一个动画。

图 8-57　案例运行效果 1

图 8-58　案例运行效果 2

8.6 本章小结

本章介绍了当下主流的 3D 建模软件、Unity 中 3D 模型和网格的概念及 Unity 中 Mecanim 动画系统的使用。通过本章的学习，读者能够对 Unity 中模型的相关知识有更深的理解，并会在游戏开发中使用 Mecanim 动画系统开发动画，为将来的游戏开发打下基础。

8.7 习　　题

1. 简述将 3D 模型导入 Unity 的流程。
2. 了解其他 3D 建模软件的基本操作，尝试使用其他软件建模并导入 Unity。
3. 简述什么是 Mesh，它的作用是什么。
4. 简述书中通过 Mesh 实现物体变形效果案例的原理，并编写一个类似的案例。
5. 尝试导入一个人物角色模型，并进行相应配置。
6. 简述什么是 Avatar，它的作用是什么。
7. 尝试导入一个非人形角色模型（如猫、狗等），并进行相应配置。
8. 简述什么是动画控制器、动画状态机和过渡条件。
9. 简述角色重定向的含义和原理。
10. 设计一个简单案例，实现人物奔跑和静止动作切换的效果。

第9章 地形与寻路技术

在实际的开发过程中，地形引擎、拖痕渲染器及自动寻路技术的用法都是必须掌握的。无论是虚拟现实应用开发还是游戏开发，都会涉及地形的制作和自动寻路技术的使用。本章将详细地介绍相关内容，使读者在开发过程中可以熟练地应用这部分知识。

9.1 地形引擎

Unity 内置了功能丰富的地形引擎，开发人员只要合理地使用该引擎，就可以快速地创建出多种地形环境。本节将详细地讲解地形的创建、地形的基本操作、地形纹理及花草树木的添加。通过学习本节知识，读者可以创造出合适的游戏场景地形。

9.1.1 地形的创建

Unity 中可以通过两种方式创建地形：一种是通过 Unity 内置的地形引擎，另一种则是将带有大量地形信息的高度图导入地形引擎(高度图可以用其他软件设计制作)。本小节将主要讲解 Unity 内置地形的创建及相关参数的功能。

（1）进入 Unity 集成开发环境，按快捷键 Ctrl+N 新建一个场景，单击 GameObject→3D Object→Terrain 创建一个地形，如图 9-1 所示。游戏组成对象列表和项目资源列表中都会出现相应的地形对象与地形文件，如图 9-2 所示。

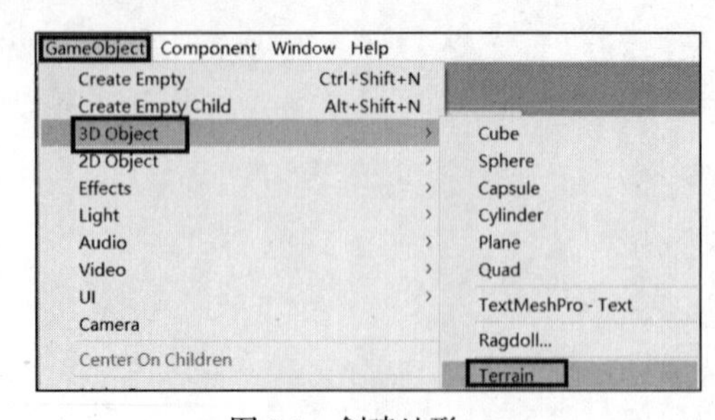

图 9-1　创建地形

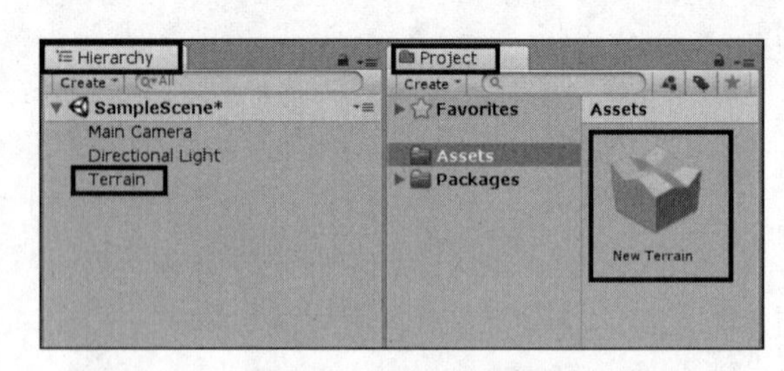

图 9-2　Terrain 游戏对象

（2）选中 Terrain 游戏对象，其属性查看器中会出现 Terrain 组件和 Terrain Collider 组件，如图 9-3 所示。前者负责实现地形的基本功能，后者充当了地形的物理碰撞器。Terrain Collider 组件属于物理引擎类的组件，用于实现地形的物理模拟计算，该组件的相关参数介绍如表 9-1 所示。

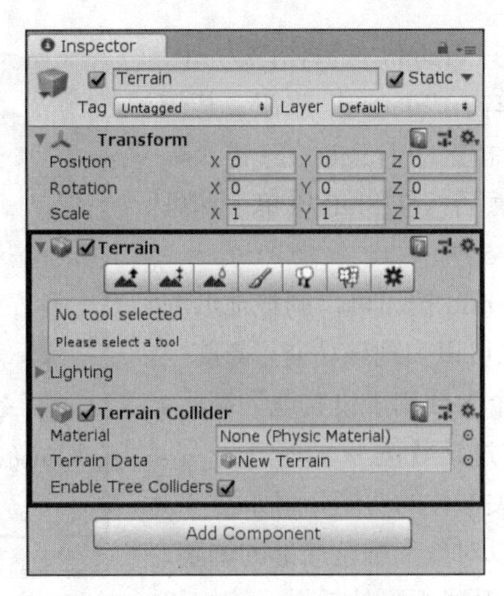

图 9-3　Terrain 组件和 Terrain Collider 组件

表 9-1　Terrain Collider 组件的参数介绍

参 数 名	含　义
Material	地形的物理材质，通过设置物理材质的相关参数可分别开发出草地和戈壁滩的效果
Terrain Data	地形数据参数，用于存储地形高度和其他重要的相关信息
Enable Tree Colliders	是否启用树木的碰撞检测

9.1.2　地形的基本操作

Terrain 组件下有一排按钮，分别对应地形的各项操作和设置。下面将详细介绍各个按钮的作用及相关参数。本小节涉及的知识点较多，所以读者在学习过程中应当随着讲解进行实践，以达到深刻理解的效果。

（1）单击 Terrain 组件下的第一个按钮，其下的文本区域中会显示出该按钮的名称及其操作方式，如图 9-4 所示。该按钮可以调整地形的凹凸程度，以笔刷的方式设置地形的坡度。Brushes 参数中有各种各样的笔刷，可以根据不同的开发需要选择不同的笔刷样式。

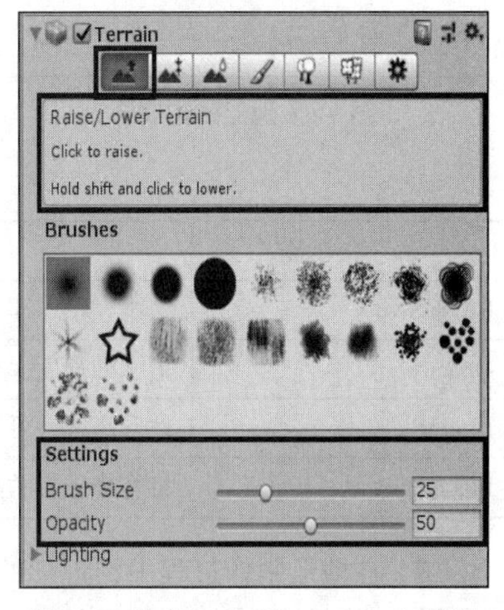

图 9-4　单击 Raise/Lower Terrain 按钮

（2）单击和拖曳鼠标指针，可以使单击的地方凸起，按住 Shift 键的同时单击可以使单击的地方凹陷。需要注意的是，进行凹陷的操作时，不能使地形水平面低于地形最小高度，即地形创建时的初始高度是地形的最低限制，之后的操作均不能使地形低于该高度。Settings 参数如表 9-2 所示。

表 9-2　Raise/Lower Terrain 中的 Settings 参数介绍

参 数 名	含　义
Brush Size	笔刷大小，即笔刷的直径大小，单位为米
Opacity	笔刷的强度大小，其值越大，地形变化的幅度越大，反之则越小

（3）单击第二个按钮，将其 Height 参数修改为 30，单位是米，如图 9-5 所示。单击“Flatten”按钮，其作用是将整个地形的高度设置为指定的 Height 值。再次单击 Raise/Lower Terrain 按钮，然后按住 Shift 键单击即可实现地形的凹陷效果，如图 9-5 所示。

（4）除了 Raise/Lower Terrain 按钮可以调整地形的局部高度，Paint Height 按钮也可以实现该功能。与前一个按钮不同的是，该按钮有一个参数用于设置地形高度，被调整的局部地形高度不会超过该数值。

（5）Paint Height 按钮相关参数的功能介绍如表 9-3 所示。通过修改各项参数，可以对地形进行局部的调整，实现地形在限定高度范围内上升或下降的效果。该按钮也可用于制作特定高度的地形，如图 9-7 所示。

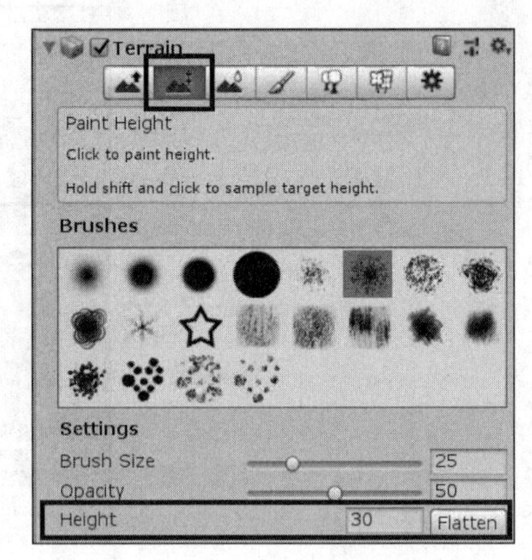

图 9-5 单击 Paint Height 按钮

图 9-6 地形凹陷效果

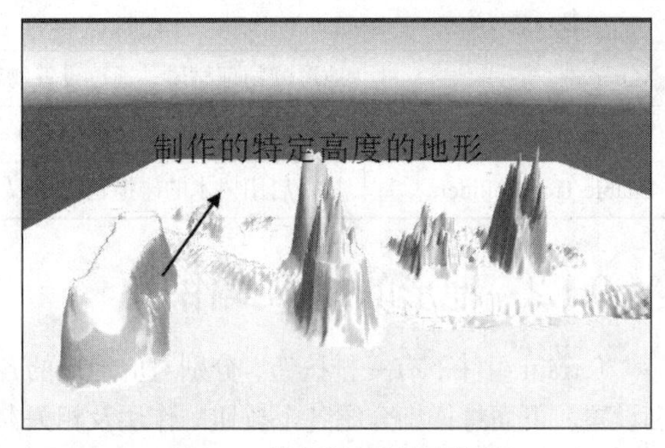

图 9-7 特定高度的地形效果

表 9-3 Paint Height 中的参数介绍

参 数 名	含 义
Brush Size	笔刷大小，即笔刷的直径大小，单位为米
Opacity	笔刷的强度大小，其值越大，地形变化的幅度越大，反之则越小
Height	地形高度，可以设定局部地形的最高值
Flatten	将整个地形的高度设置为指定的 Height 值，使得整个地形上升或下降

（6）在地形制作过程中，地形的高度差较大会导致部分地形显得特别突兀或部分山峰显得过于尖锐，这时就需要用到平滑处理——Smooth Height，如图 9-8 所示。该按钮可以使地形更加平滑，其各项参数如表 9-4 所示。将图 9-7 中突兀的地方做平滑处理后的效果如图 9-9 所示。

表 9-4 Smooth Height 中的参数介绍

参 数 名	含 义
Brush Size	笔刷大小，即笔刷的直径大小，单位为米
Opacity	笔刷的强度大小，其值越大，地形变化的幅度越大，反之则越小

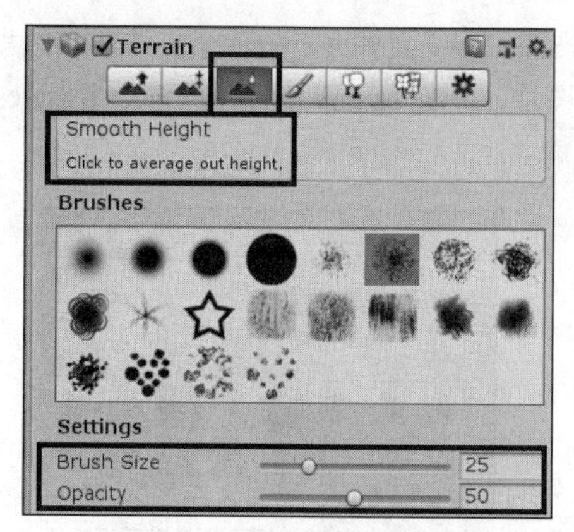

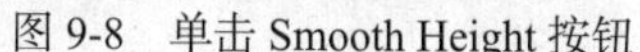
图 9-8 单击 Smooth Height 按钮

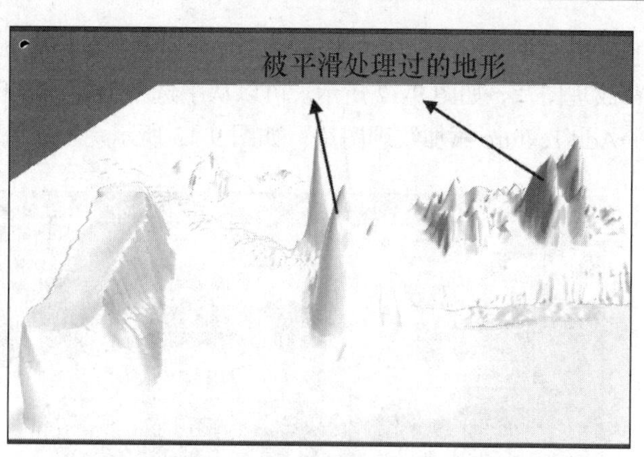

图 9-9 将图 9-7 中部分地形平滑处理后的效果

9.1.3 地形的纹理添加及参数设置

在地形的开发过程中，除了需要制作逼真的地形样式，添加合适的纹理也是必不可少的。地形引擎对此功能进行了封装，开发人员可以在地形的任意位置添加纹理或花草树木。此外该引擎还提供了 Terrain Settings 功能面板，用于设置地形的部分参数。

（1）调整好基本形状后，单击 Paint Texture 按钮可以为地形添加纹理，如图 9-10 所示。纹理以涂画的方式添加。将纹理图片赋给画笔，移动画笔可将对应的纹理图片贴到地形上。Paint Texture 的各项参数如表 9-5 所示。

表 9-5 Paint Texture 中的参数介绍

参 数 名	含 义
Brush Size	笔刷大小，即笔刷的直径大小，单位为米
Opacity	笔刷的强度值，该值越大，地形变化的幅度越大，反之则越小
Target Strength	笔刷的涂抹强度值，代表的是与地形原纹理的混合比例

（2）下面为画笔赋上纹理图片，需要用到 Unity 中的标准资源包（具体的下载步骤和导入过程已详细介绍过）。在项目资源列表中单击鼠标右键，选择 Import Package→Environment 导入环境资源包，如图 9-11 所示。

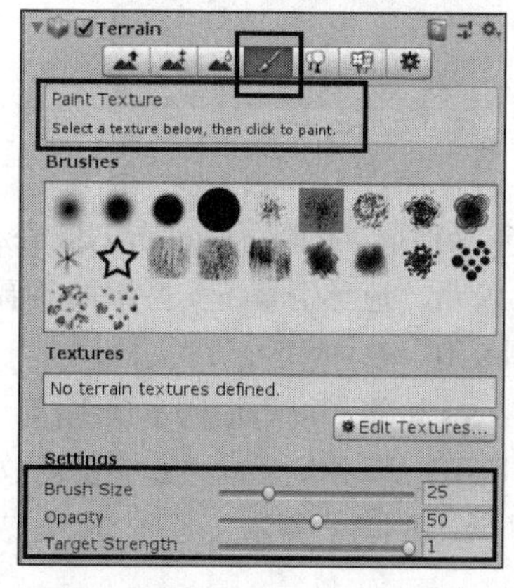

图 9-10 单击 Paint Texture 按钮

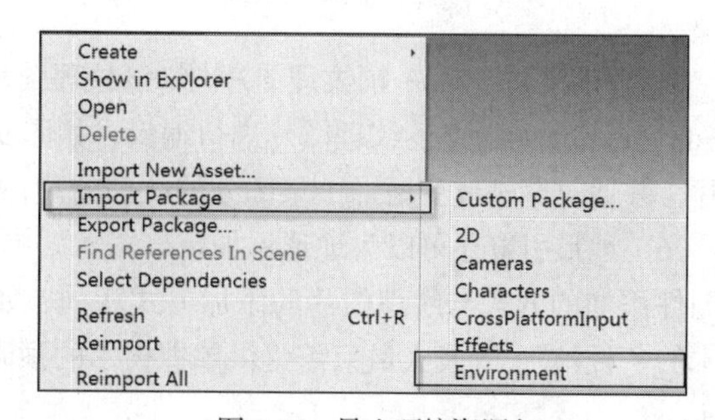

图 9-11 导入环境资源包

（3）环境资源包导入完成后，可以看到 Environment\SpeedTree 文件夹下的 3 个文件夹中有大量纹理图片，如图 9-12 所示。可以从中选中合适的纹理图片，单击 Terrain 组件下的 Edit Textures →Add Texture 添加纹理图片，如图 9-13 所示。

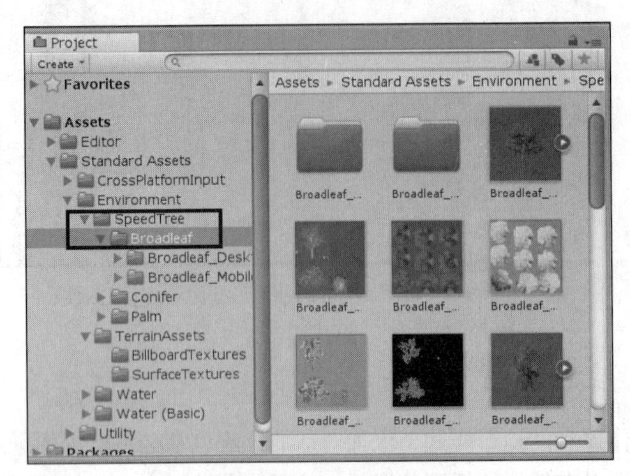

图 9-12　查看环境资源包中的纹理图片

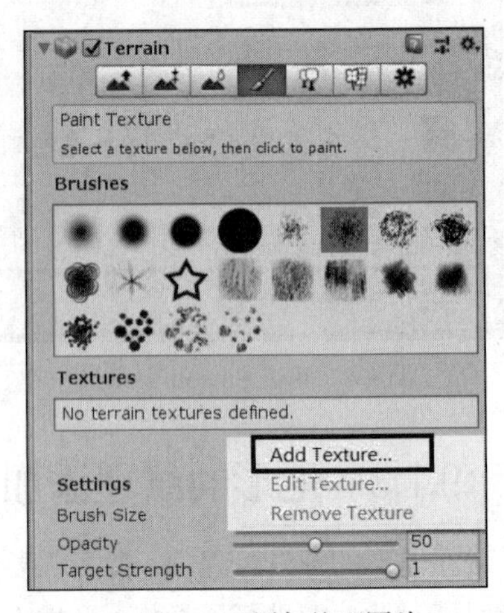

图 9-13　添加纹理图片

（4）在场景中弹出的 Add Terrain Texture 面板中，可以单击“Select”按钮，在弹出的 Select Texture2D 面板中选择合适的纹理图片，如图 9-14 所示；然后通过调整 Metallic 值来调整纹理图片的明暗程度，单击“Add”按钮完成纹理图片的添加，如图 9-15 所示。

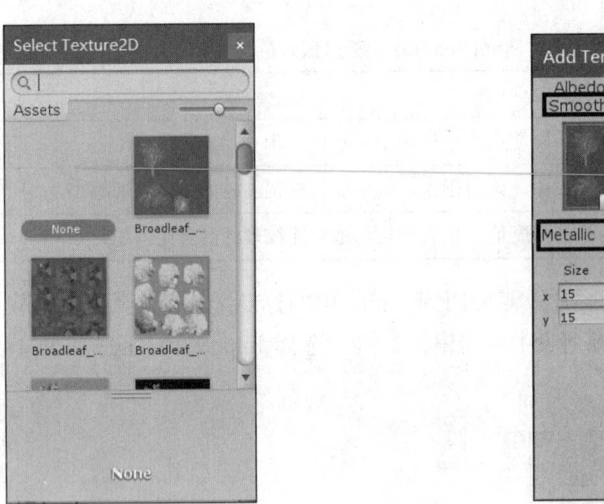

图 9-14　选择合适的纹理图片

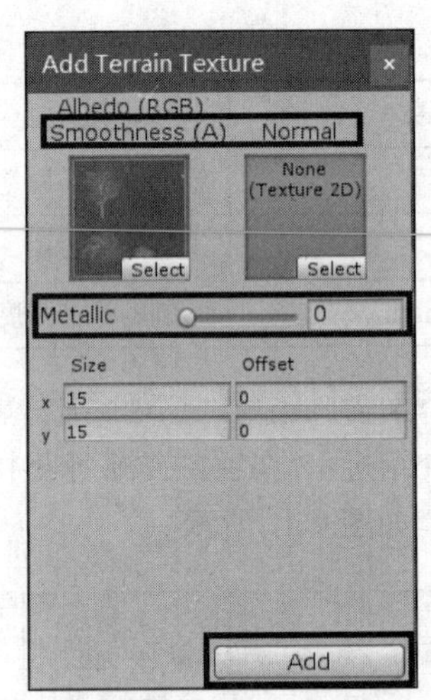

图 9-15　添加纹理图片完成

（5）为地形添加第一幅纹理图片时，该纹理图片会铺满整个地形，此时可以单击 Edit Textures →Edit Texture 对选中的纹理图片进行编辑，如图 9-16（a）所示。地形引擎还支持添加多幅纹理图片，并通过笔刷改变地形中某部分的纹理图片，效果如图 9-16（b）所示。

（6）地形引擎还可以为地形添加花草树木。单击 Paint Trees 按钮，可添加树木预制件，树木预制件添加的方式与纹理图片的添加方式相同，如图 9-17 所示。若要以涂画的方式批量地进行树木的“种植”，开发人员只需提供单棵树木的预制件，效果如图 9-18 所示。各项参数如表 9-6 所示。

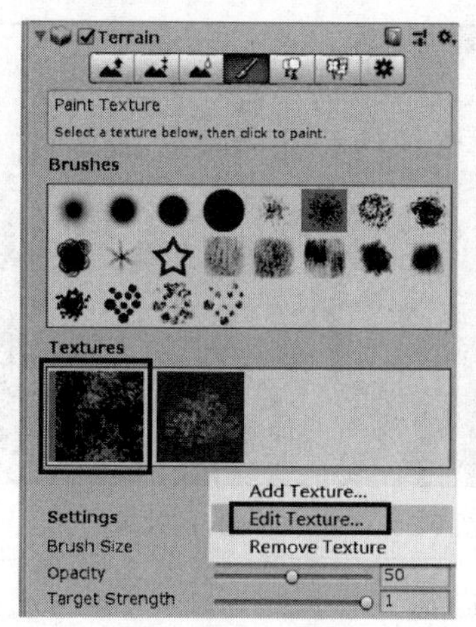

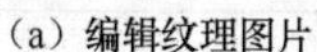
（a）编辑纹理图片

（b）通过笔刷改变地形中的部分纹理图片

图 9-16　应用纹理图片添加纹理

图 9-17　单击 Paint Trees 按钮

图 9-18　添加树木后的效果

表 9-6　Paint Trees 中的参数介绍

参 数 名	含　义	参 数 名	含　义
Brush Size	笔刷直径大小，单位为米	Tree Density	每次绘制时产生树木的数量
Random Tree Rotation	是否随机设置树木的朝向	Tree Width	树的宽度，可指定唯一宽度也可随机分布
Lock Width to Height	是否锁定横纵比，使树木保持原始比例	Tree Height	树的高度，可指定唯一高度也可随机分布

（7）除了可以进行树木的种植，开发人员还可以在地形上铺设花草等装饰物，单击 Paint Details 按钮进入该功能面板，如图 9-19 所示。其参数与 Paint Trees 的类似，主要区别是前者可以使用标志板和网格对象作为资源，而后者只可以使用预制件。Paint Details 的效果如图 9-20 所示，其参数如表 9-7 所示。

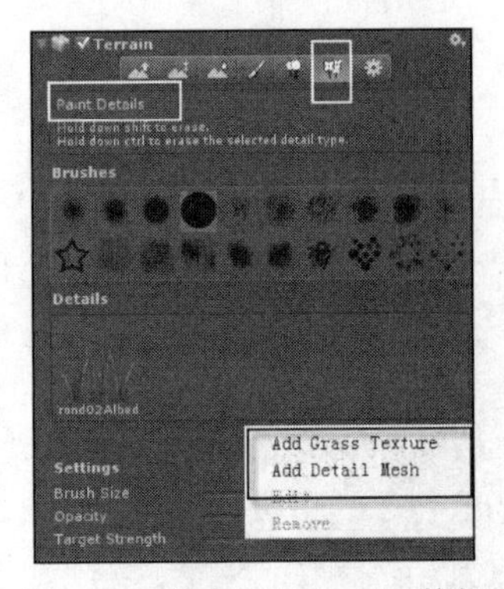

图 9-19　单击 Paint Details 按钮

图 9-20　Paint Details 的效果

表 9-7　Paint Details 中的参数介绍

参 数 名	含　义
Brush Size	画笔大小，即画笔的直径大小，以米为单位
Opacity	笔刷的强度值，该值越大，地形变化的幅度越大，反之则越小
Target Strength	画笔涂抹强度值，范围为 0～1，代表了与地形原花草的混合比例

（8）单击 Edit Texture→Edit 可对选中的花草进行编辑，如图 9-21 所示。在弹出的 Edit Grass Texture 面板中可以对铺设的花草的宽度、高度及颜色等进行设置，如图 9-22 所示。其参数如表 9-8 所示。

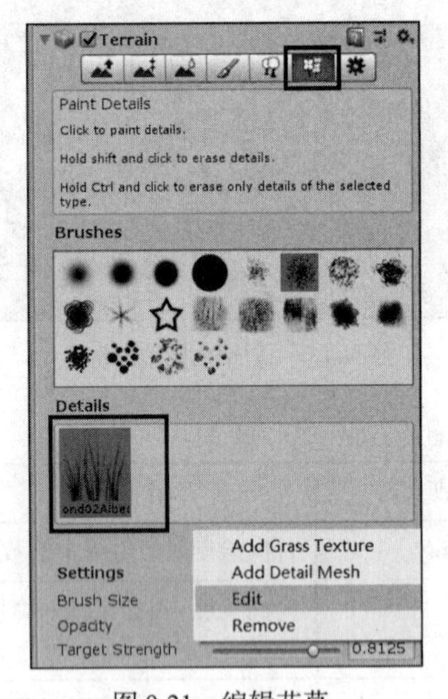

图 9-21　编辑花草

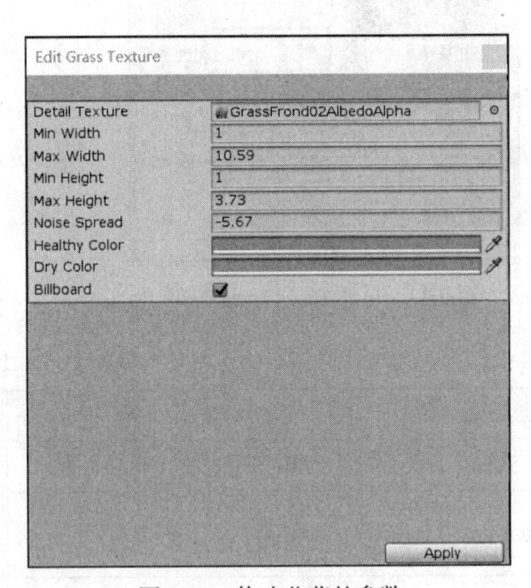

图 9-22　修改花草的参数

表 9-8　Edit Grass Texture 面板中的重要参数介绍

参 数 名	含　义	参 数 名	含　义
Detail Texture	纹理图片对象	Min Width	纹理图片的最小宽度
Max Width	纹理图片的最大宽度	Min Height	纹理图片的最小高度
Max Height	纹理图片的最大高度	Healthy Color	纹理图片中花草健康时的颜色
Dry Color	纹理图片中花草干枯时的颜色		

（9）对地形进行参数设置。在 Terrain Settings 功能面板中可以设置地形的大小及精度等参数，还可以给地形添加模拟风，使地形上的花草树木非常生动地随风摆动。单击 Terrain Settings 按钮进入该功能面板，如图 9-23、图 9-24 所示。

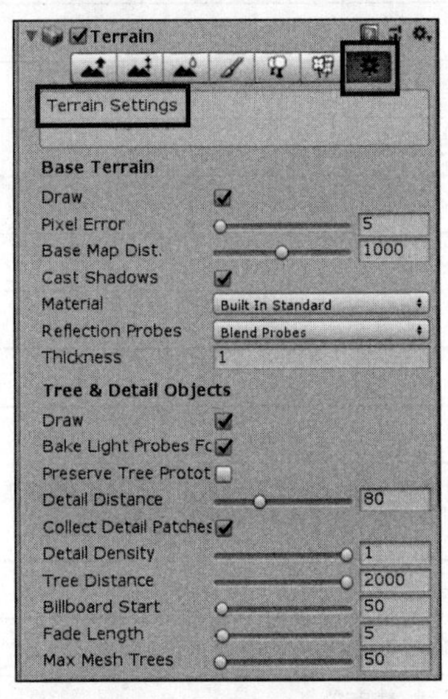

图 9-23 Terrain Settings 功能面板 1

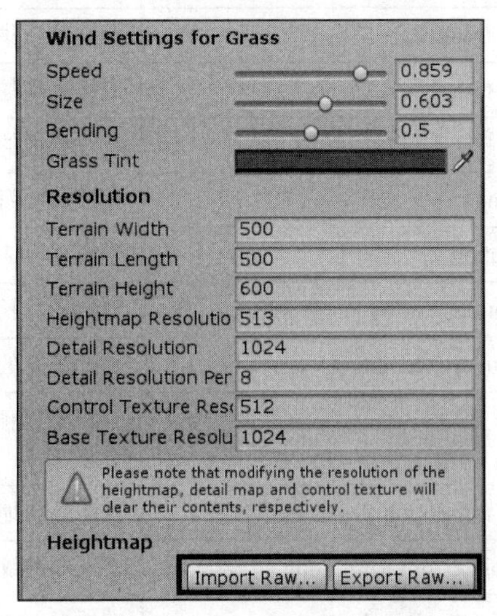

图 9-24 Terrain Settings 功能面板 2

（10）Terrain Settings 功能面板中的重要参数如表 9-9 所示。适当设置这些参数，可以有效地减少地形对设备资源的占用，提高游戏的整体性能；还可以在此功能面板中导出、导入 RAW 格式的高度图文件。

表 9-9 Terrain Settings 中的重要参数介绍

参 数 名	含 义
Base Terrain	基于地形的参数修改
Cast Shadows	是否进行阴影的投射
Tree & Detail Objects	树木和花草等游戏对象
Bake Light Probes For Trees	烘焙光照是否烘焙到树上
Collect Detail Patches	进行细节补丁的收集
Tree Distance	树木的可视距离值
Wind Settings For Grass	草的风向设置
Size	模拟风可影响的范围大小
Grass Tint	被风吹过时草的色调
Terrain Width	地形的总宽度值
Terrain Height	地形的总高度值
Draw	是否显示地形
Thickness	物理引擎中该地形的可碰撞厚度

续表

参 数 名	含 义
Draw	是否显示花草树木
Detail Distance	细节的可视距离值
Detail Density	细节的密集程度
Max Mesh Trees	允许出现的网格类型的树木的最大数量
Speed	吹过草地的风的速度
Bending	草被风吹弯的弯曲程度
Resolution	分辨率
Terrain Length	地形的总长度值
Heightmap Resolution	地形灰度的精度值
Detail Resolution	细节精度值，该值越大，地形显示的细节越精细，但占用的资源也会越多
Detail Resolution Per Patch	每一小块地形的细节精度值
Control Texture Resolution	将不同的纹理图片插值绘制在地形上时的精度值
Base Texture Resolution	在地形上绘制基础纹理图片时的精度值
Heightmap	高度图，可以导入高度图，也可以将制作好的地形高度图导出
Material	材质类型，选项分别是标准、漫反射、高光、自定义，选择自定义时需要指定材质
Reflection Probes	反射探头类型，选项分别是关闭、混合探头、混合和天空盒探头、一般
Pixel Error	像素误差，表示地形的绘制精度，该值越大，地形的结构细节越少
Base Map Dist	基础图距，当摄像机与地形的距离超过该值时，则显示低分辨率的纹理图片
Billboard Start	标志板起点，以标志板形式出现的树木与摄像机的距离
Fade Length	淡变长度，树从标志板形式转换成网格形式时使用的距离增量

9.1.4 高度图的使用

Unity 内置的地形引擎将地形的信息保存为一幅高度图，这与其他游戏开发引擎或建模工具的做法是一致的。这么做的好处是可以将大量与地形有关的信息存储在一幅占用空间非常小的高度图上，同时可以在其他开发工具上设计好地形，而不必局限于 Unity 内置的地形引擎。

（1）高度图是一幅带有灰阶的图片，其中的每个像素都具有不同的灰度值，这些灰度值代表了不同的高度。像素的灰度值越大，表示对应的高度越高；像素的灰度值越小，表示对应的高度越低。

（2）开发人员可以在不同的开发工具上制作高度图，此处使用的是 Photoshop CS6（以下简称 PS）。首先准备好一幅彩色图片，将其导入 PS，步骤如图 9-25 所示。在弹出的面板中选择准备好的图片导入 PS（有多种制作高度图的方法，也可以采用其他方式）。

（3）导入完成后，单击图像→模式→灰度，如图 9-26 所示。在弹出的面板中单击“扔掉”按钮，此时整幅图片变为灰色，如图 9-27 所示。需要注意的是，Unity 中地形使用的高度图的分辨率为(1+32)像素 × X 像素，X 为任意正整数，因此高度图最小的分辨率为 33 像素。

图 9-25　导入彩色图片

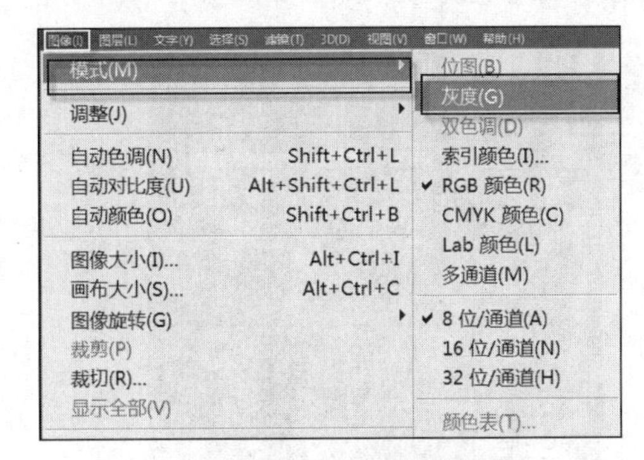

图 9-26　修改图像模式

（4）修改该图片的分辨率。单击图像→图像大小，如图 9-28 所示。在弹出的面板中取消勾选“约束比例”复选框，勾选“重定图像像素”复选框，此处在“像素大小”栏中将“宽度”和“高度”都修改为 65 像素，单击“确定”按钮保存修改，如图 9-29 所示。

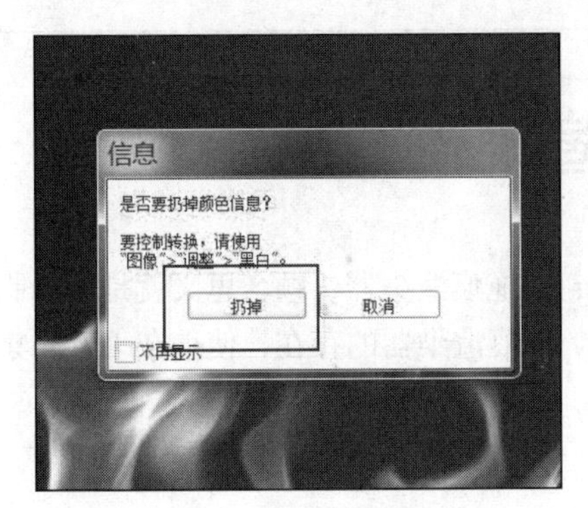

图 9-27　将图片变为灰色

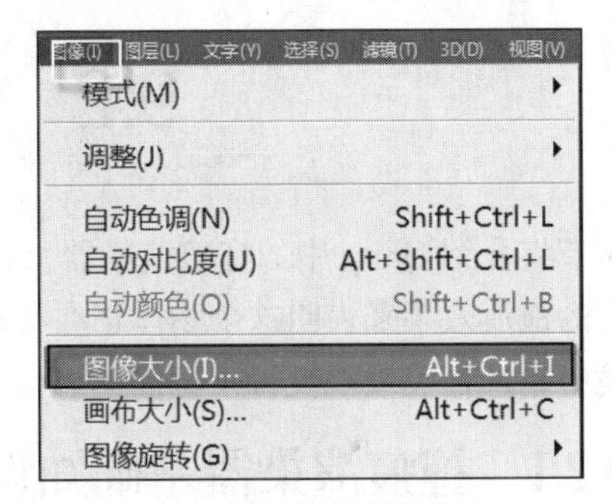

图 9-28　修改图像大小

（5）将该高度图导入。目前 Unity 只支持 RAW 格式的高度图，选择弹出面板的格式下拉列表中的 RAW 格式，如图 9-30 所示。将高度图保存在某一路径下，打开 Unity 集成开发环境，在原来的场景中新建一个 Terrain 对象。

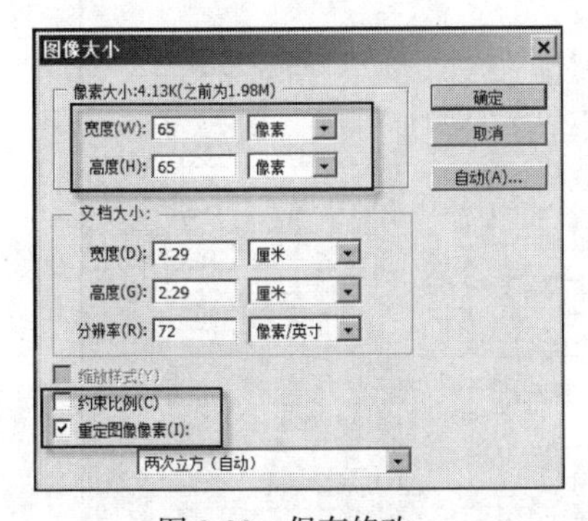

图 9-29　保存修改

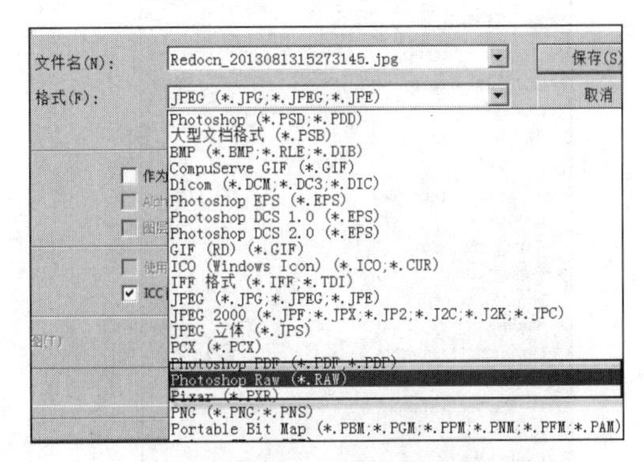

图 9-30　选择 RAW 格式

（6）选中新建的 Terrain 游戏对象，单击其 Terrain 组件中的设置按钮，单击“Import Raw”

按钮，如图 9-31 所示。将制作好的高度图导入 Unity，在 Import Heightmap 面板中将高度图的 Y 值修改为 50。地形效果如图 9-32 所示。

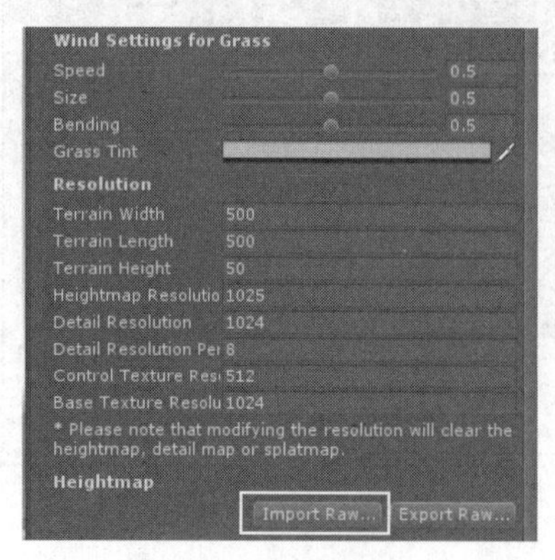

图 9-31　导入高度图

图 9-32　用高度图制作的地形效果

与地形设计相关的知识到这里就介绍完了，读者可以打开资源包中第 9 章目录下的 Terrain\Assets\Terrain 场景来查看随书案例中预制的地形。

9.2　拖痕渲染器

本节将介绍 Unity 中的拖痕渲染器（Trail Renderer）。拖痕渲染器，顾名思义就是用于制作物体后方的拖痕效果来表明这个物体正在移动的渲染器。拖痕渲染器的存在，使得在 Unity 集成开发环境中制造拖痕效果变得十分简单。

9.2.1　拖痕渲染器基础知识

拖痕渲染器可以以组件的形式添加到游戏对象上，单击 Component→Effects→Trail Renderer 即可。在属性查看器中可以看到拖痕渲染器的设置面板，如图 9-33、图 9-34 所示。其中各项参数的详细介绍如表 9-10 所示。下面对拖痕渲染器的常用参数进行详细的介绍。

图 9-33　拖痕渲染器 1

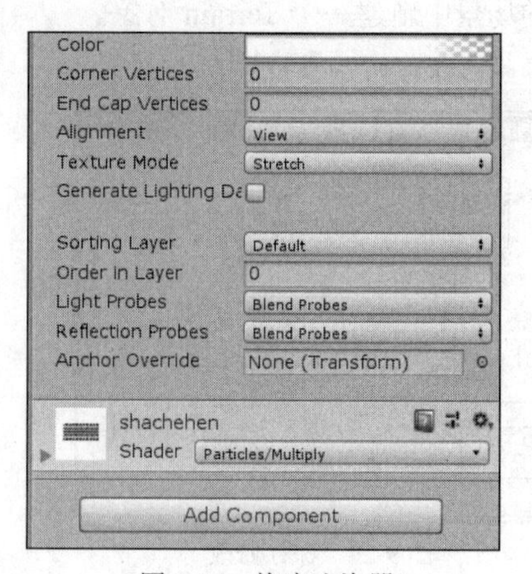

图 9-34　拖痕渲染器 2

表 9-10　　拖痕渲染器参数介绍

参　数　名	功　　能
Cast Shadows	是否计算拖痕产生的阴影
Receive Shadows	是否接收阴影
Dynamic Occludee	控制动态物体是否跳过遮挡剔除
Motion Vectors	指定运动向量的渲染模式
Lightmap Parameters	选择高级光照贴图
Time	拖痕长度，以秒为单位
Min Vertex Distance	拖痕锚点之间的最小距离
Autodestruct	勾选该项则拖痕在静止 Time 秒后被销毁
Emitting	是否发射。勾选时，将在游戏对象移动时创建轨迹
Color	拖痕的颜色，从开始到结束
Corner Vertices	用于设置角顶点的数量
End Cap Vertices	用于设置后顶点的数量
Alignment	用于设置对齐方式
Texture Mode	用于设置贴图模式
Generate Lighting Data	是否生成统一光照数据
Sorting Layer	用于设置渲染的先后顺序
Order in Layer	用于设置同一层 Sorting Layer 的优先级
Light Probes	用于设置灯光探测器
Reflection Probes	用于设置反射探头的使用
Anchor Override	在使用光探头时确定插值位置
Size	材质数组中总共有多少个元素
Materials	用于渲染拖痕的材质数组
Element 0	用于渲染拖痕的材质的引用。元素总数由 Size 参数指定

❑　Materials（材质）

拖痕渲染器将使用一个包含粒子着色器的材质。该材质使用的贴图必须是平方尺寸，如 512 × 512。可以在 Size 参数中设置材质个数，并在 Element 0 参数中添加材质。

❑　Trail Width（拖痕宽度）

通过设置拖痕开始和结束的 Width（宽度），配合 Time（时间）参数，可以调节拖痕显示和表现的方式。例如，创建船后面的浪花，将开始的拖痕宽度设置得较小，结束的拖痕宽度设置得较大，就可以模拟浪花的扩散。

❑　Color（拖痕颜色）

可以用 5 种不同的颜色和透明度组合，使拖痕颜色循环变化。合理应用该参数，能使一个亮绿色的等离子体拖痕渐渐变暗为一个灰色耗散结构，或使彩虹循环变为其他颜色。如果不想改变颜色，该参数也可以非常有效地改变颜色的透明度，使拖痕颜色在头部和尾部之间进行渐变。

❑ Min Vertex Distance（最小锚点距离）

最小锚点距离决定了每两个相邻的拖痕段之间的距离。较小的值会使拖痕段更频繁地创建，生成更平滑的拖痕；较大的值会使得拖痕的锯齿感很强。当使用较小的值时会有一些性能损失，所以应该使用尽可能大的值来实现想要的效果。

需要注意的是，挂载拖痕渲染器的游戏对象上不可以有其他种类的渲染器。开发过程中，拖痕渲染器都会被挂载到一个空游戏对象上，空游戏对象摆放在合适的位置上。

9.2.2 刹车痕案例

前面已经介绍了 Unity 集成开发环境中拖痕渲染器的功能，为了使这部分内容更容易理解，接下来将通过一个小型的案例来讲解拖痕渲染器在实际开发过程中的使用方法。本案例中的模型和车轮碰撞器的添加已在前文介绍过，这里不再重复。

1. 案例效果

运行本案例时，场景中的汽车模型能够沿着路面一直向前加速行驶。界面的右下方有一个刹车板按钮，当按下刹车板按钮时，汽车就会减慢速度并在地面产生刹车痕；松开刹车板按钮后，汽车就会重新开始向前加速行驶。案例运行效果如图 9-35 所示。

（a）案例运行效果 1

（b）案例运行效果 2

图 9-35　案例运行效果

2. 开发流程

开发过程中可以放置不同的刹车痕贴图，以达到不同的刹车效果。如果需要运行本案例，可使用 Unity 打开资源包中的 Trail_Demo 工程文件并双击工程中的场景文件 Trail_Demo，最后单击播放按钮即可。下面将详细介绍本案例的开发流程，具体步骤如下。

（1）打开 Unity 集成开发环境，新建一个工程，进入工程后保存当前场景并命名为“Trail_Demo”。然后在 Assets 目录下新建 3 个文件夹并分别命名为“Texture”“C#”“Model”，分别用来放置纹理图片、脚本文件和模型文件，如图 9-36 所示。

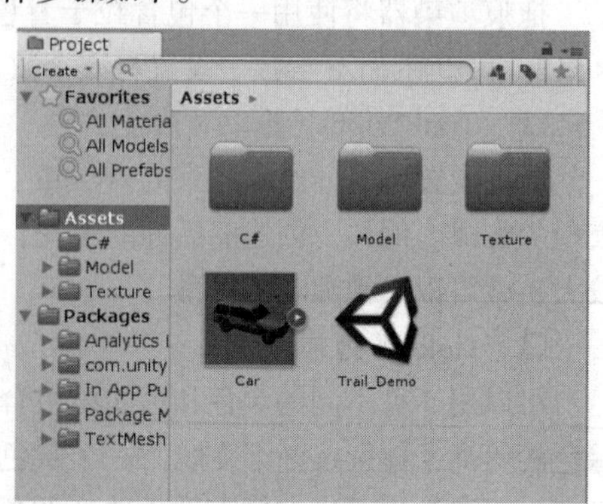

图 9-36　目录结构

（2）由于本案例使用的汽车模型及相关脚本都是前面车轮碰撞器章节中的内容，因此这里将它们制作成预制件并导入本工程。关于汽车模型的处理和相关脚本的编写将不再赘述。

（3）将需要的刹车痕贴图（shachehen.png）、刹车板贴图（anniu.png）和路面贴图（road.png）导入 Texture 文件夹，如图 9-37 所示。然后将刹车板贴图的类型设置为 Sprite(图片精灵)：在贴图的属性查看器中将 Texture Type 修改为 Sprite(2D and UI)，完成后单击“Apply”按钮即可，如图 9-38 所示。

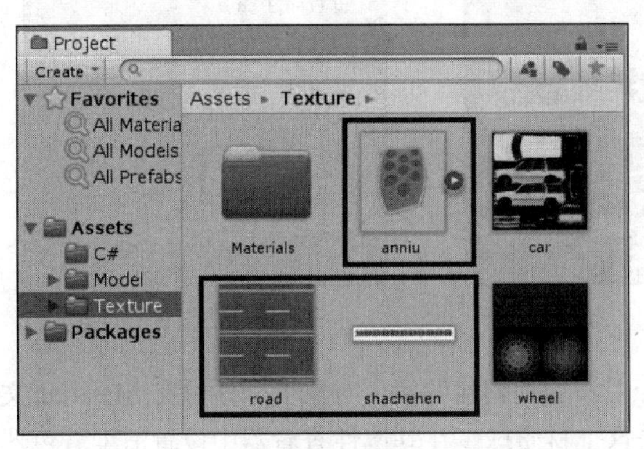

图 9-37　导入的贴图

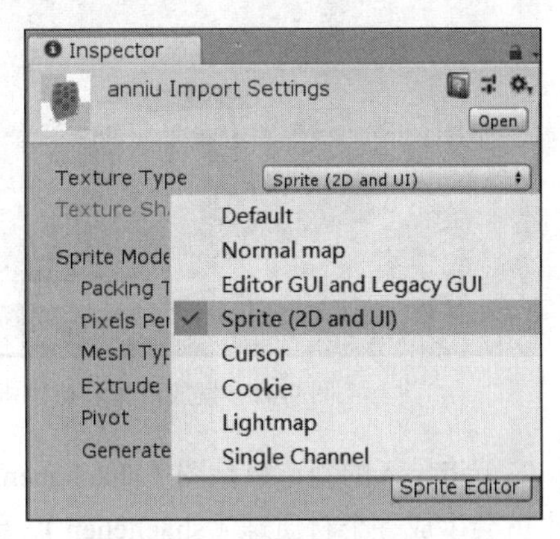

图 9-38　将贴图类型设置为 Sprite

（4）在场景中创建一个 Plane 用来充当路面，将导入的路面贴图（road.png）添加到 Plane 对象上，然后将 Plane 在 x 轴方向的 Scale 值设置为 12，如图 9-39 所示。在 Material 文件夹中找到 road 材质球，在其属性查看器中将 Tiling（平铺）参数在 x 轴方向的值设置为 30 即可，如图 9-40 所示。

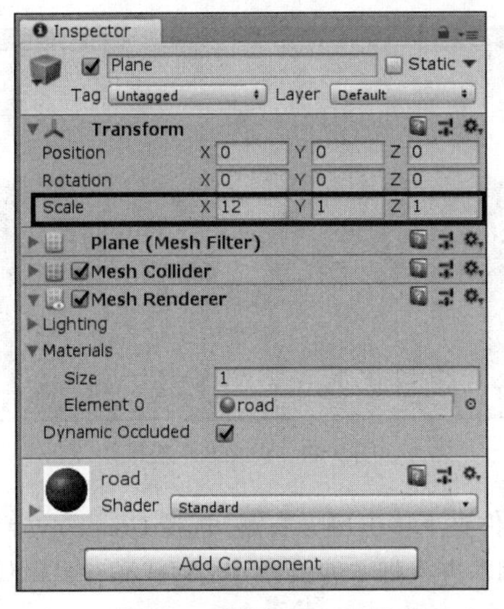

图 9-39　设置 Plane 的尺寸

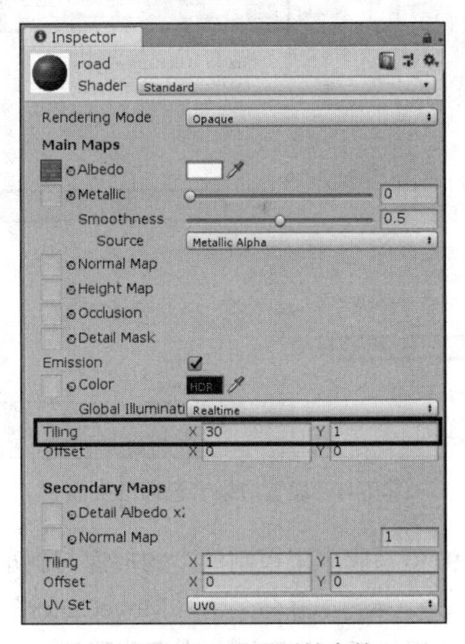

图 9-40　设置平铺参数

（5）将 Assets 目录下的汽车预制件（Car）拖到场景中，并将其摆放在路面的一端。使摄像机成为 Car 的子对象，并将视角调整到合适，如图 9-41 所示。该预制件包含了汽车移动的相关脚本，所以单击播放按钮运行程序后，汽车就能够在路面上向前行驶了。

（6）创建两个空游戏对象，分别命名为“Trail_One”和“Trail_Two”，并在这两个空对象上挂载拖痕渲染器，方法为选中一个空对象并单击 Component→Effects→Trail Renderer。最后将这两个对象设置为 Car 的子对象，如图 9-42 所示。

图 9-41　摆放汽车和摄像机

图 9-42　设置子对象

（7）将导入的刹车痕贴图（shachehen.png）添加到创建的两个对象上。这时在 Material 文件夹中就会生成一个材质球（shachehen）。单击这个材质球，在其属性查看器中设置渲染着色器的类型，单击 Shader→Particles→Multiply 即可，如图 9-43 所示。

（8）使用 UGUI 系统在屏幕上绘制按钮（用来控制刹车），单击 GameObject→UI→Button 即可。创建完成后将其放置在场景的右下角。最后将先前导入的刹车板贴图（shacheban.png）添加到 Button 控件上即可，如图 9-44 所示。

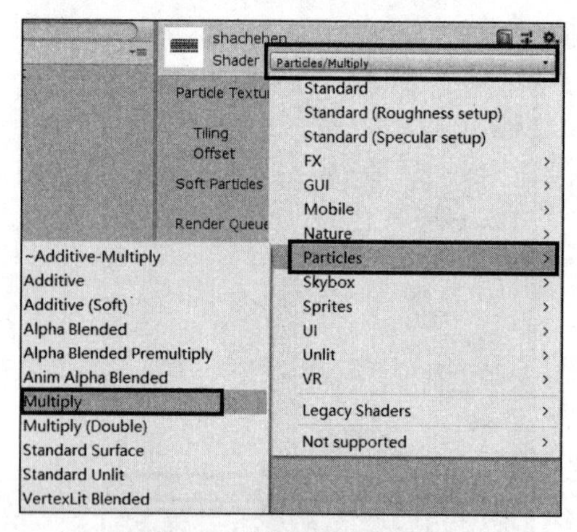

图 9-43　设置渲染着色器的类型

图 9-44　添加刹车板按钮

（9）编写脚本来控制汽车的加速与刹车。在 C#文件夹下单击鼠标右键，选择 Create→C# Script 创建一个 C#脚本并命名为“MoveCar.cs”。双击该脚本进入脚本编辑器并编写代码，具体代码如下。（代码位置：见资源包中源代码第 9 章目录下的 Trial_Demo/Assets/C#/MoveCar.cs。）

```
1    using UnityEngine;
2    using System.Collections;
3    public class MoveCar : MonoBehaviour{
4      public GameObject BRWheel;             //声明游戏对象变量，用来获取挂有车轮碰撞器的对象
5      public GameObject BLWheel;             //获取两个车轮同时驱动车辆
6      public float torque;                   //声明浮点型变量，用于设置力矩的大小
7      private bool IsBrake = false;              //用于判断当前是否刹车
```

```
8      public TrailRenderer first;            //拖痕渲染器
9      public TrailRenderer second;
10     void FixedUpdate(){
11       if (!IsBrake){                        //如果当前没有刹车，就执行其下的代码
12         first.enabled = false;              //将两个拖痕渲染器禁用
13         second.enabled = false;
14         BRWheel.GetComponent<WheelCollider>().brakeTorque = 0;       //将车轮的刹
车力矩都置为 0
15         BLWheel.GetComponent<WheelCollider>().brakeTorque = 0;
16         BRWheel.GetComponent<WheelCollider>().motorTorque = torque; //获取车轮碰
撞器
17         BLWheel.GetComponent<WheelCollider>().motorTorque = torque; //为引擎转矩
变量赋值
18       }else {                               //如果当前正在刹车，就执行其下的代码
19         first.enabled = true;               //启用两个拖痕渲染器
20         second.enabled = true;
21         BRWheel.GetComponent<WheelCollider>().brakeTorque = torque * 2;  //获取
车轮碰撞器
22         BLWheel.GetComponent<WheelCollider>().brakeTorque = torque * 2;  //为刹
车转矩变量赋值
23     }}
24     public void clickDown() {               //当刹车板按钮被按下时调用此方法
25       IsBrake = true;                       //将刹车板标志位置为 true
26     }
27     public void clickUp(){                  //当刹车板按钮抬起时调用此方法
28       IsBrake = false;                      //将刹车标志位置为 false
29   }}
```

- 第 4～9 行用来声明该脚本需要使用的变量，包括车轮对象、力矩大小、是否刹车及后轮的两个拖痕渲染器。
- 第 11～17 行的作用是当汽车没有刹车时，将两个拖痕渲染器禁用，并为两个车轮添加转动力矩。
- 第 18～23 行的作用是当汽车刹车时，启用两个拖痕渲染器，并为车轮添加刹车转动力矩，减慢汽车速度。
- 第 24～29 行定义了两个 public 类型的方法，当用户按下刹车板按钮时会调用 clickDown 方法，将标志位置为 true 表示当前正在刹车；当用户释放刹车板按钮时会调用 clickUp 方法，将标志位置为 false 表示当前没有刹车。

（10）脚本编写完成后将其挂载到 Car 游戏对象上，在其中添加两个后轮的车轮碰撞器，设置力矩并添加两个拖痕渲染器，如图 9-45 所示。然后选中 Button 控件，并单击 Component→Event→Event Trigger 为其添加事件触发器，如图 9-46 所示。

（11）在 Event Trigger 的设置面板中单击“Add New Event Type”按钮，在弹出的下拉列表中选择 Pointer Down，然后按照同样的方式再添加一个 Event Type 并选择 Pointer Up。将挂有脚本的 Car 对象拖曳到左侧的赋值框中，并在右侧选择 clickDown 和 clickUp 两个方法，如图 9-47 所示。完成后单击播放按钮即可查看案例运行效果。

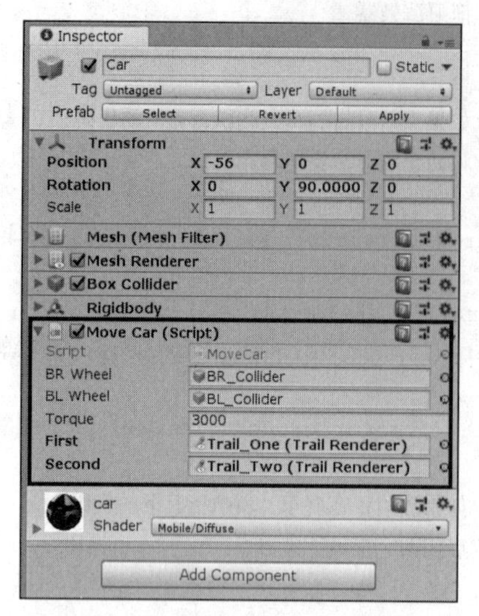

图 9-45 设置 MoveCar 脚本

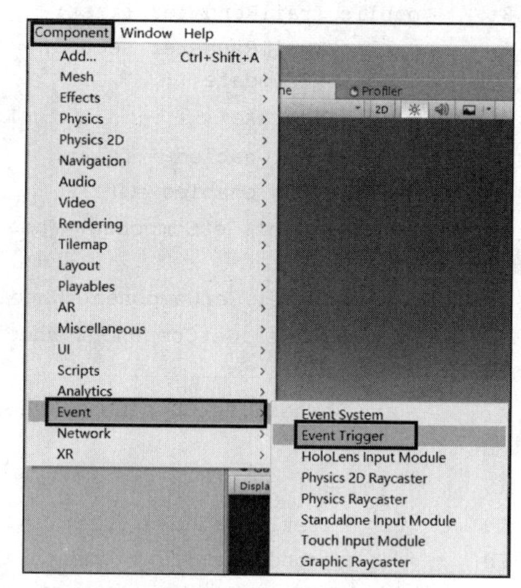

图 9-46 添加事件触发器

图 9-47 挂载需要调用的方法

当按钮被按下时，挂载到 Pointer Down 上的方法被调用；当按钮被释放时，挂载到 Pointer Up 上的方法被调用。

9.3 自动寻路技术

为了增强游戏的趣味性，游戏中常常会设置各种类型的 NPC 与玩家进行互动。NPC 作为 AI 对象，必须具备寻路功能，它们需要能够在场景中自由地移动。游戏中也会应用自动寻路技术使玩家角色能够自动地走到任务点。本节将详细地介绍 Unity 提供的自动寻路功能。

9.3.1 自动寻路技术基础知识

使用 Unity 来实现初级的寻路功能十分简单，需要代码也十分简单，主要是让各个组件相互配合来达到需要的效果。下面将对自动寻路技术中最重要的 3 个组件和路网烘焙进行详细的讲解。

1. 代理器——Nav Mesh Agent

该组件可实现对指定对象自动寻路功能的代理，使用时需要将其挂载到指定对象上。该组件自带了许多参数，开发人员通过修改这些参数来设置对象的宽度、高度及转向速度等，代理器的设置面板如图 9-48、图 9-49 所示。其中部分常用参数的具体含义如表 9-11 所示。

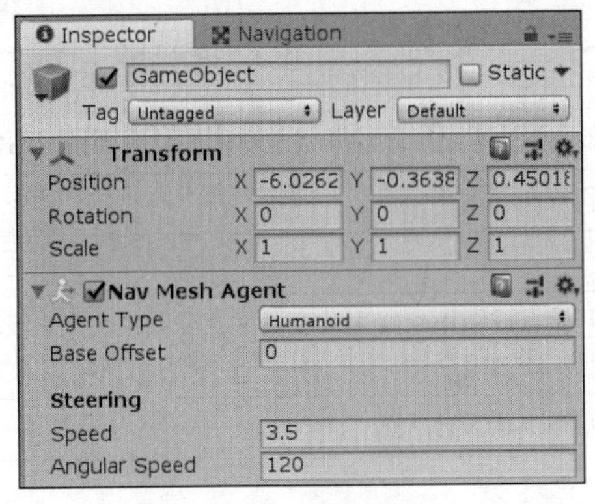

图 9-48　代理器设置面板 1

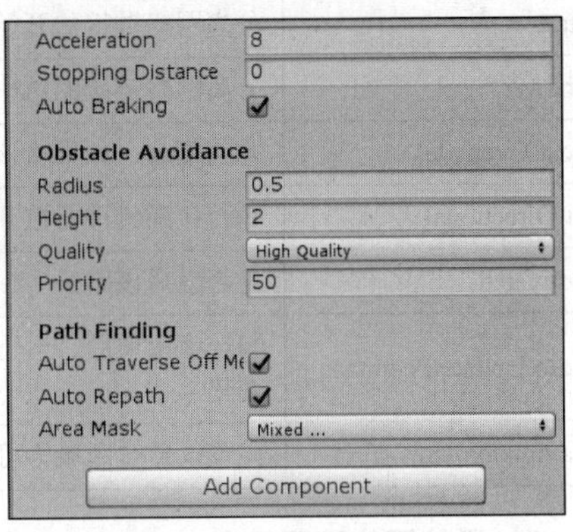

图 9-49　代理器设置面板 2

表 9-11　Nav Mesh Agent 常用参数介绍

参数名	含义	参数名	含义
Agent Type	选择代理器类型	Base Offset	代理器相对于导航网格的高度偏移
Speed	代理器移动速度	Angular Speed	代理器转向速度
Acceleration	代理器加速度	Stopping Distance	代理器到达时与目标点的距离
Auto Braking	判断是否自动放弃无法到达指定目的地的路线	Radius	代理器半径
Height	代理器高度	Priority	代理器优先级
Auto Traverse Off Mesh Link	是否自动穿过自定义路线	Auto Repath	原有路线发生变化时是否重新寻路
Area Mask	指定通过区域		

说明

如果使用代理器移动角色，角色将忽略一切碰撞，也就是说，没有进行路网烘焙也没有使用导航网格障碍物（Nav Mesh Obstacle）组件的物体即使带有碰撞器，角色在移动时也会穿透这个物体。

2. 分离网格链接——Off Mesh Link

如果场景中两个静态几何体彼此分离，即没有连接在一起，则在完成路网烘焙后，代理器无法从其中一个物体寻路到另一个物体。为了使代理器可以在两个彼此分离的物体间进行寻路，就需要使用分离网格链接，其设置面板如图 9-50 所示，其中参数的具体含义如表 9-12 所示。

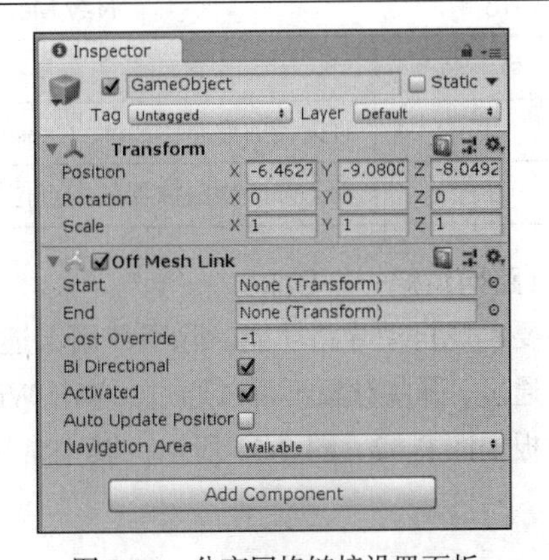

图 9-50　分离网格链接设置面板

表 9-12　　　　　Off Mesh Link 参数介绍

参 数 名	含 义
Start	分离网格链接的开始点物体
End	分离网格链接的结束点物体
Cost Override	开销覆盖，如果将该值设置为 2，那么在计算路径时的开销是默认的计算开销的两倍
Bi Directional	是否允许代理器在开始点和结束点间双向移动
Activated	是否激活该路线
Auto Update Position	勾选该选项后，运行游戏时，如果开始点或结束点发生改变，那么路线也会随之发生变化
Navigation Area	设置该导航区域为可行走、不可行走和跳跃 3 种状态

3. 导航网格障碍物——Nav Mesh Obstacle

导航网格中固定的障碍物在开发时可以通过路网烘焙的方式使代理器无法穿透，但游戏中常常会有移动的障碍物，这种动态障碍物无法进行路网烘焙，为了使代理器也能够与其发生正常的碰撞，就需要使用导航网格障碍物。该组件的设置面板如图 9-51 所示，各项参数的含义如表 9-13 所示。

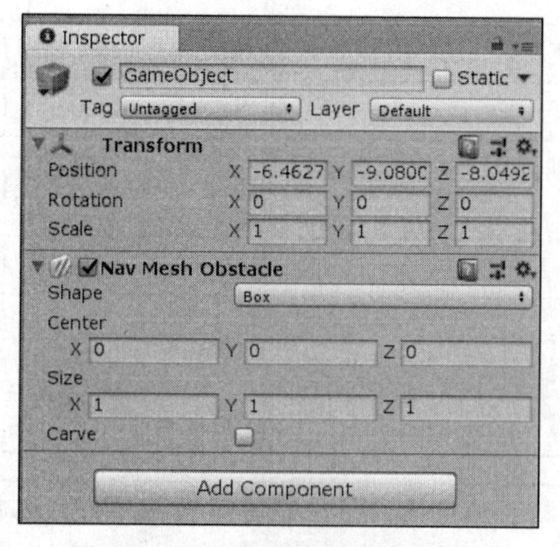

图 9-51　导航网格障碍物设置面板

表 9-13　　　　　Nav Mesh Obstacle 参数介绍

参 数 名	含 义	参 数 名	含 义
Shape	碰撞器的形态（Box、Capsule）	Size	动态障碍物碰撞器的尺寸
Center	动态障碍物碰撞器的中点位置	Carve	是否允许被代理器穿透

4. 路网烘焙——Bake

想要实现自动寻路功能，除了使用上述的 3 种组件，还需要对路网进行烘焙，即指定哪些对象可以通过、哪些对象不可以通过。单击 Window→AI→Navigation 打开对应面板。Bake 和 Object 设置面板如图 9-52、图 9-53 所示，其中常用参数的具体含义如表 9-14 所示。

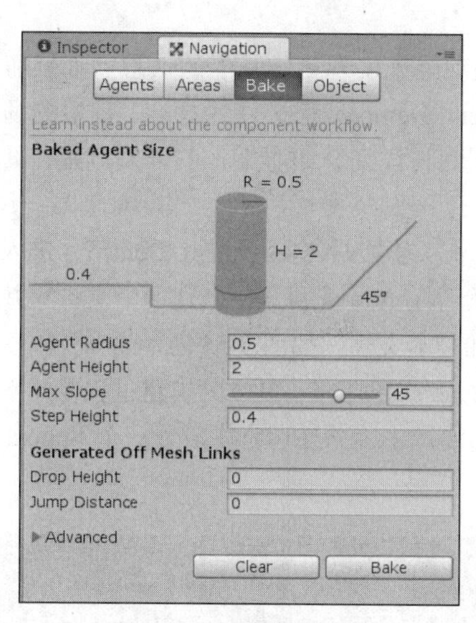

图 9-52　Bake 设置面板

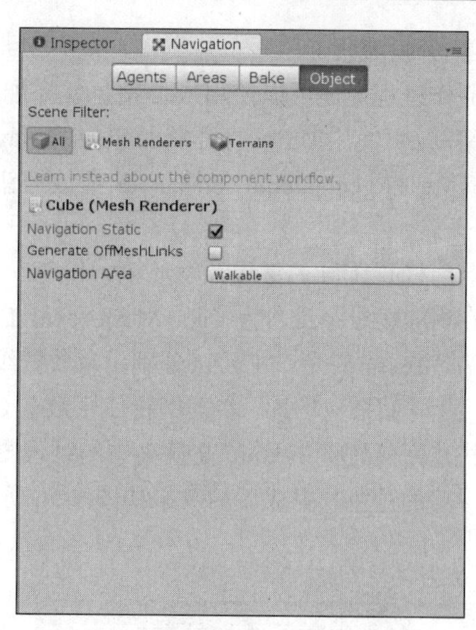

图 9-53　Object 设置面板

表 9-14　Object、Bake 常用参数介绍

参 数 名	含　义	参 数 名	含　义
Navigation Static	是否将物体标记为静态。需要烘焙的物体须将该选项勾选	Agent Radius	代理器半径
Navigation Area	导航区域，设置当前选中的物体是可通过还是不可通过	Agent Height	代理器高度
Max Slope	代理器可以通过的最大坡度	Step Height	可通过的台阶高度

9.3.2　小球寻路案例

前面已经介绍了 Unity 集成开发环境中自动寻路技术的基本知识，为了使这部分内容更容易理解，下面将通过一个简单的寻路案例来介绍自动寻路技术在实际开发过程中的使用步骤。实际开发过程中可以根据项目的要求搭建相应的场景。

1. 案例效果

本案例中使用多个 Plane 和 Cube 对象搭建一个简易的迷宫，迷宫分为两部分，两部分之间没有连接。玩家可以通过单击场景中的迷宫地面，选择小球将要移动到的位置；小球能够在迷宫的两部分之间移动，并且能够与移动的障碍物产生碰撞。案例运行效果如图 9-54 所示。

（a）案例运行效果 1

（b）案例运行效果 2

图 9-54　案例运行效果

2. 开发流程

制作过程中还可以使用人形角色并搭配多种骨骼动画来实现更加炫酷的效果。如果需要运行本案例，可使用 Unity 打开资源包中的 NavMeshAgent_Demo 工程文件并双击工程中的场景文件 NavMeshAgent_Demo，最后单击播放按钮即可。下面将详细介绍本案例的开发流程，具体步骤如下。

（1）打开 Unity 集成开发环境，新建一个工程并命名为“NavMeshAgent_Demo”，进入工程后保存当前场景并命名为“NavMeshAgent_Demo”。然后在 Assets 目录下新建两个文件夹并分别命名为“Texture”和“C#”，分别用来放置纹理图片和脚本文件，如图 9-55 所示。

（2）开始搭建场景。本案例将使用数个 Cube 和 Plane 搭建迷宫，具体的搭建过程在此不再赘述。搭建完成后将 Texture 文件夹中的纹理图片添加到场景中，并在迷宫中放置一个 Sphere 作为需要寻路的角色。完成后的效果如图 9-56 所示。

图 9-55　目录结构

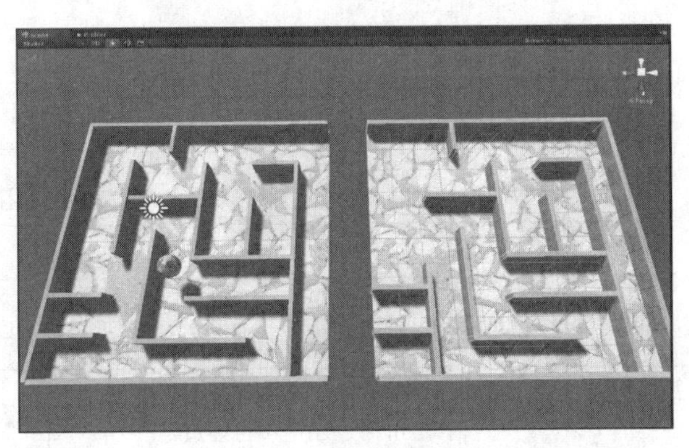

图 9-56　搭建场景

（3）开始进行路网烘焙。首先单击 Window→AI→Navigation 打开对应面板。将所有作为障碍物的 Cube 全部选中，在 Navigation 面板中勾选 Navigation Static 复选框，并将 Navigation Area 设置为 Not Walkable；然后选中两个 Plane 对象执行同样的操作，不同的是把它们的 Navigation Area 设置为 Walkable。

（4）单击 Navigation 面板下方的“Bake”按钮即可开始烘焙，完成后的效果如图 9-57 所示。接下来选中小球并为其添加代理器，单击 Component→Navigation→Nav Mesh Obstacle 即可，如图 9-58 所示。完成后即可在属性查看器中看到代理器的设置面板，这里使用默认参数。

图 9-57　路网烘焙

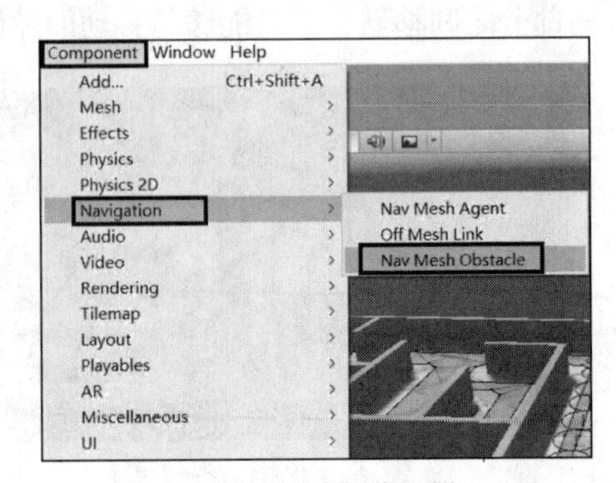

图 9-58　添加代理器

（5）由于迷宫的两部分彼此分离，因此需要使用分离网格链接组件。首先创建多个 Cylinder，并一一对应地摆放在迷宫的两部分，摆放位置如图 9-59 所示。然后在一侧的 Cylinder 上添加 Off Mesh Link 组件，并在其设置面板中添加起始点和结束点的位置信息；最后将 Cylinder 上的渲染组件取消勾选即可，如图 9-60 所示。

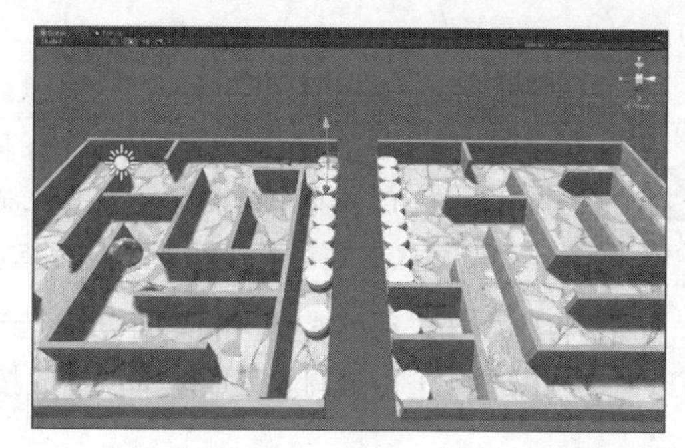

图 9-59　添加 Cylinder

（6）完成后 Cylinder 对象将不会在场景中被渲染。此时打开 Navigation 面板，场景的效果如图 9-61 所示。场景中还有一个动态障碍物，为了让它能与代理器产生碰撞，需要为其添加 Nav Mesh Obstacle 组件。为了使障碍物运动，还要用到第 8 章中的知识，这里不再进行讲解。

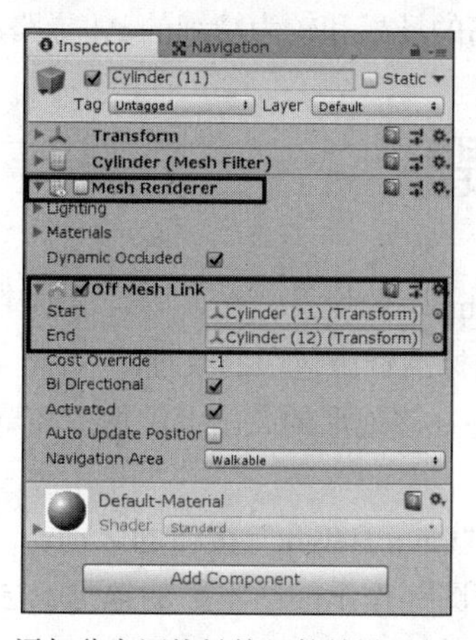

图 9-60　添加分离网格链接组件并设置起止点位置

图 9-61　使用分离网格链接组件

（7）编写脚本来控制小球的运动。在 C#文件夹下单击鼠标右键，选择 Create→C# Script 创建一个 C#脚本并命名为“Demo.cs”。双击该脚本进入脚本编辑器并编写代码，具体代码如下。（代码位置：见资源包中源代码第 9 章目录下的 Trial_Demo/ Assets/C#/ Demo.cs。）

```
1    using UnityEngine;
2    using System.Collections;
3    public class Demo : MonoBehaviour {
4      private NavMeshAgent _nav;                       //声明代理器变量
5      void Start () {
6        _nav = this.GetComponent<NavMeshAgent>();    //获取挂载该脚本的对象上的代理器组件
7      }
8      void Update () {
9        if (Input.GetMouseButtonDown(0)) {              //判断鼠标左键是否被单击
10           Ray ray =
11           Camera.main.ScreenPointToRay(Input.mousePosition);  //声明一条以鼠标指针
位置为起点的射线
12           RaycastHit hit;                          //声明存储反馈信息的结构
13           if (Physics.Raycast(ray, out hit)){//向场景中发射射线，如果有反馈信息就继续
执行
```

```
14            _nav.SetDestination(hit.point); //将射线与 3D 物体的交点设置为代理器的目标点
15   }}}}
```

说明

该脚本使用前面介绍的 3D 拾取技术将光线投射到场景中，并根据反馈信息得到射线与 3D 世界中的物体的交点坐标。而 SetDestination 方法是代理器的内置方法，用于设置代理器需要移动到的目标点，执行该方法，代理器就会开始移动。

（8）将脚本挂载到小球上。本案例中各个组件均使用默认参数，实际开发时根据不同需求，可以对其中的参数进行微调。完成后单击播放按钮即可运行程序，通过鼠标控制小球移动。

9.4 本章小结

本章详细地讲解了地形与自动寻路技术，以及拖痕渲染器的使用。这些知识在中大型游戏及虚拟现实场景的开发中被广泛应用，用以开发仿真程度较高的场景和较为精细的 AI 寻路系统。

9.5 习 题

1. 在 Unity 集成开发环境中新建一个名为“TerrainDemo”的场景，在该场景中创建一个地形，利用 Unity 提供的工具绘制出几座高山，并为它们添加标准资源包中的纹理图片。

2. 在 TerrainDemo 场景中的地形上绘制出一条沟壑，并在该地形的高山上添加树和草（纹理图片可以从标准资源包中获取）。

3. 简述 Terrain 组件中“Raise/Lower Terrain”按钮和“Paint Height”按钮的区别。

4. 制作出一张高度图，并将其导入 Unity。利用该高度图制作出凹凸不平的地形，与图 9-62 所示效果类似即可。

图 9-62 高度图地形效果

5. 运行并调试 9.2 节中的刹车痕案例，熟悉拖痕渲染器的使用。

6. 简述 Off Mesh Link（分离网格链接）组件在自动寻路技术中的作用。

7. 游戏中常常会有移动的障碍物，这种动态障碍物无法进行烘焙，为了使代理器能够与其发生正常的碰撞，Unity 提供了哪个组件？

8. 简述自动寻路中路网烘焙的过程。

9. 寻路过程中移动的障碍物所走的路线应该怎么处理？

10. 使挂有 Nav Mesh Agent 组件的代理器移动到给定目标点的是哪个方法？该方法有几个参数？它们的含义分别是什么？

第 10 章 游戏资源更新

随着移动终端的发展，互动性强、效果逼真、场景众多的网络游戏越来越受到玩家的欢迎。在一些大型游戏中，动态加载所有模型、贴图等资源文件及实现游戏的更新，对开发人员来说是一项重要的工作。本章将结合 Unity 平台的 AssetBundle 资源包来向读者展示如何做到游戏的更新。

10.1 初识 AssetBundle

AssetBundle 是将资源用 Unity 提供的一种用于存储资源的压缩格式打包后的集合，它是对资源管理的扩展，可以动态地加载和卸载，并且大大减少了游戏所占的空间，即使是已经发布的游戏也可以用其来增加新的内容。因此，动态更新、网页游戏、资源下载等都是基于 AssetBundle 系统的。

一般情况下，AssetBundle 开发流程的具体步骤如下。

（1）创建 AssetBundle。开发人员在 Unity 中通过脚本将所需的资源打包成 AssetBundle 文件。

（2）上传至服务器。开发人员创建好 AssetBundle 文件后，通过上传工具将其上传到游戏的服务器中，使游戏客户端可以通过访问服务器来获取当前所需要的资源，进而实现游戏的更新。

（3）下载 AssetBundle。游戏运行时，客户端可将服务器上的游戏更新所需的 AssetBundle 下载到本地设备，再通过加载模块加载到游戏中。Unity 提供了相应的 API 来完成从服务器下载 AssetBundle 的操作。

（4）加载 AssetBundle。AssetBundle 文件下载成功后，通过 Unity 提供的 API 可以加载资源包里的模型、纹理图片、音频、动画、场景等，并将它们实例化以更新游戏客户端。

（5）卸载 AssetBundle。Unity 提供了相应的方法来卸载 AssetBundle，卸载 AssetBundle 可以节约内存资源。

10.2 AssetBundle 的基本使用

上一节简要介绍了 AssetBundle 的开发流程，本节将通过具体案例来详细介绍最基本的本地打包和加载流程，包括 AssetBundle 系统的介绍。通过本节的学习，读者能够对 AssetBundle 的使用流程有初步的了解。

10.2.1 AssetBundle 的打包

Unity 中有自带的 AssettBundle 创建工具，并且打包 AssetBundle 不需要代码，这对开发人员来说更加方便，一目了然，省去了编写代码的烦琐操作。本小节将通过一个案例来说明 AssetBundle 的开发流程，读者按照步骤操作即可。

1. AssetBundle 系统

新建一个项目并命名为“BNUAssetBunds”，单击 GameObject→3D Object→Cube。然后在项目资源列表中的 Assets 目录下创建一个预制件，并命名为“Cubeasset”，将刚刚创建好的 Cube 拖曳到 Cubeasset 上，如图 10-1 所示。

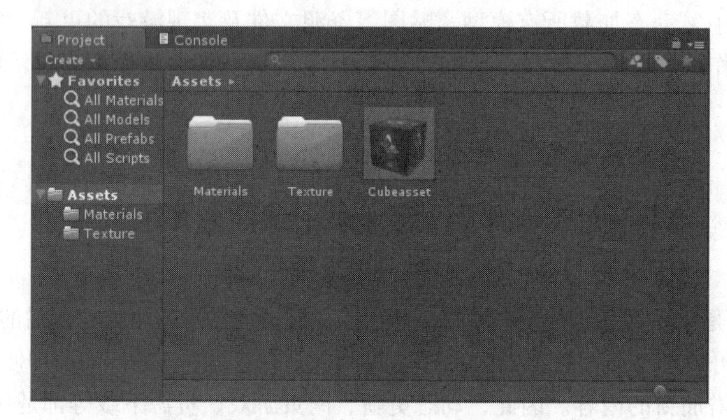

图 10-1　创建 Cubeasset 预制件

开发人员需要注意的是，只有 Assets 目录下的资源文件才能被打包到 AssetBundle 中，所以有些模型资源需要先被制作成预制件。

单击刚刚创建好的预制件 Cubeasset，在属性查看器底部找到 AssetBundle 的创建工具，如图 10-2 所示。接下来创建 AssetBundle，空的 AssetBundle 可以通过单击“New”来创建，将其命名为“cubeb”，如图 10-3 所示。

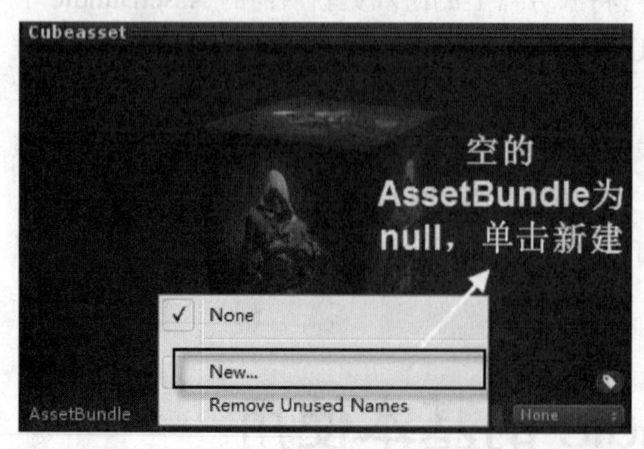

图 10-2　AssetBundle 创建工具

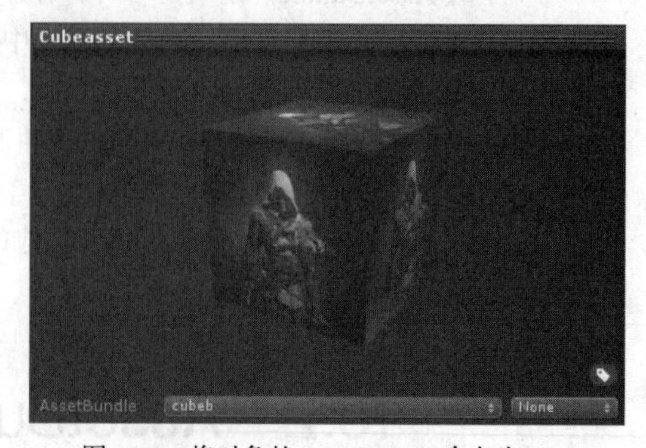

图 10-3　将对象的 AssetBundle 命名为 cubeb

AssetBundle 的名称固定为小写字母，如果在其名称中使用了大写字母，系统会自动转换为小写字母。另外，每个 AssetBundle 都可以设置一个 Variant，Variant 其实就是一个后缀，如果有不同分辨率的同名资源，可以添加不同的 Variant 来加以区分。

2. BuildAssetBundles 方法

AssetBundle 创建好后需要导出，这一过程要编写相应的代码来实现。Unity 简化了开发人员手动遍历资源的过程，自行打包时会将开发人员规定的所有资源打包，即先前使用 AssetBundle 创建工具创建并命名的全部资源，然后将它们置于指定的文件夹中。其具体的声明格式如下。

```
1    public static AssetBundleMainfest BuildAssetBundles(string outputPath,BuildAs
set BundleOptions
2    assetBundleOptions=BuildAssetBundleOption.None,BuildTarget targetPlatfom=Build
 Target.WebPlayer);
```

上述声明中 outputPath 参数为 AssetBundle 的输出路径，一般情况下为 Assets 目录下的某一个文件夹，如 Application.dataPath +"/Assetbundle"; assetBundleOptions 参数为 AssetBundle 的创建选项；BuildTarget 参数为 AssetBundle 的目标创建平台。

单击鼠标右键，选择 Create→Folder 创建一个文件夹，并命名为“C#”。然后在 C#文件夹下单击鼠标右键，选择 Create→C# Script，创建一个脚本并命名为“BNUBuildAsset.cs”，双击该脚本，编写代码将上面创建的 Cubeasset 打包成 AssetBundle 并将其导出，具体代码片段如下。（代码位置：见资源包中源代码第 10 章目录下的 BNUAssetBunds/Assets/C#/ BNUBuildAsset.cs。）

```
1    using UnityEngine;
2    using System.Collections;
3    using UnityEditor;                                   //导入系统相关类
4    public class BNUBuildAsset : MonoBehaviour{
5      [MenuItem("Test/Build Asset Bundles")]             //添加菜单 Test 和菜单命令 Build
Asset Bundles
6      static void BuildAssetBundles(){                   //声明 BuildAssetBundles 方法
7              //将资源打包到本项目中的 Assetbundle 文件夹下，并设置为未压缩格式
8         BuildPipeline.BuildAssetBundles(Application.dataPath + "/Assetbundle",
9          BuildAssetBundleOptions.None,BuildTarget.StandaloneWindows64);
10   }}
```

- 第 5 行为一个菜单命令，其主要功能是创建一个名为“Test”的菜单，并且包含“Build Asset Bundles”菜单命令，当该菜单被选中时后面的方法会被调用。
- 第 6～10 行的主要功能是声明打包方法，在此方法中将项目的资源采用未压缩格式打包到 AssetBundle 文件夹下。需要注意的是，该方法将资源打包到指定的文件夹中，该文件夹并不会被自动创建，需要在运行前手动创建，否则会报错。

此脚本并不需要挂载到对象或主摄像机上，脚本编写完成后会在菜单栏中自动生成 Test 菜单，如图 10-4 所示。单击其菜单命令 Build Asset Bundles，完成 AssetBundle 的打包，打包完成后 AssetBundle 文件夹下会生成相关文件，如图 10-5 所示。

每一个 AssetBundle 资源都有一个和原文件相关的.manifest 文本类型文件，该文件提供了所打包资源的 CRC（Cyclic Redundancy Check，循环冗余校验）和资源依赖信息，如本案例中的 Cubeasset 打包成的 cubeb.manifest 文件，如图 10-6 所示。

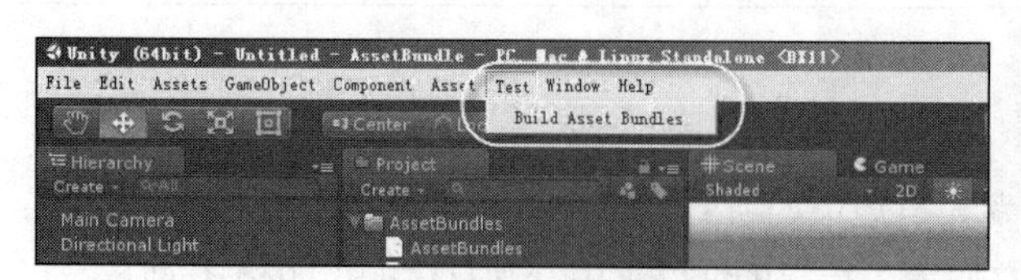

图 10-4　生成 Test 菜单

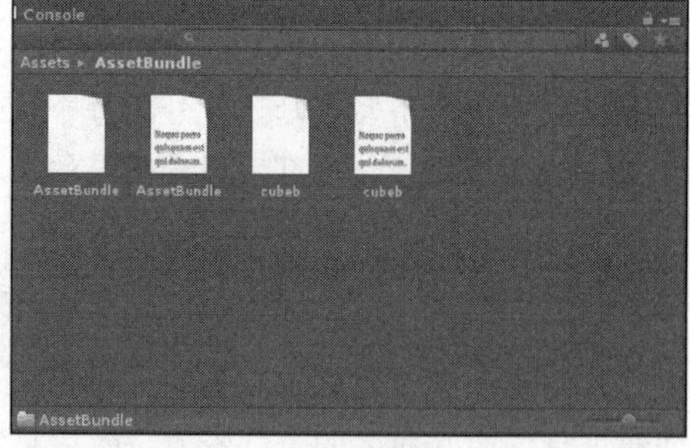

图 10-5　AssetBundle 打包文件 1

Unity5 ▸ BNUAssetBunds ▸ Assets ▸ AssetBundle　　搜索 AssetBundle

到库中 ▾　共享 ▾　新建文件夹

名称	修改日期	类型	大小
AssetBundle	2021/4/18 8:37	文件	5 KB
cubeb	2021/4/18 8:38	文件	1,135 KB
cubeb.manifest	2021/4/18 8:38	MANIFEST 文件	1 KB
AssetBundle.manifest	2021/4/18 8:38	MANIFEST 文件	1 KB

图 10-6　AssetBundle 打包文件 2

除此之外还有一个.manifest 文件会和 AssetBundle 同时创建，如图 10-6 所示。该文件也是文本类型的文件，记录了整个 AssetBundle 文件夹的信息，包括资源的列表及各个列表之间的依赖关系。但本案例中只打包了一个资源，所以并没有依赖关系。

按照上述方法，Unity 中需要被打包的资源会全部导出到指定的文件夹。开发人员根据需要选择打包好的 AssetBundle，然后上传到开发平台，供客户端下载，这样就可以达到更新游戏的目的。至此就完成了 AssetBundle 的打包。

10.2.2　下载 AssetBundle

Unity 提供了两种下载 AssetBundle 的方式：非缓存机制和缓存机制。非缓存机制下下载的资源文件不会被写入 Unity 的缓存区，而缓存机制下下载的资源文件会被写入 Unity 的缓存区。下面将分别介绍这两种方式。

1. 非缓存机制

非缓存机制通过创建一个 WWW 类的实例来下载 AssetBundle 文件。采用此种方式下载的 AssetBundle 文件不会被写入 Unity 的缓存区。下面将对一段使用非缓存机制来下载 AssetBundle 文件的代码进行说明，具体代码片段如下。（代码位置：见资源包中源代码第 10 章目录下的 BNUAssetBunds/Assets/C#/BNUDownload.cs。）

```
1    using UnityEngine;
2    using System.Collections;
3    public class BNUDownoad : MonoBehaviour {
4      public string BundleURL;                          //声明 URL 字符串
5      public string AssetName;                          //声明资源名称字符串
6      IEnumerator Start(){
7        using (WWW www = new WWW(BundleURL)){           //创建一个网页链接请求，并赋给 www
8           yield return www;                            //返回 www 的值
```

```
9           if (www.error != null)                          //如果下载过程中出现错误
10              Debug.Log("WWW download had an error:" + www.error);  //输出错误的
提示信息
11              AssetBundle bundle = www.assetBundle;   //下载 AssetBundle
12              if (AssetName == "")                        //如果没有指定具体的资源名称
13                  Instantiate(bundle.mainAsset);       //实例化主资源
14                else
15                  Instantiate(bundle.LoadAsset(AssetName));   //否则实例化指定资源
16                bundle.Unload(false);                     //释放 bundle 的序列化数据
17   }}}
```

- 第 1～5 行的主要功能是声明变量，主要声明了 URL 字符串、资源名称字符串。在开发环境下的属性查看器中可以为各个参数指定资源或取值。
- 第 6～8 行对 Start 方法进行了重写，创建了一个网页链接请求并将其赋给了 www，然后返回 www 的值。
- 第 9～11 行的主要功能是对下载过程中是否出现错误进行判断，如果发生错误则抛出异常，否则下载指定的 AssetBundle。
- 第 12～17 行的主要功能是对 AssetName 变量进行判断，如果未指定打包的资源，就实例化主资源，否则实例化指定资源。最后释放 bundle 的序列化数据。

代码编写完成后单击 GameObject→Create Empty 创建一个空对象，将编写好的脚本拖到创建的空对象上，然后单击该对象，填写需要选择的 AssetBundle 的 URL 和名称，再单击 Unity 编译器的运行按钮，就可以在 AssetBundle 文件夹中看到想要下载的资源。

2. 缓存机制

缓存机制通过 WWW 类下的 LoadFromCacheOrDownload 接口来实现 AssetBundle 的下载。通过缓存机制下载的 AssetBundle 会被存储在 Unity 的本地缓存区中。下载前系统会在缓存目录中查找该资源，当下载的数据在缓存目录中不存在或版本较低时，系统才会下载新的数据资源来替换缓存区中的原数据。

需要说明的是，Unity 提供的默认缓存大小在不同平台上有所不同，在 Web Player 平台上发布的网页游戏默认缓存大小为 50MB，在 PC 端发布的游戏和在 iOS/Android 平台上发布的移动游戏默认缓存大小为 4GB。下面将使用缓存机制来下载 AssetBundle 文件，具体代码片段如下。（代码位置：见资源包中源代码第 10 章目录下的 BNUAssetBunds/Assets/C#/ BNUDownloadasset.cs。）

```
1    using System;
2    using UnityEngine;
3    using System.Collections;
4    public class BNUDownloadasset: MonoBehaviour{
5      public string BundleURL;                          //声明 URL 字符串
6      public string AssetName;                          //声明资源名称字符串
7      public int version;                               //声明版本号
8      void Start(){
9         StartCoroutine(DownloadAndCache());            //开启缓存机制下载协同程序
10     }
11     IEnumerator DownloadAndCache(){
12        while (!Caching.ready)                         //如果缓存没准备好
13         yield return null;                            //返回空对象
```

```
14        using (WWW www = WWW.LoadFromCacheOrDownload(BundleURL, version)){
15                                                   //创建一个网页链接请求，并赋给 www
16          yield return www; //返回 www
17          if (www.error != null)                   //如果下载过程中出现错误
18              throw new Exception("WWW download had an error:" + www.error);
//抛出异常
19              AssetBundle bundle = www.assetBundle;    //下载 AssetBundle
20          if (AssetName == "")                     //如果未指定打包的资源
21              Instantiate(bundle.mainAsset);       //实例化主资源
22          else
23              Instantiate(bundle.LoadAsset(AssetName));//否则实例化指定资源
24         bundle.Unload(false);                     //释放 bundle 的序列化数据
25     }}}
```

- ❑ 第 1～7 行的主要功能是声明变量，主要声明了 URL 字符串、资源名称字符串、版本号等。在开发环境下的属性查看器中可以为各个参数指定资源或取值。
- ❑ 第 8～10 行的主要功能是实现 Start 方法的重写，该方法的主要内容是实现开启缓存机制下载协同程序。
- ❑ 第 11～16 行首先判断了缓存是否准备完毕，若没有准备完毕则返回空对象。然后创建一个网页链接请求并将其赋给 www，再返回 www 的值。
- ❑ 第 17～19 行的主要功能是对下载过程中是否出现错误进行判断，如果错误则抛出异常，否则下载指定的 AssetBundle。
- ❑ 第 20～25 行的主要功能是对 AssetName 变量进行判断，如果未指定打包的资源，就实例化主资源，否则实例化指定资源。最后释放 bundle 的序列化数据。

在实际的开发中需要将 URL 加入代码，上述两段代码仅仅作为示例。缓存机制和非缓存机制两种方法各有特点，读者在使用的时候要根据需要选择。按照上述方法，Unity 中需要更新的资源已经下载到了客户端，到这一步就完成了 AssetBundle 的下载。

10.2.3 AssetBundle 的加载和卸载

AssetBundle 下载完成后，并不能直接使用，需要将其加载到内存中并创建为具体的文件对象。这个过程就是 AssetBundle 的加载，需要开发人员编写代码实现。无论是在下载还是在加载的过程中，AssetBundle 都会占用内存。

1. AssetBundle 的加载

将 AssetBundle 下载到本地后，就等于把硬盘或网络的一个文件读到了内存的一个区域中，这时的文件只是 AssetBundle 内存镜像数据块，还需要将 AssetBundle 中的内容加载到内存里并实例化 AssetBundle 文件中的对象。Unity 提供了 3 种不同的方法来从已经下载的数据中加载 AssetBundle。

❑ AssetBundle.LoadAsset

此方法用资源名称标识作为参数，通过给定的包的名称来加载资源。这个名称在项目资源列表中可见，并且开发人员可以选择一个对象类型作为参数传递给该方法，以确保以一个特定类型的对象加载 AssetBundle。

❑ AssetBundle.LoadAssetAsync

此方法和上一个方法相似，但是它并不会在加载资源的同时阻碍主线程，而会通过给定类型的包的名称异步加载资源。在加载大的资源或短时间内加载许多资源的情况下能够很好地避免进程的中断。

- AssetBundle.LoadAllAssets

此方法将会加载 AssetBundle 中的所有资源对象，并且和 AssetBundle.Load 一样，让开发人员可以通过对象类型来过滤资源。

下面编写脚本来加载 AssetBundle。在 C#文件夹下单击鼠标右键，选择 Create→C# Script 创建一个脚本，并命名为“BNULoadAsset.cs”，双击该脚本进行代码编写。具体代码片段如下。（代码位置：见资源包中源代码第 10 章目录下的 BNUAssetBunds/Assets/C#/ BNULoadAsset.cs。）

```
1    using UnityEngine;
2    using System.Collections;                    //导入系统相关类
3    public class BNULoadAsset : MonoBehaviour{
4      void OnGUI(){                              //声明 OnGUI 方法
5      if (GUILayout.Button("LoadAssetbundle")){  //创建加载 AssetBundle 的按钮，并判断
该按钮是否被单击
6         AssetBundle manifestBundle = AssetBundle.CreateFromFile(Application.data
Path
7           + "/Assetbundle/AssetBundle");        //首先加载 Manifest 文件
8         if (manifestBundle != null){            //如果 Manifest 文件不为空
9             AssetBundleManifest manifest = (AssetBundleManifest)manifestBundle.L
oadAsset(
10              "AssetBundleManifest");           //加载主资源文件的 AssetBundle
11            AssetBundle cubeBundle = AssetBundle.CreateFromFile(Application.data
Path
12              + "/Assetbundle/cubeb");          //加载 cube 对象的 AssetBundle
13            GameObject cube = cubeBundle.LoadAsset("Cube") as GameObject;    //获
取 cube 对象
14            if (cube != null){
15              Instantiate(cube);                //实例化 cube
16   }}}}}
```

- 第 5～7 行首先创建了一个按钮，若按钮被单击则开始加载 AssetBundle，然后加载主资源 Manifest 文件。
- 第 8～10 行的主要功能是判断 Manifest 文件是否为空，如果不为空就加载 Manifest 资源文件的 AssetBundle。
- 第 11～15 行的主要功能是获取 cube 对象的 AssetBundle，然后加载 AssetBundle 以获取 cube 对象，再将其实例化。

单击播放按钮之后，案例的运行效果会显示在游戏预览面板中，屏幕的左上角有一个加载 AssetBundle 资源的按钮，如图 10-7 所示。单击该按钮，在面板中会出现实例化的 cube 对象，并且左侧的层次目录中也有对应显示，如图 10-8 所示。

2. AssetBundle 的卸载

Unity 提供了相应的方法来卸载 AssetBundle，这个方法使用一个布尔型参数来告诉 Unity 是卸载所有的数据（包含加载的资源对象）还是只卸载已经下载过的、被压缩好的资源数据。下面介绍 true 和 false 两个布尔值的含义。

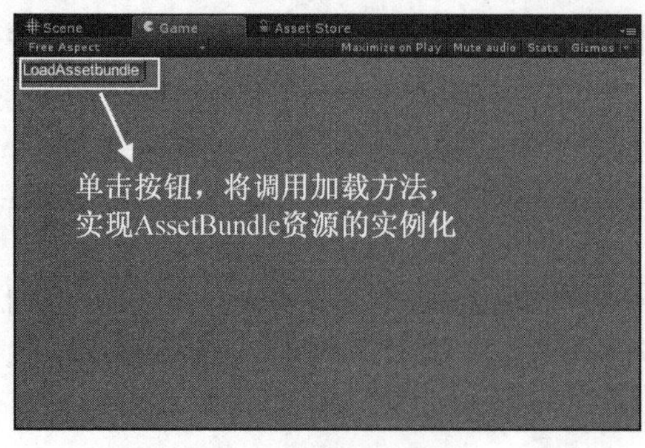

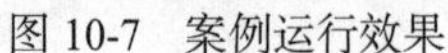
图 10-7　案例运行效果

图 10-8　实例化 cube 对象

- AssetBundle.Unload(flase)

false 是指释放 AssetBundle 文件的内存镜像，不包含用 Load 创建的 Asset 内存对象。

- AssetBundle.Unload(true)

true 是指释放 AssetBundle 文件的内存镜像并销毁所有用 Load 创建的 Asset 内存对象。

Unity 仅可以将一个特定的实例化 AssetBundle 在应用程序中加载一次，如果加载的是一个已经被加载且没有被卸载的 AssetBundle，Unity 会报错。所以对于不再使用的 AssetBundle，要么卸载，要么避免再次下载。这也解释了 AssetBundle 为什么一般需要被卸载。

10.3　AssetBundle 相关知识

上一节已经对 AssetBundle 的概念和用途进行了基本的介绍，下面将对 AssetBundle 的一些相关知识进行介绍，包括 AssetBundle 的管理依赖、存储和加载二进制文件等。通过本节的学习，读者将会对 AssetBundle 有更深一层的了解。

10.3.1　管理依赖

AssetBundle 中的资源可能会依赖于其他资源，包括模型、贴图和材质等，所有资源之间存在着彼此依赖的关系，例如，几个不同的模型都使用了某张贴图。

如果一个共享的依赖资源被包含在每一个使用它的对象中，那么当这些对象被打包时，此部分共享的资源就会被多次打包，这样会造成内存的浪费。为了避免这种浪费，需要将共享的资源打包到一个单独的 AssetBundle 中，然后让两个模型所隶属的 AssetBundle 分别依赖于该 AssetBundle。

通过这样的方法，该依赖资源仅会被打包一次，从而起到节省性能资源的作用。Unity 会自动判断并处理所打包的资源之间的依赖关系，开发人员仅需将所有资源一次性打包到指定的文件夹下，相关依赖的管理都由系统自动解决，不再需要手动处理。

10.3.2　存储和加载二进制文件

AssetBundle 可以把 Unity 中的文件或资源（包括模型、贴图、声音文件，以及场景文件）导出为一种特定格式的文件（.Unity3d），导出的特定格式的文件能在需要的时候加载到场景中。此外，AssetBundle 也可以打包开发人员自定义的二进制文件。

如果想要保存以“.bytes”为扩展名的二进制数据文件，需要在 Unity 中将该文件保存为 TextAsset 文件，然后对 AssetBundle 进行加载，再通过检索二进制数据来实现。下面是一个在 AssetBundle 中存储和加载二进制数据的案例，具体代码片段如下。（代码位置：见资源包中源代码第 10 章目录下的 AssetBundle/Assets/Script/Slbinarydata.cs。）

```
1    using UnityEngine;
2    using System.Collections;
3    public class BNUBinarydata : MonoBehaviour{
4      string url = "http://www.mywebsite.com/mygame/assetbundles/assetbundle1.unity3d";
5                                                          //声明 URL 字符串
6      IEnumerator Start(){
7        WWW www = WWW.LoadFromCacheOrDownload(url, 1);  //通过所给的 URL 开始下载
8        yield return www;                                 //等待下载完成
9        AssetBundle bundle = www.assetBundle;             //加载并取回 AssetBundle
10       TextAsset txt = bundle.LoadAsset("myBinaryAsText") as TextAsset;//加载对象
11       byte[] bytes = txt.bytes;                         //检索二进制数据的字节数组
12   }}
```

- 第 4～5 行声明了一个 URL 字符串，将脚本文件上传然后用 WWW 类取回至本地。
- 第 7～8 行的主要功能是通过给定的 URL 来下载脚本文件，并等待下载完成后进行下一步操作。
- 第 9～11 行的主要功能是取回 AssetBundle，然后将 AssetBundle 转换为 TextAsset 格式并在本地加载，加载完成后通过检索二进制数据的字节数组来获取结果。

10.3.3 资源中的脚本

在 Unity 中基本上可以把任何资源都打包成 AssetBundle，当然也包含脚本，但需要注意的是，脚本与普通资源文件的处理方式不同，并且实际上不会执行代码，其处理方式与上一小节提到的二进制文件类似。如果想让 AssetBundle 资源包含代码，就需要将脚本预编译并上传到网站，并引用 Reflection 类来实现。

下面是一个在 AssetBundle 中存储和加载二进制数据的例子，具体代码片段如下。（代码位置：见资源包中源代码第 10 章目录下的 BNUAssetBunds/Assets/C#/ BNUBuildAsset.cs。）

```
1    using UnityEngine;
2    using System.Collections;
3    public class Includescripts : MonoBehaviour{
4      string url = "http://www.mywebsite.com/mygame/assetbundles/assetbundle1.unity3d";
5                                                      //声明 URL 字符串
6      IEnumerator Start(){
7      WWW www = WWW.LoadFromCacheOrDownload(url, 1);//通过所给的 URL 开始下载
8      yield return www;                               //等待下载完成
9      AssetBundle bundle = www.assetBundle;           //加载并取回 AssetBundle
10     TextAsset txt = bundle.LoadAsset("myBinaryAsText") as TextAsset;
11                                                       //加载对象并转换为 TextAsset 格式
12     var assembly = System.Reflection.Assembly.Load(txt.bytes);   //引用 Reflection 类
13     var type = assembly.GetType("MyClassDerivedFromMonoBehaviour");
14     GameObject go = new GameObject();               //实例化一个游戏对象并添加一个组件
```

```
15      go.AddComponent(type);
16    }}
```

- ❑ 第4～5行声明了一个URL字符串，将脚本文件上传然后用WWW类取回至本地。
- ❑ 第7～8行的主要功能是通过给定的URL来下载脚本文件，并等待下载完成后进行下一步操作。
- ❑ 第9～11行的主要功能是取回AssetBundle，然后将AssetBundle转换为TextAsset格式并在本地加载。
- ❑ 第12～15行的主要功能是通过引用Reflection类将对象实例化并添加一个组件。脚本为对象的组件，为对象添加组件然后将脚本添加上去。

10.4 本章小结

本章介绍了通过Unity实现移动端设备游戏更新的开发技术——AssetBundle。读者如果还有其他的疑问和需求可以查阅Unity官方的API文档。通过本章的学习，读者对Unity的资源处理有了一定的理解，在以后的开发中会更加得心应手。

10.5 习 题

1. 简述什么是AssetBundle。
2. 下载AssetBundle采用的两种机制有何区别？它们各自的特点是什么？
3. 简述AssetBundle的开发流程。
4. 尝试打包不同类型的文件到AssetBundle，包括图片、模型、音频等。
5. AssetBundle为什么要卸载？如果不卸载会有何后果？
6. AssetBundle之间的依赖是指什么？
7. 加载AssetBundle有几种方法？它们的区别是什么？
8. 尝试将脚本打包成AssetBundle。
9. 自己查阅资料了解一下：除了AssetBundle，Unity支持的其他更新方法有哪些？
10. 编写一个简单的案例，使用AssetBundle实现场景的更新。

第 11 章 网络开发基础

网络游戏因突破地域限制和实时互动的特点，获得了游戏爱好者的青睐。本章将介绍如何使用 Unity 自带的多人联网功能实现网络多人游戏的开发。通过对本章内容的学习，读者将对 Unity 中网络游戏的开发有初步了解。

11.1 多人联网——Multiplayer Networking

多人联网项目的开发工作比较琐碎、复杂，世界各地的各种各样的计算机上不同的工程实例之间的同步与通信会遇到许多问题。在 Unity 内置的多人联网功能（Multiplayer Networking）与高级应用程序接口（High Level API，HLAPI）的帮助下，开发人员创建多人在线工程会变得比较容易。

11.1.1 网络管理器

网络管理器（Network Manager）是多人游戏的核心组件，管理着多人游戏的各个方面。它的功能包括游戏状态管理、派生管理、场景管理、调试信息、自定义化等，如图 11-1 所示。已熟练掌握 Unity 的用户可以从 Network Manager 中产生一个类来定制化这个组件。Network Manager 中的常用方法如表 11-1 所示。

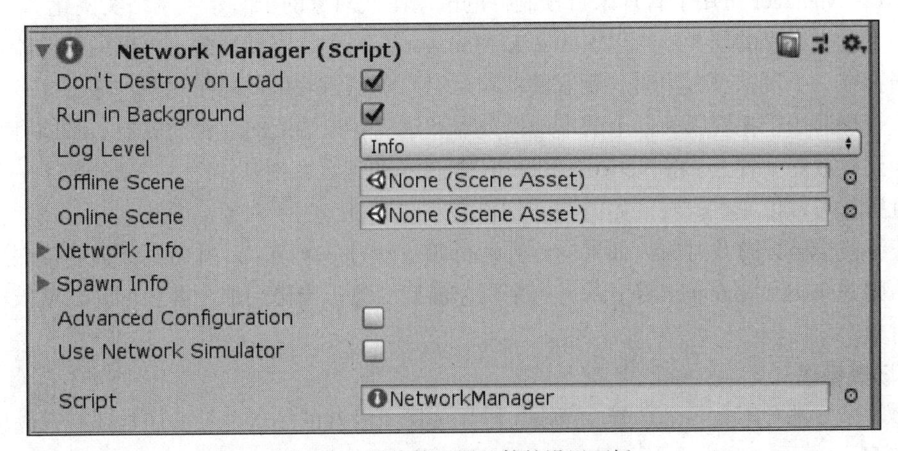

图 11-1 网络管理器组件的设置面板

表 11-1　Network Manager 中的常用方法

方 法 名	含 义	方 法 名	含 义
GetStartPosition	在场景中找到游戏对象的起始位置	IsClientConnected	检查 Network Manager 是否有客户端并已连接到服务器
OnClientConnect	客户端与服务器完成建立连接过程后被调用	OnClientDisconnect	在服务器断开连接时调用客户端
OnClientError	在发生网络错误时调用客户端	OnClientNotReady	当服务器告诉客户端未准备好时，调用客户端
OnClientSceneChanged	当场景已加载完成，且场景加载由服务器启动时，调用客户端	OnStartClient	当客户端启动时调用的回调方法
OnStarthost	当主机启动时调用的回调方法	OnStartServer	当服务器启动时调用的回调方法
OnStopClient	当客户端停用时调用的回调方法	OnStophost	当主机停用时调用的回调方法
OnStopServer	当服务器停用时调用的回调方法		

1. 游戏状态管理

网络多人游戏可以以 3 种模式运行——服务器模式、客户端模式、主机模式（同时作为客户端和服务器）。无论游戏是开始于客户端、服务器还是开始于主机，都要设置网络地址和网络端口，如图 11-2 所示。

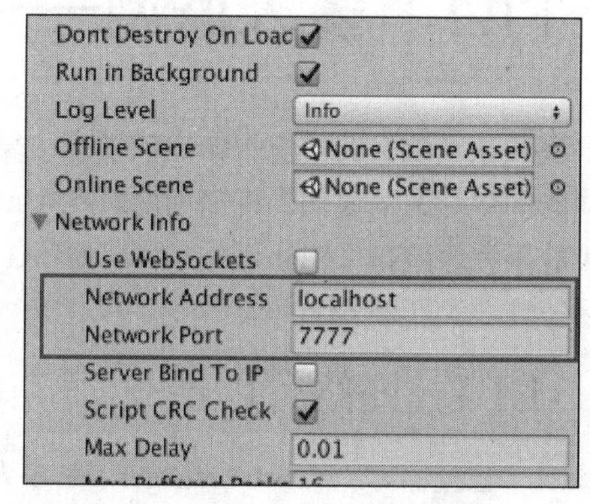

图 11-2　设置网络地址和网络端口

在客户端模式下，游戏将尝试连接到指定的地址和端口。在服务器或主机模式下，游戏监听指定端口上的传入连接。如果使用的是网络管理器 HUD，那么它会根据播放器选择的选项自动告诉 Network Manager 从哪个模式开始。网络管理器 HUD 将在下一小节介绍。

2. 派生管理

Network Manager 可用于管理来自预制件的网络游戏对象的子对象（网络实例化）。大多数游戏都有一个代表玩家的预置，所以 Network Manager 有一个玩家预置槽，可以用播放器预置这个插槽。当存在一个玩家预置集时，玩家游戏对象会自动从游戏中的每个用户产生。

派生管理适用于托管服务器上的本地播放器和远程客户端上的远程播放器。必须将网络身份组件附加到播放器预置上。将 Network Identity 组件添加到玩家预制体上，一旦分配了一个玩家预置，该玩家就可以以主机模式开始游戏，玩家游戏对象将产生子对象。

停止游戏会破坏游戏对象。如果构建并运行游戏的另一个副本，并将其作为客户端连接到本地主机，则 Network Manager 将显示另一个玩家游戏对象。当停用那个客户端时，就破坏了玩家的游戏对象。

3. 场景管理

大多数游戏都有不止一个场景。至少，除了实际玩游戏的场景之外，通常还有标题场景或开始菜单场景。Network Manager 具备以适用于多人游戏的方式自动管理场景状态和转换场景的功能。

服务器或主机启动时会加载在线场景，连接到该服务器的任何客户端都会被指示也加载该场景。此场景的名称存储在网络场景名称属性中。当网络断开时，通过停用服务器、主机或客户端断开连接，加载离线场景。这使得游戏可以在从多人游戏中断开时自动返回菜单场景。

当网络场景管理功能处于活动状态时，任何对游戏状态管理方法（如 NetworkManager.Starthost 或 NetworkManager.StopClient）的调用都会导致场景更改。通过设置场景并调用这些方法，开发人员可以控制多人游戏的流程。需要注意的是，场景更改会导致前一个场景中所有生成的游戏对象被销毁。

4. 起始位置

若要控制在何处生成玩家游戏对象，可以使用 Network Start Position 组件：将 Network Start Position 组件附加到场景中的游戏对象上，并将游戏对象定位到理想的起始位置。也可以在场景中添加任意多个起始位置。

Network Manager 会检测到场景中的所有起始位置，每生成一个玩家游戏对象实例时，Network Manager 便会使用其中一个实例的位置和方向。

5. 调试管理

Unity 提供在运行时获取游戏信息的工具。这个信息对于测试多人游戏是极为重要的。当游戏运行在游戏预览面板中时，Network Manager 会显示有关网络状态的附加信息，包括网络连接、具有网络身份标识组件的服务器上的活动游戏对象、具有网络身份标识组件的客户端上的活动游戏对象等。

11.1.2　网络管理器 HUD

网络管理器 HUD 是一个快速启动工具，它有助于立即开始构建多人游戏，而不必先构建用于创建、连接、加入游戏的用户界面。使用该组件可以直接进入游戏编程阶段，这就意味着开发人员可以在随后的开发中建立自己的控件版本。网络管理器 HUD 组件的设置面板如图 11-3 所示。

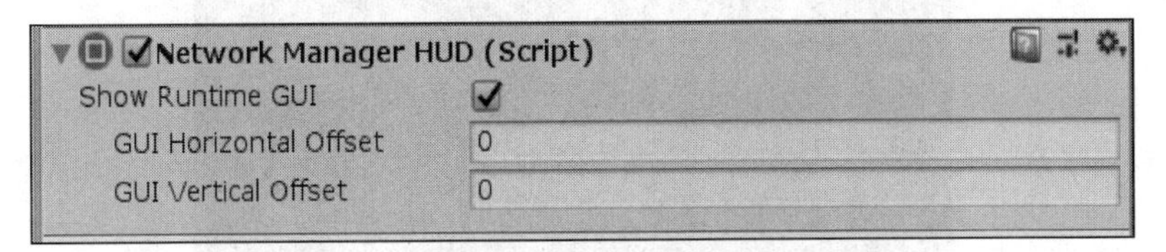

图 11-3　网络管理器 HUD 组件的设置面板

下面将介绍网络管理器 HUD 组件的参数，如表 11-2 所示。

表 11-2　网络管理器 HUD 组件的参数介绍

参数名	功能
Show Runtime GUI	勾选这个选项可以在运行时显示网络管理器 HUD
GUIHorizontalOffset	设置水平像素 HUD 的偏移，从屏幕的左边缘开始测量
GUIVerticalOffset	设置垂直像素 HUD 的偏移，从屏幕的上边缘开始测量

网络管理器 HUD 有两种基本模式：LAN（局域网）模式和红娘模式。两种模式分别匹配两种常见类型的多人游戏。LAN 模式用于创建或加入托管在局域网上的游戏，红娘模式用于创建、

查找通过互联网连接的游戏。

11.1.3　网络身份标识

网络身份标识（Network Identity）是多人联网系统的高级 API，它挂载到游戏对象上作为该对象在多人网络中的唯一标识。Network Identity 使联网系统能更快地找到游戏对象，方便其实例化此对象。玩家游戏对象必须拥有一个 Network Identity 组件才能挂载到 Network Manager 上。Network Identity 组件的设置面板如图 11-4 所示。

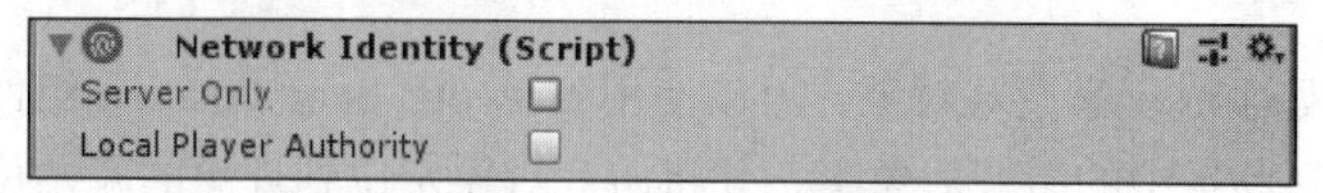

图 11-4　Network Identity 组件的设置面板

下面将介绍 Network Identity 组件的参数，如表 11-3 所示。

表 11-3　Network Identity 组件的参数介绍

参数名	功能
Server Only	勾选此选项，可确保只在服务器上产生游戏对象
Local Player Authority	勾选此选项，将此游戏对象的控制权限授予拥有它的客户端

挂载有 Network Identity 组件的游戏对象在运行时会产生一个 Network Information 面板，这个面板中显示场景 ID、资源 ID 等网络跟踪信息来方便开发人员调试，如图 11-5 所示。面板中的部分参数介绍如表 11-4 所示。

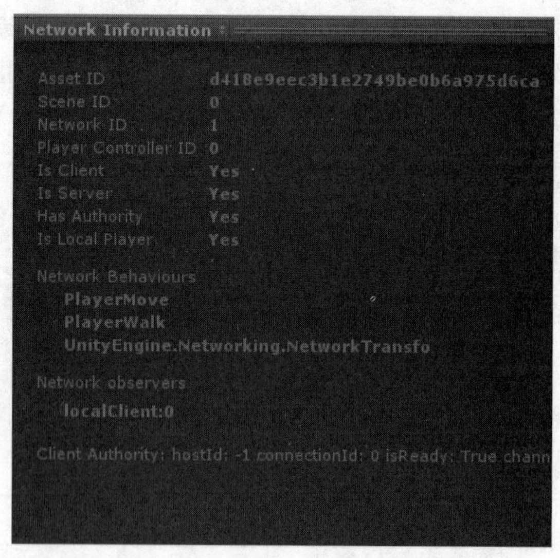

图 11-5　Network Information 面板

表 11-4　Network Information 中的部分参数介绍

参数名	含义
Asset ID	显示该对象是由哪个资源实例化的
Scene ID	显示此场景中拥有 Network Identity 组件的对象数量

续表

参 数 名	含 义
Network ID	显示拥有 Network Identity 组件的对象实例化的数量
Player Controller ID	显示与此对象关联的控制器数量
Is Client	如果此对象正在客户端运行则显示 Yes
Is Server	如果此对象正在服务器上运行并已生成则显示 Yes
Is Local Player	如果此对象是本地玩家对象则显示 Yes

11.1.4　联网变换组件

如果想通过网络对物体的运动、旋转等操作进行同步，就要用到联网变换(Network Transform)组件。需要注意的是，Network Transform 组件只能同步被生成的游戏对象。Network Transform 组件的设置面板如图 11-6 所示，其中部分参数如表 11-5 所示。

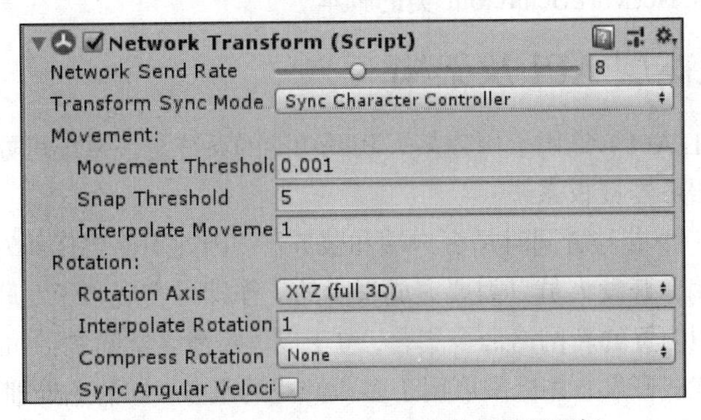

图 11-6　Network Transform 组件的设置面板

表 11-5　Network Transform 组件的部分参数介绍

参 数 名	含 义	参 数 名	含 义
Network Send Rate	设置网络每秒的更新次数	Transform Sync Mode	选择该对象的同步方式
Sync None	不进行同步	Sync Transform	根据 Transform 组件进行同步
Sync Rigidbody 2D	根据 Rigidbody 2D 组件进行同步	Sync Rigidbody 3D	根据 Rigidbody 3D 组件进行同步
Sync Character Controller	根据角色控制器进行同步	Movement Threshold	设置对象在不更新同步的情况下可以移动的距离
Snap Threshold	设置阈值，更新移动超过阈值时对象将不再平稳运动	Interpolate Movement Factor	使用它来启用和控制内插同步运动
Rotation Axis	定义哪个旋转轴或哪个轴应该进行同步	Interpolate Rotation Factor	使用它来启用和控制同步旋转的内插
Compress Rotation	如果压缩旋转数据，则发送的数据量较少，旋转同步的精度较低	Sync Angular Velocity	勾选此选项以同步附加刚体部件的角速度

此组件会考虑对象的权限，因此本地玩家对象（具有本地权限）会将其位置从客户端同步到服务器，然后输出到其他客户端。其他游戏对象（具有服务器权限）会将其位置从服务器同步到客户端。

想要挂载 Network Transform 组件的对象也必须有一个 Network Identity 组件。在游戏对象上创建 Network Transform 组件时，如果该对象还没有创建 Network Identity 组件，那么系统会自动在该对象上创建一个 Network Identity 组件。

11.1.5 NetworkBehaviour 类

Multiplayer Networking 中，所有包含网络功能的脚本都需要继承一个基类，那就是 NetworkBehaviour 类。NetworkBehaviour 类继承自 MonoBehaviour 类，所以需要使用联网功能时应该继承这个类而不是 MonoBehaviour 类。它允许开发人员调用网络操作，接收各种回调，并从服务器到客户端自动同步状态。

挂载继承 NetworkBehaviour 类的脚本需要用游戏对象上的 Network Identity 组件。一个游戏对象上可以有多个继承 NetworkBehaviour 类的脚本。

11.1.6 多人高层 API 及架构

多人高层 API（HLAPI）是用于构建多人联网功能的系统。该系统可处理多人游戏中的共同任务，并且它是一种服务器授权系统。

HLAPI 允许其中一个参与者同时是客户端和服务器，因此不需要任何专用服务器进程。通过与互联网服务结合使用，开发人员只需要完成很少的工作即可实现基于互联网的多人游戏。

HLAPI 是 Unity 中内置的新网络命令集合，位于以下新命名空间中：UnityEngine.Networking。它专注于易用性和迭代式开发，并提供可用于多人游戏的服务，如消息处理、通用高性能串行化、分布式对象管理、状态同步、网络类的服务器、客户端、连接等。HLAPI 是由一系列增加功能的层构成的，其各层架构如图 11-7 所示。

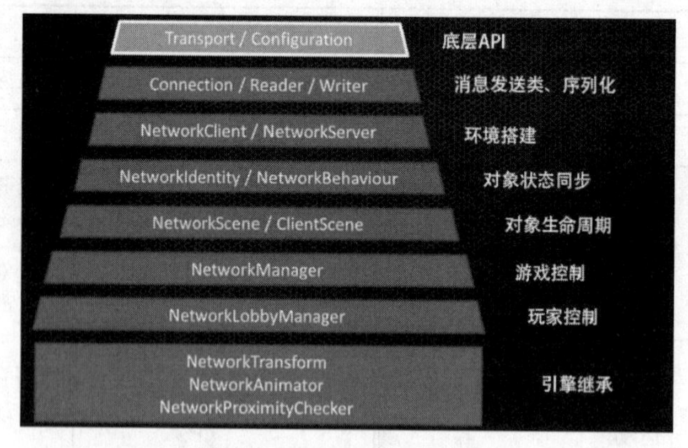

图 11-7 HLAPI 的各层架构

11.2 Unity Network 开发案例

基于 Network 类的网络游戏服务器具有操作简单、实现方便的特点。但需要说明的是，

Network 是 Unity 自封装的一个类，具有一定的局限性，不适合制作大型的多人在线网游，并且它是对整个游戏实时同步，网络资源占用多，所以在实际的网络开发中较少采用。

11.2.1　场景搭建

通过上一节的学习，读者应该已经对 Network 类有了基本的了解，本节将通过一个案例来详细介绍基于 Unity Network 开发网络游戏的过程。该案例实现了基于局域网控制各角色实现同步移动的效果，读者可按照步骤进行操作。

（1）创建一个工程项目，并命名为“BNUNetwork”。将资源包的资源目录下第 11 章的“BNUNetwork”工程文件下的“Model”导入项目文件夹，然后将预制件 terrain 拖曳到场景中，并调整其位置和大小。

（2）单击 GameObject→Create Empty 创建一个空游戏对象，将其命名为“NetworkManager”。为 NetworkManager 添加 Network Manager 组件和 Network Manager HUD 组件，如图 11-8 所示。

（3）单击 Assets→Model→Character Warrior→Prefab，将 Character Warrior 预制件拖曳到场景中。单击“Add Component”按钮为其添加 Network Identity、Network Transform 和 Character Controller 组件，如图 11-9 所示。

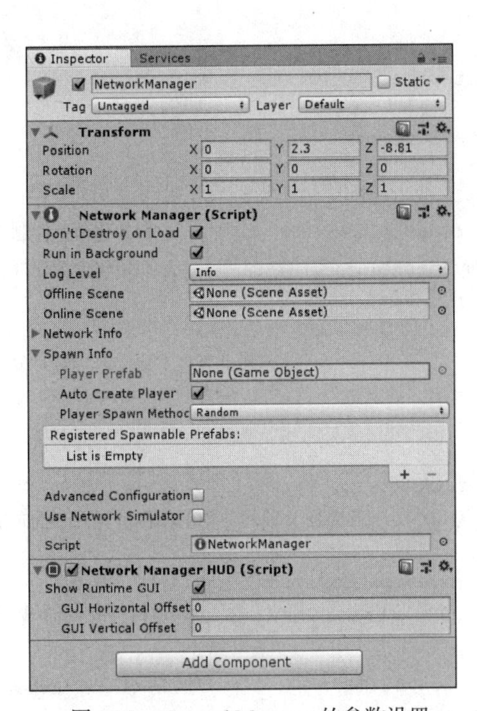

图 11-8　NetworkManager 的参数设置

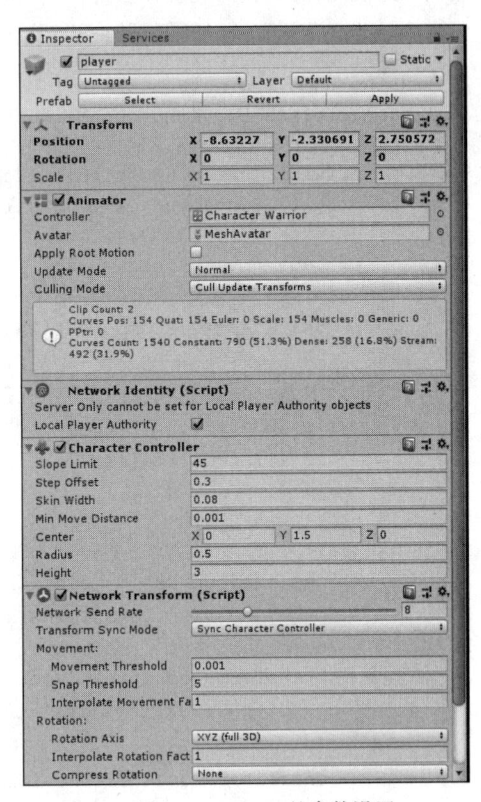

图 11-9　player 的参数设置

（4）在 Assets 目录下创建一个名为“player”的预制件，然后把 Character Warrior 预制件拖曳到新创建的预制件中，并将原来拖入场景的 Character Warrior 预制件删除。

（5）导入 Easytouch 插件，并添加虚拟摇杆。单击 Hedgehog Team→EasyTouch→Extensions→Adding a new joystick 向游戏组成对象列表中添加虚拟摇杆，如图 11-10 所示。

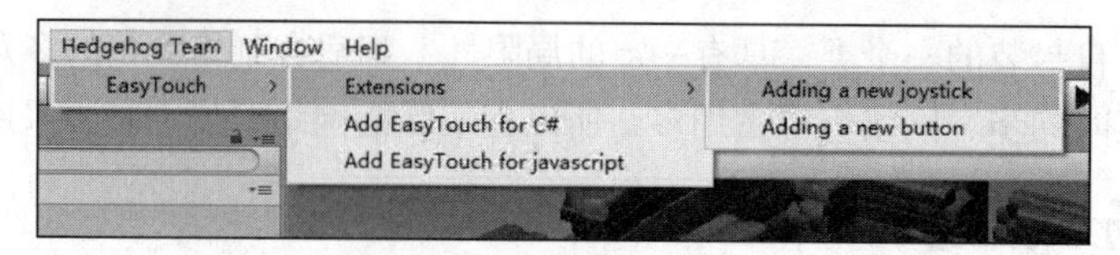

图 11-10　添加虚拟摇杆

11.2.2　脚本开发

项目主体场景搭建完毕以后，接下来介绍本案例的脚本部分，这也是实现 Unity Network 网络连接的主体部分。通过编写代码进行网络连接，主要包括控制服务器与客户端同步、角色控制等脚本。

（1）新建一个名为“Script”的文件夹，然后在该文件夹中新建一个 C#脚本，并命名为“PlayerMove.cs”。然后双击该脚本，开始代码的编写。该脚本的主要功能是实现游戏对象的移动和转向，具体代码如下。（代码位置：见资源包中源代码第 11 章目录下的 BNUNetwork/Assets/Script/PlayerMove.cs。）

```
1    using System.Collections;
2    using System.Collections.Generic;
3    using UnityEngine;
4    using UnityEngine.Networking;
5    public class PlayerMove : NetworkBehaviour
6    {
7        private CharacterController character;
8        private EasyJoystick myjoystick;
9        private Vector3 destination = Vector3.zero;
10       private float speed = 7f;
11       void Start () {
12         character=GetComponent<CharacterController>();          //初始化角色控制器
13         myjoystick = GameObject.Find("Mystick").                //初始化虚拟摇杆
14            GetComponent<EasyJoystick>();
15        void Update () {
16         if (!isLocalPlayer)                                   //判断是否为本地玩家游戏对象
17         {
18            return;
19         }
20         destination.Set(myjoystick.JoystickAxis.x, 0,
21            myjoystick.JoystickAxis.y);          //将摇杆 x 轴和 y 轴的偏移量写入三维向量
22         destination *= speed;
23         transform.LookAt(new Vector3(myjoystick.JoystickTouch.x*10000,0,
24            myjoystick.JoystickTouch.y*10000)+transform.position);//设置游戏对象
朝向
25         character.Move(destination*Time.deltaTime);            //使游戏对象产生移动
26       }}
```

- 第 4 行引用了命名空间 UnityEngine.Networking，其中有一些关于网络行为的类和方法。第 5 行将创建脚本时默认的继承对象 MonoBehaviour 类改为 NetworkBehaviour 类。NetworkBehaviour 是网络基础类，继承自 MonoBehaviour 类，如果脚本需要支持网络行为，那么需要继承的便是 NetworkBehaviour 类。

- 第 7～14 行主要声明了游戏对象的移动向量、移动速度等变量，并初始化了角色控制器和虚拟摇杆等对象。
- 第 15～26 行是使游戏对象进行移动、转向的逻辑代码。首先判断是否为本地玩家游戏对象，若不是则返回。接着将摇杆 x 轴和 y 轴的偏移量写入三维向量 destination，从而实现游戏对象的移动和转向。

（2）新建一个 C#脚本，并重命名为“PlayerWalk.cs”。然后双击该脚本，开始代码的编写。该脚本实现了服务器和客户端中骨骼动画的同步，具体代码如下。（代码位置：见资源包中源代码第 11 章目录下的 BNUNetwork/Assets/Script/ PlayerWalk.cs。）

```
1    using System.Collections;
2    using System.Collections.Generic;
3    using UnityEngine;
4    using UnityEngine.Networking;
5    public class PlayerWalk : NetworkBehaviour
6    {
7        private EasyJoystick myjoystick;
8        private Animator myAnimator;
9        [SyncVar(hook = "ClientWalk")]                    //设置同步标记变量
10       public bool isWalk;                               //声明骨骼动画控制标志位
11       void Start () {
12         myAnimator = GetComponent<Animator>();          //初始化动画管理器
13         myjoystick = GameObject.Find("Mystick").        //初始化虚拟摇杆控制器
14             GetComponent<EasyJoystick>();
15       }
16      void Update () {
17       if (myjoystick.JoystickTouch != Vector2.zero)     //判断虚拟摇杆是否发生变化
18       {
19         if (isLocalPlayer)                              //判断是否为本地玩家游戏对象
20          {
21            if (!isWalk)
22             {
23               myAnimator.SetTrigger("iswalk");          //设置骨骼动画为行走状态
24               CmdWalk();
25             }
26            isWalk = true;
27          }}
28         else
29         {
30            if (!isLocalPlayer){return;}
31            if (isWalk)
32            {
33              myAnimator.SetTrigger("Idel");             //设置骨骼动画为默认状态
34              CmdIdel();
35            }
36            isWalk = false;
37         }}
38      void ClientWalk(bool iw)//当客户端同步变量发生改变时调用的方法，在客户端里实现骨骼
动画的同步
39      {
40         bool ww = iw;
41         if (isLocalPlayer){return;}
```

```
42            if (!isWalk){myAnimator.SetTrigger("iswalk");}
43            if(!ww) {myAnimator.SetTrigger("Idel");}
44        }
45        [Command]//由客户端向服务器发送指令，方法将会在服务器里面执行
46        void CmdWalk()//同步骨骼动画
47        {
48           if (!isWalk){myAnimator.SetTrigger("iswalk");}
49        }
50        [Command]
51        void CmdIdel() {  myAnimator.SetTrigger("Idel");}//同步骨骼动画
52    }
```

- 第 1～5 行主要声明了各种命名空间，与先前的脚本一样，这里需要将继承对象由 MonoBehaviour 类改为 NetworkBehaviour 类。
- 第 9～10 行主要设置了服务器同步标记 SyncVar。SyncVar 同步标记的作用是每当其标记的变量发生改变时，客户端就会自动调用被 hook 标记的方法，从而实现同步。
- 第 16～37 行是控制玩家游戏对象骨骼动画状态的逻辑代码，每当虚拟摇杆发生移动时，首先判断是否为本地玩家游戏对象，再对“isWalk”进行判断，并对骨骼动画进行控制。
- 第 38～44 行是 SyncVar 同步标记的调用方法，通过由服务器收到的入口参数 iw 对客户端的骨骼动画状态进行控制，实现了客户端与服务器的同步。
- 第 45～52 行是被 Command 标记的两个方法，实现了服务器对客户端骨骼动画状态的同步控制。Command 标记是由客户端向服务器发送的指令，方法将会在服务器里面执行。被 Command 标记的方法必须由“Cmd”开头。

（3）将已经编写好的 PlayerMove.cs 脚本和 PlayerWalk.cs 脚本拖曳到 player 预制件上，接着将 player 预制件拖曳到 NetworkManager 对象下 Network Manager 组件的 Player Prefab 参数上，如图 11-11 所示。

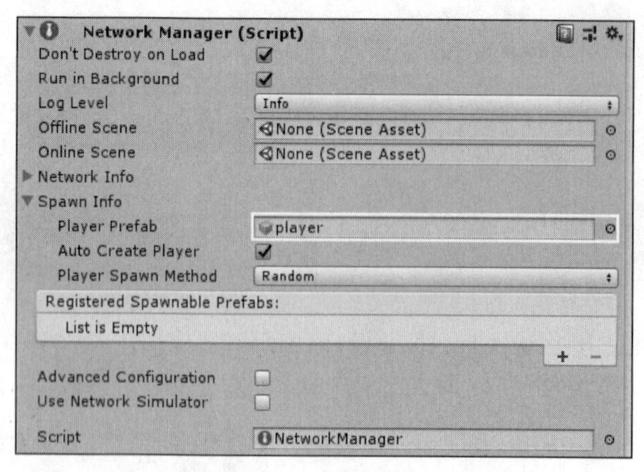

图 11-11　挂载 player 预制件到网络管理器

11.2.3　服务器和客户端的发布和使用

脚本编写并挂载完毕后，本案例的开发工作已经基本结束。此项目需要分成服务器和客户端两个端口，可以发布 PC 版，同时运行两个.exe 文件，也可以发布安卓版，在两个连入局域网的手机上运行。本书只介绍 PC 版的发布和使用，发布过程前面介绍过了，这里不再赘述，具体使

用步骤如下。

（1）在发布目录下找到并打开两个.exe 文件，一个单击“LAN Host(H)”按钮作为服务器建立游戏，另一个单击“LAN Client(C)”按钮作为客户端加入游戏，如图 11-12 所示。

图 11-12 服务器和客户端

（2）在建立起服务器和客户端之后，就可以分别对它们各自的玩家游戏对象进行独立控制了，两个玩家游戏对象的位置、状态也会分别同步显示在两个界面上，如图 11-13、图 11-14 所示。

图 11-13 服务器截图

图 11-14 客户端截图

连接服务器与客户端时要将运行服务器程序的计算机与运行客户端程序的设备（平板电脑或手机）连接到同一个局域网中（一般来说是指计算机与手持设备连接到同一个无线路由器），这样才能保证本案例正确运行。

11.3 本章小结

本章主要介绍了 Unity 自带的网络开发技术——Multiplayer Networking，包括 Network 类和 Network Manager 组件，并通过一个游戏案例来说明了网络游戏的开发过程。通过本章的学习，相信读者可以对网络开发有大致的了解，为以后的游戏开发打下良好的基础。

11.4 习 题

1. 简述网络开发中的 Network 类。
2. 简述 Network Manager 组件的作用。
3. 运行并调试本章中的案例，熟悉网络开发的流程。
4. 简述网络游戏开发的基本流程。
5. 简述基于 Network 类开发网络游戏时服务器的优缺点。
6. 简述服务器和客户端分别有什么作用。
7. 思考服务器和客户端的同步流程有何不同。
8. 查阅相关资料，了解其他网络游戏开发架构。
9. 简述在网络游戏开发中是如何通过服务器和客户端实现信息同步的。
10. 参考本章案例中的脚本，自行开发一个全新的多客户端画面同步小游戏。

第12章 课程设计——探险飞机

通过前面章节的学习，相信读者已经掌握了许多基础知识，本章将开发一款游戏作为本课程的课程设计。此课程设计旨在提升读者利用所学理论知识进行实际项目开发的能力，加强读者对所学理论知识的理解与吸收。

本章使用 Unity 开发一款可运行于 Android 平台的益智休闲类游戏——探险飞机，下面将对本游戏的开发进行详细的介绍。通过本章的学习，读者将对如何使用 Unity 开发 Android 平台上的益智休闲类游戏有更深入的了解。

12.1 背景及功能概述

开发本游戏之前，本节将对本游戏的开发背景进行详细的介绍，并对其功能进行简要说明。读者通过对本节的学习，将会对本游戏建立整体认知，明确本游戏的开发思路并直观了解本游戏所实现的功能和所要达到的各种效果。

12.1.1 游戏背景简介

随着生活节奏的加快，人们的生活压力也越来越大，为了缓解人们的压力，益智休闲类游戏应运而生，并且受到很多人的喜爱。此类游戏画面精美，操作简单，成为很多人打发闲暇时间的不二之选。

大部分益智休闲类游戏在给玩家带来愉悦的同时还需要玩家开动脑筋。例如，猎豹移动公司开发的《跳舞的线》和《钢琴块 2》，如图 12-1 和图 12-2 所示，乐元素公司开发的《开心消消乐》，如图 12-3 所示，这些都是非常有趣并且具有极高可玩性的益智休闲类游戏。

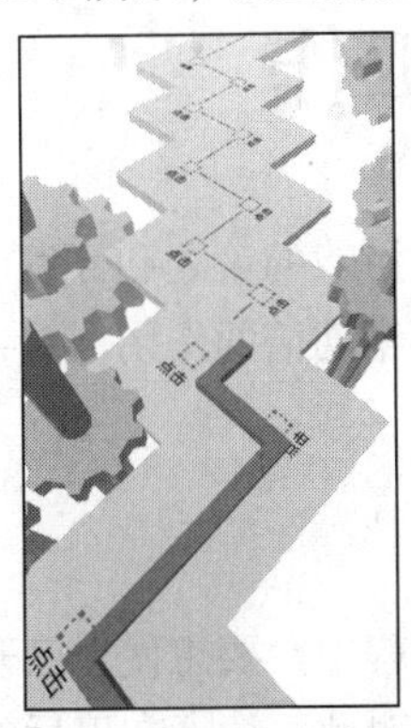

图 12-1 《跳舞的线》

图 12-2 《钢琴块 2》

图 12-3 《开心消消乐》

12.1.2 游戏功能简介

前一小节简单地介绍了本游戏的开发背景，本小节将对该游戏的主要功能进行简要的介绍，主要包括游戏 UI 的展示、按钮功能的详细介绍及游戏场景的展示。下面分步骤进行详细介绍。

（1）进入游戏后，首先显示的是本游戏的主菜单界面，如图 12-4 所示。主菜单界面中有本游戏的中文标识“探险飞机”，下面是“开始游戏”按钮。界面的右上角是音效按钮，初始默认为开启音效。点击音效按钮，即可控制游戏音效的开启或关闭。

（2）点击主菜单界面中的“开始游戏”按钮进入游戏界面，如图 12-5 所示。在游戏界面中点击屏幕的左、右侧区域，控制飞机左、右旋转。每通过一个障碍物，得分加 1，如图 12-6 所示。若飞机没有通过障碍物，与障碍物发生碰撞，则游戏结束，如图 12-7 所示，点击“重新开始”按钮即可重新开始游戏。

图 12-4 主菜单界面

图 12-5 游戏界面 1

图 12-6 游戏界面 2

图 12-7 游戏结束界面

12.2 游戏的策划及准备工作

上一节介绍了本游戏的开发背景和主要界面及其功能，本节主要对游戏的策划和开发前的一些准备工作进行介绍。在游戏开发之前进行细致的准备工作可以起到事半功倍的作用。准备工作大体包括游戏主体策划、相关美工准备及音效准备等。

12.2.1 游戏的策划

本小节将对本游戏的具体策划工作进行详细的介绍。在实际开发过程中，要想使自己开发的游戏项目在各方面获得成功，相对完善的游戏策划工作是必须要做的。对此，读者在以后的实践中将有所体会。本游戏的策划工作如下。

❑　游戏类型

本游戏是以 Unity 为开发工具、C#为开发语言的一款益智休闲类游戏。游戏中使用 UGUI 系统绘制主菜单及相关场景，以点击按钮的方式实现不同界面和不同场景之间的切换，通过点击屏幕控制飞机左右旋转穿越障碍物。

❑　运行目标平台

运行目标平台为 Android 6.0 或更高版本。

❑　目标受众

本游戏以手持移动设备为载体，几乎所有 Android 平台手持设备都可安装，操作简单，画面效果逼真，耗时适中。该游戏旨在考察玩家的思维能力、分析能力和反应能力，因此适合全年龄段人群。

❑　操作方式

本游戏操作难度低，玩家在主菜单界面中设置是否开启本游戏音效，然后点击“开始游戏”按钮即可进入游戏界面。进入游戏界面后，玩家只需点击屏幕就可以控制飞机左右旋转，穿越一个又一个障碍物；飞机的飞行速度会逐渐加快，游戏的难度也会逐渐提高。

❑　呈现技术

本游戏以 Unity 为开发工具，使用物理引擎模拟现实物体特性，用 UGUI 系统绘制主菜单及相关场景，用粒子系统实现爆炸效果、火焰效果。本游戏场景具有很强的立体感和逼真的光影效果，以及真实的物理碰撞效果，将带给玩家绚丽、真实的视觉体验。

12.2.2　使用 Unity 开发游戏前的准备工作

上一小节对本游戏的策划工作进行了简单介绍，本小节将对本游戏开发之前的准备工作进行详细介绍，包括相关的图片、声音、模型等资源的选择与用途，具体内容如下。

（1）本游戏用到的背景图片、纹理图片和按钮图片等资源图片全部放在项目文件夹 Assets→Textures 下，图片资源的具体信息如表 12-1 所示。

表 12-1　游戏场景图片资源信息

图　片　名	大小/KB	像素（w × h）	用　　途
again.png	29.5	530 × 230	“重新开始”按钮图片
Background.png	54.5	458 × 457	游戏主界面背景图片
Icon.png	173.0	1024 × 1024	游戏图标图片
Logo.png	64.9	1091 × 257	主菜单界面中的游戏标题图片
Number.png	97.1	728 × 4370	游戏界面中的得分图片
obstruction.png	560.0	1024 × 1024	障碍物纹理图片
off.png	45.3	650 × 650	游戏音效关闭按钮图片
on.png	130.0	650 × 650	游戏音效开启按钮图片
ParticleFirecloud.png	56.0	256 × 256	火焰粒子纹理图片
skybox_nx~pz	21.7	512 × 512	天空盒纹理图片
start.png	31.4	552 × 136	“开始游戏”按钮图片

（2）本游戏添加了音效，合适的音效可以使游戏更加有趣。本游戏中用到的各种音效的声音资源全部放在项目文件夹 Assets→Sounds 下，具体信息如表 12-2 所示。

表 12-2 声音资源信息

文 件 名	大小/KB	格 式	用 途
adopt.mp3	29.3	MP3	得分音效
collide.wav	77.0	WAV	碰撞音效

（3）本游戏中用到的 3D 模型是用 3ds Max 生成的，且格式为 FBX。FBX 文件放在项目文件夹 Assets→Model 下，其详细信息如表 12-3 所示。

表 12-3 模型资源信息

文 件 名	大小/KB	格 式	用 途
AirPlane.FBX	571	FBX	飞机模型
Cube.FBX	16	FBX	正方体障碍物模型
Cylinder.FBX	20	FBX	圆柱障碍物模型
Prism.FBX	16	FBX	三棱柱障碍物模型
Trapezoid.FBX	66	FBX	六棱柱障碍物模型

12.3 游戏的架构

上一节对游戏开发前的策划工作和准备工作进行了简单的介绍，本节将着重介绍本游戏的整体架构和游戏中的各个场景。读者通过本节的学习可以对本游戏的整体开发思路有一定了解，并对本类游戏的开发过程更加熟悉。

12.3.1 游戏中各场景简介

Unity 游戏开发中，场景开发是主要工作。每个场景都包含了多个游戏对象，其中某些对象还被附加了用于实现特定功能的脚本。本游戏包含主菜单场景和游戏场景，接下来对这两个场景进行简要的介绍。

❑ 主菜单场景（MainMenu）

主菜单场景是转向游戏场景的中心场景。此场景使用了 UGUI 控件，控件与控件之间可以进行嵌套。在该场景中玩家通过点击按钮进入游戏场景。主菜单场景还有动态背景，这里使用天空盒实现背景的动态变化。此场景只包含 Welcome.cs 脚本。

❑ 游戏场景（PlaneGame）

本场景是该游戏最重要的场景。这个场景中的一些游戏对象被附加了相应的脚本，如主摄像机、飞机、障碍物等。这些脚本主要实现障碍物的循环生成、飞机的旋转、游戏得分的显示、控制游戏重新开始等。该游戏场景包含的脚本如图 12-8 所示。

图 12-8　游戏场景包含的脚本

12.3.2　游戏架构简介

上一小节简单介绍了游戏的主要场景和使用的相关脚本，这一小节将介绍游戏的整体架构。本游戏使用了很多脚本，接下来将按照程序运行的顺序介绍各脚本的作用和游戏的整体框架。

（1）运行本游戏，首先会进入主菜单界面。界面背景为一个天空盒，用脚本控制主摄像机旋转，从而实现动态效果，然后在一个画布对象上放置按钮及图片（开始游戏，开启和关闭音效）。

（2）当第一次进入此游戏时，音效是默认开启的。如果玩家需要关闭游戏音效，可以点击右上角的音效按钮。点击该按钮会触发挂载在按钮上的脚本里的方法，如开启音效的 KQOnClick 方法、关闭音效的 GBOnClick 方法。

（3）点击主菜单界面中的“开始游戏”按钮进入游戏界面后，将会触发挂载在摄像机上控制障碍物移动的 ObstacleMove 类、控制游戏重新开始的 GameControl 类、挂载在障碍物上控制障碍物随机旋转的 ObstacleControl 类，以及挂载在计分板上改变游戏得分的 ScoreBoard 类。

（4）飞机在飞行过程中需要改变角度才能安全地穿越障碍物，玩家点击屏幕时会触发挂载在飞机上控制旋转、碰撞检测、成功穿越障碍物后得分及发生碰撞后重新开始的 AirPlaneControl 类。

12.4　游戏场景

前面对游戏的整体架构进行了介绍，本节将开始依次介绍本游戏中各个场景的开发步骤。首先是本游戏中的主菜单场景，该场景是游戏启动时首先呈现在玩家面前的，而且负责控制场景之间的跳转，下面将对其开发步骤进行详细介绍。

12.4.1　游戏主菜单场景

此场景的搭建主要涉及 UI 的各种设置和天空盒的制作。通过本小节的学习，读者将会了解如何搭建出基本的 UI 和设置动态背景。由于篇幅有限，本小节将着重讲解 UI 的搭建和天空盒的制作，省略了部分重复步骤。

（1）新建项目，然后新建场景并设置环境光。接着新建一个 Canvas，具体操作为单击左侧游戏组成对象列表面板上方的 Create→UI→Canvas，如图 12-9 所示，其相关设置如图 12-10 所示。

（2）创建两个 Button 控件，分别对应开启音效按钮和关闭音效按钮，如图 12-11 所示。然后将预先放置在 Textures 文件夹下的 off.png 图片和 on.png 图片拖曳到 Button 控件下 Image 组件的 Source Image 参数上，分别重命名为“on”和“off”，如图 12-12 所示。

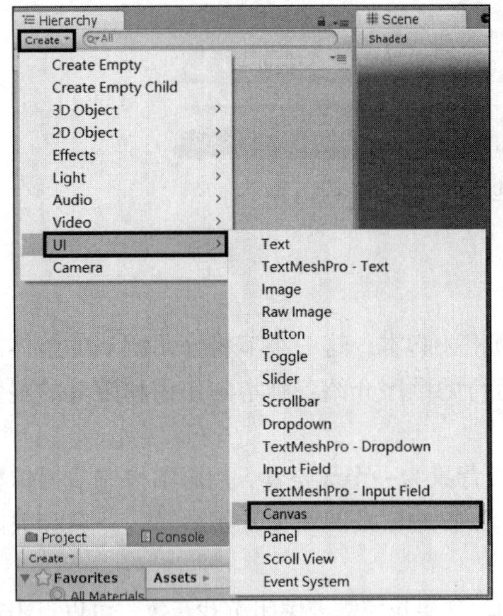

图 12-9　创建 Canvas

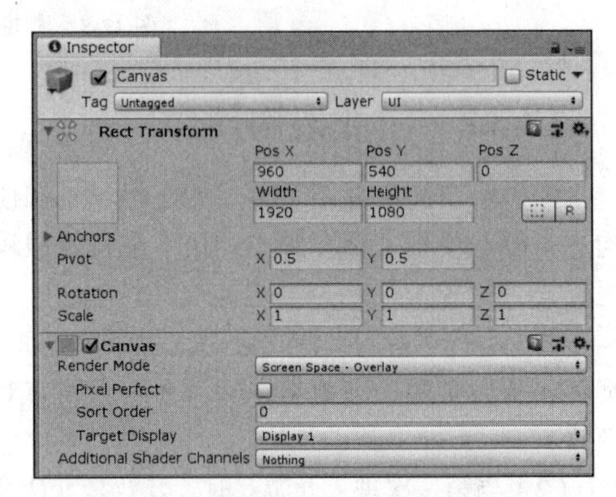

图 12-10　Canvas 设置面板

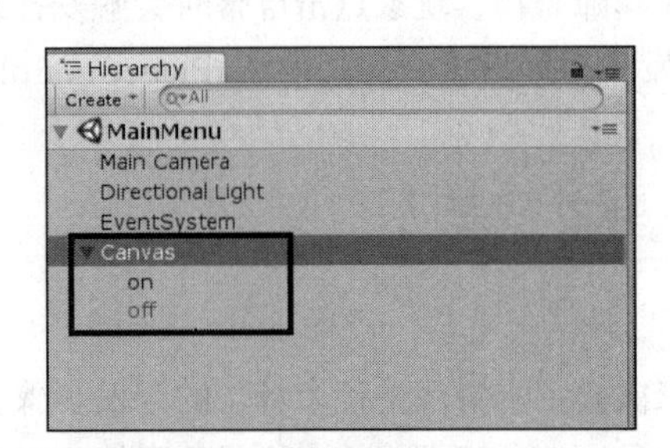

图 12-11　创建 Button 控件

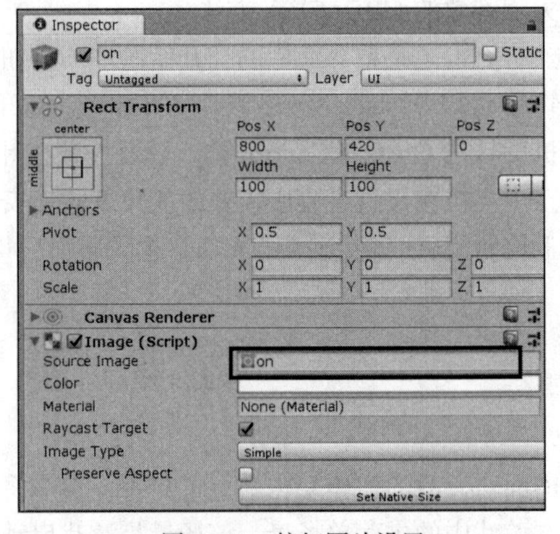

图 12-12　按钮图片设置

（3）创建一个天空盒作为主菜单背景，具体操作为新建一个名为“Material”的文件夹，然后选中文件夹并单击鼠标右键，选择 Create→Material，如图 12-13 所示，再将其命名为“Skybox”。在 Material 文件夹中即可看到刚刚创建的材质。

（4）选中刚刚创建的 Skybox 材质，在属性查看器中修改其着色器类型，具体的修改步骤为单击 Shader→Skybox/6 Sided。修改完成后，将准备好的天空盒纹理图片拖曳到相应的位置，如图 12-14 所示。

（5）制作好天空盒后，需要在 Unity 集成开发环境中进行相关的设置将其显示出来。选中场景中的摄像机后，单击 Component→Rendering→Skybox 为其添加天空盒组件，如图 12-15 所示。将制作好的天空盒拖曳到 Skybox 处，如图 12-16 所示。

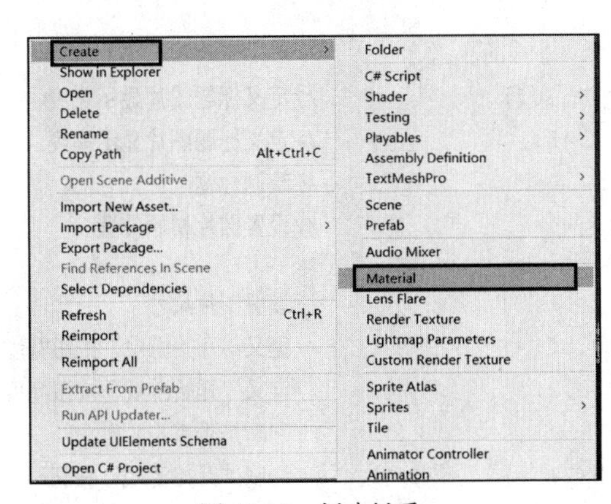

图 12-13　创建材质

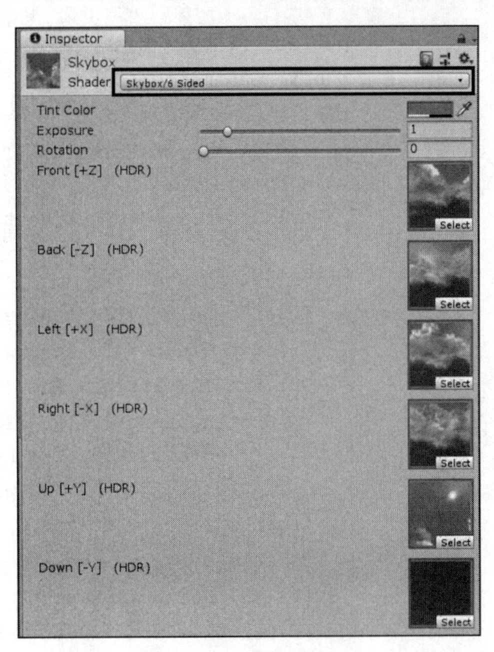

图 12-14　设置天空盒

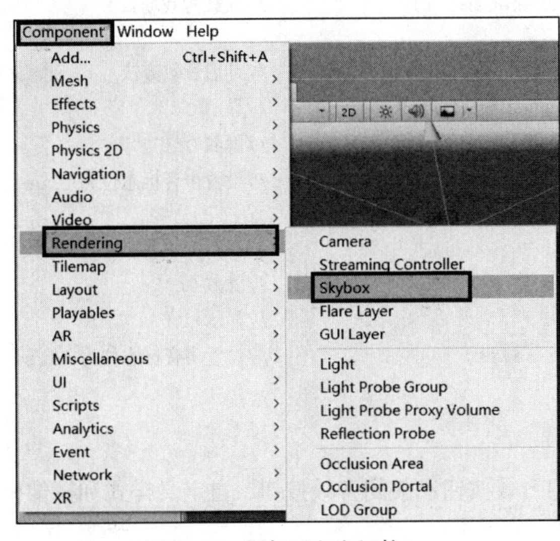

图 12-15　添加天空盒组件 1

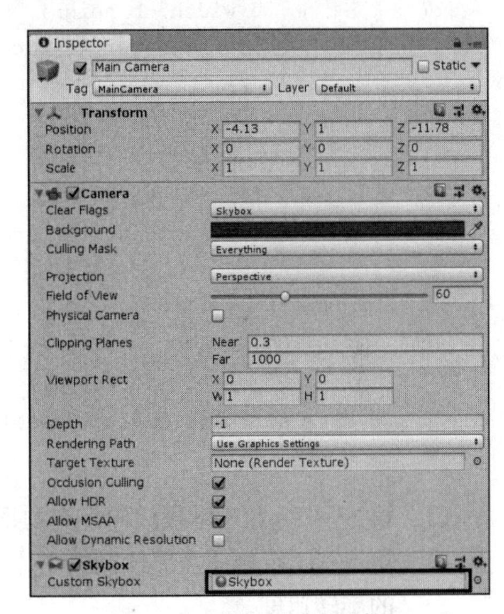

图 12-16　添加天空盒组件 2

（6）新建一个 C#脚本，具体操作为单击鼠标右键，选择 Create→C# Script，并将其命名为“Welcome.cs”。本脚本主要用于控制天空盒旋转、界面跳转和音效的开启或关闭，具体代码如下。（代码位置：见资源包中源代码第 12 章目录下的 ExplorePlane/Assets/Scripts/Welcome.cs。）

```
1    using System.Collections;
2    using System.Collections.Generic;
3    using UnityEngine;
4    using UnityEngine.SceneManagement;                    //导入系统包
5    public class Welcome : MonoBehaviour{
6       public Texture2D Title;                            //游戏名称图片
7       public Texture2D StartGame;                        //“开始游戏”按钮图片
```

```
8      public GUIStyle Mystyle;                                    //自定义样式
9      public GameObject On;                                       //开启音效按钮
10     public GameObject Off;                                      //关闭音效按钮
11     public float rotateSpeed = 1f;                              //摄像机旋转速度
12     void Update(){
13       transform.Rotate(new Vector3(0, rotateSpeed * Time.deltaTime, 0));//旋转
14     }
15     private void OnGUI(){
16       float t_Heigh = Screen.height * 0.30f;                    //定义标题图片显示宽度
17       float t_width = Screen.width * 0.45f;                     //定义标题图片显示高度
18       GUI.DrawTexture(new Rect(                                 //绘制标题
19         Screen.width*0.5f-t_width/2,                            //设置图片初始位置
20         Screen.height*0.4f-t_Heigh/2,
21         t_width,t_Heigh),Title);                                //设置图片尺寸
22       float b_width = Screen.width * 0.5f;                      //定义“开始游戏”按钮宽度
23       float b_heigh = Screen.height * 0.2f;                     //定义“开始游戏”按钮高度
24       if (GUI.Button(new Rect(                                  //判断是否点击
25         Screen.width * 0.6f - b_width/2,                        //绘制“开始游戏”按钮
26         Screen.height * 0.85f - b_heigh/2,
27         b_width, b_heigh), StartGame, Mystyle)){
28         SceneManager.LoadScene("PlaneGame");                    //加载游戏场景
29       }}
30     public void KQOnClick(){                                    //开启音效方法
31        On.SetActive(true);                                      //显示 On
32        Off.SetActive(false);                                    //隐藏 Off
33        AirPlaneControl.Soundflag = true;                        //设置声音标志位为 true
34     }
35     public void GBOnClick(){                                    //关闭音效方法
36       On.SetActive(false);                                      //隐藏 On
37       Off.SetActive(true);                                      //显示 Off
38       AirPlaneControl.Soundflag = false;                        //设置声音标志位为 false
39     }}
```

- ❑ 第 1~4 行导入本段代码需要的系统包。
- ❑ 第 5~11 行声明需要绘制的图片、开启音效按钮、关闭音效按钮、自定义样式和摄像机的旋转速度。
- ❑ 第 12~14 行实现了 Update 方法的重写，该方法在程序运行时被系统自动调用。此处代码用于控制摄像机匀速旋转，从而实现动态背景的效果。
- ❑ 第 15~21 行用于绘制游戏的标题，为了实现画面的自适应，需要对绘制对象的尺寸进行计算，以保证标题对象能够在屏幕上的适当位置绘制。自定义标题的宽度为屏幕的 0.3 倍，高度为 0.45 倍，使用 GUI 系统自带的 DrawTexture 方法对纹理进行绘制。
- ❑ 第 22~29 行用于绘制“开始游戏”按钮，方法与绘制标题类似。当玩家点击该按钮时，加载事件被触发，系统会加载名为“PlaneGame”的场景，从而进入游戏界面。
- ❑ 第 30~39 行为音效控制代码，玩家点击不同的按钮后，系统将调用对应的方法，从而实现按钮图标的显示与隐藏和声音标志位的改变，进而控制音效的开启或关闭。

（7）保存编辑完成的脚本，将其挂载到主摄像机和两个按钮上。打开主摄像机的属性查看器，

将准备好的纹理图片拖到对应位置，如图 12-17 所示。然后打开按钮的属性查看器，将两个按钮图片拖到对应位置，并设置对应的点击事件，如图 12-18 所示。

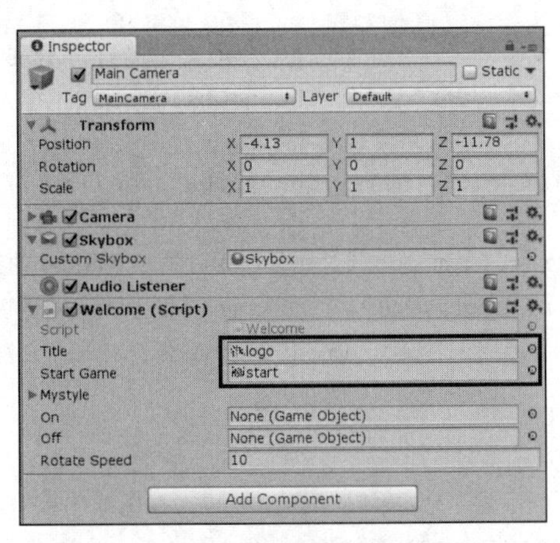

图 12-17　主摄像机的属性查看器

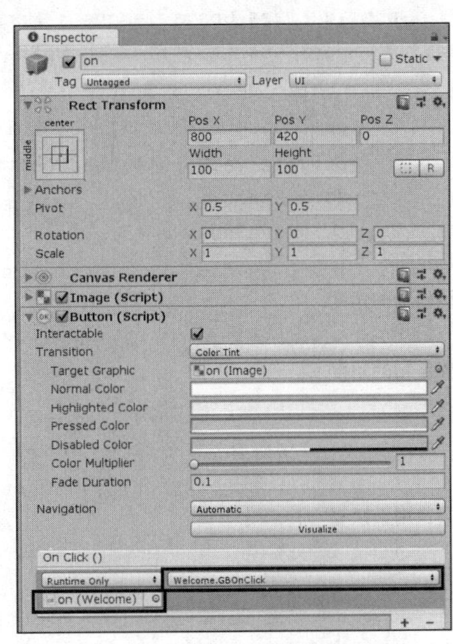

图 12-18　按钮的属性查看器

12.4.2　游戏障碍物的创建与移动脚本开发

上一小节介绍了游戏主菜单场景相关功能模块的开发实现，本小节将详细介绍游戏中障碍物的创建和移动脚本的开发。通过此脚本的开发可以实现游戏场景中障碍物的循环生成和每个障碍物的随机旋转等。下面将分步骤详细介绍开发过程。

（1）游戏中障碍物的创建。一个障碍物由两个相同的模型和中间的加分点 Point 组成，如图 12-19 所示，并且每个可以触发功能的游戏对象都添加了碰撞器。4 个不同形状的障碍物构成了一组障碍物，效果如图 12-20 所示。

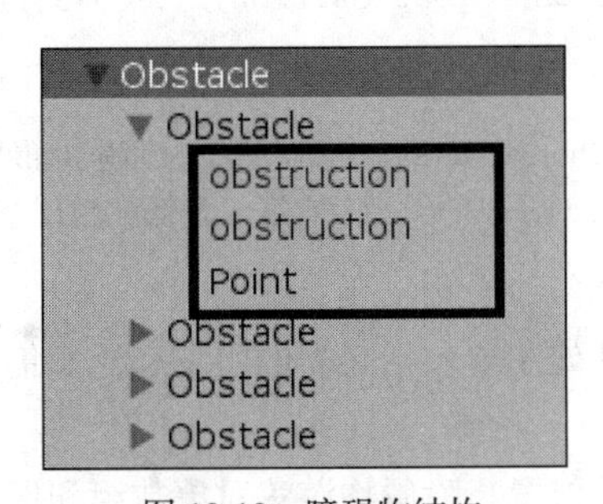

图 12-19　障碍物结构

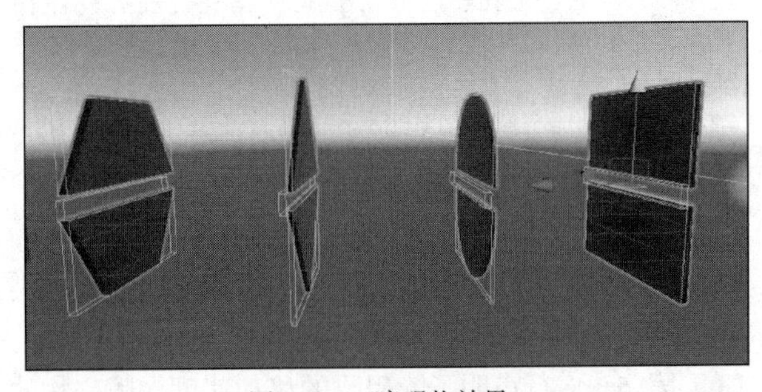

图 12-20　障碍物效果

（2）障碍物相关脚本（ObstacleMove.cs）的开发。此脚本控制游戏场景中障碍物的循环生成，以及飞机成功通过后使障碍物消失。将该脚本挂载到本场景的主摄像机上，并且需要将障碍物拖到对应位置，具体代码如下。（代码位置：见资源包中源代码第 12 章目录下的 ExplorePlane/Assets/Scripts/ObstacleMove.cs。）

```
1   using System.Collections;
2   using System.Collections.Generic;
3   using UnityEngine;
4   public class ObstacleMove : MonoBehaviour {
5       public static float MoveSpeed;                    //声明障碍物移动速度
6       public Vector3 StartPosition;                     //障碍物初始位置
7       public GameObject[] Obstacle;                     //存放障碍物的数组
8       private Vector3[] LoadPosition = new Vector3[2];      //存放障碍物初始速度
9       void Start(){
10          MoveSpeed = 15;                                   //定义障碍物移动速度
11          Obstacle[0].GetComponent<ObstacleControl>().ChangeObstacle();   //改变
第一个障碍物的角度
12          Obstacle[1].GetComponent<ObstacleControl>().ChangeObstacle();   //改变
第二个障碍物的角度
13          StartPosition = Obstacle[1].transform.position; //保存第二个障碍物的位置
14          for(int i = 0;i < LoadPosition.Length; i++){           //遍历所有障碍物
15           LoadPosition[i] = Obstacle[i].gameObject.transform.position;   //存储
初始位置，用于恢复
16          }}
17      void Update(){
18          for (int i = 0; i < Obstacle.Length; i++){            //遍历所有障碍物
19              Obstacle[i].transform.Translate(new Vector3(0, 0, -Time.deltaTime
 * MoveSpeed));
20              if (Obstacle[i].transform.position.z <= -100){    //判断障碍物是否需要
移动
21                  Obstacle[i].GetComponent<ObstacleControl>().ChangeObstacle();
22                  Obstacle[i].transform.position = StartPosition;     //改变障碍物
位置
23                  MoveSpeed = MoveSpeed + AirPlaneControl.score / 4; //改变障碍物
速度
24              }}}
25      public void resetObstacle(){                          //恢复位置方法
26        for (int i = 0; i < LoadPosition.Length; i++){     //遍历障碍物
27          Obstacle[i].gameObject.transform.position = LoadPosition[i];//得到初始
数据
28        }
29    Obstacle[0].GetComponent<ObstacleControl>().ChangeObstacle(); //改变障碍物角度
30     StartPosition = Obstacle[1].transform.position;        //保存第二个障碍物的位置
31      }}
```

- 第 1～3 行声明了该类引用的命名空间和相关类，此处主要包括必需的引擎和泛型集合类。
- 第 5～8 行声明了障碍物的移动速度、障碍物的初始位置、障碍物游戏对象数组和保存每个障碍物初始速度的数组。
- 第 9～16 行设置了障碍物的初始移动速度，并为障碍物的移动做准备工作，以及改变两个障碍物的初始角度和保存每一个障碍物在游戏开始时的位置。
- 第 17～24 行为控制障碍物移动的具体实现。每个障碍物按照预定速度移动，为了能够重复利用游戏对象，当飞机通过障碍物后，使其恢复到初始位置重新开始移动；然后改变其旋转角度，并且飞机每通过 4 个障碍物，障碍物移动速度加 1。

- 第 25～31 行用于重置所有的障碍物，即在玩家点击“重新开始”按钮后，场景中的对象恢复到初始状态。首先需要恢复位置，初始时每个障碍物的位置都已经保存在 LoadPosition 数组中，对该数组进行遍历后，即可恢复障碍物的位置。此外，还需要改变第一个障碍物的旋转角度，再保存第二个障碍物的位置。

（3）上面介绍了用于控制障碍物旋转与移动的脚本，下面将介绍用于控制障碍物显示与隐藏，以及随机改变障碍物的旋转角度的脚本。将该脚本挂载到每组障碍物对象上，具体代码如下。（代码位置：见资源包中源代码第 12 章目录下的 ExplorePlane/Assets/Scripts/ObstacleControl.cs。）

```
1    using System.Collections;
2    using System.Collections.Generic;
3    using UnityEngine;
4    public class ObstacleControl : MonoBehaviour {
5       public GameObject[] Obstacle;                          //障碍物数组
6       public float left = 45f, right = -45f;                 //障碍物旋转角度变化区间
7       private void Start(){
8          Random.seed = System.Environment.TickCount;         //随机数的种子
9       }
10      public void ChangeObstacle(){                          //障碍物变化方法
11         float RandomVal;                                    //声明一个随机数
12         for (int i = 0; i < Obstacle.Length; i++){          //遍历障碍物数组
13            Obstacle[i].SetActive(true);                     //显示障碍物对象
14            RandomVal = Random.value;                        //为随机数赋值
15            float ObRota_z = Mathf.Lerp(left, right, RandomVal);//生成障碍物旋转参数
16            Obstacle[i].transform.Rotate(0, 0, ObRota_z);    //使每个障碍物旋转
17          }}
18       public void hidden(){                                 //隐藏障碍物方法
19          for (int i = 0; i < Obstacle.Length; i++){         //遍历障碍物数组
20             Obstacle[i].SetActive(false);                   //隐藏障碍物
21          }}}
```

- 第 5～6 行用于声明变量，包括障碍物数组和障碍物旋转角度变化区间。
- 第 7～9 行实现了 Start 方法的重写。该方法在初始化场景时被系统自动调用，用于选择生成随机数的种子，以系统时间作为种子。
- 第 10～17 行用于改变每一个障碍物的旋转角度。由于先前将障碍物设置为不可用，因此首先需要激活障碍物。接下来改变其旋转角度，每个障碍物的旋转角度都是随机的，所以需要用到随机数。为了不让邻近的两个障碍物的旋转角度相差太大，此处设置了限度，再进行插值计算，得到合理的旋转角度，最后为随机数赋值。
- 第 18～21 行为障碍物的隐藏方法。在这里将其设置为不可见，即可实现消失的效果，且不会因飞机撞到障碍物而触发事件。

12.4.3　游戏对象的创建和运动控制脚本开发

上一小节介绍了游戏中障碍物的制作与脚本的开发，接下来将对游戏中玩家控制的游戏对象的相关功能进行脚本开发，主要包括导入相关模型、相关粒子系统的开发和飞机对象的控制脚本的开发。

（1）导入放置在 Model 文件夹下的飞机模型。打开文件夹选中模型后将其拖到游戏场景中，并调整其大小、位置、角度等参数，如图 12-21 所示。然后为飞机游戏对象添加刚体与碰撞器，为后续进行碰撞检测做准备，相关参数设置如图 12-22 所示。

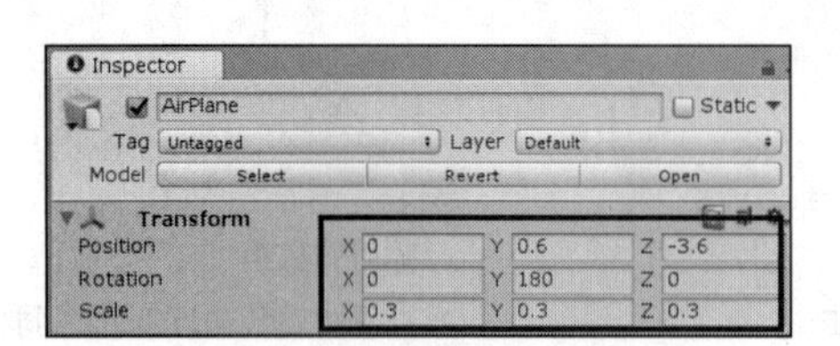

图 12-21　游戏对象相关参数 1

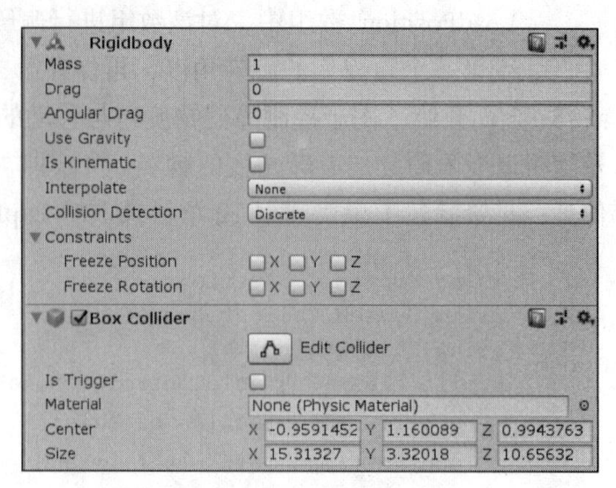

图 12-22　游戏对象相关参数 2

（2）前面完成了对游戏对象相关参数的调整设置，接下来将介绍挂载在游戏对象上的 AirPlaneControl.cs 脚本。该脚本主要包括玩家点击屏幕的不同区域实现飞机的左右旋转，以及飞机触碰到游戏场景中的碰撞器时触发相关事件等，具体代码如下。（代码位置：见资源包中源代码第 12 章目录下的 ExplorePlane/Assets/Scripts/AirPlaneControl.cs。）

```
1    using System.Collections;
2    using System.Collections.Generic;
3    using UnityEngine;
4    public class AirPlaneControl : MonoBehaviour {
5        Rigidbody body;                                 //声明飞机刚体
6        public bool isOver = false;                     //游戏结束标志位
7        public static int score;                        //游戏得分
8        public Vector3 initPosition;                    //记录飞机初始位置
9        public Vector3 initRotation;                    //记录飞机初始角度
10       AudioSource source;                             //声明音频源
11       public AudioClip AC_adopt;                      //飞机通过障碍物音效
12       public AudioClip AC_collide;                    //飞机碰撞音效
13       private float screenWeight;                     //移动设备屏幕宽度
14       private Vector2 touchPosition;                  //触摸位置
15       public static bool Soundflag = true;            //声音控制标志位
16       public GameObject FireParticleSystem;           //火焰粒子系统
17       public GameObject BlastParticleSystem;          //爆炸粒子系统
18       public GameObject AirPlaneModel;                //飞机游戏对象
19       void Start () {
20           body = this.gameObject.GetComponent<Rigidbody>();           //获取飞机刚体
21           source = this.gameObject.GetComponent<AudioSource>();       //获取音频源
22           initPosition = this.gameObject.transform.position;    //获取飞机初始位置
23           initRotation = this.gameObject.transform.localEulerAngles;//获取飞机初
始角度
24           score = 0;                                          //将初始得分置 0
```

```
25       screenWeight = Screen.width;                          //获取屏幕宽度
26     }
27      void Update () {
28        foreach (Touch touch in Input.touches){              //遍历所有 touch
29          if (touch.phase == TouchPhase.Stationary           //判断手指是否触摸屏幕
30         || touch.phase == TouchPhase.Moved && !isOver){//没有滑动且游戏没有结束
31            if(touch.position.x < screenWeight/2){           //点击屏幕左侧区域
32            this.gameObject.transform.Rotate(0, 0, -Time.deltaTime * 40);//左转
33            }
34            else if(touch.position.x > screenWeight/2){   //点击屏幕右侧区域
35            this.gameObject.transform.Rotate(0, 0, Time.deltaTime * 40);//右转
36            }}}}
37     private void OnTriggerEnter(Collider other){            //碰撞检测
38        if(other.gameObject.name == "Point"){                //碰撞对象为加分点
39          score++;                                           //得分增加
40          if (Soundflag){                                    //判断音效是否开启
41            source.PlayOneShot(AC_adopt);                    //播放通过音效
42          }}
43        else if(other.gameObject.name == "obstruction"   //撞到障碍物
44            || other.gameObject.name == "obstruction_1"   //撞到障碍物 1
45            || other.gameObject.name == "obstruction_2"   //撞到障碍物 2
46            || other.gameObject.name == "obstruction_3"){      //撞到障碍物 3
47            isOver = true;                                //将游戏结束标志位设置为 true
48            ObstacleMove.MoveSpeed = 0;                   //暂停障碍物的运动
49            if (Soundflag){                               //判断是否开启音效
50              source.PlayOneShot(AC_collide);}            //播放碰撞音效
51            AirPlaneModel.SetActive(false);               //隐藏飞机游戏对象
52            FireParticleSystem.SetActive(true);           //激活火焰粒子系统
53            BlastParticleSystem.SetActive(true);          //激活爆炸粒子系统
54        }}
55     public void resetAirPlane(){                         //重新开始游戏方法
56        this.gameObject.transform.position = initPosition;      //回到飞机位置
57        this.gameObject.transform.localEulerAngles = initRotation;//重置飞机角度
58        score = 0;                                        //将得分置 0
59        isOver = false;                                   //更改游戏结束标志位
60        ObstacleMove.MoveSpeed = 15;                      //恢复障碍物运动
61         BlastParticleSystem.SetActive(false);            //隐藏爆炸粒子系统
62         FireParticleSystem.SetActive(false);             //隐藏火焰粒子系统
63         AirPlaneModel.SetActive(true);                   //显示飞机游戏对象
64     }}
```

- 第 5～18 行用于声明游戏中的变量和对象，主要包括飞机的刚体对象、判断游戏结束标志位、游戏得分、飞机的初始数据、游戏用到的音效、移动设备的屏幕宽度信息、触摸位置和相关粒子系统等。
- 第 19～26 行为对部分声明的变量进行赋值的代码，主要包括获取飞机对象的刚体、获取游戏对象的音频源、记录游戏对象的初始位置与角度、将游戏得分清零、获取移动设备的屏幕宽度数据。

- 第 27～36 行用于实现游戏的触摸控制功能，获取触摸点位置数据，判断触摸位置在移动设备屏幕中的位置。当玩家点击屏幕左侧区域时，飞机向左旋转，反之向右旋转。
- 第 37～54 行用于实现碰撞检测。障碍物缝隙中的加分碰撞器为 Point，当飞机触碰到该类碰撞器时，游戏得分加 1，并播放对应音效。而飞机与障碍物发生碰撞后，游戏则会结束，此时会播放碰撞音效，暂停障碍物移动，同时激活火焰粒子系统与爆炸粒子系统。
- 第 55～64 行是游戏对象的重置方法。该方法在玩家点击“重新开始”按钮后重置游戏对象的相关参数，主要包括恢复飞机初始位置与角度、将游戏得分清零、将游戏结束标志位置为 false、让障碍物正常移动和隐藏相关粒子系统等。

（3）脚本开发完毕后，将其挂载到飞机上，并将音效文件和粒子系统拖曳到 AirPlaneControl.cs 脚本组件对应的变量处。AirPlaneControl.cs 脚本组件的模型关系如图 12-23 所示。

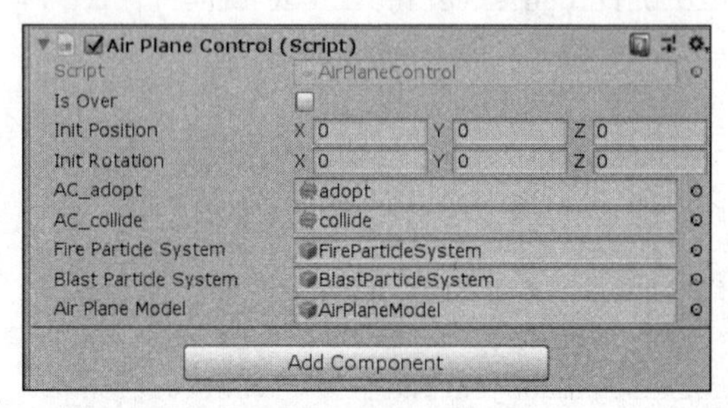

图 12-23　模型关系

（4）制作飞机与障碍物碰撞时显示的粒子系统。优秀的粒子系统可以极大地提升游戏的视觉体验，在游戏开发中也是必不可少的。前面的章节已经介绍过粒子系统的相关开发，所以此处只介绍两个粒子系统的重要参数，如图 12-24、图 12-25 所示。

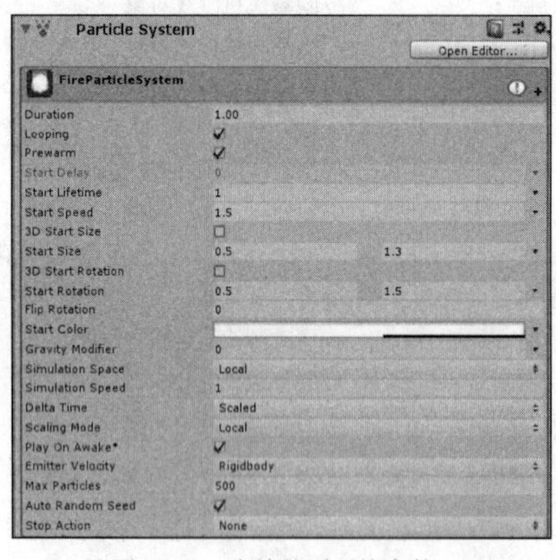

图 12-24　火焰粒子系统参数

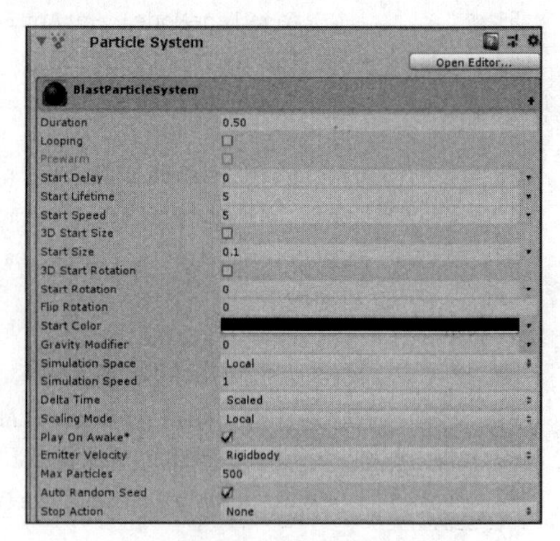

图 12-25　爆炸粒子系统参数

12.4.4　游戏场景主摄像机脚本开发

上一小节介绍了游戏对象的创建过程和运动脚本的开发，接下来将要介绍游戏场景中主摄像机相关脚本的开发与设置，实现游戏的重新开始等功能，具体步骤如下。

（1）将主摄像机的 ProJection 设置为 Orthographic，即设置主摄像机的投影方式为正交投影；

为摄像机添加天空盒并设置为黑色背景，具体操作请参考 12.4.1 小节。

（2）接下来将详细介绍游戏控制脚本 GameControl.cs 的开发。新建一个 C#脚本，将其命名为“GameControl.cs”，并挂载到主摄像机上，然后双击该脚本进入脚本编辑器，开始代码的编写。具体代码如下。（代码位置：见资源包中源代码第 12 章目录下的 ExplorePlane/Assets/Scripts/GameControl.cs。）

```
1     using System.Collections;
2     using System.Collections.Generic;
3     using UnityEngine;
4     public class GameControl : MonoBehaviour {
5         public bool isOver = false;                         //游戏结束标志位
6         public GameObject AirPlane;                         //飞机对象
7         public GameObject Scoreboard;                       //计分板对象
8         public GameObject Button_reset;                     //“重新开始”按钮
9         void Update (){
10            isOver = AirPlane.GetComponent<AirPlaneControl>().isOver;//获得结束标志位
11            if (isOver){                                    //如果游戏结束
12               Scoreboard.SetActive(false);                 //隐藏计分板
13               Button_reset.SetActive(true);                //显示“重新开始”按钮
14            }else{
15               Scoreboard.SetActive(true);                  //显示计分板
16               Button_reset.SetActive(false);               //隐藏“重新开始”按钮
17            }}
18       public void reset(){                                 //游戏重置方法
19          isOver = false;                                   //将结束标志位置为 false
20          AirPlane.GetComponent<AirPlaneControl>().resetAirPlane();//飞机的重置方法
21          this.gameObject.GetComponent<ObstacleMove>().resetObstacle();//障碍物的重置方法
22          }}
```

- 第 5～8 行用于声明变量，主要包括用于判断游戏是否结束的游戏结束标志位、飞机游戏对象、“重新开始”按钮和计分板对象
- 第 9～17 行用于在游戏结束时控制计分板和“重新开始”按钮的隐藏与显示。首先获取判断游戏结束标志位，当游戏结束时，隐藏计分板，显示“重新开始”按钮；反之，则显示计分板并隐藏“重新开始”按钮。
- 第 18～22 行用于实现重置游戏的 reset 方法。首先将判断游戏是否结束的标志位设置为 false；然后调用挂载在飞机上的 AirPlaneControl 脚本中的重置方法，恢复飞机状态、重置分数等；最后调用 ObstacleMove 脚本中的重置方法，重置障碍物位置和角度等。

12.4.5　游戏计分板的创建和脚本开发

前面已经编辑完游戏控制脚本，接下来将介绍游戏中计分板的创建与相应脚本的开发。计分板的功能是实时显示玩家的得分。

（1）新建一个 Canvas，前面已经介绍过创建过程，故此处省略创建过程。在 Canvas 的下层创建一个空对象并将其命名为“ScoreBoard”，接着在 ScoreBoard 的下层创建两个 Image 用于显示数字，将它们命名为“Num1”和“Num2”，如图 12-26 所示。

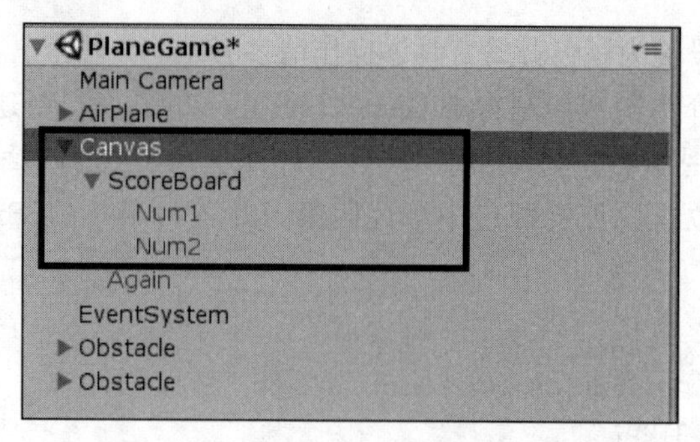

图 12-26　计分板结构

（2）下面将介绍计分板相关脚本 ScoreBoard.cs 的开发。该脚本的创建方法与前面脚本的创建方法相同，不再赘述。该脚本的功能为实时获取玩家得分后，改变计分板对象的贴图，具体代码如下。（代码位置：见资源包中源代码第 12 章目录下的 ExplorePlane/Assets/Scripts/ScoreBoard.cs。）

```
1   using System.Collections;
2   using System.Collections.Generic;
3   using UnityEngine;
4   using UnityEngine.UI;
5   public class ScoreBoard : MonoBehaviour {
6       public GameObject NumSprite1;                    //十位数字贴图
7       public GameObject NumSprite2;                    //个位数字贴图
8       public Sprite[] Num;                             //数字贴图数组
9       void Update () {
10         drawScore(AirPlaneControl.score);             //调用绘制得分方法
11    }
12     void drawScore(int num){                          //绘制计分板方法
13       int num1;                                       //声明十位数字
14       int num2;                                       //声明个位数字
15       if(num >= 100){                                 //得分大于或等于 100 时，默认显示 99
16         num1 = 9,num2 = 9;}
17       else{
18         num1 = num / 10;                              //除 10 取整，得到十位数字
19         num2 = num % 10;                              //除 10 取余，得到个位数字
20       }if(num1 == 0){                                 //十位数字为 0
21           NumSprite1.transform.gameObject.SetActive(false);     //不显示十位数字
22         }else
23           NumSprite1.transform.gameObject.SetActive(true);      //显示十位数字
24           NumSprite1.GetComponent<Image>().sprite = Num[num1]; //显示十位具体数字
25         }if(num1 == 0&&num2 == 0){                         //十位与个位数字都为 0 时
26           NumSprite2.transform.gameObject.SetActive(false);     //不显示个位数字
27         }else{
28           NumSprite2.transform.gameObject.SetActive(true);      //显示十位数字
29           NumSprite2.GetComponent<Image>().sprite = Num[num2];      //显示个位数字
30       }}}
```

- 第 6～8 行用于声明变量，主要包括用于表示十位数与个位数的数字贴图和存放图片的数字贴图数组。

- ❑ 第 9～11 行实现了 Update 方法的重写。该方法在程序运行时被系统自动调用，用于实时获取游戏得分，并实时调用绘制方法，绘制出对应的得分。
- ❑ 第 12～19 行用于计算游戏得分的十位数字和个位数字。首先通过将得分除 10 取整，获得十位数字；然后通过将得分除 10 取余，获得个位数字。
- ❑ 第 20～30 行为绘制得分的方法。判断游戏得分是否为个位数，如果是，则省去绘制十位上的零；如果不是，则按前面计算好的数字进行绘制。如果得分为零，那么十位和个位数字均为零，都不进行绘制。

（3）完成计分板控制脚本的开发后，将编辑好的脚本保存并挂载到 ScoreBoard 上。然后将两个 Image 对象拖到对应位置，再将准备好的数字贴图拖到脚本组件对应的位置上，如图 12-27 所示。

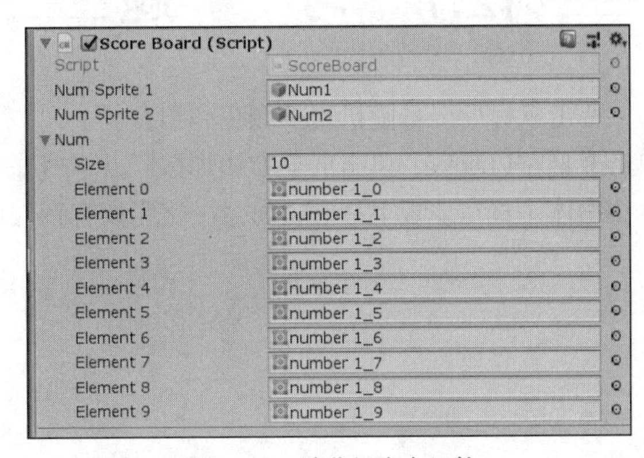

图 12-27　计分板脚本组件

12.5　游戏的优化与改进

至此，本案例的开发部分已经介绍完毕。本游戏基于 Unity 平台开发，使用 C#作为游戏脚本的开发语言。在开发过程中，虽然我们已经注意加强游戏性能方面的表现和降低游戏的内存消耗，但实际上该游戏还是有一定的优化空间。

❑ 游戏界面的改进

本游戏的场景搭建使用的图片有些单调，有能力的读者可以发挥自己的灵感，创作模型和纹理图片，从而使游戏的界面变得更加吸引人。

❑ 游戏性能的进一步优化

本游戏的开发中难免存在某些未知错误，导致游戏在性能较优的移动设备上可以顺畅运行，但是在一些低端机器上的表现则未必能够达到预期的效果，还需要进一步优化。

❑ 优化细节

本游戏还有一些细节需要优化，如两个障碍物之间的距离、障碍物的移动速度、各种声音效果等。读者可以调节各个参数，使其模拟现实世界的效果更加逼真。

❑ 增强游戏体验

在此游戏中，障碍物的移动速度是逐渐加快的，读者可以调整某些参数并试着调整障碍物初始速度和速度变化系统，实现更理想的效果。不仅如此，读者还可以改变飞机的旋转速度来提供更好的游戏体验，也可以在粒子系统等方面下些功夫，完善游戏。

12.6 本章小结

本章以开发益智休闲类游戏——探险飞机为主题，向读者详细介绍了使用 Unity 开发游戏的全过程。学习完本章和本书基于网络提供的游戏项目后，相信读者可以掌握开发游戏的具体流程，若仔细钻研学习，会取得较大的进步。

12.7 习　题

1. 创建一个长方形，单击鼠标后屏幕随机更换颜色和角度。
2. 绘制计算器，单击屏幕左边减数，单击屏幕右边加数。
3. 创建无限地板，让物体一直在地板上移动，每过一定距离有音效提醒。